煤矿智能化建设政策及标准选编

本书编写组　编

应急管理出版社
·北　京·

图书在版编目（CIP）数据

煤矿智能化建设政策及标准选编/本书编写组编．
--北京：应急管理出版社，2023
ISBN 978-7-5020-9652-6

Ⅰ.①煤… Ⅱ.①本… Ⅲ.①智能技术—应用—煤矿开采—中国 Ⅳ.①TD82-39

中国国家版本馆 CIP 数据核字（2023）第 121722 号

煤矿智能化建设政策及标准选编

编　　者　本书编写组
责任编辑　罗秀全
编　　辑　贾　音
责任校对　赵　盼
封面设计　解雅欣
出版发行　应急管理出版社（北京市朝阳区芍药居 35 号　100029）
电　　话　010-84657898（总编室）　010-84657880（读者服务部）
网　　址　www.cciph.com.cn
印　　刷　北京虎彩文化传播有限公司
经　　销　全国新华书店
开　　本　889mm×1194mm 1/16　印张　31 1/2　字数　920 千字
版　　次　2023 年 7 月第 1 版　2023 年 7 月第 1 次印刷
社内编号　20230562　　定价　148.00 元

前　　言

煤矿智能化建设是统筹发展和安全，提高煤矿安全生产水平，提高劳动生产率的重要举措，也是煤矿安全高质量发展的必然要求。近年来，国家高度重视煤矿智能化建设，采取了强化顶层设计、完善标准体系、加大政策资金支持、发挥典型引领作用等措施来推进煤矿智能化发展；各产煤省区、煤炭企业贯彻落实党中央、国务院关于能源转型升级和高质量发展的决策部署，大力实施煤矿智能化建设，加快推进机械化换人、自动化减人、智能化少人，煤炭行业的技术装备、创新能力、管理水平得到明显提升。当前，我国煤矿智能化建设方兴未艾，正处于快速发展阶段。

为服务煤矿智能化发展，方便政府有关部门、煤炭生产企业、煤机装备制造企业、煤矿智能化服务供应企业，以及有关科研院所、高等院校等查找、了解和使用煤矿智能化建设有关政策及标准，我们编辑出版了《煤矿智能化建设政策及标准选编》一书。本书分为三个部分，第一部分梳理了国家有关部门制定的煤矿智能化建设重要政策文件，第二部分筛选了山西、内蒙古、陕西等 7 个产煤大省（区）有关部门制定的煤矿智能化建设主要政策文件，第三部分列举了具有代表性的煤矿智能化建设标准（包括国家标准、地方标准和团体标准）。

由于图书篇幅和编者认识水平所限，本书内容难免存在疏漏和不当之处，请广大读者批评指正。

本书编写组

2023 年 6 月

目　录

第一部分　国家有关部门政策文件

第二部分　部分省区政策文件

山西省

内蒙古自治区

陕西省

新疆维吾尔自治区

贵州省

安徽省

山东省

第三部分　部分标准

第一部分　国家有关部门政策文件

关于印发《关于加快煤矿智能化发展的指导意见》的通知

发改能源〔2020〕283号

各产煤省、自治区、直辖市、新疆生产建设兵团发展改革委、能源局、煤炭行业管理部门、应急管理厅（局）、煤矿安全监察局、煤矿安全监管部门、工业和信息化主管部门、财政厅（局）、科技厅（委、局）、教育厅（委、局）：

为深入贯彻落实习近平总书记“四个革命、一个合作”能源安全新战略，加快推进煤炭行业供给侧结构性改革，推动智能化技术与煤炭产业融合发展，提升煤矿智能化水平，国家发展改革委、国家能源局、应急部、国家煤矿安监局、工业和信息化部、财政部、科技部、教育部研究制定了《关于加快煤矿智能化发展的指导意见》，现印发你们，请认真贯彻执行。

国家发展改革委　国家能源局　应急管理部
国家煤矿安监局　工业和信息化部
财政部　科技部　教育部
2020年2月25日

关于加快煤矿智能化发展的指导意见

煤矿智能化是煤炭工业高质量发展的核心技术支撑，将人工智能、工业物联网、云计算、大数据、机器人、智能装备等与现代煤炭开发利用深度融合，形成全面感知、实时互联、分析决策、自主学习、动态预测、协同控制的智能系统，实现煤矿开拓、采掘（剥）、运输、通风、洗选、安全保障、经营管理等过程的智能化运行，对于提升煤矿安全生产水平、保障煤炭稳定供应具有重要意义。目前，我国一些煤矿正在开展智能化建设工作，但存在基础理论研发滞后、技术标准与规范不健全、平台支撑作用不够、技术装备保障不足、高端人才匮乏等问题。为推动煤炭行业高质量发展，促进煤炭产业转型升级，现就煤矿智能化发展提出以下意见。

一、总体要求

（一）指导思想

以习近平新时代中国特色社会主义思想为指导，深入贯彻落实“四个革命、一个合作”能源安全新战略，坚持新发展理念，坚持以供给侧结构性改革为主线，坚持以科技创新为根本动力，推动智能化技术与煤炭产业融合发展，提升煤矿智能化水平，促进我国煤炭工业高质量发展。

（二）基本原则

——坚持企业主体，政府引导。充分发挥市场在资源配置中的决定性作用，激发企业的内生动力和创新活力；加强规划引导，完善相关支持政策，营造煤矿智能化发展良好环境。

——坚持立足当前，谋划长远。立足我国煤矿发展不平衡现状，加大技术资金投入和人才培养力度，突破制约煤矿智能化发展的瓶颈；把握能源革命发展机遇，以智能技术为牵引布局煤矿智能化发展，推动煤炭开发利用方式变革。

——坚持自主创新，开放合作。加强煤矿智能化基础理论研究与科技创新，实现关键核心技术自主可控；通过多元合作拓展智能化发展空间，构建创新包容的煤矿智能化产业生态，形成开放共享的煤矿智能化发展格局。

——坚持典型示范，分类推进。加强统筹规划，因地制宜建设一批效果突出、带动性强的示范工程，形成多种煤矿智能化产业发展模式，分类纵深推进煤矿智能化发展。

（三）主要目标

——到2021年，建成多种类型、不同模式的智能化示范煤矿，初步形成煤矿开拓设计、地质保障、生产、安全等主要环节的信息化传输、自动化运行技术体系，基本实现掘进工作面减人提效、综采工作面内少人或无人操作、井下和露天煤矿固定岗位的无人值守与远程监控。

——到2025年，大型煤矿和灾害严重煤矿基本实现智能化，形成煤矿智能化建设技术规范与标准体系，实现开拓设计、地质保障、采掘（剥）、运输、通风、洗选物流等系统的智能化决策和自动化协同运行，井下重点岗位机器人作业，露天煤矿实现智能连续作业和无人化运输。

——到2035年，各类煤矿基本实现智能化，构建多产业链、多系统集成的煤矿智能化系统，建成智能感知、智能决策、自动执行的煤矿智能化体系。

二、主要任务

（四）加强顶层设计，科学谋划煤矿智能化建设

研究制定煤矿智能化发展行动计划，明确智能化发展的行动方向、实施路径和政策措施。鼓励地方政府有关部门结合区域特点、煤层赋存条件、技术基础等因素，研究制定煤矿智能化发展规划，科学引导煤矿智能化发展的进度和规模。支持煤炭企业制定煤矿智能化发展实施方案，落实建设任务、技术体系和建设进度，加快推进煤矿智能化发展步伐。

（五）强化标准引领，提升煤矿智能化基础能力

结合部门职责分工，协同推进煤矿智能化标准的制修订工作，强化基础性、关键技术标准和管理标准的制修订；加快煤矿智能化建设术语、数据管理、技术装备及煤矿机器人等相关技术规范、产品标准和检测检验规范的制修订。开展煤矿智能化标准体系建设专项工作，加快实施煤矿智能化标准提升计划，制定煤矿智能化建设、评价、验收规范与实施细则；推动建立煤矿智能化标准一致性、符合性检测体系和技术平台，形成标准制修订、宣贯应用、咨询服务和执行监督的闭环管理体系。

（六）推进科技创新，提高智能化技术与装备水平

加强煤矿智能化基础理论研究，推进建设国家级重点实验室和工程（研究）中心，支持建设煤矿智能化技术创新研发平台，加强对核心基础零部件、先进基础工艺、关键基础材料等共性关键技术的研发；重点突破精准地质探测、精确定位与数据高效连续传输、智能快速掘进、复杂条件智能综采、连续化辅助运输、露天开采无人化连续作业、重大危险源智能感知与预警、煤矿机器人及井下数码电子雷管等技术与装备。加快智能工厂和数字化车间建设，推进大型煤机装备、煤矿机器人研发及产业化应用，实施机械化换人、自动化减人专项行动，提高智能装备的成套化和国产化水平。

（七）加快生产煤矿智能化改造，提升新建煤矿智能化水平

对具备条件的生产煤矿加快智能化改造，在采掘（剥）、供电、供排水、通风、主辅运输、安全监测、洗选等生产经营管理环节，进行智能优化提升，推进固定岗位的无人值守和危险岗位的机器人作业，实现传统煤矿的智能化转型升级。推行新建煤矿智能化设计，创新煤矿智能化采掘（剥）新

模式，建设智能化生产、安全保障、经营管理等多系统、多功能融合的一体化平台，实现煤矿产运销业务协同、决策管控、一体化运营等智能化应用。鼓励具有严重灾害威胁的矿井加快智能化建设，率先提升智能化水平。

（八）发挥示范带动作用，建设智能化示范煤矿

针对我国不同矿区煤层赋存条件，从建设理念、系统架构、智能技术与装备、综合管理、经济投入等方面，制定并实施科学、合理、先进的煤矿智能化建设方案，重点推进大型煤矿开展系统性智能化建设，对冲击地压、煤与瓦斯突出等灾害严重的矿井，优先开展智能化采掘（剥）和危险岗位的机器人替代，建设一批智能化示范煤矿，凝练出可复制的智能化开采模式、技术装备、管理经验等，向类似条件煤矿进行推广应用。

（九）实施绿色矿山建设，促进生态环境协调发展

坚持生态优先，开展矿区生态环境智能在线监测，推广矿区地表环境治理与修复、煤层气（煤矿瓦斯）智能抽采利用等新技术，推进煤炭清洁生产和利用。融合智能技术与绿色开采技术，积极推进绿色矿山建设，新建煤矿要按照绿色矿山建设标准进行规划、设计、建设和运营管理，生产煤矿要逐步升级改造，达到绿色矿山建设标准，努力构建清洁低碳、安全高效的煤炭工业体系，形成人与自然和谐共生的煤矿发展格局。

（十）推广新一代信息技术应用，分级建设智能化平台

以数字化、网络化、智能化为方向，探索建立国家级煤矿信息大数据分析与共享交换平台，同步推进网络安全和煤矿智能化发展，加快工业互联网和车联网、新一代通信技术、云计算、大数据、人工智能、虚拟现实等现代信息技术在煤炭工业领域的推广应用。鼓励地方政府有关部门建设信息管理云平台，促进煤炭企业数据的接入与管理；推进煤炭生产企业建立安全、共享、高效的煤矿智能化大数据应用平台，构建实时、透明的煤矿采、掘、机、运、通、洗选等数据链条，实现煤矿智能化和大数据的深度融合与应用。

（十一）探索服务新模式，持续延伸产业链

以数据为核心资源，推动煤矿智能化技术开发和应用模式创新，提高煤炭企业的核心竞争力。延伸智能煤机制造产业链，从主要提供煤机产品向提供产品与服务转变、向提供整体解决方案转变、向提供系统集成总承包转变，推动制造与服务的协同发展。开展大型煤矿企业、大数据专业服务商等数据平台之间的应用与交易，培育煤矿大数据开发、融资租赁、数据征信等服务新模式。打造煤矿智能装备和煤矿机器人研发制造新产业，建设具有影响力的智能装备和机器人产业基地。

（十二）加快人才培养，提高人才队伍保障能力

支持和鼓励高校加强煤矿智能化相关学科专业建设，推动专业交叉融合，培育一批具备矿业工程、软件工程、信息工程、机器人工程、人工智能等知识技能的复合型人才。深化产教融合，鼓励高校和企业合作创新煤矿智能化人才培养模式，共建示范性实习实践基地，搭建工科教师挂职锻炼平台，面向产业急需共建现代产业学院。积极开展在职人员智能化和信息化培训，建立健全职业发展通道机制，优化知识型、技能型、管理型人才发展体系。

（十三）加强国际合作，积极参与“一带一路”建设

以煤矿智能化前沿技术与装备的研发应用为核心，开展跨领域、跨学科、跨专业协同合作，支持共建技术转移中心。加强与“一带一路”沿线国家能源发展战略对接，构建煤矿智能化技术交流平台，探索与沿线国家企业、相关机构建立战略合作伙伴关系，深化互信合作，促进互利共赢。以国际合作为契机，带动我国煤矿智能化技术、装备、标准、服务走出去，同时引入国际煤矿智能化先进技术装备、管理理念、服务模式等，培育具有国际影响力的品牌产品，提升我国煤炭工业开放水平。

三、保障措施

（十四）强化法律法规保障，深化标准化工作改革

加强部门协同，加快相关法律、法规、规章、标准和政策的制修订工作，为煤矿智能化发展提供制度保障。鼓励和支持企业、科研院所、行业组织等开展企业标准、团体标准和国际标准的制定，健全煤矿智能化标准体系，推进我国煤矿智能化标准的国际化进程。

（十五）加大政策支持力度，建立智能化发展长效机制

对验收通过的智能化示范煤矿，给予产能置换、矿井产能核增等方面的优先支持。在煤矿安全改造中央预算内投资安排上，对积极推广应用井下智能装备、机器人岗位替代、推进煤矿开采减人提效的煤矿予以重点支持。对新建的智能化煤矿，在规划和年度计划中优先考虑。将煤矿相关智能化改造纳入煤矿安全技术改造范围，探索研究将相关投入列入安全费用使用范围。研究相关产业扶持政策，鼓励金融机构加大对智能化煤矿的支持力度。鼓励企业发起设立相关市场化基金，形成支持煤矿智能化发展的长效机制。

（十六）加强知识产权保护，增强核心技术可控能力

加强共性关键技术领域高质量、高价值专利培育和保护，跟踪国外先进技术发展前沿，做好国际专利前瞻性申请和布局，规避技术输出风险。鼓励构建煤矿智能化建设知识产权保护体系，做好煤矿智能化建设成果保护，形成产业竞争优势。鼓励和支持企业运用知识产权参与市场竞争，培育一批具备煤矿智能化知识产权优势的煤炭企业。

（十七）凝聚各方共识，促进智能化跨界合作

在国家和省级有关部门指导下，以行业协会、研究机构、科技企业、设计院、高校、金融、装备厂商和煤炭企业等为主体，组建煤矿智能化创新联盟和区域性创新机构，充分发挥各自专业领域优势，实现协同创新、跨界融合发展，为煤矿智能化建设提供支撑。

（十八）加强组织领导，形成智能化发展整体合力

建立煤矿智能化建设工作机制，加大对煤矿智能化建设工作的引导和协调力度。地方政府有关部门要结合本地区实际情况出台落实意见，加快煤矿智能化建设与升级改造。加强煤矿智能化发展相关政策的宣传和解读，提高政策的知晓度。总结煤矿智能化建设新典型、新模式和新机制，宣传推广煤矿智能化发展的经验和成果，营造煤矿智能化发展的良好氛围。

国家能源局　国家矿山安全监察局
关于印发《煤矿智能化建设指南（2021年版）》的通知

国能发煤炭规〔2021〕29号

各产煤省、自治区、直辖市、新疆生产建设兵团发展改革委（能源局）、煤矿安全监管部门，有关中央企业：

为贯彻落实《关于加快煤矿智能化发展的指导意见》(发改能源〔2020〕283号)，科学规范有序开展煤矿智能化建设，加快建成一批多种类型、不同模式的智能化煤矿，国家能源局、国家矿山安全监察局研究制定了《煤矿智能化建设指南（2021年版）》，现印发你们，请按照执行。

国家能源局　国家矿山安全监察局
2021年6月5日

附件：煤矿智能化建设指南（2021年版）

煤矿智能化建设指南（2021年版）

目　录

为贯彻落实《关于加快煤矿智能化发展的指导意见》(发改能源〔2020〕283号，以下简称《指导意见》)，科学规范有序开展煤矿智能化建设，加快建成一批多种类型、不同模式的智能化煤矿，制定本指南。

一、总体要求

(一) 指导思想

以习近平新时代中国特色社会主义思想为指导，认真贯彻党的十九大和十九届二中、三中、四中、五中全会精神，深入落实“四个革命，一个合作”能源安全新战略，坚持新发展理念，加快新一代信息技术与煤炭产业深度融合，推进煤炭产业高端化、智能化、绿色化转型升级，实现煤炭开采利用方式的变革，提升煤矿智能化和安全水平，促进煤炭行业高质量发展。

(二) 基本原则

——分类建设，分级达标。针对我国煤矿智能化建设基础与生产条件复杂多样、发展不平衡不充分等现状，坚持分类建设和分级达标相结合，建立健全智能化煤矿建设、评价、验收与奖惩机制，全面推进煤矿智能化建设。

——因矿施策，培育典型。创新智能化煤矿建设与管理模式，重点突破适用于不同条件的智能化技术与装备，培育建设一批智能化示范煤矿，形成可复制、可推广的建设模式和经验，发挥智能化示范煤矿的带动作用。

——系统规划，全面推进。加强煤矿智能化顶层设计，科学制定实施煤矿智能化建设与升级改造方案，加大煤矿智能化技术资金投入、人才投入和政策支持力度，提升煤矿智能化技术装备的成熟度与可靠性，全面提升煤矿智能化水平。

——以人为本，安全高效。坚持把煤矿减人、增安、提效和提高职工的幸福感与获得感作为智能化煤矿建设的根本目标，通过实施新一代信息技术提高煤矿智能化水平，促进煤矿安全、质量、效率与效益的稳步提升。

(三) 建设目标

按照《指导意见》提出的三阶段目标，重点突破智能化煤矿综合管控平台、智能综采（放）、智能快速掘进、智能主辅运输、智能安全监控、智能选煤厂、智能机器人等系列关键技术与装备，形成智能化煤矿设计、建设、评价、验收等系列技术规范与标准体系，建成一批多种类型、不同模式的智能化煤矿，提升煤矿安全水平。

1. 井工煤矿智能化建设目标

对于晋陕蒙等大型煤炭基地的生产煤矿，应全面进行智能化升级改造，重点提高采煤工作面智能化水平、掘进工作面减人提效和远程控制、智能安全生产水平，井下水泵房、变电所等固定岗位全部实现无人值守作业，形成基于综合管控平台的智能一体化管控；对于中东部矿区等建设基础较薄弱的生产煤矿，重点进行基础信息系统、机械化＋智能化的采掘系统、重大安全隐患的智能预警系统、智能安全监测系统等建设，实现减人、增安、提效；对于云贵基地的煤矿，应尽快实施智能化改造，重点进行危险、繁重岗位机器人替代，提升矿井本质安全水平。新建煤矿应先行开展煤矿智能化顶层设计，采用先进生产工艺、技术与装备，全面建设信息基础设施、智能化生产系统、智能化综合管控平台等，形成完整的智能化煤矿安全高效运维体系。

2. 露天煤矿智能化建设目标

生产煤矿重点提升基础网络、数据中心、感知系统、智能装备、机器人等建设，重点建设远程操控系统、无人驾驶系统、远程运维系统、综合管控系统等，实现开采环境数字化、剥采装备智能化、生产过程遥控化、信息传输网络化和经营管理信息化。新建露天矿应高起点建设信息基础设施，构建露天矿信息传输、处理、存储平台和集中管控体系，开采过程实现远程智能控制，建设露天煤矿智能化综合管控平台，实现基于大数据分析、云计算、数字孪生为基础的智能开采。

3. 选煤厂智能化建设目标

已建选煤厂应进行基础设施升级，以主要工艺环节、重要装备、安全防控智能化为建设重点，开展无人操作设备、无人值守系统的研发与应用，提高洗选工艺过程的智能化水平。鼓励新建选煤厂开展基于 BIM 技术的数字化设计与施工管理，建设选煤专家知识库，开展重点生产单元、管理过程的智能化，形成完善的洗选过程智能感知、智能控制、智能管理与智能决策，主要工艺环节、主要操作岗位及重要设备实现智能无人操控，建成安全、节能、环保的智能化选煤厂。

二、煤矿智能化总体设计

智能化煤矿将人工智能、工业互联网、云计算、大数据、机器人、智能装备等与现代煤炭开发技术进行深入融合，形成全面感知、实时互联、分析决策、自主学习、动态预测、协同控制的智能系统，实现煤矿开拓、采掘（剥）、运输、通风、洗选、安全保障、经营管理等全过程的智能化运行。新建煤矿及生产煤矿应根据矿井建设基础，制定科学合理的煤矿智能化建设与升级改造方案，明确智能化煤矿建设的总体架构、技术路径、主要任务与目标。

智能化煤矿应基于工业互联网平台的建设思路，采用一套标准体系、构建一张全面感知网络、建设一条高速数据传输通道、形成一个大数据应用中心，面向不同业务部门实现按需服务。井工煤矿、露天煤矿开展智能化建设可参考图 1 所示技术架构。

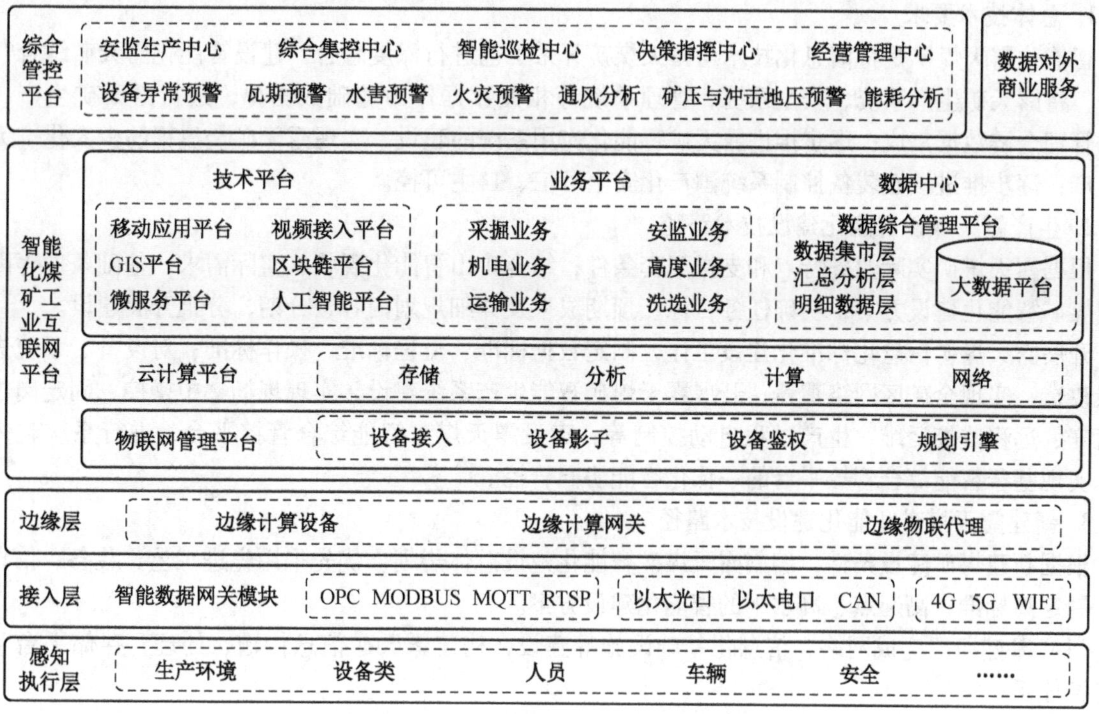

图 1　智能化建设参考技术架构

（一）井工煤矿智能化总体设计

1. 总体技术要求

井工煤矿应建设智能化综合管控平台，围绕监测实时化、控制自动化、安全本质化、管理信息化、业务协同化、知识模型化、决策智能化的目标进行相应的业务模块应用设计，实现煤矿地质勘探、巷道掘进、煤炭开采、主辅运输、通风、排水、供液、供电、安全防控、经营管理等各业务系统的数据融合与智能联动控制。

2. 生产煤矿智能化建设技术路径

生产煤矿应根据矿井的地质条件、建设基础、建设目标制定科学合理的智能化升级改造方案，可以按照“基础系统高容量—采掘系统高可靠—感知系统全覆盖—保障系统高适应”的思路，自下而上逐步实现智能化改造。

生产煤矿进行智能化升级改造可以分为三步进行：首先，根据煤矿实际情况与建设需求，对具体业务系统进行技术与装备升级，提高单个设备、系统的自动化、智能化水平，并逐步实现核心装备控制系统国产化安全可信、自主可控；其次，开展网络平台、数据中心等升级改造，汇聚生产工艺、环境过程信息等；最后，通过大数据、人工智能等建立相关业务智能工作流，再进行系统的整体集成，实现基于智能化综合管控平台的一体化智能协同管控。

3. 新建煤矿智能化建设技术路径

根据矿井的地质条件与建设目标，按照“基础系统全兼容—业务系统全关联—装备系统高可靠—数据应用多场景”的思路，在矿井设计中对煤矿智能化进行专题设计，按照高起点、高标准、高水平进行智能化煤矿建设，应涵盖信息基础设施、智能化生产系统、智能化安全管控系统、智能化综合管理系统等，明确阶段任务目标及验收指标，分步分阶段开展智能化煤矿建设。

（二）露天煤矿智能化总体设计

1. 总体技术要求

智能化露天煤矿是将信息化技术与露天煤矿开采工艺进行深度融合，建设智能化露天矿综合管控平台，将露天矿生产系统、安全系统、管理系统等相关数据作为基础数据源，进行露天矿生产、经营、管理全链数据集成；逐步推进露天矿智能化应用系统的建设，实现露天矿全流程的少人化、无人化生产；逐步推进核心装备控制系统国产化安全可信、自主可控。

2. 生产露天煤矿智能化建设技术路径

根据露天煤矿实际业务特点和支撑配套条件，结合矿山智能化现状、实际需求、基础条件等因素制定煤矿智能化建设方案，明确任务目标、预期成果及详细规划内容，分期、分批开展建设。

开展露天煤矿信息化标准化建设工作，制定数据标准、流程标准、操作标准；对设备、系统进行升级改造，实现全矿区网络覆盖；开展露天煤矿智能生产系统建设，实现现场集中操控、固定岗位无人值守、远程监控运维、生产过程自动控制等；建设露天煤矿智能综合管控平台，进行系统整体集成，实现基于智能综合管控平台的一体化智能协同管控。

3. 新建露天煤矿智能化建设技术路径

根据新建煤矿建设条件，编制露天煤矿智能化建设总体规划，优先采用先进工艺、装备、信息技术，制定高标准、高起点、高水平的智能化建设方案。

（1）基建阶段完成网络、信息化基础设施等建设，构建露天矿信息传输、处理、存储平台和集中管控体系。

（2）基建后期到投产期内，同步开展露天矿智能生产系统建设，实现露天矿资源数字化、采选生产过程智能控制、智能生产管理与执行等，实现矿山全流程的少人化、无人化生产。

（3）投产后，逐步建设工业大数据分析平台，充分挖掘数据潜在价值，实现过程参数优化、生产流程优化、数字仿真优化、设备故障智能诊断、经营决策优化等。

（三）选煤厂智能化总体设计

1. 总体技术要求

智能化选煤厂可参考图2所示技术架构，划分为设备层、控制层、执行层、决策层四层。设备层主要包括机电设备及检测仪表、保护装置等；控制层主要包括生产集中控制系统、设备状态监测系统、视频监控系统、调度通讯系统、安全监测系统等；执行层主要包括生产管理、机电管理、安全管理、经营管理、节能与环保管理、安全与职业健康管理等；决策层主要包括：智能控制、智能管理、智能分析、辅助决策等。

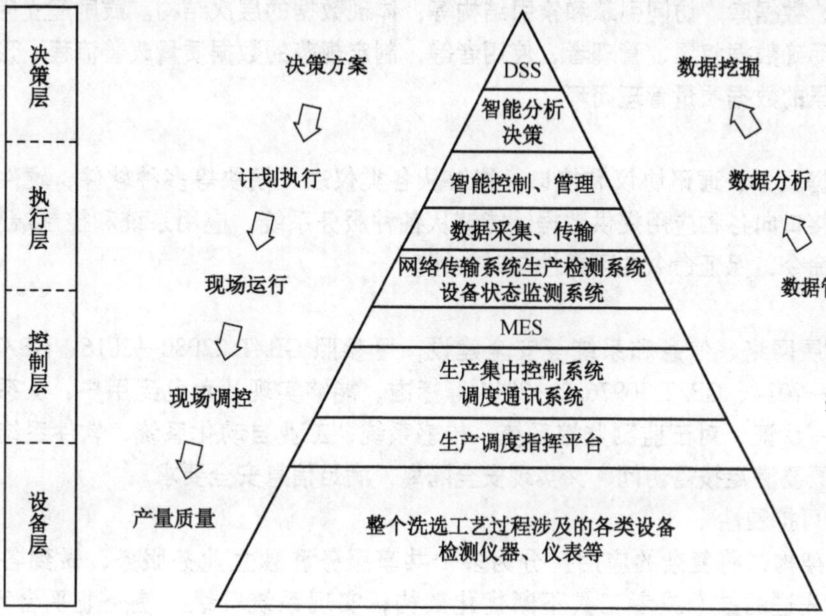

图2　选煤厂智能化建设参考技术架构

2. 选煤厂智能化建设技术路径

第一阶段：重点开展智能化选煤厂标准建设、关键技术攻关、基础装备完善工作，适时进行成熟技术推广，开展示范工程建设。

第二阶段：强化大数据技术与选煤专业知识的深度结合与应用，建设选煤专家知识库，推进重点单元的智能化研究，建成完善的选煤厂生产执行系统，实现生产过程控制和管理智能化。

第三阶段：全面实现智能化，对主要工艺环节、主要管理岗位及重要设备实现智能感知、智能决策、自动执行的智能化体系；全面建成安全、高效、节能、环保的智能化选煤厂。

（1）新建选煤厂智能化建设

新建选煤厂的智能化建设应与选煤厂主体工程同时策划、同时设计、同时施工。对于条件成熟度不足的新建选煤厂，可先行策划，分期实施，预留后期建设接口。

鼓励采用BIM等先进的数字化设计、施工管理技术，资料交付形式逐步由二维图纸向数字信息模型转变。鼓励数字孪生技术在项目策划、设计、施工、运维、改造、拆除的全生命周期管理中发挥作用，鼓励大数据、物联网、云平台、5G、机器人等技术与选煤厂生产、运维的深度融合，为选煤厂的建设与管理增值。

（2）已建选煤厂智能化改造

已建选煤厂应完善智能化改造基础，通过分选工艺及装备技术调研，制定合理的工艺改造实施方案，确保分选工艺及技术装备先进合理。优先以主要工艺环节、重要装备、安全防护为升级改造对象。鼓励数字孪生、大数据、物联网、云平台、5G等技术与现有选煤厂生产、运维的逐步融合，实现节能降耗、生产过程优化、作业条件改善等。

（四）井工煤矿、露天煤矿和选煤厂建设要求

1. 数据规范

鼓励建立统一标准规范的数据体系，规范主数据、数据索引格式、元数据格式、数据表结构、布局方式、存放格式、精度要求、时效设置和编码方案等，其中元数据和数据索引主要包括各类数据概述、用途、存放路由、数据库、访问引擎和索引结构等，体现数据的层次结构。鼓励建立完善的数据质量管理组织架构，明确数据权属、管理者、使用者等，制定规范的数据质量改善流程，形成面向多样化煤矿数据应用场景的数据质量管理闭环。

2. 通讯接口

能够支持多种数据服务、通讯协议和接口，能够从各类仪表、模块等多种软件、硬件中获取数据，并能够通过开放接口向各种应用提供数据。能够从各种服务系统、应用系统和控制端获取命令，并能自动转发和执行命令，保证命令的可靠性与时效性。

3. 信息安全性

智能化煤矿应开展网络、信息和系统等安全建设，可参照 GB/T 22080—2016、GB/T 22239—2019、GB/T 30976.1—2014、GB/T 30976.2—2014 等标准，能够实现从角色到用户、从系统到功能模块等访问权限的统一认证，对于监测监控系统、传感系统、工业自动化系统、软件系统等应用平台，各业务系统之间既要满足按需访问、又实现安全隔离，满足信息安全要求。

4. 系统灵活性和可扩展性

鼓励采用微服务架构，将复杂的应用拆分为多个共享服务和独立业务服务，做到各个服务资源的合理分配，采用先进的技术或者工具不断优化架构，实现系统升级，使企业平台不断演进、优化。

三、煤矿智能化建设内容

（一）井工煤矿智能化建设内容

1. 智能化系统基本建设内容

（1）信息基础设施

统筹建设网络系统和数据中心，打通数据传输和利用通道，统一规划网络和数据安全系统，保障信息内外传输利用的安全冗余，同时强化网络和数据安全意识。

网络基础设施建设包括但不限于办公区网络、生活福利区网络、工业控制网络、视频监控网络、安全监控网络、无线网络和融合调度通信系统，鼓励逐步开展 5G + 矿山物联网系统建设，建设多系统融合的无线接入网关，提升矿山无线基础设施兼容水平，提升煤矿各系统的综合感知能力、融合交互能力，满足煤矿智能化全面感知、自主决策和敏捷响应的需求。

智能化煤矿应建设大数据服务中心，统一数据采集、传输、存储和访问接口标准。大型煤业集团可分级建设多个数据服务中心，构建煤矿数据治理体系，并在平台沉淀矿山行业模型和知识，包括设备、工艺、安全等信息模型和行业专家知识，形成模型库和知识库。上级中心可偏向计算能力及多业务数据融合分析，底层中心偏向存储、小规模计算和快速响应。

智能化煤矿应建设智能综合管控平台，进行多部门、多专业、多管理层面的数据集中应用、交互共享和决策支持，实现煤矿地质勘探、巷道掘进、煤炭开采、主辅运输、通风排水、供液供电、安全防控等业务系统的数据融合、分析决策与智能联动控制，井上下各系统实现“监测、控制、管理”的一体化及智能联动控制。

（2）智能地质保障系统

基于“数据驱动”“数字采矿”的理念，将地质数据与工程数据进行深度融合，采用地质数据推演、地质数据多元复用、地质数据智能更新等方法，研究建立实时更新的地质与工程数据高精度融合模型，实现矿井地质信息的透明化。推广智能采掘工作面的随采智能探测、随掘智能探测与监测的技术装备，鼓励积极研发应用智能钻探、智能物探、智能探测机器人等新技术与新装备，形成以静态为基础，融入自动更新的高精度动态地质模型。

专栏1 透 明 地 质

地质数据管理系统：以地质、物探、钻探、采掘、测量和水文监测等数字化信息为支撑，构建统一的综合地质信息数据库，支持C/S、B/S架构的空间信息可视化，具备空间数据、属性数据以及时态数据的存储、转换、管理、查询、分析和可视化等功能，实现煤矿生产过程地质信息的高效管理和数据共享。

高精度地质模型：以三维地质静态模型为基础，不断融入煤矿生产过程中的实时、动态、高精度地质信息，实现三维地质模型的自动更新、规划切割、交互漫游、属性查询等。

地质大数据云平台：鼓励建设地质大数据云平台，具备数据分类、分析、挖掘、融合处理等功能，实现各系统之间数据的互联互通、融合共享和时空分析。

（3）智能掘进系统

根据矿井掘进地质条件与工艺要求，因地制宜确定合理的掘进技术与装备，配套高效的辅助作业系统，逐步实现掘支平行作业；鼓励应用智能探测、自动定向及导航、巷道断面自动截割成形、自动锚护、高效除尘等先进技术与装备，使掘进工作面生产系统具有智能感知、自主决策和自动控制的功能，实现掘进迎头少人或无人、系统高效协同运行。

专栏2 智能掘进系统

智能超前探测系统：采用钻探、物探等技术与装备，对巷道待掘区域的地质构造、水文地质条件、瓦斯等进行超前探测，根据掘进过程中揭露的实际地质信息与工程信息对模型进行实时动态修正。鼓励采用智能钻探、物探技术与装备，实现远距离一体化综合探测。

掘进设备导航和定位截割系统：掘进设备具有自适应截割、自动截割与遥控操作功能，能够实现记忆截割。鼓励采用掘进设备精准导航和位姿监测系统，根据位置、姿态变化进行自主调整和纠偏，适应巷道断面变化及底板起伏等地质条件，实现自主定位截割。

锚杆、锚索自动化钻装系统：鼓励研究和应用具有自动化钻锚功能的钻臂，实现锚杆、锚索全断面机械化支护、自动化钻锚和质量自检测等功能。鼓励采用具有电液控功能的钻机、锚索自动进给器等装备，实现自动确定锚护位置、自动钻孔、自动铺网等。

多机协同控制系统：采用掘进工作面设备群和人员精确定位系统，实现设备间相对位置的精确监测和安全防护，不同设备之间实现智能协同控制。

装备状态监测及故障诊断系统：掘进、锚护、运输等设备具备完善的单机状态监测和故障自诊断功能。鼓励有条件的煤矿建设掘进工作面综合监测系统，实现各设备状态的实时监测。

视频监测系统：掘进头和各转载点应设置高清摄像仪，具备视频增强功能，鼓励采用AI技术实现人员入侵、违规操作识别报警、灾害预警等功能。

掘进工作面远程集控平台：融合掘进工作面环境（粉尘、瓦斯、水、有害气体）、视频监测和人员信息，进行掘进工作面真实场景再现，实现单机可视操控、成套设备“一键启停”和多机协同控制等；鼓励应用数字化孪生技术，实现人—机协同控制。

（4）智能采煤系统

根据煤层赋存条件、工作面设计参数、产能指标等要求，建设不同模式的智能化采煤工作面：薄煤层和中厚煤层智能化无人开采模式、大采高工作面人—机—环智能耦合高效综采模式、放顶煤工作面智能化操控割煤＋人工干预辅助放煤模式、复杂条件智能化＋机械化开采模式。其中，条件适宜的薄及中厚煤层实现智能化少人开采，逐步推广应用采煤机自适应截割、液压支架自适应支护、智能放顶煤、刮板输送机智能运输、智能供液、综采设备群智能协同控制等技术。鼓励条件适宜的工作面应用基于地质模型的智能化开采实践。

专栏3　智能采煤系统

采煤机智能截割系统：采煤机具备启停、牵引速度和运行方向的远程控制，实现运行工况及姿态检测、机载无线遥控、精准定位、记忆截割、“三角煤”机架协同控制割煤、远程控制、故障诊断和环境安全联动控制，鼓励利用机载视频、无线通信、直线度检测、智能调高、防碰撞检测、煤流平衡控制等技术，实现采煤机智能控制。

液压支架自适应支护系统：工作面液压支架具备远程控制、自动补液、自动反冲洗、自动喷雾降尘功能，实现自动移架、推溜，鼓励利用高度检测、姿态感知、上窜下滑控制、工作面直线度调直、压力超前预警、群组协同控制、自动超前跟机支护、顶板状态实时感知、煤壁片帮预测、伸缩梁（护帮板）防碰撞、智能供液等技术手段，实现液压支架的智能控制。放顶煤液压支架采用割煤智能化结合自动放煤或人工辅助干预进行放煤控制。端头支架具有就地控制与遥控控制功能，与工作面液压支架联动，实现工作面端头区域安全支护。超前支架具有就地控制与遥控控制功能。

刮板输送机智能运输系统：刮板输送设备具备软启动控制、运行状态监测、链条自动张紧、断链保护、故障诊断、远程协同控制、三机协同控制等功能，实现刮板输送机的远程监测和控制；鼓励应用煤流负荷检测、工作面自动巡检机器人等技术手段，实现采、装、运协同控制。

带式输送机智能运输系统：带式输送机应具备运行工况监控与综合保护功能，实时监测胶带运行工况，并将堆煤、烟雾、纵撕、跑偏、自动洒水、周边环境等监测信息实时上传到工作面智能集控中心及地面智能集控中心，实现带式输送机的远程监测和控制；鼓励应用煤流量监测、异物识别、自动变频调速、自动巡检机器人、胶带空载、大块煤、人员违规穿越胶带等特征信息识别技术，实现智能感知、自主调速、节能运行。

顺槽监控中心：智能化采煤工作面智能集控中心具备对液压支架、刮板输送机、转载机、破碎机、带式输送机启停、闭锁控制功能，实现采煤机、液压支架、刮板输送机、破碎机、转载机、带式输送机、乳化液泵站、喷雾泵等工作面综采设备远程控制；地面监控中心具备工作面设备“一键启停”功能，实现在地面对采煤工作面综采设备进行远程监视。

（5）智能主煤流运输系统

采用带式输送机进行主煤流运输的矿井，主煤流系统中带式输送机应具备单机自动控制、多机协同联动、远程集中控制、煤量自动平衡、粉尘浓度检测和自动喷雾降尘、运行工况检测及故障智能预警等功能。鼓励应用基于AI煤量智能识别、人员违规作业智能监测、大块煤/堆煤/异物识别与预警等功能，实现带式输送机的智能运输。

采用立井箕斗进行煤炭提升的矿井，提升系统具备提升速度、提升重量等智能监测功能，具备智能装载与卸载功能，且能够与煤仓放煤系统实现智能联动控制；应具备完善的智能综合保护功能，实现立井箕斗提升的自动化远程控制。

(6) 智能辅助运输系统

针对井工矿轨道运输、无轨胶轮车等运输方式，建设具有智能规划、任务分配功能的辅助车辆智能调度管理系统，逐步实现物料运输、人员运输等辅助运输车辆的智能管控、智能规划路径与智能调度。

煤矿智能辅助运输系统应建设以车辆精确定位信息为基础，以车载智能终端为核心，辅助井下信号灯控制系统、智能调度系统、语音调度系统和地理信息系统，实现车辆监控、指令下达、运输任务调配、失速保护、报警管理、应急响应等功能，优化作业流程，实现辅助运输业务信息化全覆盖。鼓励斜井轨道运输利用精确定位、智能视频等技术，实现行人不行车、行车不行人，自动道岔变换等功能。

鼓励具备条件的矿井探索应用无人驾驶相关技术，研发应用地面远程遥控驾驶和智能化自动驾驶技术，采用环境感知、定位导航、路径规划等技术，实现车辆自动启停、自主避让、自动跟车等功能。鼓励开展井下辅助作业的机器人替代。

(7) 智能通风系统

采用通风系统智能精准感知技术与装备，实现对风阻、风量、风压等参数的智能感知，对通风网络阻力进行实时监测与解算。风速、温度、湿度、气压、瓦斯、一氧化碳、二氧化碳、粉尘等传感器的数量和位置应满足精确测风、瓦斯涌出量计算和环境状态识别的需要，并提供远程监测接口。鼓励井下主要进回风巷间、采区进回风巷间采用自动风门，正常通风时期可靠闭锁，灾变时期可远程解除闭锁。矿井主通风机、局部通风机具备远程集中控制功能，局部通风机可具有远程启停功能，实现无人值守。通风系统应具备故障自诊断与预警功能，并与其它系统实现智能联动控制，实现灾害的智能预警与避灾路线智能规划。

专栏4　智能通风系统

通风系统感知技术：通过精确阻力测定和平差计算获得主要井巷和通风设施的风量、风压、摩阻系数、原始风阻和局部风阻等参数，通过风机测定获得主要通风机、局部通风机的准确特性曲线。利用获得的各风机的特性曲线、各风道的风阻和自然风压等，解算各风道风量。

通风设备：主要通风机、局部通风机鼓励实现在线变频调速；主要通风机应安装精确的风量、风压传感器，局部通风机应安装风筒风速传感器。过车风门、主要行人风门、关键通风节点的风窗应实现人工、自动和半自动开关，并安装人车识别装置、视频监控系统、声光报警器和视频传感器，监测、监视和监控装置应提供远程接口。

智能通风软件系统：将地理信息系统与风机、风门、风窗监控系统、安全环境监测、瓦斯抽采监测系统、采掘工作面位置及状态监测系统以及人员和车辆定位系统进行集成，实现自然分风解算、通风网络实时解算及灾变状态下风流模拟仿真，能够进行通风系统优化、风速传感器和调节设施的优化布置以及可控性评价，实现通风系统状态识别和故障诊断、用风点需风量预测及灾变状态下的调风、控风的智能控制。在授权状态下，正常状态矿井风流、风量按照安全高效原则远程调节，灾变时期按照控制灾变及有利救援原则智能控风、调风，并实现三维动态可视化。

(8) 智能供电与供排水系统

建设基于供电系统数据、电缆监测数据、继电器保护数据、故障监测数据和电能计量数据的煤矿供电系统安全高效运行保障体系，对供电系统进行全面监测与分析，实现煤矿供电系统的全面智能化无人值守、智能监控管理；建设基于大数据分析的智能供电决策系统，实现故障的预判和预处理、快速故障隔离；建设煤矿能耗监测和智能化能耗优化调度系统，动态调节煤矿大型用电耗能设备的供电方案和作业计划，降低煤矿整体能耗水平，优化能耗成本。

建设基于压力、液位、流量、温度等监测传感器和电动阀的智能排水系统，实现主排水系统设备的智能运行，智能排水系统可按照水量实现排水用电自动削峰填谷，智能优化排水方式，实现能耗自评估和故障自诊断，具备智能报警、智能统计分析排水量等功能。

建设主供水智能控制系统，实现主供水系统设备的智能运行，供水用电自动削峰填谷及管网调配，自动选择最优电量；通过水泵运行等参数的监测，实现水泵控制及监测的智能化，实现对系统异常低压现象的预警；通过多传感器和各系统数据融合实现按需供水，并能实现对用水量的预分析功能。

建设污水智能处理系统，通过监测水泵及管路的运行参数、设备状态、运行时间等信息，实现能耗及产能分析和故障诊断；通过监测污水处理系统的各流程环节，及时调节污水处理的各项参数，降低系统运行成本，保证污水排放质量达标。

(9) 智能安全监控系统

根据矿井地质条件和生产条件，建设井下融合通信系统及配套装备，实现煤矿安全监控系统、人员定位管理系统、通信联络系统、智能视频分析系统、智能通风系统、供电监控系统、冲击地压监测系统、水文监测系统等系统的统一承载、共网传输，进行人、机、环的安全检测与防护，提高安全监控、人员定位、通风、供电、应急广播等系统的抗电磁干扰水平；建设具备水、火、瓦斯、顶板、粉尘等灾害监测与防治的综合防控系统，具备重大安全事件的应急处置管理能力，可依据灾变发展趋势，自动触发排水、灭火与除尘等系统；建设基于综合监测的灾害防治平台，具备灾害风险监测预警、智能分析模拟、应急救援辅助指挥、事故原因分析、矿井灾变状态下避灾路线智能规划等功能。

专栏5 智能安全监控系统

智能融合安全监控系统：建设基于“一网一站”的智能融合安全监控系统，实现井下环境监控、人员定位、无线通信系统、应急广播、有线调度系统、通风监控、水文监测、供电监测、视频监测等多功能的一站式高度集成、统一承载，系统数据通过“一网”接入高速环网传输通道，实现多个子系统的井下融合联动。

煤矿安全监测系统：采用激光检测、低功耗无线自组网、多系统融合联动等技术与装备，建设具备激光、红外等先进检测传感器、无线传感器、多参数一体化传感器等先进设备的监控系统，实现煤矿井下重点区域移动固定结合的全覆盖监测，实现系统低功耗、超远距离传输、高抗干扰能力。并通过大数据分析，构建煤与瓦斯突出、火灾预警模型，实现瓦斯及火灾的超前预警。

动目标精确定位系统：采用精确定位技术，实现井下人、车等目标的精确定位、人员状态分析、考勤、调度管理，满足井下复杂巷道的全覆盖需求，具备轨迹数据展示及分析功能。

智能电力监控系统：运用机器人、先进传感、双网双系统冗余热备等技术，建设智能供电监控系统。系统具备地面调度中心对煤矿井上下各级变电所内的高开、移变、高爆、馈电等供电设备的遥测、遥控、遥信、遥调、遥视五遥功能；具备故障录波与谐波分析功能，实现设备故障可追溯；能够实现变电所环境、安防、消防一体化监控，具备远程对讲与视频联动功能，智能识别、切换至故障位置；系统配备智能巡检机器人，能够代替人工巡检作业，实现关键供电场所的智能化监控与无人值守。

冲击地压监测系统：采用多种技术对冲击地压相关参数进行实时监测，实现煤矿井下冲击地压的智能预测、预警。

水害预警系统：建设多参数实时水文动态监测系统，实时在线监测井下水位、水压、水量等指标，具备井下水害智能预测、预警功能，并与排水系统联动。

智能火灾监控系统：建设束管监测、分布式光纤测温等系统，实现对井下采空区自然发火情况的实时监测、数据分析及上传；在电气设备、带式输送机等易发生火灾的区域，建设烟雾、一氧化碳等综合火灾监测设备，配备智能喷淋、自动喷粉喷气等自动消防灭火装置，实现火灾参数的智能监测、分析、预测、预警及联动控制。

智能粉尘灾害监控系统：实现对粉尘浓度的实时监测、数据分析、上传及超限自动报警，在矿井粉尘易超限区域建设呼吸性粉尘及总尘监测设备、智能喷雾装置及智能降尘装置，实现粉尘浓度智能监测及远程降尘控制。

(10) 智能综合管控平台

基于模块化、组件化的技术架构设计思路建设智能综合管控平台，集成各业务系统数据及感知层数据，运用新一代信息技术建设业务中台和数据中台，形成具有自感知、自决策、自执行的智能化平台，为上层业务应用提供统一的数据汇聚与技术支撑。建设智能生产服务和调度平台、业务综合管理系统、煤矿智能化综合协同控制平台，实现矿井各业务系统的数据共享服务与智能协同管控。

专栏6　智能综合管控平台

应用层（云平台）：包含智能模型训练、数据计算引擎、协同管理、生产管理、安全管理、能效管理、经营管理、决策分析、应用门户等业务应用，为用户提供高效、便捷的应用。

使能平台（边缘侧）：使能平台包括业务使能（综合智能管控平台及智能化应用服务）、数据使能（煤矿工业大数据平台）及集成使能（煤矿生产协同执行控制平台）。业务使能主要负责对接上层业务，为上层业务提供接口及应用支撑；数据使能负责数据存储及分析；集成使能负责与第三方子系统进行通信，集成第三方子系统的数据、接口及消息并将信息存储至数据使能。

业务子系统层（端侧）：是整个系统的数据来源基础。包括综采协同控制、综掘监控、全煤流平衡控制、辅运智能调度、一通三防安全协同控制、水处理系统、设备故障诊断等现场作业过程数据，以及摄像机、麦克阵列、机电设备监测传感器、环境监测传感器、位置传感器等监测监控设备商提供的数据访问接口。

智能生产服务和调度平台：该平台基于微服务架构，包括应用融合平台、数据服务平台、技术研发平台。应用融合平台以统一设计的应用架构为基础，提供功能完善、流程统一、体验一致的业务应用环境，提供了标准接口的集成环境；数据服务平台以数据架构为基础，提供数据存储、数据应用、数据分析和大数据挖掘能力；技术研发平台以技术架构为基础，统一技术规范和标准，提供开发、测试、运维一体化的技术研发服务，并提供建模工具、算法编排工具、页面组态工具、流程表单等可视化低代码开发工具，支撑应用构建。

业务综合管理系统：建设立足于煤炭企业管理和经营职能的业务综合管理系统，实现对煤矿相关生产、安全、运输、生产计划、物资统配、配煤、经营的管理、监测、统计、分析和预测，为煤矿的统筹管理提供科学的决策依据。包括生产数据、安全数据和经营数据的统计、分析、存储和应用。围绕煤矿生产情况，实现矿井生产、安全、经营数据的统计与分析。

煤矿智能化综合协同控制平台：建设煤矿智能化综合协同控制平台，打通安全监测监控、人员定位、融合通信、工业视频、矿压监测、电力监控等多个子系统间的数据传输壁垒，实现自动决策、灾害隐患实时监测预警。

（11）智能化园区

整合园区的消防、安防、停车、访客、会议管理、考勤、购物、餐厅等业务系统，形成全面感知、实时互联、分析决策、自主学习、动态预测、协同控制的智能园区管控系统。

专栏7 智 能 园 区

智能园区智能运营中心：向园区管理和决策人员实时展示煤矿各项业务的关键指标，实现园区的统一管控。

智能园区数字平台：包括AI智能分析、智能边缘子平台、物联网子平台、地理信息系统子平台、位置服务子平台、数据集成子平台、业务子平台和数据服务等子系统，实现数据接入、数据分析存储、业务逻辑服务和开发服务；建设智能园区云平台，提供高可靠的云服务，部署数字平台和应用系统。

ICT（信息与通信技术）基础设施：包括智能园区专用网络、通信网络和边缘节点；建立智能园区办公网、视频网、运营商通信网络、WiFi等网络基础设施；根据园区实际应用状况，部署边缘节点的物联网关、边缘视频管理和智能分析。

（12）经营管理系统

建立统一的智能化经营管理平台，支持煤矿各业务应用的全面一体化集成，打通管理孤岛、数据孤岛；构建“人财物一体、产运销一体、业务全面互联互通”的智能化经营管理平台，覆盖煤矿的管理决策、财务、生产、人力、物资、机电、计划预算、安环、调度、项目管理等领域；建设数字化决策体系，实现经营数据、生产数据、绩效数据、管理分析数据等实时展现，为经营决策提供参考、经营管理提供依据、生产提供数据、绩效提供指导；建设煤矿设备全生命周期管理系统，整合设备台账管理、设备运行数据、设备维护记录等，针对特定设备提供专家运维建议和超前预测，实现设备的全生命周期管理；强化运销体系智能化管理，构建完整运销体系，实现一体化集中运销；利用移动应用、条码技术，提高业务效率，降低人工成本，实现矿山管理的智能化。

2. 分类重点建设内容

（1）建设基础条件较好的智能化煤矿重点建设内容

对于煤层赋存条件相对较简单、智能化建设基础条件较好的矿井，应全面开展智能化建设。建设智能化综合管控平台，实现煤矿各主要业务系统的数据融合共享、网络互连互通与协同联动控制；建设大数据中心，实现数据的分类存储、关联分析、深度挖掘与利用；建设高速高可靠数据传输网络；建设完善的井下精准定位系统，满足井下人员、设备定位精度要求；建设完善的视频监控系统，实现基于机器视觉的多场景应用；建设GIS+BIM系统，实现地质信息、工程信息的有效融合及高精度建模；建设智能快速掘进系统，煤层巷道月进尺大于1000 m，实现巷道掘进过程的远程智能控制；建设智能化采煤工作面，薄及中厚煤层工作面实现常态化无人开采，厚及特厚煤层综采工作面实现常态化少人开采（每班作业人员不超过5人），综放工作面实现智能化放顶煤（每班作业人员不超过7人）；主煤流运输系统实现智能无人操控，机器人巡检作业；探索应用无轨胶轮车、单轨吊实现辅助驾驶、智能调度，物料供应实现连续化运输；通风、排水、供电等固定作业岗位全部实现无人值守、机器人巡检作业，建设完善的煤矿灾害智能监测预警平台与应急管理平台，实现危险源、危险场景的智能分析、预测、预警；建设煤矿智能经营管理系统，实现产、供、销全流程的智能决策与精益管理。

（2）建设基础条件一般的智能化煤矿重点建设内容

对于具有一定智能化建设基础条件的矿井，应建设智能化综合管控平台，建设高速高可靠数据传输网络，实现煤矿各主要业务系统的数据融合共享、网络互连互通与协同联动控制；建设完善的井下精准定位系统，满足井下人员、设备定位精度要求，建设地质信息与工程信息时空大数据库，为各业务系统提供统一的地理信息服务；建设智能快速掘进系统，煤层巷道月进尺大于500 m，巷道掘进过程部分实现智能控制；建设智能化采煤工作面，薄及中厚煤层工作面实现常态化少人开采（每班作业人员不超过3人），厚及特厚煤层综采工作面每班作业人员不超过7人，综放工作面每班作业人员不超过7人；主煤流运输系统实现远程操控；无轨胶轮车实现辅助驾驶，单轨吊、机车实现精准定位、连续运输；通风、排水、供电等固定作业岗位实现无人值守；建设完善的煤矿灾害智能监测预警平台与应急管理平台，实现危险源、危险场景的智能分析、预测、预警；建设煤矿智能经营管理系统，实现产、供、销全流程的智能决策与精益管理。

（3）建设基础条件复杂的智能化煤矿重点建设内容

对于煤层赋存条件相对复杂、智能化建设基础相对薄弱的矿井，主要以减人、增安、提效为目标。建设智能化综合管控平台，实现煤矿各主要业务系统的数据融合共享、网络互连互通；建设地质信息与工程信息时空大数据库，为各业务系统提供统一的地理信息服务；建设快速掘进系统，满足采掘接替需求；建设机械化+智能化采煤工作面，实现远程集中控制；主煤流运输实现远程集中控制，辅助运输实现连续运输；通风、排水、供电等固定作业岗位实现无人值守；建设完善的煤矿灾害智能监测预警平台与应急管理平台，实现重大灾害的超前预测、预警；建设煤矿智能经营管理系统，实现产、供、销全流程的智能决策与精益管理。

（二）露天煤矿智能化建设内容

1. 智能化系统基本建设内容

（1）信息基础设施

结合露天矿生产工艺流程，应用自动控制、智能感知等技术对钻机、挖掘机、自卸卡车、破碎机、带式输送机、排土机、推土机等设备及其它基础设施进行数字化改造，完善工业网络及信息安全建设，通过生产设备的自动化、集成化、智能化改造逐步替代人工操作，实现节能减排、减员增效，提高劳动生产率和资源综合利用率。

① 智能感知

鼓励矿山企业加快部署环境感知终端、智能传感器、智能摄像机、无线通信终端、无线定位终端等数字化工具和设备，融合图像识别、振动感知、声音感知、射频识别、电磁感应等技术，实现矿山环境数据、采矿装备状态信息、工况参数、移动巡检数据等的全面采集。

② 网络建设

整体规划部署矿山控制网、生产网、办公网、监控网等网络，优先保障控制网的通信畅通与冗余安全，实现主要办公区、主要采区、受控区域、装备作业区等重点区域的网络全覆盖。

鼓励有条件的煤矿开展新型技术的规模化试验和应用部署，鼓励煤矿配备高系统容量、高传输速率、多容错机制、低延时的高性能网络设备，实现网络资源优化配置。

2. 分类重点建设内容

（1）智能地质、测量、开采保障系统

建设集地质资源管理、测量管理、采矿智能设计等功能于一体的矿山资源数字化管理系统，实现矿山地质资源模型的精确构建与实时更新，通过数据存储、传输、深加工和融合等数据处理环节，使地质信息在矿山地质、测量和开采之间数字化流转，实现矿山地质信息的精准统计、高效处理和实时共享，为安全绿色智能开采提供地质保障。

专栏8　智能化地质、测量、开采保障系统

地质资源管理系统：实现原始勘探数据、生产勘探数据和煤质数据的数字化管理与可视化展示，构建露天矿高精度三维模型，实现模型的实时更新、资源/储量的动态管理。

测量管理系统：快速处理经多种仪器、多种测量方法取得的测量数据，建立地表、采区、排土场等三维模型，应用于动态生产管理等。

采矿智能设计系统：通过参数设置自动生成设计模型，实现穿爆智能设计，根据开采条件、开采工艺，实现短期及中长期智能排产。

（2）智能穿爆系统

鼓励应用智能钻机、智能装药车等进行穿孔、爆破作业；智能钻机具备实时监测控制功能，实现智能定位、智能穿孔；智能装药车具备自主寻孔、自主装药等功能。爆破工作应能通过终端设备获得警戒范围内人员和设备的位置信息，实现远程操控。

（3）单斗—卡车间断工艺智能化系统

因地制宜确定合理的采装运设备型号和数量，配套高效的卡车调度管理系统，实现合理配车、优化配车，提高设备的生产效率；鼓励应用高精度北斗或GPS模块、防碰撞安全预警系统、设备数据采集、数字孪生、自动驾驶等技术，使单斗—卡车间断工艺系统具有智能感知和自主决策功能，实现生产少人、无人，系统高效协同运行。

专栏9　单斗—卡车间断工艺智能化系统

设备安全预警平台：建设挖掘机斗齿监控系统，实时监测斗齿健康状态；开发矿卡轮胎在线监测系统，实时监测卡车轮胎胎压、温度数据，保障生产安全运行；开发卡车燃油监控系统，实时监控卡车燃油状况；开发卡车防碰撞系统，实时提示司机周围障碍物状态信息。

多机协同操作系统：建设挖掘机、卡车和人员精确定位系统，实现设备间相对位置的精确监测、人员警报和安全防护，为挖掘机、卡车配合装车过程提供协同信号，通过各自提示系统协同完成采装工作。

装备状态监测及故障诊断系统：采装、运输等设备具备完善的单机状态监测和故障自诊断功能。鼓励有条件的煤矿建设采装工作面综合监测系统，实现各设备状态的实时监测及各信号交互和连锁控制。

视频监测系统：电铲、卡车设备前方、驾驶室内应设置高清摄像仪，具备视频增强功能，鼓励采用图像AI处理实现安全预警等功能。

综合监控与应急指挥系统：融合采装工作面环境（粉尘、边坡、工作面障碍物等）、视频监测和人员信息，根据采集的相关设备信息进行采装工作面真实场景再现，具备单机可视操控、成套设备“一键启停”和多机协同工作、无线数据网络管理及远程集中控制等功能；鼓励应用数字化孪生技术，实现人—机协同控制。

智能卡车调度管理系统：实现挖掘机、卡车及辅助设备实时精准定位技术、自动计量功能，卡车调度系统数据及业务的互联互通，实现卡车的智能调度管理。

（4）半连续工艺智能化系统

鼓励露天矿采用半连续工艺系统，提高自动化水平。实现破碎站、带式输送机、排土机等设备的自动化集中控制，自动采集生产数据、设备周边环境（声、光、粉尘）数据。多套系统宜实现集中控制、远程操控，系统设备宜实现自动启停/调速，智能故障诊断，可采用巡检机器人作业，实现少人或无人值守。

专栏10　半连续工艺智能化系统

破碎站智能控制系统：半固定式破碎站智能控制系统与卡车调度系统实现智能联动，实现车流密度远程监控，卸载台位智能分配；实现上料量智能判断、破碎机远程操控、自动启停/调速、物料块度智能监测；实现物料、用能、电气和机械运行参数、周边环境参数的实时监控；通过破碎全流程视频监测、基于物料块度图像分析等技术实现故障报警、故障自诊断功能。自移式破碎站建设挖掘机、人员精确识别及监测系统，实现设备间相对位置的精确监测和人员的安全防护，为挖掘机卸料过程提供协同控制信号。

带式输送机智能控制系统：与破碎站智能控制系统实现智能联动，根据破碎站来料自动启停/调速；通过固定网络通信设备、远程操控台、控制服务器、无线通信终端、运动控制器、数字摄像机、专业软件等，实现远程作业控制、电气、机械及环境参数采集、设备故障预警；沿线巡检宜采用机器人作业，少人或无人值守。

排土机智能控制系统：与带式输送机智能控制系统实现智能联动，根据带式输送机来料自动启停/调速；通过智能化建设，实现对物料性质、运行参数、环境数据的自动采集与智能分析，通过远程操控平台实现作业区域的选择与排弃程序优化。鼓励实现智能排土机自主行驶、自主作业等。

（5）轮斗连续工艺智能化系统

鼓励地质条件适合的露天矿采用连续工艺系统，实现采、运、排环节的连续作业，提高露天矿自动化、智能化水平，逐步实现无人操作；鼓励实现轮斗挖掘机、排土机自主行驶、自主作业、自动对位等。

专栏11　连续工艺智能化系统

轮斗挖掘机智能控制系统：轮斗挖掘机系统宜配置智能监测系统，对设备周边环境参数（气温、风力、粉尘等）、物料参数、设备运行参数实时监控，具备智能分析功能；宜配置视频监控系统，实现作业区域的无死角覆盖；鼓励利用智能摄像仪，实现智能分层挖掘；具备特征信息识别、自动特征提取和预警联动功能，实现轮斗挖掘机系统的远程智能控制。有条件的可实现轮斗挖掘机智能识别煤、岩，记忆采掘。

鼓励有条件的矿山建设“监测—预警—控制—联动”四位一体管理平台及系统，实现半连续、连续工艺系统装备预维护，降低系统停车故障，提高系统运行效率。

（6）智能辅助生产系统

根据露天矿水文地质条件、开采工艺系统，鼓励露天矿利用自动控制、人工智能等手段，应用先进工业控制软件，实现各辅助生产系统的自动控制、自主运行、无人值守。

专栏12　智能辅助生产系统

生产辅助设备：装载机、推土机、平路机、压路机、洒水车、加油车、油脂车等采掘场及排土场生产辅助设备，应进行智能化改造，与主采设备智能化系统实现智能联动，逐步实现无人化操作。

地下水控制及防排水系统：建设地下水智能化计量控制管理设施，促进水资源的优化配置。实现对采掘场内、疏干井内水位的智能探测、分析，鼓励露天矿应用智能潜水泵、智能暴雨泵等设备。

机电设备维修系统：建立设备故障数据库，根据数据平台反馈设备运行状况，智能诊断设备故障，分析故障原因。对历史故障信息进行智能分析，生成报告及提示信息，实现故障预测。

供配电系统：设置电力监控与调度系统，对变电站、线路等变输配系统和设备的在线参数检测，实现调度中心对供电设备的遥测、遥调和遥控。鼓励有条件的矿山企业实时监控各个开关柜的电压、电流、功率等参数及开停状态，实现故障自动检测、定位、预警，通过加装烟感和电缆温度检测系统提高安全生产水平，各级变配电站应实现无人值守，系统宜实现智能配电功能。

通讯、调度系统：露天矿行政通讯、调度通讯、无线通讯系统之间互联互通，优先建设5G通讯网络，搭建矿山物联网平台，提升网络的布局布点与覆盖范围；实现对采、运、排生产系统的调度指挥、远程监控功能，实现安全生产、调度管理等信息的显示、报警、记录，实现车辆实时定位、行车管理、配矿、车辆调度、信息发布、运输计量、违规违章监测、轨迹查询、统计报表等功能。

给排水与供热通风系统：给排水控制系统实现自动运行、无人值守、远程集中监控功能。具备水仓（池）水位、给水排水流量、设备运行工况、环境参数、安防、消防等在线监测功能，实现设备故障诊断分析、安全预警预报功能。具有合理选择水泵启停数量和管路运行数量功能；配备视频监控系统。

供暖系统根据地理位置、季节气温变化及节能需求，实现智能控温；主供热设备应具有在线监测及控制功能，并配备视频监控系统。通风系统设备应具有一键启停功能；具有在线监测及控制功能；可根据烟雾、温度等环境参数智能控制风量及风速。系统用电自动削峰填谷及管网调配，自动选择最优电量。

能源管理系统：采用先进的智能化集成技术，建设由能耗计量装置、数据传输系统及监控平台组成的矿山能耗实时监测系统，实现矿山固定设施及大型作业装备等的实时能源消耗监测、能耗统计、故障分析、数据追溯。鼓励企业建设矿山能耗优化调度系统，以企业能源实时成本、产能指标、生产计划为决策依据，建立矿山能耗优化模型，动态调节矿山大型耗能设施、装置的作业计划，降低矿山整体能耗水平，优化生产能耗成本。

设备运维和管理系统：建设煤矿设备运维和全生命周期管理系统，基于云端和移动端的完整运维流程管理，大幅提高运维效率、降低运维成本，实现重要设备的全生命周期管理。

（7）智能安全监控系统

针对露天矿坑下作业人员、边坡稳定、设备运行、环境及灾害等方面，从集成化、系统化的角度出发，将安全生产要素集成和智能化提升，建立完善的主动安全管理保障体系，实现面向“人员—设备—环境—管理”的全方位主动安全管理。

专栏13　智能安全监控系统

人员安全监控系统：人员装备应具备无线语音通话功能；条件适宜的煤矿应具备实时视频采集、上传及调看远程视频的功能；应具备精准定位功能；采掘及运输设备应具备作业过程中实现人员非法进入和违规误入危险区域自动预警。

边坡安全监测系统：建设边坡预警系统，对采掘场边坡及排土场边坡进行监测。根据边坡工程监测等级，综合考虑边坡工程实际监测需求，分别进行地表变形监测、地下变形监测、应力监测、降雨量监测、地下水监测、爆破震动监测等，实现数据采集、分析与风险预警。鼓励有条件的露天煤矿建设自动化监测系统，实现实时监测、数据输出及预警预报。

设备安全监控系统：建设设备运行实时监测系统，实现设备损耗性部件更换提示功能，根据在线监测的大数据分析，制定科学的维护策略，不断优化设备运维管理模型，实现设备的预测性维护，降低故障率。

环境安全监控系统：建设由信息采集、数据传输及监控平台组成的生态环境保护管理智能感知系统，利用智能监控手段、定位技术和物流系统，实时跟踪监控矿山生产作业过程中的废水废气排放情况及固体废物环境管理情况，实时采集三废产生量及废水废气中的污染物监测等数据，对潜在的突发环境事件及时分析预警，利用无人机巡航及时监控矿山生态破坏和修复情况，实现矿山生产作业过程中生态环境保护的数字化、智能化管理。

灾害管理监控系统：鼓励有条件的露天矿山建设应急通信系统，实现紧急模式下的快速组网。根据露天煤矿的灾害类型（自燃、滑坡、水、采空区塌陷等），具备相应灾害的实时在线监测能力、监测数据的综合分析功能，监测异常信息可自动推送至广播系统和信息综合管控平台。

（8）智能化园区

根据露天矿功能分区建立相应识别系统，实现对园区内人、车、财、物的全面掌握、智能分析预警和敏捷控制，实现物联网在园区内的应用。

（9）生产经营管理系统

建设集成的智能化生产经营管理平台，实现“数字化、可视化、智能化”，实时查询生产运营数据，通过对生产数据的智能分析，全面掌握当前企业的运营状况，并通过对关键指标设定适当阈值，使系统能快速察觉企业运作中的不足，在企业运营状况综合评价的基础上，实现对阶段性生产过程的状态、成本、效益以及年度整体生产情况等的智能分析与决策，为生产经营管理提供依据。

（10）信息智能综合管控平台

实现集生产系统、安监系统、智能保障系统、智能决策分析系统、智能经营管理系统、智能化园区等数据与功能于一体，统筹安排各类生产要素和资源分配，动态调节装备作业计划和调度决策的信息智能综合管控平台。

专栏14　信息智能综合管控平台

数据采集系统：实现对矿山“地、测、环、采、剥、机、运、通、调度、计划”等全环节、全周期、全过程实时数据采集。

信息管理系统：具备元数据管理功能，能提供统一的数据接口、统一编码体系、统一数据库的技术架构。

平台技术基础及结构：搭建统一技术平台，统一安全管理机制。通过组织结构管理、工作流机制、权限管理等提供相关业务协同；平台应支持C/S、B/S、大屏显示、移动端等多形式展现。

（三）选煤厂智能化建设内容

1. 智能化系统基本建设内容

智能化建设主要分为基础平台建设、基础自动化建设、智能控制建设、智能管理与决策建设。

（1）基础平台建设

基础平台建设包括网络平台建设、云平台建设、数据中心建设、专家知识库建设、系统安全保障、交互平台建设等内容。基础平台建设应统筹考虑矿井、电厂等智能化建设规划，合理确定云平台建设方式，使智能化建设方案具有较强的适用性和较好的前瞻性。

（2）基础自动化

基础自动化建设内容主要包括设备及仪表监测与保护、生产环节基础自动化、辅助环节自动化等。

① 设备及仪表检测与保护建设应实现电机、减速机、液力耦合器等设备及仪器的电流检测、温度检测、振动检测及信息共享。

② 生产环节基础自动化建设主要包括集中控制系统、视频监控系统、调度通信系统、人员定位系统、设备状态在线监测系统、配电监控系统、在线测灰系统、产量计量系统、物料监测系统、能源计量系统、环境安全监测系统等内容。

③ 辅助环节自动化建设主要内容包括照明控制、泵类与风机系统控制、冲洗水及通风、除尘等自动化建设等。

（3）智能控制

智能控制包括生产过程智能控制、辅助环节智能控制、生产保障智能化等。

① 智能控制建设要求。能自主分析加工对象的性质，建立生产组织模型；采用大数据分析方法进行数据建模，利用机器学习算法自主分析、预测工艺参数；通过多种控制方法，自主调节操作参数，实现各工艺环节智能控制；通过对典型选煤工艺的智能控制，实现精准分选，稳定产品质量，提高精煤产率，增加经济效益；根据产品和工艺要求，按照最大产率原则与最大经济效益原则，自行调节各工艺环节生产参数。

② 智能控制建设内容。生产过程智能控制包括智能分选、智能浓缩、智能压滤等；辅助环节智能控制包括智能仓储与配煤、智能装车等；生产保障智能化包括智能集控、智能视频、智能停送电等。

（4）智能管理与决策要求

智能管理包括生产管理、机电管理、经营管理、安全与职业健康管理、节能与环保管理、协同管理等。智能决策包括生产情况分析、经营情况分析、工艺效果评价、生产指标预测、产品结构优化、经济效益预测、设备运行分析、生产组织决策、综合辅助决策及不同管理层面的统计分析。

2. 分类重点建设内容

智能化选煤厂建设应根据选煤厂的类别、服务年限、煤质特征、产品定位、规模大小、工艺技术特征，因地制宜、分步实施。

（1）炼焦煤选煤厂智能化重点建设内容

以产率最大、效益最优为原则，选择配置先进、合理、可靠的工艺技术方案及技术装备。开展有压、无压重介旋流器等智能化主洗工艺系统建设，加强洗选过程智能检测、计量技术的应用，建立可靠的洗选过程智能模型，实现浮选过程智能控制及自主决策。充分分析尾煤浓缩及压滤特点，开展尾煤的智能浓缩、智能压滤等建设。

（2）动力煤、化工用煤选煤厂智能化重点建设内容

以灵活适配、效益优先为原则，配备可靠的精准洗选及配煤系统，加快推进基础平台、智能控制、智能管理与决策的研究应用，开展重介旋流器、重介浅槽、跳汰等主洗工艺系统的智能化建设，加强动力煤智能在线检测、智能脱粉、计量装备、智能储煤、智能装车、煤泥减量等系统应用，建设可靠的智能配煤系统，保障产品质量稳定，增强产品灵活性。

四、保障措施

（一）组织保障

发挥煤矿智能化建设工作专班在智能化煤矿建设中的组织、协调、督促指导作用，统筹推进全国智能化煤矿规范有序建设。煤炭生产企业应成立智能化专职机构，强化“一把手”工程，鼓励煤矿企业一把手担任专职机构负责人，确保煤矿智能化建设各项工作有序推进。建立完善的决策咨询机制，通过内部遴选和外聘相关领域技术、管理专家，加强对智能化煤矿建设的咨询指导。

（二）制度保障

加快推进智能化煤矿技术规范与标准体系建设，开展基础共性、关键核心标准的制修订工作，制定煤矿智能化建设、验收等相关技术规范与实施细则。推进管理理念、管理制度、运营模式的创新与应用，建立健全智能化煤矿设计、建设、运行管理制度和奖惩措施。建立智能化煤矿分类分级评价机制，地方煤炭行业管理部门和煤矿生产企业应定期开展智能化煤矿建设效果评估等工作。根据煤矿智能化发展水平与建设情况，及时修改安全管理、监管的相关法规。

（三）技术保障

鼓励和支持煤炭企业与相关高校、科研院所等协同合作，加强智能化煤矿核心技术与成套装备的研发应用，遴选推广一批先进适用的重大技术装备成果，持续提升各类技术装备和应用平台间的集成性、交互性、兼容性，消除技术壁垒，整体推进煤矿智能化建设与迭代升级。加强共性关键技术领域的高质量、高价值专利培育和保护，做好知识产权布局和申请。鼓励创新专业化运维服务模式，建立健全智能化煤矿运维保障体系。

（四）资金保障

煤炭企业应落实智能化煤矿建设的主体责任，以提质增效、减人强安为目标，加大资金投入，重点实施智能化技术与装备研发、技术改造、工程建设等项目，提高资金产出效益。鼓励地方有关部门研究制定相关扶持政策，将煤矿相关智能化改造纳入煤矿安全技术改造范围，探索研究将相关投入列入安全费用使用范围；引导金融机构加大对智能化煤矿的支持力度，支持企业发起设立相关市场化基金，形成支持煤矿智能化发展的投入长效机制。

（五）人才保障

培育壮大煤矿智能化人才队伍，鼓励高校和煤炭企业合作创新人才培养模式，拓展产—学—研—用人才路线，共建示范性实习实践基地，培养煤矿智能化相关专业高技能人才。加大煤矿智能化培训力度，开展在职人员智能化和信息化培训，建立健全煤矿智能化相关技术人员职业发展通道，优化知识型、技能型、管理型人才发展体系。

国家能源局关于印发《智能化示范煤矿验收管理办法（试行）》的通知

国能发煤炭规〔2021〕69 号

各产煤省（自治区）及新疆生产建设兵团发展改革委、能源局，有关中央企业：

为贯彻落实《关于加快煤矿智能化发展的指导意见》(发改能源〔2020〕283 号)，加强智能化示范煤矿验收管理，现将《智能化示范煤矿验收管理办法（试行)》印发你们，请按照执行。

附件：《智能化示范煤矿验收管理办法（试行)》

国家能源局

2021 年 12 月 7 日

智能化示范煤矿验收管理办法（试行）

第一章　总　则

第一条　为规范做好智能化示范建设煤矿验收管理工作，根据《关于加快煤矿智能化发展的指导意见》(发改能源〔2020〕283 号)、《智能化示范煤矿建设管理暂行办法》(国能综通煤炭〔2020〕139 号）制定本办法。

第二条　煤炭企业是煤矿智能化建设的责任主体，应按照《煤矿智能化建设指南（2021 年版)》(国能发煤炭规〔2021〕29 号）进行智能化建设。智能化示范建设煤矿的验收应注重评价智能化对煤矿生产效率、安全水平等的提升效果。

第三条　本办法适用于国家级智能化示范建设煤矿的验收。

第二章　申请条件及验收程序

第四条　申请智能化验收的煤矿应具备以下条件：

1. 采矿许可证、安全生产许可证齐全有效。

2. 生产煤矿完成智能化升级改造，处于正常生产状态，各智能化系统稳定运行至少 2 个月以上。

3. 新建（改扩建）煤矿应完成联合试运转并竣工验收，各智能化系统稳定运行至少 3 个月以上。

4. 制定了煤矿智能化建设规划和专项设计，具有完善的煤矿智能化管理制度和人才队伍。

5. 安全生产标准化达二级及以上要求，一年内未被检查出重大隐患且未发生较大及以上事故，三年内未发生重大及以上事故。

6. 未被列入失信联合惩戒“黑名单”。

第五条　煤矿完成智能化建设后，应先由煤矿主体企业开展自验收工作，并编写《智能化示范建设煤矿自验收报告》。

第六条 地方智能化示范建设煤矿通过所属企业集团向煤矿企业所在省（区）的省级能源主管部门提出验收申请，中央企业所属智能化示范建设煤矿向中央企业总部提出验收申请。验收申请材料包括《智能化示范建设煤矿验收申请表》和《智能化示范建设煤矿自验收报告》。

第七条 省级能源主管部门负责对验收申请材料进行审核，研究通过后依据本办法组织专家验收，编制《智能化示范建设煤矿验收报告》，并报送国家能源局。

第八条 中央企业负责对所属智能化示范建设煤矿的验收申请材料进行审核，研究通过后依据本办法组织专家验收，并编制《智能化示范建设煤矿验收报告》，报送国家能源局，同时抄送省级能源主管部门。

第九条 省级能源主管部门或中央企业总部应在收到验收申请后15个工作日内完成申请材料初审，初审通过后，应在30个工作日内完成验收工作。

第十条 国家能源局会同有关方面组织专家，对验收通过的智能化示范煤矿进行抽查。

第三章 验 收 要 求

第十一条 地方组织验收时，由省级能源主管部门成立验收专家组；中央企业组织验收时，由其总部成立验收专家组。专家抽取时应实现煤矿主体专业全覆盖，专家组成员不少于7名，且一半以上专家应从国家煤矿智能化专家库中抽取，同一单位（集团）专家不超过2名，专家组组长应由国家煤矿智能化专家库中专家担任。专家选取应采取本省（集团）回避原则，并签署专家验收承诺书。

第十二条 《智能化示范建设煤矿验收报告》应包括煤矿概况、各系统智能化建设及投资情况、建设效果评价、验收意见等，并由专家签字确认。

第十三条 智能化示范建设煤矿应满足《智能化示范煤矿验收评分方法》(见附件）中的必备指标，必备指标未达要求不得通过验收。

第十四条 智能化示范建设煤矿验收等级分为初级、中级和高级，井工煤矿应按照建设条件分类后进行评价，配套建设的选煤厂应与煤矿一同验收、分别评级。随着煤矿智能化技术进步、装备水平不断提高以及建设标准逐步完善，不同类别的智能化示范煤矿应按照新的标准迭代升级。

第四章 监 督 管 理

第十五条 国家能源局会同有关方面根据《智能化示范建设煤矿验收报告》和抽查情况进行审核，通过后向社会公示，时间不少于10个工作日，公示无异议后公布名单。

第十六条 对公布的智能化示范煤矿，按规定享受国家有关优惠政策。未通过验收的煤矿，应持续进行建设，6个月后可重新申请验收。通过验收的智能化示范煤矿，可在1年后申请升级验收。

第十七条 省级能源主管部门、中央企业总部应对验收通过的智能化示范煤矿实行跟踪管理。国家能源局会同有关方面根据跟踪情况动态更新智能化示范煤矿名单。

第十八条 验收工作应遵循公平公正公开原则，有关人员应坚持程序规范、标准一致，严格遵守中央八项规定精神和廉洁自律有关规定。

第五章 附 则

第十九条 煤矿智能化建设管理职责不在省级能源主管部门的，验收工作由所在省（区）负责煤矿智能化建设的有关部门组织开展。

第二十条 本办法由国家能源局负责解释，并根据国家政策、技术进步等因素适时调整。

第二十一条 本办法有效期五年，自发布之日起施行。

附件：智能化示范煤矿验收评分方法

附件

智能化示范煤矿验收评分方法

第一部分 智能化井工煤矿

一、井工煤矿智能化建设条件分类

根据煤矿主采煤层赋存条件、开采技术条件等对智能化建设条件进行分类，分类结果为：智能化建设条件Ⅰ类煤矿、智能化建设条件Ⅱ类煤矿、智能化建设条件Ⅲ类煤矿，分类评价指标如下：

表1 煤矿智能化建设条件分类评价指标

序号	评价指标	单位	等级划分	指标得分	权重值
1	生产能力	万吨	≥1500	100	0.0564
			1000~1500（不含）	90	
			500~1000（不含）	80	
			300~500（不含）	70	
			100~300（不含）	60	
			＜100	50	
2	煤层埋深	m	＜200	100	0.0527
			200~500（不含）	80	
			500~1000（不含）	70	
			1000~1500（不含）	60	
			≥1500	50	
3	采煤工作面倾角	°	＜10	100	0.094
			10~25（不含）	80	
			25~45（不含）	60	
			≥45	50	
4	煤层稳定性	—	稳定煤层	100	0.0938
			较稳定煤层	80	
			不稳定煤层	70	
			极不稳定煤层	50	

表1（续）

序号	评价指标	单位	等级划分	指标得分	权重值
5	褶曲影响	—	影响很小	100	0.0506
			影响较大	75	
			影响很大	60	
6	断层影响	—	影响很小	100	0.0614
			影响较大	75	
			影响很大	60	
7	陷落柱影响	—	影响很小	100	0.0611
			影响较大	75	
			影响很大	60	
8	围岩稳定性	—	围岩稳定，对采掘影响很小	100	0.0748
			围岩较稳定，对采掘有一定影响	75	
			围岩不稳定，对采掘影响较大	60	
9	煤层自燃倾向性	—	不易自燃（Ⅲ类）煤层	100	0.0438
			自燃（Ⅱ类）煤层	75	
			易自燃（Ⅰ类）煤层	60	
10	瓦斯等级	—	低瓦斯矿井	100	0.077
			高瓦斯矿井	75	
			煤与瓦斯突出矿井	60	
11	矿井水文地质条件	—	水文地质条件简单	100	0.076
			水文地质条件中等	80	
			水文地质条件复杂	70	
			水文地质条件极其复杂	50	
12	冲击倾向性	—	无冲击	100	0.086
			弱冲击	80	
			强冲击	60	
13	煤尘爆炸危险性	—	无煤尘爆炸危险性	100	0.0262
			有煤尘爆炸危险性	75	
14	热害等级	—	无热害矿井	100	0.0338
			一级热害矿井	85	
			二级热害矿井	75	
			三级热害矿井	60	

表1（续）

序号	评价指标	单位	等级划分	指标得分	权重值
15	原煤生产人员工效	t/工	≥30 t/工	100	0.0713
			15~30（不含）t/工	85	
			10~15（不含）t/工	75	
			6~10（不含）t/工	70	
			3~6（不含）t/工	60	
			<3 t/工	50	
16	矿井剩余服务年限	年	15年以上	100	0.0411
			8~15年（含15年）	70	
			8年以下（含8年）	50	

根据煤矿实际情况对上表中的煤矿各项指标进行打分，指标得分与权重值的乘积为该项指标的评价值，将各项指标的评分相加则为煤矿的综合评价值。采用百分制原则对煤矿的智能化建设条件进行综合评价，依据评价结果集：{智能化建设条件Ⅰ类煤矿、智能化建设条件Ⅱ类煤矿、智能化建设条件Ⅲ类煤矿}={100~85（含），85~70（含），<70}，确定煤矿的智能化建设条件类别。

二、井工煤矿智能化验收

根据煤矿智能化建设条件分类结果，分别采用对应的分级评价指标体系（智能化建设条件Ⅰ类煤矿评价指标体系、智能化建设条件Ⅱ类煤矿评价指标体系、智能化建设条件Ⅲ类煤矿评价指标体系）进行验收和评价打分，每类评价结果分为：高级智能化示范煤矿（综合评分值≥90分）、中级智能化示范煤矿（综合评分值75~90分，不含90分）、初级智能化示范煤矿（综合评分值60~75分，不含75分）。

煤矿智能化各系统综合评价指标分为必备指标、评分指标、加分指标，系统考核得分等于该系统评分指标与加分指标得分之和，必备指标不具备的不予验收。综合评分值为各系统考核得分乘以系统权重之和，采用式（1）计算：

$$M = \sum_{i=1}^{n}(a_i \times M_i) \tag{1}$$

式中 M——综合评分值；

M_i——系统考核得分（含加分项）；

a_i——系统权重。

三、建设条件Ⅰ类煤矿评价指标

（一）信息基础设施

1. 必备指标

（1）矿井主干网络传输速率应不低于10000 Mbps，地面网络与井下环网分别布设，生产系统、安全监控系统独立组网（不共用同一芯光纤），满足网络传输速率与安全要求。

（2）矿井建有数据中心，具备数据分类、数据分析、数据融合功能，满足矿井数据服务与安全要求。

（3）矿井建有井下人员定位系统，满足最大静态定位误差不大于3 m，最大动态定位误差不大于10 m的要求。

2. 评分指标

按照表2进行评分，总分100分，按照实际考察功能进行扣分，各小项分数直到扣完为止。

表2　Ⅰ类煤矿信息基础设施评分指标

序号	评分项	主要评分指标	分值	评分方法	得分
1	通信网络35分	有线主干网络采用10000 Mbps及以上通信网络，采用冗余环形结构，新建矿井有线主干网络采用自主可控技术与装备	3	现场查验，每项不符合要求扣1分	
		核心设备采用三层交换机，具备路由、冗余功能，新建矿井核心设备采用自主可控技术与装备	2	现场查验，每项不符合要求扣1分	
		矿井地面网络与井下环网分别布设，在核心交换层互通，具备自诊断功能，具有网络流量管理及网络拓扑自动生成功能，网络自愈时间小于50 ms	3	现场查验，每项不符合要求扣1分	
		支持单模、多模光纤，超五类双绞线等多种传输介质	2	现场查验，每项不符合要求扣1分	
		井上井下采用4G/5G/wifi6主流无线通信技术，满足无线通信要求	3	现场查验，不符合要求扣3分	
		无线网络覆盖主要运输大巷、进风大巷、采煤工作面、掘进工作面等区域，单个基站支持不少于32个用户并发	3	现场查验，每项不符合要求扣1分	
		无线通信系统可接入基站容量满足矿井无线通信全覆盖的最低要求	3	现场查验，不符合要求扣3分	
		配备移动终端数量满足井下班组长以上管理和技术人员、安检员、瓦检员等需求；终端支持语音通话、视频通话、联网功能，移动终端待机时间不小于10个小时	5	现场查验，每项不符合要求扣1分	
		有线主干网络与无线主干网络相互联通	3	现场查验，不符合要求扣3分	
		不同制式通信网络均能通过其通信网关实现终端节点基于IPv4或IPv6进行网络层级访问，实现本网络制式到以太网协议的标准化转换	3	现场查验，每项不符合要求扣1分	
		具备网络安全防护功能，实现专网与外网、控制网与管理网的隔离，网络防火墙具备网络入侵监测功能，主要系统满足网络安全等级保护二级要求；针对重要的三级系统，具备主动防御、可信验证、攻击检测功能	5	现场查验，每项不符合要求扣1分	
2	数据中心与服务35分	公有云或混合云具备云端实例（云服务器）在线管理，具备实例的集群功能，具备云端实例的网络路由自动指向功能	4	现场查验，每项不符合要求扣2分	
		公有云或混合云具备非结构化和结构化数据存储能力，且存储容量可实时弹性扩展，满足存储要求	4	现场查验，每项不符合要求扣2分	
		私有云初始资源不小于20 T，且可在线增加硬件存储资源，满足存储要求，新建矿井采用自主可控技术与装备	4	现场查验，每项不符合要求扣2分	
		私有云具备异地灾备配置（若大型煤炭集团统一建立灾备配置，下属煤矿可不用单独建立灾备配置），具备UPS电源，后备时间不小于2 h	4	现场查验，每项不符合要求扣2分	
		视频监控信息存储系统容量不少于30天的累计信息量，其他信息存储系统容量不少于1年的累计信息量	3	现场查验，每项不符合要求扣1分	

表2（续）

序号	评分项	主要评分指标	分值	评分方法	得分
2	数据中心与服务35分	服务器计算能力、存储能力满足信息采集与分类存储要求，具备UPS电源，后备时间不小于2 h，新建矿井采用自主可控技术与装备	3	现场查验，每项不符合要求扣1分	
		建立统一的数据资产管控体系和数据治理系统，统一数据标准，矿井主要业务过程实现了数字化，且数据进行了合理的分类、定义、管理、存储与服务，数据间交互方式合理	4	现场查验，每项不符合要求扣1分	
		采用行业统一的数据交换标准规范协议，满足为煤矿主要业务系统提供数据服务的要求	4	现场查验，每项不符合要求扣2分	
		数据机房具有环境动态监测、关键设备及系统运行状态监测，具有灾害自动报警、关键设备和系统运行异常报警功能	2	现场查验，每项不符合要求扣0.5分	
		数据中心具备信息安全防护功能，网络安全满足等保二级要求；重要的三级系统，具备主动防御、可信验证、攻击检测功能	3	现场查验，每项不符合要求扣1分	
3	综合管控平台30分	建立统一的系统接口标准，基于统一I/O采集服务设计与实现，自主适配标准工控设备，提供二次开发工具，可通过简单编程实现对非标准设备系统、语音设备系统和流媒体视频监控等设备系统的标准集成，具有冗余采集和容错机制	3	现场查验，每项不符合要求扣1分	
		具有综合监控中心，对“采、掘、机、运、通”等主要生产环节、井下环境安全、人员位置等安全生产实时信息进行综合集成、联动控制与可视化展示	3	现场查验，每项不符合要求扣1分	
		具有大数据平台，主要功能包括数据采集、数据存储、数据服务、数据管控，将矿井监测监控类系统、生产执行类系统、经营管理类系统的数据全面场景化接入，实现分析决策与可视化展示	3	现场查验，每项不符合要求扣1分	
		具备数据分析能力，根据业务需求构建识别模型、预测模型、控制模型、决策模型，实现模型库管理	2	现场查验，每项不符合要求扣0.5分	
		根据监测与分析计算结果，进行异常信息报警，能够将异常信息自动通过电话语音或短信通知相关人员，实现预警、指挥调度与协同控制	3	现场查验，每项不符合要求扣1分	
		具备专业数据采集软件、数据库、数据集成软件、工业控制SCADA软件、操作系统软件、虚拟化软件、网络管理软件、防病毒软件等	3	现场查验，每项不符合要求扣0.5分	
		具有基于虚拟化技术或本地数据中心的应用平台，应用软件在应用平台中各自独立部署运行，应用软件使用标准统一和开放的数据接口进行数据应用和交互	3	现场查验，每项不符合要求扣1分	
		具有工业物（互）联网平台，能够对井下设备和传感器建立设备模型，并提供相关的数据接口，通过应用软件对设备数据进行实时处理、分析、可视化，同时能够开放给第三方进行相关的场景化应用	3	现场查验，每项不符合要求扣1分	
		有基于云计算的决策支持承载平台，平台包含模型库和算法库，支持应用模块根据需求进行扩展	3	现场查验，每项不符合要求扣1分	
		采煤工作面、掘进工作面应建有人员位置精准定位系统，满足最大静态定位误差不大于0.3 m，最大动态定位误差不大于7.3 m；其它区域满足最大静态定位误差不大于3 m，最大动态定位误差不大于10 m。能够与安全监控、应急广播等实现联动	4	现场查验，每项不符合要求扣1分	

注：公有云、私有云、混合云可选用一种云服务方式，并满足要求。

3. 加分指标

在井上井下（采煤、掘进工作面）建立了完善的5G/F5G网络，实现了移动目标、控制信息、监测信息、视频信息等的稳定可靠传输，可酌情增加2~4分。

（二）地质保障系统

1. 必备指标

（1）具备完善的地质探测技术与装备，地质数据、工程数据实现了数字化存储。

（2）建有地质信息数据库，能够为煤矿其它业务系统提供地理信息服务。

2. 评分指标

按照表3进行评分，总分100分，按照实际考察功能进行扣分，各小项分数直到扣完为止。

表3　Ⅰ类煤矿地质保障系统评分指标

序号	评分项	主要评分指标	分值	评分方法	得分
1	勘探技术与装备40分	采用智能地质探测设备，能够最大程度降低人工劳动强度，提高勘探数据的精度与广度	6	现场查验，每项不符合要求扣2分	
		地质探测设备具备数据自动采集与上传功能	8	现场查验，每项不符合要求扣4分	
		地质探测结果能够实现地质模型构建与实时更新，地质模型建模精度小于1 m	6	现场查验，每项不符合要求扣2分	
		地质数据、工程数据实现了数字化存储	6	现场查验，每项不符合要求扣3分	
		地质数据与工程数据能够实现融合、共享，满足智能化煤矿主要生产系统地理信息服务要求	6	现场查验，每项不符合要求扣3分	
		实现矿井待开采（掘进）区域的含煤地层结构、地质构造、煤层及顶板和底板岩层岩性、厚度、矿井瓦斯和水富集区的勘探，探测数据实现数字化存储	8	现场查验，每项不符合要求扣1分	
2	地质建模及应用60分	具备地质数据推演、地质建模、地质数据可视化等功能，矿井地质数据的基础信息、关联信息、预测信息等能够用可视化的方式直观展示	10	现场查验，每项不符合要求扣2分	
		空间数据库的数据结构、数据接口等满足为多系统提供数据共享的要求	6	现场查验，每项不符合要求扣3分	
		支持C/S、B/S架构的空间信息可视化系统，对空间数据、属性数据以及时态数据进行存储、转换、管理、查询、分析和可视化	8	现场查验，每项不符合要求扣1分	
		地质模型的精度满足智能化采煤、智能化掘进、智能化通风、智能化安全监控等系统的需要	4	现场查验，每项不符合要求扣1分	
		地质保障系统采用自主可控技术与装备，统一虚拟化资源池部署，使用云管理系统进行统一管理和调度	4	现场查验，每项不符合要求扣2分	
		地质保障系统能够对矿井地质数据进行关联分析，并用可视化的方式进行直观的展示	6	现场查验，每项不符合要求扣3分	
		系统具有地质信息、工程信息统计分析功能	2	现场查验，每项不符合要求扣1分	
		系统数据存储容量不少于5 T，具有数据管理和并行计算能力	6	现场查验，每项不符合要求扣2分	

表3（续）

序号	评分项	主 要 评 分 指 标	分值	评分方法	得分
2	地质建模及应用60分	系统具备三维空间信息分析及历史数据查阅、分析功能	4	现场查验，每项不符合要求扣2分	
		具备基于地质模型与工程数据模型对煤矿地层、地质构造、煤层、煤质、瓦斯、水文地质和其它地质条件、地质特征及变化规律进行展示功能	10	现场查验，每项不符合要求扣1分	

（三）掘进系统

1. 必备指标

（1）矿井煤巷、半煤岩巷的掘进、支护等工艺流程全部实现了机械化作业（分层开采工作面底层巷道除外），掘进技术、装备适应巷道条件。

（2）具有掘进工作面设备、环境智能监测与报警功能。

2. 评分指标

按照表4进行评分，总分100分，按照实际考察功能进行扣分，各小项分数直到扣完为止。

表4　Ⅰ类煤矿掘进系统评分指标

序号	评分项	主 要 评 分 指 标	分值	评分方法	得分
1	掘进设备50分	巷道施工作业的掘、支、锚、运等全部工序采用高效机械化或自动化装备，配备自动化运输支护材料设备，掘进速度满足采掘接续要求	5	现场查验，每项不符合要求扣2分	
		采用钻探、物探等技术与设备对巷道待掘进区域的地质构造、水文地质条件、瓦斯等进行超前探测，探测距离、速度、精度满足智能化掘进要求	5	现场查验，每项不符合要求扣3分	
		掘进设备具有自主定位、定姿、定向功能，能够实现远程遥控行走，具有偏航提醒、报警功能	6	现场查验，每项不符合要求扣1分	
		掘进设备具备自动截割功能，能够实现远程遥控截割	6	现场查验，每项不符合要求扣3分	
		配备巷道临时支护设备，实现临时支护机械化作业	4	现场查验，不符合要求扣4分	
		配备钻臂、钻车等支护设备，可实现顶板、侧帮锚杆的自动化作业，具有自动确定锚护位置、自动钻孔、自动注浆、自动安装锚杆的功能	6	现场查验，每项不符合要求扣2分	
		掘进、锚护、运输等设备具备完善的单机状态监测和故障自诊断功能，能够实现各设备之间的信号交互和联锁控制	6	现场查验，每项不符合要求扣3分	
		带式输送机具备机尾自移功能，能够实现多部带式输送机集中控制	6	现场查验，每项不符合要求扣3分	
		具备掘进工作面环境（粉尘、瓦斯等）智能监测功能	6	现场查验，每项不符合要求扣3分	
2	集中控制中心50分	建有井下掘进系统集中控制中心或地面集中控制中心	6	现场查验，不符合要求扣6分	
		掘进头和各转载点应设置高清摄像仪，具备视频增强功能，能够对掘进头及转载点生产环境进行准确识别	6	现场查验，每项不符合要求扣2分	
		具备掘进工作面地质信息三维建模功能，能够基于巷道掘进过程中常态化自动探测及采集的地质信息进行模型自动更新	7	现场查验，每项不符合要求扣4分	

表4（续）

序号	评分项	主 要 评 分 指 标	分值	评分方法	得分
2	集中控制中心50分	集中控制中心能够对掘进设备、支护设备、运输设备等运行状态进行实时监测与控制	6	现场查验，每项不符合要求扣2分	
		集中控制中心能够实现巷道掘进工作面破岩、临时支护、运输等成套设备的“一键启停”和多机协同控制	7	现场查验，每项不符合要求扣4分	
		具备掘进工作面环境（粉尘、瓦斯等）参数分析与报警功能，实现智能降尘与掘、锚、运、支的工序联动控制	6	现场查验，每项不符合要求扣2分	
		实现掘进面人员数量超限报警；掘进设备运行危险区域设置人员接近保护装置，具备人员接近识别与报警功能	6	现场查验，每项不符合要求扣3分	
		具备巷道随掘成形质量、巷道变形动态监测功能	6	现场查验，每项不符合要求扣3分	

3. 加分指标

（1）煤层巷道实现单套掘进设备最大月进尺超过1500 m、生产班岗位人员少于7人，可酌情增加2～4分。

（2）煤矿所有煤层巷道（含半煤岩巷）均实现了智能快速掘进，按掘进系统评分指标进行评分达到85分以上，可酌情增加2～3分。

（四）采煤系统

1. 必备指标

（1）液压支架配置电液控制系统，采煤机具有记忆截割功能。

（2）地面或井下配置监控中心，具备对工作面设备“一键启停”功能，工作面配置可视化监控系统，实现对采煤机、液压支架、刮板输送机、转载机、破碎机、供液系统的远程集中控制。

2. 评分指标

按照表5进行评分，总分100分，按照实际考察功能进行扣分，各小项分数直到扣完为止。

表5　Ⅰ类煤矿采煤系统评分指标

序号	评分项	主 要 评 分 指 标	分值	评分方法	得分
1	割煤系统20分	采煤机安装有位置监测、摇臂角度感知、摇臂调高、油位、油温、油压、瓦斯监测等传感器，传感器数量、精度满足智能化要求	2	现场查验，每项不符合要求扣0.3分	
		采煤机具备标准通讯接口，开放通讯协议	2	现场查验，每项不符合要求扣1分	
		采煤机具备自主定位、姿态监测、远程控制、机载无线遥控功能	3	现场查验，每项不符合要求扣1分	
		采煤机具备运行工况监测、故障诊断与预警功能	3	现场查验，每项不符合要求扣1分	
		采煤机具备记忆截割（自适应截割）功能，运行记录齐全，记忆截割（自适应截割）率大于80%	3	现场查验，每降低10%扣1分	
		采煤机具备瓦斯、煤尘等感知检测功能，具备瓦斯监控系统联动控制功能	2	现场查验，每项不符合要求扣1分	

表5（续）

序号	评分项	主要评分指标	分值	评分方法	得分
1	割煤系统20分	采煤机具备工作面“三角煤”三机协同控制割煤、直线度检测、防碰撞检测功能	3	现场查验，每项不符合要求扣1分	
		薄煤层及倾角大于25°的工作面应配置自动拖缆装置	2	现场查验，每项不符合要求扣1分	
2	支护系统20分	液压支架配备电液控制系统，具备远程对液压支架的降、移、升进行控制的功能	2	现场查验，每项不符合要求扣1分	
		液压支架具备支护高度、立柱压力、支护姿态、推移行程等支护状态监测功能	3	现场查验，每项不符合要求扣1分	
		液压支架具备跟机自动移架、自动推溜功能，自动跟机率达到85%以上	3	现场查验，每降低10%扣1分	
		液压支架具备自动找直功能	2	现场查验，不符合要求扣2分	
		液压支架具备自动补压、自动喷雾等功能	2	现场查验，每项不符合要求扣1分	
		工作面两端头、超前区域采用液压支架进行支护，配置电液控制系统，具有就地控制与遥控控制功能	3	现场查验，每项不符合要求扣1分	
		支护系统具有压力超前预警、群组协同控制、自动跟机支护、顶梁状态实时感知、伸缩梁（护帮板）防碰撞等功能	3	现场查验，每项不符合要求扣0.6分	
		放顶煤液压支架采用割煤智能化结合自动放煤或人工辅助干预进行放煤控制	2	现场查验，不符合要求扣2分	
3	运输系统20分	刮板输送机采用变频软启动装置，具有煤流负荷检测功能	2	现场查验，每项不符合要求扣1分	
		刮板输送机具备运行工况监测、链条自动张紧、断链停机保护等功能，其正常使用的平均无故障工作时间大于800 h	3	现场查验，每项不符合要求扣1分	
		具有本地及远程控制，可实现单台运输设备启停控制、多台运输设备组合一键启停控制等功能	2	现场查验，每项不符合要求扣1分	
		具有电动机、减速器及电控系统的运行工况监测与故障诊断等功能	2	现场查验，每项不符合要求扣1分	
		自移式机尾和转载机自移系统采用电液控制，具有手动、遥控、自动控制功能，实现三机一架协同控制	2	现场查验，每项不符合要求扣1分	
		顺槽可伸缩带式输送机采用变频软启动方式，具备煤量、带速、温度等监测功能，具有异物检测功能	2	现场查验，每项不符合要求扣0.5分	
		顺槽可伸缩带式输送机具备跑偏、堆煤、撕裂、烟雾等保护功能，且能够正常使用	2	现场查验，每项不符合要求扣0.5分	
		顺槽可伸缩带式输送机能够实现基于煤量监测的智能调速控制	2	现场查验，不符合要求扣2分	
		顺槽可伸缩带式输送机具备电机高温、减速器轴承高温、润滑油高温、冷却水流量及压力不足、输送带打滑等故障诊断及报警功能	1	现场查验，每项不符合要求扣0.5分	
		刮板输送机卸煤点、转载机落煤点、带式输送机搭接点、采煤机割煤点等安装有喷雾降尘装置，实现智能喷雾	2	现场查验，每项不符合要求扣0.5分	

表5（续）

序号	评分项	主 要 评 分 指 标	分值	评分方法	得分
4	供液、供电系统20分	供液系统具有在线监测功能，可以实现油温、油位、液位、温度、压力、浓度等运行状态参数自动监测、预警功能	3	现场查验，每项不符合要求扣0.5分	
		供液系统具有顺序启停、单启停、一键启停功能，乳化液泵站控制要具有自动加卸载控制、主从控制、均衡开机等功能	3	现场查验，每项不符合要求扣0.5分	
		乳化液泵站具备进水过滤、高压反冲洗、自动配液、液位自动控制、乳化液浓度在线监测等功能	3	现场查验，每项不符合要求扣0.6分	
		供电系统具有过流、短路、过压、欠压、漏电等故障监测和保护功能	3	现场查验，每项不符合要求扣1分	
		移变、组合开关等具有数据采集、上传功能，在权限范围内能够进行远程分合闸操作，具备远程参数整定功能	4	现场查验，每项不符合要求扣1.5分	
		有冲击地压风险的工作面，采用远距离供液，泵站布置在冲击地压风险区域外或停采线外	2	现场查验，不符合要求扣2分	
		冲击地压矿井采用远距离供电，配电点布置在冲击地压风险区域外或停采线外	2	现场查验，不符合要求扣2分	
5	集中控制中心20分	综采工作面设备综合开机率大于80%	4	现场查验，每降低10%扣1分	
		井下或地面控制中心具备采煤机、液压支架、刮板输送机、转载机、破碎机、带式输送机、供液系统等远程集中控制，具有设备运行工况、故障报警等信息显示功能	2	现场查验，不符合要求扣1分	
		工作面装备视频监控系统，具有视频增强、跟随采煤机自动切换视频画面功能，视频监控范围合理，监控画面清晰、稳定、无卡顿	2	现场查验，每项不符合要求扣1分	
		采煤机摇臂、刮板输送机、转载机、破碎机及带式输送机减速器的工况监测系统增设了润滑油在线监测系统，具备润滑故障诊断功能	2	现场查验，每项不符合要求扣0.4分	
		配备语音通话系统，具有与回采工作面语音通话的功能	1	现场查验，不符合要求扣1分	
		薄及中厚煤层工作面内实现常态化无人操作	3	0人得满分，1～2人得2分，3人及以上不得分	
		厚及特厚煤层综采工作面内正常采煤作业过程中实现常态化少人作业，每班作业人员不超过5人	3	5人得满分，6～8人得2分，9人及以上不得分	
		综放工作面实现智能化辅助放顶煤作业，在正常的采放作业过程中，每班工作面同时作业人员不超过7人	3	7人得满分，8～10人得2分，11人及以上不得分	

注：验收煤矿相关开采方法指标（放顶煤、大采高等）按实际情况进行评分，未涉及的开采方法指标按满分计算；若验收煤矿不涉及冲击地压灾害，则按缺项指标分值的60%得分。

3. 加分指标

（1）实现基于动态地质模型的智能化采煤，或者实现基于5G＋VR的远程可视化采煤，可酌情增加3～5分。

（2）矿井所有采煤工作面（2 个及以上）均实现智能化开采，按采煤工作面评分指标进行评分达到 85 分以上，可酌情增加 2 ~3 分。

（3）采煤工作面配备机器人进行巡检、作业，可酌情增加 1 ~2 分。

（五）主煤流运输系统

1. 必备指标

（1）采用带式输送机作为矿井的主煤流运输设备，实现单机自动控制、远程集中控制。

（2）采用立井箕斗进行煤炭提升，具备对提升速度、提升重量等进行远程实时在线监测。

2. 评分指标

按照表 6 进行评分，总分 100 分，按照实际考察功能进行扣分，各小项分数直到扣完为止。

表 6　Ⅰ类煤矿主煤流运输系统评分指标

序号	评分项	主要评分指标	分值	评分方法	得分
1	带式输送机运输系统 100 分	带式输送机运输系统相关设备能通过现场工业总线实现互联互通，能够与煤矿综合管控平台实现智能联动，实现无人值守作业	10	现场查验，每项不符合要求扣 3.5 分	
		单条带式输送机具备完善的传感器、执行器及控制器，实现单台设备的自动控制	10	现场查验，每项不符合要求扣 5 分	
		带式输送机采用变频或 CST 等软启动方式	10	现场查验，不符合要求扣 10 分	
		具备防滑、堆煤、跑偏等综合保护装置，能够根据监测结果实现综合保护装置的联动保护控制	10	现场查验，每项不符合要求扣 5 分	
		给煤点设计合理，实现带式输送机安全运行；具有煤仓的矿井，应结合煤仓煤位信号，实现煤仓、给煤机、带式输送机的联动控制	10	现场查验，每项不符合要求扣 5 分	
		主煤流运输系统中沿线煤流应基于 AI 识别实现分布状态实时监测、变频调速，具备调速模型的优化功能，实现煤流平衡	10	现场查验，每项不符合要求扣 3.5 分	
		多部带式输送机搭接实现集中协同控制，具备语音预警功能	15	现场查验，每项不符合要求扣 7.5 分	
		具备基于 AI 实现带式输送机计量、空载、跑偏、大块煤、堆煤、异物，以及人员违规穿越带式输送机等识别功能	10	现场查验，每项不符合要求扣 5 分	
		集控系统具备各部带式输送机驱动部电机电流、温度、振动以及减速器轴承温度、润滑油温度等参数的实时采集、状态监测、故障在线诊断与预警、运行效率分析等功能	10	现场查验，每项不符合要求扣 1 分	
		具备主煤流运输系统环境监测预警功能，实现烟雾、粉尘、温度等的智能监测	5	现场查验，每项不符合要求扣 2.5 分	
2	立井提升系统 100 分	立井提升系统具有智能装载与卸载功能	10	现场查验，每项不符合要求扣 5 分	
		立井提升系统能够与煤仓放煤系统进行智能联动	10	现场查验，不符合要求扣 10 分	
		立井提升系统具有精确定量装载功能，具有防重装、过装保护功能	15	现场查验，每项不符合要求扣 5 分	
		箕斗载重实现在线监测	10	现场查验，不符合要求扣 10 分	

表6（续）

序号	评分项	主要评分指标	分值	评分方法	得分
2	立井提升系统100分	钢丝绳采用专用设备进行定期监测	10	现场查验，不符合要求扣10分	
		立井提升系统安装堆煤保护、视频监控等装置	15	现场查验，每项不符合要求扣7.5分	
		配备数字化控制系统，实时采集、传输高低压控制柜、主电机等重点部位的电流、电压等信息	15	现场查验，每项不符合要求扣5分	
		具备智能综合保护系统，能够对提升速度、提升重量等进行远程实时在线监测	15	现场查验，每项不符合要求扣7.5分	

注：若煤矿仅采用带式输送机作为主煤流运输系统，则仅考核带式输送机相关指标；若煤矿采用带式输送机、箕斗联合运输，则带式输送机运输系统、立井提升系统的得分各占50%。

3. 加分指标

主煤流运输系统配备机器人进行巡检、作业，可酌情增加1~2分。

（六）辅助运输系统

1. 必备指标

（1）采用无轨胶轮车、单轨吊、电机车等合理的辅助运输方式。

（2）辅助运输车辆实现了精准定位，机车状态信息实现了自动采集。

2. 评分指标

按照表7进行评分，总分100分，按照实际考察功能进行扣分，各小项分数直到扣完为止。

表7 Ⅰ类煤矿辅助运输系统评分指标

序号	评分项	主要评分指标	分值	评分方法	得分
1	轨道运输80分	单轨吊采用点到点运输物资，实现无人驾驶	6	现场查验，每项不符合要求扣3分	
		运输机车具备无线移动通信功能，实现机车的精准定位（静态定位精度0.3 m、动态定位精度7.3 m）	5	现场查验，每项不符合要求扣2.5分	
		具备车辆运行状态参数的智能监测功能，实现了智能调度	10	现场查验，每项不符合要求扣5分	
		副立井提升系统实现载重在线监测，钢丝绳采用专用设备进行定期监测	4	现场查验，每项不符合要求扣2分	
		具备车载视频、语音通话、应急呼救等功能，实现相关信息的智能采集	10	现场查验，每项不符合要求扣5分	
		集中装载点、上下人站点、检修硐室等实现视频监控	5	现场查验，每项不符合要求扣2分	
		主要运输线路的道岔、阻车器等安全设施实现远程控制、司机遥控等，机车通过风门可实现司机遥控或自动控制	5	现场查验，每项不符合要求扣2.5分	
		巷道口、硐室口、弯道处实现声光报警	5	现场查验，每项不符合要求扣2分	

表7（续）

序号	评分项	主要评分指标	分值	评分方法	得分
1	轨道运输80分	主要轨道运输提升斜巷具有防跑车装置，与提升绞车连锁自动控制、自动报警、自动停车	10	现场查验，每项不符合要求扣5分	
		绞车房、各车场和跑车防护装置实现视频监控	5	现场查验，不符合要求扣2分	
		连续牵引绞车具备断绳自动阻车功能，连续牵引绞车保护设施实现自动监测、自动报警、自动停车	10	现场查验，每项不符合要求扣5分	
		90 kW以上的绞车具有运行状态监测、异常报警、停车等功能	5	现场查验，每项不符合要求扣2分	
2	无轨胶轮车运输80分	运输车辆具备无线移动通信功能，实现车辆精准定位（静态定位精度0.3 m、动态定位精度7.3 m）	10	现场查验，不符合要求扣5分	
		具有车辆运行状态参数监测（超速、路径偏离报警、运动轨迹等）功能	15	现场查验，每项不符合要求扣5分	
		无轨胶轮车具备智能安全预警系统，具有人员及设备接近防撞预警、防疲劳驾驶、超速预警等功能	10	现场查验，每项不符合要求扣3.5分	
		重要运输交叉路口、运输区域实现闯红灯、超速等违章行为自动记录	15	现场查验，不符合要求扣15分	
		巷道设置胶轮车自动失速保护装置	10	现场查验，不符合要求扣10分	
		物资装卸实现机械化作业，集中装载点、上下人站点、加油检修硐室等实现视频监控	20	现场查验，每项不符合要求扣5分	
3	辅助运输管理系统20分	运输物资建立编码体系，实现物资运输的集装化，能与矿井的仓储管理系统无缝对接	5	现场查验，每项不符合要求扣2分	
		建有辅助运输管理模块，对井下运输车辆、交通状态进行监测，实现精准调度	4	现场查验，每项不符合要求扣1.5分	
		辅助运输管理模块实现运输设备和信号等动态模拟展示、信息存储、历史记录查询等	5	现场查验，每项不符合要求扣2分	
		具有井下车辆检验、维修、备品备件等智能化动态管理	4	现场查验，每项不符合要求扣1.5分	
		建有完善的井上井下辅助运输管理相关规章制度	2	不符合要求扣2分	

注：若仅采用轨道运输，则对轨道运输与辅助管理系统进行综合测评；若仅采用无轨胶轮车运输，则对无轨胶轮车运输与辅助管理系统进行综合测评；若采用轨道运输、无轨胶轮车联合运输方式，则轨道运输与无轨胶轮车运输得分之和乘以0.5，再与辅助运输管理系统进行加和。验收煤矿若无相关指标（例如没有单轨吊），则按缺项指标分值的60%得分。

3. 加分指标

（1）无轨胶轮车或轨道电机车实现常态化无人驾驶，可酌情增加3~5分。

（2）采用混合运输方式，不同运输方式之间实现了智能化接驳，实现了转载点机器人自动装卸，可酌情增加3~5分。

（七）通风与压风系统

1. 必备指标

(1) 矿井通风方式合理、通风设施齐全，主要通风机实现了一键启停及远程控制。

(2) 矿井主要通风机实现远程集中监控，局部通风机启停实现远程监测。

2. 评分指标

按照表8进行评分，总分100分，按照实际考察功能进行扣分，各小项分数直到扣完为止。

表8 Ⅰ类煤矿通风与压风系统评分指标

序号	评分项	主要评分指标	分值	评分方法	得分
1	通风系统90分	矿井主要通风机具有一键式启动、反风、倒机功能（多台主要通风机的矿井，任何一台不符合要求都扣分）	10	现场查验，每项不符合要求扣3.5分	
		具有完善的通风参数监测装置和系统，能够对井下瓦斯浓度、风压、风速等参数进行实时监测	10	现场查验，每项不符合要求扣2分	
		具有完善的通风参数（风压、风速、风量等）分析系统，可以对监测数据进行实时分析	10	现场查验，每项不符合要求扣5分	
		过车风门、主要行人风门应实现自动开关，应安装视频监控系统、声光报警器，关键通风节点的风窗应实现远程控制	10	现场查验，每项不符合要求扣3.5分	
		掘进工作面的局部通风机实现双风机、双电源，并能自动切换，根据环境监测结果实现风电闭锁、瓦斯电闭锁等，局部通风机工况参数实现了远程实时监测	15	现场查验，每项不符合要求扣5分	
		建有智能通风模块，具备通风网络动态解算功能，能够对用风点的需风量进行计算	10	现场查验，每项不符合要求扣3.5分	
		具有对通风系统进行故障诊断与预测、预警功能	9	现场查验，每项不符合要求扣3分	
		具有火灾、水灾、顶板灾害等情况下自动显示或语音提醒井下员工避灾路线的功能	6	现场查验，每项不符合要求扣2分	
		能够实现井下通风状态的三维动态可视化	10	现场查验，不符合要求扣10分	
2	压风自救系统10分	在地面建有压缩空气站，具备无人值守条件	5	现场查验，不符合要求扣5分	
		空气压缩机采用变频调速控制或实现通过自动投切空压机调节风压，压力容器配备温度传感器，具备温度监控功能，对温度超限进行预警	2	现场查验，每项不符合要求扣0.5分	
		矿井所有采区避灾路线上（采掘工作面范围内）均应敷设压风自救管道、供气阀门、压风自救装置	3	现场查验，每项不符合要求扣1分	

（八）供电与供排水系统

1. 必备指标

(1) 井下中央变电所、采区变电所实现无人值守。

(2) 固定排水作业实现远程集中控制，中央水泵房、采区水仓实现无人值守。

2. 评分指标

按照表9进行评分，总分100分，按照实际考察功能进行扣分，各小项分数直到扣完为止。

表9　Ⅰ类煤矿供电与供排水系统评分指标

序号	评分项	主要评分指标	分值	评分方法	得分
1	供电系统60分	矿井高压供电系统具备智能防越级跳闸保护功能	10	现场查验，不符合要求扣10分	
		具有对矿井所有变电所进行实时监控与电力调度的功能	5	现场查验，不符合要求扣5分	
		具有供电设备监控数据采集、上传、分析功能	5	现场查验，每项不符合要求扣2分	
		中央变电所、采区变电所具有火灾自动监测与报警功能	10	现场查验，每项不符合要求扣5分	
		具有供电系统故障诊断、预警功能	10	现场查验，每项不符合要求扣5分	
		井下主变电所、采区变电所、重要配电点均应设置电力监控系统，实时监测电气设备运行工况，并实现无人值守，数据接入综合管控平台，实现状态参数实时显示、巡检故障录波储存、故障分析、智能预警、对用电峰谷电量与能耗统计分析、电能质量监测	20	现场查验，每项不符合要求扣4分	
2	供排水系统40分	排水系统根据水位进行固定作业点的智能抽排	8	现场查验，每项不符合要求扣4分	
		具备负荷调控或根据水位自动投切水泵功能	5	现场查验，不符合要求扣5分	
		供排水系统具备设备故障分析诊断及预警功能	8	现场查验，每项不符合要求扣4分	
		中央水泵房实现远程集中控制及无人值守	10	现场查验，每项不符合要求扣5分	
		供水系统具备水量、水压的智能监测与控制功能	5	现场查验，每项不符合要求扣2.5分	
		水文地质条件复杂及极复杂矿井，实现排水系统与矿井水文监测系统的智能联动	4	现场查验，不符合要求扣4分	

3. 加分指标

中央水泵房、采区变电所采用机器人进行巡检、作业，可酌情增加1~2分。

（九）安全监控系统

1. 必备指标

（1）根据矿井灾害类型，建设有完善的瓦斯灾害防治、水灾防治、火灾防治、顶板灾害防治、冲击地压防治等灾害防治系统。

（2）建设有安全风险分级管控和隐患排查双重预防机制。

2. 评分指标

按照表10进行评分，总分100分，按照实际考察功能进行扣分，各小项分数直到扣完为止。

表10　Ⅰ类煤矿安全监控系统评分指标

序号	评分项	主要评分指标	分值	评分方法	得分
1	瓦斯灾害防治15分	建设有完善的瓦斯监测装置，实现对井下主要作业环境瓦斯浓度变化的实时在线监测	3	现场查验，不符合要求扣3分	
		根据瓦斯监测数据对瓦斯积聚区进行智能预测、预警	3	现场查验，不符合要求扣3分	
		能够根据瓦斯监测数据进行瓦斯超限区域智能断电	3	现场查验，不符合要求扣3分	
		实现对瓦斯抽采作业全过程的管控，打钻视频智能监控，瓦斯抽采数据进行智能监测、分析、上传等（若无瓦斯抽采系统则该项取满分）	2	现场查验，每项不符合要求扣1分	
		能够根据瓦斯监测数据进行风量、风速智能分析、计算	4	现场查验，每项不符合要求扣2分	
2	水害防治10分	对主要含水层、井下主要出水点、井下重点密闭、中央水仓等重点部位水文变化进行实时动态监测，实现监测数据的实时分析与预测、预警	4	现场查验，每项不符合要求扣2分	
		探放水作业实现钻孔数量、钻孔位置、钻孔角度、钻孔深度、终孔位置、钻杆钻进速度信息的数字化，具备数据自动采集功能	3	现场查验，每项不符合要求扣1.5分	
		水害监测系统与排水系统实现智能联动控制	3	现场查验，不符合要求扣3分	
3	火灾防治10分	建有束管监测或光纤测温等自然发火监测预报系统，实现对井下采空区自然发火情况的监测、数据分析及上传	4	现场查验，每项不符合要求扣2分	
		建设有完善的防灭火系统	2	现场查验，不符合要求扣2分	
		在电气设备、带式输送机等易发生火灾的区域，设有火灾变量监测及防灭火设施，实现火灾参数的智能监测、分析，并根据分析处理结果进行智能预测、预警	4	现场查验，每项不符合要求扣1分	
4	顶板灾害防治15分	具备矿山压力监测系统，矿山压力监测数据能够实时自动上传	4	现场查验，每项不符合要求扣2分	
		安装有顶板离层仪装置，监测数据实现自动上传、分析	4	现场查验，每项不符合要求扣2分	
		建有综采工作面、掘进工作面矿山压力大数据分析系统，能够基于监测数据实现矿山压力的预测与预警	7	现场查验，每项不符合要求扣3.5分	
5	冲击地压灾害防治10分	具备基于微震监测、应力场监测等技术的冲击地压监测、预测与预警系统，对冲击危险区域进行实时监测	3	现场查验，不符合要求扣3分	
		具有冲击地压数据分析功能，实现冲击地压监测数据的智能分析与预测预警	4	现场查验，每项不符合要求扣2分	
		冲击地压预测、预警准确率不低于80%，近三年没有发生过因冲击地压造成的人员伤亡事故	3	现场查验，每项不符合要求扣1.5分	
6	粉尘灾害防治10分	采煤工作面、掘进工作面具备粉尘浓度自动监测装置，实现对粉尘浓度的实时监测、数据分析、上传及超限自动报警	4	现场查验，每项不符合要求扣2分	
		矿井粉尘易超限区域设有智能喷雾装置，具有基于煤尘监测数据的智能降尘功能，且实现远程集中控制	6	现场查验，每项不符合要求扣2分	

表10（续）

序号	评分项	主 要 评 分 指 标	分值	评分方法	得分
7	综合防治系统30分	具有完善的安全风险分级管控和隐患排查治理双重防控机制，实现多种灾害监测数据的融合共享，以及对煤矿安全态势的动态评估、预测、预警	6	现场查验，每项不符合要求扣2分	
		具备完善的灾害感知预警系统，实现多种监测数据的统一传输和分类存储	4	现场查验，每项不符合要求扣2分	
		具有矿井应急救援工作管理及指挥能力，根据灾害监测预警、综合评估结果，自动调用应急救援预案和避灾路线，实现应急救援辅助指挥功能	4	现场查验，每项不符合要求扣2分	
		矿井环境参数的实时监测信息、重点区域的安全状态实时评估及预警信息具有与人员单兵装备进行实时互联的功能	6	现场查验，每项不符合要求扣3分	
		具有监测数据的实时分析功能，并具有对整体和主要采掘机运通系统安全运行状态进行实时评估的功能	4	现场查验，每项不符合要求扣2分	
		能够根据灾害监测与评估信息自动预测事故发生的可能性	3	现场查验，每项不符合要求扣3分	
		具有对重大应急事件、重大卫生安全事件的应急处置管理能力	3	现场查验，不符合要求扣3分	

注：若验收煤矿不涉及上述部分灾害指标，则按缺项指标分值的60%得分。

（十）智能化园区与经营管理系统

1. 必备指标

矿井在地面建有智能指挥中心，实现对井上井下各系统的统一协调管控。

2. 评分指标

按照表11进行评分，总分100分，按照实际考察功能进行扣分，各小项分数直到扣完为止。

表11　Ⅰ类煤矿智能化园区与经营管理系统评分指标

序号	评分项	主 要 评 分 指 标	分值	评分方法	得分
1	智能化园区20分	在矿井地面建设智能指挥中心，集成智能化指挥、调度、管控、办公、培训、展示等功能，实现对井上井下各系统的统一协调管控	8	现场查验，每项不符合要求扣3分	
		建有智能安防、智能车辆管理、智能门禁闸机管理、智能信息发布及个人移动终端管理系统，实现工业设施保障系统的智能决策和数据共享	4	现场查验，每项不符合要求扣2分	
		建有面向矿工的健康管理体系，通过个人穿戴、智能矿灯等多种方式获取数据，实现员工健康管理	4	现场查验，每项不符合要求扣2分	
		建有智能仓储系统，具有智能立体库房等	4	现场查验，每项不符合要求扣2分	
2	生产经营管理系统80分	大专（含）以上学历人员占全体在册职工总数的比率大于50%	10	现场查验，每低于5%扣2分	
		具有作业流程标准化管理信息化功能，并实现班组中每个岗位标准作业流程的精确推送	6	现场查验，每项不符合要求扣3分	
		建设有生产计划及调度管理、生产技术管理、机电设备管理等系统	9	现场查验，每项不符合要求扣3分	

表11（续）

序号	评分项	主 要 评 分 指 标	分值	评分方法	得分
2	生产经营管理系统80分	生产计划及调度管理系统应具有生产计划功能、日常调度管理功能、值班自动化管理功能，实现自动排班及辅助记录工作日志	6	现场查验，每项不符合要求扣2分	
		机电设备管理系统应具有采掘工作面设备、主煤流运输系统、辅助运输系统、供电与供排水系统、通风与压风系统等设备的健康状况远程在线诊断功能，具有定期自动运维管理及配件库存识别功能	10	现场查验，每个系统不符合要求扣2分	
		生产技术管理系统应具有规程措施编制和审批、技术资料、专业图纸设计、采掘生产衔接跟踪、工程进度跟踪、生产与技术指标、经营指标等无纸化管理功能	8	现场查验，每项不符合要求扣1分	
		矿井经营管理系统应包括办公自动化管理、企业管理信息化系统等系统，各系统之间应能交互数据	6	现场查验，每项不符合要求扣2分	
		企业管理信息化系统应包括财务管理、成本管理、合同管理、物资供应管理、仓储管理等系统，且应提供规范化数据接口	6	现场查验，每项不符合要求扣1分	
		设置有煤矿智能化专职岗位（智能化办公室等）、专业管理与运维团队	9	现场查验，每项不符合要求扣3分	
		建有大型设备全生命周期管理系统，实现设备、备品备件的全生命周期管理，应建立大型设备运维与管理模型、大型设备检修及其故障率统计模型	6	现场查验，每项不符合要求扣2分	
		建立大型设备运维及管理模型，合理调整设备检修及大型耗能设备运转时间，对主要生产环节设备健康状况、负荷率、故障停机率、能源消耗等指标进行分析	4	现场查验，不符合要求扣4分	

（十一）指标权重与评价

根据煤矿实际建设情况对煤矿各系统进行逐项打分，各系统考核得分乘以该系统权重并求和，即为井工煤矿智能化建设考核综合得分，各系统权重见表12所示。

表12　Ⅰ类煤矿各系统评价指标权重

序号	评 价 指 标	权重值
1	信息基础设施	0.0942
2	地质保障系统	0.0622
3	掘进系统	0.1432
4	采煤系统	0.1673
5	主煤流运输系统	0.0982
6	辅助运输系统	0.0683
7	通风与压风系统	0.0893
8	供电与供排水系统	0.0869
9	安全监控系统	0.1306
10	智能化园区与经营管理系统	0.0598

四、建设条件Ⅱ类煤矿评价指标

（一）信息基础设施

信息基础设施相关评价指标与智能化建设条件Ⅰ类煤矿的评价指标相同。

（二）地质保障系统

地质保障系统相关评价指标与智能化建设条件Ⅰ类煤矿的评价指标相同。

（三）掘进系统

1. 必备指标

（1）矿井煤巷、半煤岩巷的掘进、支护等工艺流程全部实现了机械化作业（分层开采工作面底层巷道除外），掘进技术、装备适应巷道条件。

（2）具有掘进工作面设备、环境智能监测与报警功能。

2. 评分指标

按照表13进行评分，总分100分，按照实际考察功能进行扣分，各小项分数直到扣完为止。

表13　Ⅱ类煤矿掘进系统评分指标

序号	评分项	主要评分指标	分值	评分方法	得分
1	掘进设备50分	巷道施工作业的掘、支、锚、运等工序全部采用高效机械化或自动化装备，掘进速度满足采掘接替要求	6	现场查验，每项不符合要求扣3分	
		采用钻探、物探等技术与设备对巷道待掘进区域的地质构造、水文地质条件、瓦斯等进行超前探测，探测距离、速度、精度满足智能化掘进要求	4	现场查验，每项不符合要求扣2分	
		掘进设备具有自主定位、定姿、定向功能，能够实现远程遥控行走	6	现场查验，每项不符合要求扣1.5分	
		掘进设备具备自动截割功能，能够实现远程遥控截割	6	现场查验，每项不符合要求扣3分	
		配备钻臂、钻车等支护设备，具有自动钻孔、工况在线监测及故障诊断等功能	6	现场查验，每项不符合要求扣3分	
		配备巷道临时支护设备，实现临时支护机械化作业	4	现场查验，不符合要求扣4分	
		掘进、锚护、运输等设备具备完善的单机状态监测和故障自诊断功能，能够实现设备之间实现信号交互和联锁控制	6	现场查验，每项不符合要求扣3分	
		带式输送机机尾具备自移功能，能够实现多部带式输送机集中控制	6	现场查验，每项不符合要求扣3分	
		掘进设备运行区域和运输设备转动部设置人员接近保护装置	6	现场查验，每项不符合要求扣3分	
2	集中控制中心50分	建有井下掘进系统集中控制中心或地面集中控制中心	8	现场查验，不符合要求扣8分	
		掘进头和各转载点应设置高清摄像仪，具备视频增强功能，能够对掘进头及生产环境进行准确识别	8	现场查验，每项不符合要求扣3分	
		具备掘进工作面地质信息三维建模功能	6	现场查验，不符合要求扣6分	

表13（续）

序号	评分项	主要评分指标	分值	评分方法	得分
2	集中控制中心50分	集中控制中心能够对掘进设备、支护设备、运输设备等运行参数进行实时监测与控制	8	现场查验，每项不符合要求扣3分	
		集中控制中心能够实现巷道掘进工作面破岩、运输等成套设备的“一键启停”控制	8	现场查验，每项不符合要求扣4分	
		具备掘进工作面环境（粉尘、瓦斯等）智能监测与分析功能，具备智能降尘功能，并与掘进装备实现联动	6	现场查验，每项不符合要求扣2分	
		具备危险区域人员接近识别与报警功能	6	现场查验，每项不符合要求扣3分	

3. 加分指标

（1）煤层巷道实现单套设备掘进月进尺超过800 m、生产班岗位人员少于10人，可酌情增加2～4分。

（2）掘进设备实现自动行走及纠偏，锚护设备实现自动确定锚护位置、自动打锚杆（索），可酌情增加1～2分。

（3）煤矿所有煤层巷道（含半煤岩巷）均实现了智能快速掘进，按掘进系统评分指标进行评分达到85分以上可酌情增加2～3分。

（四）采煤系统

1. 必备指标

（1）液压支架配置电液控制系统，采煤机具有记忆截割功能。

（2）地面或井下配置监控中心，具备对工作面设备“一键启停”功能，工作面配置可视化监控系统，实现对采煤机、液压支架、刮板输送机、转载机、破碎机、供液系统的远程集中控制。

2. 评分指标

按照表14进行评分，总分100分，按照实际考察功能进行扣分，各小项分数直到扣完为止。

表14　Ⅱ类煤矿采煤系统评分指标

序号	评分项	主要评分指标	分值	评分方法	得分
1	割煤系统20分	采煤机安装有位置监测、摇臂角度感知、摇臂调高、油位、油温、油压、瓦斯监测等传感器，传感器数量、精度满足智能化要求	2	现场查验，每项不符合要求扣0.3分	
		采煤机具备标准网络接口，开放通讯协议	2	现场查验，每项不符合要求扣1分	
		采煤机具备自主定位、姿态监测、远程控制、机载无线遥控功能	3	现场查验，每项不符合要求扣1分	
		采煤机具备运行工况检测、故障诊断与预警功能	3	现场查验，每项不符合要求扣1分	
		采煤机具备记忆截割（自适应截割）功能，运行记录齐全，记忆截割（自适应截割）率大于60%	3	现场查验，每低于10%扣1分	
		采煤机具备瓦斯、煤尘等感知检测功能，具备瓦斯监控系统联动控制功能	2	现场查验，每项不符合要求扣1分	

表14（续）

序号	评分项	主要评分指标	分值	评分方法	得分
1	割煤系统20分	采煤机具备工作面“三角煤”三机协同控制割煤、直线度检测、防碰撞检测功能	3	现场查验，每项不符合要求扣1分	
		薄煤层及倾角大于25°的工作面应配置自动拖缆装置	2	现场查验，每项不符合要求扣1分	
2	支护系统20分	液压支架配备电液控制系统，具备远程对液压支架的降、移、升进行控制的功能	2	现场查验，每项不符合要求扣1分	
		液压支架具备支护高度、立柱压力、支护姿态、推移行程等支护状态监测功能	3	现场查验，每项不符合要求扣1分	
		液压支架具备跟机移架功能，自动跟机率达到75%以上	3	现场查验，每低于10%扣1分	
		液压支架具备自动找直功能	2	现场查验，不符合要求扣2分	
		液压支架具备自动补压、自动喷雾等功能	2	现场查验，每项不符合要求扣1分	
		工作面两端头、超前区域采用液压支架进行支护，配置电液控制系统，具有就地控制与遥控控制功能	3	现场查验，每项不符合要求扣1分	
		支护系统具有压力超前预警、自动跟机支护、伸缩梁（护帮板）防碰撞等功能	3	现场查验，每项不符合要求扣1分	
		放顶煤液压支架采用割煤智能化结合自动放煤或人工辅助干预进行放煤控制	2	现场查验，不符合要求扣2分	
3	运输系统20分	刮板输送机采用变频软启动装置，具有煤流负荷检测功能	2	现场查验，每项不符合要求扣1分	
		刮板输送机具备运行工况监测、链条自动张紧、断链停机保护等功能，其正常使用的平均无故障工作时间大于800 h	3	现场查验，每项不符合要求扣1分	
		具有本地及远程控制，可实现单台运输设备启停控制、多台运输设备组合一键启停控制等功能	2	现场查验，每项不符合要求扣1分	
		具有电动机、减速器及电控系统的运行工况监测与故障诊断等功能	2	现场查验，每项不符合要求扣1分	
		自移式机尾和转载机自移系统采用电液控制，具有手动、自动遥控控制功能，实现三机一架协同控制	2	现场查验，每项不符合要求扣1分	
		顺槽可伸缩带式输送机具备煤量、带速、温度等监测功能，具有异物检测功能	2	现场查验，每项不符合要求扣0.5分	
		顺槽可伸缩带式输送机具备跑偏、堆煤、撕裂、烟雾等保护功能，且能够正常使用	2	现场查验，每项不符合要求扣0.5分	
		顺槽可伸缩带式输送机能够实现基于煤量监测的智能调速控制	2	现场查验，不符合要求扣2分	
		顺槽可伸缩带式输送机具备电机高温、减速器轴承高温、润滑油高温、冷却水流量及压力不足、输送带打滑等故障诊断功能	1	现场查验，每项不符合要求扣0.5分	
		刮板输送机卸煤点、转载机落煤点、带式输送机搭接点、采煤机割煤点等安装有喷雾降尘装置，实现智能喷雾	2	现场查验，每项不符合要求扣0.5分	

表14（续）

序号	评分项	主要评分指标	分值	评分方法	得分
4	供液、供电系统20分	供液系统具有在线监测功能，可以实现油温、油位、液位、温度、压力、浓度等运行状态参数自动监测、预警功能	3	现场查验，每项不符合要求扣0.5分	
		供液系统具有顺序启停、单启停、一键启停功能，乳化液泵站控制要具有自动加卸载控制、主从控制、均衡开机等功能	3	现场查验，每项不符合要求扣0.5分	
		乳化液泵站应具备进水过滤、高压反冲洗、自动配液、液位自动控制、乳化液浓度在线监测等功能	3	现场查验，每项不符合要求扣0.5分	
		供电系统具有过流、短路、过压、欠压、漏电等故障监测和保护功能	3	现场查验，每项不符合要求扣1分	
		移变、组合开关等具有数据采集、上传功能，在权限范围内能够进行远程分合闸操作，具备远程参数整定功能	4	现场查验，每项不符合要求扣1分	
		有冲击地压风险的工作面，采用远距离供液，泵站布置在冲击地压风险区域外及停采线外	2	现场查验，不符合要求扣2分	
		冲击地压矿井采用远距离供电，集中配电点布置在冲击地压风险区域外及停采线外	2	现场查验，不符合要求扣2分	
5	集中控制中心20分	综采工作面设备综合开机率大于70%	4	现场查验，每降低10%扣1分	
		井下或地面控制中心具备采煤机、液压支架、刮板输送机、转载机、破碎机、供液系统等远程集中控制，具有设备运行工况、故障报警等信息显示功能	2	现场查验，每项不符合要求扣1分	
		工作面装备视频监控系统，具有视频增强、跟随采煤机自动切换视频画面功能，视频监控范围合理，监控画面清晰、稳定、无卡顿	2	现场查验，每项不符合要求扣0.5分	
		采煤机摇臂、刮板输送机、转载机、破碎机及带式输送机减速器的工况监测系统增设了润滑油在线监测系统，具备润滑故障诊断功能	2	现场查验，每项不符合要求扣0.4分	
		配备语音通话系统，具有与回采工作面语音通话的功能	1	现场查验，不符合要求扣1分	
		薄及中厚煤层工作面内实现常态化无人操作	3	0人得满分，1~2人得2分，3人及以上不得分	
		厚及特厚煤层综采工作面内正常采煤作业过程中实现常态化少人作业，每班作业人员不超过5人	3	5人得满分，6~8人得2分，9人及以上不得分	
		综放工作面实现智能化辅助放顶煤作业，在正常的采放作业过程中，每班工作面同时作业人员不超过7人	3	7人得满分，8~10人得2分，11人及以上不得分	

注：验收煤矿相关开采方法项（放顶煤、大采高等）按相关指标进行评分，未涉及的开采方法指标按满分计算；若验收煤矿不涉及冲击地压灾害，则按缺项指标分值的60%得分。

3. 加分指标

（1）实现基于动态地质模型的智能化采煤，或者实现基于5G+VR的远程可视化采煤，可酌情增加3~5分。

(2) 矿井所有采煤工作面（2个及以上）均实现智能化开采，按采煤工作面评分指标进行评分达到85分以上，可酌情增加2~3分。

（五）主煤流运输系统

主煤流运输系统相关评价指标与智能化建设条件Ⅰ类煤矿的评价指标相同。

（六）辅助运输系统

辅助运输系统相关评价指标与智能化建设条件Ⅰ类煤矿的评价指标相同。

（七）通风与压风系统

通风与压风系统相关评价指标与智能化建设条件Ⅰ类煤矿的评价指标相同。

（八）供电与供排水系统

供电与供排水系统相关评价指标与智能化建设条件Ⅰ类煤矿的评价指标相同。

（九）安全监控系统

安全监控系统相关评价指标与智能化建设条件Ⅰ类煤矿的评价指标相同。

（十）智能化园区与经营管理系统

1. 必备指标

矿井在地面建有智能指挥中心，实现对井上井下各系统的统一协调管控。

2. 评分指标

按照表15进行评分，总分100分，按照实际考察功能进行扣分，各小项分数直到扣完为止。

表15　Ⅱ类煤矿智能化园区与经营管理系统评分指标

序号	评分项	主要评分指标	分值	评分方法	得分
1	智能化园区20分	在矿井地面建设智能指挥中心，集成智能化指挥、调度、管控、办公、培训、展示等功能，实现对井上井下各系统的统一协调管控	10	现场查验，每项不符合要求扣3.5分	
		建有智能安防、智能车辆管理、智能门禁闸机管理、智能信息发布及个人移动终端管理系统，实现工业设施保障系统的智能决策和数据共享	10	现场查验，每项不符合要求扣5分	
2	生产经营管理系统80分	大专（含）以上学历专业技术人员占员工总数的比率大于40%	10	现场查验，每低于5%扣2分	
		具有标准作业流程管理信息化功能	6	现场查验，不符合要求扣6分	
		建设有生产计划及调度管理、生产技术管理、机电设备管理等系统	9	现场查验，每项不符合要求扣3分	
		生产计划及调度管理系统应具有生产计划及日常调度管理功能，具备值班自动化管理功能，实现自动排班及辅助记录工作日志	6	现场查验，每项不符合要求扣2分	
		机电设备管理系统应具有采掘工作面设备、主煤流运输系统、辅助运输系统、供电与供排水系统、通风与压风系统等设备的健康状况远程在线诊断功能，应具有定期自动运维管理及配件库存识别功能	10	现场查验，每个系统不符合要求扣2分	
		生产技术管理系统应具有规程措施编制和审批、技术资料、专业图纸设计、采掘生产衔接跟踪、工程进度跟踪、生产与技术指标、经营指标等无纸化管理功能	8	现场查验，每项不符合要求扣1分	
		矿井经营管理系统应包括办公自动化管理、企业管理信息化系统等系统，各系统之间应能交互数据	6	现场查验，每项不符合要求扣3分	

表15（续）

序号	评分项	主 要 评 分 指 标	分值	评分方法	得分
2	生产经营管理系统80分	企业管理信息化系统应包括财务管理、成本管理、合同管理、物资供应管理、仓储管理等系统，且应提供规范化数据接口	6	现场查验，每项不符合要求扣3分	
		设置有煤矿智能化专职岗位（智能化办公室等）、专业管理与运维团队	9	现场查验，每项不符合要求扣3分	
		矿井决策支持系统应能够对生产系统和管理系统数据进行融合，且应能建立数据分析模型	6	现场查验，每项不符合要求扣3分	
		建立大型设备运维及管理模型，合理调整设备检修及大型耗能设备运转时间，对主要生产环节设备健康状况、负荷率、故障停机率、能源消耗等指标进行分析	4	现场查验，每项不符合要求扣1.5分	

（十一）指标权重与评价

根据煤矿实际建设情况对煤矿各系统进行逐项打分，各系统考核得分乘以该系统权重并求和，即为井工煤矿智能化建设考核综合得分，各系统权重见表16所示。

表16　Ⅱ类煤矿各系统评价指标权重

序号	评 价 指 标	权重值
1	信息基础设施	0.1042
2	地质保障系统	0.0522
3	掘进系统	0.1432
4	采煤系统	0.1773
5	主煤流运输系统	0.0982
6	辅助运输系统	0.0683
7	通风与压风系统	0.0893
8	供电与供排水系统	0.0869
9	安全监控系统	0.1406
10	智能化园区与经营管理系统	0.0398

五、建设条件Ⅲ类煤矿评价指标

（一）信息基础设施

1. 必备指标

（1）矿井主干网络传输速率应不低于1000 Mbps，地面环网与井下环网分别布设，生产系统、安全监控系统独立组网（不共用同一芯光纤），满足网络传输速率与安全要求。

（2）矿井建有数据中心，满足矿井数据服务与安全要求。

（3）矿井建有井下人员定位系统，满足最大静态定位误差不大于3 m，最大动态定位误差不大于

10 m 的要求。

2. 评分指标

按照表 17 进行评分，总分 100 分，按照实际考察功能进行扣分，各小项分数直到扣完为止。

表 17 Ⅲ类煤矿信息基础设施评分指标

序号	评分项	主要评分指标	分值	评分方法	得分
1	通信网络 40 分	有线主干网络采用 1000 Mbps 及以上通信网络，采用冗余环形结构，新建矿井有线主干网络采用自主可控技术与装备	3	现场查验，每项不符合要求扣 1 分	
		核心设备采用三层交换机，具备路由、冗余功能，新建矿井核心设备采用自主可控技术与装备	3	现场查验，每项不符合要求扣 1 分	
		矿井地面网络与井下环网分别布设，具备诊断功能，具有网络流量管理及网络拓扑自动生成功能，网络自愈时间小于 50 ms	3	现场查验，每项不符合要求扣 1 分	
		支持光纤多模、单模、超五类双绞线等多种传输介质	3	现场查验，每项不符合要求扣 1 分	
		井上井下采用 4G/5G/wifi6 主流无线通信技术，满足无线通信要求	5	现场查验，不符合要求扣 5 分	
		无线网络覆盖主要运输大巷、进风大巷、采煤工作面、掘进工作面等区域	5	现场查验，每项不符合要求扣 1 分	
		无线通信系统可接入基站容量满足矿井无线通信全覆盖的最低要求	3	现场查验，不符合要求扣 3 分	
		配备移动终端数量满足井下班组长以上管理和技术人员、安检员、瓦检员等需求；终端支持语音通话、视频通话、联网功能，移动终端待机时间不小于 10 个小时	4	现场查验，每项不符合要求扣 1 分	
		有线主干网络与无线主干网络相互联通	3	现场查验，不符合要求扣 3 分	
		不同制式通信网络均能通过其通信网关实现终端节点基于 IPv4 或 IPv6 进行网络层级访问，实现本网络制式到以太网协议的标准化转换	3	现场查验，每项不符合要求扣 1 分	
		具备网络安全防护功能，实现专网与外网、控制网与管理网的隔离，网络防火墙具备网络入侵监测功能，主要系统满足网络安全等级保护二级；针对重要的三级系统，具备主动防御、可信验证、攻击检测功能	5	现场查验，每项不符合要求扣 1 分	
2	数据中心与服务 40 分	公有云或混合云具备云端实例（云服务器）在线管理，具备实例的集群功能，具备云端实例的网络路由自动指向功能	4	现场查验，每项不符合要求扣 1.5 分	
		公有云或混合云具备非结构化和结构化数据存储能力，且存储容量可实时弹性扩展，满足存储要求	4	现场查验，每项不符合要求扣 2 分	
		私有云可在线增加硬件存储资源，满足存储要求，配有云服务人员，新建矿井应采用自主可控先进技术	4	现场查验，每项不符合要求扣 1 分	
		私有云具备异地灾备配置（若大型煤炭集团统一建立灾备配置，下属煤矿可不用单独建立灾备配置），具备 UPS 电源，后备时间不小于 2 h	4	现场查验，每项不符合要求扣 1 分	
		视频监控信息存储系统容量不少于 30 天的累计信息量，其他信息存储系统容量不少于 1 年的累计信息量	4	现场查验，每项不符合要求扣 2 分	
		服务器计算能力、存储能力满足信息采集与分类存储要求，具备 UPS 电源，后备时间不小于 2 h	4	现场查验，每项不符合要求扣 2 分	

表17（续）

序号	评分项	主 要 评 分 指 标	分值	评分方法	得分
2	数据中心与服务40分	建立统一的数据资产管控体系和数据治理系统，统一数据标准，矿井主要业务过程实现了数字化	3	现场查验，每项不符合要求扣1分	
		采用行业统一的数据交换标准规范协议，满足为煤矿主要业务系统提供数据服务的要求	4	现场查验，每项不符合要求扣2分	
		数据机房具有环境动态监测系统，具有灾害自动报警功能，采用自主可控设备	4	现场查验，每项不符合要求扣1分	
		数据中心具备信息安全防护功能，网络安全满足等保二级要求；重要的三级系统，具备主动防御、可信验证、攻击检测功能	5	现场查验，每项不符合要求扣2分	
3	综合管控平台20分	建立统一的系统接口标准，基于统一I/O采集服务设计与实现，自主适配标准工控设备，提供二次开发工具，可通过简单编程实现对非标准设备系统、语音设备系统和流媒体视频监控等设备系统的标准集成，具有冗余采集和容错机制	3	现场查验，每项不符合要求扣1分	
		具有综合监控中心，对“采、掘、机、运、通”等主要生产环节、井下环境、人员位置等安全生产实时信息进行综合集成、联动控制与可视化展示	4	现场查验，每项不符合要求扣1分	
		具有大数据平台，主要功能包括数据采集、数据存储、数据服务、数据管控，将矿井监测监控类系统、生产执行类系统、经营管理类系统的数据全面场景化接入，实现分析决策与可视化展示	2	现场查验，每项不符合要求扣1分	
		根据监测与分析计算结果，进行异常信息报警，能够将异常信息自动通过电话语音或短信通知相关人员，实现预警、指挥调度与协同控制	2	现场查验，每项不符合要求扣1分	
		具备专业数据采集软件、数据库软件、数据集成软件、工业控制SCADA软件、操作系统软件、虚拟化软件、网络管理软件、防病毒软件等	2	现场查验，每项不符合要求扣0.25分	
		具有基于虚拟化技术或本地数据中心的应用平台，应用软件在应用平台中各自独立部署运行，应用软件使用标准统一和开放的数据接口进行数据应用和交互	4	现场查验，每项不符合要求扣1分	
		采煤工作面、掘进工作面应建有人员位置精准定位系统，满足最大静态定位误差不大于0.3 m，最大动态定位误差不大于7.3 m；其它区域满足最大静态定位误差不大于3 m，最大动态定位误差不大于10 m的要求。能够与安全监控、应急广播等实现联动	3	现场查验，每项不符合要求扣1分	

注：公有云、私有云、混合云可选用一种云服务方式，并满足要求。

3. 加分指标

在井上井下（采煤工作面、掘进工作面）建立了完善的5G/F5G通信网络，实现了移动目标、控制信息、监测信息、视频信息等的稳定、可靠传输，可酌情增加2～4分。

（二）地质保障系统

1. 必备指标

（1）具备完善的地质探测技术与装备，地质数据、工程数据实现了数字化存储。

（2）建有地质信息数据库，能够为煤矿其它业务系统提供地理信息服务。

2. 评分指标

按照表18进行评分，总分100分，按照实际考察功能进行扣分，各小项分数直到扣完为止。

表18 Ⅲ类煤矿地质保障系统评分指标

序号	评分项	主要评分指标	分值	评分方法	得分
1	勘探技术与装备40分	采用智能地质探测设备，能够最大程度降低人工劳动强度，提高勘探数据的精度与广度	10	现场查验，每项不符合要求扣3分	
		地质探测设备具备数据自动采集与上传功能	10	现场查验，每项不符合要求扣5分	
		地质探测结果的精度满足地质模型构建需求	4	现场查验，不符合要求扣4分	
		地质数据、工程数据实现了数字化存储	8	现场查验，每项不符合要求扣4分	
		实现矿井待开采（掘进）区域的含煤地层结构、地质构造、煤层及其顶板和底板岩层岩性、厚度、矿井瓦斯和水富集区的勘探，探测数据实现数字化存储	8	现场查验，每项不符合要求扣1分	
2	地质建模及应用60分	具备地质数据建模、地质数据可视化等功能，矿井地质数据能够用可视化的方式直观的展示出来	12	现场查验，每项不符合要求扣6分	
		空间数据库的数据结构、数据接口等满足为多系统提供数据共享的要求	8	现场查验，每项不符合要求扣4分	
		支持C/S、B/S架构的空间信息可视化系统，对空间数据、属性数据以及时态数据进行存储、转换、管理、查询、分析和可视化	8	现场查验，每项不符合要求扣1分	
		地质模型的精度满足智能化采煤、智能化掘进、智能化通风、智能化安全监控等系统的需要	5	现场查验，每项不符合要求扣1.5分	
		系统采用统一虚拟化资源池部署，使用云管理系统进行统一管理和调度	4	现场查验，每项不符合要求扣2分	
		系统能够对矿井地质数据进行关联分析，并用可视化的方式进行直观的展示	6	现场查验，每项不符合要求扣3分	
		系统具有地质信息、工程信息统计分析功能	2	现场查验，不符合要求扣2分	
		系统数据存储容量不少于5 T，具有数据管理和并行计算能力	6	现场查验，每项不符合要求扣2分	
		系统具备三维空间信息分析及历史数据查阅、分析功能	3	现场查验，不符合要求扣3分	
		具备基于地质模型与工程数据模型对煤矿地层、地质构造、煤层、煤质、瓦斯、水文地质和其它地质条件、地质特征及变化规律进行展示功能	6	现场查验，每项不符合要求扣1分	

（三）掘进系统

1. 必备指标

（1）矿井煤巷、半煤岩巷的掘进工艺流程全部实现了机械化作业（分层开采工作面底层巷道除外），掘进技术、装备适应巷道条件。

（2）具有掘进工作面环境智能监测与报警功能。

2. 评分指标

按照表19进行评分，总分100分，按照实际考察功能进行扣分，各小项分数直到扣完为止。

表19 Ⅲ类煤矿掘进系统评分指标

序号	评分项	主要评分指标	分值	评分方法	得分
1	掘进设备50分	巷道施工作业的掘、支、锚、运等工序全部采用高效机械化或自动化装备，掘进速度满足采掘接替要求	6	现场查验，每项不符合要求扣3分	
		采用钻探、物探等技术与设备对巷道待掘进区域的地质构造、水文地质条件等进行超前探测，探测距离、速度、精度满足智能化掘进要求	6	现场查验，每项不符合要求扣3分	
		掘进设备具有自主定位、定向功能，能够实现远程遥控行走	6	现场查验，每项不符合要求扣2分	
		配备巷道临时支护设备，实现临时支护机械化作业	6	现场查验，不符合要求扣6分	
		采用自动化钻锚功能钻臂，实现锚杆、锚索全断面机械化支护	6	现场查验，每项不符合要求扣3分	
		掘进、锚护、运输等设备具备完善的单机状态监测和故障自诊断功能，能够实现设备之间实现信号交互和联锁控制	6	现场查验，每项不符合要求扣3分	
		带式输送机机尾具备自移功能，能够实现多部带式输送机集中控制	8	现场查验，每项不符合要求扣4分	
		掘进设备运行区域和运输设备转动部设置人员接近保护装置	6	现场查验，每项不符合要求扣3分	
2	集中控制中心50分	建有井下掘进系统集中控制中心或地面集中控制中心	6	现场查验，不符合要求扣6分	
		掘进头和各转载点应设置高清摄像仪，具备视频增强功能，能够对掘进头及生产环境进行准确识别	10	现场查验，每项不符合要求扣3.5分	
		集中控制中心能够对掘进设备、支护设备、运输设备等运行参数进行实时监测与控制	8	现场查验，每项不符合要求扣3分	
		集中控制中心能够实现巷道掘进工作面破岩、运输的单机可视化操控	8	现场查验，每项不符合要求扣4分	
		具备掘进工作面环境（粉尘、瓦斯等）智能监测和分析功能，实现智能喷雾降尘与掘进设备实现联动控制	8	现场查验，每项不符合要求扣4分	
		具备危险区域人员接近识别与报警功能	10	现场查验，每项不符合要求扣5分	

3. 加分指标

（1）煤层巷道实现单套掘进设备月进尺超过400 m、生产班岗位人员少于12人，可酌情增加2~4分。

（2）掘进设备实现自动行走及纠偏，锚护设备实现自动确定锚护位置、自动打锚杆（索），可酌情增加1~2分。

（3）煤矿所有煤层巷道（含半煤岩巷）均实现了智能快速掘进，按智能掘进系统评分达到85分以上，可酌情增加2~3分。

（四）采煤系统

1. 必备指标

（1）液压支架配置电液控制系统，采煤机具有记忆截割功能。

（2）地面或井下配置监控中心，具备对工作面设备“一键启停”功能，工作面配置可视化监控系统，实现对采煤机、液压支架、刮板输送机、转载机、破碎机、供液系统的远程集中控制。

2. 评分指标

按照表20进行评分，总分100分，按照实际考察功能进行扣分，各小项分数直到扣完为止。

表20 Ⅲ类煤矿采煤系统评分指标

序号	评分项	主要评分指标	分值	评分方法	得分
1	割煤系统20分	采煤机安装有位置监测、摇臂角度感知、摇臂调高、油位、油温、油压、瓦斯监测等传感器，传感器数量、精度满足智能化要求	2	现场查验，每项不符合要求扣0.3分	
		采煤机具备标准网络接口，开放通讯协议	2	现场查验，每项不符合要求扣1分	
		采煤机具备自主定位、姿态监测、远程控制、机载无线遥控功能	3	现场查验，每项不符合要求扣1分	
		采煤机具备运行工况检测、故障诊断与预警功能	3	现场查验，每项不符合要求扣1分	
		采煤机具备记忆截割功能，记忆截割率大于50%	3	现场查验，每低于10%扣1分	
		采煤机具备瓦斯、煤尘等感知检测功能，具备瓦斯监控系统联动控制	2	现场查验，每项不符合要求扣1分	
		采煤机具备工作面“三角煤”三机协同控制割煤功能	3	现场查验，不符合要求扣3分	
		薄煤层及倾角大于25°的工作面应配置自动拖缆装置	2	现场查验，不符合要求扣2分	
2	支护系统20分	液压支架配备电液控制系统，具备远程对液压支架的降、移、升进行控制	2	现场查验，每项不符合要求扣1分	
		液压支架具备支护高度、立柱压力、支护姿态、推移行程等支护状态监测功能	3	现场查验，每项不符合要求扣1分	
		液压支架具备跟机自动移架、自动推溜功能，自动跟机率达到60%以上	3	现场查验，每低于10%扣1分	
		液压支架具备自动找直功能	2	现场查验，不符合要求扣2分	
		液压支架具备自动补压、自动喷雾等功能	2	现场查验，每项不符合要求扣1分	
		工作面两端头、超前区域采用液压支架进行支护，配置电液控制系统，具有就地控制与遥控控制功能	3	现场查验，每项不符合要求扣1分	
		支护系统具有压力超前预警、自动超前跟机支护、伸缩梁（护帮板）防碰撞等功能	3	现场查验，每项不符合要求扣1分	
		放顶煤液压支架采用割煤智能化结合自动放煤或人工辅助干预进行放煤控制	2	现场查验，不符合要求扣2分	

表20（续）

序号	评分项	主要评分指标	分值	评分方法	得分
3	运输系统20分	刮板输送机采用变频软启动装置，具有煤流负荷检测功能	2	现场查验，每项不符合要求扣1分	
		刮板输送机具备运行工况监测、链条自动张紧、断链停机保护等功能，其正常使用的平均无故障工作时间大于800 h	3	现场查验，每项不符合要求扣1分	
		具有本地及远程控制，可实现单台运输设备启停控制、多台运输设备组合一键启停控制等功能	2	现场查验，每项不符合要求扣1分	
		具有电动机、减速器及电控系统的运行工况监测与故障诊断等功能	2	现场查验，每项不符合要求扣1分	
		自移式机尾和转载机自移系统采用电液控制，具有手动、自动遥控控制功能	2	现场查验，每项不符合要求扣1分	
		顺槽可伸缩带式输送机具备煤量、带速、温度等监测功能	2	现场查验，每项不符合要求扣1分	
		顺槽可伸缩带式输送机具备跑偏、堆煤、撕裂、烟雾等保护功能，且能够正常使用	2	现场查验，每项不符合要求扣1分	
		顺槽可伸缩带式输送机能够实现基于煤量监测的智能调速控制	2	现场查验，每项不符合要求扣1分	
		顺槽可伸缩带式输送机具备电机高温、减速器轴承高温、润滑油高温、冷却水流量及压力不足、输送带打滑等故障诊断报警功能	1	现场查验，不符合要求扣1分	
		刮板输送机卸煤点、转载机落煤点、带式输送机搭接点、采煤机割煤点等安装有喷雾降尘装置，实现智能喷雾	2	现场查验，每项不符合要求扣1分	
4	供液、供电系统20分	供液系统具有在线监测功能，可以实现油温、油位、液位、温度、压力、浓度等运行状态参数自动监测、预警功能	4	现场查验，每项不符合要求扣1分	
		供液系统具有顺序启停、单启停、一键启停功能，乳化液泵站控制要具有自动加卸载控制、主从控制、均衡开机等功能	2	现场查验，每项不符合要求扣0.4分	
		乳化液泵站具备进水过滤、高压反冲洗、自动配液、液位自动控制、乳化液浓度在线监测等功能	2	现场查验，每项不符合要求扣0.4分	
		供电系统具有过流、短路、过压、欠压、漏电等故障监测和保护功能	4	现场查验，每项不符合要求扣1分	
		移变、组合开关等具有数据采集、上传功能，在权限范围内能够进行远程分合闸操作，具备远程参数整定功能	4	现场查验，每项不符合要求扣1分	
		有冲击地压风险的工作面，采用远距离供液，泵站布置在冲击地压风险区域外或停采线外	2	现场查验，不符合要求扣2分	
		冲击地压矿井采用远距离供电，配电点布置在冲击地压风险区域外或停采线外	2	现场查验，不符合要求扣2分	
5	集中控制中心20分	井下和地面控制中心具备采煤机、液压支架、刮板输送机、转载机、破碎机、供液系统等远程集中控制，具有设备运行工况、故障报警等信息显示功能	3	现场查验，每项不符合要求扣1.5分	
		工作面装备视频监控系统，具有视频增强、跟随采煤机自动切换视频画面，视频监控范围合理，监控画面清晰、稳定、无卡顿	3	现场查验，每项不符合要求扣1分	

表20（续）

序号	评分项	主要评分指标	分值	评分方法	得分
5	集中控制中心 20分	采煤机摇臂、刮板输送机、转载机、破碎机及带式输送机减速器的工况监测系统增设了润滑油在线监测系统，具备润滑故障诊断功能	3	现场查验，每项不符合要求扣0.6分	
		配备语音通话系统，具有与回采工作面语音通话的功能	2	现场查验，每项不符合要求扣1分	
		薄及中厚煤层工作面实现常态化少人开采，每班作业人员不超过3人	3	3人以下得满分，4~8人得2分，9人及以上不得分	
		厚及特厚煤层综采工作面实现常态化少人开采，每班作业人员不超过10人	3	10人以下得满分，11~15人得2分，16人及以上不得分	
		综放工作面实现智能化辅助放顶煤作业，在正常的采放作业过程中每班作业人员不超过12人	3	12人以下得满分，13~17人得2分，18人及以上不得分	

注：验收煤矿相关开采方法项（放顶煤、大采高等）按上述指标进行评分，未涉及的开采方法指标按满分计算；若验收煤矿不涉及冲击地压灾害，则按缺项指标分值的60%得分。

3. 加分指标

（1）实现基于动态地质模型的智能化采煤，或者实现基于5G＋VR的远程可视化采煤，可酌情增加3~5分。

（2）矿井所有采煤工作面（2个及以上）均实现智能化开采，按采煤工作面评分指标验收得分大于85分，可酌情增加2~3分。

（五）主煤流运输系统

1. 必备指标

（1）采用带式输送机作为矿井的主煤流运输设备，实现单机自动控制、远程集中控制。

（2）采用立井箕斗进行煤炭提升，具备对提升速度、提升重量等进行远程实时在线监测。

2. 评分指标

按照表21进行评分，总分100分，按照实际考察功能进行扣分，各小项分数直到扣完为止。

表21　Ⅲ类煤矿主煤流运输系统评分指标

序号	评分项	主要评分指标	分值	评分方法	得分
1	带式输送机运输系统 100分	带式输送机运输系统相关设备能通过现场工业总线实现互联互通，能够与煤矿综合管控平台实现智能联动，实现无人值守作业	15	现场查验，每项不符合要求扣5分	
		单条带式输送机具备完善的传感器、执行器及控制器，实现单台设备的自动控制	10	现场查验，每项不符合要求扣3.5分	
		带式输送机采用变频或CST等软启动方式	10	现场查验，不符合要求扣10分	
		具备完善的综合保护装置，能够根据监测结果实现综合保护装置的智能联动	15	现场查验，每项不符合要求扣5分	

表21（续）

序号	评分项	主要评分指标	分值	评分方法	得分
1	带式输送机运输系统100分	给煤点设计合理，实现胶带输送机安全运行，装载、卸载位置实现视频监控全覆盖	10	现场查验，每项不符合要求扣3分	
		具备煤流平衡功能	5	现场查验，不符合要求扣5分	
		多条带式输送机搭接实现集中协同控制，具备语音预警功能，可实现集中控制、就地控制	15	现场查验，每项不符合要求扣4分	
		集控系统具备各部带式输送机驱动部电机电流、温度、振动以及减速器轴承温度、润滑油温度等参数的实时采集、状态监测、故障在线诊断与预警、运行效率分析等功能	15	现场查验，每项不符合要求扣3分	
		具备主煤流运输系统环境监测预警功能，实现烟雾、粉尘、温度等的智能监测	5	现场查验，每项不符合要求扣2.5分	
2	立井提升系统100分	立井提升系统具有智能装载与卸载功能	10	现场查验，每项不符合要求扣5分	
		立井提升系统能够与煤仓放煤系统进行智能联动	10	现场查验，不符合要求扣10分	
		立井提升系统具有精确定量装载功能，具有防重装、过装保护功能	15	现场查验，每项不符合要求扣5分	
		箕斗载重实现在线监测	10	现场查验，不符合要求扣10分	
		钢丝绳采用专用设备进行定期监测	10	现场查验，不符合要求扣10分	
		立井提升系统安装堆煤保护、视频监控等装置	15	现场查验，每项不符合要求扣7.5分	
		配备数字化控制系统，实时采集、传输高低压控制柜、主电机等重点部位的电流、电压等信息	15	现场查验，每项不符合要求扣7.5分	
		具备智能综合保护系统，能够对提升速度、提升重量等进行远程实时在线监测	15	现场查验，每项不符合要求扣7.5分	

注：若煤矿仅采用带式输送机作为主煤流运输系统，则仅考核带式输送机相关指标；若煤矿采用带式输送机、箕斗联合运输，则带式输送机运输系统、立井提升系统的得分各占50%。

（六）辅助运输系统

1. 必备指标

（1）采用无轨胶轮车、单轨吊、电机车等合理的辅助运输方式。

（2）辅助运输车辆实现了精准定位，机车状态信息实现了自动采集。

2. 评分指标

按照表22进行评分，总分100分，按照实际考察功能进行扣分，各小项分数直到扣完为止。

表22　Ⅲ类煤矿辅助运输系统评分指标

序号	评分项	主要评分指标	分值	评分方法	得分
1	轨道运输80分	单轨吊采用点到点运输物资，实现辅助驾驶	6	现场查验，每项不符合要求扣3分	
		副立井提升系统实现载重在线监测，钢丝绳采用专用设备进行定期监测	4	现场查验，每项不符合要求扣2分	
		运输车辆具备无线移动通信功能，实现车辆精准定位（静态定位精度0.3 m、动态定位精度7.3 m）	10	现场查验，每项不符合要求扣2分	
		实现车辆运行状态参数的智能监测	10	现场查验，不符合要求扣10分	
		具备车载视频、语音通话、应急呼救等功能，实现相关信息的智能采集	5	现场查验，不符合要求扣5分	
		集中装载点、上下人站点、检修硐室等实现视频监控	5	现场查验，每项不符合要求扣1分	
		主要运输线路的道岔、阻车器等安全设施实现远程控制、司机遥控等，机车通过风门可实现司机遥控或自动控制	5	现场查验，每项不符合要求扣2.5分	
		巷道口、硐室口、弯道处实现声光报警	5	现场查验，不符合要求扣5分	
		主要轨道运输提升斜巷具有防跑车装置，与提升绞车连锁自动控制、自动报警、自动停车	10	现场查验，每项不符合要求扣5分	
		绞车房、各车场和跑车防护装置实现视频监控	5	现场查验，不符合要求扣2分	
		连续牵引绞车具备断绳自动阻车功能，连续牵引绞车保护设施实现自动监测、自动报警、自动停车	10	现场查验，每项不符合要求扣5分	
		90 kW以上的绞车具有运行状态监测、异常报警、停车等功能	5	现场查验，每项不符合要求扣2分	
2	无轨胶轮车运输80分	运输车辆具备无线移动通信功能，实现车辆精准定位（静态定位精度0.3 m、动态定位精度7.3 m）	15	现场查验，每项不符合要求扣7.5分	
		具有车辆运行状态参数监测（超速、路径偏离报警、运动轨迹等）功能	15	现场查验，每项不符合要求扣5分	
		无轨胶轮车具备智能安全预警系统，具有人员及设备接近防撞预警、防疲劳驾驶、超速预警等功能	10	现场查验，每项不符合要求扣2.5分	
		重要运输交叉路口、运输区域实现闯红灯、超速等违章行为自动记录	10	现场查验，每项不符合要求扣10分	
		巷道设置胶轮车自动失速保护装置	15	现场查验，不符合要求扣15分	
		集中装载点、上下人站点、加油检修硐室等实现视频监控	15	现场查验，每项不符合要求扣5分	

表22（续）

序号	评分项	主　要　评　分　指　标	分值	评分方法	得分
3	辅助运输管理系统20分	运输物资建立编码体系，实现物资运输的集装化	5	现场查验，不符合要求扣5分	
		建有辅助运输管理模块，对井下运输车辆、交通状态进行监测、分析	4	现场查验，每项不符合要求扣2分	
		辅助运输管理模块实现运输设备、运输信号等动态模拟展示，信息存储与历史记录查询等	5	现场查验，每项不符合要求扣2.5分	
		具有井下车辆检验、维修、备品备件等智能化动态管理	4	现场查验，每项不符合要求扣1.5分	
		建有完善的井上井下辅助运输管理相关规章制度	2	不符合要求扣2分	

注：若仅采用轨道运输，则对轨道运输与辅助管理系统进行综合测评；若仅采用无轨胶轮车运输，则对无轨胶轮车运输与辅助管理系统进行综合测评；若采用轨道运输、无轨胶轮车联合运输方式，则轨道运输与无轨胶轮车运输得分之和乘以0.5，再与辅助运输管理系统进行加和。验收煤矿若无相关指标（例如没有单轨吊），则按缺项指标分值的60%得分。

3. 加分指标

（1）无轨胶轮车实现常态化无人驾驶，可酌情增加3～5分。

（2）混合运输方式，不同运输方式之间实现了智能化接驳，可酌情增加3～5分。

（七）通风与压风系统

通风与压风系统相关评价指标与智能化建设条件Ⅰ类煤矿的评价指标相同。

（八）供电与供排水系统

供电与供排水系统相关评价指标与智能化建设条件Ⅰ类煤矿的评价指标相同。

（九）安全监控系统

安全监控系统相关评价指标与智能化建设条件Ⅰ类煤矿的评价指标相同。

（十）智能化园区与经营管理系统

智能化园区与经营管理系统相关评价指标与智能化建设条件Ⅱ类煤矿的评价指标相同。

（十一）指标权重与评价

指标权重与评价和智能化建设条件Ⅱ类煤矿的评价指标相同。

第二部分　智能化露天煤矿

智能化露天煤矿评价结果分为：高级智能化示范煤矿（综合评分值≥90分）、中级智能化示范煤矿（综合评分值75～90分，不含90分）、初级智能化示范煤矿（综合评分值60～75分，不含75分）。

一、必备指标

1. 卡车应具有防碰撞预警功能。

2. 建有边坡监测系统，具备边坡安全监测、预警功能。

二、评分指标

表23　智能化露天煤矿评分指标

序号	项目	评分项	主要评分指标	分值	评分方法	得分
1	信息基础设施10分	通信网络3分	矿井部署4G/5G/WiFi6无线通信网络	1	现场查验，不符合要求扣1分	
			核心网络设备应采用三层交换机，具备路由、冗余功能，核心网络设备支持IPv6	1	现场查验，每项不符合要求扣0.5分	
			矿区主干网络传输带宽不低于10000 Mbps，有线主干网络与无线主干网络相互连通	1	现场查验，每项不符合要求扣0.5分	
		数据中心3分	云计算平台支持常用标准IP通信接口，可通过标准各类IP通信网关与传统PSTN、PLMN网络互联互通	0.5	现场查验，不符合要求扣0.5分	
			采用虚拟化或云计算技术，提供基础计算、存储、网络及管理等服务	0.5	现场查验，不符合要求扣0.5分	
			具有结构化或者非结构化数据存储功能，且存储容量可实现弹性扩展，满足存储需求	0.5	现场查验，不符合要求扣0.5分	
			具备专业数据库软件、虚拟化软件、网络管理软件、防病毒软件等	0.5	现场查验，不符合要求扣0.5分	
			操作系统、数据库、大数据平台等基础软件应兼容、可靠、安全、抗干扰，具有标准接口，同时具备二次开发条件	0.5	现场查验，不符合要求扣0.5分	
			具备网络安全防护功能，实现专网与外网、控制网与管理网的隔离，网络防火墙具备网络入侵监测功能，网络安全满足等保二级要求	0.5	现场查验，不符合要求扣0.5分	
		露天煤矿智能综合管控平台4分	实现露天煤矿各系统接口标准统一，对露天煤矿"采剥、运输、供电、调度"等全环节、全周期、全过程实时数据进行统一采集、存储、管理、分析	2	现场查验，每项不符合要求扣1分	
			具有完善的安全风险分级管控和隐患排查双重预防机制，实现边坡、水害等多种灾害监测预警与应急救援指挥调度	1	现场查验，每项不符合要求扣0.5分	
			智能综合管控平台应支持大屏显示、PC端显示和移动端显示	1	现场查验，每项不符合要求扣0.5分	
2	矿山设计10分	地质保障4分	建立资源储量管理系统，实现地质信息管理	1	现场查验，不符合要求扣1分	
			使用立体化地质勘探技术，准确探测和获取地质信息，实现基于多源数据的综合地质建模，地质模型实现三维可视化，工程量精度误差小于3%	1	现场查验，每项不符合要求扣0.5分	
			建立智能化测量管理系统，实现地形数据采集、三维点云或实景模型构建、测量信息三维可视化展示、工程量计算等功能	2	现场查验，每项不符合要求扣0.5分	
		穿孔爆破设计2分	应用计算机辅助设计软件，具备绘制露天煤矿穿孔爆破设计图的能力	0.5	现场查验，不符合要求扣0.5分	
			实现爆破作业信息化管理，实现钻机传感器数据、视频音频资料、人员与设备管理数据、测量数据、穿孔爆破设计图纸等数据的随时查阅和调用	0.5	现场查验，不符合要求扣0.5分	
			建立智能化爆破三维设计系统，具备爆破参数智能设计、爆破效果智能模拟预测功能	1	现场查验，每项不符合要求扣0.5分	

表23（续）

序号	项目	评分项	主要评分指标	分值	评分方法	得分
2	矿山设计10分	采矿设计4分	应用相关三维采矿设计软件建立三维采矿模型，具备辅助完成露天煤矿生产计划设计的能力，可实现开采境界、开采程序、排土场等优化设计功能，以相关设计报告及三维开采模型成果为准	1	现场查验，不符合要求扣1分	
			在三维采矿设计软件中实现虚拟开采，具备三维模拟剥采排工程短期和中长期时空动态演化过程、同步生成工程量报表、按工程位置或年度报告各煤层含矸率和发热量等主要煤质信息的功能，辅助完成采剥进度计划	1	现场查验，每项不符合要求扣0.5分	
			建立露天采矿智能设计系统，实现开采境界、开采工艺系统、开采程序、开拓运输系统的综合优化及智能决策，实现中长期开采计划的自动排产功能	2	现场查验，每项不符合要求扣1分	
3	智能穿爆10分	智能穿爆10分	实现钻机智能精准定位、炮孔设计参数自主接收、自动布孔、护孔、测孔、随钻测量功能	3	现场查验，每项不符合要求扣0.5分	
			实现钻机运行状态参数实时监测、异常报警、故障智能诊断、故障预测功能	2	现场查验，每项不符合要求扣0.5分	
			实现炮孔倾角、深度、孔温等炮孔参数的自动化采集，替代人工测量	2	现场查验，每项不符合要求扣0.5分	
			具备爆破警戒区域的远程监控和及时预警功能	1	现场查验，每项不符合要求扣0.5分	
			实现炸药混装车辆自动寻孔和装药机构与炮孔的自动精准对接	1	现场查验，每项不符合要求扣0.5分	
			实现炮孔装药结构的精准控制和药量的自动精准计量	1	现场查验，每项不符合要求扣0.5分	
4	矿山工程50分	单斗—卡车间断工艺50分	单斗挖掘机具备智能远程操控功能	5	现场查验，不符合要求扣5分	
			实现单斗挖掘机智能精准定位、轨迹回放、铲齿健康状态监测及预警、能耗监测、运行状态参数实时监测异常报警、故障诊断、故障预测功能	7	现场查验，每项不符合要求扣1分	
			实现卡车防碰撞、防疲劳驾驶、超速报警等安全保障功能；实现胎压、能耗、运行状态参数实时监测异常报警、故障诊断、故障预测功能	8	现场查验，每项不符合要求扣1分	
			建立卡车智能调度管理系统，实现自动精确计量、调度—终端通信、智能配车、高精地图显示、路径智能规划、智能导航、轨迹回放、调度图表、统计查询、系统运行数据分析报告等功能	10	现场查验，每项不符合要求扣1分	
			实现车联网，具备单斗挖掘机—无人驾驶卡车协同作业功能	5	现场查验，不符合要求扣5分	
			无人驾驶卡车应具备障碍识别、自主分析、自动避障、远程应急接管等功能	10	现场查验，不符合要求扣10分	
			推土机实现走行安全预警、运行状态监测及预警、自主保护、远程可视化监控、远程操控功能	5	现场查验，每项不符合要求扣1分	

表23（续）

序号	项目	评分项	主要评分指标	分值	评分方法	得分
4	矿山工程50分	半连续工艺50分	单斗挖掘机具备智能远程操控功能	3	现场查验，不符合要求扣3分	
			实现单斗挖掘机智能精准定位、轨迹回放、铲齿健康状态监测及预警、能耗监测、运行状态参数实时监测异常报警、故障诊断、故障预测功能	3	现场查验，每项不符合要求扣0.5分	
			实现卡车防碰撞、防疲劳驾驶、超速报警等安全保障功能；实现胎压、能耗、运行状态参数实时监测异常报警、故障诊断、故障预测功能	4	现场查验，每项不符合要求扣0.5分	
			建立卡车智能调度管理系统，实现自动精确计量、调度—终端通信、智能配车、高精地图显示、路径智能规划、智能导航、轨迹回放、调度图表、统计查询、系统运行数据分析报告等功能	6	现场查验，每项不符合要求扣1分	
			实现车联网，具备单斗挖掘机—无人驾驶卡车协同作业功能	3	现场查验，不符合要求扣3分	
			无人驾驶卡车应具备障碍识别、自主分析、自动避障、远程应急接管等功能	8	现场查验，每项不符合要求扣2分	
			破碎站实现温度、压力、油位等运行参数的在线实时监测，具备异常信号报警功能	1	现场查验，每项不符合要求扣0.5分	
			破碎机具备断电、过载、失速、堵料、卡料反转等状态实时监测、自主保护功能	1	现场查验，每项不符合要求扣0.5分	
			实现破碎站、带式输送机、排土机等设备实时能耗的自动化计量，数据异常自主预警	1	现场查验，每项不符合要求扣0.5分	
			给料机实现无级调速，具备过载、失速等异常情况自主分析调节功能	2	现场查验，每项不符合要求扣1分	
			破碎站（包括半移动和自移动）具备远程智能操控功能，实现无人值守	2	现场查验，不符合要求扣2分	
			建立带式输送机远程视频监控、运行状态在线监测及预警系统，实现堵料、打滑、拉绳、撕裂、跑偏、温度、振动、功率等数据的接入与预警保护	2	现场查验，每项不符合要求扣0.5分	
			排土机实现走行安全预警、运行状态监测及预警、自主保护、远程可视化监控、远程操控功能	2	现场查验，每项不符合要求扣0.5分	
			具备料仓物料量、温度、可燃性气体浓度的实时监测预警功能	1	现场查验，每项不符合要求扣0.5分	
			建立多机协同智能操作系统，具备包括单斗挖掘机—破碎站自主协同、卡车—破碎站自主协同、破碎站—带式输送机自主协同等功能	3	现场查验，每项不符合要求扣1分	
			建立无人巡检系统，具备自动行走、自主定位，温度、烟雾、异常声音等环境要素感知，料流速度实时监测，物料分布状态实时监测，视频回放，异常状态识别及自动报警功能	3	现场查验，每项不符合要求扣0.5分	
			实现工作区域人员定位及智能识别，具备非工作人员闯入及时报警功能	2	现场查验，每项不符合要求扣1分	
			半连续工艺系统中的破碎站、带式输送机和排土机等可实现一键启停功能	3	现场查验，每项不符合要求扣1分	

表23（续）

序号	项目	评分项	主要评分指标	分值	评分方法	得分
4	矿山工程50分	全连续工艺50分	轮斗挖掘机、转载机、排土机等设备实现能耗、温度、压力、油位等全方位运行参数的实时监控，具备安全预警、运行状态监测及预警、可视化远程监控、远程操控、无人值守功能	5	现场查验，每项不符合要求扣1分	
			实现轮斗挖掘机、转载机、排土机的精准定位、多机联动、自动对中功能	6	现场查验，每项不符合要求扣2分	
			实现轮斗挖掘机、排土机、转载机的纠偏控制、滑转率控制、防倾翻控制及功率自动匹配控制功能	4	现场查验，每项不符合要求扣1分	
			轮斗挖掘机具备斗齿健康状态监测及预警、整机稳定性监测、自适应记忆切割、自动驾驶、自主保护功能	5	现场查验，每项不符合要求扣1分	
			建立带式输送机远程视频监控、运行状态在线监测及预警系统，实现堵料、打滑、拉绳、撕裂、跑偏、温度、振动、功率等数据的接入与预警保护	5	现场查验，每项不符合要求扣1分	
			具备料仓物料量、温度、可燃性气体浓度的实时监测预警功能	2	现场查验，每项不符合要求扣1分	
			建立多机协同智能操作系统，具体包括轮斗挖掘机—转载机智能协同、轮斗挖掘机—带式输送机智能协同、转载机—带式输送机智能协同、带式输送机—排土机智能协同	4	现场查验，每项不符合要求扣1分	
			实现轮斗挖掘机、转载机、排土机等设备故障的在线监测、自主分析诊断、预测功能	5	现场查验，每项不符合要求扣1分	
			建立无人巡检系统，具备自动行走、自主定位，温度、烟雾、异常声音等环境要素感知，料流速度实时监测，物料分布状态实时监测，视频回放，异常状态识别及自动报警功能	7	现场查验，每项不符合要求扣1分	
			实现工作区域工作人员定位及智能识别，具备非工作人员闯入及时报警功能	2	现场查验，每项不符合要求扣1分	
			连续开采工艺系统可实现一键启停功能	5	现场查验，不符合要求扣5分	
		拉斗铲倒堆工艺50分	抛掷爆破采用无人机、远程摄像头等技术实现爆破警戒区域的远程监控	4	现场查验，每项不符合要求扣2分	
			抛掷爆破应用相关软件，具备基于历史数据统计的模拟仿真功能，实现方案施行效果的预估，提高工程的控制能力	6	现场查验，每项不符合要求扣2分	
			抛掷爆破应用激光扫描仪、无人机倾斜摄影技术等，实现抛掷爆破的三维建模，为爆破优化设计提供依据	6	现场查验，每项不符合要求扣2分	
			抛掷爆破构建专门的资料电子管理档案，实现人员与设备数据、穿孔爆破设计方案、设计图纸等信息的电子化查询与展示	6	现场查验，每项不符合要求扣2分	
			拉斗铲电气系统故障自动报警	6	现场查验，不符合要求扣6分	
			拉斗铲具备作业工作面和行走路线的坡度检测功能	4	现场查验，不符合要求扣4分	
			拉斗铲实现作业盲区高清视频监控	4	现场查验，不符合要求扣4分	

表23（续）

序号	项目	评分项	主 要 评 分 指 标	分值	评分方法	得分
4	矿山工程50分	拉斗铲倒堆工艺50分	拉斗铲具备自动灭火系统	4	现场查验，不符合要求扣4分	
			拉斗铲具备监控各部动态运行参数功能，如运行小时、油泵压力、供气压力、温度等	6	现场查验，每项不符合要求扣2分	
			利用北斗等技术实现拉斗铲位置的动态实时监测功能，实现设备精准定位	4	现场查验，不符合要求扣4分	
5	智能辅助10分	数字孪生体3分	建立智能矿山数字孪生系统，实现矿山地测采、地面生产系统及辅助设施数字模型的集成、一体化展示及与工程档案的关联	2	现场查验，每项不符合要求扣0.5分	
			通过数字孪生体与集控系统的融合，实现工程溯源和虚实映射	1	现场查验，每项不符合要求扣0.5分	
		边坡2分	边坡监测预警报警功能应接入调度中心	0.5	现场查验，不符合要求扣0.5分	
			采场、排土场危险边坡实现在线实时监测	0.5	现场查验，每项不符合要求扣0.5分	
			具有监测数据综合分析、预警报警功能的边坡监测能力	1	现场查验，每项不符合要求扣0.5分	
		防排水1.5分	排水泵站应具有水位自动监测功能和根据水位情况自动选择水泵启停	0.5	现场查验，不符合要求扣0.5分	
			排水泵站应具备集中监控、无人值守功能	0.5	现场查验，不符合要求扣0.5分	
			对集水坑、水池水量进行实施监控，实现根据水量自动抽排水	0.5	现场查验，不符合要求扣0.5分	
		防灭火1分	建立煤层自燃监测系统，实现对采场煤层温度的监测及预警功能	0.5	现场查验，不符合要求扣0.5分	
			指标性气体监测，实现温度和气体的远程监测功能	0.5	现场查验，不符合要求扣0.5分	
		道路养护1分	实现路面平整度、粉尘浓度监测	0.5	现场查验，不符合要求扣0.5分	
			实现道路养护设备运行状态监测及预警	0.5	现场查验，不符合要求扣0.5分	
		供配电1.5分	变电所应具备集中监控、无人值守功能	0.5	现场查验，不符合要求扣0.5分	
			供配电系统具备智能开关和关键负荷电缆的测温、报警、自动防灭火功能	0.5	现场查验，不符合要求扣0.5分	
			露天煤矿主变电所配备智能巡检机器人	0.5	现场查验，不符合要求扣0.5分	

表23（续）

序号	项目	评分项	主要评分指标	分值	评分方法	得分
6	管理与决策6分	生产信息管理2分	实现生产计划、设备维修、工程质量、材料消耗、设备运维和配件库存信息管理、辅助分析和预测功能	2	现场查验，每项不符合要求扣0.5分	
		经营信息管理2分	实现销售和采购、资金信息和经营指标、投资和成本信息管理、辅助分析和预测功能	2	现场查验，每项不符合要求扣0.5分	
		决策支持管理2分	实现生产信息、经营信息和人力资源信息管理的辅助分析、预测功能	2	现场查验，每项不符合要求扣0.5分	
7	智能化园区4分	智能指挥中心2分	在矿山地面建设智能指挥中心，集成智能化指挥、调度、管控、办公、培训、展示等功能，实现对露天煤矿作业现场各系统的统一协调管控	2	现场查验，每项不符合要求扣0.5分	
		综合管理系统2分	建有智能安防、智能仓储、智能车辆管理、智能门禁闸机管理、智能信息发布及个人移动终端管理系统，实现工业设施保障系统的智能决策和数据共享	1	现场查验，每项不符合要求扣0.5分	
			综合管理系统应包括办公自动化管理、企业 ERP 等系统，各系统数据实现交互	1	现场查验，每项不符合要求扣0.5分	

注：若涉及到两种及以上的露天开采工艺，则在验收时应同时验收，各工艺的算数平均值作为工艺项的最终得分：

$$L=(L_1+\cdots+L_n)\div n \tag{2}$$

式中 L——露天煤矿智能化验收考核得分；

L_1——第1种生产工艺考核得分；

L_n——第 n 种生产工艺考核得分。

若因生产工艺等原因导致缺少相关指标（如连续式开采工艺可能不涉及智能穿爆），则取该项指标总分值的60%作为该项得分。

三、加分指标

1. 无人值守巡检机器人（2种以上应用场景）实现常态化使用，可酌情增加1分。
2. 钻机无人值守实现常态化使用，可酌情增加1分。
3. 矿用自卸卡车实现常态化无人驾驶（5台以上编组），可酌情增加1分。

第三部分 智能化选煤厂

根据选煤厂实际建设情况对选煤厂的各系统进行逐项打分，各系统考核得分之和为选煤厂总得分。根据智能化选煤厂综合评分结果，进行智能化选煤厂分级评价。将综合评分大于60分的选煤厂分为三级：高级智能化选煤厂（综合评分≥90分）、中级智能化选煤厂（综合评分为75～90分，不含90分）、初级智能化选煤厂（综合评分为60～75分，不含75分）。

一、必备指标

1. 网络带宽应能满足后续大数据传输的需求，主干网传输速率不应低于1000 Mbps。

2. 建有数据中心，满足选煤厂数据服务与安全要求。

3. 主要生产流程设备实现远程或集中联锁控制，主要生产环节的计质计量和安全监控系统齐全有效，主要选煤工艺参数监控设施齐全准确。

二、评分指标

按照表24进行评分，总分100分，按照实际考察功能进行扣分，各小项分数直到扣完为止。

表24 智能化选煤厂评分指标

序号	项目	评分项	主要评分指标	分值	评分方法	得分
1		网络系统6分	网络带宽应能满足大数据传输的需求，主干网传输速率不应低于1000 Mbps，应通过硬件防火墙接入矿井工业网络、办公网（互联网）	2	现场查验，每项不符合要求扣1分	
			跨配电室、建筑物时应采用光缆传输；网线超过100米时应采用光缆传输	2	现场查验，每项不符合要求扣1分	
			工业有线网络在组网时应符合MT/T 1131的相关规定；采用现场总线组网时，应符合MT/T 1130的相关规定	2	现场查验，每项不符合要求扣1分	
2		云平台2分	具有包含各种数据算法、基础服务、系统管理等内容的云平台	2	现场查验，每项不符合要求扣1分	
3	基础平台30分	数据中心16分	生产系统及设备的运行信息和各种生产数据应分系统通过集控系统显示、现场各类传感器在线采集以及人工巡检实时获取	1	现场查验，每项不符合要求扣0.5分	
			消耗信息应分系统在线计量，并传输至数据中心	2	现场查验，每项不符合要求扣1分	
			原煤和产品的基础煤质信息（水分、灰分等）应通过在线分析仪直接获取，全程无需人工检测及录入数据，以保证数据的实时性、可靠性和准确性；暂时还不能直接在线采集的离线化验数据（如粘结指数、胶质层指数、有害元素等）及工艺研究的实验数据（如筛分浮沉曲线、可选性曲线等）应录入选煤数据中心	4	现场查验，每项不符合要求扣1分	
			选煤厂煤质、设备、图纸、方案、生产、机电、技术、安全、职工教育等主要基础资料全部实现电子化，设有厂级电子资料存储查询终端，资料时间跨度不低于一年；设备的日常维护数据、大中修记录、设备润滑记录、故障记录及处理方式应录入选煤数据中心	3	现场查验，每项不符合要求扣0.5分	
			数据中心应有统一对外接口，所有数据统一数据标准格式。应建立与矿井其他专业系统的数据通讯接口，实现数据共享	2	现场查验，每项不符合要求扣1分	
			在线数据和离线数据在数据库中分别储存，在调用的时候，二者的时间维度应同步，在线生产工艺数据应设置实时数据库和历史数据库	2	现场查验，每项不符合要求扣1分	
			工艺数据、化验结果等结构化数据应保留10年以上，视频、图像等数据应保留不少于30天	2	现场查验，每项不符合要求扣1分	
4		专家知识库2分	建立以各种选煤算法、曲线绘制方法、分析与评价方法、机电管理、生产管理与过程控制的专家经验等为主的专家知识库	2	现场查验，每项不符合要求扣1分	
5		系统安全2分	系统安全符合GB/T 36323要求，满足等保二级要求	2	现场查验，不符合要求扣2分	
6		交互平台建设2分	能够分别在看板、PC端、移动端实现数据展示、交互，应设置三维可视化系统，多维度、多方式集中展示各个系统的数据	2	现场查验，每项不符合要求扣1分	

表24（续）

序号	项目	评分项	主要评分指标	分值	评分方法	得分
7		设备及仪表监测与保护13分	设备保护应符合AQ 1010要求，配备齐全，关键设备及仪表检测与保护建设应实现电机、减速机等设备及仪器的电流检测、温度检测、振动检测、故障预警及信息共享	3	现场查验，每项不符合要求扣1分	
			胶带输送机均按规程配置齐全的保护装置，各类信息接入集控信息系统	2		
			刮板机应设置过载预警、异物识别、断链和拉偏等故障检测	2		
			关键脱水脱介设备应设置筛下水、离心液堵塞检测	2		
			关键筛分设备应配置温度、振动传感器	2		
			泵类设备功率≥200 kW，轴承体应配置温度和振动传感器；对于特别重要或特殊用途的可按需配置温度、振动传感器。应按需配置机械密封冷却水监测装置	2		
8	基础自动化42分	工艺生产环节自动化26分	主要生产环节实现自动化控制与检测，对关键设备和关键环节实现监控	5	现场查验，每项不符合要求扣2分	
			应实现各种流程的启停操作，动态显示各系统机械设备运行状态、工艺、参数、数质量、仓位、保护信号、阀门/闸板的位置信息；对主要参数自动调节、自动形成各主要参数的变化趋势和历史曲线，对各工艺参数进行制表、打印，对各种报警自动记录	5	现场查验，每项不符合要求扣1分	
			视频监控系统：选煤厂重要设备及场所应安装数字网络摄像机，防爆场所安装的摄像机应满足防爆要求。工业视频监控主干传输介质应采用光纤，编码、储存、解码全部采用网络化设备，可实现对摄像头的远程访问。可以通过移动终端进行视频查看	4	现场查验，每项不符合要求扣1分	
			人员定位系统：选煤厂设置人员精准定位系统，关键危险区域设置电子栅栏	2	现场查验，每项不符合要求扣1分	
			设备状态在线检测系统：重要及关键设备应具备在线温振状态检测功能，信息在线传输至设备管理系统，并与集中控制系统联动	4	现场查验，每项不符合要求扣1分	
			配电监控系统：高低压配电室应实现无人值守，应设置温度、湿度、烟雾监测和控制，配电室应安装门禁系统，对进入人员进行严格管理。新建配电室可实现断路器的分合闸远程和就地操作	2	现场查验，每项不符合要求扣1分	
			在线测灰分析系统或全自动采制化系统：选煤厂入洗原煤应设在线测灰系统，精煤产品应设在线测灰系统或全自动采制化系统，实现原煤及精煤产品的灰分指标在线无人化、准确检测，水分、发热量、硫分等离线数据均传输至数据中心	2	现场查验，每项不符合要求扣1分	
			产量计量系统：应根据现场条件合理设置原煤与产品皮带秤。皮带秤、动态（静态）称量轨道衡、定量装车仓及汽车衡，应能实时传输数据至生产监控系统。能源计量中的生产用水量、用电量、用风量、用药（油）量、用介量等消耗量自动（或离线）计量，并传输至数据中心；环境安全监测应根据现场情况将检测信息传输至数据中心	2	现场查验，每项不符合要求扣0.5分	
9		辅助环节自动化3分	需要调节的泵类的前后阀门应与泵实现联动控制，根据需要进行调节；扫地泵实现液位自动控制	1	现场查验，不符合要求扣1分	
			照明应当根据现场情况、季节变化、岗位布置、工作时间安排等因素实现自动控制	1	现场查验，不符合要求扣1分	
			应设置工业卫生自动冲洗、通风、除尘等系统	1	现场查验，不符合要求扣1分	

表24（续）

序号	项目	评分项	主要评分指标	分值	评分方法	得分
10	智能控制20分	生产过程智能控制10分	智能分选：能自主分析加工对象的性质，建立生产组织模型；采用大数据分析方法进行数据建模，利用机器学习算法自主分析、预测工艺参数；重介分选工艺：通过多种控制方法，自主调节操作参数，实现各工艺环节智能控制；水介分选、干选和浮选工艺：实现自动/远程控制；通过对典型选煤工艺的智能控制，实现精准分选，稳定产品质量，提高精煤产率，增加经济效益；根据产品和工艺要求，按照最大产率原则与最大经济效益原则，指导调节各工艺环节生产参数；采用脱粉工艺的选煤厂，应设置脱粉量在线调整机构，建立脱粉量、分选密度的关系模型	6	现场查验，每项不符合要求扣1分	
			智能浓缩：能够根据需要对入料和底流浓度、流量、药剂添加量、溢流水浊度、澄清水高度等工艺参数进行检测分析，自主预测药剂添加量，实时调节加药量及加药比例	2	现场查验，每项不符合要求扣1分	
			智能压滤：对压滤上下游信息进行分析，实现压滤机自动入料、智能排队卸料	2	现场查验，每项不符合要求扣1分	
11		辅助环节智能控制4分	智能仓储与配煤：应实现煤质、煤量、仓位等信息的自动检测与实时显示，根据基础煤质信息（水分、灰分、发热量、硫分等）调整配煤比例	2	现场查验，每项不符合要求扣1分	
			智能装车：汽车装运系统具备车辆位置、车厢内物料高度等信息的自动感知与建模功能，实时计算车辆边缘位置与物料装载状态，自动提示司机配合完成装运。火车装运系统能够自动识别车厢的编号、位置等，并实时监测撒料等异常情况，实现火车自动称重、引导等功能	2	现场查验，每项不符合要求扣1分	
12		生产保障智能化6分	智能集控：全生产流程设备应实现远程操控、一键启停	2	现场查验，每项不符合要求扣1分	
			智能视频：具有重要生产区域人侵、越界报警功能；当出现设备故障或安全监测出异常时，数字大屏幕画面自动切换到故障设备或出现安全异常的画面，并报警提醒或联锁停车，实现视频联动功能；具有利用视频图形识别技术，实时监测关键部位异常状态功能	2	现场查验，每项不符合要求扣1分	
			智能停送电：可以利用终端设备进行停送电申请、审批功能；对经过审批的停送电流程，通过控制系统和电操装置实现远程/就地分合闸，可辅助人工操作	2	现场查验，每项不符合要求扣1分	
13	智能管理决策8分	智能管理3分	能够实现生产、机电、技术、节能、协同等管理功能	3	现场查验，每项不符合要求扣1分	
14		3D可视化系统2分	以三维立体的形式显示选煤厂内的场景结构、设备布局，并设置完善的视频感知、安全监测系统，对入选原煤杂物、人员不安全行为、设备运行危险状态等进行监测，并实现智能预测、预警	2	现场查验，每项不符合要求扣1分	
15		智能决策3分	能够进行生产情况分析、工艺效果评价、生产指标预测、产品结构优化、经济效益预测、设备健康评价、设备运行分析及不同管理层面的统计分析	3	现场查验，每项不符合要求扣1分	

注：选煤厂评分项目内容中若生产工艺缺项时，则按缺项指标分值的60%得分。

国家能源局综合司　国家矿山安全监察局综合司
关于印发《智能化示范煤矿建设管理暂行办法》《煤矿智能化专家库管理暂行办法》的通知

国能综通煤炭〔2020〕139号

各产煤省（自治区、直辖市）能源局，有关省（自治区、直辖市）及新疆生产建设兵团发展改革委、煤矿安全监管部门，有关中央企业，有关行业协会：

为贯彻落实《关于加快煤矿智能化发展的指导意见》(发改能源〔2020〕283号)，规范开展智能化煤矿建设管理工作，国家能源局、国家矿山安全监察局制定了《智能化示范煤矿建设管理暂行办法》和《煤矿智能化专家库管理暂行办法》，现印发你们，请按照执行。

国家能源局综合司　国家矿山安全监察局综合司（代章）

2020年12月24日

智能化示范煤矿建设管理暂行办法

第一章　总　则

第一条　为加快煤矿智能化建设，提升煤矿安全生产水平，规范开展智能化示范煤矿管理工作，按照《关于加快煤矿智能化发展的指导意见》(发改能源〔2020〕283号）等，制定本办法。

第二条　智能化示范煤矿是指纳入国家示范清单，按照建设方案实施智能化升级改造或新（改扩）建并通过验收的示范煤矿。

第三条　智能化示范煤矿建设管理工作应按照“自愿申报、内部审核、评估验收、动态管理”的原则开展。

第四条　国家能源局、国家矿山安全监察局负责全国智能化示范煤矿建设的指导协调和组织管理工作。省级能源主管部门、省级煤矿安全监管部门负责组织本辖区智能化示范煤矿的申报、验收、监督等工作；有关中央企业负责组织本企业智能化示范煤矿的申报、建设、验收、内部监督等工作。

第五条　鼓励行业协会配合政府有关部门做好智能化示范煤矿建设中的相关工作，发挥其在工作调研、材料整理、经验总结、知识产权保护、成果推广等方面的支撑作用。

第二章　示范煤矿申报

第六条　智能化示范煤矿建设应符合国家煤炭发展战略及规划、煤炭产业政策等有关要求。

第七条　国家能源局、国家矿山安全监察局公布智能化示范煤矿建设的申报原则、流程和工作要求。

第八条 申报单位编制的智能化示范煤矿建设方案应包括煤矿概况、智能化建设基础、建设目标和任务、关键技术与装备、计划安排、资金投入等。

第九条 地方煤炭企业向所在地省级能源主管部门提出智能化示范煤矿建设申请，省级能源主管部门会同省级煤矿安全监管部门审核研究后，上报国家能源局、国家矿山安全监察局。有关中央企业对所属智能化示范煤矿建设申报材料审核研究后，上报国家能源局、国家矿山安全监察局。

第三章 示范煤矿建设名单公布

第十条 国家能源局、国家矿山安全监察局建立煤矿智能化专家库，范围涵盖行业协会、科研单位、高等院校、煤炭企业等方面专家，专业方向包括采矿、安全、地质、机电、洗选、人工智能、计算机、通信、管理、技术经济及工程造价等。

第十一条 国家能源局、国家矿山安全监察局在开展智能化示范煤矿材料评估、项目建设、竣工验收等方面的工作中，应随机从专家库抽取专家，发挥其智力支持作用。

第十二条 国家能源局、国家矿山安全监察局按照工作程序，对省级能源主管部门、省级煤矿安全监管部门和有关中央企业上报的智能化示范煤矿建设申报材料进行审核，对不符合建设要求的，要求其限期补充材料；对补充材料仍达不到要求的，要求地方和有关中央企业另行推荐。

第十三条 国家能源局、国家矿山安全监察局按照政务公开的要求，将审核通过的智能化示范煤矿建设名单向社会公布。

第四章 示范煤矿验收

第十四条 智能化示范煤矿建设单位应按照建设方案开展智能化示范煤矿建设，加强工程质量管理，科学安排建设工期，按期保质完成建设任务。

第十五条 地方智能化示范煤矿建成后，由省级能源主管部门、煤矿安全监管部门依据验收标准组织专家验收，编制验收报告并报送国家能源局、国家矿山安全监察局；中央企业所属智能化示范煤矿建成后，由中央企业依据验收标准组织专家验收，编制验收报告并报送国家能源局、国家矿山安全监察局。新建或改扩建煤矿的智能化示范验收应在完成联合试运转并竣工验收后进行。

第十六条 对省级能源主管部门、煤矿安全监管部门和中央企业验收通过的智能化示范煤矿，国家能源局、国家矿山安全监察局进行抽查。

第十七条 国家能源局、国家矿山安全监察局根据验收和抽查情况，分批公布智能化示范煤矿名单。

第十八条 验收通过的智能化示范煤矿享受《关于加快煤矿智能化发展的指导意见》（发改能源〔2020〕283 号）的相关扶持政策。

第十九条 国家能源局、国家矿山安全监察局对技术先进、运行可靠的智能化示范煤矿开采模式、技术装备、管理经验等，进行推广应用。

第五章 监督管理

第二十条 国家能源局、国家矿山安全监察局建立由中国煤炭工业协会、应急管理部信息研究院、国家能源集团、中煤集团、中煤科工集团组成的工作专班，协助国家能源局、国家矿山安全监察局负责智能化示范煤矿建设的日常管理工作。

第二十一条 省级能源主管部门、煤矿安全监管部门和有关中央企业应在智能化示范煤矿遴选、竣工验收、优惠政策支持方面简化流程、公开透明、廉洁奉公。

第二十二条 国家能源局、国家矿山安全监察局建立定期通报制度。省级能源主管部门、煤矿安全监管部门和有关中央企业应定期上报智能化示范煤矿建设进度。国家能源局、国家矿山安全监察局对全国智能化示范煤矿建设进度情况进行梳理汇总，定期公布。对建设过程中的先进成果进行总结归纳，适时组织交流借鉴。

第二十三条 国家能源局、国家矿山安全监察局加强对智能化示范煤矿建设的事中事后监管，督促地方和有关中央企业按期推进智能化示范煤矿建设。

第六章 附 则

第二十四条 本办法由国家能源局、国家矿山安全监察局负责解释。

第二十五条 本办法有效期五年，自发布之日起施行。

煤矿智能化专家库管理暂行办法

第一条 为加强煤矿智能化专家库的规范管理，明确专家的权利与义务，充分发挥专家在煤矿智能化建设中的决策支撑作用，制定本办法。

第二条 本办法适用于煤矿智能化领域专家的遴选、聘用、管理等相关活动。

第三条 专家的遴选聘用应坚持公平、公正、公开的原则。

第四条 专家应从行业协会、科研单位、高等院校、煤炭企业等单位中选取，专业方向涵盖采矿、安全、地质、机电、洗选、人工智能、计算机、通信、管理、技术经济及工程造价等。

第五条 专家遴选的基本条件：

（一）具有良好的政治素质、职业道德，奉献意识强，无违法乱纪等行为；

（二）具有高级职称；

（三）从事煤矿主体专业 10 年以上，智能化等相关专业 3 年以上；

（四）原则上以在职人员为主，年龄不超过 65 岁。

（五）自愿接受、遵守审核工作中的有关规定和要求。

第六条 推荐专家人选经国家能源局、国家矿山安全监察局审核后，分批次向社会公布。

第七条 专家的选择和使用应在考虑专业领域和研究方向基础上，从专家库中随机抽取。

第八条 专家应本着科学严谨的专业精神，参与智能化示范煤矿的评估、验收等工作，提出客观公正的第三方评估意见。

第九条 专家享有对煤矿智能化相关政策法规及情况的知情权，以及在咨询、评估和验收等环节中的建议权、表决权。

第十条 专家组成员不低于 5 人，专家在开展工作中，对涉及本单位或关联项目的，应主动回避。

第十一条 专家应严格遵守中央八项规定精神，开展相关工作前，应签署廉洁承诺书。

第十二条 专家应严格遵守保密纪律，不得向外界透露敏感信息及技术、商业秘密。

第十三条 专家库实行动态管理，定期更新。根据工作进展情况，适时吸纳有关专家。对违反规定的专家，即时移出专家库；对于违法违规的，视情节轻重按照相关规定处理。

第十四条 本办法由国家能源局、国家矿山安全监察局负责解释。

第十五条 本办法有效期五年，自发布之日起施行。

国家能源局关于加快推进能源数字化智能化发展的若干意见

国能发科技〔2023〕27 号

各省（自治区、直辖市）能源局，有关省（自治区、直辖市）及新疆生产建设兵团发展改革委，有关中央企业：

推动数字技术与实体经济深度融合，赋能传统产业数字化智能化转型升级，是把握新一轮科技革命和产业变革新机遇的战略选择。能源是经济社会发展的基础支撑，能源产业与数字技术融合发展是新时代推动我国能源产业基础高级化、产业链现代化的重要引擎，是落实“四个革命、一个合作”能源安全新战略和建设新型能源体系的有效措施，对提升能源产业核心竞争力、推动能源高质量发展具有重要意义。为加快推进能源数字化智能化发展，现提出如下意见。

一、总体要求

（一）指导思想。以习近平新时代中国特色社会主义思想为指导，深入贯彻党的二十大精神，立足新发展阶段，完整、准确、全面贯彻新发展理念，加快构建新发展格局，深入实施创新驱动发展战略，推动数字技术与能源产业发展深度融合，加强传统能源与数字化智能化技术相融合的新型基础设施建设，释放能源数据要素价值潜力，强化网络与信息安全保障，有效提升能源数字化智能化发展水平，促进能源数字经济和绿色低碳循环经济发展，构建清洁低碳、安全高效的能源体系，为积极稳妥推进碳达峰碳中和提供有力支撑。

（二）基本原则。

需求牵引。针对电力、煤炭、油气等行业数字化智能化转型发展需求，通过数字化智能化技术融合应用，急用先行、先易后难，分行业、分环节、分阶段补齐转型发展短板，为能源高质量发展提供有效支撑。

数字赋能。发挥智能电网延伸拓展能源网络潜能，推动形成能源智能调控体系，提升资源精准高效配置水平；推动数字化智能化技术在煤炭和油气产供储销体系全链条和各环节的覆盖应用，提高行业整体能效、安全生产和绿色低碳水平。

协同高效。推动数据资源作为新型生产要素的充分流通和使用，打通不同主体间的信息壁垒，带动能源网络各环节的互联互动互补，提升产业链上下游及行业间协调运行效率，以数字化智能化转型促进能源绿色低碳发展的跨行业协同。

融合创新。聚焦原创性、引领性创新，加快人工智能、数字孪生、物联网、区块链等数字技术在能源领域的创新应用，推动跨学科、跨领域融合，促进创新成果的工程化、产业化，培育数字技术与能源产业融合发展新优势。

（三）发展目标。到 2030 年，能源系统各环节数字化智能化创新应用体系初步构筑、数据要素潜能充分激活，一批制约能源数字化智能化发展的共性关键技术取得突破，能源系统智能感知与智能调控体系加快形成，能源数字化智能化新模式新业态持续涌现，能源系统运行与管理模式向全面标准化、深度数字化和高度智能化加速转变，能源行业网络与信息安全保障能力明显增强，能源系统效率、可靠性、包容性稳步提高，能源生产和供应多元化加速拓展、质量效益加速提升，数字技术与能源产业融合发展对能源行业提质增效与碳排放强度和总量“双控”的支撑作用全面显现。

二、加快行业转型升级

（四）以数字化智能化技术加速发电清洁低碳转型。发展新能源和水能功率预测技术，统筹分析有关气象要素、电源状态、电网运行、用户需求、储能配置等变量因素。加强规模化新能源基地智能化技术改造，提高弱送端系统调节支撑能力，提升分布式新能源智能化水平，促进新能源发电的可靠并网及有序消纳，保障新能源资源充分开发。加快火电、水电等传统电源数字化设计建造和智能化升级，推进智能分散控制系统发展和应用，助力燃煤机组节能降碳改造、灵活性改造、供热改造“三改联动”，促进抽水蓄能和新型储能充分发挥灵活调节作用。推动数字技术深度应用于核电设计、制造、建设、运维等各领域各环节，打造全面感知、智慧运行的智能核电厂，全面提升核安全、网络安全和数据安全等保障水平。

（五）以数字化智能化电网支撑新型电力系统建设。推动实体电网数字呈现、仿真和决策，探索人工智能及数字孪生在电网智能辅助决策和调控方面的应用，提升电力系统多能互补联合调度智能化水平，推进基于数据驱动的电网暂态稳定智能评估与预警，提高电网仿真分析能力，支撑电网安全稳定运行。推动变电站和换流站智能运检、输电线路智能巡检、配电智能运维体系建设，发展电网灾害智能感知体系，提高供电可靠性和对偏远地区恶劣环境的适应性。加快新能源微网和高可靠性数字配电系统发展，提升用户侧分布式电源与新型储能资源智能高效配置与运行优化控制水平。提高负荷预测精度和新型电力负荷智能管理水平，推动负荷侧资源分层分级分类聚合及协同优化管理，加快推动负荷侧资源参与系统调节。发展电碳计量与核算监测体系，推动电力市场和碳市场数据交互耦合，支撑能源行业碳足迹监测与分析。

（六）以数字化智能化技术带动煤炭安全高效生产。推动构建智能地质保障系统，提升矿井地质条件探测精度与地质信息透明化水平。提升煤矿采掘成套装备智能化控制水平，采煤工作面加快实现采－支－运智能协同运行、地面远程控制及井下无人/少人操作，掘进工作面加快实现掘－支－锚－运－破多工序协同作业、智能快速掘进及远程控制。推动煤矿主煤流运输系统实现智能化无人值守运行，辅助运输系统实现运输车辆的智能调度与综合管控。推动煤矿建立基于全时空信息感知的灾害监测预警与智能综合防治系统。推进大型露天煤矿无人驾驶系统建设与常态化运行，支持露天煤矿采用半连续、连续开采工艺系统，提高露天煤矿智能化开采和安全生产水平。支持煤矿建设集智能地质保障、智能采掘（剥）、智能洗选、智能安控等于一体的智能化煤矿综合管控平台。

（七）以数字化智能化技术助力油气绿色低碳开发利用。加快油气勘探开发专业软件研发，推进数字盆地建设，推动油气勘探开发数据库、模型库和样本库建设。推动智能测井、智能化节点地震采集系统建设，推进智能钻完井、智能注采、智能化压裂系统部署及远程控制作业，扩大二氧化碳驱油技术应用。加快智能钻机、机器人、无人机、智能感知系统等智能生产技术装备在石油物探、钻井、场站巡检维护、工程救援等场景的应用，推动生产现场井、站、厂、设备等全过程智能联动与自动优化。推动油气与新能源协同开发，提高源网荷储一体化智能调控水平，强化生产用能的新能源替代。推动油气管网的信息化改造和数字化升级，推进智能管道、智能储气库建设，提升油气管网设施安全高效运行水平和储气调峰能力。加快数字化智能化炼厂升级建设，提高炼化能效水平。

（八）以数字化智能化用能加快能源消费环节节能提效。持续挖掘需求侧响应潜力，聚焦传统高载能工业负荷、工商业可中断负荷、电动汽车充电网络、智能楼宇等典型可调节负荷，探索峰谷分时电价、高可靠性电价、可中断负荷电价等价格激励方式，推动柔性负荷智能管理、虚拟电厂优化运营、分层分区精准匹配需求响应资源等，提升绿色用能多渠道智能互动水平。以产业园区、大型公共建筑为重点，以提高终端能源利用效能为目标，推进多能互补集成供能基础设施建设，提升能源综合梯级利用水平。推动普及用能自主调优、多能协同调度等智能化用能服务，引导用户实施技术节能、管理节能策略，大力促进智能化用能服务模式创新，拓展面向终端用户的能源托管、碳排放计量、绿电交易等多样化增值服务。依托能源新型基础设施建设，推动能源消费环节节能提效与智慧城市、数字乡村建设统筹规划，支撑区域能源绿色低碳循环发展体系构建。

（九）以新模式新业态促进数字能源生态构建。提高储能与供能、用能系统协同调控及诊断运维智能化水平，加快推动全国新型储能大数据平台建设，健全完善各省（区）信息采集报送途径和机制。提升氢能基础设施智能调控和安全预警水平，探索氢能跨能源网络协同优化潜力，推动氢电融合发展。推进综合能源服务与新型智慧城市、智慧园区、智能楼宇等用能场景深度耦合，利用数字技术提升综合能源服务绿色低碳效益。推动新能源汽车融入新型电力系统，提高有序充放电智能化水平，鼓励车网互动、光储充放等新模式新业态发展。探索能源新型基础设施共建共享，在确保安全、符合规范、责任明确的前提下，提高基础资源综合利用效率，降低建设和运营成本。推进能源行业大数据监测预警和综合服务平台体系建设，打造开放互联的行业科技信息资源服务共享体系，支撑行业发展动态监测和需求布局分析研判，服务数字治理。

三、推进应用试点示范

（十）推动多元化应用场景试点示范。围绕重点领域、关键环节、共性需求，依托能源工程因地制宜挖掘和拓展数字化智能化应用，重点推进在智能电厂、新能源及储能并网、输电线路智能巡检及灾害监测、智能变电站、自愈配网、智能微网、氢电耦合、分布式能源智能调控、虚拟电厂、电碳数据联动监测、智慧库坝、智能煤矿、智能油气田、智能管道、智能炼厂、综合能源服务、行业大数据中心及综合服务平台等应用场景组织示范工程承担系统性数字化智能化试点任务，在技术创新、运营模式、发展业态等方面深入探索、先行先试。

（十一）加强试点示范项目评估管理。强化试点示范项目实施监测，建立常态化项目信息上报及监测长效机制，提升项目管理信息化水平。建立试点示范成效评价机制，充分发挥行业协（学）会、智库咨询机构等多方力量在示范项目技术支持、试验检测、评估论证等方面的能力和作用，推动开展示范项目定期评优，分析评估新技术、新产品、新方案、新模式实际应用效果，总结可复制推广的做法和成功经验，组织遴选一批先进可靠、成熟适用、应用前景广阔、带动性强的示范内容，向领域内类似场景进行推广应用，加强标杆示范引领，确保取得实效。

四、推动共性技术突破

（十二）推动能源装备智能感知与智能终端技术突破。加快能源装备智能传感与量测技术研发，提升面向海量终端的多传感协同感知、数据实时采集和精准计量监测水平。推动先进定位与授时技术在能源装备感知终端的集成应用，加快相关终端产品研发。推动面向复杂环境和多应用场景的特种智能机器人、无人机等技术装备研发，提升人机交互能力和智能装备的成套化水平，服务远程设备操控、智能巡检、智能运维、故障诊断、应急救援等能源基础设施数字化智能化典型业务场景。推动基于人工智能的能源装备状态识别、可靠性评估及故障诊断技术发展。

（十三）推动能源系统智能调控技术突破。推动面向能源装备和系统的数字孪生模型及智能控制算法开发，提高能源系统仿真分析的规模和精度。加快面向信息物理融合能源系统应用的低成本、高性能信息通信技术研究，实现新型通信技术、感知技术与能源装备终端的融合，提升现场感知、计算和数据传输交互能力。推动能源流与信息流高度融合的智能调控及安全仿真方法研究，强化多源数据采集、保护数据隐私的融合共享及大数据分析处理，发展基于群体智能、云边协同和混合增强的能源系统调控辅助决策技术，提升能源系统动态监测、协同运行控制及灾害预警水平，探索多能源统一协同调度，支撑系统广域互济调节、新能源供给消纳和安全稳定运行。

（十四）推动能源系统网络安全技术突破。加强融合本体安全和网络安全的能源装备及系统保护技术研究，加快推进内生安全理论技术在能源系统网络安全领域的应用，提升网络安全智能防护技术水平，强化监控及调度系统网络安全预警及响应处置，提高主动免疫和主动防御能力，实现自动化安全风险识别、风险阻断和攻击溯源。推动开展能源数据安全共享及多方协同技术研发，发展能源数据可信共享与精准溯源技术，强化数据共享中的确权及动态访问控制，提高敏感数据泄露监测、数据异常流动分析等技术保障能力，促进构建数据可信流通环境，提高数据流通效率。

五、健全发展支撑体系

（十五）增强能源系统网络安全保障能力。推动煤矿构建覆盖业务全生命周期的“预警、监测、响应”动态防御体系，提升油气田工业主机主动防御能力，加强电厂工控系统网络安全防护，推进传统能源厂（站）信息系统网络安全动态防护、云安全防护、移动安全防护升级，加快实现核心装备控制系统安全可信、自主可控。进一步完善电力监控系统安全防护体系，推进电力系统网络安全风险态势感知、预警和应急处置能力建设，强化电力行业网络安全技术监督。加快推动能源领域工控系统、芯片、操作系统、通用基础软硬件等自主可控和安全可靠应用。

（十六）推动能源数据分类分级管理与共享应用。推动能源行业数据分类分级保护制度建设，加强数据安全治理。对于安全敏感性高的数据，提高数据汇聚融合的风险识别与防护水平，强化数据脱敏、加密保护和安全合规评估；对于安全敏感性低的数据，健全确权、流通、交易和分配机制，有序推动数据在产业链上下游的共享，推进数据共享全过程的在线流转和在线跟踪，支持数据便捷共享应用。加强行业大数据中心数据安全监管，强化数据安全风险态势监测，规范数据使用。充分结合全国一体化大数据中心体系建设，推动算力资源规模化集约化布局、协同联动，提高算力使用效率。

（十七）完善能源数字化智能化标准体系。立足典型场景应用需求，加强能源各行业现行相关标准与数字技术应用的统筹衔接，推动各行业加快编制一批数字化智能化关键技术标准和应用标准，推进与国际标准体系兼容，引导各行业分类制定数字化智能化评价体系。持续完善能源数字化智能化领域标准化组织建设，加强标准研制、实施和信息反馈闭环管理。建立健全能源数字化智能化与标准化互动支撑机制，完善数字化智能化科技成果转化为标准的评价机制和服务体系，广泛挖掘技术先进、市场推广价值优良的示范成果进行技术标准化推广应用。

（十八）加快能源数字化智能化人才培养。深化能源数字化智能化领域产教融合，支持企业与院校围绕重点发展方向和关键技术共建产业学院、联合实验室、实习基地等。依托重大能源工程、能源创新平台，加速能源数字化智能化中青年骨干人才培养，加速培育一批具备能源技术与数字技术融合知识技能的跨界复合型人才。鼓励将能源数字化智能化人才纳入各类人才计划支持范围，优化人才评价及激励政策。促进交流引进，大力吸引能源数字化智能化领域海外高层次人才回国（来华）创业和从事教学科研等活动。

六、加大组织保障力度

（十九）强化组织实施。国家能源局牵头建立能源数字化智能化发展专项协调推进机制，会同有关部门分工协作解决重大问题，指导各地方完善相关配套政策机制。各地方能源主管部门要根据意见要求，建立健全工作机制，结合实际加快推动本地区能源数字化智能化发展。各相关企业要切实发挥创新主体作用，依托专业领域优势，做好各项要素保障。相关行业协（学）会、智库咨询机构要充分发挥沟通政府与服务企业的桥梁纽带作用，做好政策宣传解读，及时反映行业和企业诉求，为相关部门和企业提供信息服务、搭建沟通合作桥梁。

（二十）推动协同创新。依托国家能源科技创新体系，推动建设一批能源数字化智能化研发创新平台，积极探索“揭榜挂帅”“赛马”等机制，围绕能源数字化智能化技术创新重点方向开展系统性研究，加快前沿和关键核心技术装备攻关，提升全产业链自主可控水平。充分发挥龙头企业牵引作用，鼓励民营企业和社会资本积极参与能源数字化智能化技术创新，支持由企业牵头联合科研机构、高校、金融机构、社会服务机构等共同发起建立能源数字化智能化创新联合体，大力推进产学研深度融合，鼓励开展国际合作，构建开放共享的创新生态圈，加速科技研发与科技成果应用的双向迭代。

（二十一）加大支持力度。国家明确的各类能源数字化智能化示范项目，各级能源主管部门要加大支持力度，优先纳入相关规划。将能源数字化智能化创新应用示范相关技术装备优先纳入能源领域首台（套）重大技术装备支持范围，享受相关优惠和支持政策，并在行业评优评奖方面予以倾斜。发挥财政资金的引导作用，落实好促进数字科技创新的投资、税收、金融、保险、知识产权等支持政策，用好科技创新再贷款和碳减排支持工具，鼓励金融机构创新产品和服务，加大对能源数字化智能化技术创新的资金支持力度，形成支持能源数字化智能化发展的长效机制。

国家能源局

2023 年 3 月 28 日

国家能源局　国家煤矿安全监察局
关于开展首批智能化示范煤矿建设的通知

国能发煤炭〔2020〕63 号

各产煤省、自治区、直辖市、新疆生产建设兵团发展改革委（能源局）、煤矿安全监管部门，有关中央企业：

为深入贯彻落实习近平总书记“四个革命、一个合作”能源安全新战略，加快推进煤炭行业供给侧结构性改革，推动智能化技术与煤炭产业融合发展，提升煤矿智能化和本质安全水平，从根本上消除事故隐患，按照《关于加快煤矿智能化发展的指导意见》(发改能源〔2020〕283 号）要求，国家能源局、国家煤矿安全监察局审核确定内蒙古双欣矿业有限公司杨家村煤矿等 71 处煤矿，作为国家首批智能化示范建设煤矿（名单详见附件)，现向社会公布。有关事项通知如下：

一、充分认识建设智能化示范煤矿的重要性。加快推进煤矿智能化建设，是深入贯彻落实习近平总书记重要指示精神和能源安全新战略的重要举措，是推动煤炭工业转型升级、高质量发展的核心技术支撑，是实现煤矿减人增效、从根本上消除事故隐患，提高煤矿本质安全水平的有效手段。建设首批智能化示范煤矿，旨在从建设理念、系统架构、智能技术与装备、综合管理、经济投入等方面进行探索与实践，根据煤层赋存条件、煤矿类型与规模，凝练可复制的智能化建设模式，尽快实现“系统智能化、智能系统化”，引领带动全国煤矿智能化建设，从根本上遏制重特大事故发生，促进煤炭开采方式由炮采、普采和综采向智采变革，为能源领域“新基建”奠定基础。

二、加强建设项目监督管理。各省级能源主管部门、煤矿安全监管部门和有关中央企业要高度重视首批智能化示范煤矿建设，把智能化示范煤矿建设纳入本地区本单位“十四五”相关规划，列入重点工程任务；建立智能化示范煤矿建设统筹协调推进机制，成立领导小组或工作专班，制定本单位智能化示范煤矿推进工作方案，明确职责分工，加强对示范建设项目的指导和跟踪，积极协调解决项目建设中的困难和问题；借鉴相关省份和企业的做法，设立专项资金，制定配套政策措施，引导社会加大资金投入。

三、落实煤矿企业主体责任。煤矿企业是智能化示范煤矿建设的第一责任单位，要做好智能化示范煤矿建设的人、财、物保障；要加强考察调研、学习交流，对标国内外煤矿智能化先进技术装备、管理理念、服务模式等，以建设少人无人智能化示范煤矿为目标，完善建设方案，依照工程项目建设标准规范，按期保质完成建设任务；要建立与智能化装备制造企业、智能化技术服务单位之间的合作推进长效机制，及时解决智能化示范煤矿建设过程中的问题，总结经验，持续提升智能化建设和安全生产水平。有关中央企业要发挥好带头作用，高标准、高质量建设智能化示范煤矿。

四、统筹开展项目验收工作。国家能源局、国家煤矿安全监察局将组织编制智能化示范煤矿验收办法（指南)。省级能源主管部门、煤矿安全监管部门和有关中央企业应依据验收办法（指南)，组织专家对建成的智能化示范煤矿进行验收。国家能源局、国家煤矿安全监察局对验收后的煤矿进行抽查，并根据验收意见和抽查情况，分批确定并公布智能化示范煤矿名单。

五、强化支撑保障能力。中国煤炭工业协会等行业组织要加快开展相关技术和管理标准的制定，健全煤矿智能化标准体系，做好智能化示范煤矿的经验总结和成果推广；相关科研院所要加大智能开采技术和高端装备研发力度，提升智能化装备可靠性和系统稳定性；相关企业和高等院校要加快培养和引进智能化建设急需的专业技术人才，为智能化煤矿建设提供智力支持。

六、做好信息报送和宣传工作。国家能源局、国家煤矿安全监察局建立信息报送制度。智能化示范煤矿建设单位要在2020年12月底前将完善后的智能化示范煤矿建设方案按程序上报国家能源局，对建设任务完成情况要及时总结并定期上报。省级能源主管部门、煤矿安全监管部门和有关中央企业要在智能化示范建设煤矿验收后，按要求及时上报验收报告。各有关单位要加强典型经验的宣传报道，推广煤矿智能化发展的经验和成果，营造煤矿智能化发展的良好氛围。

附件：国家首批智能化示范煤矿建设名单

国家能源局　国家煤矿安全监察局

2020年11月25日

国家首批智能化示范煤矿建设名单

一、智能化升级改造煤矿

序号	所在地区或央企	煤　矿　名　称	矿井类型
1	内蒙古	内蒙古双欣矿业有限公司杨家村煤矿	井工
2		内蒙古鄂尔多斯永煤矿业投资有限公司马泰壕煤矿	井工
3		鄂尔多斯市中北煤化工有限公司色连二号煤矿	井工
4		鄂尔多斯市转龙湾煤炭有限公司转龙湾煤矿	井工
5	山西	同煤大唐塔山煤矿有限公司塔山煤矿	井工
6		同煤国电同忻煤矿有限公司同忻煤矿	井工
7		阳泉煤业（集团）股份有限公司一矿	井工
8		山西高河能源有限公司高河煤矿	井工
9		山西新元煤炭有限责任公司新元煤矿	井工
10	陕西	陕煤集团神木柠条塔矿业有限公司柠条塔煤矿	井工
11		陕西未来能源化工有限公司金鸡滩煤矿	井工
12		陕煤集团神木红柳林矿业有限公司红柳林煤矿	井工
13		陕煤集团神木张家峁矿业有限公司张家峁煤矿	井工
14		陕西黄陵二号煤矿有限公司黄陵二号煤矿	井工
15		神木汇森凉水井矿业有限责任公司凉水井煤矿	井工
16		陕西陕煤黄陵矿业有限公司一号煤矿	井工
17		陕西小保当矿业有限公司一号煤矿	井工
18		陕西陕煤曹家滩矿业有限公司曹家滩煤矿	井工
19	新疆	新疆天池能源有限责任公司南露天煤矿	露天
20		徐州矿务（集团）新疆天山矿业公司俄霍布拉克煤矿	井工

（续）

序号	所在地区或央企	煤矿名称	矿井类型
21	贵州	贵州盘江精煤股份有限公司山脚树煤矿	井工
22		贵州发耳煤业有限公司发耳煤矿	井工
23		贵州黔西能源开发有限公司青龙煤矿	井工
24		永贵能源开发有限责任公司新田煤矿	井工
25	山东	兖州煤业股份有限公司东滩煤矿	井工
26		兖州煤业股份有限公司鲍店煤矿	井工
27		山东唐口煤业有限公司唐口煤矿	井工
28		兖煤菏泽能化有限公司赵楼煤矿	井工
29		枣庄矿业（集团）付村煤业有限公司付村煤矿	井工
30		临沂矿业集团菏泽煤电有限公司郭屯煤矿	井工
31		济宁矿业集团有限公司安居煤矿	井工
32	河南	河南平宝煤业有限公司平宝煤矿	井工
33		永煤集团股份有限公司新桥煤矿	井工
34		焦作（煤业）集团新乡能源有限公司赵固二矿	井工
35	安徽	淮河能源控股集团有限责任公司顾桥煤矿	井工
36		淮北矿业（集团）有限责任公司杨柳煤矿	井工
37	宁夏	国家能源集团宁夏煤业有限责任公司枣泉煤矿	井工
38		国家能源集团宁夏煤业有限责任公司红柳煤矿	井工
39	黑龙江	龙煤双鸭山矿业公司东保卫煤矿	井工
40		沈阳焦煤鸡西盛隆矿业有限责任公司碱场煤矿一井	井工
41	四川	四川华蓥山龙滩煤电有限责任公司龙滩煤矿	井工
42	河北	开滦（集团）有限责任公司钱家营矿业分公司钱家营煤矿	井工
43	甘肃	甘肃靖远煤电股份有限公司大水头煤矿	井工
44	辽宁	铁法煤业（集团）有限责任公司晓南矿	井工
45	重庆	重庆能投渝新能源有限公司打通一煤矿	井工
46	江苏	江苏徐矿能源股份有限公司张双楼煤矿	井工
47	国家能源投资集团	神华准能集团有限责任公司黑岱沟露天煤矿	露天
48		中国神华能源股份有限公司神东煤炭分公司大柳塔煤矿	井工
49		神华新疆能源有限责任公司乌东煤矿	井工
50		国家能源集团宁夏煤业有限责任公司金凤煤矿	井工
51		国家能源集团乌海能源有限责任公司黄白茨煤矿	井工

（续）

序号	所在地区或央企	煤　矿　名　称	矿井类型
52	中国中煤能源集团	中国中煤能源股份有限公司平朔东露天煤矿	露天
53		中煤新集刘庄矿业有限公司刘庄煤矿	井工
54		中煤华晋集团有限公司王家岭煤矿	井工
55		上海大屯能源股份有限公司姚桥煤矿	井工
56		中天合创能源有限责任公司门克庆煤矿	井工
57	中国华能集团	华能伊敏煤电有限责任公司伊敏露天煤矿	露天
58		甘肃华亭煤电股份有限公司砚北煤矿	井工
59	中国华电集团	内蒙古蒙泰不连沟煤业有限责任公司不连沟煤矿	井工
60		陕西华电榆横煤电有限责任公司小纪汗煤矿	井工
61		神木县隆德矿业有限责任公司隆德煤矿	井工
62	中国大唐集团	鄂尔多斯市国源矿业开发有限责任公司龙王沟煤矿	井工
63	中国煤炭科工集团	山西天地王坡煤业有限公司王坡煤矿	井工

二、新（改扩）建智能化煤矿

序号	所在地区或央企	煤　矿　名　称	矿井类型
1	内蒙古	内蒙古智能煤炭有限责任公司麻地梁煤矿	井工
2	山西	吕梁东义集团煤气化有限公司鑫岩煤矿	井工
3		山西西山晋兴能源有限责任公司斜沟煤矿	井工
4	陕西	陕西延长石油巴拉素煤业有限公司巴拉素煤矿	井工
5	国家能源投资集团	神华国能（神东电力）集团公司准东煤田大井矿区二号煤矿	井工
6		陕西神延煤炭有限责任公司西湾露天煤矿	露天
7	中国中煤能源集团	中煤陕西榆林能源化工有限公司大海则煤矿	井工
8	中国华能集团	华能庆阳煤电有限责任公司核桃峪煤矿	井工

国家能源局综合司　国家矿山安全监察局综合司关于支持鼓励开展煤矿智能化技术装备研发与应用的通知

国能综通煤炭〔2021〕59号

各产煤省、自治区、直辖市、新疆生产建设兵团发展改革委（能源局）、煤矿安全监管部门，有关中央企业，重点煤炭企业、煤机装备制造企业、高等院校、科研院所、高新技术企业，有关行业协会：

为贯彻落实《关于加快煤矿智能化发展的指导意见》（发改能源〔2020〕283号）要求，加快煤矿智能化技术装备研发与应用，提升煤矿智能化建设水平，现就有关事项通知如下。

一、充分认识煤矿智能化技术装备的重要性。党中央国务院高度重视制造强国建设，要求实施智能制造和绿色制造工程，推动传统产业向高端化、智能化、绿色化转型。智能化技术装备是煤矿智能化建设的重要支撑和关键环节，各单位要以加快推进新一代信息技术与煤炭产业融合发展为目标，以建立健全智能高端技术装备研发与应用体系为着力点，进一步解放思想，创新举措，加强协同，大力实施创新工程和首台套示范应用工程，不断提升煤矿智能化技术装备国产化、成套化水平，为煤矿智能化建设提供有力保障。

二、坚持市场主导与政府引导相结合。煤矿智能化技术装备研发应用，要以企业为主体、市场为导向，充分发挥市场在资源配置中的决定性作用，更好发挥政府引导和服务作用，为技术装备发展创造良好环境。以智能化技术装备研制与推广应用相结合为切入点，不断完善产学研用相结合的研发推广应用机制，着力发展能够有效补齐产业链短板、支撑产业转型升级的重大智能高端技术装备、软件控制系统和成套生产线，推动高端智能技术装备研发和应用协同发展。

三、明确技术装备研发与应用重点。完善煤矿智能化技术装备产业链，增强产业链供应链的自主可控能力。全面开展适用于不同赋存条件、不同开采模式的煤矿智能化技术装备研发及应用，重点研发应用自动化控制、智能提升、复杂条件智能开采、智能快速掘进、智能随探随掘或地球物理超前探测、工作面智能物探、智能辅助运输、煤矿机器人、电铲智能铲装、卡车无人驾驶、辅助设备远程操控、智能穿爆、智能供配电、智能供排水、安全隐患智能监测预警、灾害应急智能救援、煤矿高可靠5G等智能化技术装备；着力开展煤矿工程智能化综合管控平台、煤矿工业互联网系统、智能化软件系统等研发和应用，加快灾害严重矿井及危险、繁重岗位机器人替代，推动煤矿机器人和智能装备系统集成创新暨无人（少人）科学试验矿井攻关，推动煤矿智能装备系统集成创新和科学试验攻关。

四、加强基础理论研究和技术装备研发。发挥煤矿智能化发展协调机制作用，推动实施国家煤矿智能化重大技术装备发展计划项目。高等院校、科研机构要发挥人才技术优势，加强前沿理论和技术基础研究，建立技术装备验证体系，重点在数学模型、分布控制、评价预测等方向上加快突破。煤机装备制造企业要实施产业再造和智能制造工程，加大研发投入力度，对核心基础零部件、先进基础工艺、关键基础材料等共性关键技术联合攻关，加快先进技术成果转化，提升智能化装备可靠性和系统集成性。高新技术企业要在数字通讯、控制系统、软件开发、数据挖掘等领域不断突破，研发具有自主知识产权的现场设备开放网络平台、融合承载网络平台、边缘计算、云平台、工业数据库等，推动智能化技术与5G、工业互联网融合发展，拓宽应用场景，提升其对煤矿智能化建设需求的适配性。

五、加快高端智能技术装备成果转化应用。创新产学研合作模式，深化产业链与创新链融合发展，完善知识产权和利益分享机制。有关中央企业、重点煤炭企业要加大科技成果转化应用力度，从建设理念、系统架构、装备技术、综合管理等方面，组织梳理科技成果，加快推进成熟度高、集成兼容性强的技术装备产业化、工程化，强化技术装备成果转化。推动煤矿智能化装备和机器人产业基地建设，发挥集聚效应和示范带动作用。建立智能装备检测试验工作机制，推动智能装备及机器人与安标的有效协调认证。要建立科技转化对接长效机制，发挥智能化示范煤矿在技术装备成果转化应用上的重要载体作用，加强与智能化装备制造企业、智能化技术服务单位之间的合作，引领煤矿智能化高端智能技术装备在整体煤矿智能化建设中的推广应用，持续提升智能化建设和安全生产水平。

六、推动完善科技创新体制机制。坚持创新在煤矿智能化建设全局中的核心地位，加快科技自立自强步伐，优化科技创新环境，完善创新链、拉长产业链。推动重点示范项目、人才、资金一体化配置，鼓励各单位创立研发机构（研发中心、工程中心、重点实验室）；建立健全研发经费企业投入为主体、社会多渠道投入机制，支持和鼓励有关中央企业、重点煤炭企业、煤机装备制造企业、有关高新技术企业，改进科技项目组织管理方式，实行“揭榜挂帅”等制度，对科技创新人才给予其科技贡献相当的报酬或激励。

七、搭建技术成果研发应用平台。国家能源局、国家矿山安全监察局将定期发布智能化煤矿建设技术装备研发重点方向及技术目录，建立科技攻关协同机制，适时组织遴选一批经济适用性强、可靠性高、应用效果好的智能化技术装备，经论证后在行业推广应用。中国煤炭工业协会等行业组织要加强引导企业开展智能化煤矿建设、共性关键技术攻关，做好标准制定与实施、创新成果的知识产权保护以及高价值专利培育等工作。

国家能源局综合司　国家矿山安全监察局综合司

2021 年 5 月 14 日

国家煤矿安全监察局公告 2019 年第 1 号

《煤矿机器人重点研发目录》已经国家煤矿安全监察局 2018 年第 41 次局长办公会议审议通过，现予公告。

国家煤矿安全监察局鼓励支持煤矿企业与国内外科研单位、机器人制造企业开展合作，大力研发应用煤矿机器人，推进煤炭工业高质量发展，推进煤矿安全发展；对组织煤矿机器人研发应用的企业（单位），国家煤矿安全监察局将积极提供相关政策和信息服务，有需要者可联系国家煤矿安全监察局行业管理司。

联系人及电话：煤矿机器人协同推进中心，孔晋华，010－64463199

国家煤矿安全监察局

2019 年 1 月 2 日

煤矿机器人重点研发目录

掘　进　类

一、名称：掘进工作面机器人群

基本要求：研发基于信息化、网络化和智能化技术的矿井掘进工作面机器人群，具备井巷掘进作业设备机群自主决策控制功能，实现工作面掘进、临时支护、钻锚、运输等多机器人高效协同，一键启动、自动掘进。

二、名称：掘进机器人

基本要求：研发能够自主决策、智能控制的掘进机器人，具备定位导航、纠偏、多参数感知、状态监测与故障预判、远程干预等功能，实现掘进机高精度定向、位姿调整、自适应截割及掘进环境可视化。

三、名称：全断面立井盾构机器人

基本要求：研发面向煤矿建井工程的全断面立井盾构机器人，具备自主掘砌与迈步、矿井围岩与环境感知、模板与撑靴等设备状态监测及自动调控等功能，实现立井全断面机器人化掘进。

四、名称：临时支护机器人

基本要求：研发掘进巷道围岩状态智能感知、自主移动定位临时支护机器人，具备支撑力自适应控制、支护姿态自适应调控、多架协同及远程干预等功能，确保掘进巷道临时支护及时可靠，提高掘进效率及安全性。

五、名称：钻锚机器人

基本要求：研发由锚杆机、锚杆仓及智能控制系统组成的钻锚机器人，实现锚杆间排距自动定位、机单元自动或遥控行走、钻孔、填装锚固剂、锚杆装卸、锁紧锚杆等功能，满足井下巷道的快速支护要求。

六、名称：喷浆机器人

基本要求：研发集成行走、扫描、泵送、配料、搅拌及喷射等工序的喷浆机器人，具备巷道复杂作业区域的快速扫描、空间建模、网架识别、喷射区域智能划分、臂架运动智能控制及喷射路径智能规划等功能，实现井下巷道喷浆支护自动作业。

七、名称：探水钻孔机器人

基本要求：研发自主或遥控移机、精确定位及自动装卸钻杆的探水钻孔机器人，具备自动调整钻姿、智能钻孔规划、钻孔定位、自动纠偏钻进、孔口防喷、钻屑参数与钻孔水情实时监测及遥控作业功能，提高探水钻孔施工的精度。

八、名称：防突钻孔机器人

基本要求：研发自主或遥控移机、精确定位及自动装卸钻杆的防突钻孔机器人，具备自动调整钻姿、智能钻孔规划、钻孔定位、钻进速度与瓦斯压力自适应、钻孔轨迹与孔口环境瓦斯浓度实时监测、自动防喷孔及遥控作业功能，提高防突钻孔施工安全性。

九、名称：防冲钻孔机器人

基本要求：研发自动上下钻杆、遥控操作的防冲钻孔机器人，具备自主或遥控移机、精确定位、自动调整钻姿、智能钻孔规划、钻孔定位、自适应钻进、钻屑参数与地压实时监测及遥控作业功能，实现高地应力环境下大孔径防冲钻孔施工自动化。

采　煤　类

十、名称：采煤工作面机器人群

基本要求：研发适合煤矿复杂地质与环境条件的采煤工作面机器人群，具备回采工作面设备机群自主决策控制、煤岩界面的自主识别等功能，实现工作面采煤机、刮板输送机、液压支架、转载机及超前支架等设备自主运行、多机协同联动作业。

十一、名称：采煤机机器人

基本要求：研发能够自主决策、智能控制的采煤机机器人，具备精准定位、采高检测、姿态监测、远程通信控制、煤岩识别、状态监测与故障预判、可视化远程干预等功能，实现采煤机自主行走、自适应截割及高效连续运行。

十二、名称：超前支护机器人

基本要求：研发巷道围岩智能感知、自主移动超前支护机器人，具备支撑力自适应调整、支护姿态控制、多机协同及远程干预等功能，确保采煤工作面推采过程中巷道稳定，提高开采效率及安全性。

十三、名称：充填支护机器人

基本要求：研发用于工作面充填区支护与充填一体化的机器人，具备输料和充填过程实时监控、充填率自动判别及充填体形态自动识别等功能，实现可靠支护条件下的自主充填作业，确保充填率和质量符合要求。

十四、名称：露天矿穿孔爆破机器人

基本要求：研发适用于露天开采的穿孔爆破机器人，具备爆破系统三维模拟、孔位自动定位、孔深自动检测、穿孔过程远程控制与监测等功能，实现露天矿爆破作业无人化。

运　输　类

十五、名称：搬运机器人

基本要求：研发矿用物料自动识别、抓取、搬运和码放机器人，具备物料识别定位、路径规划、自主移动、安全避障及远程干预等功能，实现生产物料的按时、按需搬运，提高搬运效率。

十六、名称：破碎机器人

基本要求：研发工作面大块煤岩体破碎或人工构筑物破除机器人，具备机动能力、破碎目标自动辨识、定位、闭锁、破碎及效果评判等功能，实现精准、高效破碎作业。

十七、名称：车场推车机器人

基本要求：研发车场推车作业机器人，具备矿车位置及数量识别、运行方向判断、自主规划摘挂钩及推车动作、安全闭锁确认等功能，实现车辆的摘挂钩分离及推车作业机器人化。

十八、名称：巷道清理机器人

基本要求：研发具有刷帮、起底、破碎、铲装功能的巷道清理机器人，实现自主或遥控移机、巷道变形快速检测、精确定位作业位置、变形巷道修复及评测等功能，提升巷道清理工作效率。

十九、名称：煤仓清理机器人

基本要求：研发储煤筒仓自动化清理、疏通机器人，具备蓬煤、粘壁、冻煤趋势预判、目标识别、清理、等功能，安全有效地替代人工解决落煤不畅和煤仓阻塞难题。

二十、名称：水仓清理机器人

基本要求：研发水仓煤泥自动挖掘、脱水、运输机器人，具备煤泥自动清挖、自动输送、固液分离、煤泥块装运等功能，实现水仓煤泥及时、高效清理。

二十一、名称：选矸机器人

基本要求：研发运输过程中矸石及其他非煤杂物智能分拣机器人，具备目标破碎、自动识别、精确定位、快速选拣、分类投放等功能，实现煤矸高效分离。

二十二、名称：巷道冲尘机器人

基本要求：研发巷道冲洗降尘机器人，具备自主行进、巷道煤尘量自动检测、自主规划冲洗作业流程、自适应设定冲尘参数及环境监测等功能，替代人工对巷道进行自动冲洗。

二十三、名称：井下无人驾驶运输车

基本要求：研发煤矿井下无人驾驶运输车，具备精确定位、安全探测、自主感知、主动避障、自动错车、风门联动等功能，实现井下运输车无人化驾驶。

二十四、名称：露天矿电铲智能远程控制自动装载系统

基本要求：研发露天矿电铲智能远程控制自动装载系统，具备矿区环境感知与三维重现、无线通讯与远程监控、自动装车对位、移动铲位、故障智能识别与报警等功能，实现露天电铲作业智能化与无人化。

二十五、名称：露天矿卡车无人驾驶系统

基本要求：研发适用于露天煤矿的运输卡车无人驾驶系统，具备远程无线通讯、GPS定位、自主行走、导航避障、装载自动识别等功能，实现矿用卡车的无人驾驶和卡车车队的智能调度。

安　控　类

二十六、名称：工作面巡检机器人

基本要求：研发适用于井下回采工作面作业环境巡检机器人，具备自主移动、定位、图像采集、智能感知、预警、人机交互等功能，实现煤壁、片帮、大块煤、有害气体、温度、粉尘、设备状态等监测。

二十七、名称：管道巡检机器人

基本要求：研发瓦斯、风、水等管道巡检机器人，具备气体测定、管壁检测、缺陷定位、清淤、除垢及封堵等功能，为管道维护、检修及更换提供依据。

二十八、名称：通风监测机器人

基本要求：研发基于巷道断面变化观测的回风巷通风状况监测机器人，具备围岩断面变形判识、积水探测、通风参数采集、智能分析及危险预警等功能，对巷道维护和通风系统调整提供依据。

二十九、名称：危险气体巡检机器人

基本要求：研发井下环境中危险气体巡检机器人，具备复杂巷道自主行走，定位、危险气体浓度与浓度分布、环境温度感知、数据处理与预警及人机交互等功能，替代人工巡回检测。

三十、名称：自动排水机器人

基本要求：研发井下巷道排水机器人，具备复杂地形泵体自主或遥控行走、精准对接、快速接管、自动排水与追水、远程干预等功能，实现巷道涌水的快速排水。

三十一、名称：密闭砌筑机器人

基本要求：研发井下巷道密闭砌筑机器人，具备自动或遥控行走、精确定位、快速掏槽、自动砌筑、填充与抹面、作业环境监测等功能，替代人工实现井下掏槽及砌筑施工。

三十二、名称：管道安装机器人

基本要求：研发井下风、水管路安装机器人，具备管路抓取、精确调位、快速连接、遥控操作等功能，替代人工实现井下风、水管路的自动安装。

三十三、名称：皮带机巡检机器人

基本要求：研发皮带自动巡检机器人，具备自动行走、自主定位、皮带运行参数检测、温度与烟雾感知、煤流监测、环境参数监测及预警等功能，替代人工实现皮带运输的智能化监测。

三十四、名称：井筒安全智能巡检机器人

基本要求：研发井筒安全智能巡检机器人，具备自主井壁爬行、环境参数检测、支护缺陷与危险源识别、井壁裂纹等状态评估和预警，提升建设期及服役期井筒的安全保障能力。

三十五、名称：巷道巡检机器人

基本要求：研发具有设备设施巡检、环境探测等功能的巷道巡检机器人，实现自主移动、精确定位、设备运行工况检测、设施状况诊断、巷道变形检测、有害气体检测等功能，替代人工对巷道进行巡检。

救　援　类

三十六、名称：井下抢险作业机器人

基本要求：研发巷道塌方、堵塞等狭小空间快速抢险救援作业机器人，具备自主行走、精确定位、井下环境识别、挖掘、钻扩、运送、远程遥控等功能，实现抢险作业无人化。

三十七、名称：矿井救援机器人

基本要求：研发适用于煤矿井下水、火及瓦斯灾后救援机器人，具备自主行走、导航定位、被困人员生命探测、音视频交互、紧急救护物资输送等功能，实现害后的恶劣环境被困人员自主搜寻。

三十八、名称：灾后搜救水陆两栖机器人

基本要求：研发灾后搜救水陆两栖机器人，具备 GPS 拒止环境下导航定位、陆基自主或遥控巡检、透水事故后水下航行器自动分离、被困人员搜索等功能，实现透水事故后井下快速搜救。

第二部分　部分省区政策文件

山西省

关于印发《山西省煤矿智能化建设实施意见》的通知

晋能源发〔2020〕247 号

各市能源局、发展改革委、教育局、科技局、工信局、财政局、应急局、煤监分局（站），省属国有重点煤炭集团公司、山西正华集团公司：

为推进能源革命综合改革试点工作，贯彻落实《关于印发〈关于加快煤矿智能化发展的指导意见〉的通知》（发改能源〔2020〕283 号）精神，深化煤炭行业供给侧结构性改革，推动智能化技术与煤炭产业融合发展、促进煤炭产业转型升级，省能源局与省发展和改革委员会、省教育厅、省科学技术厅、省工业和信息化厅、省财政厅、省应急管理厅、山西煤矿安全监察局研究制定了《山西省煤矿智能化建设实施意见》，现印发你们，请认真贯彻执行。

联系人：杨建平：电话 0351－4117129

附件：《山西省煤矿智能化建设实施意见》

山西省能源局　山西省发展和改革委员会

山西省教育厅　山西省科学技术厅

山西省工业和信息化厅　山西省财政厅

山西省应急管理厅　山西煤矿安全监察局

2020 年 5 月 8 日

山西省煤矿智能化建设实施意见

为推进能源革命综合改革试点工作，贯彻落实《关于印发〈关于加快煤矿智能化发展的指导意见〉的通知》（发改能源〔2020〕283 号）有关要求，深化煤炭行业供给侧结构性改革，推动智能化技术与煤炭产业融合发展、促进煤炭产业转型升级，按照省委办公厅、省政府办公厅《关于落实省委经济工作会议目标任务的分工方案》，结合我省煤炭工业发展实际，制定《山西省煤矿智能化建设实施意见》。

一、指导思想

以习近平新时代中国特色社会主义思想为指导，深入贯彻落实“四个革命、一个合作”能源安全新战略和新发展理念，以能源革命综合改革试点为引领，以智能装备和大数据为手段，以人工智能为核心，以产业政策支持为保障，以效率变革和生产方式变革为目标，实现安全、高效、智能开采，促进全省煤炭行业高质量发展。

二、基本原则

——坚持企业主导与政府引导相结合。充分发挥企业积极性，鼓励加强产学研用合作，先行先试；加强顶层设计，完善相关支持政策，促进煤矿智能化建设。

——坚持立足当前与兼顾长远相结合。充分考虑我省煤矿生产建设现状，合理确定近期目标，强化规划目标引领，针对不同煤矿提出不同要求，分类推进。

——坚持系统优化与科技兴安相结合。以智能化推动系统优化，以远程控制替代人员值守，以机器人代替危险岗位作业，实现减人提效，提高安全保障水平。

——坚持因地制宜与循序渐进相结合。根据不同煤层赋存条件、资源储量、井型规模等情况，实事求是，推进现有系统、硐室、工作面智能化建设改造，条件具备时通过升级换代，达到更高水平智能化。

——坚持典型示范与全面推广相结合。通过试点先行，产生示范引领效应，凝练可复制的智能化开采模式、适用装备、管理经验等，全面推广。

三、工作目标

（一）总体目标。加快煤矿智能化建设改造，将人工智能、5G 通信、大数据技术引入煤矿智能化建设，推动煤矿装备向智能化、高端化发展，建成多种类型、不同模式的智能化煤矿，基本实现采掘工作面无人（少人）操作、煤矿重点岗位机器人作业，井下固定岗位无人值守与远程监控，各系统智能化决策和自动化协同运行。2020 年到 2022 年推动 10 座智能化示范煤矿和 50 个智能化综采示范工作面建设；2025 年全省大型煤矿、灾害严重煤矿及其他具备条件煤矿基本实现智能化；2030 年各类煤矿基本实现智能化。

（二）近期目标。

1. 2020 年，制定《山西省煤矿智能化建设实施意见》，明确智能化建设目标，遴选试点煤矿，开展智能化煤矿示范工作。

2. 到 2021 年，建成 3 座智能化示范煤矿、30 个智能化示范综采工作面，安排部署智能化推广应用工作。

3. 到 2022 年，建成 10 座智能化示范煤矿、50 个智能化示范综采工作面。在此基础上，继续深入推进 120 万吨/年及以上、灾害严重煤矿及其他具备条件煤矿智能化推广应用。

（三）远期目标。

1. 2025 年，120 万吨/年及以上煤矿、灾害严重煤矿及其他具备条件煤矿基本实现智能化。

2. 2030 年，各类煤矿基本实现智能化，全省建成智能感知、智能决策、自动执行的煤矿智能化体系。

四、主要任务

煤矿智能化是煤炭生产的革命性技术，按照发改能源〔2020〕283 号有关要求，参照《煤炭工业智能化矿井设计标准》(GB/T 51272—2018)，结合建设目标和我省实际，智能化建设的主要任务是：

（一）加强规划，推动煤矿智能化顶层设计。将煤矿智能化建设纳入煤炭工业发展规划，明确发展目标，优先支持智能化项目。各市、各煤炭集团公司要结合区域特点、煤层赋存条件、技术基础等因素，研究制定煤矿智能化发展具体行动计划，明确智能化发展的行动方向、实施路径和政策措施，科学引导煤矿智能化发展的进度和规模。支持煤炭企业制定煤矿智能化发展实施方案，加快推进煤矿智能化发展步伐。对地质条件复杂、难以实现全过程、全时态智能化的煤矿，也应因地制宜，积极推进局部智能化。

（二）以人为本，提升煤矿安全保障能力。煤矿智能化建设要全面贯彻“安全第一”的基本要求，通过安全生产监测监控系统智能化应用改造，实现煤矿安全状况动态评价、事故预测预警，对危险场所、重点区域、关键岗位能够远程可视化操控，达到“人－机－环”隐患、故障以及风险辨识管控和应急联动处置，提升煤矿安全生产保障水平。充分利用“煤矿大脑”等成熟的自主学习、音视频自动识别、智能决策等技术，优先实现对瓦斯抽采、探放水等安全管理全流程智能化改造。

（三）夯实基础，建设智能化应用平台。煤矿要结合自身实际，按照《信息安全技术网络安全等级保护基本要求》（GB/T 22239—2019）逐步完善智能化基础设施。通过整合、扩充、改造、提升、新增等措施，逐步形成井上、井下多网融合“一张网”，建设涵盖地理透明信息系统、井下精准定位系统、智能化控制系统、智能化安全管理系统、大数据经营决策分析系统等统一的综合管理平台，完成对各子系统的数据整合，实现系统集中操作、集中监控和统一调度。

（四）统筹推进，加快各生产系统智能化建设。按照应推尽推的要求，煤矿要对提升、运输、通风、排水、压风、供配电及地面等生产系统进行配套建设改造，统筹推进各系统智能化。推广应用智能音视频识别、智能监测与保护、自动控制或集中控制等技术，加快井上下设备在线诊断与远程运维系统建设，实现设备自动运行、记录、统计、分析、在线监测、自动报警等功能，最大限度实现无人值守、有人巡检，减少固定岗位人员。

（五）突出重点，推进采煤智能化建设改造。加强智能采煤装备技术开发引进、应用，加快人才培养和储备，推动煤炭开采智能化。煤矿要选择适宜的区域推进采煤工作面智能化建设改造，实现煤矿开采的“少人化、无人化、安全高效”变革。采煤工作面应实现工况位姿监测、切割路径记忆、煤岩自动识别、流程协同联动、远程集中控制、故障诊断停机、运行状态与环境变化关联分析及动态调整等功能。

（六）勇于突破，促进掘进和辅助运输智能化应用。要加强智能化快速掘进成套装备的改造应用，实现“掘支一体”“掘运连续”。掘进工作面设备应具备故障自诊断功能，实现掘进机自动定位、自动导向、智能控制、实时监测和探、掘、支、运平行作业等。加大辅助运输系统智能化研究应用，实现辅助运输连续化、物流配送智能化，有条件的煤矿积极探索无轨胶轮车等运输车辆自动驾驶技术。

（七）融合创新，全力推进智能化煤矿建设。做好煤矿统筹规划、系统设计，保障投入，注重技术融合和集成创新，推动煤矿生产管理流程再造、组织结构重塑，引进智能装备专业化服务等新型管理与服务模式，全方位推进井上下、各系统、采掘面智能化建设，形成煤矿全面感知、实时互联、分析决策、自主学习、动态预测、协同控制的智能系统，实现生产过程的智能化运行，高标准建设智能化煤矿。露天煤矿要加快科技创新，实现露天开采无人化连续作业和无人驾驶技术应用突破。

（八）研用结合，加快煤矿智能化标准建设。充分发挥企业和高等院校、科研院所“领头羊”作用，加大煤岩识别技术、井下运输车辆自动驾驶技术、工作面数字模型和云计算、大数据技术开发应用，积极承担国家《煤矿机器人重点研发目录》等相关项目，坚持“共建、共享、共赢”，在强化基础性、关键技术研究应用的同时，协同推进我省煤矿智能化地方标准和建设、评价、验收规范的制修订工作，推动建立煤矿智能化标准一致性、符合性检测体系和技术平台。

（九）试点先行，充分发挥示范带动作用。抓好10座智能化煤矿和50个智能综采工作面试点示范工作。各试点煤矿及主体企业要加强组织领导，明确职责分工，及时协调解决存在问题。严格遵照项目管理规定，加强质量监督，完善安全技术措施，科学制定施工计划，有序推进。试点结束后，及时总结凝练出可复制的智能化开采模式、技术装备、管理经验等，向类似条件煤矿进行推广应用。

五、有关要求

一是统一思想，高度重视。深入开展能源革命综合改革试点是党中央赋予山西的重大使命。煤矿智能化建设作为能源革命综合改革试点的重要内容，是煤炭产业转型升级的历史机遇，更是落实省委省政府“四为四高两同步”决策部署、实现煤炭行业高质量发展的必然选择。各相关部门、各省属国有重点煤炭集团公司要提高政治站位，深入贯彻落实“四个革命、一个合作”能源安全新战略，践行新发展理念，通过大力推进煤矿智能化建设，解决好煤炭行业可持续发展的重大课题，实现煤炭行业发展方式变革。

二是严格要求，分类实施。新建煤矿（含生产煤矿水平延深）必须按照智能化要求进行设计、施工、验收；在建煤矿要按照智能化要求完善设计，进行智能化建设，其中已进入三期工程的可先完成投产相关手续后进行智能化改造。服务年限2020年末超过5年的120万吨/年及以上、灾害严重生产煤矿必须按照智能化要求进行改造；服务年限2020年末不足5年及120万吨/年以下的生产煤矿，现采水平、采区通过评估论证，条件适宜的也应对硐室、系统、工作面优化改造，充分利用原有设备改造和再制造等技术降低成本，最大限度实现智能化。现有高档普采工作面到2020年12月底前要全部淘汰。

三是安全为先，强力推进。发生过较大及以上安全生产事故的煤矿要完成煤矿智能化建设方可恢复生产，并优先采取危险岗位机器人替代等措施。2022年末所有煤矿主运输、供电、通风、排水、压风等智能化技术应用成熟的安全生产系统，要实现“无人值守、有人巡检、智能集控”。对不能如期完成的，安全监管监察和行业管理部门要督促煤矿减水平、减采区、减头面，并按程序核减产能，否则要采取停产或严格按照一井一面生产等限制措施。各级各部门要加强日常监督检查，督促煤矿和煤炭企业落实责任，保证智能化顺利推进。

四是强化服务，创优环境。煤矿智能化建设、改造项目执行我省煤矿项目审批有关规定，符合条件的要优先审批。各相关部门、各省属国有重点煤炭集团公司要加强指导，做好服务。对需要解决的技术性问题和政策性问题，从有利于改革的角度积极回应，在不越法律“红线”和安全生产“底线”的前提下，多开绿灯，少踩刹车。深化产教融合，支持我省高校完善煤炭智能化人才培养体系，在招生、培养、就业中对智能化人才采取优先保障措施。

五是总结提高，加快推广。充分发挥各级各部门、科研院所、行业协会、高等院校的作用，跟踪煤矿智能化开采的研究、实践，及时进行梳理总结，形成可复制的智能化开采模式。在全省智能化试点示范的同时，要加快推广应用步伐。已经成熟的智能化装备、技术，可以直接推广应用；经试点效果较好的装备、技术，在总结提高的基础上加快在同类煤矿推广应用。国有煤炭企业应起到带头引领作用，充分发挥人员、资金、技术优势，率先加快智能化推广应用。

六、保障措施

（一）加强组织领导。为加快我省煤矿智能化建设改造，成立山西省煤矿智能化建设工作组，负责指导全省煤矿智能化建设工作，成员单位由省发改、教育、科技、工信、财政、应急、山西煤监局等委厅局组成，办公室设在省能源局。各市、各省属国有重点煤炭集团公司也要成立工作组，制定工作方案，统筹推进煤矿智能化各项工作，并将工作方案上报省工作组办公室。

（二）落实工作责任。各煤矿企业主要负责人是煤矿智能化建设改造第一责任人，要采取得力措施，全力推进智能化建设。各煤炭集团公司、煤矿企业要保障资金投入，加强项目管理，做好煤矿智能化改造建设各项工作；市、县各级各相关部门对推进煤矿智能化负有监督管理责任，要强化日常管理，加强统筹协调，推动我省煤矿智能化建设。

（三）加强学习交流。我省煤矿智能化建设任务重、时间紧，新技术研究、推广应用、人才培训任务重。要“走出去、引进来”，借鉴国家能源、中煤、山东能源等先进煤炭企业的经验和成熟案例，通过开展煤矿智能化培训讲座、组织召开现场会等形式，加强学习、交流，促进煤矿智能化在我省的推广应用。

（四）加大政策支持。积极对接国家有关部门，对验收通过的智能化示范煤矿，给予产能置换、产能核增等方面的优先支持。对积极推广应用井下智能装备、机器人岗位替代、推进煤矿开采减人提效的煤矿，优先列入煤矿安全改造中央预算内投资计划，争取国家资金支持。对新建的智能化煤矿，在规划和年度计划中优先考虑。将煤矿相关智能化改造纳入煤矿安全技术改造范围，相关投入列入安全费用使用范围。研究相关产业扶持政策，鼓励金融机构加大对智能化煤矿的支持力度。鼓励企业发起设立相关市场化基金，形成支持煤矿智能化发展的长效机制。

（五）广泛宣传引导。利用各种媒体形式，加大对煤矿智能化建设改造工作的宣传报道，营造良好的舆论氛围。对智能化项目施工建设中涌现的先进人物、典型事迹、创新案例，要广泛报道，在全省营造出争先创优的浓厚氛围，促进煤矿智能化建设改造。

（六）做好督导推进。煤矿智能化建设是全省能源革命综合试点的重点工作，省政府已纳入13710督办系统加强管理。省工作组将成立督导组，对各单位工作开展情况不定期进行督导，推动落实责任。建立信息调度和月报制度，各市县相关部门、各省属重点煤炭集团公司要全面掌握有关情况，及时向省工作组汇报工作进展，推进工程中遇到的新情况、新问题及时向工作组办公室报告。

山西省能源局关于印发《煤矿智能化建设评定管理办法》的通知

晋能源规〔2023〕2号

各市能源局，各省属国有重点煤炭集团公司：

为持续推进煤矿智能化建设，全方位推动山西省煤炭行业高质量发展，省能源局对《山西省煤矿智能化建设评定办法（试行）》和《山西省煤矿智能化建设基本要求及评分方法（试行）》进行了修订，形成《煤矿智能化建设评定管理办法》，现予印发，请认真贯彻执行。

山西省能源局

2023年3月23日

（此件主动公开）

煤矿智能化建设评定管理办法

第一章　总　　则

第一条　为进一步加强煤矿智能化建设评定管理工作，推动煤炭产业与数字技术一体化融合发展，根据国家八部委《关于加快煤矿智能化发展的指导意见》及《山西省煤矿智能化建设实施意见》要求，结合《智能化示范煤矿验收管理办法（试行）》与我省实际，制定本办法。

第二条　本办法适用于山西省内所有煤矿企业。

第二章　申请条件及评定程序

第三条　申请智能化评定的煤矿应具备以下条件：

1. 煤矿采矿许可证、安全生产许可证、营业执照齐全有效。生产煤矿完成煤矿生产能力等相关生产要素信息公告，建设煤矿进入联合试运转阶段；

2. 煤矿企业应结合本矿实际，编制智能化建设方案，经主体企业审批后，将审批文件和建设方案上传至煤矿智能化项目管理系统；

3. 煤矿企业应组建以矿长（董事长）为首的智能化建设组织机构，并设置专门的智能化建设管理部门；

4. 生产组织机构完备，配备管理人员。煤（岩）与瓦斯（二氧化碳）突出矿井、水文地质类型复杂和极复杂矿井、冲击地压矿井按规定设有相应的机构和队伍；

5. 未被列入失信联合惩戒“黑名单”。

第四条　煤矿智能化建设等级评定工作，采取省、市“分级分类”管理。省能源局负责对申请的智能化煤矿、高级采掘工作面和生产能力300万吨/年及以上煤矿的中级采掘工作面进行评定；市能源局负责对辖区内省能源局评定外的申请项目进行评定，并负责省能源局评定项目的资料初审上报；县级能源管理部门负责辖区内智能化项目进度检查，并负责市能源局评定项目的初审上报。

第五条 煤矿智能化建设评定工作按照自评、申报、评定、公示的程序进行。

（一）自评。煤矿企业对照《煤矿智能化建设评分方法》(见附件）全面自评，形成自评报告。

（二）申报。煤矿企业向属地市或县级能源管理部门提出智能化评定申请，市、县能源管理部门收到申请后，应在10个工作日内完成材料审查按程序上报。

（三）评定。能源管理部门收到申请后，按照“分级分类”管理权限，在30个工作日内组织专家完成智能化评定。未通过评定的智能化项目，3个月后可重新申请评定。通过评定的项目，1年后可申请升级评定。

（四）公示。对通过智能化评定的项目，市能源局应及时汇总上报，省能源局应定期在官方网站公示，接受社会监督。公示时间不少于5个工作日。公示无异议，评定等级有效。有异议的，按照“分级分类”管理权限，由相关单位组织复核复查，结果另行公示。

第三章 评 定 要 求

第六条 煤矿智能化评定工作采用专家组负责制。专家抽取时应实现煤矿主体专业全覆盖，井工煤矿专家组成员不少于7名，露天煤矿专家组成员不少于4名。采、掘工作面和选煤厂单独评定的，专家组成员不少于3名。专家应从山西省煤矿智能化专家库中抽取，采取回避原则。煤矿项目评定时，同一单位（集团）专家原则上不超过3名，每位专家负责评定的系统不超过3项，专家组组长由专家组成员共同推举产生。

第七条 充分发挥山西省能源发展中心、山西省煤炭工业协会的技术支撑作用，协助省能源局做好煤矿智能化评定有关工作。

第八条 煤矿智能化建设应满足《煤矿智能化建设评分方法》中的必备指标，必备指标未达要求不得通过智能化评定。

第九条 煤矿、选煤厂及采掘工作面智能化评定等级分为初级、中级和高级。井工煤矿应按照建设条件分类进行评价，配套建设的选煤厂可与煤矿共同评定，也可单独评定。

第四章 监 督 管 理

第十条 对通过智能化评定的项目，各级能源管理部门实行动态跟踪管理，推动常态化运行和持续改进。

第十一条 评定工作应遵循公平公正公开原则，有关人员应坚持程序规范、标准一致，严格遵守中央八项规定精神和廉洁自律有关规定。

第五章 附 则

第十二条 本办法由山西省能源局负责解释，执行过程中根据国家政策、技术进步等因素适时调整。

第十三条 本办法发布前已申请智能化评定的按原文件执行。

第十四条 本办法自2023年5月1日起施行，有效期5年。此前文件规定与本办法不一致的，以本办法为准。本办法若有和国家新政策规定不一致的，以国家新政策规定为准。

附件：煤矿智能化建设评分方法

煤矿智能化建设评分方法

第一部分　智能化井工煤矿

一、井工煤矿智能化建设条件分类

根据煤矿生产能力、煤层赋存条件、开采技术条件等对智能化建设条件进行分类，分类结果为：智能化建设条件Ⅰ类煤矿、智能化建设条件Ⅱ类煤矿、智能化建设条件Ⅲ类煤矿，分类评价指标如下：

表1-1-1　煤矿智能化建设条件分类评价指标

序号	评价指标	单位	等级划分	指标得分	权重值
1	生产能力	万吨	≥1000	100	0.20
			500~1000（不含）	80	
			300~500（不含）	60	
			120~300（不含）	40	
			60~120（不含）	20	
2	埋深	m	＜400 m	100	0.05
			400 m~800 m	80	
			800 m~1200 m	70	
			＞1200 m	60	
3	煤层倾角	°	0°~8°	100	0.10
			8°~16°	80	
			16°~25°	50	
			＞25°	20	
4	褶曲影响	—	简单	100	0.05
			中等	70	
			复杂	60	
5	断层影响	—	简单	100	0.05
			中等	70	
			复杂	60	
6	陷落柱影响	—	简单	100	0.05
			中等	70	
			复杂	60	

表1-1-1（续）

序号	评价指标	单位	等级划分	指标得分	权重值
7	围岩稳定性	—	围岩稳定，对采掘影响很小	100	0.05
			围岩较稳定，对采掘有一定影响	75	
			围岩不稳定，对采掘影响较大	50	
8	煤层自燃倾向	—	不易自燃	100	0.05
			自燃	80	
			容易自燃	60	
9	瓦斯等级	—	低瓦斯	100	0.10
			高瓦斯	80	
			煤与瓦斯突出	60	
10	矿井水文地质条件	—	简单	100	0.10
			中等	80	
			复杂	60	
			极复杂	40	
11	冲击倾向	—	无冲击	100	0.02
			弱冲击	80	
			强冲击	60	
12	煤尘爆炸危险性	—	无煤尘爆炸危险性	100	0.03
			有煤尘爆炸危险性	70	
13	服务年限	年	15年以上	100	0.15
			8~15年（含15年）	70	
			8年以下（含8年）	40	

根据煤矿实际情况对上表中的煤矿各项指标进行打分，指标得分与权重值的乘积为该项指标的综合得分，将各项指标的评分相加则为煤矿的综合得分。采用百分制原则对煤矿的智能化建设条件进行综合评价，依据评价结果集：{智能化建设条件Ⅰ类煤矿、智能化建设条件Ⅱ类煤矿、智能化建设条件Ⅲ类煤矿}={100~85分（含），85~70分（含），<70分}，确定煤矿的智能化建设条件类别。

二、井工煤矿智能化评定

根据煤矿智能化建设条件分类结果，分别采用对应的分级评价指标体系（智能化建设条件Ⅰ类煤矿评价指标体系、智能化建设条件Ⅱ类煤矿评价指标体系、智能化建设条件Ⅲ类煤矿评价指标体系）进行评价打分，每类评价结果分为：高级智能化（综合评分值≥90分）、中级智能化（综合评分值75~90分，不含90分）、初级智能化（综合评分值60~75分，不含75分）。

煤矿智能化各系统综合评价指标分为必备指标、评分指标、加分指标，必备指标不具备的不予评定。系统考核得分等于该系统评分指标与加分指标得分之和，综合评分值为各系统考核得分乘以系统权重之和与矿井加分指标得分相加，采用式（1）计算：

$$M = \sum_{n=1}^{n}(a_i \times M_i) + Q \tag{1}$$

式中 M——综合评分值；

M_i——系统考核得分（含加分项，总分不超100分）；

a_i——系统权重；

Q——矿井加分指标得分。

在系统考核评分中，如有不涉及的内容，可将该部分的标准分值，平均折算到其他部分中折算方法如式（2）：

$$M_i = \frac{T}{100 - P_i} \times 100 + Q_i \tag{2}$$

式中 T——评分指标得分；

P_i——缺项标准分值；

Q_i——系统加分指标得分。

三、建设条件 I 类煤矿评价指标

（一）信息基础设施

1. 必备指标

（1）矿井主干网络传输速度应不低于10000 Mbps，地面网络与井下环网分别布设，满足网络传输速率与信息安全要求。

（2）矿井建有数据中心，具备数据分类、数据分析、数据融合功能，满足矿井数据服务与安全要求。

2. 加分指标

井下5G网络通信全覆盖，并实现融合通信得1分；满足5G承载网自由切片能力得1分；对外网络中断，园区内部通信、数采、控制等相关业务可正常使用得1分；采用信创产品的比例≥30%以上得1分；井下5G核心设备采用本质安全型得1分。总计5分。

3. 评分指标

按表1-3-1评分，满分为100分。按照检查存在不符合要求的项目进行扣分，各小项分数扣完为止。

表1-3-1 信息基础设施评分指标

项目名称	基本要求	评分方法	标准分值
主干网络（30分）	有线主干网络：采用矿用10000 Mbps及以上以太网通信网络，采用冗余结构，新建或改扩建矿井有线主干网络采用自主可控技术与装备，宜具备向高带宽平滑演进能力，网络自愈时间小于50 ms	现场查验，1处不符合扣1分	5
	核心设备采用三层交换机，具备路由、冗余功能；新购核心设备采用自主可控技术与装备	现场查验，1处不符合扣2分	4
	二级交换接入网络：采用1000 Mbps以上工业以太网；重要的生产控制环节具有冗余功能	现场查验，1处不符合扣2分	4
	无线网络：井上井下采用4G/5G/Wi-Fi6等主流无线通信技术，满足无线通信要求；实现无线网络与工业以太网融合，具有断链保活功能；无线网络满足主辅运输巷、主要行人巷、综采工作面、掘进工作面等区域应用	现场查验，1处不符合扣2分	6

表1-3-1（续）

项目名称	基　本　要　求	评分方法	标准分值
主干网络（30分）	地面骨干网络：具有与矿山井下主干网络、矿山接入网络的以太网接口；具备万兆骨干、千兆汇聚、百兆到桌面；无线覆盖	现场查验，1处不符合扣2分	5
	具备网络安全防护功能，实现专网与外网、控制网与管理网的隔离；网络防火墙具备网络入侵监测功能，主要系统满足网络安全等级保护二级要求；针对重要的三级系统，具备主动防御、可信验证、攻击检测功能	现场查验，1处不符合扣2分	6
数据中心与服务（35分）	数据机房具有环境动态监测、关键设备及系统运行状态监测；具有灾害自动报警、关键设备和系统运行异常报警功能；具备UPS电源，后备时间不小于4 h	现场查验，1处不符合扣2分	6
	数据中心具备信息安全防护功能，满足等保二级要求；重要的三级系统，具备主动防御、可信验证、攻击检测能力	现场查验，1处不符合扣2分	4
	矿端数据处理设备：子系统上位机采用工控机或服务器，具有高可靠容错功能，具备双千兆以太网接口；信息采集数据库服务器采用云化部署资源池，应用服务器采用云化部署资源池	现场查验，1处不符合扣2分	4
	移动端数据处理设备：具有MA认证，具备无线通信功能，移动终端具备不少于NFC、RFID、蓝牙等至少2种近场通信功能；支持APP安装，移动端设备数量、功能、信息安全方面满足单兵信息化作业要求	现场查验，1处不符合扣2分	4
	采用私有云或混合云部署，具备自主可控的服务器虚拟化管理平台；具备云端实例（云服务器）在线管理功能；具备实例的集群功能；具备云端实例的网络路由自动指向功能，且存储容量可实时弹性扩展，满足存储要求；私有云初始资源不小于20 T，且可在线增加硬件存储资源；具备异地灾备配置	现场查验，1处不符合扣1分	6
	有基于云化技术的平台，包括计算虚拟化、存储虚拟化、网络虚拟化和自动化等；通过云平台的多租户运营能力，实现平台资源池的最大化共享共用，提升资源利用率；应用软件在云化平台中各自独立部署运行，并可以通过应用平台进行互联互通	现场查验，1处不符合扣2分	5
	应具备数据接入、数据治理和数据融合发布功能；数据接入采用统一数据采集框架，支持OPC、Modbus、文本协议等多源异构标准的采集和数据入湖；入湖数据可用于数据治理，支持数据清洗、孪生建模、统一数据资产管理等；建立煤矿数据资产库及数据治理标准，具有业务数据多维融合计算和数据建模分析能力；接入数据和治理数据应提供融合共享发布，支持OPCUAServer、消息队列、RestfulAPI、数据库等数据交换通信方式；对于实时控制类场景数据，数据下行时延小于200 ms，上行小于300 ms	现场查验，1处不符合扣1分	6
智能综合管控平台（35分）	基于统一I/O采集服务设计与实现，自主适配标准/非标准工控设备、VOIP语音、流媒体视频监控等设备系统；采用行业统一的数据交换标准规范协议，满足煤矿主要业务系统提供数据服务的要求	现场查验，1处不符合扣2分	3
	具有数据采集、治理、集成能力；满足生产控制、安全管控、生产管理、经营管理等系统对数据应用的要求	现场查验，1处不符合扣2分	4
	具备专业数据采集软件、数据库、数据集成软件、工业控制SCADA软件、操作系统软件、虚拟化软件、网络管理软件、防病毒软件等，宜采用自主可控技术	现场查验，1处不符合扣1分	5
	建立AI管理平台，平台包括AI模型库和算法库，具备数据回流、智能标注、模型训练、参数调优、自动构建、增量学习能力	现场查验，1处不符合扣1分	5
	对“采、掘、机、运、通”等主要生产环节进行全流程的实时监控；根据监测与分析计算结果，实现流程的智能协同控制；具有识别模型、控制模型、预测模型、决策模型，实现模型库管理，宜采用自主可控技术	现场查验，1处不符合扣2分	5
	根据监测与分析计算结果，进行异常信息报警，能够将异常信息自动通过电话语音或短信通知相关人员；实现预警、指挥调度与协同控制	现场查验，1处不符合扣2分	4

表1-3-1（续）

项目名称	基 本 要 求	评分方法	标准分值
智能综合管控平台（35分）	智能集中控制与协同指挥平台，具有生产计划与过程管理能力，可实时感知、精准分析、自主决策、动态调控和协同控制	现场查验，1处不符合扣3分	6
	建有按精确定位名称取得安全标志的人员精准定位系统；满足最大静态定位误差不大于0.3 m，最大动态定位误差不大于7.3 m；能够与安全管控系统实现联动	现场查验，1处不符合扣1分	3

（二）地质保障系统

1. 必备指标

（1）具备完善的地质探测技术与装备，地质数据、工程数据实现数据化存储与应用。

（2）建有地质信息数据库，能够为煤矿其他业务系统提供地理信息服务。

2. 评分指标

按表1-3-2评分，满分为100分。按照检查存在不符合要求的项目进行扣分，各小项分数扣完为止。

表1-3-2 智能地质保障系统评分指标

项目名称	基 本 要 求	评分方法	标准分值
勘探技术与装备（35分）	采用智能物探、智能钻探、自然伽马等智能探测仪器及设备，能最大程度降低人工作业量；地质探测设备能够进行数据的自动采集、上传与智能分析	现场查验，1处不符合扣4分	20
	能够对井巷工程、回采工作面等的煤系地层的岩性结构、地质构造、富水性、煤层厚度（含变薄带、无煤区）、陷落柱、顶底板岩性及顶板离层情况等地质现象进行精准探测，并形成标准化资料成果	现场查验，1处不符合扣3分	15
地质模型构建与应用（55分）	地质数据的共享服务：具备地质空间数据库，能够对地质数据进行分类存储、分析、共享与实时更新；空间数据库的数据结构、数据接口等满足为多系统提供数据共享的要求；具有支持C/S、B/S架构的空间信息可视化系统，对海量空间数据、属性数据以及时态数据进行存储、转换、管理、查询、分析和可视化	现场查验，1处不符合扣3分	9
	系统具备二维、三维一体化数据库，任意切换功能	现场查验，1处不符合扣4分	4
	实现矿井资源/储量、可采煤层、断层及陷落柱构造、水文地质、瓦斯地质、工程地质、开采条件等应用可视化，指导优化矿井安全高效绿色建设与生产	现场查验，1处不符合扣2分	8
	地质模型能够接入地质技术与装备采集生成的地质素描、地面井下钻探成果、物探、采掘工程等数据，实现地质模型快速更新与修正	现场查验，1处不符合扣2分	4
	地质模型的精度满足智能化采煤、智能化掘进、智能化水文监测等系统的需要	现场查验，1处不符合扣2分	6
	应具备隐蔽致灾因素预测预报功能，能够对采掘过程中前进方向地质构造预测预报	现场查验，1处不符合扣4分	4
	具备基于地质模型与工程数据模型对煤矿地层、地质构造、煤层、煤质、瓦斯、水文地质和其它地质条件、地质特征及变化规律进行展示功能	现场查验，1处不符合扣2分	6
	GIS平台：采用统一的虚拟化资源池，使用管理系统进行统一管理和调度；能够对矿井地质数据进行关联分析，并用可视化的方式进行直观的展示；具有海量空间数据的存储、管理、并行计算和统计分析能力	现场查验，1处不符合扣2分	6

表1-3-2（续）

项目名称	基本要求	评分方法	标准分值
地质模型构建与应用（55分）	系统具备三维空间信息分析及历史数据查阅、分析功能；具备基于地质的四维时空推演能力，随着时间变化，展示不同时间段的三维场景切片	现场查验，1处不符合扣4分	8
图纸与资料管理系统（10分）	具有地质、测量、水文等各类图纸数字化以及地质报告资料管理系统	现场查验，1处不符合扣5分	10

（三）掘进系统

1. 必备指标

（1）矿井煤巷、半煤岩巷的掘进、支护等工艺流程全部实现机械化作业（分层开采工作面底层巷道除外）。

（2）具有掘进工作面设备、环境智能监测与报警功能。

2. 加分指标

（1）掘进工作面实现无人（少人）操作，掘进工作面生产班单班岗位人员减少至10人及以下得1分，减少至7人及以下得3分。总计3分。

（2）实现5G掘进工作面全覆盖得1分；单个工作面实现基于动态地质模型的智能化掘进，或者实现基于5G+数字孪生/视频拼接技术实现远程常态化掘进得1分，每增加一个工作面得1分。总计不超过3分。

3. 评分指标

按表1-3-3评分，满分为100分。按照检查存在不符合要求的项目进行扣分，各小项分数扣完为止。

表1-3-3　掘进系统评分指标

项目名称	基本要求	评分方法	标准分值
智能掘进设备（50分）	巷道施工作业的掘、支、锚、运等全部工序采用机械化或自动化装备；掘进速度满足接续要求	现场查验，1处不符合扣5分	10
	采用物探、钻探等先进技术与智能探测设备对巷道待掘进区域的地质构造、水文、瓦斯等进行超前探测，探测距离、精度满足智能化掘进要求	现场查验，1处不符合扣2分	6
	掘进设备具有自主定位、定姿、定向功能，能够实现远程遥控行走；具有偏航提醒、报警功能；具备自主导航、坡度追踪和自动截割功能，实现远程遥控截割	现场查验，1处不符合扣2分	10
	配备巷道临时支护设备，实现临时支护机械化作业	现场查验，1处不符合扣4分	4
	配备机载钻机或锚杆钻车等支护设备，实现锚杆作业流程自动化，具备自动确定锚护位置、自动钻孔、自动铺网、自动安装锚杆（索）、工况在线监测及故障诊断、锚固质量自检验等功能	现场查验，1处不符合扣2分	10
	运输设备转载机组各类保护功能齐全；带式输送机具备机尾自移和张力控制功能	现场查验，1处不符合扣2分	4
	掘进、锚护、运输等设备具有完备的单机状态监测与故障自诊断功能，能够实现设备之间智能交互与联动控制	现场查验，1处不符合扣2分	6

表1-3-3（续）

项目名称	基 本 要 求	评分方法	标准分值
远程集控平台（50分）	设置井下远程集控中心或地面控制中心，具备对巷道掘进设备进行远程操控的功能，实现一键启停及智能操控	现场查验，1处不符合扣2分	6
	实现掘进作业规程、计划、任务、辅助作业指挥、分析优化等智能化管理；能够与生产经营管理系统数据的互联互通	现场查验，1处不符合扣2分	8
	具备巷道掘进工作面三维地质模型构建功能，并根据地质装备和掘进过程中揭露的实际地质信息对模型进行实时动态修正	现场查验，1处不符合扣2分	8
	应用数字孪生等技术对井下巷道与掘进设备进行三维重现，实时反映掘进设备的位姿与作业环境信息，能够根据采集的设备数据实现掘进工作面远程操控和仿真	现场查验，1处不符合扣4分	8
	具备掘进工作面环境（粉尘、瓦斯等）智能监测功能，并具备监测环境数据智能分析，以及掘、锚、运、支工序的智能联动，异常信息可推送至区域警示设备与单兵设备	现场查验，1处不符合扣2分	8
	掘进迎头、转载点应识别掘进作业人员行为和设备运行状态，确保支护安全与支护质量，规范作业行为，实现危险区域人员异常接近、违章作业等报警、联动停机保护	现场查验，1处不符合扣2分	8
	具备巷道随掘成形质量、巷道变形动态监测功能	现场查验，1处不符合扣2分	4

（四）综采系统

1. 必备指标

（1）液压支架配置电液控制系统，采煤机具有记忆截割功能。

（2）地面或井下配置监控中心，具备对工作面设备“一键启停”功能，工作面及煤流运输转载点配置可视化监控系统，实现对采煤机、液压支架、刮板输送机、转载机、破碎机、供液系统的远程集中控制。

2. 加分指标

（1）综采工作面实现无人（少人）操作，综采工作面生产班单班岗位人员减少至8人及以下得1分，减少至5人及以下得3分。总计3分。

（2）实现5G综采工作面全覆盖得1分；单个工作面实现基于动态地质模型的智能化采煤，或者实现基于5G+数字孪生/视频拼接技术实现远程常态化采煤得1分，每增加一个工作面得1分。总计不超过3分。

3. 评分指标

按表1-3-4评分，满分为100分。按照检查存在不符合要求的项目进行扣分，各小项分数扣完为止。

表1-3-4 智能综采系统评分指标

项目名称	基 本 要 求	评分方法	标准分值
割煤系统（20分）	采煤机具备自主定位，同时具备远程控制、机载遥控功能	现场查验，1处不符合扣2分	6
	采煤机安装有位姿监测、摇臂角度感知、摇臂调高、油位、油温、油压、瓦斯监测等传感器，传感器数量、精度满足智能化要求	现场查验，1处不符合扣2分	2

表1-3-4（续）

项目名称	基本要求	评分方法	标准分值
割煤系统（20分）	采煤机应具备瓦斯监测功能，并具备与瓦斯监控系统联动控制，粉尘检测，智能调速，自动调高，记忆截割（自适应截割率大于70%）功能	现场查验，1处不符合扣1分	6
	采煤机具备与支架防碰撞功能；具备故障诊断与预警功能	现场查验，1处不符合扣3分	6
支护系统（30分）	液压支架配备电液控制系统，具备远程对液压支架降、移、升控制功能，具备支架全姿态监测功能，自动跟机率达到80%以上	现场查验，1处不符合扣2分	8
	液压支架具备自动找直功能	现场查验，1处不符合扣5分	5
	应采用超前支架支护；实现远程遥控控制	现场查验，1处不符合扣2分	4
	综放支架具备自动放煤或人工辅助放煤功能	现场查验，1处不符合扣4分	4
	具备自动补液、自动喷雾，支护状态监测与预警功能	现场查验，1处不符合扣2分	4
	支护系统具有压力超前预警、群组协同控制、自动推溜、自动跟机支护（自动跟机支护达到85%以上）、顶梁状态实时感知、伸缩梁（护帮板）防碰撞等功能	现场查验，1处不符合扣1分	5
运输系统（20分）	刮板输送机采用智能变频调速控制，具备煤量负荷检测功能和机尾链条自动张紧功能，断链智能识别，并与采煤机进行智能联动	现场查验，1处不符合扣2分	8
	顺槽可伸缩带式输送机具备智能张紧；实现基于AI煤量监测的智能调速控制	现场查验，1处不符合扣2分	4
	具备电动设备及电控系统的运行工况监测与故障诊断等功能	现场查验，1处不符合扣2分	2
	带式输送机自移式机尾和转载机自移采用电液控制；具有手动、遥控、自动控制功能；实现三机一架协同控制	现场查验，1处不符合扣1分	4
	工作面运输实现远程控制和智能无人操控	现场查验，1处不符合扣2分	2
综合保障系统（30分）	采用工作面智能控制系统；在井下建立集控中心实现远程监控；在地面建立控制中心实现远程监控，实现协同控制、一键启停；综采工作面设备综合开机率大于70%；设备运行记录数据完整	现场查验，1处不符合扣1分	5
	采煤机摇臂、刮板运输机、转载机、破碎机及带式输送机减速器工况监测系统；润滑油在线监测系统，具备润滑油故障诊断功能	现场查验，1处不符合扣1分	2
	采用智能供液系统，具备智能配液功能	现场查验，1处不符合扣2分	3
	具备人员、设备精准定位功能；工作面实现可视化视频监控并满足自动跟机；具备AI智能识别功能	现场查验，1处不符合扣1分	3
	实现综采工作面机器人可视化智能巡视	现场查验，1处不符合扣2分	2
	供电系统各项保护齐全，具有数据实时采集、上传功能，在权限范围内能够进行远程分合闸操作，具备远程参数整定功能	现场查验，1处不符合扣1分	4

表1-3-4（续）

项目名称	基本要求	评分方法	标准分值
综合保障系统（30分）	具备设备智能故障诊断、预测与预警功能	现场查验，1处不符合扣3分	3
	实现采煤作业规程、计划、任务、现场作业、分析优化等智能化管理；能够与生产经营管理系统数据的互联互通	现场查验，1处不符合扣1分	4
	具备综采工作面三维地质模型构建功能，并根据回采过程中揭露的实际地质信息对模型进行实时动态修正	现场查验，1处不符合扣2分	2
	应用数字孪生等技术对井下巷道与综采设备进行三维重现，实时反映综采设备的位姿、工况与环境信息，能够根据采集的设备数据实现综采工作面远程操控和仿真	现场查验，1处不符合扣2分	2

（五）主运输系统

1. 必备指标

（1）采用带式输送机作为矿井的主煤流运输设备，实现单机自动控制、远程集中控制。

（2）采用立井箕斗进行煤炭提升，具备对提升速度、提升重量等进行远程实时在线监测。

2. 评分指标

按表1-3-5评分，满分为100分。按照检查存在不符合要求的项目进行扣分，各小项分数扣完为止。

表1-3-5　智能主运输系统评分指标

项目名称	基本要求	评分方法	标准分值
带式输送机运输系统（65分）	单条带式输送机具备完善的传感器、执行器及控制器，能实现单设备的自动控制	现场查验，1处不符合扣2分	5
	带式输送机采用变频软启驱动方式	现场查验，1处不符合扣1分	5
	集控系统具备各部带式输送机驱动部电机电流、温度、振动以及减速器轴承温度、润滑油温度等参数的实时采集、状态监测、故障在线诊断与预警、运行效率分析等功能	现场查验，1处不符合扣1分	6
	具备完善的综合保护装置，能够根据监测结果实现综合保护装置的智能联动	现场查验，1处不符合扣2分	5
	具备主煤流运输系统环境监测预警功能，实现烟雾、粉尘、温度等的智能监测	现场查验，1处不符合扣2分	6
	带式输送机系统沿线煤流，应基于AI识别技术，实现分布状态实时监测、变频调速；具备调速模型的自动优化功能，实现煤流平衡；系统具有自检功能	现场查验，1处不符合扣2分	10
	多部带式输送机搭接实现多部带式输送机的集中协调控制，实现一键启停，具备语音预警功能，与智能综合管控平台实现智能联动，能够实现无人值守	现场查验，1处不符合扣3分	10
	设有井底缓冲仓的其煤仓煤位可准确计量，给煤机与煤仓仓位信号、带式输送机控制系统实现智能联动控制	现场查验，1处不符合扣2分	8
	具备基于AI识别技术实现带式输送机煤量、跑偏、大块煤、堆煤、异物、皮带撕裂以及人员违规穿越带式输送机等识别功能	现场查验，1处不符合扣3分	10

表 1-3-5（续）

项目名称	基本要求	评分方法	标准分值
立井智能提升系统（35分）	立井提升系统具有智能装载与卸载功能	现场查验，1处不符合扣5分	10
	立井提升系统能够与煤仓放煤系统进行智能联动	现场查验，1处不符合扣4分	8
	具备智能综合保护系统，能够对提升速度、提升重量、钢丝绳等进行智能监测	现场查验，1处不符合扣4分	8
	具备远程智能无人操作功能	现场查验，1处不符合扣6分	6
	立井井底安装堆煤保护、视频监控等装置	现场查验，1处不符合扣3分	3

（六）辅助运输系统

1. 必备指标

辅助运输车系统具有综合调度管理功能。

2. 加分指标

无轨胶轮车或轨道电机车实现常态化无人驾驶，可酌情得分 3~5 分。

3. 评分指标

按表 1-3-6 评分，满分为 100 分。按照检查存在不符合要求的项目进行扣分，各小项分数扣完为止。

表 1-3-6　智能辅助运输系统评分指标

项目名称	基本要求	评分方法	标准分值
轨道运输（35分）	单轨吊采用点到点物资运输，实现无人驾驶	现场查验，1处不符合扣1分	2
	运输机车具备无线移动通讯功能，实现机车位置的精准定位（静态定位精度 0.3 m，动态定位精度 7.3 m），实现智能调度，利用 AI 识别技术实现安全预警	现场查验，1处不符合扣2分	6
	具备车辆运行状态参数的智能监测功能	现场查验，1处不符合扣2分	2
	具备车载视频、语音通讯、应急呼救等功能，实现相关信息的智能采集	现场查验，1处不符合扣1分	4
	主要运输线路的道岔、阻车器等安全设施实现远程控制、司机遥控等，机车通过风门可实现司机遥控或自动控制	现场查验，1处不符合扣3分	5
	主要轨道运输提升斜巷具有防跑车装置；提升绞车连锁自动控制、自动报警、自动停车	现场查验，1处不符合扣2分	4
	集中装载点、上下人站点、绞车房、各车场和跑车防护装置等实现视频监控，利用 AI 识别技术实现三违智能监测	现场查验，1处不符合扣2分	4
	架空乘人装置实现有人运行，无人停车；多条架空乘人装置连续运输实现无人值守	现场查验，1处不符合扣1分	2

表1-3-6（续）

项目名称	基　本　要　求	评分方法	标准分值
轨道运输（35分）	连续牵引绞车具备断绳自动阻车功能，连续牵引绞车保护设施实现自动监测、自动报警、自动停车	现场查验，1处不符合扣2分	4
	90 kW以上绞车具有运行状态监测、异常报警、停车等功能	现场查验，1处不符合扣2分	2
无轨胶轮车运输（30分）	运输机车具备无线移动通讯功能，实现车辆的精准定位和智能调度（静态定位精度0.3 m，动态定位精度7.3 m）	现场查验，1处不符合扣2分	6
	无轨胶轮车具备智能安全预警，具有人员及设备接近防碰撞预警、防疲劳驾驶、超速预警等功能	现场查验，1处不符合扣3分	9
	交叉路口、运输区域实现闯红灯、超速等违章行为自动记录；集中装载点、上下人站点、硐室等实现视频监控，利用AI识别技术实现智能监测	现场查验，1处不符合扣2分	6
	具有车辆运行状态参数监测（超速、路径偏离报警、运动轨迹等）功能	现场查验，1处不符合扣3分	9
运输转运（10分）	不同运输方式之间的接驳实现自动化辅助	现场查验，1处不符合扣2分	5
	运输过程中实现智能物流管控	现场查验，1处不符合扣5分	5
综合调度管理（25分）	调度管理系统具备运输设备的智能调度功能，能够结合生产调度计划，运输位置，车辆状态等信息综合分析，实现运输过程的智能管控	现场查验，1处不符合扣3分	6
	运输物资建立编码体系，实现物资及车厢的集装化	现场查验，1处不符合扣2分	4
	建立智能化仓储系统，实现智能仓储与辅助运输联动	现场查验，1处不符合扣1分	2
	辅助运输管理具备运输设备和信号等动态模拟展示、信息存储、历史记录查询等	现场查验，1处不符合扣2分	6
	具备调度运营分析功能，通过系统数据实现运输配送相关指标量化，提高管理水平与运营决策分析	现场查验，1处不符合扣1分	3
	具有车辆检验、维修、备品备件等智能化动态管理	现场查验，1处不符合扣2分	4

（七）综合保障系统

1. 必备指标

（1）矿井通风方式合理、通风设施齐全，主要通风机实现一键启停以及远程控制。

（2）井下中央变电所、采区变电所实现无人值守。

（3）固定排水作业实现远程集中控制，中央水泵房、采区水仓实现无人值守。

2. 评分指标

按表1-3-7评分，满分为100分。按照检查存在不符合要求的项目进行扣分，各小项分数扣完为止。

表1-3-7 智能综合保障系统评分指标

项目名称	基本要求	评分方法	标准分值
通风系统（30分）	应对矿井主要通风机实时参数进行智能监测，具备智能调速和远程集中控制功能；具备智能一键启动、反风、倒机，不停风倒机；具备与智能综合管控平台实现智能联动功能	现场查验，1处不符合扣2分	6
	过车风门、主要行人风门应实现自动开关，应安装视频监控系统、声光报警器，关键通风节点的风窗应实现远程控制	现场查验，1处不符合扣1分	4
	具备通风网络动态解算功能，能够井下瓦斯浓度、风压、风速、风流方向及固定地点风量等参数进行智能监测与实时分析，能够根据主要通风机实时智能监测结果进行通风阻力解算	现场查验，1处不符合扣2分	6
	掘进工作面的局部通风机具备远程监测；具备自动切换功能；根据现场环境监测结果实现风量智能调节功能	现场查验，1处不符合扣2分	6
	能够实现井下通风状态的动态可视化；当发生异常情况时系统自动显示或语音提醒井下员工避灾路线的功能	现场查验，1处不符合扣2分	4
	主通风机、配电室、局部通风机及主要风门配备视频监控，利用AI智能识别技术实现智能监测	现场查验，1处不符合扣2分	4
压风系统（10分）	在地面建有压缩空气站，且采用自动化集中控制，具备无人值守条件，与智能综合管控平台实现智能联动	现场查验，1处不符合扣2分	6
	矿井所有采区避灾路线上（采掘工作面范围内）均应敷设压风自救管道，并设供气阀门或压风自救装置	现场查验，1处不符合扣2分	4
供电系统（40分）	具备智能防越级跳闸保护功能	现场查验，1处不符合扣5分	5
	变电所配备视频监控，利用AI识别技术实现三违智能监测	现场查验，1处不符合扣3分	3
	具有对矿井所有变电所进行实时监控与电力调度的功能	现场查验，1处不符合扣2分	4
	具有监控数据采集与上传、智能分析功能	现场查验，1处不符合扣2分	4
	具有故障诊断、预警功能	现场查验，1处不符合扣4分	4
	矿井井下主变电所设计智能巡检方式，能够对变电所内的设备信息进行巡检	现场查验，1处不符合扣2分	4
	井下主变电所、采区变电所应设置电力监控系统，实时监测电气设备运行工况，并具备无人值守条件，与智能综合管控平台实现智能联动	现场查验，1处不符合扣2分	8
	实现状态参数显示、巡检、故障录波存储、故障分析、智能告警，对用电峰谷电量与能耗统计分析、电能质量监测	现场查验，1处不符合扣2分	6
	地面变电站和配电室应具备火灾报警和自动灭火功能	现场查验，1处不符合扣1分	2
排水系统（20分）	具备负荷调控或根据水位自动投切水泵功能	现场查验，1处不符合扣3分	3
	根据水位进行固定作业点的智能抽排，具备用电自动削峰填谷功能	现场查验，1处不符合扣2分	4

表1-3-7（续）

项目名称	基　本　要　求	评分方法	标准分值
排水系统 （20分）	供水系统具备水量、水压的智能监测与控制功能	现场查验，1处不符合扣2分	4
	具有远程集中控制，满足智能管控平台协同控制功能	现场查验，1处不符合扣2分	4
	具备故障分析诊断及预警功能	现场查验，1处不符合扣2分	2
	水文地质条件复杂及极复杂矿井，实现排水系统与矿井水文监测系统的智能联动	现场查验，1处不符合扣3分	3

（八）安全管控系统

1. 必备指标

（1）根据矿井灾害类型，建设完善的瓦斯灾害防治、水灾防治、火灾防治、顶板灾害防治等灾害防治系统。

（2）建设有完善的安全风险分级管控工作体系和隐患排查双重预防工作体系。

2. 加分指标

煤矿建设有五星级智慧井口群众安全工作站，得1分；设立群众监督员管理岗位，采用智能化监督管理系统，系统具备三违和风险隐患举报功能，得1分。总计2分。

3. 评分指标

按表1-3-8评分，总分为100分。按照检查存在不符合要求的项目进行扣分，各小项分数扣完为止。

表1-3-8　智能安全管控系统评分指标

项目名称	基　本　要　求	评分方法	标准分值
瓦斯灾害 （16分）	具有通风监测演示功能，并可与矿井安全监控系统同步，实现矿井通风系统在线监测和数据共享	现场查验，1处不符合扣1分	3
	实现对瓦斯钻探作业与瓦斯抽采作业全过程相关参数的智能感知、分析、AI智能识别、三维辅助设计；抽采达标单元管控，满足抽采达标预判、评判、验收功能	现场查验，1处不符合扣1分	5
	根据瓦斯监测数据进行瓦斯超限区域智能预警、智能断电及避灾路线规划	现场查验，1处不符合扣2分	5
	煤与瓦斯突出矿井具备瓦斯涌出与残存压力分析功能	现场查验，1处不符合扣3分	3
水害 （16分）	针对主要含水层、井下涌水点、中央水仓等部位的水文变化进行实时动态监测，实现水文数据的预测、预警和分析功能。	现场查验，1处不符合扣2分	4
	水害应急救援系统可对应急演练和实时救援全过程管理，具备水害模拟及水害避灾路线规划	现场查验，1处不符合扣2分	5
	实现探放水作业过程中钻孔角度、钻孔深度、终孔位置、钻进速度、钻进时间等相关参数的智能感知，具备钻探辅助设计、辅助验收、物探关联验证等功能。	现场查验，1处不符合扣1分	7

表1-3-8（续）

项目名称	基本要求	评分方法	标准分值
火灾（12分）	易自燃煤层的矿井，应建立束管监测或者光纤测温系统，实现对井下采空区的实时监测、数据分析及上传	现场查验，1处不符合扣1分	3
	开采易自燃煤层的矿井，应设置灌浆或者注氮等防灭火设施，且能够与火灾监测系统进行智能联动	现场查验，1处不符合扣1分	3
	在电气设备集中场所、带式输送机等易发生火灾的区域，应设置火灾变量监测装置，以及防灭火系统，实现火灾参数的智能监测、分析，并根据分析处理结果进行智能预测、预警及联动控制	现场查验，1处不符合扣1分	3
	具备火灾智能模拟演示系统，并与矿井监测监控系统连接，实现火灾的实时监测仿真，以及避灾路线的智能规划	现场查验，1处不符合扣1分	3
顶板灾害（8分）	具备矿山压力监测系统，能够实现对矿压监测点进行实时监测与数据上传	现场查验，1处不符合扣2分	4
	建有综采工作面、掘进工作面矿山压力大数据分析及评价模型，能够基于监测数据实现矿山压力的预测与预警	现场查验，1处不符合扣2分	4
冲击地压灾害（5分）	具备基于微震监测、应力场监测等技术的冲击地压监测、预测与预警系统，对冲击危险区域进行实时监测	现场查验，1处不符合扣1分	2
	具有冲击地压数据分析功能，实现冲击地压监测数据的智能分析与预测预警	现场查验，1处不符合扣1.5分	3
粉尘（3分）	设置采、掘工作面和煤流运输系统的粉尘监控系统，具备数据分析、预警及报警功能	现场查验，1处不符合扣1分	3
灾害综合防治系统（30分）	具备完善的灾害感知预警系统，实现多种监测数据的统一传输和分类存储	现场查验，1处不符合扣2分	3
	矿井环境参数的实时监测信息具有与人员单兵装备进行实时互联的功能	现场查验，1处不符合扣1分	3
	具有监测数据的实时分析功能，并具有对安全状态进行实时评估、综合分析、生成报告的功能	现场查验，1处不符合扣1分	3
	井下重点区域的安全状态、预警信息及措施，具有与人员单兵装备实时交互功能	现场查验，1处不符合扣1分	3
	预测模型能根据灾害监测与评估信息，应用AI算法实时预测事故发生的可能性	现场查验，1处不符合扣3分	6
	能根据灾害监测与评估信息，自动匹配预设的灾害防治措施或应急预案	现场查验，1处不符合扣2分	4
	具有完善的安全风险分级管控和隐患排查双重预防工作体系，通过发现的隐患对风险管控措施动态修正，形成风险与隐患交互完善机制，实现安全大数据分析，AI视频识别分析及综合可视化展示功能	现场查验，1处不符合扣2分	8
入井人员装备（10分）	单兵装备应具备所处环境参数的实时采集功能，且能显示本地和远程环境参数	现场查验，1处不符合扣1分	2
	具备精准定位功能，具备无线语音通话功能，具备危险状态下逃生信息的实时获取功能	现场查验，1处不符合扣1分	2
	井下所有区域的安全状态实时评估及预警信息具有与人员单兵装备进行实时互联	现场查验，1处不符合扣1分	2
	单兵设备具备身份识别、人员健康状况检测、任务接收与反馈、作业指引、数据上传、在线升级功能	现场查验，1处不符合扣1分	4

（九）生产经营管理系统

1. 必备指标

生产运营调度管理系统实现对井上井下各系统的统一协调管控。

2. 评分指标

按表1－3－9评分，总分为100分。按照检查存在不符合要求的项目进行扣分，各小项分数扣完为止。

表1－3－9 智能生产经营管理系统评分指标

项目名称	基本要求	评分方法	标准分值
智慧园区（15分）	在矿井地面建设智能指挥中心，集成智能化指挥、调度、管控、办公、培训、展示等功能，实现对井上井下各系统的统一协调管控	现场查验，1处不符合扣2分	4
	建有智能安防、智能车辆管理、智能门禁闸机管理、智慧食堂、智能信息发布及个人移动终端管理系统，实现工业设施保障系统的智能决策和数据共享	现场查验，1处不符合扣2分	4
	建有面向矿工的健康管理体系，通过个人穿戴、智能矿灯等多种方式获取数据，实现员工健康管理	现场查验，1处不符合扣2分	4
	采用光伏、风力、瓦斯等绿色能源，实现办公区和生活区用能自循环	现场查验，1处不符合扣1分	3
生产及经营管理（65分）	大专（含）以上学历占员工总数的比例40%以上	现场查验，1处不符合扣5分	5
	专业技术岗位应用软件技能普及率80%以上	现场查验，1处不符合扣5分	5
	具有标准作业流程管理信息化功能，实现岗位标准化作业流程智能监测	现场查验，1处不符合扣2分	4
	具有对班组成员自动进行考核的功能，并能根据考核结果自动制定有针对性的培训与学习计划	现场查验，1处不符合扣2分	4
	工业移动APP，基于智能综合管控平台，具有安全状况评估、人员健康状况检测、绩效与经营分析功能，实现移动办公和指挥	现场查验，1处不符合扣2分	4
	生产计划及调度管理系统应具有生产计划及日常调度管理功能，可根据生产目标实现生产计划排产、排程	现场查验，1处不符合扣3分	9
	机电设备管理系统应具备采掘工作面设备、主煤流运输系统、辅助运输系统、供电与供排水系统、通风与压风系统等设备的健康状况（如：负荷率、故障停机率、能源消耗等指标）远程在线诊断功能，具有定期自动运维管理、配件库存识别、扫码报修及维修指导功能	现场查验，1处不符合扣2分	8
	生产及经营管理系统具有技术资料、专业图纸设计，采掘生产衔接、工程进度跟踪，生产与技术指标，经营指标等无纸化管理功能	现场查验，1处不符合扣2分	8
	经营管理系统应包括办公自动化管理、企业ERP等系统，各系统之间应能交互数据	现场查验，1处不符合扣2分	6
	企业管理信息化系统应包括财务管理、成本管理、合同管理、运销管理、物资供应管理、仓储管理等系统，且应提供规范化数据接口	现场查验，1处不符合扣1分	6
	设置有煤矿智能化专职岗位（智能化办公室等）、专业管理与运维团队	现场查验，1处不符合扣3分	6

表1-3-9（续）

项目名称	基本要求	评分方法	标准分值
决策支持（20分）	建设矿井决策支持系统应能够对生产系统和管理系统数据进行融合，且应能建立数据分析模型	现场查验，1处不符合扣3分	6
	建立动态排产模型，有效分析经营数据，结合生产管理数据制定合理的排产方案，对矿井生产和运输物流环节进行合理调度	现场查验，1处不符合扣2分	6
	建有大型设备全生命周期管理系统，实现设备、备品备件的全生命周期管理，建立大型设备运维与管理模型、大型设备检修及其故障率统计模型	现场查验，1处不符合扣2分	6
	基于大数据平台实现矿井生产综合统筹、协调均衡、经效精益	现场查验，1处不符合扣2分	2

四、建设条件Ⅱ类煤矿评价指标

（一）信息基础设施

信息基础设施相关评价指标与智能化建设条件Ⅰ类煤矿的评价指标相同。

（二）地质保障系统

地质保障系统相关评价指标与智能化建设条件Ⅰ类煤矿的评价指标相同。

（三）掘进系统

1. 必备指标

（1）矿井煤巷、半煤岩巷的掘进、支护等工艺流程全部实现机械化作业（分层开采工作面底层巷道除外）。

（2）具有掘进工作面设备、环境智能监测与报警功能。

2. 加分指标

（1）掘进工作面实现无人（少人）操作，掘进工作面生产班单班岗位人员减少至10人及以下得1分，减少至7人及以下得3分。总计3分。

（2）实现5G掘进工作面全覆盖得1分；单个工作面实现基于动态地质模型的智能化掘进，或者实现基于5G+数字孪生/视频拼接技术实现远程常态化掘进得1分，每增加一个工作面得1分。总计不超过3分。

3. 评分指标

按表1-4-3评分，满分为100分。按照检查存在不符合要求的项目进行扣分，各小项分数扣完为止。

表1-4-3　掘进系统评分指标

项目名称	基本要求	评分方法	标准分值
智能掘进设备（50分）	巷道施工作业的掘、支、锚、运等全部工序采用机械化或自动化装备，掘进速度满足采掘接续要求	现场查验，1处不符合扣5分	10
	采用物探、钻探、智能探测仪器等技术与设备对巷道待掘进区域的地质构造、水文、瓦斯等进行超前探测，探测距离、精度满足智能化掘进要求	现场查验，1处不符合扣2分	6
	掘进设备具有自主定位、定姿、定向功能，能够实现远程遥控行走；具备自动截割功能，实现远程遥控截割	现场查验，1处不符合扣2分	10

表1-4-3（续）

项目名称	基　本　要　求	评分方法	标准分值
智能掘进设备（50分）	配备巷道临时支护设备，实现临时支护机械化作业	现场查验，1处不符合扣4分	4
	配备机载钻机或锚杆钻车等支护设备，具备自动钻孔，工况在线监测及故障诊断，锚固质量检验等功能	现场查验，1处不符合扣2分	8
	运输设备、转载机组各类保护功能齐全；带式输送机具备机尾自移和张力控制功能	现场查验，1处不符合扣2分	6
	掘进、锚护、运输等设备具有完备的单机状态监测与故障自诊断功能，能够实现设备之间信号交互与联锁控制	现场查验，1处不符合扣2分	6
远程集控平台（50分）	设置井下远程集控中心或地面控制中心，具备对巷道掘进设备进行远程操控的功能，实现一键启停及智能操控	现场查验，1处不符合扣4分	8
	实现掘进作业规程、计划、任务、辅助作业指挥、分析优化等智能化管理；能够与生产经营管理系统数据的互联互通	现场查验，1处不符合扣2分	8
	具备巷道掘进工作面三维地质模型构建功能，并根据地质装备和掘进过程中揭露的实际地质信息对模型进行实时动态修正	现场查验，1处不符合扣2分	8
	应用数字孪生等技术对井下巷道与掘进设备进行三维重现，实时反映掘进设备的位姿与作业环境信息，能够根据采集的设备数据实现掘进工作面远程操控和仿真	现场查验，1处不符合扣4分	8
	具备掘进工作面环境（粉尘、瓦斯、应力等）智能监测功能，并具备监测环境数据智能分析，以及掘、锚、运、支工序的智能联动，异常信息可推送至区域警示设备与单兵设备	现场查验，1处不符合扣2分	10
	掘进迎头、转载点应识别掘进作业人员行为和设备运行状态，确保支护安全与支护质量，规范作业行为，实现危险区域人员接近、违章作业等报警、联动停机保护	现场查验，1处不符合扣2分	8

（四）综采系统

1. 必备指标

（1）液压支架配置电液控制系统，采煤机具有记忆截割功能。

（2）地面或井下配置监控中心，具备对工作面设备“一键启停”功能，工作面及煤流运输转载点配置可视化监控系统，实现对采煤机、液压支架、刮板输送机、转载机、破碎机、供液系统的远程集中控制。

2. 加分指标

（1）综采工作面实现无人（少人）操作，综采工作面生产班单班岗位人员减少至10人及以下得1分，减少至7人及以下得3分。总计3分。

（2）实现5G综采工作面全覆盖得1分；单个工作面实现基于动态地质模型的智能化采煤，或者实现基于5G+数字孪生/视频拼接技术实现远程常态化采煤得1分，每增加一个工作面得1分。总计不超过3分。

3. 评分指标

按表1-4-4评分，满分为100分。按照检查存在不符合要求的项目进行扣分，各小项分数扣完为止。

表1-4-4　综采系统评分指标

项目名称	基　本　要　求	评分方法	标准分值
割煤系统（20分）	采煤机具备自主定位，同时具备远程控制、机载遥控功能	现场查验，1处不符合扣2分	6
	采煤机安装有位姿监测、摇臂角度感知、摇臂调高、油位、油温、油压、瓦斯监测等传感器，传感器数量、精度满足智能化要求	现场查验，1处不符合扣2分	2
	采煤机应具备瓦斯、粉尘浓度监测功能；具备与瓦斯监控系统联动控制；并具备智能调速、自动调高、记忆截割（自适应截割）率大于60%功能	现场查验，1处不符合扣2分	6
	采煤机具备与支架防碰撞功能	现场查验，1处不符合扣3分	3
	采煤机具备故障诊断与预警功能	现场查验，1处不符合扣1分	3
支护系统（30分）	液压支架配备电液控制系统，具备远程对液压支架降、移、升控制功能，具备支架全姿态监测功能，自动跟机率达到70%以上	现场查验，1处不符合扣2分	8
	液压支架具备自动找直功能	现场查验，1处不符合扣5分	5
	应采用超前支架支护；实现远程遥控控制	现场查验，1处不符合扣2分	4
	综放支架具备自动放煤或人工辅助放煤功能	现场查验，1处不符合扣4分	4
	具备自动补液、自动喷雾，支护状态监测与预警功能	现场查验，1处不符合扣2分	4
	支护系统具有压力超前预警、自动跟机支护（自动跟机支护达到75%以上）、伸缩梁（护帮板）防碰撞等功能	现场查验，1处不符合扣1分	5
运输系统（20分）	刮板输送机采用智能变频调速控制，具备煤量负荷检测功能和机尾链条自动张紧功能，断链智能识别，并与采煤机进行智能联动	现场查验，1处不符合扣2分	8
	顺槽可伸缩带式输送机具备煤量、带速、温度等智能监测功能，采用智能张紧，可伸缩自移机尾	现场查验，1处不符合扣2分	6
	工作面运输实现远程控制和智能无人操控	现场查验，1处不符合扣2分	2
	顺槽可伸缩带式输送机具备跑偏、堆煤、撕裂、烟雾、异物监测等保护功能，实现基于煤量监测的智能调速控制	现场查验，1处不符合扣1分	4
综合保障系统（30分）	采用工作面智能控制系统，在井下建立集控中心实现远程监控；在地面建立控制中心实现远程监控，实现协同控制、一键启停；综采工作面设备综合开机率大于60%；设备运行记录数据完整	现场查验，1处不符合扣1分	4
	采煤机摇臂、刮板运输机、转载机、破碎机及带式输送机减速器工况监测系统；润滑油在线监测系统，具备润滑油故障诊断功能	现场查验，1处不符合扣2分	4
	采用智能供液系统，具备智能配液功能	现场查验，1处不符合扣3分	3
	具备人员、设备精准定位功能；工作面实现可视化视频监控并满足自动跟机；具备AI智能识别功能	现场查验，1处不符合扣1分	2

表1-4-4（续）

项目名称	基　本　要　求	评分方法	标准分值
综合保障系统（30分）	供电系统具有过流、短路、过压、欠压、漏电等故障监测和保护功能	现场查验，1处不符合扣1分	3
	移变、组合开关等具有数据采集、上传功能，在权限范围内能够进行远程分合闸操作，具备远程参数整定功能	现场查验，1处不符合扣1分	4
	具备设备智能故障诊断、预测与预警功能	现场查验，1处不符合扣2分	2
	实现采煤作业规程、计划、任务、现场作业、分析优化等智能化管理；能够与生产经营管理系统数据的互联互通	现场查验，1处不符合扣1分	4
	具备综采工作面三维地质模型构建功能，并根据回采过程中揭露的实际地质信息对模型进行实时动态修正	现场查验，1处不符合扣2分	2
	应用数字孪生等技术对井下巷道与综采设备进行三维重现，实时反映综采设备的位姿、工况与环境信息，能够根据采集的设备数据实现综采工作面远程操控和仿真	现场查验，1处不符合扣2分	2

（五）主运输系统

主运输系统相关评价指标与智能化建设条件Ⅰ类煤矿的评价指标相同。

（六）辅助运输系统

辅助运输系统相关评价指标与智能化建设条件Ⅰ类煤矿的评价指标相同。

（七）综合保障系统

综合保障系统相关评价指标与智能化建设条件Ⅰ类煤矿的评价指标相同。

（八）安全管控系统

安全管控系统相关评价指标与智能化建设条件Ⅰ类煤矿的评价指标相同。

（九）生产经营管理系统

1. 必备指标

生产运营调度管理系统实现对井上井下各系统的统一协调管控。

2. 评分指标

按表1-4-9评分，总分为100分。按照检查存在不符合要求的项目进行扣分，各小项分数扣完为止。

表1-4-9　生产经营管理系统评分指标

项目名称	基　本　要　求	评分方法	标准分值
智慧园区（10分）	在矿井地面建设智能指挥中心，集成智能化指挥、调度、管控、办公、培训、展示等功能，实现对井上井下各系统的统一协调管控	现场查验，1处不符合扣2分	5
	建有智能安防、智能车辆管理、智能门禁闸机管理、智慧食堂、智能信息发布及个人移动终端管理系统，实现工业设施保障系统的智能决策和数据共享	现场查验，1处不符合扣2分	5

表1-4-9（续）

项目名称	基　本　要　求	评分方法	标准分值
生产及经营管理（70分）	大专（含）以上学历占员工总数的比例30%以上	现场查验，1处不符合扣5分	5
	专业技术岗位应用软件技能普及率75%以上	现场查验，1处不符合扣5分	5
	具有标准作业流程管理信息化功能	现场查验，1处不符合扣2分	6
	具有对班组成员自动进行考核的功能，并能根据考核结果自动制定有针对性的培训与学习计划	现场查验，1处不符合扣2分	4
	工业移动APP，基于智能综合管控平台，具有安全状况评估、人员健康状况检测、绩效与经营分析功能，实现移动办公和指挥	现场查验，1处不符合扣2分	5
	生产计划及调度管理系统应具有生产计划及日常调度管理功能，可根据生产目标实现生产计划排产、排程	现场查验，1处不符合扣3分	9
	机电设备管理系统应具备采掘工作面设备、主煤流运输系统、辅助运输系统、供电与供排水系统、通风与压风系统等设备的健康状况（如：负荷率、故障停机率、能源消耗等指标）远程在线诊断功能，具有定期自动运维管理、配件库存识别、扫码报修及维修指导功能	现场查验，1处不符合扣2分	10
	生产级经营管理系统应具有规程措施编制、技术资料、专业图纸设计、采掘生产衔接跟踪、工程进度跟踪、生产与技术指标、经营指标等无纸化管理功能	现场查验，1处不符合扣2分	8
	经营管理系统应包括办公自动化管理、企业ERP等系统，各系统之间应能交互数据	现场查验，1处不符合扣2分	6
	企业管理信息化系统应包括财务管理、成本管理、合同管理、运销管理、物资供应管理、仓储管理等系统，且应提供规范化数据接口	现场查验，1处不符合扣1分	6
	设置有煤矿智能化专职岗位（智能化办公室等）、专业管理与运维团队	现场查验，1处不符合扣3分	6
决策支持（20分）	建设矿井决策支持系统应能够对生产系统和管理系统数据进行融合，且应能建立数据分析模型	现场查验，1处不符合扣3分	6
	建立动态排产模型，有效分析经营数据，结合生产管理数据制定合理的排产方案，对矿井生产和运输物流环节进行合理调度	现场查验，1处不符合扣2分	6
	建有大型设备全生命周期管理系统，实现设备、备品备件的全生命周期管理；建立大型设备运维与管理模型、大型设备检修及其故障率统计模型	现场查验，1处不符合扣4分	8

五、建设条件Ⅲ类煤矿评价指标

（一）信息基础设施

信息基础设施相关评价指标与智能化建设条件Ⅰ类煤矿的评价指标相同。

（二）地质保障系统

1. 必备指标

（1）具备完善的地质探测技术与装备，地质数据、工程数据实现数据化存储。

（2）建有地质信息数据库，能够为煤矿其他业务系统提供地理信息服务。

2. 评分指标

按表1－5－2评分，满分为100分。按照检查存在不符合要求的项目进行扣分，各小项分数扣完为止。

表1－5－2　智能地质保障系统评分指标

项目名称	基本要求	评分方法	标准分值
勘探技术与装备（35分）	采用智能物探、智能钻探、其他智能探测仪器等设备，最大程度降低人工作业量；地质探测设备能够进行数据的自动采集、分析与上传	现场查验，1处不符合扣5分	20
	对矿井待开采（掘进）区域的煤系地层的岩性结构、地质构造、富水性、煤层厚度（含变薄带、无煤区）、陷落柱、顶底板岩性及顶板离层情况等地质现象进行精准探测，并形成标准化资料成果	现场查验，1处不符合扣3分	15
地质模型构建与应用（55分）	地质数据的共享服务：建立地质空间数据库，能够对地质数据进行分类存储、分析、共享与实时更新；空间数据库的数据结构、数据接口等满足为多系统提供数据共享的要求；具有支持C/S、B/S架构的空间信息可视化系统，对海量空间数据、属性数据以及时态数据进行存储、转换、管理、查询、分析和可视化	现场查验，1处不符合扣4分	12
	系统具备二维、三维一体化数据库，任意切换功能	现场查验，1处不符合扣4分	4
	实现矿井资源/储量、可采煤层、断层及陷落柱构造、水文地质、瓦斯地质、工程地质、开采条件等应用可视化，指导优化矿井安全高效绿色建设与生产	现场查验，1处不符合扣2分	8
	地质模型能够接入地质技术与装备采集生成的地质素描、地面井下钻探成果、物探、采掘工程等数据，实现地质模型快速更新与修正	现场查验，1处不符合扣2分	5
	地质模型的精度满足智能化采煤、智能化掘进、智能化水文监测等系统的需要	现场查验，1处不符合扣3分	9
	具备基于地质模型与工程数据模型对煤矿地层、地质构造、煤层、煤质、瓦斯、水文地质和其它地质条件、地质特征及变化规律进行展示功能	现场查验，1处不符合扣2分	8
	GIS平台：采用统一的虚拟化资源池，使用管理系统进行统一管理和调度；能够对矿井地质数据进行关联分析，并用可视化的方式进行直观的展示；具有海量空间数据的存储、管理、并行计算和统计分析能力	现场查验，1处不符合扣3分	9
图纸与资料管理系统（10分）	具有地质、测量、水文等各类图纸数字化以及地质报告资料管理系统	现场查验，1处不符合扣5分	10

（三）掘进系统

1. 必备指标

（1）矿井煤巷、半煤岩巷的掘进、支护等工艺流程全部实现机械化作业（分层开采工作面底层巷道除外）。

（2）具有掘进工作面设备、环境智能监测与报警功能。

2. 加分指标

（1）掘进工作面实现无人（少人）操作，掘进工作面生产班单班岗位人员减少至10人及以下得1分，减少至7人及以下得3分。总计3分。

（2）实现5G掘进工作面全覆盖得1分；单个工作面实现基于动态地质模型的智能化掘进，或者实现基于5G＋数字孪生/视频拼接技术实现远程常态化掘进得1分，每增加一个工作面得1分。总计不超过3分。

3. 评分指标

按表1-5-3评分，满分为100分。按照检查存在不符合要求的项目进行扣分，各小项分数扣完为止。

表1-5-3 掘进系统评分指标

项目名称	基本要求	评分方法	标准分值
智能掘进设备（50分）	巷道施工作业的掘、支、锚、运等全部工序采用机械化或自动化装备，掘进速度满足采掘接续要求	现场查验，1处不符合扣5分	10
	采用物探、钻探等技术与设备对巷道待掘进区域的地质构造、水文、瓦斯等进行超前探测，探测距离、精度满足智能化掘进要求	现场查验，1处不符合扣2分	6
	掘进设备具有自主定位功能，能够实现视距遥控；具备自动截割功能，实现远程遥控截割	现场查验，1处不符合扣2分	10
	配备巷道临时支护设备，实现临时支护机械化作业	现场查验，1处不符合扣4分	4
	配备机载钻机或锚杆钻车等支护设备，实现全断面的机械化支护	现场查验，1处不符合扣2分	10
	运输设备转载机组具备过载保护功能，带式输送机具备机尾自移功能	现场查验，1处不符合扣2分	4
	掘进、锚护、运输等设备具有完备的单机状态监测与故障自诊断功能，能够实现设备之间信号交互与联锁控制	现场查验，1处不符合扣2分	6
远程集控平台（50分）	设置井下远程集控中心或地面控制中心，具备对巷道掘进设备进行远程操控的功能	现场查验，1处不符合扣5分	10
	实现掘进作业规程、计划、任务、辅助作业指挥、分析优化等智能化管理；能够与生产经营管理系统数据的互联互通	现场查验，1处不符合扣2分	10
	具备巷道掘进工作面三维地质模型构建功能	现场查验，1处不符合扣10分	10
	具备掘进工作面环境（粉尘、瓦斯、应力等）智能监测功能，并具备监测环境数据智能分析，以及掘进设备智能联动，异常信息可推送至区域警示设备与单兵设备	现场查验，1处不符合扣2分	10
	掘进迎头、转载点应识别掘进作业人员行为和设备运行状态，确保支护安全与支护质量，规范作业行为，实现危险区域人员接近、违章作业等报警、联动停机保护	现场查验，1处不符合扣2分	10

（四）综采系统

1. 必备指标

（1）液压支架配置电液控制系统，采煤机具有记忆截割功能。

（2）地面或井下配置监控中心，具备对工作面设备“一键启停”功能，工作配置可视化监控系统，实现对采煤机、液压支架、刮板输送机、转载机、破碎机、供液系统的远程集中控制。

2. 加分指标

（1）综采工作面实现无人（少人）操作，综采工作面生产班单班岗位人员减少至8人及以下得1分，减少至5人及以下得3分。总计3分。

（2）实现5G综采工作面全覆盖得1分；单个工作面实现基于动态地质模型的智能化采煤，或者实现基于5G+数字孪生/视频拼接技术实现远程常态化采煤得1分，每增加一个工作面得1分。总计不超过3分。

3. 评分指标

按表1-5-4评分，满分为100分。按照检查存在不符合要求的项目进行扣分，各小项分数扣完为止。

表1-5-4 综采系统评分指标

项目名称	基本要求	评分方法	标准分值
割煤系统（20分）	采煤机具备自主定位，同时具备远程控制、机载遥控功能	现场查验，1处不符合扣2分	6
	采煤机安装有位姿监测、摇臂角度感知、摇臂调高、油位、油温、油压、瓦斯监测等传感器，传感器数量、精度满足智能化要求	现场查验，1处不符合扣3分	3
	采煤机应具备瓦斯、粉尘浓度监测功能；具备与瓦斯监控系统联动控制；并具备智能调速、记忆截割（自适应截割）率大于50%功能	现场查验，1处不符合扣2分	5
	采煤机具备与支架防碰撞功能	现场查验，1处不符合扣3分	3
	采煤机具备故障诊断与预警功能	现场查验，1处不符合扣1分	3
支护系统（30分）	液压支架配备电液控制系统，具备远程对液压支架降、移、升控制功能，具备支架全姿态监测功能，自动跟机率达到60%以上	现场查验，1处不符合扣2分	8
	液压支架具备自动找直功能	现场查验，1处不符合扣4分	4
	应采用超前支架支护；实现远程遥控控制	现场查验，1处不符合扣2分	4
	综放支架具备自动放煤或人工辅助放煤功能	现场查验，1处不符合扣4分	4
	具备自动补液、自动喷雾，支护状态监测与预警功能	现场查验，1处不符合扣2分	6
	支护系统具有压力超前预警、自动跟机支护、伸缩梁（护帮板）防碰撞等功能	现场查验，1处不符合扣1分	4
运输系统（20分）	刮板输送机采用智能变频调速控制，具备煤量监测功能和机尾链条自动张紧功能，断链智能识别，并与采煤机进行智能联动	现场查验，1处不符合扣2分	6
	顺槽可伸缩带式输送机具备煤量、带速、温度等智能监测功能，采用智能张紧，可伸缩自移机尾	现场查验，1处不符合扣2分	6
	工作面运输实现远程控制和智能无人操控	现场查验，1处不符合扣2分	2
	顺槽可伸缩带式输送机具备跑偏、堆煤、撕裂、烟雾、异物监测等保护功能，实现基于煤量监测的智能调速控制	现场查验，1处不符合扣2分	6
综合保障系统（30分）	采用工作面智能控制系统，在井下建立集控中心实现远程监控；在地面建立控制中心实现远程监控，实现协同控制、一键启停；设备运行记录数据完整	现场查验，1处不符合扣2分	6
	采煤机摇臂、刮板运输机、转载机、破碎机及带式输送机减速器工况监测系统；润滑油在线监测系统，具备润滑油故障诊断功能	现场查验，1处不符合扣2分	2

表1-5-4（续）

项目名称	基　本　要　求	评分方法	标准分值
综合保障系统（30分）	采用智能供液系统，具备智能配液功能	现场查验，1处不符合扣3分	3
	具备人员、设备精准定位功能；工作面实现可视化视频监控并满足自动跟机；具备AI智能识别功能	现场查验，1处不符合扣1分	2
	供电系统具有过流、短路、过压、欠压、漏电等故障监测和保护功能	现场查验，1处不符合扣1分	3
	移变、组合开关等具有数据采集、上传功能，在权限范围内能够进行远程分合闸操作，具备远程参数整定功能	现场查验，1处不符合扣1分	4
	具备设备智能故障诊断、预测与预警功能	现场查验，1处不符合扣2分	2
	实现采煤作业规程、计划、任务、现场作业、分析优化等智能化管理；能够与生产经营管理系统数据的互联互通	现场查验，1处不符合扣1分	4
	具备综采工作面三维地质模型构建功能	现场查验，1处不符合扣2分	2
	配备语音通话系统，具有与综采工作面语音通话的功能	现场查验，1处不符合扣2分	2

（五）主运输系统

主运输系统相关评价指标与智能化建设条件Ⅰ类煤矿的评价指标相同。

（六）辅助运输系统

辅助运输系统相关评价指标与智能化建设条件Ⅰ类煤矿的评价指标相同。

（七）综合保障系统

综合保障系统相关评价指标与智能化建设条件Ⅰ类煤矿的评价指标相同。

（八）安全管控系统

安全管控系统相关评价指标与智能化建设条件Ⅰ类煤矿的评价指标相同。

（九）生产经营管理系统

生产经营管理系统相关评价指标与智能化建设条件Ⅱ类煤矿的评价指标相同。

六、井工煤矿智能化建设加分指标

建立煤矸石回填（充填）系统，具备自动化集中控制，且具备无人值守条件得1分；工艺流程（如物料破碎、自动度量称重、自动配药等）实现自动控制，具备负荷调控及管网调配功能得1分；实现与综采工作面系统的联动，与矿山综合管控平台进行智能联动的1分。总计3分。

七、指标权重与评价

根据煤矿实际建设情况对煤矿各系统进行逐项打分，各系统考核得分乘以该系统权重之和与煤矿加分指标相加，即为智能化井工煤矿建设考核综合得分，各系统权重见表所示。

表1-7-1　井工煤矿智能化各系统评价指标权重

序号	考 核 内 容	标准分值	权重（a_i）
一	信息基础设施	100	0.15
二	地质保障系统	100	0.05
三	掘进系统	100	0.15
四	综采系统	100	0.15
五	主运输系统	100	0.10
六	辅助运输系统	100	0.07
七	综合保障系统	100	0.15
八	安全管控系统	100	0.13
九	生产经营管理系统	100	0.05

第二部分　智能化掘进工作面评价指标

一、掘进工作面评分方法

井工煤矿智能化掘进工作面等级分为初级智能化、中级智能化、高级智能化三个等级，所应达到的要求具体为：

井工煤矿智能化掘进工作面，高级智能化（综合评分值≥90分）、中级智能化（综合评分值75~90分，不含90分）、初级智能化（综合评分值60~75分，不含75分）。

井工煤矿智能化掘进工作面建设，各系统考核得分等于该系统评分指标与加分指标得分之和，综合评分值为各系统考核得分乘以系统权重之和，采用式（1）计算：

$$M = \sum_{n=1}^{n} (a_i \times M_i) \tag{1}$$

式中　M——综合评分值；

M_i——系统考核得分（含加分项，总分不超100分）；

a_i——系统权重。

在系统考核评分中，如有不涉及的内容，可将该部分的标准分值，平均折算到其他部分中，折算方法如式（2）：

$$M_i = \frac{T}{100 - P_i} \times 100 + Q \tag{2}$$

式中　T——评分指标得分；

P_i——缺项标准分值；

Q——加分项分值。

二、掘进工作面评价指标

（一）信息基础设施

1. 必备指标

矿井主干网络传输速度不低于10000 Mbps，地面网络与井下环网分别布设，满足网络传输速率与信息安全要求。

2. 加分指标

实现掘进工作面5G网络全覆盖得1分；实现移动目标、控制信息、监测信息、视频信息等的稳定可靠传输，主干网具备硬隔离能力得1分。总计2分。

3. 评分指标

按表2-2-1评分，满分为100分。按照检查存在不符合要求的项目进行扣分，各小项分数扣完为止。

表2-2-1　信息基础设施评分指标

项目名称	基本要求	评分方法	标准分值
主干网络（45分）	满足井下掘进工作面10000 Mbps及以上有线网络接入，宜具备向高带宽平滑演进能力，采用冗余环形网络，新建或改扩建矿井有线主干网络采用自主可控技术与装备	现场查验，1处不符合扣3分	9
	核心设备采用三层交换机，具备路由、冗余功能，新建或改扩建矿井核心设备采用自主可控技术与装备	现场查验，1处不符合扣1.5分	3
	二级交换接入网络：采用1000 Mbps以上工业以太网；具备组环功能，网络自愈时间小于50 ms	现场查验，1处不符合扣2.5分	5
	掘进工作面采用4G/5G/Wi-Fi6主流无线通信技术，实现工作面全覆盖；同时与有线网络互联互通	现场查验，1处不符合扣1.5分	3
	无线网络：井上井下采用4G/5G/Wi-Fi6等主流无线通信技术，满足无线通信要求；同时与有线网络互联互通；无线网络覆盖掘进工作面	现场查验，1处不符合扣2分	8
	地面骨干网络：具有与矿山井下主干网络、矿山接入网络的以太网接口；具备万兆骨干、千兆汇聚、百兆到桌面；无线网络覆盖掘进工作面等区域	现场查验，1处不符合扣3分	9
	具备网络安全防护功能，实现专网与外网、控制网与管理网的隔离，防火墙具备网络入侵监测功能，主要系统满足网络安全等级保护二级要求；针对重要的三级系统，具备主动防御、可信验证、攻击检测能力	现场查验，1处不符合扣2分	8
数据中心与服务（55分）	数据机房具有环境动态监测、关键设备及系统运行状态监测；具有灾害自动报警、关键设备和系统运行异常报警功能；具备UPS电源，后备时间不小于4 h	现场查验，1处不符合扣2分	6
	数据中心具备信息安全防护功能，网络安全满足等保二级要求，具备主动防御、主机流量采集、分析溯源、场景分析能力	现场查验，1处不符合扣3分	6
	数据处理设备：子系统上位机采用工控机或服务器，具有高可靠容错功能，具备双千兆以太网接口；信息采集数据库服务器采用云化部署资源池；应用服务器采用云化部署资源池	现场查验，1处不符合扣2分	6
	移动端数据处理设备：具有MA认证，具备无线通信功能；移动终端具备不少于NFC、RFID、蓝牙等至少2种近场通信功能；移动端设备应满足井下掘进作业人员信息化要求	现场查验，1处不符合扣2分	5
	采用私有云或混合云部署，具备自主可控的服务器虚拟化管理平台，具备云端实例（云服务器）在线管理功能，私有云初始资源不小于20 T，且可在线增加硬件存储资源；具备异地灾备配置	现场查验，1处不符合扣2分	6
	无应用平台，应用软件各自独立部署运行，但有统一的门户或访问入口	现场查验，1处不符合扣4分	4
	有基于虚拟化等技术的应用平台，应用软件在虚拟化平台中各自独立部署运行，并可以通过应用平台进行互联互通	现场查验，1处不符合扣2分	4

表 2-2-1（续）

项目名称	基本要求	评分方法	标准分值
数据中心与服务（55分）	采用行业统一的数据交换标准规范协议，满足煤矿掘进业务系统数据服务的要求；通过数据采集、数据存储、数据服务、数据管控，实现掘进数据全面场景化接入，实现分析决策与可视化展示	现场查验，1处不符合扣3分	6
	建立满足掘进业务的AI管理平台，平台包括AI模型库和算法库，具有云端开发、智能标注、云端训练、远程部署、动态更新、动态检测、自动构建等功能	现场查验，1处不符合扣1分	6
	应具备隐蔽致灾因素预测预报功能，能够对掘进前方地质构造情况进行预测预报，为采掘规划提供决策依据	现场查验，1处不符合扣4分	4
	应建有人员位置精准定位系统，满足最大静态定位误差不大于0.3 m，最大动态定位误差不大于7.3 m；能够与安全管控系统实现联动	现场查验，1处不符合扣1分	2

（二）掘进系统

掘进系统相关评价指标与智能化建设条件Ⅱ类煤矿的评价指标相同。

（三）安全管控系统

安全管控系统相关评价指标与智能化建设条件Ⅰ类煤矿的评价指标相同。

三、指标权重与评价

根据煤矿实际建设情况对煤矿各系统进行逐项打分，各系统考核得分乘以该系统权重并求和，即为井工煤矿智能化掘进工作面建设考核综合得分，各系统权重见表所示。

表 2-3-1　掘进工作面各系统评价指标权重

序号	考核内容	标准分值	权重（a_i）
一	信息基础设施	100	0.20
二	掘进系统	100	0.50
三	安全管控系统	100	0.30

第三部分　智能化综采工作面评价指标

一、综采工作面评分方法

井工煤矿智能化综采工作面等级分为初级智能化、中级智能化、高级智能化三个等级，所应达到的要求具体为：

井工煤矿智能化综采工作面，高级智能化（综合评分值≥90分）、中级智能化（综合评分值75~90分，不含90分）、初级智能化（综合评分值60~75分，不含75分）。

井工煤矿智能化综采工作面建设，各系统考核得分等于该系统评分指标与加分指标得分之和，综合评分值为各系统考核得分乘以系统权重之和，采用式（1）计算：

$$M = \sum_{n=1}^{n} (a_i \times M_i) \tag{1}$$

式中 M——综合评分值；

M_i——系统考核得分（含加分项，总分不超100分）；

a_i——系统权重。

在系统考核评分中，如有不涉及的内容，可将该部分的标准分值，平均折算到其他部分中折算方法如式（2）：

$$M_i = \frac{T}{100 - P_i} \times 100 + Q \tag{2}$$

式中 T——评分指标得分；

P_i——缺项标准分值；

Q——加分项分值。

二、综采工作面评价指标

（一）信息基础设施

1. 必备指标

矿井主干网络传输速度不低于10000 Mbps，地面网络与井下环网分别布设，满足网络传输速率与信息安全要求。

2. 加分指标

实现综采工作面5G网络全覆盖得1分；实现移动目标、控制信息、监测信息、视频信息等的稳定可靠传输，主干网具备硬隔离能力得1分。总计2分。

3. 评分指标

按表3－2－1评分，满分为100分。按照检查存在不符合要求的项目进行扣分，各小项分数扣完为止。

表3－2－1 信息基础设施评分指标

项目名称	基本要求	评分方法	标准分值
主干网络（45分）	满足井下综采工作面10000 Mbps及以上有线网络接入，宜具备向高带宽平滑演进能力，采用冗余环形网络，新建或改扩建矿井有线主干网络采用自主可控技术与装备	现场查验，1处不符合扣3分	9
	核心设备采用三层交换机，具备路由、冗余功能，新建或改扩建矿井核心设备采用自主可控技术与装备	现场查验，1处不符合扣1.5分	3
	二级交换接入网络：采用1000 Mbps以上工业以太网；具备组环功能，网络自愈时间小于50 ms	现场查验，1处不符合扣2.5分	5
	综采工作面采用4G/5G/Wi－Fi6主流无线通信技术，实现工作面全覆盖；同时与有线网络互联互通	现场查验，1处不符合扣1.5分	3
	无线网络：井上井下采用4G/5G/Wi－Fi6等主流无线通信技术，满足无线通信要求；同时与有线网络互联互通；无线网络覆盖综采工作面	现场查验，1处不符合扣2分	8
	地面骨干网络：具有与矿山井下主干网络、矿山接入网络的以太网接口；具备万兆骨干、千兆汇聚、百兆到桌面；无线覆盖	现场查验，1处不符合扣3分	9
	具备网络安全防护功能，实现专网与外网、控制网与管理网的隔离，网络防火墙具备网络入侵监测功能，主要系统满足网络安全等级保护二级要求；针对重要的三级系统，具备主动防御、可信验证、攻击检测能力	现场查验，1处不符合扣2分	8

表3-2-1（续）

项目名称	基本要求	评分方法	标准分值
数据中心与服务（55分）	数据机房具有环境动态监测、关键设备及系统运行状态监测；具有灾害自动报警、关键设备和系统运行异常报警功能；具备UPS电源，后备时间不小于4 h	现场查验，1处不符合扣2分	6
	数据中心具备信息安全防护功能，网络安全满足等保二级要求，具备主动防御、主机流量采集、分析溯源、场景分析能力	现场查验，1处不符合扣3分	6
	数据处理设备：子系统上位机采用工控机或服务器，具有高可靠容错功能，具备双千兆以太网接口；信息采集数据库服务器采用云化部署资源池；应用服务器采用云化部署资源池	现场查验，1处不符合扣2分	6
	移动端数据处理设备：具有MA认证，具备无线通信功能；移动终端具备不少于NFC、RFID、蓝牙等至少2种近场通信功能；移动端设备应满足井下综采作业人员信息化要求	现场查验，1处不符合扣2分	5
	采用私有云或混合云部署，具备自主可控的服务器虚拟化管理平台，具备云端实例（云服务器）在线管理功能，私有云初始资源不小于20 T，且可在线增加硬件存储资源；具备异地灾备配置	现场查验，1处不符合扣2分	6
	无应用平台，应用软件各自独立部署运行，但有统一的门户或访问入口	现场查验，1处不符合扣4分	4
	有基于虚拟化等技术的应用平台，应用软件在虚拟化平台中各自独立部署运行，并可以通过应用平台进行互联互通	现场查验，1处不符合扣2分	4
	采用行业统一的数据交换标准协议，满足煤矿综采业务系统数据服务的要求；通过数据采集、数据存储、数据服务、数据管控，实现综采数据全面场景化接入，实现分析决策与可视化展示	现场查验，1处不符合扣3分	6
	建立满足综采业务的AI管理平台，平台包括AI模型库和算法库，具有云端开发、智能标注、云端训练、远程部署、动态更新、动态检测、自动构建等功能	现场查验，1处不符合扣1分	6
	应具备隐蔽致灾因素预测预报功能，能够对综采地质构造情况进行预测预报，为采掘规划提供决策依据	现场查验，1处不符合扣4分	4
	应建有人员位置精准定位系统，满足最大静态定位误差不大于0.3 m，最大动态定位误差不大于7.3 m；能够与安全管控系统实现联动	现场查验，1处不符合扣1分	2

（二）综采系统

综采系统相关评价指标与智能化建设条件Ⅱ类煤矿的评价指标相同。

（三）安全管控系统

安全管控系统相关评价指标与智能化建设条件Ⅰ类煤矿的评价指标相同。

三、指标权重与评价

根据煤矿实际建设情况对煤矿各系统进行逐项打分，各系统考核得分乘以该系统权重并求和，即为井工煤矿智能化综采工作面建设考核综合得分，各系统权重见表所示。

表3-3-1　综采工作面各系统评价指标权重

序号	考核内容	标准分值	权重（a_i）
一	信息基础设施	100	0.20
二	综采系统	100	0.50
三	安全管控系统	100	0.30

第四部分　智能化露天煤矿

一、露天煤矿评分方法

智能化露天煤矿等级分为初级智能化、中级智能化、高级智能化三个等级，所应达到的要求具体为：

智能化露天煤矿，高级智能化（综合评分值≥90分）、中级智能化（综合评分值75~90分，不含90分）、初级智能化（综合评分值60~75分，不含75分）。

智能化露天煤矿建设，各系统考核得分等于该系统评分指标与加分指标得分之和，综合评分值为各系统考核得分乘以系统权重之和，采用式（1）计算：

$$M = \sum_{n=1}^{n}(a_i \times M_i) \tag{1}$$

式中　M——综合评分值；

M_i——系统考核得分（含加分项）；

a_i——系统权重。

在系统考核评分中，如有不涉及的内容，可将该部分的标准分值，平均折算到其他部分中折算方法如式（2）：

$$M_i = \frac{T}{100 - P_i} \times 100 \tag{2}$$

式中　T——评分指标得分；

P_i——缺项标准分值。

二、智能化露天煤矿评价指标

（一）信息基础设施评分指标

按表4-2-1评分，满分为100分。按照检查存在不符合要求的项目进行扣分，各小项分数扣完为止。

表4-2-1　信息基础设施评分指标

项目名称	基本要求	评分方法	标准分值
通信网络（30分）	矿井部署4G/5G/WiFi6无线通信网络，采用自主可控技术与装备	现场查验，1处不符合扣5分	10
	核心网络设备应采用三层交换机，具备路由、冗余功能，核心网络设备支持IPv6	现场查验，1处不符合扣5分	10

表4-2-1（续）

项目名称	基　本　要　求	评分方法	标准分值
通信网络（30分）	矿区主干网络传输带宽不低于10000 Mbps，宜具备向高带宽平滑演进能力，有线主干网络与无线主干网络相互连通	现场查验，1处不符合扣5分	10
数据中心（30分）	云计算平台支持常用标准IP通信接口，可通过标准各类IP通信网关与传统PSTN、PLMN网络互联互通	现场查验，1处不符合扣5分	5
	采用虚拟化或云计算技术，提供基础计算、存储、网络及管理等服务	现场查验，1处不符合扣5分	5
	具有结构化或者非结构化数据存储功能，且存储容量可实现弹性扩展，满足存储需求	现场查验，1处不符合扣5分	5
	具备专业数据库软件、虚拟化软件、网络管理软件、防病毒软件等	现场查验，1处不符合扣2分	5
	操作系统、数据库、大数据平台等基础软件应兼容、可靠、安全、抗干扰，具有标准接口，同时具备二次开发条件	现场查验，1处不符合扣5分	5
	具备网络安全防护功能，实现专网与外网、控制网与管理网的隔离，网络防火墙具备网络入侵监测功能，网络安全满足等保二级要求	现场查验，1处不符合扣5分	5
露天煤矿智能综合管控平台（40分）	实现露天煤矿各系统接口标准统一，对露天煤矿“采剥、运输、供电、调度”等全环节、全周期、全过程实时数据进行统一采集、存储、管理、分析	现场查验，1处不符合扣10分	20
	具有完善的安全风险分级管控和隐患排查双重预防机制，实现边坡、水害等多种灾害监测预警与应急救援指挥调度	现场查验，1处不符合扣5分	10
	智能综合管控平台应支持大屏显示、PC端显示和移动端显示	现场查验，1处不符合扣5分	10

（二）矿山设计评分指标

按表4-2-2评分，满分为100分。按照检查存在不符合要求的项目进行扣分，各小项分数扣完为止。

表4-2-2　矿山设计评分指标

项目名称	基　本　要　求	评分方法	标准分值
地质保障（40分）	建立资源储量管理系统，实现地质信息管理	现场查验，1处不符合扣10分	10
	使用立体化地质勘探技术，准确探测和获取地质信息，实现基于多源数据的综合地质建模，地质模型实现三维可视化，工程量精度误差小于3%	现场查验，1处不符合扣5分	10
	建立智能化测量管理系统，实现地形数据采集、三维点云或实景模型构建、测量信息三维可视化展示、工程量计算等功能	现场查验，1处不符合扣5分	20
穿孔爆破设计（20分）	应用计算机辅助设计软件，具备绘制露天煤矿穿孔爆破设计图的能力	现场查验，1处不符合扣5分	5
	实现爆破作业信息化管理，实现钻机传感器数据、视频音频资料、人员与设备管理数据、测量数据、穿孔爆破设计图纸等数据的随时查阅和调用	现场查验，1处不符合扣5分	5
	建立智能化爆破三维设计系统，具备爆破参数智能设计、爆破效果智能模预测功能	现场查验，1处不符合扣5分	10

表4-2-2（续）

项目名称	基　本　要　求	评分方法	标准分值
采矿设计（40分）	应用相关三维采矿设计软件建立三维采矿模型，具备辅助完成露天煤矿生产计划设计的能力，可实现开采境界、开采程序、排土场等优化设计功能，以相关设计报告及三维开采模型成果为准	现场查验，1处不符合扣5分	10
	在三维采矿设计软件中实现虚拟开采，具备三维模拟剥采排工程短期和中长期时空动态演化过程、同步生成工程量报表、按工程位置或年度报告各煤层含研率和发热量等主要煤质信息的功能，辅助完成采剥进度计划	现场查验，1处不符合扣5分	10
	建立露天采矿智能设计系统，实现开采境界、开采工艺系统、开采程序、开拓运输系统的综合优化及智能决策，实现中长期开采计划的自动排产功能	现场查验，1处不符合扣10分	20

（三）智能穿爆评分指标

按表4-2-3评分，满分为100分。按照检查存在不符合要求的项目进行扣分，各小项分数扣完为止。

表4-2-3　智能穿爆评分指标

项目名称	基　本　要　求	评分方法	标准分值
智能穿爆（100分）	实现钻机智能精准定位、炮孔设计参数自主接收、自动布孔、护孔、测孔、随钻量功能	现场查验，1处不符合扣5分	30
	实现钻机运行状态参数实时监测、异常报警、故障智能诊断、故障预测功能	现场查验，1处不符合扣5分	20
	实现炮孔倾角、深度、孔温等炮孔参数的自动化采集，替代人工测量	现场查验，1处不符合扣5分	20
	具备爆破警戒区域的远程监控和及时预警功能	现场查验，1处不符合扣5分	10
	实现炸药混装车辆自动寻孔和装药机构与炮孔的自动精准对接	现场查验，1处不符合扣5分	10
	实现炮孔装药结构的精准控制和药量的自动精准计量	现场查验，1处不符合扣5分	10

（四）矿山工程

1. 必备指标

卡车应具备防碰撞预警功能。

2. 评分指标

按表4-2-4评分，满分为100分。按照检查存在不符合要求的项目进行扣分，各小项分数扣完为止。

表4-2-4 矿山工程评分指标

项目名称	基本要求	评分方法	标准分值
单斗—卡车间断工艺（100分）	单斗挖掘机具备智能远程操控功能	现场查验，1处不符合扣10分	10
	实现单斗挖掘机智能精准定位、轨迹回放、铲齿健康状态监测及预警、能耗监测、运行状态参数实时监测异常报警、故障诊断、故障预测功能	现场查验，1处不符合扣2分	14
	实现卡车防碰撞、防疲劳驾驶、超速报警等安全保障功能；实现胎压、能耗、运行状态参数实时监测异常报警、故障诊断、故障预测功能	现场查验，1处不符合扣2分	16
	建立卡车智能调度管理系统，实现自动精确计量、调度终端通信、智能配车、高精地图显示、路径智能规划、智能导航、轨迹回放、调度图表、统计查询、系统运行数据分析报告等功能，小时级高精地图更新，无人驾驶卡车应具备障碍识别和上报、自动避障、厘米级精准停靠、颠簸路况上报、远程应急接管等功能	现场查验，1处不符合扣2分	20
	实现车联网，具备单斗挖掘机无人驾驶卡车协同作业功能	现场查验，1处不符合扣10分	10
	无人驾驶卡车应具备障碍识别、自主分析、自动避障、远程应急接管等功能	现场查验，1处不符合扣5分	20
	推土机实现走行安全预警、运行状态监测及预警、自主保护、远程可视化监控、远程操控功能	现场查验，1处不符合扣2分	10
半连续工艺（100分）	单斗挖掘机具备智能远程操控功能	现场查验，1处不符合扣6分	6
	实现单斗挖掘机智能精准定位、轨迹回放、铲齿健康状态监测及预警、能耗监测、运行状态参数实时监测异常报警、故障诊断、故障预测功能	现场查验，1处不符合扣1分	6
	实现卡车防碰撞、防疲劳驾驶、超速报警等安全保障功能；实现胎压、能耗、运行状态参数实时监测异常报警、故障诊断、故障预测功能	现场查验，1处不符合扣1分	8
	建立卡车智能调度管理系统，实现自动精确计量、调度—终端通信、智能配车、高精地图显示、路径智能规划、智能导航、轨迹回放、调度图表、统计查询、系统运行数据分析报告等功能，小时级高精地图更新，无人驾驶卡车应具备障碍识别和上报、自动避障、厘米级精准停靠、颠簸路况上报、远程应急接管等功能	现场查验，1处不符合扣2分	12
	实现车联网，具备单斗挖掘机—无人驾驶卡车协同作业功能	现场查验，1处不符合扣6分	6
	无人驾驶卡车应具备障碍识别、自主分析、自动避障、远程应急接管等功能	现场查验，1处不符合扣4分	16
	破碎站实现温度、压力、油位等运行参数的在线实时监测，具备异常信号报警功能	现场查验，1处不符合扣1分	2
	破碎机具备断电、过载、失速、堵料、卡料反转等状态实时监测、自主保护功能	现场查验，1处不符合扣1分	2
	实现破碎站、带式输送机、排土机等设备实时能耗的自动化计量，数据异常自主预警	现场查验，1处不符合扣1分	2
	给料机实现无极调速，具备过载、失速等异常情况自主分析调节功能	现场查验，1处不符合扣2分	4
	破碎站（包括半移动和自移动）具备远程智能操控功能，实现无人值守	现场查验，1处不符合扣4分	4

表4-2-4（续）

项目名称	基本要求	评分方法	标准分值
半连续工艺（100分）	建立带式输送机远程视频监控、运行状态在线监测及预警系统，实现堵料、打滑、拉绳、撕裂、跑偏、温度、振动、功率等数据的接入与预警保护	现场查验，1处不符合扣1分	4
	排土机实现走行安全预警、运行状态监测及预警、自主保护、远程可视化监控、远程操控功能	现场查验，1处不符合扣1分	4
	具备料仓物料量、温度、可燃性气体浓度的实时监测预警功能	现场查验，1处不符合扣1分	2
	建立多机协同智能操作系统，具备包括单斗挖掘机—破碎站自主协同、卡车—破碎站自主协同、破碎站-带式输送机自主协同等功能	现场查验，1处不符合扣2分	6
	建立无人巡检系统，具备自动行走、自主定位，温度、烟雾、异常声音等环境要素感知，料流速度实时监测，物料分布状态实时监测，视频回放，异常状态识别及自动报警功能	现场查验，1处不符合扣1分	6
	实现工作区域人员定位及智能识别，具备非工作人员闯入及时报警功能	现场查验，1处不符合扣2分	4
	半连续工艺系统中的破碎站、带式输送机和排土机等可实现一键启停功能	现场查验，1处不符合扣2分	6
全连续工艺（100分）	轮斗挖掘机、转载机、排土机等设备实现能耗、温度、压力、油位等全方位运行参数的实时监控，具备安全预警、运行状态监测及预警、可视化远程监控、远程操控、无人值守功能	现场查验，1处不符合扣2分	10
	实现轮斗挖掘机、转载机、排土机的精准定位、多机联动、自动对中功能	现场查验，1处不符合扣4分	12
	实现轮斗挖掘机、排土机、转载机的纠偏控制、滑转率控制、防倾翻控制及功率自动匹配控制功能	现场查验，1处不符合扣2分	8
	轮斗挖掘机具备斗齿健康状态监测及预警、整机稳定性监测、自适应记忆切割、自动驾驶、自主保护功能	现场查验，1处不符合扣2分	10
	建立带式输送机远程视频监控、运行状态在线监测及预警系统，实现堵料、打滑、拉绳、撕裂、跑偏、温度、振动、功率等数据的接入与预警保护	现场查验，1处不符合扣2分	10
	具备料仓物料量、温度、可燃性气体浓度的实时监测预警功能	现场查验，1处不符合扣2分	4
	建立多机协同智能操作系统，具体包括轮斗挖掘机—转载机智能协同、轮斗挖掘机—带式输送机智能协同、转载机带式输送机智能协同、带式输送机—排土机智能协同	现场查验，1处不符合扣2分	8
	实现轮斗挖掘机、转载机、排土机等设备故障的在线监测、自主分析诊断、预测功能	现场查验，1处不符合扣2分	10
	建立无人巡检系统，具备自动行走、自主定位，温度、烟雾、异常声音等环境要素感知，料流速度实时监测，物料分布状态实时监测，视频回放，异常状态识别及自动报警功能	现场查验，1处不符合扣2分	14
	实现工作区域工作人员定位及智能识别，具备非工作人员闯入及时报警功能	现场查验，1处不符合扣2分	4
	连续开采工艺系统可实现一键启停功能	现场查验，1处不符合扣10分	10

表4-2-4（续）

项目名称	基　本　要　求	评分方法	标准分值
拉斗铲倒堆工艺（100分）	抛掷爆破采用无人机、远程摄像头等技术实现爆破警戒区域的远程监控	现场查验，1处不符合扣4分	8
	抛掷爆破应用相关软件，具备基于历史数据统计的模拟仿真功能，实现方案施行效果的预估，提高工程的控制能力	现场查验，1处不符合扣4分	12
	抛掷爆破应用激光扫描仪、无人机倾斜摄影技术等，实现抛掷爆破的三维建模，为爆破优化设计提供依据	现场查验，1处不符合扣4分	12
	抛掷爆破构建专门的资料电子管理档案，实现人员与设备数据、穿孔爆破设计方案、设计图纸等信息的电子化查询与展示	现场查验，1处不符合扣4分	12
	拉斗铲电气系统故障自动报警	现场查验，1处不符合扣12分	12
	拉斗铲具备作业工作面和行走路线的坡度检测功能	现场查验，1处不符合扣8分	8
	拉斗铲实现作业盲区高清视频监控	现场查验，1处不符合扣8分	8
	拉斗铲具备自动灭火系统	现场查验，1处不符合扣8分	8
	拉斗铲具备监控各部动态运行参数功能，如运行小时、油泵压力、供气压力、温度等	现场查验，1处不符合扣4分	12
	利用北斗等技术实现拉斗铲位置的动态实时监测功能，实现设备精准定位	现场查验，1处不符合扣8分	8

注：若涉及到两种及以上的露天开采工艺，则在评定时应同时评定，评定得分为各工艺算数平均值。

（五）智能辅助

1. 必备指标

建有边坡监测系统，具备边坡安全监测、预警功能。

2. 评分指标

按表4-2-5评分，满分为100分。按照检查存在不符合要求的项目进行扣分，各小项分数扣完为止。

表4-2-5　智能辅助评分指标

项目名称	基　本　要　求	评分方法	标准分值
数字孪生体（30分）	建立智能矿山数字孪生系统，实现矿山地测采、地面生产系统及辅助设施数字模型的集成、一体化展示及与工程档案的关联	现场查验，1处不符合扣5分	20
	通过数字孪生体与集控系统的融合，实现工程溯源和虚实映射	现场查验，1处不符合扣5分	10

表 4-2-5（续）

项目名称	基本要求	评分方法	标准分值
边坡（20分）	边坡监测预警报警功能应接入调度中心	现场查验，1处不符合扣5分	5
	采场、排土场危险边坡实现在线实时监测	现场查验，1处不符合扣5分	5
	具有监测数据综合分析、预警报警功能的边坡监测能力	现场查验，1处不符合扣5分	10
防排水（15分）	排水泵站应具有水位自动监测功能和根据水位情况自动选择水泵启停	现场查验，1处不符合扣5分	5
	排水泵站应具备集中监控、无人值守功能	现场查验，1处不符合扣5分	5
	对集水坑、水池水量进行实时监控，实现根据水量自动抽排水	现场查验，1处不符合扣5分	5
防灭火（10分）	建立煤层自燃监测系统，实现对采场煤层温度的监测及预警功能	现场查验，1处不符合扣5分	5
	指标性气体监测，实现温度和气体的远程监测功能	现场查验，1处不符合扣5分	5
道路养护（10分）	实现路面平整度、粉尘浓度监测	现场查验，1处不符合扣5分	5
	实现道路养护设备运行状态监测及预警	现场查验，1处不符合扣5分	5
供配电（15分）	变电所应具备集中监控、无人值守功能	现场查验，1处不符合扣5分	5
	供配电系统具备智能开关和关键负荷电缆的测温、报警、自动防灭火功能	现场查验，1处不符合扣5分	5
	露天煤矿主变电所配备智能巡检机器人	现场查验，1处不符合扣5分	5

（六）管理决策与智能化园区评分指标

按表 4-2-6 评分，满分为 100 分。按照检查存在不符合要求的项目进行扣分，各小项分数扣完为止。

表 4-2-6 管理决策与智能化园区评分指标

项目名称		基本要求	评分方法	标准分值
管理决策（60分）	生产信息管理	实现生产计划、设备维修、工程质量、材料消耗、设备运维和配件库存信息管理、辅助分析和预测功能	现场查验，1处不符合扣5分	20
	经营信息管理	实现销售和采购、资金信息和经营指标、投资和成本信息管理、辅助分析和预测功能	现场查验，1处不符合扣5分	20
	决策支持管理	实现生产信息、经营信息和人力资源信息管理的辅助分析、预测功能	现场查验，1处不符合扣5分	20

表4-2-6（续）

项目名称		基本要求	评分方法	标准分值
智能化园区（40分）	智能指挥中心	在矿山地面建设智能指挥中心，集成智能化指挥、调度、管控、办公、培训、展示等功能，实现对露天煤矿作业现场各系统的统一协调管控	现场查验，1处不符合扣5分	20
	综合管理系统	建有智能安防、智能仓储、智能车辆管理、智能门禁闸机管理、智能信息发布及个人移动终端管理系统，实现工业设施保障系统的智能决策和数据共享	现场查验，1处不符合扣5分	10
		综合管理系统应包括办公自动化管理、企业ERP等系统，各系统数据实现交互	现场查验，1处不符合扣5分	10

三、指标权重与评价

根据实际建设情况对露天煤矿各系统进行逐项打分，各系统考核得分乘以该系统权重并求和，即为智能化露天煤矿建设考核综合得分，各系统权重见表所示。

表4-3-1　露天煤矿各系统评价指标权重

序号	考核内容	标准分值	权重（a_i）
一	信息基础设施	100	0.15
二	矿山设计	100	0.10
三	智能穿爆	100	0.10
四	矿山工程	100	0.45
五	智能辅助	100	0.10
六	管理决策与智能化园区	100	0.10

第五部分　智能化选煤厂

一、智能化选煤厂评分方法

智能化选煤厂等级分为初级智能化、中级智能化、高级智能化三个等级，所应达到的要求具体为：

智能化选煤厂，高级智能化（综合评分值≥90分）、中级智能化（综合评分值75~90分，不含90分）、初级智能化（综合评分值60~75分，不含75分）。

智能化选煤厂综合评分值为各系统考核得分乘以系统权重之和，采用式（1）计算：

$$M = \sum_{n=1}^{n} (a_i \times M_i) \tag{1}$$

式中　M——综合评分值；

M_i——系统考核得分；

a_i——系统权重。

在系统考核评分中，如有不涉及的内容，可将该部分的标准分值，平均折算到其他部分中，折算方法如式（2）：

$$M_i = \frac{T}{100 - P_i} \times 100 \qquad (2)$$

式中 T——评分指标得分；

P_i——缺项标准分值。

二、智能化选煤厂评价指标

（一）基础平台

1. 必备指标

带宽应能满足后续大数据传输的需求，主干网传输速率不应低于10000 Mbps；建有数据中心，满足选煤厂数据服务与安全要求。

2. 评分指标

按表5-2-1评分，满分为100分。按照检查存在不符合要求的项目进行扣分，各小项分数扣完为止。

表5-2-1 基础平台评分指标

项目名称	基本要求	评分方法	标准分值
网络系统（20分）	网络带宽应能满足大数据传输的需求，主干网传输速率不应低于10000 Mbps，应通过硬件防火墙接入矿井工业网络、办公网（互联网）	现场查验，1处不符合扣2分	4
	建设工业无线网络，组网形式可选用4G/5G/Wi-Fi6等无线专网形式，无线网络支持移动语音通话、无线数据和视频等信息共网传输。	现场查验，1处不符合扣2分	4
	跨配电室、建筑物时应采用光缆传输；网线超过100米时应采用光缆传输	现场查验，1处不符合扣3分	6
	工业有线网络在组网时应符合MT/T 131的相关规定；采用现场总线组网时，应符合MT/T 1130的相关规定	现场查验，1处不符合扣3分	6
云平台（8分）	具有包含各种数据算法、基础服务、系统管理等内容的云平台	现场查验，1处不符合扣2分	2
	各应用软件可基于云平台独立部署运行，并通过云技术实现互联互通	现场查验，1处不符合扣2分	2
	云平台具备数据迁移能力，支持PB级数据存储，具有存储灾备、故障转移、流量均衡等功能。结构化数据支持离线存储5年，非结构化数据支持离线存储3个月。	现场查验，1处不符合扣2分	4
数据中心（40分）	生产系统及设备的运行信息和各种生产数据应分系统通过集控系统显示、现场各类传感器在线采集以及人工巡检实时获取	现场查验，1处不符合扣2分	4
	数据机房具有双回路供电、环境动态监测、关键设备及系统运行状态监测；具有灾害自动报警、关键设备和系统运行异常报警功能；具备UPS电源，后备时间不小于4 h	现场查验，1处不符合扣2分	6
	消耗信息应分系统在线计量，并传输至数据中心	现场查验，1处不符合扣5分	5
	原煤和产品的基础煤质信息（水分、灰分等）应通过在线分析仪直接获取，全程无需人工检测及录入数据，以保证数据的实时性、可靠性和准确性；暂时还不能直接在线采集的离线化验数据（如粘结指数、胶质层指数、有害元素等）及工艺研究的实验数据（如筛分浮沉曲线、可选性曲线等）应录入选煤数据中心	现场查验，1处不符合扣4分	8

表5-2-1（续）

项目名称	基　本　要　求	评分方法	标准分值
数据中心（40分）	选煤厂煤质、设备、图纸、方案、生产、机电、技术、安全、职工教育等主要基础资料全部实现电子化，设有厂级电子资料存储查询终端，资料时间跨度不低于一年；设备的日常维护数据、大中修记录、设备润滑记录、故障记录及处理方式应录入选煤数据中心	现场查验，1处不符合扣1.5分	9
	在线数据和离线数据在数据库中分别储存，在调用的时候，二者的时间维度应同步，在线生产工艺数据应设置实时数据库和历史数据库	现场查验，1处不符合扣2分	4
	工艺数据、化验结果等结构化数据应保留10年以上，视频、图像等数据应保留不少于30天	现场查验，1处不符合扣2分	4
专家知识库（8分）	建立以各种选煤算法、曲线绘制方法、分析与评价方法、机电管理、生产管理与过程控制的专家经验等为主的专家知识库	现场查验，1处不符合扣4分	8
标准选煤（4分）	建立和执行适应选煤厂要求的标准数据体系，包括统一的数据目录、数据标准、数据模型和数据分布：建设统一的数据底座，具备高效的数据采集、数据存储、数据整合、数据清洗、数据加工及数据挖掘能力	现场查验，1处不符合扣4分	4
系统安全（6分）	系统安全符合GB/T 36323要求，满足安全等保二级要求	现场查验，1处不符合扣6分	6
运维平台（6分）	组建专业的运维团队，并建设专业的运维平台，能监控业务系统、业务服务、网络设备、机房设备等运行状态	现场查验，1处不符合扣3分	6
交互平台建设（8分）	能够分别在看板、PC端、移动端实现数据展示、交互，应设置三维可视化系统，多维度、多方式集中展示各个系统的数据	现场查验，1处不符合扣4分	8

（二）基础自动化

1. 必备指标

主要生产流程设备实现远程或集中联锁控制，主要生产环节的计质计量和安全监控系统齐全有效，主要选煤工艺参数监控设施齐全准确。

2. 评分指标

按表5-2-2评分，满分为100分。按照检查存在不符合要求的项目进行扣分，各小项分数扣完为止。

表5-2-2　基础自动化评分指标

项目名称	基　本　要　求	评分方法	标准分值
设备及仪表监测与保护（30分）	设备保护应符合AQ 1010要求，配备齐全，关键设备及仪表检测与保护建设应实现电机、减速机等设备及仪器的电流检测、温度检测、振动检测、故障预警及信息共享	现场查验，1处不符合扣2分	6
	胶带输送机均按规程配置齐全的保护装置，各类信息接入集控信息系统	现场查验，1处不符合扣3分	6
	刮板机应设置过载预警、异物识别、断链和拉偏等故障检测	现场查验，1处不符合扣2分	4

表5-2-2（续）

项目名称	基本要求	评分方法	标准分值
设备及仪表监测与保护（30分）	关键脱水脱介备应设置筛下水、离心液堵塞检测	现场查验，1处不符合扣2分	4
	关键筛分设备应配置温度、振动传感器	现场查验，1处不符合扣2分	4
	泵类设备功率≥200 kW，轴承体应配置温度和振动传感器；对于特别重要或特殊用途的可按需配置温度、振动传感器。应按需配置机械密封冷却水监测装置	现场查验，1处不符合扣3分	6
工艺生产环节自动化（60分）	主要生产环节实现自动化控制与检测，对关键设备和关键环节实现监控	现场查验，1处不符合扣4分	8
	应实现各种流程的启停操作，动态显示各系统机械设备运行状态、工艺、参数、数质量、仓位、保护信号、门/闸板的位置信息；对主要参数自动调节、自动形成各主要参数的变化趋势和历史曲线，对各工艺参数进行制表、打印，对各种报警自动记录	现场查验，1处不符合扣2分	8
	配备调度通讯系统，支持与移动终端、个人可穿戴设备互联互通	现场查验，1处不符合扣2分	2
	视频监控系统：选煤厂重要设备及场所应安装数字网络摄像机，防爆场所安装的摄像机应满足防爆要求。工业视频监控主干传输介质应采用光纤，编码、储存、解码全部采用网络化设备，可实现对摄像头的远程访问。可以通过移动终端进行视频查看	现场查验，1处不符合扣2分	8
	人员定位系统：选煤厂设置人员精准定位系统，关键危险区域设置电子栅栏	现场查验，1处不符合扣3分	6
	设备状态在线检测系统：重要及关键设备应具备在线温振状态检测功能，信息在线传输至设备管理系统，并与集中控制系统联动	现场查验，1处不符合扣2分	8
	配电监控系统：高低压配电室应实现无人值守，应设置温度、湿度、烟雾监测和控制，配电室应安装门禁系统，对进入人员进行严格管理。新建配电室可实现断路器的分合闸远程和就地操作	现场查验，1处不符合扣3分	6
	在线测灰分析系统或全自动采制化系统：选煤厂入选原煤应设在线测灰系统，精煤产品应设在线测灰系统或全自动采制化系统，实现原煤及精煤产品的灰分指标在线无人化、准确检测，水分、发热量、硫分等离线数据均传输至数据中心	现场查验，1处不符合扣3分	6
	产量计量系统，应根据现场条件合理设置原煤与产品皮带秤；皮带秤、动态（静态）称量轨道衡、定量装车仓及汽车衡，应能实时传输数据至生产监控系统；能源计量中的生产用水量、用电量、用风量、用药（油）量、用介量等消耗量自动（或离线）计量，并传输至数据中心；环境安全监测应根据现场情况将检测信息传输至数据中心	现场查验，1处不符合扣2分	8
辅助环节自动化（10分）	需要调节的泵类的前后门应与泵实现联动控制，根据需要进行调节；扫地泵实现液位自动控制	现场查验，1处不符合扣1.5分	3
	建设自动润滑系统，设置自动润滑装置与在线监测装置等实现集中控制或智能管理系统接入，可支持远程监控设备的工况数据、健康状态、运行周期、故障分析等	现场查验，1处不符合扣1.5分	3
	照明应当根据现场情况、季节变化、岗位布置、工作时间安排等因素实现自动控制	现场查验，1处不符合扣2分	2
	应设置工业卫生自动冲洗、通风、除尘等系统	现场查验，1处不符合扣2分	2

（三）智能控制与管理决策评分指标

按表5-2-3评分，满分为100分。按照检查存在不符合要求的项目进行扣分，各小项分数扣完为止。

表5-2-3　智能控制与管理决策评分指标

项目名称		基本要求	评分方法	标准分值
智能控制（74分）	生产过程智能控制	智能分选：能自主分析加工对象的性质，建立生产组织模型；采用大数据分析方法进行数据建模，利用机器学习算法自主分析、预测工艺参数；重介分选工艺：通过多种控制方法，自主调节操作参数，实现各工艺环节智能控制；水介分选、干选和浮选工艺：实现自动/远程控制；通过对典型选煤工艺的智能控制，实现精准分选，稳定产品质量，提高精煤产率，指导调节各工艺环节生产参数；采用脱粉工艺的选煤厂，应设置脱粉量在线调整机构，建立脱粉量、分选密度的关系模型；实现密控系统和自动加介系统联动，浓介质添加与重介质控制系统联动，实现介质自动制备、自动补加；对介质添加量进行在线计量或计算；根据入选原煤灰分、原煤快浮数据、重介质产品快浮数据、重介质精煤灰分检测数据等；智能密控系统参数可以实现与和煤泥分选、浮选等分选环节参数的联动	现场查验，1处不符合扣3分	18
	生产过程智能控制	智能浓缩：能够根据需要对入料和底流浓度、流量、药剂添加量、溢流水浊度、澄清水高度等工艺参数进行检测分析，自主预测药剂添加量，实时调节加药量及加药比例	现场查验，1处不符合扣3分	9
		智能压滤：对压滤上下游信息进行分析，实现压滤机自动入料、智能排队卸料	现场查验，1处不符合扣3分	9
	辅助环节智能控制	智能仓储与配煤：应实现煤质、煤量、仓位等信息的自动检测与实时显示，根据基础煤质信息（水分、灰分、发热量、硫分等）调整配煤比例	现场查验，1处不符合扣3分	6
		采制化管理：应在关键产品环节设置自动采样装置与化验设备，具备自动制样与自动化验能力；自动制样系统应具备煤样自清扫、防湿煤堵塞功能或设置湿煤旁路系统	现场查验，1处不符合扣2.5分	5
		智能装车：汽车装运系统具备车辆位节智能置、车厢内物料高度等信息的自动感知控制与建模功能，实时计算车辆边缘位置与物料装载状态，自动提示司机配合完成装运。火车装运系统能够自动识别车厢的编号、位置等，并实时监测撒料等异常情况，实现火车自动称重、引导等功能	现场查验，1处不符合扣2分	6
	生产保障智能化	智能集控：全生产流程设备应实现远程操控、一键启停	现场查验，1处不符合扣3分	6
		智能视频：具有重要生产区域入侵、越界报警功能；当出现设备故障或安全监测出异常时，数字大屏幕画面自动切换到故障设备或出现安全异常的画面，并报警提醒或联锁停车，实现视频联动功化能；具有利用视频图形识别技术，实时监测关键部位异常状态功能	现场查验，1处不符合扣2分	6
		智能机器巡检：在主要生产巡视与重点危险管控区域，设置巡检机器人，巡检机器人应具有自供电、自行走、智能感知、智能决策、智能执行、故障识别、预警预报等能力	现场查验，1处不符合扣3分	3
		智能停送电：可以利用终端设备进行停送电申请、审批功能；对经过审批的停送电流程，通过控制系统和电操装置实现远程/就地分合闸，可辅助人工操作	现场查验，1处不符合扣3分	6

表 5-2-3（续）

项目名称		基本要求	评分方法	标准分值
管理决策（26 分）	智能管理	能够实现生产、机电、技术、节能、协同等管理功能	现场查验，1 处不符合扣 2 分	8
	3D 可视化系统	以三维立体的形式显示选煤厂内的场景结构、设备布局，并设置完善的视频感知、安全监测系统，对人选原煤杂物、人员不安全行为、设备运行危险状态等进行监测，并实现智能预测、预警	现场查验，1 处不符合扣 3 分	9
	智能决策	能够进行生产情况分析、工艺效果评价、生产指标预测、产品结构优化、经济效益预测、设备健康评价、设备运行分析及不同管理层面的统计分析	现场查验，1 处不符合扣 3 分	9

三、指标权重与评价

根据实际建设情况对选煤厂各系统进行逐项打分，各系统考核得分乘以该系统权重并求和，即为智能化选煤厂考核综合得分，各系统权重见表所示。

表 5-3-1　智能化选煤厂各系统评价指标权重

序号	考核内容	标准分值	权重（a_i）
一	基础平台	100	0.20
二	基础自动化	100	0.40
三	智能控制与管理决策	100	0.40

山西省人民政府办公厅
关于印发全面推进煤矿智能化和煤炭工业互联网平台建设实施方案的通知

晋政办发〔2023〕27号

各市、县人民政府，省人民政府各委、办、厅、局：

《全面推进煤矿智能化和煤炭工业互联网平台建设实施方案》已经省委、省政府同意，现印发给你们，请结合实际认真贯彻执行。

山西省人民政府办公厅

2023年5月9日

（此件公开发布）

全面推进煤矿智能化和煤炭工业互联网平台建设实施方案

为深入贯彻落实能源革命综合改革试点要求及省第十二次党代会精神，推动煤炭产业与数字技术一体化融合发展，实现煤炭生产方式变革，根据《关于加快煤矿智能化发展的指导意见》（发改能源〔2020〕283号），结合我省实际，制定本方案。

一、重要意义

党中央、国务院高度重视煤矿智能化建设工作，中央全面深化改革委员会第八次会议审议通过了《关于在山西开展能源革命综合改革试点的意见》，提出了变更煤炭开采利用方式、大力推进煤矿智能化建设的要求。省第十二次党代会提出要大力推动智能绿色安全开采和清洁高效深度利用，积极布局先进接续产能，加快煤矿智能化改造。但目前智能化建设工作仍存在建设进度缓慢、技术标准与规范不健全、技术装备支撑保障不足、煤岩识别等关键技术有待突破、智能技术推广应用滞后等问题。推进煤矿智能化建设，是山西落实党中央、国务院能源革命重大决策部署的具体行动，是保障能源安全、实现煤炭产业高质量发展的关键因素，是助推能源低碳转型的有力手段，也是改善劳动条件满足煤矿职工对美好生活向往的必然要求。

二、指导思想

以习近平新时代中国特色社会主义思想为指导，统筹推进“四个革命、一个合作”能源安全新战略，深入贯彻习近平总书记考察调研山西重要讲话重要指示精神，以能源革命综合改革试点为引领，以能源产业“五个一体化”融合发展为路径，以智能装备和大数据为手段，以人工智能和工业互联网为依托，以产业政策支持为保障，以效率变革和生产方式变革为目标，实现煤炭安全、高效、智能开采。

三、工作目标

加快煤矿智能化建设，搭建煤炭工业互联网平台，打造煤矿智能化信息产业集群，开发应用煤炭工业物联网系统，构建煤炭工业智能化生态体系，促进人工智能应用发展，提高行业智能化发展水平，实现煤炭产业高质量发展，努力打造全国能源领域数字化转型排头兵。

2023 年，180 万吨/年及以上生产煤矿智能化改造全部开工，再建成 80 座智能化矿井；2024 年，120 万吨/年及以上和灾害严重生产煤矿智能化改造全部开工，再建成 150 座智能化矿井；2025 年，其他各类生产煤矿智能化改造全部开工，大型和灾害严重煤矿及其他具备条件煤矿基本实现智能化。2027 年，全省各类煤矿基本实现智能化。

四、基本原则

——坚持目标导向、标准引领。以建立安全、高效、智能煤矿为目标，加快制定具有通用性和前瞻性的技术标准、规范，建立高标准的智能化评价体系，严格验收评定。

——坚持分类实施、分步推进。根据我省资源赋存条件和生产现状，合理确定阶段性建设目标，针对各类煤矿提出不同建设要求，分步有序推进。

——坚持生态培育、迭代升级。以服务煤矿智能化建设为目标，搭建煤炭工业互联网平台，培育煤矿智能化良性生态，加快煤矿智能化建设，紧跟技术发展趋势，实现持续迭代升级。

——坚持国企带头、梯次推进。发挥国有大集团资金、技术、人才等优势，带头推进煤矿智能化建设，助力煤炭工业互联网平台成长，带动其他煤矿对标建设，有序推进。

——坚持产业布局、集群发展。加强顶层设计，完善相关支持政策，推动产学研用融合，以煤炭工业互联网平台为牵引，促进煤矿智能化建设和信息产业集群发展。

五、主要任务

（一）统一煤矿智能化建设总体设计。基于工业互联网平台建设思路，采用一套标准体系、构建一张全面感知网络、建设一条高速数据传输通道、形成一个大数据应用中心，面向不同业务部门实现按需服务，推进煤矿整体智能化建设。将人工智能、工业互联网、云计算、大数据、机器人、智能装备等与现代煤炭开发技术进行深度融合，形成全面感知、实时互联、分析决策、自主学习、动态预测、协同控制的智能系统，实现煤矿开拓、采掘（剥）、运输、通风、洗选、安全保障、经营管理等全过程的智能化运行。（省能源局牵头，省国资运营公司、晋能控股、山西焦煤、潞安化工、华阳新材和各市政府配合）

（二）规范数据标准和通信接口。加快相关标准制定，建立统一标准的数据体系，规范主数据、数据索引格式、元数据格式、数据表结构、布局方式、存放格式、精度要求、时效设置和编码方案等。鼓励建立完善的数据治理管理组织架构，形成面向多样化煤矿数据应用场景的数据治理管理闭环。统一规范物理、信息接口标准，支持多种数据服务、通信协议和接口，能够从各类仪表、模块等多种软件、硬件中获取数据，并能够通过开放接口向各种应用提供数据，从各种服务系统、应用系统和控制端获取命令，并能自动转发和执行命令。（省能源局牵头，省国资运营公司、晋能控股、山西焦煤、潞安化工、华阳新材和各市政府配合）

（三）因地制宜建设井工煤矿智能化各系统

1. 信息基础设施。统筹建设网络系统和数据中心，打通数据传输和利用通道，统一规划网络和数据安全系统，保障信息内外传输利用的安全冗余，同时对生产网、办公网、资金数据网和互联网进行划分隔离和安全连通，强化网络和数据安全意识，积极推进定期开展网络与信息系统等级保护测评。

2. 智能地质保障系统。研究建立实时更新的地质与工程数据高精度融合模型，实现矿井地质信息的透明化。推广智能采掘工作面智能探测与监测的技术装备，积极研发应用智能探测技术与新装备，形成以静态为基础，融入自动更新的高精度动态地质模型。

3. 智能掘进系统。因地制宜确定合理的掘进技术与装备，配套高效的辅助作业系统，逐步实现掘支平行作业。鼓励应用智能探测、掘进机精准定位、自动定向及导航、巷道断面自动截割成形、自动锚护、高效除尘等先进技术与装备，使掘进工作面生产系统具有智能感知、自主决策和自动控制的功能，实现掘进迎头少人或无人、系统高效协同运行。

4. 智能采煤系统。根据煤层赋存条件、设计参数、产能指标等，建设不同模式智能化采煤工作面。逐步推广应用采煤机智能截割与控制、液压支架自适应支护与智能协同放煤、刮板（皮带）输送机智能运输、供液系统智能供液、综采设备群智能协同控制等技术。鼓励条件适宜的工作面应用基于地质模型的智能化开采实践。

5. 智能主煤流运输系统。带式输送机实现单机自动控制、多机协同联动、远程集中控制、煤量自动平衡、不同煤种智能配煤、粉尘浓度检测和自动喷雾降尘、运行工况检测及故障智能预警等功能。鼓励应用基于 AI 煤量智能识别、人员违规作业智能监测、大块煤/堆煤/异物识别与预警等功能，实现带式输送机的智能运输。

6. 智能辅助运输系统。建设以车辆精确定位信息为基础，以车载智能终端为核心，辅助井下信号灯控制系统、智能调度系统、语音调度系统和地理信息系统，实现车辆监控、指令下达、运输任务调配、失速保护、报警管理、应急响应等功能，优化作业流程，实现辅助运输业务信息化全覆盖。鼓励具备条件的煤矿应用无人驾驶等技术。

7. 智能通风系统。采用智能精准感知技术与装备，实现对风阻、风量、风压等参数的智能感知，对通风网络阻力进行实时监测与解算，主通风机实现一键倒机和一键反风功能。鼓励井下采用自动风门。矿井主通风机、局部通风机具备远程集中控制功能，局部通风机可具有远程启停功能。通风系统具备故障自诊断与预警功能，并与其他系统实现智能联动控制，实现灾害的智能预警与避灾路线智能规划。

8. 智能供电系统。建设煤矿供电系统安全高效运行保障体系，对供电系统进行全面监测与分析，实现无人值守、智能监控管理；建设智能供电决策系统，实现故障的预判和预处理、快速故障隔离；建设煤矿能耗监测和智能化能耗优化调度系统，动态调节煤矿大型用电耗能设备的供电方案和作业计划，降低煤矿整体能耗水平，优化能耗成本。

9. 智能供排水系统。建设基于压力、液位、流量、温度等监测传感器和电动阀的智能排水系统，实现主排水系统设备的智能运行，实现排水用电自动削峰填谷，能耗自评估和故障自诊断，具备智能报警、智能统计分析排水量等功能。建设主供水智能控制系统，实现供水用电自动削峰填谷及管网调配、系统异常低压现象的预警、按需供水、用水分析等功能。

10. 智能安全监控系统。根据矿井地质条件和生产条件，建设完善安全风险分级管控和隐患排查治理双重预防机制，实现安全风险的全貌化、智能化、动态化管控。建设井下融合通信、综合防控系统及配套装备，实现煤矿安全监控系统、人员定位管理系统、通信联络系统、智能视频分析系统、智能通风系统、供电监控系统、冲击地压监测系统、水文监测系统、矿压监测系统等系统的统一承载，实现人、机、环、管全数据集成和智能化分析，具备安全风险智能评价识别、重大安全事件的应急处置、灾害风险监测预警、智能分析模拟、应急救援辅助指挥、事故原因分析、矿井灾变状态下避灾路线智能规划等功能。

11. 智能综合管控平台。基于模块化、组件化的技术架构设计思路建设智能综合管控平台，集成各业务系统数据及感知层数据，运用新一代信息技术建设业务中台和数据中台，形成具有自感知、自决策、自执行的智能化平台，为上层业务应用提供统一的数据汇聚与技术支撑，实现矿井各业务系统的数据共享服务与智能协同管控。

12. 经营管理系统。建立统一的智能化经营管理平台，包含数字化决策体系、设备全生命周期管理等系统、计划管理与成本管控，支持煤矿各业务应用的全面一体化集成，打通管理孤岛、数据孤岛，实现“人财物一体、产运销一体、业务全面互联互通”的智能化经营管理。

（省能源局牵头，省应急厅、国家矿山安全监察局山西局协助，省国资运营公司、晋能控股、山西焦煤、潞安化工、华阳新材和各市政府配合）

（四）高标准建设露天煤矿智能化各系统

1. 信息基础设施。加快部署环境感知终端、智能传感器、智能摄像机、无线通信终端、无线定位终端等数字化工具和设备，实现矿山环境数据、采矿装备状态信息、工况参数、移动巡检数据等的全面采集。整体规划部署露天煤矿控制网、生产网、办公网、监控网等网络，优先保障控制网的通信畅通与冗余安全，实现主要办公区、主要采区、受控区域、装备作业区等重点区域的网络全覆盖。

2. 智能地质、测量、开采保障系统。建设集地质资源管理、测量管理、采矿智能设计等功能于一体的矿山资源数字化管理系统，实现矿山地质资源模型的精确构建与实时更新，通过数据存储、传输、深加工和融合等数据处理环节，使地质信息在矿山地质、测量和开采之间数字化流转，实现矿山地质信息的精准统计、高效处理和实时共享，为智能绿色安全开采提供地质保障。

3. 智能穿爆系统。鼓励应用智能钻机、智能装药车等进行穿孔、爆破作业；智能钻机具备实时监测控制功能，实现智能定位、智能穿孔；智能装药车具备自主寻孔、自主装药等功能。爆破工作能通过终端设备获得警戒范围内人员和设备的位置信息，实现远程操控。

4. 采剥工程。

（1）单斗—卡车间断工艺智能化系统。因地制宜确定合理的采装运设备型号和数量，配套高效的卡车调度管理系统，实现合理配车、优化配车，提高设备的生产效率。鼓励应用高精度北斗或 GPS 模块、防碰撞安全预警系统、设备数据采集、数字孪生、自动驾驶等技术，实现生产少人、无人。

（2）半连续工艺智能化系统。实现破碎站、带式输送机、排土机等设备的自动化集中控制，自动采集生产数据、设备周边环境（声、光、粉尘）数据。多套系统宜实现集中控制、远程操控，系统设备宜实现自动启停/调速，智能故障诊断，可采用巡检机器人作业，实现少人或无人值守。

（3）轮斗连续工艺智能化系统。实现采、运、排环节的连续作业，提高露天矿自动化、智能化水平，逐步实现无人操作。鼓励实现轮斗挖掘机、排土机自主行驶、自主作业、自动对位等。

5. 智能辅助生产系统。根据露天矿水文地质条件、开采工艺系统，鼓励露天矿利用自动控制、人工智能等手段，应用先进工业控制软件，实现各辅助生产系统的自动控制、自主运行、无人值守。

6. 智能安全监控系统。针对露天矿坑下作业人员、边坡稳定、设备运行、环境及灾害等方面，从集成化、系统化的角度出发，将安全生产要素集成和智能化提升，建立完善的主动安全管理保障体系、安全风险分级管控和隐患排查治理双重预防机制，实现安全风险的全面化、智能化、动态化管控和“人员—设备—环境—管理”的全方位主动安全管理。

7. 经营管理系统。建设集成的智能化生产经营管理平台，实现“数字化、可视化、智能化”，实时查询生产运营数据，通过对生产数据的智能分析，全面掌握当前企业的运营状况，并通过对关键指标设定适当阈值，使系统能快速察觉企业运作中的不足，在企业运营状况综合评价的基础上，实现对阶段性生产过程的状态、成本、效益以及年度整体生产情况等的智能分析与决策，为生产经营管理提供依据。

8. 智能综合管控平台。实现集生产系统、安监系统、智能保障系统、智能决策分析系统、智能经营管理系统等数据与功能于一体，统筹安排各类生产要素和资源分配，动态调节装备作业计划和调度决策的信息智能综合管控平台。

（省能源局牵头，省应急厅、国家矿山安全监察局山西局协助，省国资运营公司、晋能控股、山

西焦煤、潞安化工、华阳新材和各市政府配合）

（五）完善智能化煤矿建设和评价体系。将应用成熟的技术和具有通用性的解决方案纳入建设规范中，及时更新《山西省煤矿智能化建设指导手册》。完善我省煤矿智能化建设评定办法，推动建立煤矿智能化评价体系平台，通过煤矿对标自评，持续完善、改进、升级，实现煤矿动态达标。（省煤矿智能化建设工作专班牵头、省能源局、国家矿山安全监察局山西局、省应急厅、省国资运营公司负责，晋能控股、山西焦煤、潞安化工、华阳新材和各市政府配合）

（六）加强煤矿智能化建设评定管理工作。坚持目标导向，以验收结果检验智能化建设水平，提高我省煤矿智能化建设标准。（省煤矿智能化建设工作专班牵头、省能源局、国家矿山安全监察局山西局、省应急厅、省国资运营公司负责，晋能控股、山西焦煤、潞安化工、华阳新材和各市政府配合）

六、推进举措

（一）建设煤炭工业互联网平台。组建我省煤炭工业互联网平台公司，充分利用省内各类资源，建设以人工智能大模型为核心的全栈式一体化工业互联网基础平台。省煤炭工业互联网平台公司明确平台接入、技术融合标准，发挥平台资源集聚效应，为煤矿智能化提供方案设计、设备选型、应用软件、算力支持、模型训练、数据分析等一站式服务，降低煤矿智能化建设成本。依托平台推广自主可控的物联网操作系统，规范接口、打破壁垒，实现数据融合畅通，推动煤矿装备与操作系统整体适配，提高系统间协作水平，打造煤炭工业互联网品牌。（省国资运营公司牵头，省工信厅、省国资委、省能源局、晋能控股、山西焦煤、潞安化工、华阳新材、山西云时代技术有限公司和各市政府配合）

（二）推进智能化煤矿分类建设和平台适配。根据煤矿生产能力、埋深、地质条件等对智能化建设条件进行评价分类，按照国家能源局、国家矿山安全监察局《煤矿智能化建设指南》和我省《煤矿智能化建设指导手册》进行建设。对已完成建设并验收的示范煤矿，逐步实现与工业互联网平台的适配对接，其他矿井按工业互联网平台架构标准建设或改造升级。在适配与升级过程中，充分考虑煤矿企业已建成系统的现状，做到最大限度与已有系统之间的兼容。（省能源局、省国资运营公司牵头，晋能控股、山西焦煤、潞安化工、华阳新材、山西云时代技术有限公司和各市政府配合）

（三）组织关键技术和核心装备攻关。加大科研政策支持，引导、支持企业积极申报智能化技术攻关项目和国家矿山安全监察局重点实验室，开展煤矿智能化关键共性技术攻关和科技成果转化。梳理智能化建设中“卡脖子”问题和亟须突破的关键技术攻关项目，如人工智能大模型、特种机器人研发应用、物联操作系统、5G 应用、连续自动掘进与掘支平行问题等，实行“揭榜挂帅”，充分发挥高校、科研院所技术“领头羊”作用，强化产学研用结合，实现核心装备的自主可控，国有煤炭企业要带头推进智能化项目的研发落地。（省科技厅牵头，省工信厅、省应急厅、省国资委、省国资运营公司、省能源局、国家矿山安全监察局山西局、晋能控股、山西焦煤、潞安化工、华阳新材、山西云时代技术有限公司和各市政府配合）

（四）推动煤炭信息产业集群发展。充分利用我省煤矿数量多、市场大、智能化应用场景齐全的优势，加大政策支持，吸引一批高新技术企业落户山西。发挥智能化头部企业雄厚的研发实力和领先的技术优势，带动煤矿智能化上下游产业链发展，推动信息产业集群发展。（太原市政府、省工信厅牵头，省发展改革委、省科技厅、省自然资源厅、省生态环境厅、省国资委、省国资运营公司、省能源局、晋能控股、山西焦煤、潞安化工、华阳新材、山西云时代技术有限公司和相关市政府配合）

（五）加快煤矿智能化人才队伍建设。充分发挥高校教育资源和教学优势，加强煤矿智能化相关学科建设，推进学科交叉融合，培育一批煤矿智能化复合型人才。鼓励普通本科高校与相关产业、企业联合培养煤矿智能化高层次技术型人才。鼓励职业院校深化和企业合作，按照企业需求开展订单式培养，满足煤矿智能化专业人才需求。指导煤矿企业定期组织职工开展技能提升培训，充分发挥煤矿智能化创新工作室联盟作用，带动一线职工提高智能化操作技能水平。煤矿企业在待遇保障、职级晋升等方面给予智能化从业人员政策倾斜，吸引和鼓励更多优秀人才投入到煤矿智能化建设上来。（省教育厅、省人社厅分别牵头，省国资运营公司、晋能控股、山西焦煤、潞安化工、华阳新材和各市政府配合）

（六）加大金融政策支持。全面落实财税支持政策，对智能化建设、智能化装备投资按规定享受退税减税政策，推动落实智能化相关投入列入企业安全费用提取和使用范围。提供市场化融资租赁支持，组建省级控股的融资租赁公司，同步以市场化方式整合省属企业有关融资租赁公司，向煤炭企业提供智能化设备融资租赁服务，减轻煤矿智能化建设集中投入压力。积极争取国家专项资金支持，争取煤矿安全改造中央预算内投资专项资金对山西的政策倾斜，加快煤矿智能化改造。（省发展改革委、省财政厅、省国资运营公司分别牵头，省应急厅、省能源局、省税务局、国家矿山安全监察局山西局配合）

（七）提升企业安全基础智能化水平。推进科研院所、设备厂商、煤矿企业加大对矿井瓦斯、水、火、顶板等重大灾害治理技术、先进适用装备的研发应用力度，如煤矿瓦斯智能抽采与评判、采空区火灾精准探测和低成本治理、突出危险区域动态预测与可视化、围岩动力智能监测与预警等技术，提高企业灾害治理智能化水平。落实“无监控不作业、作业行为受监督”的工作要求，推动各煤矿企业重要作业场所采用智能视频监控，实现现场图像 AI 智能识别、违章行为自动报警、自动记录等功能，坚决遏制“三违”行为，提升安全管理效能。推广应用智能化成熟技术装备，大力推动巡检机器人应用，力争实现辅助系统无人化、井下固定岗位少人或无人值守、重点岗位和危险作业人员的机器人替代，实现无人则安、少人则安。（省应急厅、省能源局、国家矿山安全监察局山西局牵头，省国资运营公司、晋能控股、山西焦煤、潞安化工、华阳新材和各市政府配合）

（八）强化智能化建设任务落实。行业管理部门和安全监管监察部门要加大推进力度，督促煤矿企业按照序时进度完成当年任务；对生产煤矿发生较大以上事故的，必须进行智能化改造，验收达标后才能批准恢复生产。同时，加强政策激励，对完成智能化建设任务的煤矿企业，参照《关于大力推进煤矿安全生产标准化建设工作的通知》（安监总煤行〔2017〕59 号）、《关于进一步完善煤炭产能置换政策加快优质产能释放促进落后产能有序退出的通知》（发改办能源〔2018〕151 号）给予相应的激励政策。（省应急厅、省能源局、国家矿山安全监察局山西局分别牵头）

七、保障措施

（一）加强组织领导。充分发挥山西省煤矿智能化建设工作专班统筹协调作用，指导推进全省煤矿智能化建设，推动全省煤矿智能化信息产业集群和全产业链协同发展。各市、各省属国有重点煤炭集团公司要制定工作方案，加快推进煤矿智能化各项工作。

（二）落实工作责任。煤矿企业主要负责人作为煤矿智能化建设的第一责任人，要科学组织制定建设方案，密切跟踪建设进展，确保按期完成。各煤矿企业要保障资金投入，加强项目管理，确保建设进度。各级、各有关部门要按照工作职责，加强服务指导，牵头单位要强化统筹协调，形成工作合力，共同推动我省煤矿智能化建设。

（三）开展示范推广。总结智能化示范煤矿建设经验，凝练出可复制的智能化建设模式、技术装备、管理方式等，向类似条件煤矿进行推广应用。同时要借鉴省内外先进的智能化技术和成熟案例，通过开展煤矿智能化培训讲座、组织召开现场会和观摩先进典型等形式，加强学习交流，加快成果推广。

（四）做好督导推进。建立工作调度和季报制度，对各单位工作开展情况进行调度、通报。各级、各有关部门和各省属国有重点煤炭集团公司要全面掌握智能化建设进展情况，加快推进。对不能如期完成建设任务的煤矿，行业管理部门和安全监管监察部门要专项督导。

（五）强化目标考核。各市、各省属国有重点煤炭集团公司要建立推进机制，明确项目清单、责任清单、时间清单、结果清单。省智能化工作专班将按照“季度排名，半年通报，年度大考”的方式进行目标考核，以结果为导向，对超额完成任务的给予表扬，对完成较差的进行通报批评，并对相关负责人进行约谈。

内蒙古自治区

《关于加快全区煤矿智能化建设的实施意见》的通知

内能煤运字〔2020〕262号

各盟市能源局、发展改革委、工业和信息化局、应急管理局、财政局、教育局、科技局、通信管理局、各驻地煤矿安全监察分局（站）：

为贯彻落实国家发展改革委等八部委《关于加快煤矿智能化发展的指导意见》(发改能源〔2020〕283号）要求，提升我区煤矿智能化水平，促进煤炭工业高质量发展，结合自治区煤炭行业实际，自治区能源局、发展改革委、应急管理厅、内蒙古煤矿安全监察局、工信厅、财政厅、科技厅、教育厅、通信管理局研究制定了《关于加快全区煤矿智能化建设的实施意见》，现印发你们，请认真贯彻落实。

内蒙古自治区能源局
内蒙古自治区发展和改革委员会
内蒙古自治区工业和信息化厅
内蒙古自治区应急管理厅
内蒙古煤矿安全监察局
内蒙古自治区财政厅
内蒙古自治区科技厅
内蒙古自治区教育厅
内蒙古自治区通信管理局
2020年6月2日

关于加快全区煤矿智能化建设的实施意见

为贯彻落实国家发展改革委等八部委《关于加快煤矿智能化发展的指导意见》(发改能源〔2020〕283号）要求，结合自治区煤炭行业实际，自治区能源局、发展改革委、应急管理厅、内蒙古煤矿安全监察局、工信厅、财政厅、科技厅、教育厅、通信管理局研究制定本意见。

一、总体要求

（一）指导思想

以习近平新时代中国特色社会主义思想为指导，深入贯彻落实“四个革命、一个合作”能源安全新战略和习近平总书记对内蒙古能源工作的重要讲话重要指示批示精神，坚持新发展理念，坚持以供给侧结构性改革为主线，坚持创新引领，分类有序推进，全面提升煤矿智能化水平，促进全区煤炭行业高质量发展。

（二）主要目标

在已有11座煤矿实施智能化改造、2处露天煤矿无人驾驶卡车工业性试验成功的基础上，加快煤矿智能化实施进程。

——到2021年，建成50个智能工作面。重点在冲击低压、煤与瓦斯突出等灾害严重矿井、存在3种较大安全风险的煤矿、近两年竣工投产的300万吨/年以上煤矿实现智能化，实现掘进工作面减人增效、综采工作面少人或无人操作、大部分井下固定岗位实现无人值守、远程控制。

——到2025年，117处井工矿实现全部固定岗位机器人作业，38处露天矿实现智能连续运输。重点对75处安全风险较大煤矿、109处核定产能300万吨/年及以上的大型煤矿实施智能化改造。在安全实时通信及地下精准位置服务、巷道智能快速掘进、开采工作面智能协同控制、煤流及辅助运输、综合管理、煤炭洗选、煤矿厂区及绿色生态智能系统等方面实现智能化。

——到2035年，全面建成以智能煤矿为支撑的煤炭工业体系，实现各类煤矿智能化，构建多产业链、多系统集成的煤矿智能化系统，建成智能感知、智能决策、自动执行的煤矿智能化体系。

二、发展重点

（一）巷道智能快速掘进系统

采用单机智能控制技术、多机协同控制技术、智能截割技术、智能锚护技术、输送带多点驱动功率平衡技术和张紧力自动控制技术、辅助工序自动化技术等，通过掘锚、运锚、转载等设备间的相互协同控制实现采掘、破碎、支护、运输等生产工序平行作业，截割断面一次成巷，提高掘进速度。

（二）采煤工作面智能协同控制系统

以煤矿智能化开采装备的智能控制关键技术研究和配套装备研制开发为核心，综合安全工程、采矿工程、通信学科、信息科学、电气工程等学科，通过学研技术攻关和自主研发，发展开采环境快速感知技术和采煤机智能调控装置，实现未采煤层环境的智能感知、采掘装备的智能调控，提高智能采煤装备的自主开采作业能力。

（三）煤流及辅助运输智能化管控

根据矿井产运销各环节的实际情况，通过智能管控、自主学习、智能负载监测及视频预警等组成的主煤流输送智能化管控系统，对主煤流输送系统运行全过程进行智能化管理，提高运行安全性、平稳性，使总体运行能耗降低到最佳水平，实现矿井主煤流输送系统各带式输送机的远程在线监控和非PLC程序联锁控制条件下的远程起、停控制功能。智能管控系统根据生产情况，结合产运销计划，优化调整矿井产量，实现以销定产。

（四）智能化综合管理系统

建设集生产、安全、调度、设备管理、地面储装运、洗选为一体的煤矿智能化管控信息平台，推广应用井上、井下无线终端平台，完善井上、井下工业环网，实现对各自动化、智能化子系统集中操作、集中监控和统一调度。企业建设安全、开放、数据易于获取与高效处理的智能化大数据共享与应用云平台，实现与煤矿信息互联互通和数据高效利用。

（五）露天矿智能连续作业

推广露天矿智能连续作业，采用大型剥离机、转载机、移动式带式输送机等大型装备，提高装备对地质、环境、气候等的适应能力，实现露天煤矿采、运、排的连续化、智能化作业，采用高度集成的智能调度系统，创新露天煤矿智能开采模式，实现设备、车辆、人员的智能调度、管控与综合管理。在矿区及周边地势平坦区域实现无人电动车转运。

（六）推进露天煤矿生态环境协调绿色发展

建设基于网络与大数据的露天煤矿云服务平台，重点研发露天煤矿高效剥离、智能回采、回填、生态复垦一体化智能绿色开采技术，进行露天矿山从开发规划、设计、生产、闭坑全生命周期的环境污染控制，实现露天开采与矿区固体环境、水体环境、气体环境及生态环境的协调绿色发展。

（七）推进5G+智慧矿山高质量发展

推动互联网、大数据、人工智能、5G、边缘计算、虚拟应用等前沿技术在煤炭行业的应用，利用物联网、大数据、人工智能技术实现矿山各系统的智能联动。重点依托基于5G网络大带宽、低时延、广连接的优势，开展无人驾驶、智能采掘、机器人智能巡检、智能安防、智能环境监测、智能单兵装备等信息化应用建设。

三、保障措施

（一）加大协同推进。自治区能源局会同自治区发展改革委、应急管理厅、工信厅、财政厅、科技厅、教育厅、内蒙古煤矿安全监察局、通信管理局等单位，共同推进煤矿智能化建设相关工作。适时召开现场会，组织观摩交流，推动工作开展。对列入年度计划的项目实行通报。总结智能化建设新典型、新模式和新机制，宣传推广智能化发展经验和成果，形成加快推进煤矿智能化建设工作的良好氛围。

（二）落实支持政策。发展改革、工信、科技厅等部门利用现有资金渠道，支持开展煤矿智能化建设的技术创新、科研攻关等，对符合要求的相关建设项目予以支持；对验收通过的智能化示范煤矿，在产能置换、产能核增等方面优先予以支持；在煤矿安全改造资金安排上，对应用井下智能装备、机器人岗位替代、推进煤矿开采减人提效的煤矿予以重点支持；对新建智能化煤矿，在规划和年度计划中优先考虑；将煤矿相关智能化改造纳入煤矿安全技术改造范围，相关投入列入安全费用使用范围；金融机构要加大对智能化煤矿、煤矿智能化改造的支持；鼓励企业发起设立相关市场化基金，支持煤矿智能化发展。

（三）加强人才保障。支持和鼓励高校加强煤矿智能化相关学科专业建设，培育具备矿业工程、软件工程、信息工程、机器人工程、人工智能等知识技能的复合型人才。鼓励高校和企业共建实践基地，搭建高校教师挂职锻炼平台，积极开展在职人员智能化和信息化培训，优化知识型、技能型、管理型人才发展体系。

（四）强化安全监管。煤矿企业要牢固树立安全生产“红线”意识，依法依规推进智能化开采。煤矿安全监管、监察部门要加大执法检查力度，监督煤矿企业严格遵守法律、法规，严厉打击生产、建设矿井违规布置采掘工作面和超能力、超强度、超定员组织生产等违法违规行为。严厉打击手续不全矿井以推进智能化开采为由违法违规组织生产。

2020年5月14日

内蒙古自治区能源局　内蒙古煤矿安全监察局关于印发《内蒙古自治区煤矿智能化建设验收办法（试行）》和《内蒙古自治区煤矿智能化建设基本要求及评分方法（试行）》的通知

内能安监字〔2021〕517号

各盟市能源局，相关盟市发展和改革委员会、工业和信息化局、应急管理局，各驻地煤矿安全监察分局（站）：

为进一步规范我区煤矿智能化建设，自治区能源局、内蒙古煤矿安全监察局组织制定了《内蒙古自治区煤矿智能化建设验收办法（试行）》和《内蒙古自治区煤矿智能化建设基本要求及评分方法（试行）》，现予印发，自印发之日起实施。

附件1

内蒙古自治区煤矿智能化建设验收办法（试行）

第一章　总　　则

第一条　为认真贯彻落实国家发展改革委等八部门《关于加快煤矿智能化发展的指导意见》（发改能源〔2020〕283号）和《内蒙古自治区推进煤矿智能化建设三年行动实施方案》（内能安监字〔2021〕191号）精神，加快推进我区煤矿智能化建设，促进煤炭产业高质量发展，为智慧矿山建设奠定基础，制定本验收办法。

第二条　本验收办法适用于全区所有证照齐全的生产煤矿、手续齐全的建设煤矿。

第三条　开展煤矿智能化建设，坚持示范引领、分步建设、统筹推进，以智能平台建设为先导，以网络基础设施建设为支撑，加快提升煤矿各生产系统智能化作业能力，提高建设速度和质量，通过减人、降耗、提效，实现煤炭生产安全高效。

第四条　坚持减人提效保安全原则，智能化煤矿采煤和掘进工作面实现少人或无人操作，其中，智能化掘进工作面内正常掘进时作业人员每班原则上不超过8人；智能化采煤工作面内正常生产时作业人员每班原则上不超过7人，人工干预率不高于20%；井下主要生产系统固定岗位实现无人值守与远程控制。

第二章　验收基本条件及标准

第五条　申请验收的煤矿智能化建设项目必须具备以下基本条件。

（一）生产煤矿各种证照齐全、合法、有效；建设煤矿建设手续齐全。

（二）矿长、副矿长、总工程师（技术负责人）、副总工程师在规定的时间内参加由煤矿安全监管部门组织的安全生产知识和管理能力考核，并取得考核合格证。

（三）无国家明令禁止、淘汰的设备和工艺。

（四）建立井下人员精准定位系统。

（五）编制煤矿智能化建设方案。

（六）建立煤矿智能化系统运行维护管理机制。

（七）煤矿智能化建设项目各系统应正常运行一个月以上。

第六条 煤矿智能化建设项目验收执行《内蒙古自治区煤矿智能化建设基本要求及评分方法（试行）》（以下简称《评分方法》）。

第七条 煤矿智能化建设项目分为智能化井工煤矿、智能化掘进工作面、智能化综采工作面和智能化露天煤矿。

第八条 智能化井工煤矿、智能化掘进工作面、智能化综采工作面和智能化露天煤矿验收满分为100分，采用各部分得分乘以权重的方式计算，评定总得分分别应达到75分。

第三章 验收程序

第九条 煤矿智能化建设验收按下列程序进行。

（一）企业自验。煤矿智能化项目建设完成后，由煤矿上级公司组织验收，无上级公司的由煤矿组织验收，验收通过后，将验收报告报自治区能源局、内蒙古煤矿安全监察局。

（二）部门评估。中央企业煤矿和国家智能化建设示范煤矿由自治区能源局、内蒙古煤矿安全监察局组织评估，其他煤矿由盟市煤矿监管部门会同驻地煤矿安全监察分局（站）组织评估；自治区能源局、内蒙古煤矿安全监察局对盟市组织评估的煤矿进行抽查。评估工作应在收到企业验收报告后15个工作日内完成。

（三）公示公布。经评估达到验收标准的煤矿由自治区能源局和内蒙古煤矿安全监察局在自治区能源局网站进行公示，接受社会监督，公示时间不少于5个工作日，对公示无异议的煤矿予以公布。

第十条 属地煤矿监管部门、驻地煤矿安全监察分局（站）应当每年对智能化煤矿（包括智能化采煤工作面、掘进工作面）开展一次检查，及时将检查结果上报自治区能源局、内蒙古煤矿安全监察局，自治区能源局、内蒙古煤矿安全监察局进行抽查，督促动态达标。

第四章 附则

第十一条 本办法由自治区能源局、内蒙古煤矿安全监察局负责解释。

第十二条 此验收办法施行期间，国家对智能化煤矿建设有规定的从其规定。

第十三条 本办法有效期限为2年。

附件2

内蒙古自治区煤矿智能化建设基本要求及评分方法（试行）

一、煤矿智能化建设基本内容

（一）井工煤矿智能化建设基本内容包括：智能化运算平台、智能化煤矿信息基础设施、掘进系统、综采系统、主运输系统、辅助运输系统、综合保障系统、安全管控系统、经营管理系统等9个方面内容。

（二）井工煤矿掘进工作面智能化建设基本内容包括：智能化运算平台、智能化煤矿信息基础设施、掘进系统、安全管控系统等4个方面内容。

（三）井工煤矿综采工作面智能化建设基本内容包括：智能化运算平台、智能化煤矿信息基础设施、综采系统、安全管控系统等4个方面内容。

（四）露天煤矿智能化建设基本内容包括：智能化运算平台、智能化煤矿信息基础设施、卡车无人驾驶系统、辅助设备远程控制系统等4个方面内容。

二、煤矿智能化建设评分方法

（一）井工煤矿智能化建设评分方法

1. 井工煤矿智能化建设考核满分为100分，采用各部分得分乘以权重的方式计算，各部分的权重见表1－1。

表1－1　井工煤矿智能化建设评分权重表

序号	考核内容	标准分值	权重（a_i）
一	智能化运算平台	100	0.10
二	智能化煤矿信息基础设施	100	0.10
三	掘进系统	100	0.10
四	综采系统	100	0.15
五	主运输系统	100	0.15
六	辅助运输系统	100	0.10
七	综合保障系统	100	0.15
八	安全管控系统	100	0.10
九	经营管理系统	100	0.05

2. 井工煤矿智能化建设各部分考核内容按照各部分评分表进行现场检查打分。

3. 各部分考核得分（即项目得分与加分项的合计分值）乘以该部分权重之和即为井工煤矿智能化建设考核得分，采用式（1）计算：

$$M = \sum_{i=1}^{9} (a_i \times M_i) \tag{1}$$

式中　M——井工煤矿智能化建设考核得分；

M_i——智能化运算平台、智能化煤矿信息基础设施、掘进系统、综采系统、主运输系统、辅助运输系统、综合保障系统、安全管控系统、经营管理系统等9项的井工煤矿智能化建设考核得分；

a_i——智能化运算平台、智能化煤矿信息基础设施、掘进系统、综采系统、主运输系统、辅助运输系统、综合保障系统、安全管控系统、经营管理系统等9项的权重值。

（二）井工煤矿掘进工作面智能化建设评分方法

1. 井工煤矿掘进工作面智能化建设考核满分为100分，采用各部分得分乘以权重的方式计算，各部分的权重见表1－2。

表1－2　井工煤矿掘进工作面智能化建设评分权重表

序号	考 核 内 容	标准分值	权重（a_i）
一	智能化运算平台	100	0.10
二	智能化煤矿信息基础设施	100	0.10
三	掘进系统	100	0.50
四	安全管控系统	100	0.30

2. 井工煤矿掘进工作面智能化建设各部分考核内容按照各部分评分表进行现场检查打分。

3. 各部分考核得分（即项目得分与加分项的合计分值）乘以该部分权重之和即为井工煤矿掘进工作面智能化建设考核得分，采用式（2）计算：

$$M = \sum_{i=1}^{4} (a_i \times M_i) \tag{2}$$

式中　M——井工煤矿掘进工作面智能化建设考核得分；

M_i——智能化运算平台、智能化煤矿信息基础设施、掘进系统、安全管控系统等4项的井工煤矿掘进工作面智能化建设考核得分；

a_i——智能化运算平台、智能化煤矿信息基础设施、掘进系统、安全管控系统等4项的权重值。

（三）井工煤矿综采工作面智能化建设评分方法

1. 井工煤矿综采工作面智能化建设考核满分为100分，采用各部分得分乘以权重的方式计算，各部分的权重见表1－3。

表1－3　井工煤矿综采工作面智能化建设评分权重表

序号	考 核 内 容	标准分值	权重（a_i）
一	智能化运算平台	100	0.10
二	智能化煤矿信息基础建设	100	0.10
三	综采系统	100	0.5
四	安全管控系统	100	0.5

2. 井工煤矿综采工作面智能化建设各部分考核内容按照各部分评分表进行现场检查打分。

3. 各部分考核得分（即项目得分与加分项的合计分值）乘以该部分权重之和即为井工煤矿综采工作面智能化建设考核得分，采用式（3）计算：

$$M = \sum_{i=1}^{4} (a_i \times M_i) \tag{3}$$

式中 M——井工煤矿综采工作面智能化建设考核得分；

M_i——智能化运算平台、智能化煤矿信息基础设施、综采系统、安全管控系统等4项的井工煤矿综采工作面智能化建设考核得分；

a_i——智能化运算平台、智能化煤矿信息基础设施、综采系统、安全管控系统等4项的权重值。

（四）露天煤矿智能化建设评分方法

1. 露天煤矿智能化建设考核满分为100分，采用各部分得分乘以权重的方式计算，各部分的权重见表1－4。

表1－4　露天煤矿智能化建设评分权重表

序号	考 核 内 容	标准分值	权重（a_i）
一	智能化运算平台	100	0.10
二	智能化煤矿信息基础设施	100	0.10
三	卡车无人驾驶	100	0.40
四	辅助设备远程控制	100	0.40

2. 露天煤矿智能化建设各部分考核内容按照各部分评分表进行现场检查打分。

3. 各部分考核得分（即项目得分与加分项的合计分值）乘以该部分权重之和即为露天煤矿智能化建设考核得分，采用式（4）计算：

$$M = \sum_{i=1}^{4} (a_i \times M_i) \tag{4}$$

式中 M——露天煤矿智能化建设考核得分；

M_i——智能化运算平台、智能化煤矿信息基础设施、卡车无人驾驶、辅助设备远程控制等4项的露天煤矿智能化建设考核得分；

a_i——智能化运算平台、智能化煤矿信息基础设施、卡车无人驾驶、辅助设备远程控制等4项的权重值。

三、煤矿智能化系统评分方法

（一）智能化运算平台

智能化煤矿应建设统一的智能化综合管控平台，首先，具备数据汇聚、存储、计算、治理、分析、服务的数据中台功能，同时，具备数据共享、多源数据融合、生产过程控制、生产设备运维、决策分析管理、故障联动报警、信息引导发布等业务中台功能。能够实现各自动化、智能化子系统集中监控、协同控制和统一调度，为安全生产、动态监控、经营决策等提供多维数据支持。

按表3－1评分，总分为100分。按照检查存在不符合要求的项目进行扣分，各小项分数扣完为止。

本部分设两项加分项：（1）运算平台主设备，包括CPU、内存、硬盘、桥芯片组云等硬件以及主要的软件系统实现国产化；（2）本级已完成或已接入上级云端数据平台、大数据中心，实现本级矿用数据和决策应用数字化，具备异地灾备配置。计算方法：实现一项应用或功能得分加10分。

表3-1　煤矿智能运算平台建设考核评分表

项目名称	基本要求	标准分值	评分方法	得分
算力中心	①具有标准化机柜系统、封闭通道系统、供配电系统、空调系统、动环监控系统。设置温度、湿度、烟感等传感器，采用环形总线组网供电。	10	查现场和资料。不符合要求或功能1处扣1分。	
	②具有满足煤矿智能化应用的CPU、GPU等算力。	10	查现场和资料。不符合要求或功能1处扣5分。	
	③使用云平台构建算力中心。基于开源云平台框架，统一运营运维，版本持续迭代演进，可持续同步公有云创新能力，具备软件定义网络能力，提供软SDN网络实现网络自动化及云平台网络大规模扩展能力。	10	查现场和资料。不符合要求或功能扣10分。	
	④采用符合ITIL规范的IT管理方案设计数据中心。	5	查现场和资料。不符合要求或功能扣5分。	
	⑤机房具备门禁系统，配备防静电设施、消防器材。	5	查现场和资料。不符合要求或功能1处扣1分。	
	⑥具备满足矿井需要的数据存储与数据采集能力，存储容量不少于1年时间。	5	查现场和资料。不符合要求或功能扣5分。	
	⑦实现双回路供电，配备不小于2h不间断备用电源，有声光报警装置；具备UPS电源系统，保证主要调度信息化系统续航时间≥4小时。	5	查现场和资料。不符合要求或功能1处扣5分。	
数据融合平台	①建立统一的数据服务接口、信息采集标准、数据格式、通信协议，实现数据的统一集中管理，建立矿井多源异构信息数据共享平台。	10	查现场和资料。不符合要求或功能1处扣2分。	
	②能够汇聚企业内部各种数据资产，包括应用、服务和相关集成，支持数据共享，具备提供数字化资产运营的分析能力。	10	查现场和资料。不符合要求或功能1处扣2分。	
	③采用人工智能技术对采集的各类设备、人员等信息进行智能感知，基于大数据平台和各子系统不同的应用场景建立算法和逻辑控制模型，对感知信息进行智能分析、自学习与决策，实现至少5个场景赋能。	15	查现场和资料。不符合要求或功能1处扣3分。	
	④能够在不影响各业务系统正常运行的前提下，将产量监控、人员定位、应急广播、生产系统、经营系统、安全管控系统、设备管理系统、工业视频、通风、排水、运输等各大系统集成到综合管理平台。	15	查现场和资料。不符合要求或功能1处扣2分。	
合计：得分+加分=				

（二）智能化煤矿信息基础设施

应建设高速可靠的通信网络，满足数据、文件、视频等实时传输要求，其中矿井主干网络带宽应不低于1000 Mbit/s，大型矿井主干网络带宽应不低于10000 Mbit/s，主干网络优先采用有线网络或5G网络，分别布设井下与地面环网，网络设备支持Ethemet/IP、PROFINET、MODBUS—RTPS、EPA等工业以太网协议；矿井服务器应能够满足井上下协同作业要求，重要的数据与应用类服务器应采用冗余配置；应建设大数据中心与智能综合管控平台，具备数据分类、分析、挖掘、融合处理等功能，实现各系统之间数据的互联互通与融合共享，解决“信息孤岛”、“信息烟囱”等问题。建立统一标准规范的数据体系，包括信息代码标准、硬件接口标准、软件接口标准、数据通信标准等。

按表3-2评分，总分为100分。按照检查存在不符合要求的项目进行扣分，各小项分数扣完为止。

本部分设加分两项：(1) 5G网络通信井下全覆盖，实现融合通信；(2) 采用SDN架构，实现网络可编程、智能化。(3) 支持4G、5G、Wifi、Iot等融合组网。计算方法：每实现一项应用或功能得分加10分。

表3-2　智能化煤矿信息基础设施考核评分表

项目名称	基本要求	标准分值	评分方法	得分
主干网络	① 工业控制主干网络和视频监控主干网络传输速率不低于10000 Mbps；满足环网保护，网络故障重构时间不大于30 ms；矿用有线主干网络设备支持Ethernet/IP、PROFINET、MODBUS—RTPS等工业以太网协议；支持5G承载网与工业以太网融合。	20	查现场和资料。不符合要求或功能的1处扣5分。	
二级交换接入网络	① 采用100 Mbit/s以上工业以太网；具备组环功能，网络自愈时间小于30 ms；矿用二级交换接入网络设备支持Ethernet/IP、PROFINET、MODBUS—RTPS，EPA等工业以太网协议。	15	查现场和资料。不符合要求或功能的1处扣5分。	
	② 煤矿4G/5G或5G系统应能安全、稳定运行，实现大数据传输、高清视频的上传和远程操控等功能，至少2处关键场景实现5G应用。	15	查现场和资料。不符合要求或功能的1处扣5分。	
	③ 具有与矿山井下主干网络、矿山接入网络的以太网接口；具备万兆骨干、千兆汇聚、百兆到桌面，且无线覆盖；支持光纤多模、单模、超五类双绞线等多种传输介质。	10	查现场和资料。不符合要求或功能的1处扣2分。	
数据处理设备	① 子系统采用云资源进行部署，云资源要满足子系统运行、多用户并发访问的要求；信息采集数据库服务器采用硬冗余或服务器虚拟化软冗余配置；应用服务器采用虚拟化实例布置于服务器虚拟化的硬件资源池中。	8	查现场和资料。不符合要求或功能的1处扣2分。	
	② 移动端数据处理设备应具有MA认证，具备无线通信功能，移动终端具备不少于NFC、RFID、蓝牙等至少2种近场通信功能。	10	查现场和资料。不符合要求或功能的1处扣3分。	
数据服务	① 具有全面的数据元分类属性、产生层次及交互层次规范，对于文件类型，采用FTP实现；对于实时音视频数据交互，采用SIP、RTP和RTSP协议实现；对于标准工控类设备数据的采集与控制采用OPC接口标准实现；对于环境监测类数据、井下人员数据、非标准机电设备监测控制类等数据，采用统一的数据交互标准规范协议。	12	查现场和资料。不符合要求或功能的1处扣2分。	
智能综合管控	① 基于统一I/O采集服务设计与实现，自主适配标准工控设备、非标准设备系统、VOIP语音设备系统和流媒体视频监控等设备系统。	10	查现场和资料。不符合要求或功能的1处扣2分。	
合计：得分+加分=				

（三）掘进系统

巷道掘进应采用掘进、支护、运输“三位一体”高效快速掘进技术体系，实现全机械自动化作业，具备快速掘进能力；煤层条件适宜的掘进工作面，应优先采用掘、支、锚、运、破碎一体化成套技术与装备，通过掘进工作面远程集控平台，实现基于感知信息对掘进工作面进行远程集中控制。

按表3-3评分，总分为100分。按照检查存在不符合要求的项目进行扣分，各小项分数扣完为止。

本部分设加分一项：(1) 掘进工作面实现生产班单班岗位人员减少至6人及以下。计算方法：实现本项应用或功能得分加10分。

表3-3 智能掘进系统考核评分表

项目名称	基 本 要 求	标准分值	评分方法	得分
智能掘进设备	① 巷道掘进过程实现全机械化作业，具有快速掘进能力。	15	查现场和资料。不符合要求或功能的1处扣5分。	
	② 采用智能地质探测技术与设备。	3	查现场和资料。不符合要求或功能的1处扣1分。	
	③ 掘进设备应采用综合机械化掘进方式，能够具备自主导航、坡度追踪和自动截割功能。	12	查现场和资料。不符合要求或功能的1处扣3分。	
	④ 掘进设备具备完善的传感器、执行器及控制器，能实现单系统或单设备的远程自动控制、工况在线监测、故障诊断功能。	10	查现场和资料。不符合要求或功能的1处扣2分。	
	⑤ 具备顶板临时支护功能，实现锚杆作业流程自动化。	10	查现场和资料。不符合要求或功能的1处扣5分。	
	⑥ 支护设备具有自动确定锚护位置、自动钻孔、自动铺网、自动安装锚杆（索）、工况在线监测及故障诊断等功能。	5	查现场和资料。不符合要求或功能的1处扣1分。	
	⑦ 运输设备转载机组具备过载保护功能，带式输送机机尾具备自移和张力自动控制功能。	10	查现场和资料。不符合要求或功能的1处扣3分。	

（四）综采系统

回采工作面采用资源条件适应型综采技术与装备，采用智能控制和可视化远程干预技术，应用采煤机记忆切割系统、液压支架电液控制及智能集成供液系统、图像视频远程跟踪系统、采煤机和刮板输送机及液压支架协同控制系统、远程控制平台等成套装备，实现地面（巷道）监控中心对综采设备的智能监测与集中控制，实现工作面智能化、少人化开采，综采工作面生产班单班岗位人员减少至7人及以下。鼓励采用远距离集中供液供电、开采环境快速感知技术和采煤机智能调控装置，提高智能采煤装备的自主开采作业能力。

按表3-4评分，总分为100分。按照检查存在不符合要求的项目进行扣分，各小项分数扣完为止。

本部分设加分两项：（1）综采（放）工作面工作区域实现5人及以下操作。（2）智能采煤装备开采作业过程中人工干预率低于20%。计算方法：实现本项应用或功能得分加10分。

表3-4 智能综采系统考核评分表

项目名称	基 本 要 求	标准分值	评分方法	得分
割煤系统	① 采煤机具备自主定位，同时具备远程控制、姿态控制功能。	9	查现场和资料。不符合要求或功能的1处扣3分。	
	② 采煤机应与瓦斯监控系统联动控制，并具备智能调速、自动调高、记忆截割功能。	9	查现场和资料。不符合要求或功能的1处扣3分。	
	③ 采煤机具备与支架防碰撞功能。	3	查现场和资料。不符合要求或功能的1处扣3分。	
	④ 采煤机具备故障诊断与预警功能。	3	查现场和资料。不符合要求或功能的1处扣1分。	

表3-4（续）

项目名称	基 本 要 求	标准分值	评分方法	得分
支护系统	①减压支架采用电液控制系统，具备支架伸/缩高度、压力、倾角等支护状态监测功能，跟随采煤机在全工作面范围自动完成支架伸收护帮、移架、推溜、喷雾除尘等动作，应具备远程控制功能。	10	查现场和资料。不符合要求或功能的1处扣2分。	
	②具备支架姿态监测功能，采用超前支架支护形式的应实现远程遥控控制。	8	查现场和资料。不符合要求或功能的1处扣2分。	
	③综放支架具备自动放煤或人工辅助放煤功能。	3	查现场和资料。不符合要求或功能的1处扣3分。	
	④具备自动补液、支护状态监测与预警功能。	9	查现场和资料。不符合要求或功能的1处扣3分。	
运输系统	①刮板输送机采用智能变频调整控制，具备煤量监测功能和机尾链条自动张紧功能，并与采煤机进行智能联动。	10	查现场和资料。不符合要求或功能的1处扣3分。	
	②带式输送机具备煤量、带速、温度等智能监测功能，采用智能张紧、可伸缩自移机尾。	10	查现场和资料。不符合要求或功能的1处扣2分。	
	③工作面运输实现远程控制和智能集中操控。	3	查现场和资料。不符合要求或功能的1处扣3分。	
综合保障系统	①采用工作面智能控制系统，能够在巷道监控中心、地面调度中心进行远程监控，实现协同控制、一键启停。	8	查现场和资料。不符合要求或功能的1处扣3分。	
	②采用智能供液系统，根据压力、流量等智能调控，并具备自动配液功能。	6	查现场和资料。不符合要求或功能的1处扣3分。	
	③具备人员、设备定位，以及完善的安全监控系统，工作面实现可视化视频监控。	6	查现场和资料。不符合要求或功能的1处扣3分。	
	④具备设备智能故障诊断、预测与预警功能。	3	查现场和资料。不符合要求或功能的1处扣3分。	
合计：得分+加分=				

（五）主运输系统

矿井应建设完善的煤炭运输系统，采用带式输送机进行煤炭运输，运输系统应具备运量、带速、温度、跑偏、撕裂等智能监测、预警与保护功能，单条带式输送机实现智能无人运输，多条带式输送机之间应实现智能联动控制，实现煤流输送系统各带式输送机的远程在线监控和非PLC程序联锁控制条件下的智能控制功能；采用立井罐笼运输的矿井，应具备对罐笼提升质量、提升速度等进行智能监控，系统具备智能装载、智能提升、智能卸载等功能，能够与煤仓实现智能联动控制；赋存条件较简单的大型矿井，主运输系统应实现智能无人值守与远程集中控制。

按表3-5评分，总分为100分。按照检查存在不符合要求的项目进行扣分，各小项分数扣完为止。本部分设加分一项：（1）主运输皮带实现机器人巡检。计算方法：实现本项应用或功能得分加10分。

表3-5　智能主运输系统考核评分表

项目名称	基　本　要　求	标准分值	评分方法	得分
带式输送机运输系统	① 单条带式输送机具备完善的传感器、执行器及控制器，能实现单设备的自动控制。	10	查现场和资料。不符合要求或功能的1处扣3分。	
	② 带式输送机采用变频或CST等软启驱动方式。	9	查现场和资料。不符合要求或功能的1处扣3分。	
	③ 具备完善的综合保护装置，能够根据监测结果实现综合保护装置的智能联动。	9	查现场和资料。不符合要求或功能的1处扣3分。	
	④ 主运输系统中沿线煤流应实现分布状态实时监测，实现煤流平衡，同时具有系统自检功能。	9	查现场和资料。不符合要求或功能的1处扣3分。	
	⑤ 多条输送带搭接，则实现多条输送带的集中协同控制，能够实现无人值守、智能控制功能。	9	查现场和资料。不符合要求或功能的1处扣3分。	
	⑥ 设有井底缓冲仓的其煤仓煤位可准确计量，给煤机与煤仓仓位信号、带式输送机控制系统实现智能联动控制。	8	查现场和资料。不符合要求或功能的1处扣2分。	
	⑦ 主运输线相关设备能实现互联互通，并能按主运输需求实现远程集中控制。	8	查现场和资料。不符合要求或功能的1处扣2分。	
立井智能提升系统	① 立井提升系统具有智能装载与卸载功能。	10	查现场和资料。不符合要求或功能的1处扣5分。	
	② 立井提升系统能够与煤仓放煤系统进行智能联动。	8	查现场和资料。不符合要求或功能的1处扣4分。	
	③ 具备智能综合保护系统，能够对提升速度、提升质量等进行智能监测。	10	查现场和资料。不符合要求或功能的1处扣5分。	
	④ 具备远程智能无人操作功能。	10	查现场和资料。不符合要求或功能的1处扣10分。	
合计：得分+加分=				

（六）辅助运输系统

矿井应建设完善的智能辅助运输系统，车辆安全检测诊断、入井车辆自动称重、轮廓扫描实现入井车辆的源头管控，通过车辆精准定位系统实现车辆的实时测速、超速报警、失速抓捕、井下红绿灯管控。轨道运输物资采用编码体系进行集装化管理；采用机车进行运输，则实现机车位置的精准定位、无人驾驶与智能调度；采用无轨胶轮车进行运输，则实现无轨胶轮车的精准定位与智能调度，物资装卸实现自动化；采用多种运输方式进行综合运输，则不同运输方式之间的接驳应实现自动化，最大程度降低井下辅助运输作业人员数量与劳动强度。按表3-6评分，总分为100分。按照检查存在不符合要求的项目进行扣分，各小项分数扣完为止。

表3-6　智能辅助运输系统考核评分表

项目名称	基　本　要　求	标准分值	评分方法	得分
轨道运输	① 运输物资建立编码体系，实现物资及车厢的集装化。	8	查现场和资料。不符合要求或功能的1处扣4分。	
	② 运输过程中实现车辆位置的精准定位和智能调度。	8	查现场和资料。不符合要求或功能的1处扣4分。	

表 3-6（续）

项目名称	基　本　要　求	标准分值	评分方法	得分
无轨胶轮车运输	① 部分运输物资建立编码体系，实现物资集装化。	8	在现场和资料。不符合要求或功能的 1 处扣 4 分。	
	② 运输过程中实现车辆的精准定位和智能调度。	8	查现场和资料。不符合要求或功能的 1 处扣 4 分。	
混合运输	① 运输物资建立编码体系，实现物资及车厢的集装化。	8	查现场和资料。不符合要求或功能的 1 处扣 4 分。	
	② 不同运输方式之间的接驳实现自动化辅助。	6	查现场和资料。不符合要求或功能的 1 处扣 3 分。	
	③ 运输过程中实现智能物流管控。	8	查现场和资料。不符合要求或功能的 1 处扣 4 分。	

（七）综合保障系统

矿井应建设完善的综合保障系统，矿井主要通风机、局部通风机具备集中控制功能，井下风门具备基于感知信息的智能开启与关闭，具备瓦斯、风压、风速、风量等智能感知能力，并基于感知信息自动进行预警与控制，实现通风系统的无人值守与远程集中控制；固定排水作业点实现基于水压、水位的智能抽排，排水系统与水文监测系统实现智能联动；供电系统具备智能防越级跳闸保护功能，井下中央变电所、采区变电所实现无人值守；综合保障系统各监测数据应接入智能综合管控平台，实现数据的共享及智能联动控制。

按表 3-7 评分，总分为 100 分。按照检查存在不符合要求的项目进行扣分，各小项分数扣完为止。

表 3-7　智能综合保障系统考核评分表

项目名称	基　本　要　求	标准分值	评分方法	得分
通风系统	① 应对矿井主要通风机实时参数进行智能监测，具备智能调速和远程集中控制功能。	4	查现场和资料。不符合要求或功能的 1 处扣 2 分。	
	② 井下主要进回风巷间、采区进回风巷间采用自动闭锁风门，宜实现自动控制和远程控制功能。	5	查现场和资料。不符合要求或功能的 1 处扣 1 分。	
	③ 能够对井下瓦斯浓度、风压、风速、风流方向及固定地点风量等参数进行智能监测，可以对监测数据进行自动分析。	4	查现场和资料。不符合要求或功能的 1 处扣 1 分。	
	④ 局部通风机具备远程监测功能。	4	查现场和资料。不符合要求或功能的 1 处扣 4 分。	
	⑤ 掘进工作面的局部通风机实现双风机、双电源，并能自动切换，根据环境监测结果实现风电闭锁、瓦斯电闭锁等。	6	查现场和资料。不符合要求或功能的 1 处扣 1 分。	
排水系统	① 具备水量负荷调控及管网调配功能。	4	查现场和资料。不符合要求或功能的 1 处扣 4 分。	
	② 根据固定作业点的水位情况实现智能抽排。	4	查现场和资料。不符合要求或功能的 1 处扣 4 分。	
	③ 主排水系统能够与矿山综合管控平台实现数据互联互通。	5	查现场和资料。不符合要求或功能的 1 处扣 2 分。	

表3-7（续）

项目名称	基本要求	标准分值	评分方法	得分
排水系统	④具有远程集中控制，实现自动运行及无人值守功能。	5	查现场和资料。不符合要求或功能的1处扣2分。	
	⑤具备故障分析诊断及预警功能。	4	查现场和资料。不符合要求或功能的1处扣2分。	
压风系统	①在地面建有压缩空气站，且采用自动化集中控制，具备无人值守条件。	7	查现场和资料。不符合要求或功能的1处扣2分。	
	②矿井所有采区避灾路线上（采掘工作面范围内）均应敷设压风自救管道，并设供气阀门或压风自救装置。	7	查现场和资料。不符合要求或功能的1处扣2分。	
供电系统	①具备智能防越级跳闸保护功能。	6	查现场和资料。不符合要求或功能的1处扣6分。	
	②具备智能选择性漏电保护功能。	6	查现场和资料。不符合要求或功能的1处扣6分。	
	③具有对矿井所有变电所进行实时监控与电力调度的功能。	4	查现场和资料。不符合要求或功能的1处扣2分。	
	④具有监控数据采集与上传、数据辨识功能。	4	查现场和资料。不符合要求或功能的1处扣2分。	

（八）安全管控系统

根据矿井煤层赋存条件及灾害类型，矿井应建设完善的智能安全管控系统。存在瓦斯灾害的矿井，应建设完善的瓦斯智能感知系统，并实现监测数据的自动上传、分析、预测、预警，瓦斯监测数据与通风系统、避灾系统等实现智能联动控制；存在水害的矿井，应建设完善的井上下水文智能动态监测系统，并与排水系统、避灾系统等实现智能联动控制；存在煤层自然发火危险的矿井，应建设完善的束管监测、光纤测温等系统，以及灌浆、注氮等防灭火设施，实现监测数据的自动上传、分析及联动控制；矿井电气设备、带式输送机等易发生火灾的区域，应设置完善的火灾感知装置及防灭火系统，并实现智能联动；矿井应建设完善的顶板灾害在线监测系统，能够基于监测分析结果进行顶板灾害的预测、预警；具有冲击地压灾害的矿井，应建立完善的冲击地压监测、预测与预警系统，实现对冲击地压危险区域的有效预测、预警；矿井应建立完善的智能灾害综合防治系统，实现多种灾害监测数据的融合分析与智能联动控制；入井人员装备与安全管控系统智能联动，实时采集相关信息。

按表3-8评分，总分为100分。按照检查存在不符合要求的项目进行扣分，各小项分数扣完为止。

表3-8　智能安全管控系统考核评分表

项目名称	基本要求	标准分值	评分方法	得分
瓦斯灾害	①具有通风监测演示功能，并可与矿井监测监控系统同步，实现矿井通风系统在线监测和数据共享。	4	查现场和资料。不符合要求或功能的1处扣1分。	
	②应实现对瓦斯抽采作业全过程的相关参数数据进行智能感知、分析、验收功能。	4	查现场和资料。不符合要求或功能的1处扣1分。	

表3-8（续）

项目名称	基　本　要　求	标准分值	评分方法	得分
瓦斯灾害	③ 能够根据瓦斯监测数据进行瓦斯超限区域智能断电。	3	查现场和资料。不符合要求或功能的1处扣3分。	
	④ 能够根据瓦斯监测数据进行瓦斯超限区域智能预警及避灾路线规划。	3	查现场和资料。不符合要求或功能的1处扣1分。	
水害	① 具有针对主要含水层的井上下水文智能动态观测系统，进行动态观测和水害的预测预警分析。	4	查现场和资料。不符合要求或功能的1处扣2分。	
	② 具有水害智能仿真系统，并与矿井监测监控系统同步，实现水害的实时监测仿真，及避灾路线的智能规划。	4	查现场和资料。不符合要求或功能的1处扣2分。	
	③ 应实现对探放水作业全过程的相关参数数据进行智能感知、分析、验收功能。	4	查现场和资料。不符合要求或功能的1处扣1分。	
火灾	① 易自燃煤层的矿井，应建立束管监测、光纤测温系统，实现对井下的实时监测、数据分析及上传。	4	查现场和资料。不符合要求或功能的1处扣1分。	
	② 开采易自燃煤层的矿井，应设置灌浆、注氮等设施，且能够与火灾监测系统进行智能联动。	4	查现场和资料。不符合要求或功能的1处扣1分。	
	③ 在电气设备集中场所、带式输送机等易发生火灾的区域，应设置火灾变量监测装置，以及防灭火系统，实现火灾参数的智能监测、分析，并根据分析处理结果进行智能预测、预警及联动控制。	4	查现场和资料。不符合要求或功能的1处扣1分。	
	④ 具备火灾智能模拟演示系统，并与矿井监测监控系统连接，实现火灾的实时监测仿真，以及避灾路线的智能规划。	4	查现场和资料。不符合要求或功能的1处扣1分。	
粉尘	① 应设置采、掘工作面和煤流运输系统的粉尘监控系统。	3	查现场和资料。不符合要求或功能的1处扣1分。	
顶板灾害	① 具备矿山压力监测系统，能够实现对矿压监测点进行实时监测。	4	查现场和资料。不符合要求或功能的1处扣2分。	
	② 建有综采工作面、掘进工作面矿山压力大数据分析及评价模型，能够基于监测数据实现矿山压力的预测与预警。	3	查现场和资料。不符合要求或功能的1处扣1分。	
冲击地压灾害	① 具备冲击地压监测系统，对冲击危险区域进行实时监测。	4	查现场和资料。不符合要求或功能的1处扣2分。	
	② 具有冲击地压评价及预警装置，实现冲击地压监测数据的智能分析与预测预警。	4	查现场和资料。不符合要求或功能的1处扣2分。	

（九）经营管理系统

矿井应建设完善的智能经营管理系统，能够对生产系统与管理系统的数据进行有效融合，通过数据分析与模型构建进行矿井智能排产、分选、运输等的智能调度；建立智能决策支持系统，实现市场分析、煤质管理、生产调度管理、材料与设备综合管理、能源消耗管理、综合成本核算等的智能化运行。

按表3-9评分，总分为100分。按照检查存在不符合要求的项目进行扣分，各小项分数扣完为止。

表3-9 智能经营管理系统考核评分表

项目名称	基本要求	标准分值	评分方法	得分
经营管理	①具有综合调度系统、会议系统、办公系统，能够实现对井上下人员及各系统的统一协调管理。	20	查现场和资料。不符合要求或功能1处扣5分。	
	②实现安防、车辆管理、门禁闸机管理、洗浴管理、信息发布数据共享。配备个人数据移动终端。	20	查现场和资料。不符合要求或功能1处扣2分。	
	③实现设备、物资等的智能化存储与矿区内智能化配送。具有定期自动运维管理及配件库存识别功能。	20	查现场和资料。不符合要求或功能1处扣2分。	
	④具有地表沉陷、基础设备无人机或机器人巡检管控。	10	查现场和资料。不符合要求或功能1处扣2分。	
	⑤具有运销管理、物资供应管理、仓储管理等系统。	20	查现场和资料。不符合要求或功能1处扣2分。	
	⑥在地面变电站（所）、主通风机房等重点场所设置高清视频监控，或机器人巡检，实现数据与集中管控平台实时互联。	10	查现场和资料。不符合要求或功能1处扣2分。	
合计：得分＝				

（十）露天煤矿卡车无人驾驶系统

建立路权管理、故障预警、协同作业管理系统，实现卡车路径自动规划、障碍物智能避让、安全精准预警等功能，具备无人行驶、远程监控。

按表3－10评分，总分为100分。按照检查存在不符合要求的项目进行扣分，各小项分数扣完为止。本部分设加分一项：（1）建立与其他车辆、设备协同作业管理系统。计算方法：实现本项应用或功能加10分。

表3-10 卡车无人驾驶系统考核评分表

项目名称	基本要求	标准分值	评分方法	得分
车辆改造	①保留原车的操作方式、功能及性能，无人和有人驾驶可自主切换。	8	现场抽查和查资料。不符合要求或功能1处扣2分。	
	②转向系统实时反馈转向角度：驱动系统实时反馈驱动档位、油门开度数据。	4	现场抽查和查资料。不符合要求或功能1处扣2分。	
	③制动系统实现工作制动、动力制动、驻车制动、紧急制动等制动功能线性控制，高效执行控制指令实时反馈制动状态和制动强度数据。	8	现场抽查和查资料。不符合要求或功能1处扣2分。	
	④举升系统实现举升、迫降、锁止、浮动等的线性控制，实时反馈货箱升降工作状态和货箱举升角度数据。	4	现场抽查和查资料。不符合要求或功能1处扣1分。	
	⑤行车警示系统控制转向灯、制动灯、前大灯倒车灯、示廓灯、警示灯、蜂鸣器，指令准确控制灯光、蜂鸣器等。	6	现场抽查和查资料。不符合要求或功能1处扣1分。	
	⑥实现RTK组合定位功能。	4	现场抽查和查资料。不符合要求或功能1处扣2分。	

表 3-10（续）

项目名称	基　本　要　求	标准分值	评分方法	得分
车辆改造	⑦ 决策控制模块综合横向控制误差≤0.5 米、速度控制误差≤2 km/h；转向角度误差和举升角度误差不超过0.5 度、转向角度反馈周期不超过40 毫秒；驱动档位、油门开度、制动状态、货箱举升工作状态、货箱举升角度等信息反馈周期≤80 毫秒。	8	现场抽查和查资料。不符合要求或功能1 处扣1 分。	
	⑧ 具备开机自检、硬件故障检测、软件故障检测及轨迹偏离检测功能。	4	现场抽查和查资料。不符合要求或功能1 处扣1 分。	
	⑨ 实现卡车循迹、避障、绕障、防止碰撞等功能。	6	现场抽查和查资料。不符合要求或功能1 处扣2 分。	
	⑩ 实现卡车运行状态、故障、施工任务数据、地图数据等信息的存储与管理，数据储存周期≥7 天。	8	现场抽查和查资料。不符合要求或功能1 处扣2 分。	
作业调度	① 能够实现车辆调度、路径规划、车铲匹配、交通管理功能。	8	现场抽查和查资料。不符合要求或功能1 处扣2 分。	
	② 自动采集无人驾驶行驶区域地形三维数据，将地形数据自动传输至地面控制系统，支持数据统计更新功能。	6	现场抽查和查资料。不符合要求或功能扣6 分。	
	③ 全面采集卡车运行状态信息，由线控系统控制器统一管理并完成故障诊断，诊断信息实时反馈至卡车和控制中心。	10	现场抽查和查资料。不符合要求或功能1 处扣2 分。	
	④ 实现运营监控、故障诊断与处理、远程遥控、日志记录、数据统计分析、用户管理、设备管理、安全预警、外部系统融合功能。	10	现场抽查和查资料。不符合要求或功能1 处扣1 分。	
	⑤ 建设适合的网络，实现 V2N（车－控制中心）、V2V（车－车）、V2I（车－路）的车－路－控制中心的实时数据传输功能，通信延时＜50 ms。	6	现场抽查和查资料。不符合要求或功能扣2 分。	
合计：得分＋加分＝				

（十一）露天煤矿辅助设备远程控制

基于智能化运算平台和智能化煤矿信息基础设施，采用重点作业环节、重点风险地点视频识别及其他技术手段，实现露天矿工业设备集中控制、破碎机/移动式破碎站远程控制、胶带系统无人值守和边坡实时监测、预警，提高安全保障程度。

按表 3-11 评分，总分为 100 分。按照检查存在不符合要求的项目进行扣分，各小项分数扣完为止。

表 3-11　辅助设备远程控制系统考核评分表

项目名称	基　本　要　求	标准分值	评分方法	得分
工业设备集中控制	① 工业控制系统可以进行远程集中控制与在线监测。	8	现场抽查和查资料。不符合要求或功能1 处扣2 分。	
	② 排水系统实现流量上传与远程遥控。	4	现场抽查和查资料。不符合要求或功能扣4 分。	
	③ 变电站实现遥测、遥信、遥控、遥调功能。	4	现场抽查和查资料。不符合要求或功能扣4 分。	

表 3-11（续）

项目名称	基　本　要　求	标准分值	评分方法	得分
工业设备集中控制	④ 胶带系统可进行集中控制。	4	现场抽查和查资料。不符合要求或功能扣 4 分。	
	⑤ 矿山地图可进行集中修订。	4	现场抽查和查资料。不符合要求或功能扣 4 分。	
破碎机/移动式破碎站远程控制	① 工业控制软件为国产率达到 50%，并有推广能力。	3	现场抽查和查资料。不符合要求或功能扣 3 分。	
	② 自动判断物料体积，并根据分析结果调节破碎机频率。	5	现场抽查和查资料。不符合要求或功能扣 5 分。	
	③ 自动判断物料流速，并根据分析结果调节给料机速度。	5	现场抽查和查资料。不符合要求或功能扣 5 分。	
	④ 破碎卸载口信号灯实现自动转换。	5	现场抽查和查资料。不符合要求或功能扣 5 分。	
胶带系统无人值守	① 堵料、打滑、拉绳、撕裂、跑偏保护信息接入；设备温度，震动及 PLC 信号电压、电流等数据接入。	8	现场抽查和查资料。不符合要求或功能 1 处扣 1 分。	
	② 具备轨道、地面或无人机式巡检机器人，可以对发现的问题及时报警。	6	现场抽查和查资料。不符合要求或功能扣 6 分。	
	③ 具备金属探测器或除铁器。	4	现场抽查和查资料。不符合要求或功能扣 4 分。	
	④ 具备电子栅栏功能。	6	现场抽查和查资料。不符合要求或功能扣 6 分。	
	⑤ 具备皮带探伤功能；具备问题点标记功能，可对发现的上述现象位置进行标记。	6	现场抽查和查资料。不符合要求或功能 1 处扣 3 分。	
	⑥ 带式输送机应具有运输物流量控制的调速、与上煤仓煤位的运行闭锁功能，沿线物流应实现分布状态实时监测。具备视频回放功能。	6	现场抽查和查资料。不符合要求或功能 1 处扣 2 分。	
边坡监测	① 露天煤矿采场高陡边坡、排土场危险边坡等应实现在线实时监测。	10	现场抽查和查资料。不符合要求或功能 1 处扣 2 分。	
	② 具备滑坡现象预警提示功能。	8	现场抽查和查资料。不符合要求或功能扣 8 分。	
	③ 危险区域实现无人机巡检。	4	现场抽查和查资料。不符合要求或功能扣 4 分。	

陕西省

陕西省发展和改革委员会等七部门
关于印发《陕西省煤矿智能化建设实施方案》的通知

陕发改能煤炭〔2020〕1281号

各产煤市发展改革委、煤炭行业管理部门、应急管理局、煤矿安全监察分局、煤矿安全监管部门、工信局、财政局、科技局、教育局，有关省属企业：

为深入贯彻习近平总书记“四个革命、一个合作”能源安全新战略，落实国家《关于加快煤矿智能化发展的指导意见》（发改能源〔2020〕283号）要求，加快推进全省煤矿智能化建设工作，省发展改革委、省应急管理厅、陕西煤监局、省工信厅、省财政厅、省科技厅、省教育厅研究制定了《陕西省煤矿智能化建设实施方案》，现印发你们，请贯彻执行。

陕西省发展和改革委员会　陕西省应急管理厅
陕西煤矿安全监察局　陕西省工业和信息化厅
陕西省财政厅　陕西省科学技术厅
陕西省教育厅
2020年9月9日

陕西省煤矿智能化建设实施方案

为深入贯彻习近平总书记“四个革命、一个合作”能源安全新战略，落实国家《关于加快煤矿智能化发展的指导意见》（发改能源〔2020〕283号）要求，加快推进全省煤矿智能化建设工作，推动智能化技术与煤炭产业深度融合，保障煤矿安全高效生产，促进煤炭产业高质量发展。结合我省实际，制定本方案。

一、指导思想

以习近平新时代中国特色社会主义思想为指导，深入贯彻落实习近平总书记来陕考察重要讲话精神，落实能源安全新战略和新发展理念，加快推进煤炭产业供给侧结构性改革，以煤炭产业智能化转型升级为主线，以煤矿“新基建”为基础支撑，以科技创新、提质增效为根本动力，全面提升煤矿智能化水平，推进煤炭生产方式少人化、无人化，实现煤炭安全、绿色、高效、智能开采，促进全省煤炭产业高质量发展。

二、基本原则

（一）统筹规划，全面推进。瞄准世界一流前沿，准确把握产业发展规律，合理预判行业发展趋势，加强顶层设计，科学规划布局，健全工作机制，统筹推进煤矿智能化建设。

（二）技术引领，开放共享。与国际、国家、行业先进接轨，加强煤矿智能化基础理论研究与科技创新，突破发展技术瓶颈，创建开放共享的技术产业体系。

（三）分类施策，试点先行。结合地域发展特点、煤层赋存条件、矿井灾害程度、人才技术装备等，因地制宜、因矿施策，分类推进。发挥试点示范作用和辐射效应，率先建成一批效果突出、带动性强的智能化示范矿井。

（四）企业主体，政府引导。强化企业主体责任，发挥市场在资源配置中的决定性作用，激发企业内生动力和创新活力。政府引导，加强政策支撑，营造良好发展环境。

三、建设目标

（一）2020—2022 年，全省特大型煤矿和灾害严重煤矿基本实现智能化生产。生产能力 300 万吨/年及以上煤矿、灾害严重煤矿（冲击地压、煤与瓦斯突出矿井、水害严重矿井）的采煤和掘进工作面、生产辅助系统均实现智能化运行，高危固定岗位实现无人值守和远程监控。建成 10 座智能化示范煤矿，55 个智能化采煤工作面，20 个智能化示范掘进工作面。其中，咸阳市所属的 90 万吨/年以上矿井全部实现智能化开采，陕煤集团现有 36 对矿井的采煤工作面实现智能化开采达到 85% 以上。新建煤矿要按智能化采煤工作面标准同步建成投产。

（二）到“十四五”末，全省大型煤矿及其他具备条件煤矿基本实现生产经营管理智能化。生产能力 120 万吨/年及以上大型煤矿的开拓设计、地质保障、采掘、运输、通风、洗选物流等系统自动化、智能化协同运行，搭建智能生产、安全保障和经营管理等信息融合共享一体化管控平台，重点危险岗位机器人作业，形成完整的煤矿智能化建设技术体系。建成 30 ~ 35 个省级智能化示范煤矿，创建 10 ~ 15 个国家级智能化示范煤矿。

（三）2026—2035 年，全面完成各类煤矿智能化建设工作。全省各煤矿均实现信息精准适时采集、高可靠网络化传输、规范化信息集成、实时可视化展现，生产环节自动化运行，构建多产业链、多系统集成的煤矿智能化系统，建成智能感知、智能决策、自动执行的煤矿智能化体系。

四、主要建设内容

全面推进煤矿智能化建设工作，注重智能技术融合和集成创新，推进煤矿生产管理流程再造，引进智能装备专业化服务等新型管理与服务模式，全方位推进井上下、各系统、采掘面智能化建设，形成煤矿全面感知、实时互联、分析决策、自主学习、动态预测、协同控制的智能系统，实现矿井生产经营管理全过程的智能化运行。

（一）智能化采煤工作面建设

煤矿综采工作面采用液压支架电液控制、远距离供电供液、图像视频远程跟踪、可视化远程控制等先进技术，搭建采煤工作面千兆通信网络，对工作面综采设备进行智能监测与集中控制，实现割煤、推溜、移架、运输等工艺过程智能化，各设备实现集中，就地和远程控制，采煤机、液压支架、刮板机等实现协同控制和流程启停。推广应用薄煤层、中厚煤层、特厚煤层一次采全高和大采高智能化开采成套装备和技术。

（二）掘进工作面自动化、智能化建设

地质条件简单、围岩完整稳定的巷道，推广应用掘、支、运三位一体高效快速掘进技术与装备，实现掘进、支护、运输等智能化连续平行作业，缓解矿井采掘失衡、掘锚支失衡造成的生产接续问题。地质条件一般、围岩完整性和稳定性较差的巷道，采用综合机械化掘进的方式，应用综掘机、综掘机载锚杆钻机、连续转载胶带机等成套装备，实现掘进、支护、运输的自动化作业。围岩坚硬的岩石巷道，采用大功率岩巷掘进机、锚杆台车、连续运输机等成套装备，实现掘进、支护、运输的机械化、自动化运行。

鼓励推广连掘设备智能化建设，连掘智能工作实现连采机和梭车自动运行、锚杆机支护作业自动化。连采机、梭车、锚杆机通过惯性导航系统定向、激光及激光标靶定位，结合倾角、震动、速度、加速度等传感器对设备本身进行姿态控制，通过激光雷达进行边界扫描、用摄像头进行环境感知，实现连采机、梭车、锚杆机的自动调机和固定路线自动运行。

（三）推进煤矿采掘工作面少人化

树立“无人则安，少人则安”的理念，通过煤矿智能化采掘工作面建设，逐步实现煤矿采掘一线少人化，实现“减人、降本、提效、保安”。煤矿薄煤层和一次采全高智能化采煤工作面（工作面及进、回风巷超前支护段内）工人数减少到 9 人以内；综采放顶煤智能化工作面、充填工作面（工作面及进、回风巷超前支护段内）职工人数减少到 16 人以内；智能化掘进工作面（从掘进迎头至工作面回风流与全风压风流混合处）职工人数减少到 9 人以内。其他采掘工作面必须满足《煤矿井下单班作业人数限员规定（试行）》有关要求。

（四）智能化生产辅助系统建设

应用视频监视、智能监测保护、自动控制或集中控制等技术，实现煤矿压风机房、变电所、水泵房、原煤主运输系统等固定场所和采掘配套运输设备无人值守或集中控制。选煤厂推行关键设备与生产工艺环节的全系统、全流程智能化。采用低功耗、高精度、多功能环境监测传感器，对井下水、火、瓦斯、粉尘、顶板等灾害进行智能监测，实现智能监测、预测预警与防治系统的智能联动。推行井下设备在线诊断与远程运维系统建设，提高井下设备智能化水平。

（五）智能化辅助运输系统建设

积极推进井下无轨高速运输圈、快速装卸站和智能运输巡检系统建设，应用新一代网络智能分析技术，实现车辆精确定位、动态监控、语音调度、智能导航、安全预警、物流配送等全方位立体化管控，打造辅助运输连续化、通用材料运输集装化、井下车辆调度智能化的矿井安全高效智能交通系统，提高煤矿辅助运输管理水平。

（六）煤矿安全生产管控一体化平台建设

推进集安全生产、调度指挥、经营销售、物资供应等为一体的煤矿安全生产管控一体化平台建设，推广应用井上下无线终端平台，完善井上下工业环网，实现各自动化、智能化子系统集中操作、集中监控和统一调度。各煤炭企业建设安全、开放、数据易于获取与高效处理的智能化大数据共享与应用云平台，实现煤矿与上级集团公司和地方煤炭监管部门的信息互联互通和数据高效利用。

（七）煤矿机器人研发应用

加快推广应用巡检、选矸等技术已成熟的机器人，持续推进智能化减人、换人。对照《煤矿机器人重点研发目录》，开展煤矿采掘、运输、安控和救援类等机器人的立项研发，攻克掘进机自动定位截割、锚杆自动钻装、放顶煤自动识别控制等关键技术。逐步实现关键岗位机器人替代、生产过程智能控制以及井下机器人协同智能操控。推进建设煤矿机器人创新基地、重点实验室和工程技术研究中心，推动煤矿机器人基础理论研究、标准体系建立、产学研协同创新、产业化开发应用等。

五、相关要求

（一）提高认识，合力推进

煤矿智能化建设对提高煤矿安全生产水平、保障煤炭稳定供应具有重要意义，各级能源部门、省属煤炭集团公司要提高政治站位，深入贯彻落实“四个革命，一个合作”能源安全新战略，践行新发展理念，树立一盘棋思想，合力推进煤矿智能化建设，解决好煤炭产业可持续、高质量发展的重大课题，实现煤炭产业的转型升级。

（二）严格要求，分类实施

新建煤矿必须按照智能化要求设计、建设和验收，在建煤矿要按照智能化要求完善设计，进行智能化建设，已基本建成煤矿要在建成后实施智能化改造。冲击地压、煤与瓦斯突出等灾害严重矿井要以安全发展为主线，进行智能化改造。各煤炭企业要不断提高装备技术能力，实现采掘智能化、固定岗位“有人巡视、无人值守”、危险岗位煤矿机器人替代作业等。大型国有煤炭企业发挥“头雁”作用，充分利用人员、资金、技术等优势，加快推进煤矿智能化建设。

（三）细化方案，抓好落实

各市煤炭行业管理部门、省属煤炭集团结合区域管辖、单位所属煤矿情况，制定本单位煤矿智能化推进方案，明确目标任务、重点工作、实施计划和保障措施，有序推进智能化建设。发挥各级部门、科研院所、行业协会、高等院校的作用，跟踪煤矿智能化建设的研究、实践，及时梳理总结，形成可复制的模式。省发展改革委适时选树一批智能化建设先进典型，进行现场观摩、经验交流，发挥示范带动作用。

（四）技术合作，突破瓶颈

推进煤矿企业、科研院所、高等院校、技术合作方跨界合作，集聚煤矿智能化建设服务资源，开展核心关键技术和共性技术攻关，促进产学研用各个主体共创共享发展格局。积极参与到“一带一路”能源合作，在更大范围、更宽领域、更高层次参与技术交流合作，引进消化吸收国内外煤矿先进技术装备、管理理念、服务模式等。在煤矿精准地质探测、智能快速掘进、复杂条件智能综采。连续化辅助运输、重大危险源智能感知与预警等技术领域取得突破。

（五）制定标准，规范建设

省级有关部门会同陕煤集团、中煤科工集团等煤炭企业、科研院所，以煤矿“生产智能化、管理精细化、运营标准化、决策科学化”为目标，编制煤矿智能化建设标准，促进全省煤矿智能化规范建设。各煤炭企业应学习应用国内外相关通用标准和煤炭行业最新标准，在生产经营实践过程中总结经验，不断完善智能化标准体系，积极主导或参与智能化国家标准、行业标准和国际标准的研究制定。

六、保障措施

（一）组织保障

省发展改革委会同有关单位负责指导、协调全省煤矿智能化建设工作。各市、省属煤炭集团公司成立工作组，强化日常管理、统筹协调和检查督导。落实煤炭企业主体责任，煤矿主要负责人是煤矿智能化建设第一责任人，采取得力措施，全力推进本单位智能化建设。

（二）政策支持

对实现智能化开采的煤矿企业，煤矿复工复产验收、先进评选、安全生产标准化提级、安全高产高效矿井申报、科研项目、煤矿安全改造项目申报、证照延续变更办理等方面给予优先考虑和政策倾斜。鼓励金融机构提高授信额度，对煤炭企业智能化项目给予信贷支持。鼓励煤炭企业设立市场化基金，形成煤矿智能化发展长效机制。

（三）人才培养

加强专业人才培养，各级煤炭行业管理部门、煤炭企业要将煤矿智能化建设内容纳入煤矿培训体系。借鉴国内先进经验和成熟案例，组织煤矿智能化培训讲座或现场会，加强学习交流。支持煤炭企业联合技术合作方、职业院校建立实训基地，定向培养一批具有智能装备操作使用和系统维护能力的技能型人才。

（四）宣传引导

加强煤矿智能化相关政策的宣传和解读，提高政策知晓度。利用各种新闻媒体和互联网平台，宣传煤矿智能化建设重要意义和作用。培育、挖掘和宣传推广煤矿智能化建设的成功做法和典型经验，对涌现的先进人物、典型事迹、创新案例等进行广泛报道，营造煤矿智能化建设良好氛围。

（五）督导推进

省发展改革委将联合省级有关部门不定期对各单位工作开展情况进行督导，推动责任落实和项目建设进度。建立信息沟通机制，各煤矿企业每半年将智能化建设工作进展及典型经验向市煤炭行业管理部门（省属煤炭集团公司）报告；各市煤炭行业管理部门、省属煤炭集团公司每半年将工作进展情况上报省发展改革委。

陕西省发展和改革委员会 陕西省应急管理厅
陕西煤矿安全监察局关于印发《陕西省煤矿智能化建设指南（试行）》的通知

陕发改能煤炭〔2021〕341 号

各产煤市煤炭行业管理部门、煤矿安全监管部门，陕西煤监局各监察分局，有关省属企业：

为推进全省煤矿智能化建设工作，提升智能化水平，按照国家八部委《关于加快煤矿智能化发展的指导意见》以及《陕西省煤矿智能化建设实施方案》等要求，结合我省煤矿智能化建设实际，我们研究制定了《陕西省煤矿智能化建设指南（试行）》，现印发你们，请贯彻执行。

陕西省发展和改革委员会 陕西省应急管理厅

陕西煤矿安全监察局

2021 年 3 月 12 日

陕西省煤矿智能化建设指南（试行）

第一章 总 则

第一条 为推进全省煤矿智能化建设工作，提升智能化水平，按照国家发展改革委等八部委《关于加快煤矿智能化发展的指导意见》、国家能源局等部门关于《智能化示范煤矿建设管理暂行办法》的要求，结合我省煤矿智能化建设实际，制定《陕西省煤矿智能化建设指南（试行）》（以下简称建设指南）。

第二条 本建设指南适用于省内所有井工煤矿。

第三条 按照矿井建设条件将全省矿井分为 A、B、C 三类，根据建设条件分类推进。

第四条 煤矿智能化建设项目分智能化煤矿、智能化采煤工作面和智能化掘进工作面三个项目。

第二章 建设主要内容

第五条 煤矿智能化建设以煤矿安全生产、高产高效、绿色开采、智能开采、可持续发展为目标，以信息基础设施、智能综合管控平台、灾害防治、安全管理、智能化采煤工作面、智能化掘进工作面、运输系统、生产辅助系统、智能洗选系统为主要建设内容，实现多源矿井信息的全面感知、动态修正、实时互联、自主学习、联机分析与决策、动态预测、协同控制。

第六条 信息基础设施建设主要包括通信网络、视频监控、人员定位、广播通信、有线调度、调度中心、数据中心、智能地质保障、网络安全等方面的内容，为煤矿智能化建设提供基础保障和支持。

1. 通信网络应采用工业以太网技术，有线主干网络传输带宽应不低于10000 Mbps；主干网络应具有环网功能，各子系统就近接入到井下主干环网的交换机；无线通信系统应采用标准无线通信系统，支持井下语音通话、数据传输、视频监控和人员定位等信息共网传输，鼓励建立5G通信系统。

2. 人员定位系统应具有精确定位、下井统计与分析、人员目标实时跟踪与轨迹回放、异常报警（人员滞留、人员静止、越界和超员等）、入井人员唯一性检测等功能；应与安全监控、瓦斯监控、广播等系统实现联动控制。

3. 视频监控系统应选用具有网络接口的高清摄像头；应具有视频播放、快慢速播放、逐帧进退、画面暂停、图像抓拍和回放控制、实时图像画面分割、PTZ、录像、音频呼叫等功能；视频监控内容应包括采煤工作面、掘进工作面、煤仓、调度室、带式输送机机头、机电硐室、水泵房、空气压缩机房、主通风机房、提升机房、永久避难硐室、井口、紧急避险设施、井下爆破器材库、中央变电所等重要场所。

4. 广播系统应具有信息发布、双向通信、广播报警功能；应与安全监控系统实现联动控制；应与矿井调度通信系统和矿井移动通信系统实现融合。

5. 有线调度系统应具有全呼、组呼、急呼、监听、强拆、强插、通话录音、通话记录显示和重播等功能；严禁矿用IP电话通信系统和矿井移动通信系统替代矿用调度通信系统。

6. 调度中心应具有多业务调度分类管理、文件管理、日报管理、应急救援调度等功能；应实现有线调度系统、广播系统、移动通信系统、视频监控系统等系统的融合。

7. 数据中心应配备供配电系统、排气排烟系统、综合布线系统、设备与环境监控系统和消防系统；应具有集中运行监控和安保管理功能，可实现联动控制；应采用访问控制、安全审计、入侵防范和病毒防范等安全技术，制定安全策略。

8. 智能地质保障系统应开展智能掘进工作面的前方地质构造、隐蔽致灾地质因素的高精度、远距离超前综合探查，实现掘进地质透明化；应开展智能采煤工作面的地质构造、煤层起伏、煤层厚度等精细探测，实现采煤地质透明化；应具有构建矿井多属性高精度三维地质模型、三维可视化展示和漫游的功能；应具有将地质数据和工程数据融合的功能，建立基于统一地质基础的煤矿专业GIS平台。

9. 应采用网络安全技术实现VLAN划分，控制网络系统与其它系统之间设置工业隔离区，实现控制网络与企业网、移动互联和远程访问等外部网络之间的边界防护；应具有通信异常、网络异常的监控与报警功能；应具有网络安全检测、入侵防范、入侵检测和恶意代码检测功能；应建立操作员站、工程师站、服务器与客户机的白名单机制。

第七条 智能化综合管控平台是通过有效融合井上、井下各调度信息化系统数据，构建生产执行、安全保障、经营管理等一体化融合平台，实现各子系统集中操作、集中监控和统一调度。

1. 应基于“云-边-端”的分层架构，采用云计算、大数据、人工智能等技术部署应用平台；各子系统应支持多种数据服务、通信协议和接口；应具有冗余采集和容错机制；应采用执行层、数据处理层、网络传输层、数据采集层等多层体系结构。

2. 应建立综合门户，提供统一的工作流程、消息和安全管理机制，实现一站式应用与管理；应提供自定义通信协议功能，支持音视频通信；应具有矿井多部门、多专业、多管理层面的数据集中应用、共享交互、决策支持和三维可视化展示；应具有通过人机交互界面进行生产操纵的模拟控制功能；应支持系统的二次开发；应建立移动终端APP，支持设备运行状态、安全生产数据等信息的实时查询。

3. 生产经营管理系统应具有标准作业流程信息化管理功能；矿井生产系统应具有规程措施编制、技术资料、专业图纸设计、采掘生产衔接跟踪、工程进度跟踪、生产与技术指标、经营指标等无纸化管理功能；矿井经营管理系统应包括办公自动化管理、企业ERP等系统，各系统之间应实现数据共享和交互；应建立矿井全息“一张图”系统，综合集成安全生产实时监测数据和生产经营管理数据，实现基于位置服务的可视化展示和分析。

4. 应建立矿井决策支持系统，能够对生产系统和管理系统数据进行融合，并建立数据分析模型；应实现各矿产能与资源调度的自动决策。

5. 应制定明确的系统间数据访问规则，具有用户的统一身份认证、基于角色的访问控制、安全审计和系统日志自动分析与可靠性评价等功能；应制定统一的信息安全管理规章制度，保障智能化综合管控平台的信息安全。

第八条 开展矿井灾害防治工作，强化矿井灾害风险管控，有效防范矿井灾害事故。灾害防治主要包括瓦斯灾害、水灾、火灾、顶板灾害、冲击地压、粉尘灾害等。

1. 应建立瓦斯智能巡检系统，在上下隅角、运输巷道等重要位置应部署瓦斯传感器，实现数据的实时监测与分析、自动预警及报警；应具有瓦斯超限区域智能断电功能。

2. 水文条件复杂或非常复杂矿井应配备物探、钻探和水文监测装备；应具有针对主要含水层的矿井水文和工作面回采期间涌水量实时动态观测、数据分析、预警和报警功能。

3. 开采易自燃和自燃煤层，应配备火灾监测装置，建立自然发火监测系统和以灌浆、注氮为主的两种以上综合防灭火系统，实现自然发火的实时监测、数据分析、预警、报警和灭火；在电气设备、带式输送机等易发生火灾的区域，应配备红外成像、光纤测温等监测装置及防灭火装置。

4. 煤层顶板应具有工作面支架压力、巷道顶板离层量及巷道锚杆锚索压力监测、数据分析、预警和报警功能。

5. 矿井应建立区域与局部相结合的冲击危险性监测系统，实现冲击地压的实时监测、数据分析、预警和报警。

6. 有煤尘爆炸性的矿井应通过自动采集和人工采集两种粉尘浓度采集方式，建立粉尘智能监测分析系统，实现粉尘监测、数据分析、预警和报警。

7. 灾害综合防治系统应具有灾害监测、数据分析、安全状态实时评估、灾害自动预警和报警功能。

第九条 针对矿井安全管理各环节进行统筹规划，形成整体性安全管理体系，为矿井各级安全督查、检查提供“一键式”服务，强化逐级责任落实，推动安全管理进步，提升整体安全管理水平。

1. 应依据安全风险类型建立风险辨识数据库、风险管控模块和安全风险技术管理措施数据库，实时推送安全风险信息，实现安全风险识别、安全风险智能评估、安全风险等级划分和日常管控，可生成安全风险管控清单，针对失控安全风险自动转入隐患排查闭环管理系统；应支持智能终端现场检查、线上和线下辨识结果导入。

2. 应建立事故隐患排查数据库，自动生成排查清单及整改措施，实现信息化管理；应具有井下点检内容自动推送、自动提醒、自动预警、自动生成月度隐患分析报告和各类事故隐患台账的功能，实现事故隐患全过程留痕和一体化管控；应与安全风险分级管控系统实现联动，将失控风险自动转入隐患排查闭环管理模块，同步更新风险状态。

3. 应建立安全生产标准化管理体系资料库，与安全风险分级管控、隐患排查闭环管理系统实现关联，检查计划管理、自查自评和统计分析，自动生成达标考核自检报告。

4. 安全培训应采用PC端、移动APP、虚拟仿真培训室等方式进行培训及考试，实现培训计划、教材、试题、岗位、学习、培训、考试、档案等内容的信息化管理。

5. 应建立融合人员、设备、环境安全信息系统，构建风险指标体系和风险预警模型，实现安全风险智能评判、动态评估和智能预警。

6. 人员安全应集成人员精确定位系统、视频监控系统、单兵智能终端装备和井口智能检身装置等系统的相关数据，实现数据的智能分析；针对未携带定位标识卡或携带替代卡人员出/入井、出/入限制区域、重点区域超员超时、人员违章作业、未按规定携带自救器、未正确佩戴个体防护用品、携带违规物品、饮酒、证件过期、安全培训不合格、人岗匹配生物特征不符等情况应进行在线监测及跟踪处理；应具有危险状态下逃生信息实时获取的功能。

7. 机电设备应建立设备点巡检标准体系，设备全生命周期管理系统应融合重大设备状态监测与诊断数据，实现设备运行全生命周期监测。

8. 环境安全应采集各类监测监控系统中的实时数据，构建风险预警模型，实现监测数据的实时分析、安全状态实时分析、评估与预警、数据超限或异常预警；应具有向单兵智能装备、人员识别卡、语音广播和调度中心推送灾变时期发布报警、避灾路线、救灾路线、人员撤离指示等信息的功能。

9. 应建立综合应急预案、专项应急预案、现场处置方案数据库，实现智能化应急指挥调度、综合管理、智能决策分析、应急通信、事故实时自动报告，按安全生产事故的可控性、严重程度和影响范围自动进行响应分级并启动应急预案，实施救援。

第十条 智能化采煤是通过采煤机、液压支架、输送机（含刮板式输送机、转载机、破碎机、可伸缩带式输送机）及电液动力设备等，形成具有自主感知、自主决策和自动控制运行，独立完成煤炭开采的作业过程。

1. 采煤机应具有自动启停、机载无线遥控、精准定位、记忆截割和全工作面机架协同控制割煤功能；应具有运行工况监测功能，且需提供第三方控制接口，可实现工作面集控中心和地面监控中心对采煤机的实时监控；应具有与刮板输送机的联动控制、与工作面智能集控中心的双向通信功能；应具有煤流负荷自调节功能。

2. 支护系统应具有跟机自动移架、推溜、远程控制、自动补液、自动反冲洗和自动喷雾降尘等功能；液压支架、端头支架和超前支架应配备电液控制系统，超前支架与工作面液压支架实现联动控制；薄煤层处应具有合理的支护强度和顶板压力实时监测功能；放顶煤液压支架应具有放煤控制功能。

3. 运输系统应具有运行工况监测、上传和显示等功能；刮板输送机、带式输送机、转载机和破碎机应具有本地和远程控制功能；带式运输机自移机尾应具有手动、自动和遥控控制功能。

4. 工作面应实现智能监测与控制，利用有线/无线网络和高清智能监控等系统，实现采煤工作面、供电系统、供液系统、人员和安全的智能监控。

第十一条 智能化掘进是将先进的传感检测、信息通信、分析决策和自动控制等技术与掘进工艺流程进行融合，形成集全面感知、实时互联、智能截割、智能导航、智能锚护、智能运输、智能协同、近程智能测控和地面远程智能测控等功能于一体的综合掘进系统。

1. 应配备超前探测设备，超前探测设备应实现机械化或自动化，支持远距离一键操控。

2. 应配备智能掘进装备，具有智能定形截割、掘进信息自动采集、存储和回放功能。

3. 支护系统的支护形式应与掘进工作面巷道参数相适应，配合掘进装备实现并行作业；临时支护应实现机械化或自动化；永久支护应配合钻锚设备实现机械化或自动化。

4. 钻锚应实现机械化或自动化。

5. 运输系统应与掘进效率相匹配，具有基于煤流监测数据的煤流运输系统集中控制和智能调速功能；带式输送机机尾应具有自移和张紧力自动控制功能；转载机组应具有自动纠偏、过载保护和远程控制功能。

6. 通风除尘系统应具有粉尘浓度监测、分析、预警及报警功能。

7. 工作面应实现智能监测与控制，智能化掘进工作面超前探测、掘进、支护、钻锚、运输、通风除尘等设备应具有本地和远程控制功能；掘、支、锚、运等工序应具有智能联动功能，实现并行作业与协同控制；掘进设备应具有“一键启停”功能。

第十二条 应实现运输系统的地面集中控制和数据分析，减少人员占用，提高运输效率，实现矿井全部运输系统的地面远程智能集控和煤流运输的智能化，达到井下运输线无人值守的目的。

1. 带式运输系统中，主运输设备应支持互联互通和远程集中控制，单机自动控制和多机集中协同控制；应具有煤流量监测、皮带自动张紧、异物识别、变频调速、钢丝绳芯在线监测、信息实时上传、故障诊断和预警、煤流量均衡控制功能；装卸及转载点应配备视频监控系统，煤流线相关设备应具有沿线通信功能，实现互联互通；应配备巡检装置，实现对跑偏、堆煤、撕裂、超温等异常数据的实时上传。

2. 提升运输系统应具有运行状态实时监测、远程集中控制、信息实时显示和故障诊断预警功能；应配备智能装卸系统，具有自动控制、重载启动及变速转换等功能；应提供第三方控制接口。

3. 辅助运输系统应提供第三方控制接口；应具有精确定位、无线通信、视频监控、故障诊断、数据存储和故障信息上传等功能；应建立物资编码体系，实现物资运送全过程的信息化闭环管理。

4. 无轨胶轮车运输系统应具有车辆智能调度、超员/超载/超速监测、车辆辅助驾驶、倒车声光警示等功能，应配备失速拦截装置。

5. 架空乘人运输系统应具有辅助制动、断绳自动抓捕功能；机头机尾处和上下人站点应配备通信和信号预警装置。

6. 单轨吊应支持遥控操作，具有遥控或自动控制开闭风门的功能；机车应配备倒车声光警示装置，弯道、硐室口等重要地点应配备通信和信号预警装置；机车应具有超速自动制动、辅助驾驶功能。

7. 副立井提升运输系统应具有一键式操作、在线监测、运行速度监测、辅助制动、事故报警及现场语音预警等功能；应具有升降人员、设备及下放支护材料等功能；周围应设置预警型移动式防护栏杆，吊装孔应配备足够刚度的活动盖板且对其进行实时监测，确保设备正常运行和人员安全。

第十三条 应建设完善的供配电、供排水、通风、压风、瓦斯抽采等智能生产辅助系统，实现风机房、变电所、水泵房等固定场所无人值守或集中控制，减少固定岗位人员。

1. 供配电系统应具有对电气设备的遥信、遥测、遥控、遥调、遥视信息的在线监测和可视化监控功能；应具有智能告警、故障录波、故障分析、数据辨识、峰谷电能计量、能耗统计分析、电能质量监测、智能高压开关设备顺序控制、多级供电高压系统智能防越级跳闸保护、核心区域火灾自动报警等功能；地面主变（配）电所、井下主变电所、采区变电所、各配电点应配备电力监控系统。

2. 供排水系统应具有排水压力、流量、水位、电机温度、电参数、振动等参数在线监测、故障分析诊断及联动预警功能；应具有水量、水压、水质和水温智能调节控制功能；应具有多台水泵自动轮换、多级排水泵房联动排水功能；水害监测与排水系统应实现应急联动控制，小水窝排水点应具有水位监测及水泵自动启停功能；排水泵房应配备视频监控系统。

3. 通风系统应能够对主通风机、局部通风机进行远程集中控制，实现无人值守；主通风机应具有风压、风量、风速、温度、振动、配电室烟雾和温湿度等参数在线监测、故障分析诊断和预警、一键启动、一键反风、一键倒机、风量和风速的远程智能调节等功能；主通风机、配电室应配备视频监控和安防管理系统；局部通风机应具有风机和风筒状态监测、远程启停功能；煤及半煤巷局部通风机应具有调速功能，掘进工作面的局部通风机应具有风电闭锁、瓦斯电闭锁功能。

4. 压风系统应具有排气压力、风包压力、排气温度、排气流量、电参数、振动等参数在线监测、远程集中控制功能，支持自动、手动、检修等控制方式，具有故障分析诊断及预警功能；压风机及冷却水泵应具有自动轮换、故障自动倒机、定时自动倒机和一键倒机功能；压风机房及配电室应配备视频监控系统。

5. 瓦斯抽采系统应具有抽采数据和泵房环境等参数在线监测、分析和预警功能；应具有远程集中控制功能，实现抽采泵启停和轮换的一键式操作；应具有环境瓦斯超限和供水系统故障的报警及断电功能；抽采泵站应配备视频监控系统，瓦斯抽采管路应配备自动放水装置。

第十四条 智能洗选系统应能够根据不同洗选工艺实现诸如原煤准备系统（含选矸系统）、主选系统、浮选系统、煤泥水处理系统等选煤生产全过程的智能化闭环控制，提高原煤洗选效率。

1. 应具有根据分选原料的性质、用户需求、监测数据等，自主设定密度、压力等工艺参数和自动进行调节补水、加介、加药、分流等功能。

2. 应采用多功能传感器、机器人巡检、报警随动管理等设备和技术，实现自动煤泥清理、采制样和化验。

3. 应建立洗选作业分析和辅助决策系统，具有洗选工艺参数、生产过程控制状态、设备运行状态的数据采集、展示、分析和决策功能。

4. 应建立视频感知、安全监测系统，具有入选原煤杂物、人员不安全行为、设备危险运行状态等信息的监测和预警功能。

5. 应建立智能供配电系统，具有远程停送电和智能电力管理等功能，实现无人值守。

6. 应具有洗选设备运行状态实时监测及预警功能。

7. 应建立选煤厂管理信息系统，实现市场分析、煤质管理、设备全生命周期管理、材料配件管理、能耗管理、综合成本核算等。

8. 装车系统应具有智能配煤功能，装车站、磅房等岗位应实现无人值守、集中监测与控制。

9. 火车装运系统应具有车厢自动识别、撒料等异常情况监测功能，实现火车的智能定量装运；汽车装运系统应具有车辆位置、车厢内物料高度等信息的自动感知功能，实现智能装运。

第三章 评 分 方 法

第十五条 煤矿按照智能化主要建设内容建成后，可申请进行验收。煤矿智能化建设项目分智能化煤矿、智能化采煤工作面和智能化掘进工作面三个项目进行验收，验收结果为达标或不达标。A、B、C 三类矿井的三个智能化项目达标条件均为：

A 类矿井验收评分≥80 分；

B 类矿井验收评分≥70 分；

C 类矿井验收评分≥60 分。

第十六条 煤矿智能化建设项目验收按照自主申报、考核验收、公示公告的程序进行。

1. 自主申报。煤矿企业对照《陕西省煤矿智能化建设指南（试行）》，选择煤矿智能化建设项目中的一个项目全面自评，自评达标后向上一级管理部门自主提出申请。

2. 考核验收。陕西煤业化工集团有限责任公司、陕西延长石油（集团）有限责任公司、陕西投资集团有限公司、陕西省益秦集团等省属企业负责对所属煤矿完成初验；省内其它煤矿（含央企在陕）由所在市煤炭行业管理部门完成初验；初验合格后报省能源局，由省能源局组织专家进行现场考核验收。

3. 公示公告。省能源局对验收达标的项目进行公示，公示时间不少于 7 个工作日。公示期内无异议的煤矿自动认定为智能化煤矿、智能化采煤工作面或智能化掘进工作面。

第四章 附 则

第十七条 煤矿智能化建设项目验收达标的煤矿企业，可享受有关政策支持。

第十八条 本建设指南由省能源局负责解释，并依据国家政策、行业标准等适时调整。

第十九条 本建设指南自印发之日起施行，有效期 2 年。

附件：《陕西省煤矿智能化验收评分方法（试行）》

附件

陕西省煤矿智能化验收评分方法（试行）

根据矿井建设条件，将矿井分为A类矿井、B类矿井和C类矿井，矿井建设条件评价指标如表1所示，矿井类别评分（S）的计算方法如下：

$$S = \sum_{i=1}^{14} I_i \times W_i \tag{1}$$

矿井类别评分（S）满分为100分，式（1）中计算得分向上取整，$S \geqslant 85$ 分为A类矿井、70 分 $\leqslant S < 85$ 分为B类矿井、$S < 70$ 分为C类矿井。

表1　矿井建设条件评价指标

序号	评价指标（I）	单位	等级划分	指标得分	权重值（W）
1	生产能力（I_1）	万吨	<100	50	W_1（0.0564）
			100~300（不含）	60	
			300~500（不含）	70	
			500~1000（不含）	80	
			1000~1500（不含）	90	
			≥1500	100	
2	煤层埋深（I_2）	m	<400	100	W_2（0.0738）
			400~1000（不含）	80	
			≥1000	60	
3	煤层倾角（I_3）	°	<10	100	W_3（0.124）
			10~25（不含）	80	
			25~45（不含）	60	
			≥45	50	
4	煤层稳定性（I_4）	—	稳定或较稳定	100	W_4（0.0938）
			不稳定	80	
			极不稳定	60	
5	褶曲影响（I_5）	—	影响很小	100	W_5（0.0609）
			影响较大	80	
			影响很大	60	
6	断层影响（I_6）	—	影响很小	100	W_6（0.0724）
			影响较大	80	
			影响很大	60	

表1（续）

序号	评价指标 (I)	单位	等 级 划 分	指标得分	权重值 (W)
7	陷落柱影响 (I_7)	—	影响很小	100	W_7 (0.0611)
			影响较大	80	
			影响很大	60	
8	围岩稳定性 (I_8)	—	围岩稳定，对采掘影响很小	100	W_8 (0.0748)
			围岩较稳定，对采掘有一定影响	80	
			围岩不稳定，对采掘影响较大	60	
9	煤层自燃倾向性 (I_9)	—	不易自燃煤层	100	W_9 (0.0438)
			易自燃煤层	80	
			极易自燃煤层	60	
10	瓦斯等级 (I_{10})	—	低瓦斯矿井	100	W_{10} (0.087)
			高瓦斯矿井	80	
			煤与瓦斯突出矿井	60	
11	矿井水文地质条件 (I_{11})	—	水文地质条件简单	100	W_{11} (0.096)
			水文地质条件中等	85	
			水文地质条件复杂	75	
			水文地质条件极其复杂	60	
12	冲击倾向性 (I_{12})	—	无冲击	100	W_{12} (0.086)
			弱冲击	85	
			强冲击	60	
13	煤层爆炸危险性 (I_{13})	—	无煤层爆炸危险性	100	W_{13} (0.0262)
			弱煤层爆炸危险性	85	
			强煤层爆炸危险性	60	
14	热害等级 (I_{14})	—	无热害矿井	100	W_{14} (0.0438)
			一级热害矿井	85	
			二级热害矿井	75	
			三级热害矿井	60	

煤矿智能化建设项目分智能化煤矿、智能化采煤工作面和智能化掘进工作面三个项目进行验收，验收结论为达标或不达标，A类、B类和C类三类矿井的三个智能化项目达标条件均为：A类矿井验

收评分≥80 分；B 类矿井验收评分≥70 分；C 类矿井验收评分≥60 分。智能化煤矿验收表如表 2 所示，智能化采煤工作面验收表如表 3 所示，智能化掘进工作面验收表如表 4 所示。

智能化煤矿评分（T）满分为 100 分，评分（T）的计算方法为：

$$T = \sum_{1}^{9} V_i \times R_i$$

表2 智能化煤矿验收表

矿井名称			验收时间	
矿井类别	□A　□B　□C			
评价项目（V）	评价得分	权重值（R）	权重分	备注
信息基础设施（V_1）		R_1（0.115）		
智能综合管控平台（V_2）		R_2（0.105）		
灾害防治（V_3）		R_3（0.115）		
安全管理（V_4）		R_4（0.1）		
智能化采煤工作面（V_5）		R_5（0.14）		
智能化掘进工作面（V_6）		R_6（0.14）		
运输系统（V_7）：主运输		R_7（0.12）		
运输系统（V_7）：辅助运输				
生产辅助系统（V_8）		R_8（0.115）		
智能洗选系统（V_9）		R_9（0.05）		
总分（T）				
验收结论	□达标　□不达标			
验收人				

备注：1. 总分向上取整；

2. 达标条件为：A 类矿井验收评分≥80 分、B 类矿井验收评分≥70 分、C 类矿井验收评分≥60 分；

3. 验收结论为达标或不达标。

表3　智能化采煤工作面验收表

矿井名称		验收时间	
矿井类别	□A　　□B　　□C		
智能化采煤工作面评分			
验收结论	□达标　　□不达标		
验收人			

备注：1. 评分向上取整；

2. 达标条件为：A类矿井验收评分≥80分、B类矿井验收评分≥70分、C类矿井验收评分≥60分；

3. 验收结论为达标或不达标。

表4　智能化掘进工作面验收表

矿井名称		验收时间	
矿井类别	□A　　□B　　□C		
智能化掘进工作面评分			
验收结论	□达标　　□不达标		
验收人			

备注：1. 评分向上取整；

2. 达标条件为：A类矿井评分≥80分、B类矿井评分≥70分、C类矿井评分≥60分；

3. 验收结论为达标或不达标。

信息基础设施验收评分表1-1

序号	项目名称	项　目　内　容	分值	评分办法	得分
1	通信网络	1. 有线主干网带宽不低于10000 Mbps网络；（2分） 2. 有线主干网及网络设备支持Ethernet/IP、PROFINET、MODBUS－RTPS、EPA等工业以太网协议；（2分） 3. 有线主干网具有环网功能，各子系统设备就近接入到井下环网主干的交换机；（2分） 4. 总线型接入网络采用RS485、CAN、PROFIBUS、LONWORKS、FF等技术；传输介质采用电缆、光缆等，网络结构采用树形、环形、总线形、星形等结构；（2分） 5. 无线通信系统采用4G、5G、LoRaWAN、Wi－Fi等通信技术；（2分） 6. 无线通信系统支持井下语音通话、数据传输、视频监控与人员定位等信息共网传输。（2分）	12	查现场和资料，不符合项按比例扣除。	
2	人员定位	1. 支持与安全监控、瓦斯监控、广播等系统的联动；（2分） 2. 具有滞留、人员静止、越界和超员等异常报警状态功能；（2分） 3. 具有下井统计与分析的功能，并可生成相关报表；（1分） 4. 具有人员目标实时跟踪与轨迹回放功能；（2分） 5. 具有入井人员唯一性检测功能；（1分） 6. 分站至井上主机之间最大传输距离应不小于10 km；采用光缆时应达到30 k；（2分） 7. 选用精确定位系统时，静态定位误差小于0.5 m。（2分）	12	查现场和资料，不符合项按比例扣除。	

（续）

序号	项目名称	项目内容	分值	评分办法	得分
3	视频监控	1. 选用具有网络接口的高清摄像头；（2分） 2. 支持视频播放、快慢速播放、逐帧进退、画面暂停、图像抓拍和回放控制；（3分） 3. 支持实时图像画面分割，PTZ、录像、音频呼叫等功能；（2分） 4. 监控数据包括采煤工作面、掘进工作面、煤仓、调度室、带式输送机机头、机电硐室、水泵房、空气压缩机房、主通风机房、提升机房、永久避难硐室，井口、紧急避险设施，井下爆破器材库，中央变电所等场所的图像视频信息；（2分） 5. 具有矿井人员行为和矿井皮带运输安全监测功能。（2分）	11	查现场和资料，不符合项按比例扣除。	

信息基础设施验收评分表1-2

序号	项目名称	项目内容	分值	评分办法	得分
4	广播系统	1. 具有信息发布、双向通信、广播报警功能；（1分） 2. 支持与安全监控系统联动，实现与矿井调度通信系统和矿井移动通信系统的融合；（1分） 3. 井下广播分站的总容量不少于300台；（1分） 4. 地面主机对初始化参数、应急呼叫、节目播放等记录保存时间不小于2年；（1分） 5. 备用电池容量保证广播系统及各设备连续运行不低于2 h；（1分） 6. 地面主机与井下广播分站的无中继器通信距离不小于10 km。（1分）	6	查现场和资料，不符合项按比例扣除。	
5	有线调度	1. 井下电话机与调度交换机（含安全栅）采用矿用通信电缆直接连接；（2分） 2. 严禁矿用IP电话通信系统和矿井移动通信系统替代矿用调度通信系统；（2分） 3. 调度台具有对电话机用户发起全呼、组呼、急呼、监听、强拆、强插等功能；（2分） 4. 调度电话至地面调度交换机的无中继器通信距离不小于10 km；（2分） 5. 备用电池容量保证有线调度系统及各设备连续运行不低于2 h。（2分）	10	查现场和资料，不符合项按比例扣除。	
6	调度中心	1. 具有多业务调度分类管理功能；（2分） 2. 具有文件管理、日报管理、应急救援调度等功能；（3分） 3. 具有融合有线调度系统、广播系统、移动通信系统、视频监控系统的统一调度通信平台；（3分） 4. 具有大屏显示，确保24 h连续运行。（3分）	11	查现场和资料，不符合项按比例扣除。	
7	数据中心	1. 配备供配电系统、排气排烟系统、综合布线系统、设备与环境监控系统和消防系统；（2分） 2. 具有集中运行监控和安保管理功能，可实现联动控制；（2分） 3. 采用访问控制、安全审计、入侵防范和病毒防范等安全技术，制定安全策略；（2分） 4. 视频数据信息存储不少于30天，其它信息存储不少于1年；（2分） 5. 配备门禁系统；（1分） 6. 配备备用电源，容量保证系统连续运行不低于4 h；（1分） 7. 采用VDC技术，支持ECS存储，支持远程访问和管理。（1分）	11	查现场和资料，不符合项按比例扣除。	

信息基础设施验收评分表1-3

序号	项目名称	项目内容	分值	评分办法	得分
8	智能地质保障	1. 开展智能掘进工作面的前方地质构造、隐蔽致灾地质因素的高精度，远距离超前综合探查，实现掘进地质透明化；（3分） 2. 开展智能采煤工作面的地质构造、煤层起伏、煤层厚度等精细探测，实现采煤地质透明化；（3分） 3. 具有构建矿井多属性高精度三维地质模型的功能；（3分） 4. 具有三维可视化展示和漫游功能；（3分） 5. 应具有将地质数据和工程数据融合的功能，建立基于统一地质基础的煤矿专业GIS平台，为煤矿安全、生产、经营等提供综合评价和决策支持，实现其协同化、流程化作业。（3分）	15	查现场和资料，不符合项按比例扣除。	
9	网络安全	1. 采用网络安全技术实现VLAN划分，控制网络系统与其他系统之间设置工业隔离区，实现控制网络与企业网、移动互联和远程访问等外部网络之间的边界防护；（2分） 2. 通信传输具有通信异常、网络异常的监控与报警功能；（3分） 3. 具有网络安全检测、入侵防范、入侵检测和恶意代码检测功能；（3分） 4. 对于数据交换容错、实时性要求高的子系统间的通信，采用冗余渠道通信方式；（2分） 5. 建立操作员站、工程师站、服务器与客户机的白名单机制。（2分）	12	查现场和资料，不符合项按比例扣除。	

智能化综合管控平台验收评分表2-1

序号	项目名称	项目内容	分值	评分办法	得分
1	技术要求	1. 具有消息传递功能；（3分） 2. 具有信息综合统计功能；（3分） 3. 具有统一的数据输入、输出规范；（4分） 4. 具有移动终端APP；（4分） 5. 具有承载大数据相关技术的能力；（2分） 6. 具有混合云管理和基于云计算的分析决策功能。（2分）	18	查现场和资料，不符合项按比例扣除。	
2	功能要求	1. 集成安全监控、人员及车辆定位、水文监测、瓦斯监测、冲击地压监测、矿压监测，火灾监测、井筒安全监测等矿井安全管理系统；（4分） 2. 集成提升监控、运输监测、供配电监控、供排水监控、通风监控、压风监控、瓦斯抽采，产量监测，综（机）掘工作面监控、辅助运输、语音广播等矿井生产管理系统；（4分） 3. 建立综合门户，提供统一的工作流程、消息和安全管理机制，实现一站式应用与管理；（6分） 4. 调度通讯系统可以接入平台，支持音视频通信；（6分） 5. 具有远程控制功能；（4分） 6. 支持系统二次开发；（4分） 7. 实现生产执行、经营管理、安全保障、分析决策等矿井信息化系统的综合集成；（4分） 8. 具有可视化展示功能。（4分）	36	查现场和资料，不符合项按比例扣除。	

智能化综合管控平台验收评分表2-2

序号	项目名称	项　目　内　容	分值	评分办法	得分
3	生产经营管理	1. 具有标准作业流程信息化管理功能，实现班组中每个岗位标准作业流程的精确推送；(2分) 2. 具有对班组成员自动进行考核的功能，并自动制定有针对性的培训与学习计划；(2分) 3. 实现班组管理信息的移动互联；(2分) 4. 建立生产计划及调度管理、生产技术管理、机电设备管理等系统；(2分) 5. 生产计划及调度管理系统具有生产计划及日常调度管理功能；(2分) 6. 机电设备管理系统具有机电设备健康状况的远程在线诊断功能，具有定期自动运维管理及配件库存识别功能；(2分) 7. 矿井生产系统具有规程措施编制、技术资料、专业图纸设计、采掘生产衔接跟踪、工程进度跟踪、生产与技术指标、经营指标等无纸化管理功能；(2分) 8. 矿井经营管理系统包括办公自动化管理、企业ERP等系统，各系统之间能交互数据；(2分) 9. 企业ERP包括财务管理、成本管理、合同管理、运销管理、物资供应管理、仓储管理等系统，且提供规范化数据接口；(2分) 10. 建立矿井全息"一张图"系统，综合集成安全生产实时监测数据和生产经营管理数据，实现基于位置服务的可视化展示和分析。(2分)	20	查现场和资料，不符合项按比例扣除。	
4	决策支持	1. 建立矿井决策支持系统，能够融合生产系统和管理系统数据；建立数据分析模型；(2分) 2. 建立动态排产模型，制定合理的排产方案；(2分) 3. 实现各矿产能与资源调度的自动决策。(2分)	6	查现场和资料，不符合项按比例扣除。	
5	信息安全	1. 具有身份认证和访问控制功能；(4分) 2. 建立访问控制规则；(4分) 3. 具有安全审计功能；(4分) 4. 具有系统日志自动分析和可靠性评价功能；(4分) 5. 建立统一的信息安全管理规章制度。(4分)	20	查现场和资料，不符合项按比例扣除。	

智能灾害防治验收评分表3-1

序号	项目名称	项　目　内　容	分值	评分办法	得分
1	瓦斯灾害	1. 建立瓦斯智能巡检管理系统，具有实时监测、数据分析、预警和报警功能；(10分) 2. 具有瓦斯超限区域智能断电功能；(4分) 3. 具有与通风系统的数据共享和联动控制功能。(4分)	18	查现场和资料，不符合项按比例扣除。	
2	矿井水灾	1. 水文条件复杂或非常复杂矿井配备物探、钻探和水文监测装备；(5分) 2. 具有针对主要含水层的矿井水文实时动态观测、数据分析、报警与预警功能；(5分) 3. 具有水害监测与排水系统应急联动控制功能；(4分) 4. 具有针对工作面回采期间涌水量的实时统计、数据分析、报警与预警功能。(4分)	18	查现场和资料，不符合项按比例扣除。	
3	矿井火灾	1. 开采易自燃和自燃煤层，配备火灾监测装置，建立自然发火监测系统，具有自然发火的实时监测，数据分析、预警和报警；(6分) 2. 开采易自燃和自燃煤层，建立以灌浆、注氮为主的两种以上综合防灭火系统；(6分) 3. 在电气设备、带式输送机等易发生火灾的区域，配备红外成像、光纤测温等监测装置及防灭火装置。(6分)	18	查现场和资料，不符合项按比例扣除。	

智能灾害防治验收评分表3-2

序号	项目名称	项　目　内　容	分值	评分办法	得分
4	顶板灾害	1. 具有工作面支架压力、巷道顶板离层量及巷道锚杆锚索压力监测、数据分析、预警和报警功能；(7分) 2. 具有顶板灾害应急处置功能，实现顶板灾害避灾路线规划。(3分)	10	查现场和资料，不符合项按比例扣除。	
5	冲击地压灾害	1. 建立区域与局部相结合的冲击危险性监测系统；(6分) 2. 具有冲击地压监测数据的监测、数据分析、预警和报警功能；(2分) 3. 具有与人员定位系统、调度通信系统的数据共享和联动控制功能。(2分)	10	查现场和资料，不符合项按比例扣除。	
6	粉尘灾害	1. 具有实时自动采集和人工采集两种粉尘浓度采集方式；(6分) 2. 有煤尘爆炸性的矿井建立粉尘智能监测分析系统，实现粉尘监测、数据分析、预警和报警。(4分)	10	查现场和资料，不符合项按比例扣除。	
7	灾害融合与智能分析	1. 具有灾害监测综合实时分析和安全状态实时评估的功能；(6分) 2. 具有灾害自动预警和报警功能；(5分) 3. 灾害综合防治系统具有与瓦斯抽采监控系统、水文监测系统、火灾监测系统、矿压监测系统、冲击地压监测系统、粉尘监测系统、矿井安全监控系统的数据共享和灾害综合管控功能。(5分)	16	查现场和资料，不符合项按比例扣除。	

安全管理验收评分表4-1

序号	项目名称	项　目　内　容	分值	评分办法	得分
1	安全风险分级管控	1. 建立安全风险分级管控体系，实现安全风险辨识（导入）、评估分级、制定管控措施、日常管控、管控规划，信息推送等信息化管理；(10分) 2. 使用智能终端实现安全风险现场检查，生成GIS风险地图。(7分)	17	查现场和资料，不符合项按比例扣除。	
2	隐患排查闭环管理	1. 建立事故隐患排查管理体系；(3分) 2. 实现隐患排查全过程闭环管理；(3分) 3. 实现隐患信息记录统计、过程跟踪、逾期报警、信息上报等信息化管理；(4分) 4. 使用智能终端现场检查，巡检内容自动推送、自动提醒；(4分) 5. 与安全风险分级管控系统联动。(3分)	17	查现场和资料，不符合项按比例扣除。	
3	安全生产标准化达标	1. 实现信息化管理，支持生成达标考核自检报告；(4分) 2. 建立安全生产标准化管理体系资料库，具有录入、查询、在线审查、资料下载、自动打分、任务提醒等功能；(4分) 3. 智能终端能够上传安全生产标准化检查数据，实现达标动态管理；(4分) 4. 实现与安全风险分级管控、隐患排查闭环管理系统融合联动。(4分)	16	查现场和资料，不符合项按比例扣除。	
4	安全培训	1. 培训计划、教材、试题、学习、考试、档案等内容实现信息化管理；(4分) 2. 采用PC端、移动APP、虚拟仿真培训室等方式进行培训及考试；(4分) 3. 使用VR、AR、三维动画互动技术构建煤矿理论培训和实际作业操作场景。(2分)	10	查现场和资料，不符合项按比例扣除。	

安全管理验收评分表4-2

序号	项目名称	项目内容	分值	评分办法	得分
5	安全信息融合与分析	1. 人员安全 （1）具有人员位置、视频、装备等参数的实时采集功能；（2分） （2）具有视频智能分析功能，实现出/入限制区域、重点区域超员超时等自动识别及报警；（2分） （3）井口配备智能检身装置，实现人员出/入井违规在线识别与预警；（2分） （4）具有危险状态下逃生信息实时获取功能。（1分） 2. 机电安全 （1）建立设备巡检标准体系，实现设备在线巡检；（2分） （2）实时采集重大机电设备状态信息，实现故障及时预警；（2分） （3）建立设备全生命周期管理系统。（3分） 3. 环境安全 （1）具有各类监测监控系统中的实时数据采集功能；（2分） （2）具有监测数据实时分析、安全状态预警和数据异常报警功能；（2分） （3）具有向单兵智能装备、人员识别卡、语音广播和调度中心推送信息的功能。（3分） 4. 安全综合展示 （1）具有安全管理数据关联功能；（4分） （2）具有综合可视化展示功能。（3分）	28	查现场和资料，不符合项按比例扣除。	
6	应急管理	1. 具有应急指挥调度、评估及考核管理、智能决策分析、实时监控、应急救援、应急通信等功能；（6分） 2. 具有在线应急事件模拟演练功能，自动进行应急响应分级。（6分）	12	查现场和资料，不符合项按比例扣除。	

智能化采煤工作面评分表5-1

序号	项目名称	项目内容	分值	评分办法	得分
1	采煤	1. 具有运行工况监测功能；（3分） 2. 具有精准定位、记忆截割和全工作面机架协同控制割煤功能；（3分） 3. 具有机载无线遥控功能；（2分） 4. 提供第三方控制接口，可实现工作面集控中心和地面监控中心对采煤机的实时监控；（3分） 5. 具有自动启停和记忆截割功能；（3分） 6. 具有与刮板输送机的联动控制功能；（3分） 7. 具有与工作面智能集控中心的双向通信功能；（3分） 8. 具有直线度感知、高度自调整、防碰撞检测和姿态检测功能；（3分） 9. 具有煤流负荷自调节功能。（2分）	25	查现场和资料，不符合项按比例扣除。	
2	支护	1. 液压支架配备电液控制系统；（3分） 2. 具有跟机自动移架、推溜、远程控制、自动补液、自动反冲洗和自动喷雾降尘等功能；（2分） 3. 液压支架具有高度检测、姿态感知、工作面直线度调直、压力超前预警功能；（2分） 4. 具有支架群组协同控制和超前支护功能；（2分） 5. 放顶煤液压支架具有放煤控制功能；（2分） 6. 端头支架配备电液控制系统，具有本地和远程控制功能；（2分） 7. 超前支架配备电液控制系统，具有本地和远程控制功能，支持与工作面液压支架的联动控制；（2分） 8. 大采高液压支架具有煤层顶板姿态实时检测、煤壁片帮预估和伸缩梁保护等功能；（3分） 9. 薄煤层液压支架具有合理的支护强度和顶板压力实时监测，并具有本地和远程控制功能。（2分）	20	查现场和资料，不符合项按比例扣除。	

智能化采煤工作面评分表 5-2

序号	项目名称	项 目 内 容	分值	评分办法	得分
3	运输	1. 运输子系统配备自动控制系统；（4分） 2. 具有运行工况监测、上传和显示等功能；（4分） 3. 刮板输送机、带式输送机、转载机和破碎机具有本地和远程控制功能，支持单台运输设备启停控制、多台运输设备组合一键启停控制；（4分） 4. 带式运输机自移机尾具有手动、自动和遥控控制功能；（4分） 5. 刮板输送机具有链条自动张紧、实时运行状态监测、故障诊断和采运协同控制等功能；（2分） 6. 带式输送机具有煤流量监测、异物检测和速度自调节功能。（2分）	20	查现场和资料，不符合项按比例扣除。	
4	智能监测与控制	1. 工作面网络 （1）有线网络传输速率不低于1000 Mbps；（2分） （2）无线网络传输速率不低于100 Mbps。（1分） 2. 视频 （1）工作面配备高清视频监控系统；（2分） （2）视频监控具有视频增强、画面自动切换和摄像头自动清洗功能。（2分） 3. 供电 （1）具有实时警示显示、预警和报警功能；（2分） （2）具有防越级跳闸和故障定位功能。（1分） 4. 供液 （1）具有本地和远程控制功能，实现单泵启停、多泵组合一键启停控制；（3分） （2）具有反浸透水处理和水过滤功能；（2分） （3）具有乳化液浓度实时监控、运行状态感知、补液自动调配和高低液位自动调整功能；（2分） （4）具有与液压支架用液量协同联动功能。（2分）	35	查现场和资料，不符合项按比例扣除。	

智能化采煤工作面评分表 5-3

序号	项目名称	项 目 内 容	分值	评分办法	得分
5	智能监测与控制	5. 工作面智能控制 （1）集控中心具有本地和远程控制功能；（2分） （2）地面监控中心配备工作面智能控制系统，支持工作面设备一键启停；（2分） （3）具有设备故障智能诊断、实时故障信息显示、预测和预警功能；（2分） （4）具有全工作面数据规划截割控制和移动集群管控功能；（2分） （5）具有对采煤工作面生产系统和辅助生产系统的远程监控功能；（2分） （6）集控中心配备人员定位基站和人员定位移动终端；（1分） （7）具有工作面开采工艺分析优化决策功能。（1分） 6. 具有人员精确定位和危险区域语音报警功能。（1分） 7. 智能化采煤工作面、巷道、设备列车、移动变电站等区域采用矿用LED无频闪照明。（1分） 8. 安全监测子系统 （1）具备开采环境参数实时监测与预警功能；（1分） （2）工作面实现工作人员的精确定位，与广播系统、通信系统应急联动。（1分）			

智能化掘进工作面评分表6-1

序号	项目名称	项　目　内　容	分值	评分办法	得分
1	超前探测	1. 配备超前探测设备；（2分） 2. 超前探测设备机械化或自动化，支持远距离一键操控（自动接、卸钻杆，自动钻进，自动记录钻机运行参数等）；（1分） 3. 探测设备具有事故（卡钻、顶钻、突然涌出有害气体等）的自动识别和停钻功能；（1分） 4. 探测设备具有全程钻进视频监控、测斜及数据处理、煤岩识别功能。（1分）	5	查现场和资料，不符合项按比例扣除。	
2	掘进	1. 具有精确自主定位、自主定向导航功能；（3分） 2. 具有智能定形截割功能，实现巷道全断面自动定形截割及自动扫帮；（3分） 3. 具有无线遥控、远程控制和可视化控制功能；（5分） 4. 具有设备姿态感知、工作环境状态识别与预警功能；（5分） 5. 具有人员接近识别、工况在线监测和故障诊断功能；（2分） 6. 具有掘进信息自动采集、存储和回放功能。（2分）	20	查现场和资料，不符合项按比例扣除。	
3	支护	1. 支护形式与掘进工作面巷道参数相适应，配合掘进装备实现并行作业；（2分） 2. 顶板和侧帮的临时支护实现机械化与自动化；（2分） 3. 能够配合钻锚设备实现永久支护；（2分） 4. 具有自动运网、布网功能；（2分） 5. 具有巷道顶板离层、表面位移及锚杆（索）受力数据采集、分析与预警功能。（2分）	10	查现场和资料，不符合项按比例扣除。	
4	钻锚	1. 采用具有锚孔自动定位、钻机自动钻孔、自动装卸钻杆、自动安装锚杆（索）等功能的自动化钻锚装备，实现锚杆（索）全断面机械化、自动化支护；（5分） 2. 多钻机能实现并行作业；（5分） 3. 具有钻机工况在线监测、分析、故障诊断及锚固质量自动检验等功能。（5分）	15	查现场和资料，不符合项按比例扣除。	

智能化掘进工作面评分表6-2

序号	项目名称	项　目　内　容	分值	评分办法	得分
5	运输	1. 带式输送机机尾具有自移和张紧力自动控制功能；（1分） 2. 转载机组实现煤流集中、连续运输，支持煤流运输系统集中控制及智能调速；（1分） 3. 具有设备运行状态实时监测以及多设备间的信号交互和联控功能；（1分） 4. 转载机组具有自动纠偏、过载保护和远程控制功能。（2分）	5	查现场和资料，不符合项按比例扣除。	
6	通风除尘	1. 具有粉尘浓度监测、分析、预警及报警功能；（1分） 2. 具有风量监测和自动调节功能；（2分） 3. 具有自动除尘功能。（2分）	5	查现场和资料，不符合项按比例扣除。	

（续）

序号	项目名称	项　目　内　容	分值	评分办法	得分
7	智能监测与控制	1. 具有掘进工作面环境、设备运行状态、掘进系统关键观测点的实时监测、分析和决策功能；（5分） 2. 智能化掘进工作面超前探测、掘进、支护、钻锚、运输、通风除尘等设备具有本地和远程控制功能；（5分） 3. 掘、支、锚、运等工序具有智能联动功能，实现并行作业与协同控制；（4分） 4. 掘进设备具有“一键启停”功能；（3分） 5. 具有人员精确定位和设备危险区域人员接近识别及报警功能；（5分） 6. 具有工作面三维地质模型构建、修正及动态显示功能；（4分） 7. 具有工作面真实场景再现功能。（4分）	30	查现场和资料，不符合项按比例扣除。	
8	其它	1. 建立系统安全运行维护管理制度；（6分） 2. 工作面作业人员数量≤9人。（4分）	10	查现场和资料，不符合项按比例扣除。	

运输系统—主运输系统评分表7

序号	项目名称	项　目　内　容	分值	评分办法	得分
1	带式运输系统	1. 主驱动支持软启动方式；（6分） 2. 煤流线相关设备具有沿线通信功能，能实现互联互通；（6分） 3. 支持地面远程集中控制；（4分） 4. 具有煤流量均衡控制功能；（6分） 5. 具有钢丝绳芯在线监测功能；（6分） 6. 装卸及转载点配备视频监控系统；（6分） 7. 具有单机自动控制和多机集中协同控制功能；（6分） 8. 具有煤流量监测、异物识别、信息实时上传、故障诊断和预警功能；（8分） 9. 配备巡检装置，实现对跑偏、堆煤、撕裂、超温等异常数据的实时上传；（8分） 10. 配备智能巡检机器人，实现无人值守。（4分）	60	查现场和资料，一项不符合按比例扣分。	
2	提升运输系统	1. 具有远程、就地自动、手动三种控制方式，实现远程集中控制、信息实时显示和可视化监控；（12分） 2. 具有故障自诊断及预警、远程维护、设备状态分析预判等功能；（12分） 3. 配备智能装卸系统，实现自动控制、重载启动及不同变速段平滑转换；（12分） 4. 配备机房门禁安防系统；（10分） 5. 在机房与各停车点配备视频监控系统；（8分） 6. 具有与煤仓放煤系统的智能联动功能。（6分）	60	查现场和资料，一项不符合按比例扣分。	

备注：1. 运输系统评分包括主运输系统评分和辅助运输系统评分，主运输系统评分满分为60分；

2. 当主运输系统中仅选用一种运输方式时，其比例为1；当主运输系统中选用两种运输方式时，两种运输系统所占比例各为1/2。

运输系统—辅助运输系统评分表 8-1

序号	项目名称	项　目　内　容	分值	评分办法	得分
1	辅助运输系统（通用项）	1. 具有无线通信、视频监控功能、故障诊断、数据存储和故障状态上传功能；（8 分） 2. 建立物资编码体系，实现物资运送全过程的信息化闭环智能管理功能；（8 分） 3. 具有车辆精确定位功能；（8 分） 4. 提供第三方控制接口。（6 分）	30	查现场和资料，一项不符合按比例扣分。	
2	无轨胶轮车运输系统	1. 具有车辆的智能调度功能；（4 分） 2. 具有超员、超载、超速监测功能，配备失速拦截装置；（2 分） 3. 具有车辆辅助驾驶或无人驾驶功能；（2 分） 4. 具有倒车声光警示功能。（2 分）	10	查现场和资料，一项不符合按比例扣分。	
3	架空乘人运输系统	1. 具有辅助制动功能；（4 分） 2. 具有断绳自动抓捕功能；（3 分） 3. 机头机尾处和上下人站点具有可靠的通信和信号预警装置。（3 分）	10	查现场和资料，一项不符合按比例扣分。	
4	轨道运输系统	1. 单轨吊支持遥控操作；（2 分） 2. 单轨吊采用固定点到点物资运输时，实现无人驾驶；（2 分） 3. 机车配备倒车声光警示装置；（2 分） 4. 弯道、硐室口等地点配备通信和信号预警装置；（2 分） 5. 机车具有超速自动制动功能；（1 分） 6. 机车车头实现辅助驾驶功能。（1 分）	10	查现场和资料，一项不符合按比例扣分。	

运输系统—辅助运输系统评分表 8-2

序号	项目名称	项　目　内　容	分值	评分办法	得分
5	副立井提升运输系统	1. 具有升降人员、设备及下放支护材料功能；（2 分） 2. 具有正常启动、一键式操作和在线监测功能；（2 分） 3. 周围配置预警型移动式防护栏杆，吊装孔配备足够刚度的活动盖板且对其进行实时监测；（2 分） 4. 具有运行速度监测和控制辅助制动功能；（2 分） 5. 具有事故报警及现场语音预警功能。（2 分）	10	查现场和资料，一项不符合按比例扣分。	

备注：1. 辅助运输系统评分满分为 40 分，该部分评分包括辅助运输系统（通用项）评分和所选运输方式评分的加权和，辅助运输系统（通用项）评分满分为 30 分，其它运输方式加权和评分满分为 10 分；

2. 所选运输方式评分所占比例为：当仅选用一种辅助运输方式时，所选运输方式的比例为 1；当选用两种辅助运输方式时，所选运输方式的比例各为 1/2；当选用三种辅助运输方式时，所选运输方式的比例各为 1/3；当选用四种辅助运输方式时，所选运输方式的比例各为 1/4。

生产辅助系统评分表9-1

序号	项目名称	项 目 内 容	分值	评分办法	得分
1	智能供配电	1. 具有遥信、遥测、遥控、遥调、遥视功能，具备无人值守条件；(3分) 2. 地面主变（配）电所，井下主变电所，采区变电所，各配电点均配备电力监控系统；(3分) 3. 具有智能告警、故障录波、故障分析，数据辨识功能；(3分) 4. 具有峰谷电能计量、能耗统计分析和电能质量监测功能；(3分) 5. 具有智能高压开关设备顺序控制功能；(2分) 6. 变电所配备视频监控系统；(2分) 7. 具有智能防越级跳闸保护功能；(1分) 8. 电力监控分站后备电源连续供电时间不小于4 h；(1分) 9. 主变电所电缆夹层、电缆井具有火灾自动报警功能；(1分) 10. 矿井主要变电所配备智能巡检机器人，实现设备智能巡检。(1分)	20	查现场和资料，不符合项按比例扣除。	
2	智能供排水	1. 具有数据自动采集，故障分析诊断及联动预警功能；(3分) 2. 具有排水压力、流量、水位、电机温度、电参数、振动等参数的在线监测、远程集中控制和无人值守功能；(3分) 3. 具有自动轮换开停，故障自动倒泵功能；(3分) 4. 具有基于用电负荷、水仓水位、涌水量等因素的智能抽排功能；(3分) 5. 具有用电负荷调控及管网自动调配功能；(3分) 6. 具有泵效及工序能耗自动分析计算功能；(3分) 7. 主排水泵房配备视频监控系统；(2分) 8. 具有与水文监测系统的智能联动功能；(2分) 9. 小水窝排水点具有水位监测及水泵自动启停功能；(2分) 10. 泵房配备智能巡检机器人，实现智能巡检。(1分)	25	查现场和资料，不符合项按比例扣除。	

生产辅助系统评分表9-2

序号	项目名称	项 目 内 容	分值	评分办法	得分
3	智能通风	1. 主通风机具有风压、风量、风速、温度、振动、配电室烟雾和温湿度等参数在线监测、故障分析诊断和预警功能；(3分) 2. 主通风机具有一键启动、一键反风和一键倒机功能；(3分) 3. 主通风机具有风量、风速的远程智能调节功能；(3分) 4. 局部通风机具有在线监测、主备用风机自动切换和远程集中控制功能；(3分) 5. 主通风机、配电室、局部通风机和主要风门配备视频监控系统；(3分) 6. 煤及半煤巷局部通风机具有调速功能；(2分) 7. 具有通风网络解算、分析，预测，预警与联动控制功能；(2分) 8. 主要风门、风窗等通风设施具有远程集中控制和智能调节功能。(1分)	20	查现场和资料，不符合项按比例扣除。	
4	智能压风	1. 具有排气压力、风包压力、排气温度、排气流量、电参数、振动等参数的在线监测、远程集中控制和无人值守功能；(4分) 2. 具有数据存储、查询、故障分析诊断及预警功能；(2分) 3. 压风机及冷却水泵具有自动轮换运行、故障自动倒机、定时自动倒机和一键倒机功能；(1分) 4. 支持自动、手动、检修控制方式；(2分) 5. 压风机房及配电室配备视频监控系统；(1分) 6. 具有风包定期自动排污功能；(1分) 7. 根据风压，风量需求确定风机工作台数，实现自动调风；(1分) 8. 具有管网压力及漏风监测与报警功能；(1分) 9. 压风机支持变频调速控制；(1分) 10. 具有能耗自动分析与计算功能。(1分)	15	查现场和资料，不符合项按比例扣除。	

生产辅助系统评分表9-3

序号	项目名称	项　目　内　容	分值	评分办法	得分
5	智能瓦斯抽采	1. 具有抽采数据和泵房环境等参数在线监测、分析和预警功能；（5分） 2. 具有机电设备故障诊断与信息推送功能；（2分） 3. 具有自动计量瓦斯抽采量功能；（1分） 4. 具有远程集中控制、一键启停和轮换功能；（5分） 5. 具有环境瓦斯超限、供水系统故障的报警和断电功能；（1分） 6. 配备视频监控系统；（2分） 7. 瓦斯抽采管路配备自动放水装置；（1分） 8. 不同时期瓦斯涌出量参数变化较大的矿井，抽采泵支持调速运行；（2分） 9. 配备巡检机器人，实现抽采泵房自动巡检。（1分）	20	查现场和资料，不符合项按比例扣除。	

智能洗选系统验收评分表10

序号	项目名称	项　目　内　容	分值	评分办法	得分
1	洗选系统	1. 具有自动调节补水、加介、加药、分选等功能；（10分） 2. 洗选煤系统实现自动化集中控制；（10分） 3. 采用多功能传感器、机器人巡检、报警随动管理等设备和技术，实现自动煤泥清理、采制样和化验；（10分） 4. 建立洗选作业分析和辅助决策系统，具有洗选工艺参数、生产过程控制状态、设备运行状态的数据采集、展示、分析和决策功能；（10分） 5. 建立视频感知、安全监测系统，具有入选原煤杂物，人员不安全行为、设备危险运行状态等信息的监测和预警功能；（10分） 6. 建立智能供配电系统，具有远程停送电和智能电力管理等功能，实现无人值守；（10分） 7. 具有洗选设备运行状态实时监测及预警功能；（10分） 8. 建立选煤厂管理信息系统，实现市场分析、煤质管理、设备全生命周期管理、材料配件管理、能耗管理、综合成本核算等。（10分）	80	查现场和资料，不符合项按比例扣除。	
2	装车系统	1. 具有智能配煤功能；（5分） 2. 装车站、磅房等岗位实现无人值守、集中控制与监测；（5分） 3. 火车装运系统具有车厢自动识别、撒料等异常情况监测功能，实现火车的智能定量装运；（5分） 4. 汽车装运系统具有车辆位置、车厢内物料高度等信息的自动感知功能，实现智能装运。（5分）	20	查现场和资料，不符合项按比例扣除。	

新疆维吾尔自治区

关于印发《新疆维吾尔自治区煤矿智能化建设实施方案》的通知

新发改能源〔2021〕58号

伊犁州，相关地（州、市）发展改革委（煤炭行业管理部门）、应急管理局、工信局、财政局、科技局、教育局、自然资源局，相关企业、设计院、科研院所：

为贯彻落实国家发展改革委　国家能源局等八部委《关于印发〈关于加快煤矿智能化发展的指导意见〉的通知》（发改能源〔2020〕283号）要求，进一步加快推进我区煤矿智能化建设，推动智能化技术与煤炭产业融合发展，自治区发展改革委、自治区应急管理厅、新疆煤矿安全监察局、自治区工业和信息化厅、自治区财政厅、自治区科学技术厅、自治区教育厅、自治区自然资源厅研究制定了《新疆维吾尔自治区煤矿智能化建设实施方案》，现印发你们，请认真贯彻执行。

附件：《新疆维吾尔自治区煤矿智能化建设实施方案》

自治区发展改革委　自治区应急管理厅
新疆煤矿安全监察局　自治区工业和信息化厅
自治区财政厅　自治区科学技术厅
自治区教育厅　自治区自然资源厅
2021年2月18日

新疆维吾尔自治区煤矿智能化建设实施方案

为贯彻落实国家发展改革委　国家能源局等八部委《关于印发〈关于加快煤矿智能化发展的指导意见〉的通知》（发改能源〔2020〕283号）要求，进一步加快推进我区煤矿智能化建设，推动智能化技术与煤炭产业融合发展，促进煤炭行业安全、绿色、清洁和高效发展，结合我区发展实际，特制定本方案。

一、总体要求

（一）指导思想

以习近平新时代中国特色社会主义思想为指导，深入贯彻落实“四个革命、一个合作”能源安全新战略，牢固树立新发展理念，以供给侧结构性改革为主线，以能源创新试点为引领，以人工智能为核心，以产业政策支持为保障，以效率变革和生产技术变革为目标，全面提升煤矿智能化水平，实现生产过程少人化、无人化，促进我区煤炭工业高质量发展。

（二）基本原则

——坚持企业主导与政府引导相结合的原则。强化企业主体责任，充分发挥市场在资源配置中的决定性作用，激发企业积极性和内生动力。鼓励加强产学研用合作，先行先试；加强规划和政策引导，完善相关支持政策，为促进煤矿智能化建设营造良好环境。

——坚持立足当前与兼顾长远相结合的原则。充分考虑我区煤矿生产建设现状、煤矿规模、煤层赋存条件、灾害程度等情况，因地制宜，合理确定阶段目标，强化规划目标引领，针对不同煤矿提出不同要求，分类推进。

——坚持系统优化与科技兴安相结合的原则。按照煤矿智能化建设相关标准，科学设计，推动生产系统优化和减人提效。以远程控制替代人员值守，以机器人代替危险岗位作业，实现减人提效，提高安全保障水平。

——坚持典型示范与全面推广相结合的原则。优先选择基础条件较好的大型煤矿，建设一批智能化试点项目，选树一批示范煤矿。通过试点先行，产生示范引领效应，凝练可复制的智能化开采模式、适用装备、管理经验等，全面推广。

二、工作目标

（一）智能化启动阶段（2021—2022 年）

2021 年以国家公布我区首批 4 处智能化示范煤矿建设为重点，加快推进煤矿智能化实施，到 2022 年底，力争建成 15 个以上智能化示范煤矿。重点在 6 处冲击地压、3 处煤与瓦斯突出等灾害严重矿井、存在较大安全风险的煤矿、已建成竣工投产的千万吨级特大型煤矿改造实施智能化建设，实现掘进工作面减人增效、综采工作面少人或无人操作、大部分井下和露天煤矿固定岗位实现无人值守、远程控制。

（二）全面推进阶段（2023—2025 年）

到 2023 年底，大型以上煤矿和灾害严重煤矿基本实现智能化，建成一批多种类型、不同模式的智能化示范煤矿，全区煤矿智能化开采煤炭产量达到 70% 以上。高危固定岗位实现无人值守和远程控制；生产管理系统基本实现智能化运行。

到 2025 年，全区煤矿基本完成智能化建设。在安全实时通信及地下精准位置服务、巷道智能快速掘进、开采工作面智能协同控制、煤流及辅助运输、综合管理、煤炭洗选、煤矿厂区及绿色生态智能系统等方面实现智能化；煤矿重点岗位实现机器人作业，重要环节、高危工序实现无人化操作；形成完整配套的智能化生产、管理体系，建成一批智慧化煤矿。

（三）巩固提升阶段（2026—2030 年）

到 2030 年，全区煤矿基本实现对所有信息的精准适时采集、高可靠网络化传输、规范化信息集成、实时可视化展现、生产环节自动化运行，形成多产业链、多系统集成的煤矿智能化系统，基本建成智能感知、智能决策、自动执行的智能化煤矿体系。

（四）全面达标阶段（2031—2035 年）

到 2035 年，全面建成以智能煤矿为支撑的煤炭工业体系，各类煤矿实现智能化。

三、主要任务

（一）规划指导，推动煤矿智能化顶层设计。各地要将煤矿智能化建设纳入各地区、各有关部门“十四五”相关规划，明确发展目标，优先支持智能化煤矿项目。各地（州、市）煤炭行业管理部门要会同有关部门结合煤矿现状、煤层赋存条件、技术基础等因素，科学制定本地煤矿智能化建设实施方案或行动计划，明确智能化发展的行动方向、实施路径和政策措施，科学引导煤矿智能化发展的进度和规模。支持煤炭企业与科研院所合作制定煤矿智能化发展实施方案，加快推进煤矿智能化发展步伐。对地质条件复杂、难以实现全过程、全时态智能化的煤矿，也应因地制宜，积极推进局部智能化。

（二）以人为本，提升煤矿安全保障水平。煤矿智能化建设要全面贯彻“安全第一”的基本要求，通过安全生产监测监控系统智能化应用改造，实现煤矿安全状况动态评价、事故预测预警，对危险场所、重点区域、关键岗位能够远程可视化操控，达到“人－机－环”隐患、故障以及风险辨识管控和应急联动处置，提升煤矿安全生产保障水平。创新智能应用场景、智能决策等技术，优先实现对瓦斯抽采、顶板（边坡）监测、探放水等安全管理全流程智能化建设改造。

（三）夯实基础，加快煤矿信息平台建设。各地（州、市）有关部门要督促煤矿结合自身实际，按照相关规范要求逐步完善智能化基础设施。通过整合、扩充、改造、提升、新增等措施，逐步形成井上、井下多网融合“一张网”，力争建设涵盖井下精准定位系统、智能化信息控制系统、智能化安全管理系统、大数据经营决策分析系统等统一的综合管理信息平台，完成对各子系统的数据整合，实现系统集中操作、集中监控和统一调度。

（四）协调推进，加快生产和建设煤矿智能化改造设计。按照应推尽推的要求，对具备条件的生产煤矿加快智能化改造，在采掘（剥）、供电、供排水、通风、主辅运输、安全监测、洗选等生产经营管理环节，进行智能优化提升，实现传统煤矿的智能化转型升级，协调推进各系统智能化。建设煤矿要符合智能化设计要求，创新煤矿智能化采掘（剥）新模式。对高瓦斯、煤与瓦斯突出、冲击地压等灾害严重矿井要加快智能化建设，明确时限、倒排工期，率先提升智能化水平。推广应用智能音视频识别、智能监测与保护、自动控制或集中控制等技术，加快煤矿设备在线诊断与远程运维系统建设，实现设备自动运行、记录、统计、分析、在线监测、自动报警等功能，最大限度实现无人值守、有人巡检，减少固定岗位人员。露天煤矿要加快科技创新，实现露天开采无人化连续作业和无人驾驶技术等应用突破。

（五）统筹兼顾，全面提高煤矿技术装备水平。加强智能采煤装备技术开发、引进、应用，加快人才培养和储备，推动煤炭开采智能化。煤矿要选择适宜的区域推进采煤工作面智能化建设改造，实现煤矿开采的“少人化、无人化、安全高效”变革。采煤工作面应实现切割路径记忆、煤岩自动识别、流程协同联动、远程集中控制、故障诊断停机、运行状态与环境变化关联分析及动态调整等功能。加强智能化快速掘进成套装备的改造应用，实现“掘支一体”“掘运连续”。掘进工作面设备应具备故障自诊断功能，实现掘进机自动定位、自动导向、智能控制、实时监测和探、掘、支、运平行作业等。加大辅助运输系统智能化研究应用，实现辅助运输连续化、物流配送智能化，有条件的煤矿积极探索无轨胶轮车等运输车辆自动驾驶技术。

（六）以点带面，充分发挥示范引领作用。抓好国家首批公布我区的4处智能化煤矿试点示范工作，加大智能化煤矿建设推进力度。各试点煤矿大企业及大集团要加强组织领导，充分发挥大型煤炭企业“领头羊”作用，明确职责分工，及时协调解决存在问题。严格按照项目管理规定，加强工程质量监督，完善安全技术措施，科学制定施工计划，有序推进。煤矿实现智能化后，及时总结凝练出可复制的智能化建设模式、技术装备、管理经验等，向有关煤矿进行推广应用。

（七）生态优先，积极推进绿色矿山建设。坚持生态优先，开展矿区生态环境智能在线监测，推广矿区地表环境治理与修复、煤层气（煤矿瓦斯）智能抽采利用等新技术，推进煤炭清洁生产和利用。融合智能技术与绿色开采技术，积极推进绿色矿山建设，新建煤矿要按照绿色矿山建设标准进行规划、设计、建设和运营管理，生产煤矿要逐步升级改造，达到绿色矿山建设标准，努力构建清洁低碳、安全高效的煤炭工业体系，形成人与自然和谐共生的煤矿发展格局。

四、保障措施

（一）严格落实责任。自治区发展改革委、应急管理厅、新疆煤矿安全监察局、工信厅、财政厅、科技厅、教育厅、自然资源厅等部门，共同推进煤矿智能化建设相关工作。适时召开现场会，组织观摩交流，推动工作开展。结合国家相关标准、规范，研究制订自治区煤矿智能化地方标准和建设、评价、验收规范等工作，加快煤矿智能化标准建设。各级煤炭行业管理部门负责组织推动本地煤矿智能化建设，加强业务指导和日常监管，会同相关部门制定本地区煤矿智能化建设的实施方案，督促煤炭企业落实煤矿智能化建设责任。各煤炭企业要落实主体责任，结合实际，科学制定煤矿智能化建设规划和年度工作方案，明确目标任务、重大项目、推进进度和时间节点，加强组织实施，确保煤矿智能化建设各项工作落实到位。有关中央企业要发挥好带头作业，高标准、高质量建设智能化示范煤矿。

（二）加大政策支持力度。自治区发展改革委、新疆煤矿安全监察局、工信厅、科技厅等部门利用现有资金渠道，支持开展煤矿智能化建设的技术创新、科研攻关等，对符合要求的相关建设项目予以支持；对验收通过的智能化示范煤矿，在产能置换、安全生产标准化管理体系考核定级等方面优先予以支持；煤矿安全改造中央预算内资金奖励优先支持煤矿开展智能化改造。对按智能化煤矿标准设计、建设的煤矿，优先进行核准、审批；将煤矿相关智能化改造纳入煤矿安全技术改造范围，相关投入列入安全费用使用范围；引导金融机构加大对煤矿智能化建设的信贷支持力度；鼓励企业发起设立相关市场化基金，支持煤矿智能化发展。鼓励电信运营、技术服务商积极投资建设矿区5G基础设施，探索构建产学研紧密结合的智慧化平台，并对积极参与煤矿智能化建设的电信运营商、技术服务商在金融、财税方面给予支持。

（三）加强人才保障。自治区教育厅鼓励有条件的高校设置煤矿智能化相关学科专业，培养具备矿业工程、软件工程、机器人工程、人工智能等交叉学科专业知识技能的复合型、技能型人才。支持煤炭企业与高等院校深度产教融合，鼓励建设现代产业学院，共同开展专业建设和人才培养。支持煤炭企业与技术合作方、职业学院联合建立实训基地，培养一批具有智能装备操作使用和系统维护能力的技能型人才。各级煤炭行业管理部门会同有关单位完善各级培训体系，把煤矿智能化建设纳入煤矿培训的重要内容，对矿长、技术负责人、管理人员进行煤矿智能化建设知识分类教育培训，提高全员技术水平和素质。

（四）强化安全监管。煤矿企业要牢固树立安全生产“红线”意识，依法依规推进智能化开采。各级煤矿安全监管、监察部门要加大执法检查力度，监督煤矿企业严格遵守法律、法规，严厉打击生产、建设煤矿违规布置采掘（剥）工作面和超能力、超强度、超定员组织生产等违法违规行为。严厉打击手续不全煤矿以推进智能化开采为由违法违规组织生产。

（五）加强舆论宣传。各级发展改革委、煤矿安全监管监察部门加强煤矿智能化发展相关政策的宣传和解读，提高政策的知晓度。积极总结本地煤矿智能化建设新进展、新成效、新经验等，宣传推广煤矿智能化发展成功经验和突出成果，形成加快推进煤矿智能化建设工作的良好氛围。

（六）建立信息沟通机制。各地（州、市）发展改革部门会同应急管理局、工信局、财政局、科技局、教育局、自然资源局等部门对列入年度计划实施煤矿智能化建设（改造）项目开展跟踪调度。各地（州、市）发展改革等部门要全面掌握有关情况，每半年将煤矿智能化建设推进情况上报自治区发展改革委、新疆煤矿安全监察局。

贵州省

关于印发《贵州省煤矿智能化发展实施方案（2020—2025年）》的通知

黔能源科技〔2020〕85号

各市（州）煤炭行业管理部门、发展改革委、教育局、科技局、工业和信息化局、财政局、应急管理局，各煤矿安全监察分局，各有关煤矿企业：

为进一步加快全省煤矿智能化建设，提升煤矿安全生产水平，推动我省煤炭工业转型升级高质量发展，省能源局、省发展和改革委、省教育厅、省科技厅、省工业和信息化厅、省财政厅、省应急管理厅、贵州煤矿安全监察局研究制定了《贵州省煤矿智能化发展实施方案（2020—2025年）》，经省人民政府同意，现印发给你们，请认真贯彻执行。

省能源局　省发展改革委　省教育厅

省科技厅　省工业和信息化厅　省财政厅

省应急管理厅　贵州煤矿安全监察局

2020年7月20日

贵州省煤矿智能化发展实施方案（2020—2025年）

为贯彻落实《国家发展改革委　国家能源局等八部委关于印发〈关于加快煤矿智能化发展的指导意见〉的通知》（发改能源〔2020〕283号）、《省人民政府关于强化煤矿瓦斯防治攻坚进一步加强煤矿安全生产工作的意见》（黔府发〔2020〕3号）等文件精神，进一步加快全省煤矿智能化建设，提升煤矿安全生产水平，促进我省煤炭工业转型升级高质量发展，特制定本方案。

一、总体要求

以习近平新时代中国特色社会主义思想为指导，全面贯彻“四个革命、一个合作”能源安全新战略，深化煤炭供给侧结构性改革，深入实施能源工业运行新机制，加大新技术、新装备在我省煤炭行业应用，全面提升煤矿智能化水平，加快煤炭生产技术变革，推动全省煤矿智能化建设向纵深发展，保障煤矿安全生产，促进煤炭工业高质量发展。

二、主要目标

——到2020年底，建立健全贵州省煤矿智能化建设技术标准，形成辅助生产系统智能化运行技术和管理体系；实现采煤工作面机械化作业、井下固定岗位无人值守与远程监控；生产煤矿采煤机械化率达到96%、力争100%，辅助生产系统智能化、信息化服务管理和监控覆盖率100%；启动智能煤矿示范项目和90万吨/年及以上生产煤矿智能化综采工作面建设工作，发布煤矿智能化采掘技术榜单，初步建成功能完备的智能化运维服务平台。

——到2022年底，初步形成煤矿开拓设计、地质保障、生产、安全等主要环节的信息化传输、自动化运行技术体系；部分煤矿实现综采工作面内少人或无人操作、掘进工作面减人提效、辅助生产系统无人值守与远程监控、危险岗位机器人替代；推动60万吨/年及以上生产煤矿采掘工作面智能化改造，力争建成智能化采掘工作面60个以上。

——到2025年底，基本形成煤矿智能化技术体系；大型煤矿基本建成智能煤矿，实现开拓、采掘、机电、运输、通风、安全保障、生态保护、生产管理等系统的自动化协同运行与智能化决策，井下重点岗位机器人作业；全省生产煤矿综采、综掘工作面基本实现智能化。

三、煤矿智能化建设标准

（一）智能化综采工作面。采用智能控制和可视化远程干预技术，应用采煤机记忆切割系统、液压支架电液控制及智能集成供液系统、图像视频远程跟踪系统、采煤机和刮板输送机及液压支架协同控制系统、远程控制平台等成套装备，实现地面（巷道）监控中心对综采设备的智能监测与集中控制。鼓励工作面直线度控制、精准地质信息、随采物探、安控类工作面巡检机器人等先进技术与装备的示范应用。智能化综采工作面内正常生产时作业人员每班原则上不超过5人。

（二）智能化综掘工作面。采用掘进、支护、运输“三位一体”高效快速掘进技术体系，煤巷掘进应用掘锚机、锚杆台车、转载机、带式输送机，岩巷掘进应用全断面岩巷掘进机及后配套设备，基于可视化远程监控平台，实现防突风门外对掘进工作面设备的远距离集中控制。鼓励超前探测、自动定向及导航、巷道断面自动截割成形、全自动锚护、掘支平行快速作业、远程数字孪生监控、矿用盾构掘进机、矿用顶管机等先进技术与装备的示范应用。智能化综掘工作面内正常掘进时作业人员每班原则上不超过5人。

（三）煤矿机器人。开展复杂地质条件煤矿辅助运输机器人研究及应用示范，实现技术相对成熟的安控类皮带巡检机器人、巷道巡检机器人现场应用，鼓励掘进类防突钻孔机器人、运输类机器人、救援类机器人等的开发应用。

（四）智能煤矿。实现综采工作面智能化、综掘工作面智能化、辅助生产系统智能化、危险岗位机器人替代，建成智能化生产、安全保障、经营管理等多系统、多功能融合的一体化平台。鼓励运用智能传感、井下超宽带（UWB）定位、光纤通信、4G/5G/WIFI无线通信等现代信息技术构建煤矿物联网；鼓励依托4D－GIS地质模型和动态信息管理技术，建设基于地理信息一张图的煤矿安全生产平台和透明矿山虚拟可视化系统；鼓励运用大数据技术搭建重点区域安全等级评价、风险评价、动态排产、成本核算等分析模型，实现煤矿安全决策管控、产运销业务协同、决策管控一体化运营的智能化应用。

四、实施阶段和工作安排

（一）示范启动阶段（2020年）

1. 完成全省生产煤矿“两化”升级改造。加快实施《深入推进贵州省煤矿智能化、机械化升级改造攻坚方案（2019—2020年）》(黔煤转型升级办〔2019〕54号)，扎实做好全省煤矿机械化改造、辅助生产系统智能化升级收官工作，实现生产煤矿采煤工作面机械化作业、固定岗位无人值守与远程监控，夯实煤矿智能化建设基础。

2. 推进生产煤矿综合机械化改造。凡具备综合机械化采煤、掘进条件的煤矿必须进行综合机械化改造建设，因地质条件复杂尚未实施综合机械化改造的生产煤矿要结合煤矿实际，切实做好综采适用技术的调查研究，加大综合机械化改造推进力度。

3. 开展智能煤矿示范建设。加大智能化综采工作面建设推进力度，积极开展智能化综掘工作面建设、煤矿机器人工程试验。到2020年底，力争新增建设智能化采掘示范工作面10个，推动井下机器人现场应用，启动至少1个智能煤矿建设示范项目。

4. 编制煤矿智能化实施方案。市（州）煤炭行业管理部门要结合区域特点、煤层赋存条件、技术基础等因素制定辖区煤矿智能化实施方案，引导煤矿实施智能化建设。各煤矿企业要依据煤层倾角、煤层厚度、构造复杂程度等客观条件，科学编制煤矿智能化建设方案，明确智能化综采工作面、智能化综掘工作面和智能煤矿的建设目标，细化建设进度与资金计划，报市（州）、县（市、区、特区）煤炭行业管理部门备案。申报黔能源煤安〔2020〕62号文件中煤矿智能化建设奖补资金的煤矿，需将煤矿智能化建设方案报省级煤炭行业管理部门，经省级煤炭行业管理部门组织专家论证同意后组织实施。

（二）重点推进阶段（2021—2022年）

1. 大力推进智能化采掘工作面建设。到2022年底，全省力争建成60个智能化采掘工作面。

2. 推广应用煤矿机器人。到2022年底，力争累计推动煤矿机器人现场应用20台套。

3. 科学推进智能煤矿建设。选择资源条件好、技术实力强、管理能力优的煤矿开展智能煤矿建设，凝练可复制的先进经验逐步推广。到2022年底，推动建成智能煤矿1处以上。

（三）全面实施阶段（2023—2025年）

1. 全面推进智能化综采工作面建设。到2025年底，全省生产煤矿综采工作面基本实现智能化。

2. 全面推进智能化综掘工作面建设。到2025年底，全省生产煤矿综掘工作面基本实现智能化。

3. 全面推进煤矿机器人应用。到2025年底，突出煤层掘进工作面防突钻孔机器人普遍应用，全省矿山救护中心装备救援机器人10台套以上。

4. 全面推进智能煤矿建设。到2025年底，累计建成50处智能煤矿。

五、保障措施

（一）加强组织领导，强化责任落实。由省煤炭工业淘汰落后产能加快转型升级工作领导小组统一领导煤矿智能化发展工作，省能源局、贵州煤矿安监局、省科技厅等厅局成立工作专班负责具体工作推进。市（州）、县（市、区、特区）政府要比照建立工作机制，明确煤矿智能化建设牵头和配合部门，配备专业力量，强化组织协调，统筹抓好煤矿智能化建设中资金、技术、人才等各项工作。各级煤炭行业管理部门负责推动辖区内煤矿智能化建设，实施清单化管理和日常监管，强化业务指导，帮助企业解决智能化建设中遇到的问题，督促煤矿加快建设进度。煤矿企业要履行主体责任，建立健全煤矿智能化运行维护责任制度和管理制度，建立煤矿智能化科技投入保障机制，明确智能化发展目标，制定推进计划、人才计划、资金计划，确保煤矿智能化建设工作落实到位。省属国有企业、省外国有来黔企业、优强民营企业要在煤矿智能化建设过程中发挥带头作用，率先示范、率先全面推进，为全省煤矿企业树立榜样。

（二）强化资金支持，加强政策保障。落实省级关于煤矿智能化的奖补政策。争取中央各类资金支持，加强与国家有关部委的沟通衔接，用足、用活现有政策，推动更多改造项目进入国家试点，争取用好中央预算内资金、国债资金等国家各类资金。发挥省能源结构调整基金和煤电保障投贷联动运行机制作用，引导金融机构加大对煤矿智能化建设的信贷支持力度。对按智能化标准建设的新建煤矿，优先予以审批或核准。鼓励支持实施智能化开采的煤矿释放先进产能，依法办理产能核增。

（三）实行倒逼机制，强力推进建设。将煤矿智能化建设纳入"十四五"煤炭规划，新建、技改项目应符合智能化发展要求，严格设计审批。原则上对不实施智能化建设的煤矿不再支持其扩大矿区范围，不再支持对其所在集团公司新增资源配置，不再支持投贷联动、煤矿安全改造项目、煤层气

（煤矿瓦斯）开发利用等专项资金扶持；各级煤炭行业管理部门将其列入采煤工艺落后、井下作业人员多、安全保障能力低的安全监管重点对象，明确监管责任人，增加检查频次，并向社会公布名单。获得智能化奖补资金支持的煤矿，如未按计划组织实施，将收回专项奖补资金，并纳入社会诚信体系按规定实施联合惩戒，同时不再享受有关政策支持。

（四）强化科技创新，培育产业生态。支持企业、科研院所、行业组织等主编或参编煤矿智能化行业标准、国家标准和国际标准。继续向全社会发布技术榜单，征求解决方案，尽早实现重点难点突破。支持企业发挥创新主体作用，加强新技术开发与集成、首台（套）装备应用，加大重大科技创新和重点科技成果转化。鼓励煤矿企业与智能煤机制造企业、大数据专业化服务商、科研机构、大专院校合作，开展跨地区、跨行业、跨学科的技术攻关，加强专利申请，培育一批具有自主知识产权的煤矿智能化装备高新技术企业，形成具有贵州特色的煤矿智能化运行管理体系和产学研用协同创新产业生态体系。

（五）强化平台建设，加强人才培养。依托“贵州能源云”，实现煤矿、县、市、省四级智能化数据在线监测，建设贵州省煤矿智能化运行维护服务平台，推动煤矿装备云端运维和信息实时感知的远程专业化分析处理。支持贵州省煤矿设计研究院有限公司等相关单位，联合高等院校、装备制造厂商，建设贵州省煤矿智能化创新研发平台。实施顶尖人才引进政策，引进培育高层次专业人才。加强煤矿智能化专业服务队伍建设，鼓励省内本科院校、职业院校加大采矿工程、软件工程、信息工程、机器人工程、人工智能等专业人才培养力度，培养各层次专业技术和管理人员。完善省、市、县、煤矿四级培训体系，建立煤矿在职青工向应用型技术人才转变的学历教育与技能培训机制，用好煤矿企业新型学徒制、招工招生一体化政策，充分利用国有大矿技术人才优势开展智能化业务培训，全面提高专业技术人才整体素质。

关于印发《贵州省智能煤矿建设指引（试行）》的通知

黔能源科技〔2020〕123号

各市（州）煤炭行业管理部门，各有关煤矿企业：

为贯彻落实《国家发展和改革委员会国家能源局等八部委关于印发〈关于加快煤矿智能化发展的指导意见〉的通知》（发改能源〔2020〕283号）、《国家能源局　国家煤矿安全监察局关于开展首批智能化示范煤矿建设的通知》（国能发煤炭〔2020〕63号）和《贵州省煤矿智能化发展实施方案（2020—2025年）》（黔能源科技〔2020〕85号）文件精神，落实2020年全国煤矿智能化建设现场推进会工作安排，指引我省智能煤矿项目建设，推动煤炭工业转型升级高质量发展，现印发《贵州省智能煤矿建设指引（试行）》，请参照执行。

附件：贵州省智能煤矿建设指引（试行）

2020年12月16日

贵州省智能煤矿建设指引（试行）

第一条　适用范围在贵州省行政区域内建设的智能煤矿（井工）。

第二条　智能煤矿本指引所称智能煤矿是指以安全、高效、绿色、智能为目标，运用先进的测控、信息和通信等相关技术与装备，建设智能煤矿基础设施、综合管控平台、生产系统、辅助生产系统、安全管理系统、生产技术管理系统、生产经营管理系统、环保系统、通信系统和专家支持系统等，实现各系统智能化协同运行、安全风险预控、产运销业务联动、决策管控支持等功能的煤矿。

第三条　建设要求智能煤矿建设应符合贵州省煤矿智能化管理体系要求，并与贵州能源云进行数据交换，构建功能完备的智能煤矿综合管控平台，实现生产、辅助生产、安全管理、生产技术管理、生产经营管理、环保、通信等系统的智能化运行。

第四条　智能煤矿基础设施技术要求包括通信网络、硬件设施、软件设施、数据中心、调度监控中心、数据及网络安全设施。应满足《关于印发〈贵州省煤矿智能机械化建设与验收暂行办法〉的通知》（黔能源科技〔2017〕158）的要求，且可以同时参考下列技术要求：

（一）通信网络　1. 办公网络与工业环网应实现物理隔离，禁止无防护的工业环网与互联网连接。宜建立工业环网安全通信模型，阻断非法访问，仅允许可信的流量在网络上传输。2. 有线主干网络应采用工业以太网或兼容以太网协议的网络，并采用工业级设备，支持多种网络拓扑结构和冗余方式，网络自愈时间不大于50 ms，带宽应在10000 Mbps及以上。3. 无线网络应采用主流高速带宽无线通信技术，WiFi系统宜采用802.11ax标准，支持井下移动语音通话、无线数据和视频等信息共网传输。4. 矿井低速无线网络应采用LoRa、ZigBee等技术，基站具备低速无线网络网关接入功能，基站数量和节点接入数量能够满足井下通信需要，且有一定冗余量，基站能够同时通信节点数不小于1024个，传输带宽在通信距离以内不小于1 kbps。5. 二级交换接入网络应采用带宽100 Mbps及以上工业以太网，具备组环功能，可形成子环，网络自愈时间不大于50 ms，能通过以太网电接口或光接口接入矿井主干网络。6. 无线网络宜实现井上下生产区域内全覆盖。

（二）硬件设施 1. 煤矿信息管理网络传输核心层设备宜采用具有扩展能力的三层以太网交换机或光线路终端设备，数量不少于2台，应进行双机热备或负载均衡等配置；接入层设备应采用10、100、1000、10000 Mbps自适应的以太网交换机或光网络单元；支持VLAN，支持SNMP网络管理协议，支持远程维护与管理。2. 设备之间接口应采用基于标准TCP/IP协议的以太网接口联网；交换机、服务器和存储设备之间接口宜采用10000 Mbps及以上接口互联；煤矿智能化管控平台核心交换机与路由设备之间接口宜根据接入外部网络情况选择接口；煤矿生产系统的监控系统可采用以太网口、串行接口或通过转换接口与网络接入层设备相连。

（三）软件设施应满足《关于印发〈贵州省煤矿智能机械化建设与验收暂行办法〉的通知》（黔能源科技〔2017〕158）要求。

（四）数据中心应满足《关于印发〈贵州省煤矿智能机械化建设与验收暂行办法〉的通知》（黔能源科技〔2017〕158）要求。

（五）调度监控中心应满足《关于印发〈贵州省煤矿智能机械化建设与验收暂行办法〉的通知》（黔能源科技〔2017〕158）要求。

（六）数据及网络安全设施 1. 应在数据中心前端部署安全设备，防御来自外部网络或内网针对业务系统的攻击，具备双向内容检测与防护功能，规避敏感数据外泄。2. 应建立数据备份系统，具备容灾功能；数据传输网络应具有通讯中断、网络流量异常监测与报警功能。3. 矿井工业控制系统与其他系统之间应划分为不同区域，区域之间应设置工业隔离区，并采用隔离措施；并保证工业控制网络与企业网、移动互联和远程访问等外部网络之间通过工业隔离区实现边界防护。4. 应启用安全审计功能，在网络边界、重要网络节点应进行安全审计，审计覆盖到每个用户，对重要的用户行为和重要安全事件进行审计。5. 应采用白名单机制对操作员站、工程师站、服务器与客户机进行主机加固，将工业控制系统中的可信应用程序加入到白名单列表中，形成安全可信的应用程序运行环境，只允许经过企业自身授权和安全评估的软件运行。

第五条 智能煤矿综合管控平台

（一）建设基于统一地理信息系统的煤矿大数据集成和展示平台，实现信息的精准适时采集、规范化信息集成、实时可视化展现、生产环节协调控制，为煤矿安全、生产、经营等提供综合评价和决策支持。由平台组件和各类功能模块组成。

（二）平台组件

1. 数据管理组件。实现煤矿各类信息的自动编码，自动存储，自动提取，完成面向煤矿大数据分析、综合应用和决策支持的全息数据敏捷计算和推送服务。

2. 4D-GIS组件。实现以下功能：（1）完备的绘图功能。（2）数据自动成图。（3）图自动建库。（4）图库双向查询。（5）2GIS可以自动建立3DGIS。（6）与监控系统集成自动生成4DGIS。（7）与常用格式进行转换。（8）自动计算长度、面积和体积。（9）具有2~3维网络分析、导航和视频监控、各种SCADA系统功能。（10）进行2~3维空间的缓冲区分析、叠加分析、拓扑分析和布尔运算。（11）连接定位监测设备，进行2~3维模拟。（12）向用户或其他应用提供空间信息、属性信息和面向地理空间的各种计算服务。

3. 三维建模与可视化组件。实现以下功能：（1）有完整的三维布尔运算功能。（2）根据勘探、测量、监测等数据，自动建立地形、地面工业广场、井下巷道、采场、硐室、工作面、采空区模型，完成从上到下煤岩层的连续建模。（3）实现空间模型的剖切等运算。（4）不依赖第三方软件能够完成各种建筑和设备的三维建模和可视化展示。

（三）功能模块

1. 地测地理信息模块 （1）实现井巷工程、地质体、地质构造、保护煤柱，以及富水区、瓦斯聚集区、高应力区等井上下各种对象和危险源的自动建模和属性配置。（2）根据采掘进尺和围岩变形的测量数据完成二维图形和三维模型的自动更新和剖切分析。（3）完成各种测量改正、误差预计、测量平差、测量导航、掘进定向、误差预警等计算。（4）具备一张图运行功能，实现煤矿采掘工程平面图、通风系统图、瓦斯地质图、防突预测图、储量图、避灾路线图等的数据融合、分析，并能实时更新，为采掘计划编排提供决策依据。（5）实现井下分区域、分级颜色管控。

2. 生产执行模块 （1）生产协同设计模块①自动完成施工图设计、工程量计算、设备选型、安全评价、设计文档和三维效果图的生成，并具有结合现场实际生成竣工资料的功能。②实现采掘、爆破、通防、供电、运输、提升、排水、压风、供水、抽放等系统的协同设计。（2）采掘生产计划编制模块①实现从设计、生产空间模型到生产流程、采掘接替和网络计划模型的自动转变。②自动生成工艺流程图、甘特图、资源统计图和采掘计划网络图。③自动连接到生产经营管理系统，并与综合调度指挥模块联动。（3）输配电管理模块①有完善的设备参数库。②实现多电源、多环路、多电压等级复杂电网的故障电流、保护定值、电压损失、热稳定性、负荷统计、设备选型、电缆选型等计算，自动生成计算文档和设计图表。③实现系统故障诊断和可靠性评价，同时把诊断和评价结果自动提交到安全管理系统。④主要输配电设施具有精准的地理信息标识。（4）通防管理模块①自动生成通风系统图、立体图、通风网络图和压能图。②自动完成测点和传感器布置、通风阻力测定和数据处理。③进行通风状态模拟、反风效果分析、风机优选与优调。④实现正常时期和灾变时期风量调节与控制，并与安全管理系统联动。⑤宜实现自动漏风识别和通风故障诊断。

3. 大型设备故障诊断模块 对通风机、空压机、提升机、架空乘人装置、水泵、瓦斯泵等大型设备的在线监测数据（振动、轴温、油脂、电流、电压、功率、工况等）与点检信息进行特征对比，实现设备的远程故障诊断、缺陷识别和隐患排查，准确进行故障定位和缺陷类型判断，为设备健康管理和及时维修提供决策信息支撑。

4. 综合调度指挥模块 （1）应具备大数据分析功能。为矿井的安全、生产、经营、环境提供综合评价，通过对标分析、行业分析、供需分析等为矿山的生产、经营和环境保护提供综合决策支持。（2）应具备综合调度功能。①具备自动编排生产计划功能。②具备综合显示调度信息功能，能三维动态显示采、掘、运、洗（选）等主要系统的实时运行状态。③具备精确计量产量功能。④具备分析和展示投入产出情况功能。⑤具备环境与设备异常的报警和处理功能。⑥具备生产调度和经营调度管理功能。⑦具备预警信息显示和发布功能。⑧具备调度台账与报表生成功能。⑨具备调度指令发布和信息反馈功能。⑩具备调度过程追忆和调度效果展示功能。（3）应具备应急指挥功能。①具备救援基本信息管理功能。②具备重大灾害事故仿真功能。③具备应急预案编制与扩展功能。④具备应急预案自动启动与应急救援快速反应功能。⑤具备事故救援过程追忆和文档自动生成功能。

5. 一站式门户管理模块提供统一的用户登录入口，满足不同业务的权限管理，且应具备密码复杂度及验证码校验功能；应具有基础数据字典统一管理功能，包括员工编码、区域地点编码、组织机构、角色权限等；应提供统一的工作流管理机制，能够使相关任务在所有参与者之间按照规则自动执行；应提供统一的消息推送管理机制。

第六条 生产系统智能煤矿生产系统包括智能化综采工作面和智能化综掘工作面。应满足《关于印发〈贵州省煤矿智能机械化建设与验收暂行办法〉的通知》(黔能源科技〔2017〕158）的要求，且可以同时参考下列技术要求：

（一）智能化综采工作面 1. 正常生产班工作人员不超过5人。2. 应实现每班产量、月产量和年产量的自动计量。3. 应实现落煤瓦斯涌出量与采煤机截割速度的协调、瓦斯超限自动断电停机功能。4. 宜实现回采工作面作业环境机器人巡检，具备自主移动、定位、图像采集、智能感知、预警、人机交互等功能，实现煤壁、片帮、大块煤、有害气体、温度、粉尘、设备状态等监测。5. 宜对工作面围岩状态和环境参数进行综合监测，宜通过直线度控制系统、工作面装备位姿检测、三维场景实时再现系统、围岩－装备耦合自适应协同控制系统，实现基于透明工作面的自适应智能化开采。

（二）智能化综掘工作面　1. 正常生产班工作人员不超过 5 人。2. 煤巷掘进工作面采用前探、掘进、支护、运输“四位一体”高效快速掘进技术体系，应实现防突风门外对掘进工作面设备的远距离集中可视化操作。3. 岩巷掘进工作面采用全断面岩巷掘进机及后配套设备，应实现防突风门外对掘进工作面设备的远距离集中可视化操作。4. 宜实现掘支平行快速作业，具备参数设置及定位自动截割、锚杆自动支护功能。5. 宜实现定位截割、刷帮及截割轨迹在线检测功能。6. 宜实现掘、锚、运、探的自动操作，装备精确定位导航系统。7. 宜实现远程数字孪生监控管理功能。

第七条　辅助生产系统智能煤矿辅助生产系统包括通风子系统、压风子系统、井下排水子系统、提升运输子系统、供配电子系统、地面洗选子系统、瓦斯发电子系统。应满足《关于印发〈贵州省煤矿智能机械化建设与验收暂行办法〉的通知》(黔能源科技〔2017〕158）的要求，且可以同时参考下列技术要求：

（一）通风子系统　1. 主通风机及附属设施（1）主通风机应具备在线监测功能，可调用电力参数，具备失电自动告警功能。（2）主通风机应具备运行风机故障自动倒机功能，备用风机定期自检及故障诊断功能。2. 局部通风机应配置视频图像监视装置。3. 其他方面（1）实现远程监控风门状态、风窗状态、风机状态等状态。（2）实现远程监控所有调节风门和风窗的开启面积。

（二）压风子系统　1. 应具备过压及超温保护功能。2. 压风机余热利用应实现自动化。3. 宜对压风管路、管阀门、用风设备和自救系统工作状态进行在线监测与控制，实现正常生产时期和灾变时期的压风自动化。

（三）井下排水子系统　1. 系统控制范围应包括井下中央水泵房及采区水泵房的水泵及附属设施。2. 主排水泵及附属设施（1）电动阀门应采用双电源供电方式，实现双电源自动切换。（2）宜配置巡检机器人，实现排水泵房及配电室设备运行工况、安防、消防等在线监测和故障报警。（3）水仓清挖宜实现自动化。

（四）提升运输子系统　1. 主要提升机（1）主驱动应采用变频等低耗、先进、可靠的电控装置，具备无级调速功能。（2）系统应具备在线监测功能，实现主提升机的运行状态以及相关参数的实时监控，包括运行参数（制动正压力或油压、振动，电机电压、电流、功率、定子绕组温度，轴承温度等）和状态参数（工况环境、行程、位置、速度等）。应配置钢丝绳在线监测设备。（3）系统应具备历史数据及曲线查询、故障诊断与预警、故障分析等功能。（4）系统应实现跑车防护装置与提升机联锁自动控制。（5）宜具备闸瓦间隙在线监测报警功能。（6）提升机房、井口、各水平甩车场等关键地点宜配置 AI 视频自动识别监控系统，实现行人自动识别、人员统计监测并与提升机自动联控。2. 带式输送机（1）主驱动应采用软启动装置，多点驱动应实现功率平衡。75 kW 以上电动机宜采用永磁电动机，并具有软启动和无级调速功能。（2）钢丝绳芯带式输送机应配置钢丝绳芯带面在线监测设备。（3）带式输送机机头、各水平转载点等关键区域宜配置 AI 视频自动识别监控系统，实现异物识别、大块煤矸识别等功能，并与煤流系统自动联控。（4）宜实现主要运输带式输送机机器人巡检，具备自动行走、自主定位、带式输送机运行参数检测、温度与烟雾感知、煤流监测、环境参数监测及预警等功能，替代人工实现带式输送机运输的智能化监测。3. 架空乘人装置（1）主驱动应采用软启动装置，宜具备无级调速功能。（2）应具备远程和就地集中控制，地面控制中心具有设备状态、参数和视频显示功能。（3）应具备在线监测功能，实现越位、超速、欠速、掉绳、断轴、重锤下降、钢丝绳断丝、电机运行状态等信息的实时监测，具备紧急停车功能。（4）系统应具备历史数据及曲线查询、故障诊断与预警、故障分析等功能。（5）机头、机尾和各水平上下人处宜配置 AI 视频自动识别监控系统。4. 单轨吊（1）应实现实时监测单轨吊的牵引力、速度、载荷等参数功能，实现在线故障诊断和智能控制。（2）宜实现物资、车厢装卸及运载过程的自动化，宜采用无人驾驶。5. 主要斜巷提升绞车（1）适用于井下滚筒直径大于或等于 1.2 m 的主要斜巷提升绞车。

(2) 应能实时监测各类绞车的开停、容器位置、速度、电机电流、润滑油压、制动油压、正反到位、工作闸、松绳、正反向过卷、闸瓦磨损、料位越限、润滑油超温、润滑油欠压、制动油过压等参数，并实现在线故障诊断和智能控制。(3) 应实现视频监控，具备无线移动通信和信号发送、行人自动监测、断绳自动阻车等功能，各类保护实现自动监测、自动报警、自动停车；模拟状态显示和信息上传等功能。

（五）供配电子系统　1. 电力监控应覆盖主要通风机、压风机、主要排水泵、瓦斯抽采泵等重要负荷供电系统，宜实现全覆盖。2. 地面变电所、井下中央变电所及采区变电所宜配备巡检机器人，实现供配电装置状态、环境、安全保卫等自动检测、告警等功能，具备火灾监测和自动灭火功能。

（六）地面洗选子系统　1. 配备选煤厂的煤矿应建设地面洗选子系统，应根据选煤厂的位置、规模、管理模式选择建设调度监控中心。2. 智能监控与调度功能（1）应实现主要工艺流程设备远程集中控制。(2) 应具备在线监测功能，实现洗选煤工艺流程、电力、排污等系统的运行状态以及相关参数的实时监控。(3) 应具备历史数据及曲线查询、故障诊断与预警、故障分析等功能。(4) 车间、煤仓、配电室等地点应配置视频图像监视系统。宜具备视频随动控制功能，实现对全厂集控系统、煤质管理系统、设备状态的视频和数据的监控，以及对大屏拼接的控制功能。(5) 宜关联井下生产系统，实现系统联动。3. 宜具备重点岗位 AI 智能识别分析功能，实现对人员的管理（安全帽、不良穿戴、不良行为智能分析报警）、对重点设备的保护（皮带、刮板、筛子、溜槽等），并具备相应的报警预案。4. 煤矿洗选子系统智能化建设除符合上述要求外，具体建设标准另行制定。

（七）瓦斯发电子系统　1. 配备瓦斯发电站的煤矿应建设瓦斯发电子系统。2. 应具备在线监测功能，实现瓦斯发电站及设备运行状态以及相关参数的实时监测，包括环境参数、电力参数、设备参数、瓦斯气进气参数等，并将监测数据上传至地面监控中心；应能实现瓦斯发电机组远程控制，具有可动态调节功率、自动投切并网等智能化功能；高低浓度瓦斯混合装置应具有自动调配功能。3. 应具备历史数据及曲线查询、故障诊断与预警、故障分析等功能。4. 应能在线监测冷却水系统运行情况及软化水系统的运行情况，宜实现循环水管路自动除垢功能。5. 瓦斯发电站及配电室应配置视频图像监视系统。6. 应实现发电参数在线监测功能。7. 宜配置巡检机器人，实现瓦斯发电站设备工况、安防、消防等在线监测和故障报警。

第八条　安全管理系统　智能煤矿安全管理系统包括视频监控子系统、安全监测子系统、人员监测子系统、瓦斯治理子系统、灾害预警预报子系统、信息导引及发布子系统、安全双预控子系统和安全检查子系统。应满足《关于印发〈贵州省煤矿智能机械化建设与验收暂行办法〉的通知》(黔能源科技〔2017〕158）的要求，且可以同时参考下列技术要求：

（一）视频监控子系统　1. 应满足《公共安全视频监控联网系统信息传输交换控制技术》(GB/T 28181—2016）技术要求，同时应提供实时调用、保存和回放的二次开发接口，满足系统集成需要。2. 应具备对实时监控图像进行人员体态识别（人员的违规行为识别、摔倒检测、行为状态、违章等)、机器（状态、告警、异常、故障等)、环境（矿井突水水源识别、矿井水位标尺刻度识别、顶板垮落、火光、烟雾等）的智能图像分析和智能预警功能。3. 应具备联动控制功能。当系统识别出异常后能够通过通信接口发出控制命令给第三方系统，实现对自动化系统、广播通信系统等的联动控制，并将事件（预警）区域视频自动切换到主控画面。4. 矿井视频监控信息存储系统容量应满足使用需求。5. 在地面或井下的重要场所安装固定或移动高清分辨率摄像头，应带有清洁装置，备视频切片、断网续传等功能，实时把图像传到地面视频服务器和监视器。6. 打钻视频监控应具备以下功能：(1) 钻孔施工执行“一钻一摄像、一孔一视频”，采用智能视频识别系统，通过对现场钻孔施工的实时视频进行识别分析，准确识别钻杆数量，自动计算钻孔方向角、倾角、深度等参数。(2) 应自动生成钻孔相关数据台账，实现自动化、高精度、无人监守钻孔施工作业的全过程分析与管控，杜绝工程资料造假，确保工程质量。

（二）安全监测子系统　1. 应满足《煤矿安全监控系统通用技术要求》（AQ 6201—2019）要求。2. 应满足《煤矿安全监控系统及检测仪器使用管理规范》（AQ 1029—2019）要求。3. 形成矿井瓦斯等级鉴定所需基础数据表格。4. 应满足远程联网的需要。

（三）人员监测子系统　1. 应满足《煤矿井下作业人员管理系统通用技术条件》（AQ 6210—2007）要求。2. 应满足《煤矿井下作业人员管理系统使用与管理规范》（AQ 1048—2007）要求。3. 应能实时监测井下人员位置、滞留时间等信息，在交叉点附近应能识别运动方向，实现静态人员定位精度优于0.3米，动态人员定位精度优于3米的功能要求。4. 应具备视频联线通讯功能。5. 宜有人员超作业范围报警功能。6. 应能满足远程联网的需要。

（四）瓦斯治理子系统　1. 瓦斯抽采达标管理（1）瓦斯抽采系统的主管、支管及抽采钻孔汇集器处应安设多功能参数计量装置。（2）应具有在线达标评判功能①建立抽采达标评价模型并具有动态修正功能。②动态展示各区域的抽采达标情况。③自动测算抽采达标时间。（3）应具有基础信息功能①抽采单元独立计量和实时监测。②钻孔成孔数据在线信息管理及存储。③抽采单元基础信息、抽采计量数据、抽采单元效果评价、达标预测和效果验证等在线信息管理及存储。（4）应具有抽采达标情况分类管控功能，并用色彩区分显示。（5）应自动生成抽采单元瓦斯达标评判基础数据表格及报告。2. 瓦斯抽采站管理（1）电动阀门应采用双电源供电方式，实现双电源自动切换。（2）宜配置巡检机器人，实现瓦斯抽采泵站、配电室设备工况、安防、消防等在线监测和故障报警。3. 钻机管理（1）应具备在线监测功能，实现钻机的运行状态以及相关参数的实时监控，包括电力参数、环境参数和钻进参数。（2）应具备钻孔数据实时监测和上传功能。（3）应具备历史数据及曲线查询、故障诊断与预警、故障分析等功能。（4）具备钻机远程控制功能，宜包括自动上下钻杆功能、一键全自动钻孔功能、智能防卡钻功能。

（五）灾害预警预报子系统　1. 煤与瓦斯突出预警（1）采用矿山物联网、先进无线通信、大数据、人工智能等信息技术，依托矿井物探、钻探、瓦斯参数检测、防突预测、防突措施钻孔施工、安全监控、矿压监测、抽采监测、视频监控等相关信息，自动分析地质构造、煤层赋存条件变化、煤层瓦斯富集、采掘应力集中、瓦斯涌出异常变化、矿压异常变化、防突措施缺陷和突出预兆显现等情况，在线识别煤与瓦斯突出危险，对涌出量进行智能预警，并发布突出预警信息。（2）能够与供配电子系统、通信子系统等进行联动。2. 矿井水害预警（1）应对各工作面周围的富水区和地质构造进行超前探测，并生成成果剖面图、等值线图、等值面图的矢量数据；应对各水源和涌水点的水质进行监测，分析其化学成分、物理属性和同位素等；应监测水体在裂隙等介质中的流动状态，对导水通道进行探测和空间定位；应自动监测降雨量、突水点、涌水量和矿井排水量等参数。（2）在矿山地理信息系统中引入水文地质模型，对富水区、导水通道等水文地质信息进行管理，实时监测各个含水层的水压、水温和水质，分析含水层的补给水源、补给量和导水通道，对矿井出水点进行水源辨识，对矿井涌水量和导水通道进行预测分析，建立符合矿井突水事故机理的水害预警模型，对矿井涌水量和突水位置进行实时在线预警。3. 火灾预警（1）具有多参数监测功能①监测煤体温度，风流的一氧化碳、二氧化碳、温度、氧气。②井巷发生火灾后，应实时监测通过火区的风量以及火区进回风侧的湿度。③监测煤层和采空区的温度、甲烷、一氧化碳、二氧化碳、氧气、氮气、乙炔、乙烯、围岩温度。④监测矸石山的一氧化碳、二氧化碳、温度、烟雾、二氧化硫、硫化氢等参数。⑤实现分布式温度连续测量，并对高温点实时准确定位。（2）具有实时预报功能根据矿山地理信息系统、应力分析、开采破坏程度、安全监测、束管监测以及光纤分布式测温定位监测结果，预测采空区、火区、井巷的发火程度，计算各风道的热力风压，随时进行通风系统状态评估，对隐蔽区域的自燃状态、井巷、采场和采空区的发火情况进行实时预报，模拟烟雾和火势的蔓延速度和范围，自动计算人员的撤离路线。（3）具有在线预警功能建立符合矿井内因和外因的发火机理预警模型，实现矿井发火倾向和发火状态的在线预警。4. 顶板（围岩）事故预警（1）实时在线监测工作面支架的工作阻力、立柱伸缩量、超前支撑压力，实现矿山压力预测预报和工作面顶板危险程度预警分析。（2）实时监测工作面和巷道周围的煤体、岩体应力及其变化趋势，同时监测巷道顶板离层、锚杆锚索受力、工字钢、U型钢等受力情况，实现冲击地压危险区和危险程度的实时监测预警预报。（3）实时监测顶板离层、锚杆（索）应力、钻孔压力、顶底板位移及两帮收敛变形监测，实现顶板动态监测预警，并融合采掘工作面液压支架压力、超前单体支柱阻力实时监测，通过大数据分析手段，准确预警初期来压及工作面步距，自动生成日报、月报及年度报表，实现异常预警、报警。（4）在矿山地理信息系统应力分析的基础上，融合矿压监测数据（支架、离层、锚杆、锚索）、应力监测数据、微震监测，结合顶板事故记录，建立符合矿山顶板（围岩）事故发生机理的预警模型，实现顶板（围岩）事故的在线预警。

（六）信息导引及发布子系统　1. 包括信息发布显示屏、信息导引标识屏、信息查询终端、语音广播、智能手机等信息终端。2. 通过 GIS 平台实现避灾应急指挥辅助决策。突发事件后，通过监测监控、人员位置监测、环境监控、视频监控、应急广播等系统的联动，快速掌握事故地点、人员分布以及周边环境参数与视频情况，并提供避灾路线与应急预案。实现各类数据的实时跟踪、应用分析与发布。3. 发布正常时期的广播通知，灾变时期的紧急通知、避灾信息、救灾信息、人员和设备的撤离信息等。应能监测信息终端的工作状态和故障。4. 在井口、大巷、工作场所、危险地段等关键区域安装设置具有避灾路线指示、安全提示等功能的电子显示牌和语音报警装置，实现同一时刻不同地点的预警提示，各类安全信息快速的传达，当事故发生时发布最佳避灾逃生路线指示。

（七）安全双预控子系统　1. 应包括安全生产标准化管理、安全风险分级管控、隐患排查治理等应用模块，实现信息化管理。2. 应建立安全管理数据库，且标准不低于国家和行业要求，并能自动更新完善。3. 基于安全管理数据库，应实现现场标准化清单式管理和流程化管理。4. 安全生产标准化管理应满足各级煤矿安全监察局的检查要求，具有考核自动打分统计功能，且应与部门考核进行关联。5. 安全风险分级管控应具有危险源分类及规范化管理、危险源识别、危险源监控、危险源预警功能，应与部门考核进行关联。6. 隐患排查管理应具有隐患分类及规范化管理、任务自动派发、任务落实情况实时跟踪、现场拍照取证、未及时闭环报警等功能，与职工考勤进行关联。7. 应实现井上下空间区域按隐患治理情况进行分类管控，并用色彩区分显示。

（八）安全检查子系统　1. 驻矿安监员、矿安全员、瓦斯检测员等从事安全检查和从事井下危险关键作业时应配备单兵装备，具备工作环境参数、场景状况的实时采集上传功能、无线语音通话功能、精准定位功能、专家远程支持功能。2. 井口应具备智能检查功能，实现人脸识别、测温、个人信息、人卡相符、饮酒等违规报警功能。

第九条　生产技术管理系统　1. 应具有标准作业流程管理信息化功能，并实现班组中每个岗位标准作业流程的精确推送。2. 应具有对班组成员自动进行考核的功能，并能根据考核结果自动制定有针对性的培训与学习计划。3. 应实现班组管理信息的移动互联。4. 应具有生产计划及日常调度管理功能，可根据企业 ERP 数据实现生产计划排产。5. 应具有定期自动运维管理及配件库存识别功能。6. 应具有规程措施编制、技术资料、专业图纸设计、采掘生产衔接跟踪、工程进度跟踪、生产与技术指标、经营指标等无纸化管理功能和流程管理功能，根据业务划分自动推送到各业务部门。7. 应具有工程质量验收管理功能，实现工程质量分级评价。8. 宜具有巷道质量智能检测评定功能，实现对巷道断面、尺寸位置偏差、锚杆间距、预应力、锚固力、锚杆外露长度等主要参数的智能检测、巷道质量评定和合格评判，形成质量检查评定表。

第十条　生产经营管理系统　1. 包括办公自动化管理、企业 ERP 等系统，各系统之间应能交互数据。2. 办公自动化系统应具有无纸化流程办公、任务消息提醒、邮件提醒等功能。3. 企业 ERP 应包括财务管理、成本管理、合同管理、运销管理、物资供应管理、仓储管理等系统。4. 各系统除了具有完善的管理功能外，应提供开放的二次开发接口，以便实现和其他系统集成，满足上下游管理的需要。

第十一条 环保系统 智能煤矿应建设矿井环保系统，包括矿井水处理子系统、煤矸石监测子系统、大气环境监测子系统、声环境监测子系统、生态环境监测子系统。应满足《关于印发〈贵州省煤矿智能机械化建设与验收暂行办法〉的通知》(黔能源科技〔2017〕158）的要求，且可以同时参考下列技术要求：

（一）矿井水处理子系统 1. 应具备在线监测功能，实现设备状态监测和控制；实现煤矿水处理、污水处理系统进出水水量和水质指标的监测；实现工艺流程的全过程监控。2. 应具备历史数据及曲线查询、故障诊断与预警、故障分析等功能。3. 水处理站主要工艺设备场所应配置视频图像监视系统。4. 主控室应配置门禁安防系统。

（二）煤矸石监测子系统 1. 应对煤矿矸石堆场进行视频监测。2. 宜对煤矸石的加工、利用等处理环节进行监测。3. 宜对矸石堆场周围地下水水质进行监测。

（三）大气环境监测子系统 1. 应实时监测煤矿综合办公楼等人员集中区、矸石堆场等污染源的TSP、PM10 指标。2. 应具备历史数据及曲线查询、异常诊断与预警、分析等功能。

（四）声环境监测子系统 1. 应实时监测煤矿工业场地等工业噪声源集中场所四周厂界噪声。2. 应具备历史数据及曲线查询、异常诊断与预警、分析等功能。

（五）生态环境监测子系统 1. 宜对煤矿塌陷区的情况进行实时监测。2. 宜对煤矿井田范围及周边地下水水位、工业场地周围地下水水质进行实时监测。3. 应具备历史数据及曲线查询、异常诊断与预警、分析等功能。

第十二条 通信系统 1. 应建设有线行政通信、调度通信和无线通信子系统，各通信子系统实现互联互通。2. 煤矿安全生产信息应能借助煤矿无线通信子系统形成煤矿安全生产信息的移动互联。3. 地质条件复杂、灾害因素较多的煤矿宜配置应急通信子系统，配有救护队的煤矿应配置救灾通信子系统，应急通信子系统、救灾通信子系统宜与煤矿广播子系统、调度通信子系统及无线通信子系统互联互通。4. 煤矿下井班组长及以上领导宜配置智能移动终端。5. 煤矿广播子系统应符合下列要求：(1）发布正常时期的广播通知，灾变时期的紧急通知、避灾信息、救灾信息、人员和设备的撤离信息等。(2）应与监测监控、人员监测、压风自救、供水施救、通信联络、工业视频等系统实现联动。

第十三条 专家支持系统 1. 具备调用煤矿基本信息、各子系统运行参数的功能。2. 具备请求专家帮助解决问题的功能。3. 具备提供专家咨询意见的功能。4. 具备远程对现场危险源、关键作业、隐患排查等进行诊断的功能。

第十四条 先进技术应用 包括大带宽、低时延、广连接先进无线通信技术，煤矿机器人等先进技术应用。

（一）大带宽、低时延、广连接先进无线通信技术应用 1. 应开展大带宽、低时延、广连接先进无线通信技术应用，实现地面生产区域先进无线通信技术应用全覆盖，井下综采综掘工作面等应用场景的主要移动设备实现无线控制。2. 先进无线通信技术应与辅助生产系统实现无缝集成。3. 实现高清语音通话功能。4. 宜建设基于先进无线通信技术传输的高清视频监控和 AI 图像识别分析系统，实现主要生产区域应用场景人员、机器、环境的智能图像分析应用功能。5. 宜建设基于先进无线通信技术传输的机器人巡检应用示范，实现主要生产区域动态巡检、数据处理、智能感知、异常预警和定位等监测功能。

（二）煤矿机器人 1. 通用技术要求（1）应使用高可靠、抗干扰、低时延无线通讯技术。(2）应使用移动高能量密度电池，并实现电量预警，具备低电量自动返航充电功能。(3）应实现自主精准定位功能导航、自动避障、精准自动识别功能，配套系统宜具备自动三维扫描并建模功能。(4）动作机构应能满足井下作业环境要求，并实现自清洁功能。(5）宜实现无线充电功能，且达到防爆要求。2. 工作面巡检机器人应具备自主移动、定位、图像采集、智能感知、预警、人机交互等功能，实现煤壁、片帮、大块煤、有害气体、温度、粉尘、设备状态等监测。3. 危险气体巡检机器人应具备复杂巷道自主行走，定位、危险气体浓度与浓度分布、环境温度感知、数据处理与预警及人机交互等功能，替代人工巡回检测。4. 皮带机巡检机器人应具备自动行走、自主定位、皮带运行参数检测、温度与烟雾感知、煤流监测、环境参数监测及预警等功能，替代人工实现皮带运输的智能化监测。5. 防突钻孔机器人（1）应实现自主精准定位功能导航、自动避障、精准自动识别功能，配套系统宜具备自动三维扫描并建模功能。（2）宜使用无线通讯技术控制钻机，行走及动作机构能辅助钻机处理故障及简单操作及维护。6. 救援机器人（1）应实现自主精准定位功能导航、自动避障、精准自动识别功能，配套系统宜具备自动三维扫描并建模功能。（2）动作机构应能满足井下作业环境要求，并实现智能感知、险情识别、决策分析、轨迹记忆。（3）应根据险情不同，采用大小、功能相适用的机器人，并符合相关要求。

第十五条 本指引由贵州省能源局负责解释，并依据国家政策、行业标准等适时调整。

第十六条 本指引（试行）自 2021 年 1 月 1 日起试行。

关于印发《贵州省智能煤矿评定办法（暂行）》的通知

黔能源科技〔2020〕131 号

各市（州）煤炭行业管理部门，各有关煤矿企业：

为贯彻落实《国家发展和改革委员会国家能源局等八部委关于印发〈关于加快煤矿智能化发展的指导意见〉的通知》(发改能源〔2020〕283 号)、《国家能源局　国家煤矿安全监察局关于开展首批智能化示范煤矿建设的通知》(国能发煤炭〔2020〕63 号）和《贵州省煤矿智能化发展实施方案(2020—2025 年)》(黔能源科技〔2020〕85 号）文件精神，支持和鼓励煤矿企业开展智能煤矿建设，结合我省煤矿实际，现印发《贵州省智能煤矿评定办法（暂行)》，请参照执行。

附件：贵州省智能煤矿评定办法（暂行）

2020 年 12 月 30 日

贵州省智能煤矿评定办法（暂行）

第一条　总则

为贯彻落实国家发展和改革委等八部委印发的《关于加快煤矿智能化发展的指导意见》(发改能源〔2020〕283 号)、《贵州省煤矿智能化发展实施方案（2020—2025 年)》(黔能源科技〔2020〕85 号)，推进全省煤矿智能化发展，以试点示范为引导，支持和鼓励煤矿企业开展智能煤矿建设，结合我省煤矿实际，制定本办法。

第二条　适用范围

本办法适用于贵州省行政区域内智能煤矿（井工）的评定。通过评定为智能煤矿的矿井可按规定申请有关省级财政奖补资金等支持优惠政策，鼓励省内生产、新建（技改）煤矿自愿参照执行。

第三条　评定必备条件

1. 生产煤矿采矿许可证、安全生产许可证、营业执照齐全有效；建设矿井应具有开工备案表。
2. 无国家明令禁止、淘汰的设备和工艺。
3. 与贵州能源云实现数据交换。
4. 建立煤矿智能化系统运行维护管理机制。

第四条　评定程序

1. 智能煤矿评定工作按照企业自评、初次评定、现场评定、公示公告的流程进行。
2. 企业自评。由企业按照本评定办法组织自评合格后，自愿提出申请参加智能煤矿评定。
3. 初次评定。由煤矿所在市、县级煤炭管理部门初评，出具初评意见并报贵州省能源局。
4. 现场评定。贵州省能源局对申请材料进行审核合格后，组织专家对申报项目进行现场评定。
5. 公示公告。贵州省能源局通过“贵州省能源局官网”向社会公示公告被评定为智能煤矿的矿井，接受社会监督。

第五条　智能煤矿评定评分原则

1. 必建系统满分为 100 分，采用得分乘以权重的方式进行计算，权重分配为：智能煤矿综合管控平台 16%，生产系统 50%，辅助生产系统 10%，安全管理系统 10%，生产技术管理系统 5%，生产经营管理系统 5%，环保系统 2%，通信系统 2%。

2. 加分系统满分为 5 分，采用得分乘以权重的方式进行计算，权重分配为：专家支持系统权重 40%，先进技术应用权重 60%。

3. 评定结论为合格和不合格，矿井必建系统与加分系统合计得分大于等于 80 分为合格。

4. 评定评分表见附表。

第六条　本办法由贵州省能源局负责解释，并依据国家政策、行业标准等适时调整。

第七条　本办法自 2021 年 1 月 1 日起试行。

附表：贵州省智能煤矿评定评分表（表 1 ~ 11）

表1　贵州省智能煤矿评定评分总表

<table>
<tr><td colspan="21">贵州省智能煤矿评定评分总表</td></tr>
<tr><td colspan="5">煤矿名称</td><td colspan="6"></td><td colspan="5">验收时间</td><td colspan="5"></td></tr>
<tr><td colspan="11">必备条件</td><td colspan="10">检查情况</td></tr>
<tr><td colspan="11">生产煤矿采矿许可证、安全生产许可证、营业执照齐全有效；建设矿井应具有开工备案表</td><td colspan="10"></td></tr>
<tr><td colspan="11">无国家明令禁止、淘汰的设备和工艺</td><td colspan="10"></td></tr>
<tr><td colspan="11">与贵州能源云实现数据交换</td><td colspan="10"></td></tr>
<tr><td colspan="11">建立煤矿智能化系统运行维护管理机制</td><td colspan="10"></td></tr>
<tr><td rowspan="2">项目（权重）</td><td colspan="16">必建系统
（满分 100 分）</td><td colspan="4">加分系统
（满分 5 分）</td></tr>
<tr><td colspan="2">智能煤矿综合管控平台
（0.16）</td><td colspan="2">生产系统
（0.5）</td><td colspan="2">辅助生产系统
（0.1）</td><td colspan="2">安全管理系统
（0.1）</td><td colspan="2">生产技术管理系统
（0.05）</td><td colspan="2">生产经营管理系统
（0.05）</td><td colspan="2">环保系统
（0.02）</td><td colspan="2">通信系统
（0.02）</td><td colspan="2">专家支持系统
（加 0.4）</td><td colspan="2">先进技术应用
（加 0.6）</td></tr>
<tr><td rowspan="2">得分</td><td>得分</td><td>加权分</td><td>得分</td><td>加权分</td><td>得分</td><td>加权分</td><td>得分</td><td>加权分</td><td>得分</td><td>加权分</td><td>得分</td><td>加权分</td><td>得分</td><td>加权分</td><td>得分</td><td>加权分</td><td>得分</td><td>加权分</td><td>得分</td><td>加权分</td></tr>
<tr><td></td><td></td><td></td><td></td><td></td><td></td><td></td><td></td><td></td><td></td><td></td><td></td><td></td><td></td><td></td><td></td><td></td><td></td><td></td><td></td></tr>
<tr><td>总得分：</td><td colspan="6">验收结论：</td><td colspan="6">验收总负责人：</td><td colspan="8">验收成员：</td></tr>
</table>

表2 智能煤矿综合管控平台评定评分表

智能煤矿综合管控平台评定评分表

序号	项目名称	项 目 内 容		标准分值	评分办法	得分
1	平台组件	数据管理组件	实现煤矿智能化各类信息的自动编码，自动存储，自动提取，完成面向煤矿大数据分析、综合应用，决策支持的全息数据敏捷计算和推送服务。	5	查验现场和资料。 实现1项得1分。	
		4D－GIS组件	1. 完备的CAD绘图功能。 2. 数据自动成图。 3. 图自动建库。 4. 图库双向查询。 5. 2GIS自动建立3DGIS。 6. 与监控系统集成自动生成4DGIS。 7. 与常用格式进行转换。 8. 自动计算长度、面积和体积。 9. 具有2～3维网络分析、导航和视频监控和各种SCADA系统功能。 10. 进行2～3维空间的缓冲区分析、叠加分析、拓扑分析和布尔运算。 11. 连接定位监测设备，进行2～3维模拟。 12. 向用户或其他应用提供空间信息、属性信息和面向地理空间的各种计算服务。	15	查验现场和资料。 实现1项得1.25分。	
		三维建模与可视化组件	1. 有完整的三维布尔运算功能。 2. 根据勘探、测量、监测等数据，自动建立地形、地面工业广场、井下巷道、采场、硐室、工作面、采空区，特别是能完成从上到下煤岩层的连续建模。 3. 实现空间模型的剖切等运算。 4. 不依赖第三方软件能够完成各种建筑和设备的三维建模和可视化。	12	查验现场和资料。 实现1项得3分。	
2	功能模块软件	地测地理信息模块	1. 实现井巷工程、地质体、地质构造、保护煤柱，以及富水区、瓦斯聚集区、高应力区等井上下各种对象和危险源的自动建模和属性配置。 2. 根据采掘进尺和围岩变形的测量数据完成二维图形和三维模型的自动更新和剖切分析。 3. 完成各种测量改正、误差预计、测量平差、测量导航、掘进定向、误差预警等计算。 4. 具备一张图运行功能，实现煤矿采掘工程平面图、通风系统图、瓦斯地质图、防突预测图、储量图、避灾路线图等的数据融合、分析，并能实时更新，为采掘计划编排提供决策依据。 5. 实现井下分区域、分级颜色管控。	15	查验现场和资料。 实现1项得3分。	
		生产执行模块	1. 生产协同设计模块 ① 自动完成施工图设计、工程量计算、设备选型、安全评价、设计文档和三维效果图的生成，并具有结合现场实际生成竣工资料的功能。 ② 实现采掘、爆破、通防、供电、运输、提升、排水、压风、供水、抽放等系统的协同设计。 2. 采掘生产计划编制模块 ① 实现从设计、生产空间模型到生产流程、采掘接替和网络计划模型的自动转变。 ② 自动生成工艺流程图、甘特图、资源统计图和采掘计划网络图。 ③ 自动连接到生产经营管理系统，并与综合调度指挥模块联动。	28	查验现场和资料。 实现每小项得2分。	

表2（续）

智能煤矿综合管控平台评定评分表

<table>
<tr><th>序号</th><th>项目名称</th><th colspan="2">项　目　内　容</th><th>标准分值</th><th>评分办法</th><th>得分</th></tr>
<tr><td rowspan="3">2</td><td rowspan="3">功能模块软件</td><td>生产执行模块</td><td>3. 输配电管理模块
① 有完善的设备参数库
② 实现多电源、多环路、多电压等级的复杂电网的故障电流、保护定值、电压损失、热稳定性、负荷统计、设备选型、电缆选型等计算，自动生成计算文档和设计图表。
③ 实现系统故障诊断和可靠性评价，同时把诊断和评价结果自动提交到安全管理系统。
④ 主要输配电设施具有精准的地理信息标识。
4. 通防管理模块
① 自动生成通风系统图、立体图、通风网络图和压能图。
② 自动完成测点和传感器布置、通风阻力测定和数据处理。
③ 进行通风状态模拟、反风效果分析、风机优选与优调。
④ 实现正常时期和灾变时期风量调节与控制，并与安全管理系统联动。
⑤ 宜实现自动漏风识别和通风故障诊断。</td><td>28</td><td>查验现场和资料。
实现每小项得2分。</td><td></td></tr>
<tr><td>大型设备故障诊断模块</td><td>对包括通风机、空压机、提升机、架空乘人装置、水泵、瓦斯泵等大型设备的在线监测数据（包括振动、轴温、油脂、电流、电压、功率、工况等）与点检信息进行特征对比，实现设备的远程故障诊断、缺陷识别、隐患排查、准确进行故障定位、缺陷类型判断，为设备健康管理和及时维修提供决策信息支撑。</td><td>5</td><td>查验现场和资料。
实现每个功能得1分。</td><td></td></tr>
<tr><td>综合调度指挥模块</td><td>1. 应具备大数据分析系统功能。
① 为矿井的安全决策支持。
② 为矿井的生产决策支持。
③ 为矿井的调度决策支持。
④ 为矿井的经营决策支持。
⑤ 实现对标分析、行业分析、供需分析功能。
2. 应具备综合调度功能。
① 具备自动编排生产计划功能。
② 具备综合显示调度信息功能，能三维动态显示采、掘、运、洗（选）等主要系统的实时运行状态。
③ 具备精确计量产量功能。
④ 具备分析和展示投入产出情况功能。
⑤ 具备环境与设备异常的报警和处置功能。
⑥ 具备生产调度和经营调度管理功能。
⑦ 具备预警信息显示和发布功能。
⑧ 具备调度台账与报表生成功能。
⑨ 具备调度指令发布和信息反馈功能。
⑩ 具备调度过程追忆和调度效果展示功能。
3. 应具备应急指挥功能。
① 具备救援基本信息管理功能。
② 具备重大灾害事故仿真功能。
③ 具备应急预案编制与扩展功能。
④ 具备应急预案自动启动与应急救援快速反应功能。
⑤ 具备事故救援过程追忆和文档自动生成功能。</td><td>10</td><td>查验现场和资料。
实现每1小项得0.5分。</td><td></td></tr>
</table>

表2（续）

智能煤矿综合管控平台评定评分表						
序号	项目名称		项　目　内　容	标准分值	评分办法	得分
2	功能模块软件	一站式门户管理模块	1. 提供统一的用户登录入口，满足不同业务的权限管理，且应具备密码复杂度及验证码校验功能。 2. 应具有基础数据字典统一管理功能，包括员工编码、区域地点编码、组织机构、角色权限等。 3. 应提供统一的工作流程管理机制，能够使相关任务在所有参与者之间按照规则自动执行。 4. 应提供统一的消息推送管理机制。	10	查验现场和资料。 实现每项得2.5分。	
3	合计得分					

验收成员：　　　　　　　　　　　　验收专项负责人：

表3　生产系统评定评分表

生产系统评定评分表					
序号	项目名称	项　目　内　容	标准分值	评分办法	得分
1	采煤工作面智能化	1. 应满足《关于印发〈贵州省煤矿智能机械化建设与验收暂行办法〉的通知》（黔能源科技〔2017〕158号）等要求。 2. 正常生产班工作人员不超过5人。 3. 应实现每班产量、月产量和年产量的自动计量。 4. 应实现落煤瓦斯涌出量与采煤机截割速度的协调、瓦斯超限自动断电停机功能。 5. 宜实现回采工作面作业环境机器人巡检，具备自主移动、定位、图像采集、智能感知、预警、人机交互等功能，实现煤壁、片帮、大块煤、有害气体、温度、粉尘、设备状态等监测。 6. 宜对工作面围岩状态和环境参数进行综合监测，宜通过直线度控制系统、工作面装备位姿检测、三维场景实时再现系统、围岩-装备耦合自适应协同控制系统，实现基于透明工作面的自适应智能化开采。	50	查验现场和资料。 实现第1-4项，每项得10分。 实现第5-6项，每项得5分。	
2	掘进工作面智能化	1. 应满足《关于印发〈贵州省煤矿智能机械化建设与验收暂行办法〉的通知》（黔能源科技〔2017〕158号）等要求。 2. 正常生产班工作人员不超过5人。 3. 煤巷掘进工作面采用前探、掘进、支护、运输“四位一体”高效快速掘进技术体系，应实现防突风门外对掘进工作面设备的远距离集中可视化操作。 4. 岩巷掘进工作面采用全断面岩巷掘进机及后配套设备，应实现防突风门外对掘进工作面设备的远距离集中可视化操作。 5. 宜实现掘支平行快速作业，具备参数设置及定位自动截割、锚杆自动支护功能。 6. 宜实现定位截割、刷帮及截割轨迹在线检测功能。 7. 宜实现掘、锚、运、探的自动操作，装备精确定位导航系统。 8. 宜实现远程数字孪生监控管理功能。	50	查验现场和资料。 实现第1-4项，每项得8分。 实现第5-8项，每项得4.5分。	
3	合计得分				

验收成员：　　　　　　　　　　　　验收专项负责人：

表4 辅助生产系统评定评分表

辅助生产系统评定评分表

序号	项目名称	项目内容	标准分值	评分办法	得分
1	通风子系统	1. 应满足《关于印发〈贵州省煤矿智能机械化建设与验收暂行办法〉的通知》(黔能源科技〔2017〕158号)等要求。 2. 主通风机及附属设施 (1) 主通风机应具备在线监测功能，可以调用电力参数，具备失电自动告警功能。 (2) 主通风机应具备运行风机故障自动倒机功能，备用风机定期自检及故障诊断功能。 3. 局部通风机应配置视频图像监视装置。 4. 其他方面 (1) 实现远程监控风门状态、风窗状态、风机状态。 (2) 实现远程监控所有调节风门和风窗的开启面积。	10	查验现场和资料。 实现第1项得2分。 实现第2项得4分。 实现第3项得2分。 实现第4项得2分。	
2	压风子系统	1. 应满足《关于印发〈贵州省煤矿智能机械化建设与验收暂行办法〉的通知》(黔能源科技〔2017〕158号)等要求。 2. 应具备过压及超温保护功能。 3. 压风机余热利用应实现自动化。 4. 宜对压风管路、阀门、用风设备和自救系统工作状态进行在线监测与控制，实现正常生产时期和灾变时期的压风自动化。	10	查验现场和资料。 实现1项得2.5分。	
3	井下排水子系统	1. 应满足《关于印发〈贵州省煤矿智能机械化建设与验收暂行办法〉的通知》(黔能源科技〔2017〕158号)等要求。 2. 电动阀门应采用双电源供电方式，实现双电源自动切换。 3. 宜配置巡检机器人，实现排水泵房及配电室设备运行工况、安防、消防等在线监测和故障报警。 4. 水仓清挖宜实现自动化。	10	查验现场和资料。 实现第1、2项，每项得3分。 实现第3、4项，每项得2分。	
4	提升运输子系统	1. 主要提升机 ① 主驱动应采用变频等低耗、先进、可靠的电控装置，具备无级调速功能。 ② 系统应具备在线监测功能，实现主提升机的运行状态以及相关参数的实时监控，包括运行参数（制动正压力或油压、振动、电机电压、电流、功率、定子绕组温度，轴承温度等）和状态参数（工况环境、行程、位置、速度等）。应配置钢丝绳在线监测设备。 ③ 系统应具备历史数据及曲线查询、故障诊断与预警、故障分析等功能。 ④ 系统应实现跑车防护装置与提升机联锁自动控制。 ⑤ 宜具备闸瓦间隙在线监测功能。 ⑥ 提升机房、井口、各水平甩车场等关键地点宜配置AI视频自动识别监控系统，实现斜巷行人自动识别、统计监测并与提升机自动联控。 2. 带式输送机 ① 应满足《关于印发〈贵州省煤矿智能机械化建设与验收暂行办法〉的通知》(黔能源科技〔2017〕158号)等要求。 ② 主驱动应采用软启动装置，多点驱动应实现功率平衡。75 kW以上电动机宜采用永磁电动机，并具有软启动和无级调速功能。 ③ 钢丝绳芯带式输送机应配置钢丝绳芯带面在线监测设备。 ④ 带式输送机机头、各水平转载等关键地点宜配置AI视频自动识别监控系统，实现异物识别、大块煤矸识别等功能，并与煤流系统自动联控。	30	查验现场和资料。 实现第1项功能得6分。 实现第2项第①项功能得2分；实现第2项第②-⑤项功能，每1小项得1分。 实现第3项功能得10分。 实现第4项功能得2分。 实现第5项功能得6分。	

表4（续）

辅助生产系统评定评分表

序号	项目名称	项 目 内 容	标准分值	评分办法	得分
4	提升运输子系统	⑤ 宜实现主要运输带式输送机机器人巡检，具备自动行走、自主定位、带式输送机运行参数检测、温度与烟雾感知、煤流监测、环境参数监测及预警等功能，替代人工实现带式输送机运输的智能化监测。 3. 架空乘人装置 ① 主驱动应采用软启动装置，宜具备无级调速功能。 ② 应具备地面和就地集中控制，地面控制中心具有设备状态、参数和视频显示功能。 ③ 应具备在线监测功能，实现急停、越位、超速、欠速、掉绳、断轴、重锤下降、钢丝绳断丝、电机运行状态等信息的实时监测，具备紧急停车功能。 ④ 系统应具备历史数据及曲线查询、故障诊断与预警、故障分析等功能。 ⑤ 机头、机尾和各水平上下人处宜配置 AI 视频自动识别监控系统。 4. 单轨吊 ① 应实现实时监测单轨吊的牵引力、速度、载荷等参数功能，实现在线故障诊断和智能控制。 ② 宜实现物资、车厢装卸及运载过程的自动化，宜采用无人驾驶。 5. 主要斜巷提升绞车 ① 适用于井下滚筒直径大于或等于 1.2 m 的主要斜巷提升绞车。 ② 应能实时监测各类绞车的开停、容器位置、速度、电机电流、润滑油压、制动油压、正反到位、工作闸、松绳、正反向过卷、闸瓦磨损、料位越限、润滑油超温、润滑油欠压、制动油过压等参数，并实现在线故障诊断和智能控制。 ③ 应实现视频监控，具备无线移动通信和信号发送、行人自动监测、断绳自动阻车等功能，各类保护实现自动监测、自动报警、自动停车；模拟状态显示和信息上传等功能。	30	查验现场和资料。 实现第 1 项功能得 6 分。 实现第 2 项第①项功能得 2 分；实现第 2 项第②-⑤项功能，每 1 小项得 1 分。 实现第 3 项功能得 10 分。 实现第 4 项功能得 2 分。 实现第 5 项功能得 6 分。	
5	供配电子系统	1. 应满足《关于印发〈贵州省煤矿智能机械化建设与验收暂行办法〉的通知》(黔能源科技〔2017〕158 号) 等要求。 2. 电力监控应覆盖到主要通风机、压风机、主要排水泵、瓦斯抽采泵等重要负荷供电系统，宜实现全覆盖。 3. 地面变电所、井下中央变电所及采区变电所宜配备巡检机器人，实现供配电装置状态、环境、安全保卫等自动检测、告警等功能，具备火灾监测和自动灭火功能。	20	查验现场和资料。 实现第 1 项得 5 分。 实现第 2 项得 10 分。 实现第 3 项得 5 分。	
6	地面洗选子系统	1. 配备选煤厂的煤矿应建设地面洗选子系统，应根据选煤厂的位置、规模、管理模式选择建设调度监控中心。 2. 智能监控与调度功能 ① 应实现主要工艺流程设备远程集中控制。 ② 应具备在线监测功能，实现洗选煤工艺流程、电力、排污等系统的运行状态以及相关参数的实时监控。 ③ 应具备历史数据及曲线查询、故障诊断与预警、故障分析等功能。 ④ 车间、煤仓、配电室等地点应配置视频图像监视系统。宜具备视频随动控制功能，实现对全厂集控系统、煤质管理系统、设备状态的视频和数据的监控，以及对大屏拼接的控制功能。 ⑤ 宜关联井下生产系统，实现系统联动。 3. 宜具备重点岗位 AI 智能识别分析功能，实现对人员的管理（未戴安全帽、不良穿戴、不良行为智能分析报警）、对重点设备（皮带、刮板、筛子、溜槽等）的保护，并具备相应的报警预案。	10	查验现场和资料。 实现第 1 项得 4 分。 实现第 2 项得 5 分。 实现第 3 项得 1 分。	

表4（续）

辅助生产系统评定评分表

序号	项目名称	项 目 内 容	标准分值	评分办法	得分
7	瓦斯发电子系统	1. 配备瓦斯发电站的煤矿应建设瓦斯发电子系统。 2. 应具备在线监测功能，实现瓦斯发电站及设备运行状态以及相关参数的实时监测，包括环境参数、电力参数、设备参数、瓦斯进气参数等，并将监测数据上传至地面监控中心；应能实现瓦斯发电机组远程控制，具有可动态调节功率、自动投切并网等智能化功能；高低浓度瓦斯混合装置应具有自动调配功能。 3. 应具备历史数据及曲线查询、故障诊断与预警、故障分析等功能。 4. 应能在线监测冷却水系统运行情况及软化水系统的运行情况，如水泵运行状态、水质质量等，宜实现循环水管路自动除垢功能。 5. 瓦斯发电站及配电室应配置视频图像监视系统。 6. 应实现发电参数在线监测功能。 7. 宜配置巡检机器人，实现瓦斯发电站设备工况、安防、消防等在线监测和故障报警。	10	查验现场和资料。 实现第1－6项，每项得1.5分。 实现第7项得1分。	
8	合计得分				

验收成员： 验收专项负责人：

表5 安全管理系统评定评分表

安全管理系统评定评分表

序号	项目名称	项 目 内 容	标准分值	评分办法	得分
1	视频监控子系统	1. 应满足《公共安全视频监控联网系统信息传输交换控制技术》(GB/T 28181—2016）技术要求，同时应提供实时调用、保存和回放的二次开发接口，满足系统集成需要。 2. 应满足《关于印发〈贵州省煤矿智能机械化建设与验收暂行办法〉的通知》(黔能源科技〔2017〕158号）等要求。 3. 应具备对实时监控图像进行人员体态识别（人员的违规行为识别、摔倒检测、行为状态、违章等）、机器（状态、告警、异常、故障等）、环境（矿井突水水源识别、矿井水位标尺刻度识别、顶板垮落、火光、烟雾等）的智能图像分析和智能预警功能。 4. 应具备联动控制功能。当系统识别出异常后能够通过通信接口发出控制命令给第三方系统，实现对自动化系统、广播通信系统等的联动控制，并将事件（预警）区域视频自动切换到主控画面。 5. 矿井视频监控信息存储系统容量应满足使用需求。 6. 在地面或井下的重要场所安装固定或移动高清分辨率摄像头，应带有清洁装置，备视频切片、断网续传等功能，实时把图像传到地面视频服务器和监视器。 7. 打钻视频监控应具备以下功能： ① 钻孔施工执行“一钻一摄像、一孔一视频”，采用智能视频识别系统，通过对现场钻孔施工的实时视频进行识别分析，准确识别钻杆数量，自动计算钻孔方向角、倾角、深度等参数。 ② 应自动生成钻孔相关数据台账，实现自动化、高精度、无人监守钻孔施工作业的全过程分析与管控，杜绝工程资料造假，确保工程质量。	15	查验现场和资料。 实现第1、2项，每项得2分。 实现第3项得3分。 实现第4－6项，每项得1分。 实现第7项得5分。	

表5（续）

安全管理系统评定评分表

序号	项目名称	项目内容	标准分值	评分办法	得分
2	安全监测子系统	1. 应满足《煤矿安全监控系统通用技术要求》（AQ 6201—2019）要求。 2. 应满足《煤矿安全监控系统及检测仪器使用管理规范》（AQ 1029—2019）要求。 3. 形成矿井瓦斯等级鉴定所需基础数据表格。 4. 应满足远程联网的需要。	5	查验现场和资料。 实现第3项得3分。 实现第4项得2分。	
3	人员监测子系统	1. 应满足《煤矿井下作业人员管理系统通用技术条件》（AQ 6210—2007）要求。 2. 应满足《煤矿井下作业人员管理系统使用与管理规范》（AQ 1048—2007）要求。 3. 应能实时监测井下人员位置、滞留时间等信息，在交叉点附近应能识别运动方向，实现静态人员定位精度优于0.3米，动态人员定位精度优于3米的功能要求。 4. 应具备视频联线通讯功能。 5. 宜有人员超作业范围报警功能。 6. 应能满足远程联网的需要。	10	查验现场和资料。 实现第3、4项，每项得3分。 实现第5、6项，每项得2分。	
4	瓦斯治理子系统	1. 瓦斯抽采达标管理 （1）瓦斯抽采系统的主管、支管及抽采钻孔汇集器处应安设多功能参数计量装置。 （2）应具有在线达标评判功能 ① 建立抽采达标评价模型并具有动态修正功能。 ② 动态展示各区域的抽采达标情况。 ③ 自动测算抽采达标时间。 （3）应具有基础信息功能 ① 抽采单元独立计量和实时监测。 ② 钻孔成孔数据在线信息管理及存储。 ③ 抽采单元基础信息、抽采计量数据、抽采单元效果评价、达标预测和效果验证等在线信息管理及存储。 （4）应具有抽采达标情况分类管控功能，并用色彩区分显示。 （5）应自动生成抽采单元瓦斯达标评判基础数据表格及报告。 2. 瓦斯抽采站管理 （1）应满足《关于印发〈贵州省煤矿智能机械化建设与验收暂行办法〉的通知》（黔能源科技〔2017〕158号）等要求。 （2）电动阀门应采用双电源供电方式，实现双电源自动切换。 （3）宜配置巡检机器人，实现瓦斯抽采泵站、配电室设备工况、安防、消防等在线监测和故障报警。 3. 钻机管理 （1）应具备在线监测功能，实现钻机的运行状态以及相关参数的实时监控，包括电力参数、环境参数和钻进参数。 （2）应具备钻孔数据实时监测和上传功能。 （3）应具备历史数据及曲线查询、故障诊断与预警、故障分析等功能。 （4）具备钻机远程控制功能，宜包括自动上下钻杆功能、一键全自动钻孔功能、智能防卡钻功能。	25	查验现场和资料。 实现第1项，得15分。 实现第2项得3分。 实现第3项得7分。	

表5（续）

安全管理系统评定评分表

序号	项目名称	项　目　内　容	标准分值	评分办法	得分
5	灾害预警预报子系统	1. 煤与瓦斯突出预警 （1）采用矿山物联网、井下Wifi、井下4G/5G、大数据、人工智能等信息技术，依托矿井物探、钻探、瓦斯参数检测、防突预测、防突措施钻孔施工、安全监控、矿压监测、抽采监测、视频监控等相关信息，自动分析地质构造、煤层赋存条件变化、煤层瓦斯富集、采掘应力集中、瓦斯涌出异常变化、矿压异常变化、防突措施缺陷和突出预兆显现等情况，在线识别煤与瓦斯突出危险，对涌出量进行智能预警，并发布突出预警信息。 （2）能够与供配电子系统、通信子系统等进行联动。 2. 矿井水害预警 （1）应对各工作面周围的富水区和地质构造进行超前探测，并生成成果剖面图、等值线图、等值面图的矢量数据；应对各水源和涌水点的水质进行监测，分析其化学成分、物理属性和同位素等；应监测水体在裂隙等介质中的流动状态，对导水通道进行探测和空间定位；应自动监测降雨量、突水点、涌水量和矿井排水量等参数。 （2）在矿山地理信息系统中引入水文地质模型，对富水区、导水通道等水文地质信息进行管理，实时监测各个含水层的水压、水温和水质，分析含水层的补给水源、补给量和导水通道，对矿井出水点进行水源辨识，对矿井涌水量和导水通道进行预测分析，建立符合矿井突水事故机理的水害预警模型，对矿井涌水量和突水位置进行实时在线预警。 3. 火灾预警 （1）具有多参数监测功能 ① 煤体温度，风流的一氧化碳、二氧化碳、温度、氧气等参数。 ② 井巷发生火灾后，应实时监测通过火区的风量以及火区进回风侧的温度。 ③ 煤层和采空区的温度、甲烷、一氧化碳、二氧化碳、氧气、氮气、乙炔、乙烯、围岩等参数。 ④ 矸石山的一氧化碳、二氧化碳、温度、烟雾、二氧化硫、硫化氢等参数。 ⑤ 实现分布式温度连续测量，并对高温点实时准确定位。 （2）具有实时预报功能 根据矿山地理信息系统、应力分析、开采破坏程度、安全监测、束管监测以及光纤分布式测温定位监测结果，实时估计采空区、火区、井巷的发火程度，计算各风道的热力风压，随时进行通风系统状态评估，对隐蔽区域的自燃状态、井巷、采场和采空区的发火情况实时预测预报，模拟烟雾和火势的蔓延速度和范围，自动计算人员的撤离路线。 （3）具有在线预警功能 建立符合矿井内因和外因的发火机理预警模型，实现矿井发火倾向和发火状态的在线预警。 4. 顶板（围岩）事故预警 ① 实时在线监测工作面支架的工作阻力、立柱伸缩量、超前支撑压力，实现矿山压力预测预报和工作面顶板危险程度预警分析。 ② 实时监测工作面和巷道周围的煤体、岩体应力及其变化趋势，同时监测巷道顶板离层、锚杆锚索受力、工字钢、U型钢等受力情况，实现冲击地压危险区和危险程度的实时监测预警预报。	28	查验现场和资料。 实现第1项得10分。 实现第2－4项，每项得6分。	

表5（续）

安全管理系统评定评分表

序号	项目名称	项　目　内　容	标准分值	评分办法	得分
5	灾害预警预报子系统	③ 实时监测顶板离层、锚杆（索）应力、钻孔压力、顶底板位移及两帮收敛变形监测，实现顶板动态监测预警，并融合采掘工作面液压支架压力、超前单体支柱阻力实时监测，通过大数据分析手段，准确预警初期来压及工作面步距，自动生成日报、月报及年度报表，实现异常预警、报警。 ④ 在矿山地理信息系统应力分析的基础上，融合矿压监测数据（支架、离层、锚杆、锚索）、应力监测数据、微震监测，结合顶板事故记录，建立符合矿山顶板（围岩）事故发生机理的预警模型，实现顶板（围岩）事故的在线预警。	28	查验现场和资料。 实现第1项得10分。 实现第2－4项，每项得6分。	
6	信息导引及发布子系统	1. 应满足《关于印发〈贵州省煤矿智能机械化建设与验收暂行办法〉的通知》(黔能源科技〔2017〕158号）等要求。 2. 包括信息发布显示屏、信息导引标识屏、信息查询终端、语音广播、智能手机等信息终端。 3. 通过GIS平台实现避灾应急指挥辅助决策。突发事件后，通过监测监控、人员位置监测、环境监控、视频监控、应急广播等系统的联动，快速掌握事故地点、人员分布以及周边环境参数与视频情况，并提供避灾路线与应急预案。实现各类数据的实时跟踪、应用分析与发布。 4. 发布正常时期的广播通知，灾变时期的紧急通知、避灾信息、救灾信息、人员和设备的撤离信息等。应能监测信息终端的工作状态和故障。 5. 在井口、大巷、工作场所、危险地段等关键区域安装设置具有避灾路线指示、安全提示等功能的电子显示牌和语音报警装置，实现同一时刻不同地点的预警提示，各类安全信息快速的传达，当事故发生时发布最佳避灾逃生路线指示。	5	查验现场和资料。 实现第1－5项，每项得1分。	
7	安全双预控子系统	1. 应包括安全生产标准化管理、安全风险分级管控、隐患排查治理等应用模块，实现信息化管理。 2. 应建立安全管理数据库，且标准不低于国家和行业要求，并能自动更新完善。 3. 基于安全管理数据库，应实现现场标准化清单式管理和流程化管理。 4. 安全生产标准化管理应满足各级煤矿安全监察局的检查要求，具有考核自动打分统计功能，且应与部门考核进行关联。 5. 安全风险分级管控应具有危险源分类及规范化管理、危险源识别、危险源监控、危险源预警功能，应与部门考核进行关联。 6. 隐患排查管理应具有隐患分类及规范化管理、任务自动派发、任务落实情况实时跟踪、现场拍照取证、未及时闭环报警等功能，与职工考勤进行关联。 7. 应实现井上下空间区域按隐患治理情况进行分类管控，并用色彩区分显示。	7	查验现场和资料。 实现第1－7项，每项得1分。	
8	安全检查子系统	1. 驻矿安监员、煤矿安全员、瓦斯检测员等从事安全检查和从事井下危险关键作业时应配备单兵装备，具备工作环境参数、场景状况的实时采集上传功能、无线语音通话功能、精准定位功能、专家远程支持功能。 2. 井口应具备智能检查功能，实现人脸识别、测温、个人信息、人卡相符、饮酒等违规报警功能。	5	查验现场和资料。 实现第1－2项，每项得2.5分。	
9	合计得分				

验收成员：　　　　　　　　　　　　　　验收专项负责人：

表6　生产技术管理系统评定评分表

生产技术管理系统评定评分表					
序号	项目名称	项　目　内　容	标准分值	评分办法	得分
1	生产技术管理系统	1. 应具有标准作业流程管理信息化功能，并实现班组中每个岗位标准作业流程的精确推送。	15	查验现场和资料。 实现功能得15分。	
		2. 应具有对班组成员自动进行考核的功能，并能根据考核结果自动制定有针对性的培训与学习计划。	10	查验现场和资料。 实现自动考核功能得5分。 实现培训与学习计划得5分。	
		3. 应实现班组管理信息的移动互联。	15	查验现场和资料。 实现功能得15分。	
		4. 应具有生产计划及日常调度管理功能，可根据企业ERP数据实现生产计划排产。	15	查验现场和资料。 实现1项功能得5分。	
		5. 应具有定期自动运维管理及配件库存识别功能。	10	查验现场和资料。 实现1项功能得5分。	
		6. 应具有规程措施编制、技术资料、专业图纸设计、采掘生产衔接跟踪、工程进度跟踪、生产与技术指标、经营指标等无纸化管理功能和流程管理功能，根据业务划分自动推送到各业务部门。	20	查验现场和资料。 实现1项功能得2.5分。	
		7. 应具有工程质量验收管理功能，实现工程质量分级评价。	10	查验现场和资料。 实现1项功能得5分。	
		8. 宜具有巷道质量智能检测评定功能，实现对巷道断面、尺寸位置偏差、锚杆间距、预应力、锚固力、锚杆外露长度等主要参数的智能检测、巷道质量评定和合格评判，形成质量检查评定表。	5	查验现场和资料。 实现功能得5分。	
2	合计得分				

验收成员：　　　　　　　　　　　　　　　　验收专项负责人：

表7　生产经营管理系统评定评分表

生产经营管理系统评定评分表					
序号	项目名称	项　目　内　容	标准分值	评分办法	得分
1	生产经营管理系统	1. 能实现办公自动化管理、企业ERP等系统，各系统之间应能交互数据。	45	查验现场和资料。 实现1项功能得15分。	
		2. 办公自动化系统应具有无纸化流程办公、任务消息提醒、邮件提醒等功能。	10	查验现场和资料。 实现功能得10分。	
		3. 企业ERP应包括财务管理、成本管理、合同管理、运销管理、物资供应管理、仓储管理等系统。	30	查验现场和资料。 实现1项功能得5分	
		4. 各系统除了具有完善的管理功能外，应提供开放的二次开发接口，以便实现和其他系统集成，满足上下游管理的需要。	15	查验现场和资料。 实现功能得15分。	
2	合计得分				

验收成员：　　　　　　　　　　　　　　　　验收专项负责人：

表8 环保系统评定评分表

<table>
<tr><th colspan="6">环保系统评定评分表</th></tr>
<tr><th>序号</th><th>项目名称</th><th>项　目　内　容</th><th>标准分值</th><th>评分办法</th><th>得分</th></tr>
<tr><td rowspan="5">1</td><td>矿井水处理子系统</td><td>1. 应具备在线监测功能，实现设备状态监测和控制；实现煤矿水处理、污水处理子系统进出水水量和水质指标的监测；实现工艺流程的全过程监控。
2. 应具备历史数据及曲线查询、故障诊断与预警、故障分析等功能。
3. 水处理站主要工艺设备场所应配置视频图像监视系统。
4. 主控室应配置门禁安防系统。</td><td>50</td><td>查验现场和资料。
实现1项，每项12.5分。</td><td></td></tr>
<tr><td>煤矸石监测子系统</td><td>1. 应对煤矿矸石堆场进行视频监测。
2. 宜对煤矸石的加工、利用等处理进行监测。
3. 宜对矸石堆场周围地下水水质进行监测。</td><td>20</td><td>查验现场和资料。
实现第1项得10分。
实现第2、3项，每项得5分。</td><td></td></tr>
<tr><td>大气环境监测子系统</td><td>1. 应实时监测煤矿综合办公楼等人员集中区、矸石堆场等污染源的TSP、PM10指标。
2. 应具备历史数据及曲线查询、异常诊断与预警、分析等功能。</td><td>10</td><td>查验现场和资料。
实现1项，每项得5分。</td><td></td></tr>
<tr><td>声环境监测子系统</td><td>1. 应实时监测煤矿工业场地等工业噪声源集中场所四周厂界噪声。
2. 应具备历史数据及曲线查询、异常诊断与预警、分析等功能。</td><td>10</td><td>查验现场和资料。
实现1项，每项得5分。</td><td></td></tr>
<tr><td>生态环境监测子系统</td><td>1. 宜对煤矿塌陷区的情况进行实时监测。
2. 宜对煤矿井田范围及周边地下水水位、工业场地周围地下水水质进行实时监测。
3. 应具备历史数据及曲线查询、异常诊断与预警、分析等功能。</td><td>10</td><td>查验现场和资料。
实现第1、2项，每项得3分。
实现第3项得4分。</td><td></td></tr>
<tr><td>2</td><td colspan="4">合计得分</td><td></td></tr>
</table>

验收成员：　　　　　　　　　　　　　　验收专项负责人：

表9 通信系统评定评分表

<table>
<tr><th colspan="6">通信系统评定评分表</th></tr>
<tr><th>序号</th><th>项目名称</th><th>项　目　内　容</th><th>标准分值</th><th>评分办法</th><th>得分</th></tr>
<tr><td rowspan="5">1</td><td rowspan="5">通信系统</td><td>1. 应建设有线行政通信、调度通信和无线通信子系统，各通信子系统实现互联互通。</td><td>40</td><td>查验现场和资料。
实现1项功能得10分。</td><td></td></tr>
<tr><td>2. 煤矿安全生产信息应能借助煤矿无线通信子系统形成煤矿安全生产信息的移动互联。</td><td>20</td><td>查验现场和资料。
实现功能得20分。</td><td></td></tr>
<tr><td>3. 地质条件复杂、灾害因素较多的煤矿宜配置应急通信子系统，配有救护队的煤矿应配置救灾通信子系统，应急通信子系统、救灾通信子系统宜与煤矿广播子系统、调度通信子系统及无线通信子系统互联互通。</td><td>10</td><td>查验现场和资料。
实现功能得10分。</td><td></td></tr>
<tr><td>4. 煤矿下井班组长及以上领导宜配置智能移动终端。</td><td>10</td><td>查验现场和资料。
实现功能得10分。</td><td></td></tr>
<tr><td>5. 煤矿广播子系统应符合下列要求：
① 发布正常时期的广播通知，灾变时期的紧急通知、避灾信息、救灾信息、人员和设备的撤离信息等。
② 应与监测监控、人员监测、压风自救、供水施救、通信联络、工业视频等系统实现联动。</td><td>20</td><td>查验现场和资料。
实现1项功能得10分。</td><td></td></tr>
<tr><td>2</td><td colspan="4">合计得分</td><td></td></tr>
</table>

验收成员：　　　　　　　　　　　　　　验收专项负责人：

表10 专家支持系统评定评分表

<table>
<tr><th colspan="6">专家支持系统评定评分表</th></tr>
<tr><th>序号</th><th>项目名称</th><th>项 目 内 容</th><th>标准分值</th><th>评分办法</th><th>得分</th></tr>
<tr><td rowspan="4">1</td><td rowspan="4">专家支持系统</td><td>1. 具备调用煤矿基本信息、各子系统运行参数的功能。</td><td>25</td><td>查验现场和资料。
实现功能得25分。</td><td></td></tr>
<tr><td>2. 具备请求专家帮助解决问题的功能。</td><td>25</td><td>查验现场和资料。
实现功能得25分。</td><td></td></tr>
<tr><td>3. 具备提供专家咨询意见的功能。</td><td>25</td><td>查验现场和资料。
实现功能得25分。</td><td></td></tr>
<tr><td>4. 具备远程对现场危险源、关键作业、隐患排查等进行诊断的功能。</td><td>25</td><td>查验现场和资料。
实现功能得25分。</td><td></td></tr>
<tr><td>2</td><td colspan="4">合计得分</td><td></td></tr>
</table>

验收成员：　　　　　　　　　　　　验收专项负责人：

表11 先进技术应用评定评分表

<table>
<tr><th colspan="7">先进技术应用评定评分表</th></tr>
<tr><th>序号</th><th>项目名称</th><th colspan="2">项 目 内 容</th><th>标准分值</th><th>评分办法</th><th>得分</th></tr>
<tr><td>1</td><td>大带宽、低时延、广连接先进无线通信技术应用</td><td colspan="2">1. 具备大带宽、低时延、广连接先进无线通信技术应用场景，实现地面生产区域先进无线通信技术应用全覆盖，井下综采综掘工作面等应用场景的主要移动设备实现无线控制。
2. 先进无线通信技术应与辅助生产系统实现无缝集成。
3. 实现高清语音通话功能。
4. 宜建设基于先进无线通信技术传输的高清视频监控和AI图像识别分析系统，实现主要生产区域应用场景人员、机器、环境的智能图像分析应用功能。
5. 宜建设基于先进无线通信技术传输的机器人巡检应用示范，实现主要生产区域动态巡检、数据处理、智能感知、异常预警和定位等监测功能。</td><td>50</td><td>查验现场和资料。
实现1项，每项得10分。</td><td></td></tr>
<tr><td rowspan="4">2</td><td rowspan="4">煤矿机器人</td><td>通用技术要求</td><td>1. 应使用高可靠、抗干扰、低时延无线通讯技术。
2. 应使用移动高能量密度电池，并实现电量预警，具备低电量自动返航充电功能。
3. 应实现自主精准定位功能导航、自动避障、精准自动识别功能，配套系统宜具备自动三维扫描并建模功能。
4. 动作机构应能满足井下作业环境要求，并实现自清洁功能。
5. 宜实现无线充电功能，且达到防爆要求。</td><td>30</td><td>查验现场和资料。
实现1项，每项得6分。</td><td></td></tr>
<tr><td>工作面巡检机器人</td><td>应具备自主移动、定位、图像采集、智能感知、预警、人机交互等功能，实现煤壁、片帮、大块煤、有害气体、温度、粉尘、设备状态等监测。</td><td rowspan="3">20</td><td rowspan="3">查验现场和资料。
实现两类机器人得20分。</td><td rowspan="3"></td></tr>
<tr><td>危险气体巡检机器人</td><td>应具备复杂巷道自主行走，定位、危险气体浓度与浓度分布、环境温度感知、数据处理与预警及人机交互等功能，替代人工巡回检测。</td></tr>
<tr><td>皮带机巡检机器人</td><td>应具备自动行走、自主定位、皮带运行参数检测、温度与烟雾感知、煤流监测、环境参数监测及预警等功能，替代人工实现皮带运输的智能化监测。</td></tr>
</table>

表11（续）

先进技术应用评定评分表

<table>
<tr><th>序号</th><th>项目名称</th><th colspan="2">项　目　内　容</th><th>标准分值</th><th>评分办法</th><th>得分</th></tr>
<tr><td rowspan="2">2</td><td rowspan="2">煤矿机器人</td><td>防突钻孔机器人</td><td>1. 应实现自主精准定位功能导航、自动避障、精准自动识别功能，配套系统宜具备自动三维扫描并建模功能。
2. 宜使用无线通讯技术控制钻机，行走及动作机构能辅助钻机处理故障及简单操作及维护。</td><td rowspan="2">20</td><td rowspan="2">查验现场和资料。实现两类机器人得20分。</td><td></td></tr>
<tr><td>救援机器人</td><td>1. 应实现自主精准定位功能导航、自动避障、精准自动识别功能，配套系统宜具备自动三维扫描并建模功能。
2. 动作机构应能满足井下作业环境要求，并实现智能感知、险情识别、决策分析、轨迹记忆。
3. 应根据险情不同，采用大小、功能相适用的机器人，并符合相关要求。</td><td></td></tr>
<tr><td>3</td><td colspan="5">合计得分</td><td></td></tr>
</table>

验收成员：　　　　　　　　　　　　　　　验收专项负责人：

安徽省

关于加快煤矿智能化发展的实施意见

皖发改能源〔2020〕323 号

各产煤市发展改革委、煤炭行业管理部门、煤矿安全监管部门、教育局、科技局、经济和信息化局、财政局、国资委、市场监管局，各煤矿安全监察分局，淮北矿业集团、淮河能源集团、皖北煤电集团、中煤新集公司：

为认真贯彻落实国家发展改革委等八部委《关于印发〈关于加快煤矿智能化发展的指导意见〉的通知》（发改能源〔2020〕283 号）要求，深化煤炭行业供给侧结构性改革，推动智能化技术与我省煤炭产业融合发展，结合我省煤炭产业实际，制定如下实施意见。

一、总体要求

（一）指导思想

以习近平新时代中国特色社会主义思想为指导，深入贯彻落实习近平总书记“四个革命、一个合作”能源安全新战略，牢固树立新发展理念，以供给侧结构性改革为主线，以科技创新和管理创新为根本动力，本着“企业主体、政府引导、立足当前、谋划长远、自主创新、开放合作、典型示范、分类推进”的原则，依托互联网、大数据、人工智能、区块链等先进技术，支持煤炭产业基础设施转型升级，推动煤炭生产管理模式和管理理念变革，提升煤矿智能化水平，促进全省煤炭行业高质量发展。

（二）工作目标

以安全、高效、环保、健康为目标，运用先进的测控、信息和通信技术，对煤矿安全生产和经营管理信息进行采集、分析和处理，逐步形成信息融合、协同运行、数据挖掘、智能感知、预警预报、故障诊断、决策支持的智能系统，实现开拓、采掘、运输、通风、洗选、安全保障、经营管理等过程的智能化运行。

到 2021 年，全省共建成 6 处智能化示范煤矿，初步形成开拓设计、地质保障、生产、安全等主要环节的信息化传输、自动化运行技术体系，推进煤矿机器人在井下的试点应用，基本实现掘进工作面减人提效、综采工作面少人操作、井下固定岗位的无人值守与远程监控。

到 2025 年，全省 45% 左右的煤矿基本实现智能化，做到开拓设计、地质保障、采掘、机电、运输、通风、洗选物流等系统的智能化决策和自动化协同运行，井下重点岗位基本实现机器人作业。

到 2035 年，全省各类煤矿基本实现智能化，建成智能感知、智能决策、自动执行的煤矿智能化体系。

智能化示范煤矿建设目标

企业名称	2021 年	2025 年	2035 年
淮北矿业集团	2 处	7 处	全省各类煤矿基本实现智能化。
淮河能源集团	2 处	5 处	

（续）

企业名称	2021年	2025年	2035年
皖北煤电集团	1处	4处	全省各类煤矿基本实现智能化。
中煤新集公司	1处	3处	
合计	6处	19处	

二、主要任务

（一）加强规划引领，积极推动煤矿智能化建设。结合区域特点、煤层赋存条件、技术基础等因素，构建安全智能精准基础研究、技术创新、装备研发、示范引领四位一体的安徽省煤矿智能化开采新模式。研究编制煤矿智能化发展规划，科学制定煤矿智能化发展的进度和规模。各煤炭企业要制定煤矿智能化发展实施方案，落实建设任务、技术体系和建设进度，加快推进煤矿智能化发展步伐。

（二）科学统筹推进，分类实施煤矿智能化建设路径。新建煤矿必须按照智能化要求进行设计、施工。在建煤矿的后续工程要在与已完成工程合理衔接基础上，按照智能化要求建设。具备条件的生产煤矿新建水平、新建采区要按照智能化要求进行设计、施工、投产；正在生产的已有水平、采区要进行评估论证，条件适宜的要对系统、工作面、硐室优化改造。

（三）夯实信息基础，全面推进信息系统智能化建设。加快推广利用工业互联网和车联网、新一代通信技术、云计算、大数据、人工智能、区块链、虚拟现实等现代信息技术，加强煤矿生产工业控制计算机网络安全管理，推动煤矿灾害预警系统联网全覆盖，分阶段建设完善基础信息网络系统、传感感知系统、工业自动化系统等，逐步实现煤矿企业所有信息的精准适时采集、高可靠网络化传输、规范化信息集成、实时可视化展现、在线多元化融合、生产环节自动化运行。推进建立信息管理云平台，加快煤炭企业数据的接入与管理。推进煤炭企业建立安全、共享、高效的煤矿智能化大数据应用平台，构建实时、透明的煤矿采、掘、机、运、通、洗选等数据链条，加快煤矿智能化和大数据的深度融合发展。

（四）加快智能应用，提升生产经营管理环节智能化水平。具备条件的生产煤矿要加快对提升、主辅运输、供电、供排水、通风、压风、安全监测、洗选等生产经营管理环节进行智能化改造，逐步推广应用煤矿机器人装备，实现设备自动运行、记录、统计、分析，做到在线监测、自动报警与控制，逐步实现自动预警以及设备智能诊断与控制。新建煤矿要加强智能化设计，谋划建设智能化生产、安全保障、经营管理等多系统、多功能融合的一体化平台，实现煤矿产储运销业务协同、决策管控、一体化运营等智能化应用。

（五）着力突破重点，有序推进采掘智能化升级改造。积极引进推广智能采掘装备和技术，加快煤矿智能化采掘工作面建设。采煤工作面应实现工况位姿监测、记忆截割、远程控制、故障诊断等功能；掘进工作面掘进机、支护装备、运输系统等应实现对各设备状态的实时监测，做到智能截割、集中控制和掘、支、运一体化高效作业等；具备条件的巷道应推广使用盾构机作业。对于煤层赋存条件比较复杂的工作面，现有智能化采掘技术与装备水平尚难以满足智能化采掘要求的，可采用局部智能化的采掘模式。

（六）遴选试点先行，充分发挥示范带动作用。遴选确定基础较好的信湖、杨柳、张集、顾桥、钱营孜、刘庄6处煤矿为第一批智能化示范煤矿，选择适合开采条件的智能化技术路线和装备，优先开展采掘智能化升级改造、高劳动强度及危险岗位的机器人替代。及时总结凝练出可复制的智能化开采模式、技术装备、管理经验等，向类似条件煤矿进行推广应用，推动智能化改造提升的全面开展。

（七）强化标准制订，提升煤矿智能化基础能力。鼓励科研机构、高等学校、行业协会和相关企业等，协同推进我省煤矿智能化地方标准制修订工作。强化基础性、关键共性标准的制修订；加快煤矿智能化建设术语、数据管理、技术装备及煤矿机器人等相关技术规范、产品标准和检测检验规范的制修订工作；加强相关专业领域标准之间、省内标准与国家标准之间的协调，形成标准制修订、宣贯应用、咨询服务和执行监督的闭环管理体系。

（八）推进科技创新，提高智能化技术和装备水平。推进建设煤矿智能化国家级重点实验室和工程（研究）中心，支持建设省级重点实验室和工程（研究）中心，支持建设煤矿智能化技术与装备创新研发平台。鼓励产学研合作，开展适应我省煤田地质条件的精准地质探测、精确定位与数据高效连续传输、煤岩识别、智能快速掘进、复杂条件智能综采、重大危险源与煤矿安全隐患的智能感知、排查、预警和整改，以及煤矿智能化管理系统等技术、装备和系统的研发。

（九）加快人才培养，提升人才队伍综合素质。深化煤炭企业与高等学校、科研机构等合作，加强煤矿智能化相关学科专业建设，共建示范性实践基地，支持联合培养煤矿智能化方向的硕士研究生。开展在职人员智能化和信息化技能培训，培养一批具备矿业工程、软件工程、信息工程、机器人工程、人工智能等知识技能的复合型人才。建立健全职业发展通道机制，畅通晋升渠道，提升薪酬待遇，优化知识性、技能型、管理型人才发展体系。

三、保障措施

（一）建立协同机制，形成工作合力。由省能源局牵头，会同省发展改革委、安徽煤矿安全监察局、省教育厅、省科技厅、省经济和信息化厅、省财政厅、省国资委、省市场监管局等单位，建立协同推进工作机制。各产煤市煤炭行业管理部门牵头，驻地煤监分局和相关部门根据各自职责推动本市辖区煤矿智能化建设工作，加大现场指导服务力度。各煤炭企业要落实主体责任，科学制定煤矿智能化发展实施方案，明确目标任务、时间节点，加强组织实施，每季度向省能源局报送进展情况，每年年底前报送下年度煤矿智能化发展工作方案，确保工作落实到位。

（二）加大政策支持，激发建设动力。积极对接国家有关部门，争取将煤矿智能化改造纳入煤矿安全改造范围；对验收通过的智能化示范煤矿，在产能置换、矿井产能核增等方面给予优先支持。探索将煤矿智能化相关投入列入安徽省煤矿安全生产专项资金使用范围。对新建的智能化煤矿，在煤炭工业规划中优先考虑。鼓励金融机构加大对智能化煤矿的支持力度。鼓励企业发起设立相关市场化基金。探索建立对煤炭企业在煤矿智能化建设中的容错纠错机制。

（三）加强指导监督，有效传递压力。各产煤市煤炭行业管理部门、驻地煤监分局和相关部门要加强业务指导和监管监察，督促煤炭企业落实煤矿智能化建设责任。适时组织相关单位，通过随机抽查、定期检查等方式，开展煤矿智能化建设监督检查工作，并将抽查和检查结果予以通报。

（四）强化宣传引导，营造良好氛围。大力宣传煤矿智能化发展的重大意义，及时报道新进展、新成效、新经验等，形成推进煤矿智能化发展的正确导向和良好舆论氛围。各煤炭企业要及时将煤矿智能化建设的重要进展情况及典型经验向省、市煤炭行业管理部门报告。对经示范煤矿使用效果较好的智能化开采模式、技术装备和管理经验等，加快推动在同类矿井中的推广应用。

安徽省发展和改革委员会　安徽省能源局
安徽煤矿安全监察局　安徽省教育厅
安徽省科学技术厅　安徽省经济和信息化厅
安徽省财政厅　安徽省国有资产监督管理委员会
安徽省市场监督管理局
2020年5月26日

安徽省能源局关于印发安徽省煤矿智能化建设验收办法（试行）的通知

皖能源煤炭规〔2021〕1号

各产煤市煤炭行业管理部门，淮北矿业集团、淮河能源集团、皖北煤电集团、中煤新集公司：

为认真贯彻落实国家发展改革委等八部委《关于加快煤矿智能化发展的指导意见》(发改能源〔2020〕283号)，进一步规范全省煤矿智能化建设工作，省能源局制定了《安徽省煤矿智能化建设验收办法（试行)》，现印发你们，请结合实际认真贯彻执行。

安徽省能源局

2021年5月10日

安徽省煤矿智能化建设验收办法（试行）

第一章 总 则

第一条 为认真贯彻落实国家发展改革委等八部委《关于印发〈关于加快煤矿智能化发展的指导意见〉的通知》(发改能源〔2020〕283号）以及安徽省发展改革委等九部门《关于加快煤矿智能化发展的实施意见》(皖发改能源〔2020〕323号)，推动煤炭生产管理模式和管理理念变革，发挥典型示范引领作用，提升全省煤矿智能化建设水平，促进全省煤炭行业高质量发展，制定本办法。

第二条 本办法适用于省内所有合法煤矿。

第三条 坚持示范引领、统筹推进的原则，遴选智能化基础较好的矿井作为试点，加快建设一批智能化示范煤矿，总结凝练智能化开采模式和建设运营经验，积极向全省推广。

第二章 验收主要内容及标准

第四条 煤矿智能化建设是将物联网、云计算、大数据、人工智能、自动控制、智能装备、新一代通信技术等与煤炭开发进行深度融合，实现地质保障、设计、采掘、机电运输、一通三防、灾害治理、应急救援、生产经营管理等全过程安全高效智能运行。煤矿智能化建设主要包括智能化采掘、智能化机电与运输、智能化一通三防、智能化监控与监视、智能化管控等方面的建设或升级。

第五条 智能化采煤是应用物联网、云计算等先进技术，使工作面采煤机、液压支架、运输设备（刮板机、转载机、带式输送机）等形成自动控制、协同运行的作业过程。

1. 采煤机具有记忆截割、姿态感知、就地/远程控制、精确定位、工况数据实时传输、故障诊断等功能。

2. 液压支架配备电液控系统，具有姿态自主感知、工况数据传输、故障自诊断、远程控制等功能，能够自动完成伸收护帮、单架/成组移架、推溜、喷雾除尘等动作。

3. 刮板输送机具有运行状态监测、故障诊断、就地/远程控制等功能。

4. 带式输送机实现集中控制和无人值守，具有综合保护与运行工况监控功能，可以自移机尾。

5. 设备列车具有自移功能。

6. 供液系统具有泵站运行状态监测，就地/远程控制，恒压供液，乳化液自动配比和补液，乳化液液位、浓度及流量监测，清水泵自动补水，故障诊断，超限保护等功能，实现高压自动反冲洗。

7. 地面、井下设集控中心，且具备以下功能：

（1）井上井下即时语音通讯功能。

（2）实现工作面视频图像的显示，并能够跟随采煤机拍摄及对主要综采设备的实时监控。

（3）对采煤工作面设备的运行参数及运行状态进行监测、集中显示及报警。

（4）对工作面刮板机及转载机煤流量连续监测，并通过其负荷的大小自动调控采煤机作业强度。

（5）实现采煤机、液压支架、刮板输送机、破碎机、转载机、带式输送机、乳化液泵站等协同控制。

第六条 智能化掘进是通过对掘进工作面远程自动控制，实现连续、稳定、安全的巷道掘锚运作业。

1. 掘进机实现遥控或远程控制，具有设备运行参数和保护状态采集、随机视频图像采集、故障诊断等功能。

2. 临时支护、永久支护的施工工艺实现机械化或自动化。

3. 运输系统实现集中控制、连续运输、无人值守，带式输送机实现机尾自移。

第七条 智能化机电与运输是通过应用先进的信息化、自动化技术，实现煤矿提升、压风、排水等系统集中控制，设备少人或无人值守；实现辅助运输连续化、快速化。

1. 提升系统实现各种运行参数和保护状态的采集、显示，具有远程集中监视、系统自诊断、设备故障诊断与信息推送、传感器损坏或断线自动报警、轴承震动监测及温度监测等功能，钢丝绳采用专用设备定期监测。主井提升具备智能装载系统，与煤仓放煤系统进行智能联动。提升机房关键点位安装视频监控系统。

2. 主运输系统实现连续化、自动化，WIFI 全覆盖、远程集中监控、无人值守，具有各种运行参数和保护状态的采集、显示及异常报警功能。装载处、卸载处、驱动滚筒处等地点实现视频监控，煤仓煤位和煤量实现在线监测。

3. 架空乘人装置实现集中远程控制、无人值守，人员上下站处视频全覆盖，具有设备运行参数和保护状态的采集、显示功能；各类保护实现自动监测、报警、停车等功能。

4. 单轨吊具有驾驶人员动态视频监控、即时语音通讯、超速自动制动、尾气自动净化等功能；配置运输监控系统，具有机车位置、速度以及线路道岔和风门状态的数据采集和预警功能。集中装载处、人员上下站处、加油检修硐室等重要场所实现视频监视。

5. 无轨胶轮车具有倒车自动视频监控、倒车声光警示、即时语音通讯等功能；系统具有车辆调度管理功能。集中装载处、换装硐室、存车硐室、加油检修硐室、人员乘车场以及重要运输路线和交叉口实现远距离集中视频监控；弯道及硐室口等地点安装预警信号装置。

6. 大巷轨道运输机车具有即时通讯功能，自动声光预报警装置齐全。同一水平行驶 5 台及以上机车时，配备机车运输监控系统或运输集中信号控制系统，系统具有机车运行状态数据采集、自动分析和预警功能。主要地点实现视频监控，道岔实现集控或遥控并有岔位警示。

7. 压风系统实现机组风量、压力、温度、震动、电气等参数的连续在线监测、远程实时传输，以及管网风量、压力、温度的在线监测、实时传输；具有集中控制、故障诊断、监测预警、负荷调节、自动轮换开停、无人值守管理等功能。压风机房安装视频监控系统。

8. 主排水系统实现集中控制、井下无人值守，具有各种运行参数和保护状态的采集、显示，异常报警及故障诊断功能，可以自动轮换开停并根据水位、用电峰谷等自动启/停水泵。主排水泵房安装视频监控系统。

9. 供配电系统实现井上井下供电系统的遥测、遥信、遥控和遥调等功能。地面和井下各二级变电所安装视频监视系统，现场无人值守。电力监控后台具有状态参数显示、故障分析、智能报警、电量计量、峰谷电量与能耗统计分析等功能。地面变电所建有污染电网治理和重要负荷线路故障录波等配套设施。

第八条 智能化一通三防是通过监测监控系统和灾害治理系统建设，实现主要通防设施和装备操控远程化、智能化，井下环境参数实时监测、异常报警。

1. 主要通风机实现一键启停、一键倒机、双电源自动切换、无人值守和远程集中控制。主通风机房和控制室设置视频监控系统；通风机监控系统具有主要通风机运行参数的采集、显示，异常报警和故障诊断等功能。

2. 局部通风机实现地面集中远程状态监测与控制、自动切换和无人值守。

3. 主要风门实现远程监测状态与报警，通单轨吊机车的风门实现司控或自动开启、关闭。

4. 防尘系统实现粉尘浓度的实时监测、数据分析及超限自动报警；采掘工作面全面实现综合防尘自动化，主要大巷和采掘地点净化水幕实现自动化。

5. 防灭火系统实现在线监测井下采空区、巷道及工作面等关键区域的环境参数，并根据变化趋势实时预警；注浆站实现远程视频监控，制氮站实现无人值守、远程控制。

6. 安全监控系统实现全数字化传输，具有自诊断和自评估功能，能够实现数据主动上传、数据分析与应用、分级报警和瓦斯预警，与通信、人员定位、应急广播、GIS 一张图、视频监控等系统联动。

7. 抽采系统集中控制，实现瓦斯抽采混合量和纯瓦斯量的累计量监测、显示，在线监测抽采泵的运行参数。具有抽采数据和设备工况的数据采集、分析及预警功能。瓦斯抽采泵房设置有视频监视系统。抽采泵启停、轮换可实现一键式操作。

8. 实现井下各类作业区域温度的在线监测，具有数据的实时显示和异常报警功能。

第九条 智能化监视与监控是通过建设可靠的人员定位、工业视频监视、通信、应急广播、水文监测及矿压监测系统，为矿井安全管理及灾害风险管控提供支持保障。

1. 人员定位系统实现井下采掘工作面和运输大巷全覆盖，具有查询、声光报警、数据存储、数据实时备份、系统自诊断和自评估等功能，能够与安全监控和应急广播系统融合联动，实现井下人员位置实时显示和采掘工作面区域精准定位。

2. 工业视频监视系统采用数字系统，能够实现重要监测点（地面变电所、瓦斯抽采站、压风机房、提升机房、采掘工作面、带式输送机卸载处、井下变电所、主排水泵房、人员入井上下处、打钻地点、主要硐室等重要场所）视频覆盖，对重点区域内的人员越线、人员离岗、违禁闯入等行为识别并实时报警。

3. 通信系统之间实现互联互通。调度通信平台具有选呼、急呼、组呼、全呼、强插、强拆、监听、录音等功能；调度通信和应急广播系统互联互通，并可实时监测各用户和中继工作状态。

4. 应急广播系统具有正常工作状态和紧急情况下的信息发布功能，能够与安全监控和人员定位系统实现融合联动。信息终端的声场效果可以满足使用环境及声学指标的要求。

5. 水文监测系统能够实现井上井下各水文监测点的水位、水压、水温、流量等信息的采集、显示、上传，超限预警。

6. 矿压监测系统具有在线监测支架工作阻力、立柱伸缩量、超前支承压力等功能。

第十条 智能化管控是通过建立矿井综合自动化监控等平台，有效融合井上井下各安全、生产系统数据，实现各自动化和智能化子系统集中操作、集中监控和统一调度。通过将业务管理系统与监测、自动化系统融合，形成动态管理与闭环监控模式，实现矿山“采、掘、机、运、通”相关的安全生产、安全管理等业务和数据与基础地理数据的叠加集成，为安全生产、经营决策等提供多维数据支持。

1. 信息基础设施建设

（1）矿井工业网络主干线路采用冗余环形结构，地面环网与井下环网分别布设，安全监控系统独立组网；工业控制主干网络和视频监控主干网络传输速率不低于10000 Mbps；二级汇聚交换接入网络采用1000 Mbps以上工业以太网；网络故障重构时间不大于50 ms。

（2）矿井建设无线网络，主干网络采用4G、5G或主流高速WIFI等无线通信技术；支持井下移动语音通话、无线数据和视频等信息共网传输。

（3）矿井监控及自动化系统采用工业控制计算机，网络传输核心层设备、数据库服务器、采集服务器和重要的应用服务器均采用冗余配置；云端数据处理选用成熟工业云或企业私有云。

（4）非安全性应用软件在基于云计算、大数据等应用平台上进行统一部署运行，支持统一的数据接口，支持多用户协同作业；平台具备完成数据统一存储和计算的能力，或通过建设外部数据中台实现相关功能。

（5）数据中心具有数据融合、分析、分类等功能，建有数据备份和恢复体系，采用虚拟化、集群、负载均衡等技术提高设备资源的利用率与可用性，能够实现矿井监控及自动化平台与矿井信息管理平台的信息交互、共享。

（6）矿井部署有完善的防火墙、入侵防范、网络防病毒系统，采用访问控制、安全审计、恶意代码防范等技术配置安全策略，应用服务访问可以对用户进行身份标识、鉴别和权限控制。矿井工业监控网络与信息管理网络之间采用物理隔离安全措施。

2. 矿井综合自动化监控平台

（1）具有自动化子系统集中监测、控制、报警、趋势预测、报表统计和历史数据查询等功能，子系统间实现联控。

（2）具有丰富的工业控制驱动程序和通讯接口，并具备对特殊接口的二次开发功能。

（3）具有向矿井信息管理平台提供设备监控实时数据的功能。

（4）具有完善的用户和权限管理功能。

3. 一站式门户管理

（1）通过将业务管理系统、监测系统、自动化系统与GIS“一张图”融合，形成动态管理与闭环监控模式。

（2）具有统一的用户登录入口，满足不同业务的权限管理；具备综合检索、快捷应用、报警阀值和消息推送等功能。

（3）实现用户信息、机构信息、部门信息、岗位信息的管理。

4. 安全管理

（1）能够根据风险管控清单进行风险日常管控，实现安全风险辨识评估和预警分析，形成安全指数的动态评价。具有基于风险评估结果进行风险处置指派，处置措施和原因填报，实现风险闭环管理的功能。

（2）具有隐患分类及规范化管理、任务自动派发、任务落实情况实时跟踪、未及时闭环报警等功能。

（3）具有违章分类及规范化管理功能。

（4）具有应急预案管理、应急资源（救援装备、人员、物资）管理功能。

（5）建有安全知识学习平台，具有员工在线学习，在线考核功能。可查阅安全知识、专业知识、事故警示案例等文字、视频资料。

（6）具有图纸与技术资料管理、通风管理、瓦斯抽采管理、防火管理、防尘管理等功能，并可以与实时监测系统数据进行对比分析。

(7) 具有地质测量、防治水、储量管理功能，支持资料与图纸在线查看、地质储量报表统计分析，能够结合矿井地质、水文监测系统实现地测防治水的动态管理。具备地质数据的建模、推演、融合分析、可视化功能。矿井地质数据的基础信息、关联信息、预测信息等能够用可视化方式直观展示，地质模型能够根据实际揭露的地质数据进行实时动态更新与修正。

5. 生产技术管理

(1) 实现生产计划下发及日常生产、安全调度。

(2) 具有技术资料、专业图纸、采掘生产衔接跟踪、工程进度跟踪、生产与技术指标等方面的无纸化管理功能。

(3) 实现利用已有工程图形或者数据资源进行采区、工作面等智能辅助设计。

(4) 所有机电设备建立全生命周期管理系统，具有固定机电设备健康状况在线诊断、定期自动运维管理及配件库存识别功能。大型固定设备具有在线故障诊断功能。推广移动设备实现在线故障诊断。

(5) 实现井上井下设备从采购、使用、维修、报废整个生命周期过程管理，对设备进行统一规划、统一调配、统一管理。

6. 经营管理

(1) 具有办公自动化管理功能。

(2) 办公自动化系统具有无纸化流程办公、任务消息提醒、邮件提醒、短信或微信提醒等功能。

(3) 具有财务管理、成本管理、合同管理、物资供应管理、仓储管理等系统，且提供规范化数据接口。

第三章　申报条件及评分办法

第十一条　申报智能化煤矿应具备以下基本条件：

1. 采矿许可证、安全生产许可证、营业执照齐全有效。

2. 煤矿主要责任人和安全生产管理人员在规定时间内参加由省级煤矿安全培训主管部门组织的安全生产知识和管理能力考核，并取得考核合格证。

3. 无国家明令禁止、淘汰的设备和工艺。

4. 已编制煤矿智能化建设方案。

5. 已建立有煤矿智能化系统运行维护管理机制。

6. 至少一个采煤或掘进工作面实现智能化作业，且正常运行一个自然月以上。

上述任一条件不满足均不得申请验收。

第十二条　煤矿智能化验收加权总评分满分为100分，根据总评分将煤矿智能化建设分为一级和二级。总评分80分以上（含，下同），且智能化采掘得分90分以上的为一级；总评分70分（不含70分）以下，或智能化采掘得分80分（不含80分）以下的，不予验收通过；其他情况为二级。

第四章　验　收　程　序

第十三条　煤矿智能化验收工作按照初审、验收、公告的程序进行。

1. 初审

央企、省属煤炭企业所属煤矿由企业初审，出具审查意见，报省能源局。

地方煤矿由煤矿所在地设区市煤炭行业管理部门初审，出具审查意见，报省能源局。

2. 验收

省能源局建立煤矿智能化验收工作机制，对申报材料进行审核，审核通过后会同相关单位，组织专家对申报项目进行现场验收。

3. 公告

对验收通过的煤矿，在省能源局官方网站向社会公示，接受社会监督。对公示无异议的项目，予以公告确认。

第十四条 本办法由省能源局负责解释，自文件印发之日起施行，并根据国家政策、标准等适时调整。

安徽省煤矿智能化验收评分总表

<table>
<tr><td>煤矿名称</td><td colspan="6"></td><td colspan="2">验收时间</td><td colspan="2"></td></tr>
<tr><td colspan="7">必备条件</td><td colspan="4">检查情况</td></tr>
<tr><td colspan="7">采矿许可证、安全生产许可证、营业执照齐全有效。</td><td colspan="4"></td></tr>
<tr><td colspan="7">煤矿主要责任人和安全生产管理人员在规定时间内参加由省级煤矿安全培训主管部门组织的安全生产知识和管理能力考核，并取得考核合格证。</td><td colspan="4"></td></tr>
<tr><td colspan="7">无国家明令禁止、淘汰的设备和工艺。</td><td colspan="4"></td></tr>
<tr><td colspan="7">已编制智能化煤矿建设方案。</td><td colspan="4"></td></tr>
<tr><td colspan="7">已建立煤矿智能化系统运行维护管理机制。</td><td colspan="4"></td></tr>
<tr><td colspan="7">至少一个采煤或掘进工作面实现智能化作业，且正常运行一个自然月以上。</td><td colspan="4"></td></tr>
<tr><td rowspan="2">项目（权重）
总评分</td><td colspan="2">智能化采掘
（0.5）</td><td colspan="2">智能化机电与运输
（0.15）</td><td colspan="2">智能化一通三防
（0.1）</td><td colspan="2">智能化监视与监控
（0.1）</td><td colspan="2">智能化管控
（0.15）</td></tr>
<tr><td>得分</td><td>加权分</td><td>得分</td><td>加权分</td><td>得分</td><td>加权分</td><td>得分</td><td>加权分</td><td>得分</td><td>加权分</td></tr>
<tr><td></td><td></td><td></td><td></td><td></td><td></td><td></td><td></td><td></td><td></td><td></td></tr>
<tr><td>验收结论</td><td colspan="4"></td><td colspan="2">验收人员</td><td colspan="4"></td></tr>
<tr><td colspan="11">总评分 80 分以上（含，下同），且智能化采掘得分 90 分以上的为一级；
总评分 70 分（不含 70 分）以下，或智能化采掘得分 80 分（不含 80 分）以下的，不予验收通过；其他情况为二级。</td></tr>
</table>

智能化采掘验收评分表

<table>
<tr><td>序号</td><td>项目名称</td><td>项　目　内　容</td><td>标准分值</td><td>评分办法</td><td>得分</td><td>备注</td></tr>
<tr><td rowspan="7">1</td><td rowspan="7">采煤机</td><td>1. 具有记忆截割、手动控制、紧急停机、故障诊断等功能</td><td rowspan="7">21</td><td rowspan="7">查现场和资料。实现一项为 3 分。</td><td rowspan="7"></td><td rowspan="7"></td></tr>
<tr><td>2. 姿态感知实现机身倾角、俯仰角、采高等数据采集</td></tr>
<tr><td>3. 实现地面调度室或井下集控中心远程控制，远程控制响应时间均小于 300 ms，状态反馈时间均小于 500 ms</td></tr>
<tr><td>4. 具有第三方协同控制接口</td></tr>
<tr><td>5. 采煤机位置、速度、方位状态、故障信息等工况数据可靠传输</td></tr>
<tr><td>6. 采用位置编码、激光、雷达或惯性导航技术实现精确定位或三维定位</td></tr>
<tr><td>7. 具有速度保护功能</td></tr>
</table>

（续）

序号	项目名称	项　目　内　容	标准分值	评分办法	得分	备注
2	液压支架	1. 根据采煤机位置自动完成伸收护帮、单架/成组移架、推溜、喷雾除尘等动作	28	查现场和资料。实现一项为 3.5 分。		
		2. 实现地面调度室或井下集控中心远程控制、工作面遥控器控制，远程控制响应时间均小于 300 ms，状态反馈时间均小于 500 ms				
		3. 实现支架倾角、高度等姿态感知与控制				
		4. 具有第三方协同控制接口				
		5. 立柱工作压力、推移千斤顶的行程、支架动作等工况数据可靠传输				
		6. 具有声音报警、急停、本架闭锁及故障自诊断显示功能				
		7. 配备自动喷雾系统，实现架前自动辅助采煤机喷雾				
		8. 具有初撑力自动保持功能，能够实现自动补压				
3	运输设备	1. 刮板运输机具有运行状态监测、故障诊断、就地控制及远程控制功能	5	查现场和资料。实现一项为 1 分。		
		2. 带式输送机具有综合保护与运行工况监控功能，能够实时监测皮带运行工况				
		3. 带式输送机实现集中控制、无人值守				
		4. 带式输送机可以自移机尾，设备列车具有自移功能				
		5. 具有第三方协同控制接口				
4	供液系统	1. 具有泵站运行状态监测功能	8	查现场和资料。实现一项为 1 分。		
		2. 实现地面调度室或井下集控中心远程控制，远程控制响应时间均小于 300 ms，状态反馈时间均小于 500 ms				
		3. 具有恒压供液功能				
		4. 具有乳化液自动配比和补液功能				
		5. 具有乳化液液位、浓度及流量监测功能				
		6. 具有清水泵自动补水功能				
		7. 具有故障诊断、超限保护等功能				
		8. 高压自动反冲洗装置能够根据进出口压差、时间等参数完成自动反冲洗，具有反冲洗液回收功能				
5	智能控制系统	1. 地面、井下设集控中心	18	查现场和资料。实现一项为 2 分。		
		2. 具有井上井下即时语音通讯功能				
		3. 实现工作面视频图像的显示，且能够跟随采煤机拍摄功能及对主要综采设备的实时监控				
		4. 对矿压数据采集、分析、预警				
		5. 对采煤工作面设备的运行参数及运行状态进行监测、集中显示及报警				

（续）

序号	项目名称	项 目 内 容	标准分值	评分办法	得分	备注
5	智能控制系统	6. 对工作面刮板机及转载机的煤流量的连续监测，并通过其负荷的大小自动调控采煤机作业强度	18	查现场和资料。实现一项为2分。		
		7. 实现采煤机、液压支架、刮板输送机、破碎机、转载机、带式输送机、转载机、破碎机、乳化液泵站等协同控制				
		8. 具有顺槽带式输送机、破碎机、转载机、刮板输送机、采煤机的一键顺序启/停功能				
		9. 具有采煤机、刮板机与瓦斯浓度协同控制，及采煤机与液压支架防碰撞协同控制功能				
6	掘进机（盾构机）	1. 实现遥控控制或远程控制	9	查现场和资料。实现一项为3分。		
		2. 具有设备运行参数和保护状态采集、随机视频采集和故障诊断功能				
		3. 具有设备信号交互和连锁控制功能				
7	掘进支护	1. 临时支护的施工工艺实现机械化或自动化	3	查现场和资料。实现一项为1分。		
		2. 永久支护的施工工艺实现机械化或自动化				
		3. 实现巷道顶板离层数据采集、分析和预警				
8	掘进运输	1. 运输系统实现集中控制、连续运输、无人值守	4	查现场和资料。实现一项为2分。		
		2. 带式输送机实现机尾自移				
9	管理制度	1. 建立智能化采掘工作面系统运行维护管理制度	4	查现场和资料。实现一项为1分。		
		2. 制定智能化采掘工作面岗位责任制				
		3. 制定操作规程				
		4. 上岗人员经过专业培训，持证上岗				

智能化机电与运输验收评分表

序号	项目名称	项 目 内 容	标准分值	评分办法	得分	备注
1	提升系统	1. 实现各种运行参数和保护状态的采集、显示及报警	21	查现场和资料。实现一项为3分。		
		2. 具有远程集中监视功能				
		3. 具有系统自诊断、传感器损坏或断线自动报警、轴承震动监测及温度监测等功能				
		4. 具有设备故障诊断与信息推送功能				
		5. 钢丝绳采用专用设备定期监测				
		6. 主提升具备智能装载系统，与煤仓放煤系统进行智能联动				
		7. 提升机房关键点位安装视频监控系统				
2	主运输系统	1. 实现连续化、自动化	21	查现场和资料。实现一项为3分。		
		2. 实现 WIFI 全覆盖、远程集中监控、无人值守				

（续）

序号	项目名称		项目内容	标准分值	评分办法	得分	备注
2	主运输系统		3. 具有各种运行参数和保护状态的采集、显示及异常报警功能	21	查现场和资料。实现一项为3分。		
			4. 装载处、卸载处、驱动滚筒处等地点实现视频监控				
			5. 煤仓煤位和运煤量实现在线监测				
			6. 具有胶带机滚筒轴承震动及温度在线监测功能				
			7. 具有第三方协同控制接口				
3		架空乘人装置	1. 实现集中远程控制、无人值守	5	查现场和资料。实现一项为1分。		无该系统，则此项满分。
			2. 实现人员上下站处视频全覆盖				
			3. 具有设备运行参数和保护状态的采集、显示及报警功能				
			4. 各类保护实现自动监测、报警、停车等功能				
			5. 具有第三方协同控制接口				
4	辅助运输	单轨吊	1. 具有即时语音通讯功能	5	查现场和资料。实现一项为1分。		无该系统，则此项满分。
			2. 具有超速自动制动和尾气自动净化功能				
			3. 通过风门时能实现开闭风门司控（遥控）或自动控制，并具有自动声光预警报警功能				
			4. 配置运输监控系统，具备机车位置、速度以及线路道岔和风门状态数据采集和预警功能，具有第三方协同控制接口				
			5. 单轨吊车前后安装视频监控，实现驾驶人员动态视频监视；集中装载处、人员上下站处、加油检修硐室等重要场所实现视频监控				
5		无轨胶轮车	1. 具有倒车自动视频监控、倒车声光警示功能，弯道及硐室口等地点安装预警信号装置	5	查现场和资料。实现一项为1分。		无该系统，则此项满分。
			2. 具备即时语音通讯功能				
			3. 通过风门时实现开闭风门司控（遥控）或自动控制，并具有自动声光预警报警功能				
			4. 系统具有车辆调度管理功能，可以实现状态数据采集、数据统计、自动分析、远程浏览、故障诊断与预警；系统具有第三方协同控制接口，可以实现信息传输和联网				
			5. 集中装载处、换装硐室、存车硐室、加油检修硐室、人员乘车场以及重要运输路线和交叉口实现远距离集中视频监控				
6	辅助运输	大巷轨道运输	1. 同一水平行驶5台及以上机车时，配备机车运输监控系统或运输集中信号控制系统，系统具有机车运行状态数据采集、自动分析和预警功能	5	查现场和资料。实现一项为1分。		
			2. 运输机车具有即时语音通讯功能				
			3. 道岔实现远控、司控（遥控）或自动控制，道岔安装岔位自动显示装置，机车通过风门实现司控（遥控）或自动控制				

（续）

序号	项目名称	项 目 内 容	标准分值	评分办法	得分	备注
6	辅助运输 大巷轨道运输	4. 巷道口、硐室口、弯道处安装机车运行自动声光预报警信号装置	5	查现场和资料。实现一项为1分。		
		5. 主要运输大巷和车场设置视频监控系统，并能实现远程浏览				
7	压风系统	1. 实现机组风量、压力、温度、震动、电气等参数的连续在线监测、远程实时传输，以及管网风量、压力、温度的在线监测、实时传输	10	查现场和资料。实现一项为2分。		
		2. 具备集中控制、故障诊断、监测预警、负荷调节、自动轮换开停等功能				
		3. 实现无人值守、全自动运行				
		4. 压风机房安装视频监控系统				
		5. 具有第三方协同控制接口				
8	排水系统	1. 实现地面远程集中控制，井下无人值守；主排水泵房安装视频监控系统	10	查现场和资料。实现一项为2分。		
		2. 井下排水系统具有各种运行参数和保护状态的采集、显示，异常报警及故障诊断功能				
		3. 实现自动轮换开停				
		4. 可以根据水位、用电峰谷等自动启/停水泵				
		5. 具有第三方协同控制接口				
9	供配电系统	1. 实现井上井下供电系统的遥测、遥信、遥控、遥调等功能	14	查现场和资料。实现一项为2分。		
		2. 地面和井下各二级变电所安装视频监控系统，现场无人值守				
		3. 具有智能选择性漏电保护功能				
		4. 实现状态参数显示、故障分析、智能报警				
		5. 电力监控后台具有状态参数显示、故障分析、智能报警、电量计量、峰谷电量与能耗分析功能				
		6. 主变电所电缆夹层、电缆井配置火灾自动报警系统				
		7. 地面变电所建有污染电网治理和重要负荷线路故障录波等配套设施				
10	管理制度	1. 建立智能化提升、运输、压风、排水、供电系统运行维护管理制度	4	查现场和资料。实现一项为1分。		
		2. 制定各系统的岗位责任制				
		3. 制定各系统操作规程				
		4. 上岗人员经过专业培训，持证上岗				

智能化一通三防验收评分表

<table>
<tr><th>序号</th><th>项目名称</th><th>项　目　内　容</th><th>标准分值</th><th>评分办法</th><th>得分</th><th>备注</th></tr>
<tr><td rowspan="4">1</td><td rowspan="4">通风系统</td><td>1. 主要通风机实现一键启停、一键倒机、双电源自动切换、无人值守和远程集中控制</td><td rowspan="4">20</td><td rowspan="4">查现场和资料。实现一项为5分。</td><td rowspan="4"></td><td rowspan="4"></td></tr>
<tr><td>2. 通风机监控系统能够在线监测主要通风机运行状态、风量、风压、震动、温度等工况参数，具有集中采集、显示，异常报警和故障诊断的功能</td></tr>
<tr><td>3. 主通风机房和控制室设置视频监控系统</td></tr>
<tr><td>4. 局部通风机实现地面集中远程状态监测与控制、自动切换和无人值守</td></tr>
<tr><td rowspan="2">2</td><td rowspan="2">通风设施</td><td>1. 主要风门实现远程监测主要风门状态与报警</td><td rowspan="2">6</td><td rowspan="2">查现场和资料。实现一项为3分。</td><td rowspan="2"></td><td rowspan="2"></td></tr>
<tr><td>2. 通单轨吊机车的风门实现司控或自动开启、关闭</td></tr>
<tr><td rowspan="4">3</td><td rowspan="4">防尘系统</td><td>1. 实现粉尘浓度的实时监测、数据分析及超限自动报警</td><td rowspan="4">16</td><td rowspan="4">查现场和资料。实现一项为4分。</td><td rowspan="4"></td><td rowspan="4"></td></tr>
<tr><td>2. 采掘工作面全面实现综合防尘自动化，采煤工作面支架喷雾能够根据采煤机位置和支架动作实现割煤、降柱、移架或者放煤时同步自动喷雾</td></tr>
<tr><td>3. 主要大巷和采掘地点净化水幕实现自动化</td></tr>
<tr><td>4. 掘进工作面装备除尘风机或干式除尘系统</td></tr>
<tr><td rowspan="3">4</td><td rowspan="3">防灭火系统</td><td>1. 实现在线监测井下采空区、巷道及工作面等关键区域的环境参数，并根据变化趋势实时预警</td><td rowspan="3">12</td><td rowspan="3">查现场和资料。实现一项为4分。</td><td rowspan="3"></td><td rowspan="3"></td></tr>
<tr><td>2. 注浆站实现远程视频监控</td></tr>
<tr><td>3. 制氮站实现无人值守、远程控制</td></tr>
<tr><td rowspan="4">5</td><td rowspan="4">安全监控系统</td><td>1. 各类传感器与分站之间采用数字信号传输</td><td rowspan="4">20</td><td rowspan="4">查现场和资料。实现一项为5分。</td><td rowspan="4"></td><td rowspan="4"></td></tr>
<tr><td>2. 具有系统自诊断和自评估功能</td></tr>
<tr><td>3. 能够实现数据主动上传、数据分析与应用、分级报警和瓦斯预警</td></tr>
<tr><td>4. 能够与通信、人员定位、应急广播、GIS一张图、视频监视等系统联动</td></tr>
<tr><td rowspan="4">6</td><td rowspan="4">抽采系统</td><td>1. 瓦斯抽采混合量和纯瓦斯量的累计量监测、显示</td><td rowspan="4">20</td><td rowspan="4">查现场和资料。实现一项为5分。</td><td rowspan="4"></td><td rowspan="4"></td></tr>
<tr><td>2. 瓦斯抽采系统集中控制，在线监测抽采泵的运行参数</td></tr>
<tr><td>3. 抽采泵启停、轮换可实现一键式操作</td></tr>
<tr><td>4. 具备抽采数据、设备工况的数据采集、分析和预警功能，瓦斯抽采泵房设置有视频监控系统</td></tr>
<tr><td>7</td><td>井下热害</td><td>1. 实现井下各类作业区域温度的在线监测，具有数据的实时显示和异常报警功能</td><td>2</td><td>查现场和资料。实现一项为2分。</td><td></td><td></td></tr>
<tr><td rowspan="4">8</td><td rowspan="4">管理制度</td><td>1. 建立智能化一通三防系统运行维护管理制度</td><td rowspan="4">4</td><td rowspan="4">查现场和资料。实现一项为1分。</td><td rowspan="4"></td><td rowspan="4"></td></tr>
<tr><td>2. 制定各系统岗位责任制</td></tr>
<tr><td>3. 制定各系统操作规程</td></tr>
<tr><td>4. 上岗人员经过专业培训，持证上岗</td></tr>
</table>

智能化监视与监控验收评分表

序号	项目名称	项目内容	标准分值	评分办法	得分	备注
1	人员定位系统	1. 实现井下采掘工作面和运输大巷全覆盖	28	查现场和资料。实现一项为4分。		
		2. 具有查询、声光报警、数据存储、数据实时备份、系统自诊断和自评估等功能				
		3. 系统需双机热备，主备机切换时间≤5 min，系统巡检周期不超过5 s				
		4. 读卡器（基站）并发识别数量不小于200个				
		5. 实现井下人员位置实时显示和采掘工作面区域精准定位				
		6. 具备双向通信功能				
		7. 能够与安全监控和应急广播实现融合联动				
2	工业视频监视系统	1. 工业视频监视系统采用数字系统	21	查现场和资料。实现一项为7分。		
		2. 能实现重要监测点（地面变电所、瓦斯抽采站、压风机房、提升机房、采掘工作面、带式输送机卸载处、井下变电所、主排水泵房、人员入井上下口、打钻地点、主要硐室等重要场所）视频覆盖				
		3. 能够对重点区域内的人员越线、人员离岗、违禁闯入等行为识别并实时报警				
3	通信系统	1. 通信系统之间实现互联互通	21	查现场和资料。实现一项为3分。		
		2. 调度通信平台具有选呼、急呼、组呼、全呼、强插、强拆、监听、录音等功能				
		3. 具备各种通信接口，实现行政通信、调度通信与应急广播系统互联互通				
		4. 调度通信和应急广播系统互联互通，并可实时监测各用户和中继工作状态				
		5. 调度通信系统具备不少于16路的录音系统，录音时长≥3个月				
		6. 调度通信应支持热线电话，具备摘机直播功能				
		7. 调度通信系统应配备UPS电源，且续航时间≥4小时				
4	应急广播系统	1. 具有正常工作状态和紧急情况下的信息发布功能，能够与安全监控和人员定位系统实现融合联动	14	查现场和资料。实现一项为7分。		
		2. 信息终端声场效果满足使用环境要求及声学指标的要求				
5	水文监测系统	1. 实现井上井下各水文监测点的水位、水压、水文、流量等信息采集、显示、上传	8	查现场和资料。实现一项为4分。		
		2. 能够实现在线超限预警				
6	矿压监测系统	1. 具有在线监测支架工作阻力、立柱伸缩量、超前支承压力等功能	4	查现场和资料。实现一项为4分。		
7	管理制度	1. 建立各系统运行维护管理制度	4	查现场和资料。实现一项为1分。		
		2. 制定各系统岗位责任制				
		3. 制定各系统操作规程				
		4. 上岗人员经过专业培训，持证上岗				

智能化管控验收评分表

<table>
<tr><th>序号</th><th>项目名称</th><th>项 目 内 容</th><th>标准分值</th><th>评分办法</th><th>得分</th><th>备注</th></tr>
<tr><td rowspan="6">1</td><td rowspan="6">传输网络</td><td>1. 主干线路冗余环形结构</td><td rowspan="6">12</td><td rowspan="6">查现场和资料。实现一项为2分。</td><td rowspan="6"></td><td rowspan="6"></td></tr>
<tr><td>2. 煤矿地面环网与井下环网分别布设，安全监控系统独立组网</td></tr>
<tr><td>3. 工业控制和视频监控主干网络有线网络传输速率不低于10000 Mbps，符合IEEE802.3协议，网络设备支持Ethernet/IP、PROFINET、MODBUS－RTPS、EPA等工业以太网协议</td></tr>
<tr><td>4. 网络故障重构时间不大于50 ms</td></tr>
<tr><td>5. 二级汇聚交换接入网络采用1000 Mbps以上工业以太网</td></tr>
<tr><td>6. 建设无线网络，主干网络采用4G、5G或主流高速WIFI等无线通信技术；支持井下移动语音通话、无线数据和视频等信息共网传输</td></tr>
<tr><td rowspan="2">2</td><td rowspan="2">硬件设施</td><td>1. 矿井监控及自动化系统采用工业控制计算机，网络传输核心层设备、数据库服务器、采集服务器和重要的应用服务器采用冗余配置</td><td rowspan="2">4</td><td rowspan="2">查现场和资料。实现一项为2分。</td><td rowspan="2"></td><td rowspan="2"></td></tr>
<tr><td>2. 云端数据处理选用成熟工业云或企业私有云</td></tr>
<tr><td rowspan="3">3</td><td rowspan="3">软件系统</td><td>1. 非安全性应用软件在基于云计算、大数据等的应用平台上进行统一部署运行，支持统一的数据接口，支持多用户协同作业</td><td rowspan="3">6</td><td rowspan="3">查现场和资料。实现一项为2分。</td><td rowspan="3"></td><td rowspan="3"></td></tr>
<tr><td>2. 具有明确的应用入驻和用户使用流程</td></tr>
<tr><td>3. 平台具备完成数据的统一存储、计算的能力；或通过建设外部数据中台实现相关功能</td></tr>
<tr><td rowspan="2">4</td><td rowspan="2">数据中心</td><td>1. 具有数据融合、数据分析、数据分类等功能，建有数据备份和恢复体系</td><td rowspan="2">4</td><td rowspan="2">查现场和资料。实现一项为2分。</td><td rowspan="2"></td><td rowspan="2"></td></tr>
<tr><td>2. 采用虚拟化、集群、负载均衡等技术提高设备资源的利用率与可用性，能够实现矿井监控及自动化平台与矿井信息管理平台的信息交互、共享</td></tr>
<tr><td rowspan="3">5</td><td rowspan="3">信息安全</td><td>1. 部署有完善的防火墙、入侵防范、网络防病毒系统</td><td rowspan="3">6</td><td rowspan="3">查现场和资料。实现一项为2分。</td><td rowspan="3"></td><td rowspan="3"></td></tr>
<tr><td>2. 采用访问控制、安全审计、恶意代码防范等技术配置安全策略，应用服务访问可以对用户进行身份标识、鉴别和权限控制</td></tr>
<tr><td>3. 矿井工业监控网络与矿井信息管理网络之间采用物理隔离安全措施</td></tr>
<tr><td rowspan="4">6</td><td rowspan="4">综合
自动化
监控平台</td><td>1. 具有自动化子系统集中监测、控制、报警、日志、趋势、历史数据和报表等功能，子系统间实现联控</td><td rowspan="4">16</td><td rowspan="4">查现场和资料。实现一项为4分。</td><td rowspan="4"></td><td rowspan="4"></td></tr>
<tr><td>2. 具有丰富的工业控制驱动程序和通讯接口，并具备对特殊接口的二次开发功能</td></tr>
<tr><td>3. 具有向矿井信息管理平台提供设备监控实时数据的功能</td></tr>
<tr><td>4. 具有完善的用户和权限管理功能</td></tr>
</table>

（续）

<table>
<tr><th>序号</th><th>项目名称</th><th>项目内容</th><th>标准分值</th><th>评分办法</th><th>得分</th><th>备注</th></tr>
<tr><td rowspan="3">7</td><td rowspan="3">一站式门户管理</td><td>1. 通过将业务管理系统、监测系统、自动化系统与 GIS“一张图”融合，形成动态管理与闭环监控模式</td><td rowspan="3">6</td><td rowspan="3">查现场和资料。实现一项为2分。</td><td rowspan="3"></td><td rowspan="3"></td></tr>
<tr><td>2. 具有统一的用户登录入口，满足不同业务的权限管理；具备综合检索、快捷应用、报警阀值和消息推送等功能</td></tr>
<tr><td>3. 实现用户信息、机构信息、部门信息、岗位信息的管理</td></tr>
<tr><td rowspan="8">8</td><td rowspan="8">安全管理</td><td>1. 能够根据风险管控清单进行风险的日常管控，实现安全风险辨识评估和预警分析，形成安全指数的动态评价。具有基于风险评估结果进行风险处置指派，处置措施和原因填报，实现风险闭环管理的功能</td><td rowspan="8">18</td><td rowspan="8">查现场和资料。实现一项为3分。</td><td rowspan="8"></td><td rowspan="8">第1、8项为加分项。</td></tr>
<tr><td>2. 具有隐患分类及规范化管理、任务自动派发、任务落实情况实时跟踪、未及时闭环报警等功能</td></tr>
<tr><td>3. 具有违章分类及规范化管理功能</td></tr>
<tr><td>4. 具有应急预案管理、应急资源（救援装备、人员、物资）管理功能</td></tr>
<tr><td>5. 建有安全知识学习平台，具有员工在线学习，在线考核功能。可查阅安全知识、专业知识、事故警示案例等文字、视频资料</td></tr>
<tr><td>6. 具有图纸与技术资料管理、通风管理、瓦斯抽采管理、防火管理、防尘管理等功能，并可以与实时监测系统数据进行对比分析</td></tr>
<tr><td>7. 具有地质测量、防治水、储量管理功能，支持资料与图纸在线查看、地质储量报表统计分析，能够结合矿井地质、水文监测系统实现地测防治水的动态管理</td></tr>
<tr><td>8. 具备地质数据的建模、推演、融合分析、可视化功能，矿井地质数据的基础信息、关联信息、预测信息等能够用可视化方式直观展示，地质模型能够根据实际揭露的地质数据进行实时动态更新与修正</td></tr>
<tr><td rowspan="5">9</td><td rowspan="5">生产技术管理</td><td>1. 实现生产计划下发及日常生产、安全调度</td><td rowspan="5">12</td><td rowspan="5">查现场和资料。实现一项为3分。</td><td rowspan="5"></td><td rowspan="5">第3项为加分项。</td></tr>
<tr><td>2. 具有技术资料、专业图纸、采掘生产衔接跟踪、工程进度跟踪、生产与技术指标等方面的无纸化管理功能</td></tr>
<tr><td>3. 实现利用已有工程图形或者数据资源进行采区、工作面等智能辅助设计</td></tr>
<tr><td>4. 所有机电设备建立全生命周期管理系统，具有固定机电设备健康状况在线诊断、定期自动运维管理及配件库存识别功能。大型固定设备具有在线故障诊断功能。推广移动设备实现在线故障诊断。</td></tr>
<tr><td>5. 实现井上井下设备从采购、使用、维修、报废整个生命周期过程管理</td></tr>
</table>

（续）

序号	项目名称	项　目　内　容	标准分值	评分办法	得分	备注
10	经营管理	1. 具有办公自动化管理功能	12	查现场和资料。实现一项为4分。		
		2. 办公自动化系统具有无纸化流程办公，任务消息提醒，邮件提醒、短信或微信提醒等功能				
		3. 具有财务管理、成本管理、合同管理、物资供应管理、仓储管理等系统，且提供规范化数据接口				
11	管理制度	1. 建立智能化管控平台运行维护管理制度	4	查现场和资料。实现一项为1分。		
		2. 制定智能化管控平台岗位责任制				
		3. 制定操作规程				
		4. 上岗人员经过专业培训，持证上岗				

山东省

山东省能源局
关于印发《山东省煤矿智能化建设实施方案》的通知

鲁能源煤炭字〔2019〕280号

各产煤市发展改革委（能源局），兖矿集团、山东能源集团：

为认真贯彻落实省委、省政府关于煤矿智能化建设的部署要求，进一步整体推动全省煤矿智能化建设，我局制定了《山东省煤矿智能化建设实施方案》，现印发你们，请结合工作实际，认真贯彻执行。

山东省能源局

2019年12月5日

山东省煤矿智能化建设实施方案

为认真贯彻省委、省政府关于煤矿智能化建设和安全管理部署要求，进一步加快全省煤矿智能化建设，推进煤炭产业转型升级，提升煤矿安全生产水平，结合我省实际，制定本实施方案。

一、总体要求

煤矿智能化是将智能装备、工业物联网、云计算、大数据、移动互联网、人工智能等技术与现代煤矿开发技术深度融合，形成全面感知、实时互联、分析决策、自主学习、动态预测、协同控制的智能系统，实现煤矿开拓、采掘、运通、洗选、安全保障、经营管理等过程的智能化运行。加快推进煤矿智能化建设，是保障煤炭生产安全高效的重要基础，是推动煤炭工业高质量发展的重大举措。

近年来，全省煤炭行业贯彻落实省委、省政府关于推进新旧动能转换、发展智能化产业的部署要求，在有条件的煤矿开展了智能化建设工作，特别是去年以来，省能源局结合煤矿冲击地压防治，召开了全省煤矿智慧化建设和智能化改造论坛，制定印发了《关于加强全省煤矿智慧化建设和智能化改造的指导意见》，推动全省煤矿智能化改造取得了重大进展和明显成效。但总体上看，我省煤矿智能化改造还处于起步阶段，还存在思想认识不一致、目标不明确、企业间地区间发展不平衡、建设技术标准与规范不健全、技术装备投入不足、高端人才匮乏等问题和困难。要充分认识加快煤矿智能化改造是适应全球科技革命的迫切需要，是推进我省煤炭工业高质量发展的迫切需要，是保障煤矿安全发展的迫切需要，切实增强责任感和使命感，全力推进煤炭智能化建设工作。

（一）指导思想

以习近平新时代中国特色社会主义思想为指导，深入贯彻落实习近平总书记“四个革命、一个合作”能源安全新战略以及省委、省政府全面展开新旧动能转换重大工程战略部署，加快推进煤炭行业供给侧结构性改革，以推动煤炭产业转型升级为主线，推广应用先进装备和技术，加快煤炭生产技术变革，全面提升煤矿智能化水平，实现生产过程少人化、无人化，促进全省煤炭行业安全、高效、绿色和高质量发展。

（二）总体目标

利用1~2年时间，全省冲击地压煤矿和大型煤矿实现智能化开采，建设一批智能化示范矿井，在全国煤炭行业树立智能化建设的“山东标杆”。到2020年底，全省煤矿智能化开采煤炭产量达到40%以上。

到2025年，全省煤矿基本实现智能化，基本形成完整配套的智能化生产、管理体系，智能化开采煤炭产量达到90%以上。

到2030年，全面建成智能化煤矿。

（三）基本原则

——坚持企业主导与政府引导相结合的原则。强化企业主体责任，充分发挥市场在资源配置中的决定性作用，激发企业积极性和内生动力；加强规划和政策引导，完善相关支持政策，营造煤矿智能化发展良好环境。

——坚持统筹规划与分步实施相结合的原则。加强统筹规划，明确建设目标，建立健全机制，分解重点任务，分重点突破、全面推进、巩固提升三个阶段，由点到面，逐步推进煤矿智能化发展。

——坚持因矿施策与典型示范相结合的原则。根据煤层赋存条件、资源储量、生产能力等情况，分类推进、精准施策，培养多种煤矿智能化产业发展模式。优先选择基础条件较好的煤矿，建设一批示范工程，选树一批示范煤矿。

——坚持突破重点与全面推进相结合的原则。以冲击地压矿井智能化建设为突破点，先行先试。充分发挥兖矿集团、山东能源集团两大省属煤炭企业“领头羊”作用，各类煤矿因地制宜、同步建设，全面推进。

——坚持创新推动与合作共享相结合的原则。加强科技创新，加大技术资金投入和人才培养力度，推动智能化技术与煤炭产业融合发展。鼓励多元合作、跨界联合、开放共享，构建煤矿智能化产业生态体系。

二、工作步骤

（一）重点突破阶段（2019—2020年）

到2019年底，全省冲击地压矿井先行先试，41处冲击地压矿井采煤工作面实现智能化开采，掘进工作面实现远距离操控。

到2020年，建成5~10个省级智能化示范煤矿，力争创建3~5个国家级智能化示范煤矿。初步形成煤矿开拓设计、地质保障、生产、安全等主要环节的数字化传输、自动化运行技术体系，完成人员精确定位系统建设，基本实现掘进工作面减人提效、综采工作面内少人或无人操作、井下固定岗位的无人值守与远程监控。生产能力120万吨/年及以上煤矿基本实现智能化开采。冲击地压矿井新安装的采煤和掘进工作面实现智能化。

（二）全面推进阶段（2021—2025年）

到2022年，全省煤矿采煤和掘进工作面全部实现综合机械化；生产能力120万吨/年及以上煤矿采煤和掘进工作面实现智能化；高危固定岗位实现无人值守和远程监控；建成一批多种类型、不同模式的智能化示范矿井，达到双“70%”目标，即智能化煤矿达到70%以上，智能化开采产量达到70%以上；生产管理系统基本实现智能化运行。

到2025年，全省煤矿基本完成智能化建设，煤炭开采实现自动化、信息化和智能化，井下重点岗位基本实现机器人作业，基本形成煤矿智能化建设技术规范与标准体系，实现开拓设计、地质保障、采掘机运、洗选物流等系统的智能化决策和自动化协同运行，形成完整配套的智能化生产、管理体系，建成一批智慧化煤矿（企业）。

（三）巩固提升阶段（2026—2030年）

到2030年，全省煤矿实现对所有信息的精准适时采集、高可靠网络化传输、规范化信息集成、实时可视化展现、生产环节自动化运行，形成多产业链、多系统集成的煤矿智能化系统，建成智能感知、智能决策、自动执行的智能化煤矿体系。

三、技术路径

（一）全面推进煤矿智能化

对具备条件的生产煤矿加快智能化改造，在采掘、机运、通风、安全监测、洗选等生产经营管理环节，进行智能优化提升，推进固定岗位的无人值守和危险岗位的机器人作业，实现传统煤矿的智能化转型升级。推行新建煤矿智能化设计，创新煤矿智能化采掘新模式，建设智能化生产、安全保障、经营管理等多系统、多功能融合的一体化平台，实现煤矿产运销业务协同、决策管控、一体化运营等智能化应用。

智能化煤矿应具备以下条件：各系统的装备具备故障诊断功能，实现综合预警预报。采煤和掘进工作面实现智能化，其他生产系统实现自动化和远程控制。应用物联网、大数据、云计算、人工智能等先进技术，实现智能感知、信息融合、数据挖掘和决策支持。建立信息安全保障体系，实现系统安全、网络安全和应用安全。

（二）大力推进采煤智能化

采煤工作面积极采用智能控制技术和可视化远程干预控制技术，合理应用液压支架电液控制系统、智能集成供液系统、图像视频远程跟踪系统、采煤机、刮板输送机及液压支架协同控制系统、远程控制平台等综采工作面智能成套装备，实现智能化升级。

智能化采煤工作面应具备以下条件：采煤机要具备运行工况及位姿参数监测、机载无线遥控、滚筒切割路径记忆、远程控制和故障诊断等功能，可以向第三方提供控制接口。液压支架配备电液控制系统，能够根据采煤机位置自动完成伸收护帮、移架、推溜、喷雾除尘等动作，具备远程控制功能，实现与乳化液供液系统协同控制。刮板输送机具备运行状态监测、煤流负荷检测、故障诊断功能，实现与工作面控制系统的通信和协同控制。乳化液泵具备流量调节功能，实现高压自动反冲洗、自动配比补液、高低液位自动控制。工作面各设备实现集中、就地和远程控制，采煤机、液压支架、刮板机等设备实现协同控制和流程启停。

（三）有序推进掘进智能化

加大智能化快速掘进成套装备的研发与应用力度，推广煤巷掘、支、运三位一体高效快速掘进成套装备与技术，推广应用掘进远程控制、智能截割、掘支平行快速作业等先进技术与装备，积极推进巷道硬岩掘进机（TBM）应用，逐步实现掘进快速化、智能化。

智能化掘进工作面应具备以下条件：掘进机要具备远程控制、定位切割等功能。掘进机、掘锚机、运输机等设备具备故障自诊断功能，实现集中控制。工作面监测系统实现对各设备状态的实时监测。

（四）逐步实现煤炭开采少人化

大力推进智能化减人、少人，加快煤矿智能化工作面建设，采掘工作面重点岗位实现机器人操作，逐步实现煤炭采掘一线少人化。其中，智能化掘进工作面（从掘进迎头至工作面回风流与全风压风流混合处）职工人数减少到9人以内；薄煤层和一次采全高智能化采煤工作面（工作面及进、回风巷超前支护段内）工人数减少到9人以内；综采放顶煤智能化工作面、充填工作面（工作面及进、回风巷超前支护段内）职工人数减少到16人以内。

（五）加快推进机电运输系统智能化

加快煤矿机电运输系统智能化改造，推广应用视频监视、智能监测与保护、自动控制或集中控制等技术，实现煤矿压风机房、绞车房、变电所、水泵房、原煤主运输系统等固定场所和采掘配套运输设备无人值守或集中控制，减少固定岗位人员；应用远程集中控制，通过视频监视、顺序控制，实现采、掘后路配套多部运输设备集中控制，减少采、掘工作面运输系统人员。加快井下设备在线诊断与远程运维系统建设，提高井下设备智能化水平。积极推进无轨高速运输圈、快速装卸站和智能巡检系统，实现辅助运输连续化、快速化。

（六）统筹推进生产集中控制智能化

全面推进地面生产集中控制系统智能化，建设集生产、安全、调度、设备管理、地面储装运、洗选为一体的煤矿智能化管控信息平台，推广应用井上下无线终端平台，完善井上下工业环网和高速率、大容量、低时延无线网络。实现对各自动化、智能化子系统集中操作、集中监控和统一调度。推广应用视频监视、智能监测、集中控制等技术，实现压风机房、提升机房、变电所、水泵房等固定场所和采掘配套运输设备无人值守或集中控制，减少固定岗位人员。加快井下设备在线诊断与远程运维系统建设，提高井下设备智能化水平。各煤炭企业建设安全、开放、数据易于获取与高效处理的智能化大数据共享与应用云平台，实现与煤矿信息互联互通和数据高效利用。

（七）重点突破煤矿机器人研发与应用

加快煤矿机器人研发应用，加快推广应用巡检、选矸等技术已成熟的机器人，持续推进智能化减人、换人，逐步实现关键岗位机器人替代、生产过程智能控制。充分发挥各企业煤矿机器人实验室作用，对照《煤矿机器人重点研发目录》，大力推进煤矿采掘、运输、安控和救援类等机器人的立项研发，攻克掘进机自动定位截割、锚杆自动钻装、放顶煤自动识别控制等关键技术。积极探索区块链技术在煤矿智能化改造和智慧化建设等业务领域的推广应用，加强模式创新，努力构建全产业链应用体系。

四、工作措施

（一）严格落实责任。各级能源管理部门负责组织推动本地煤矿智能化建设，要加强业务指导和日常监管，制定本地区煤矿智能化建设的实施方案，督促煤炭企业落实煤矿智能化建设责任。各煤炭企业要落实主体责任，结合实际，科学制定煤矿智能化建设规划和年度工作方案，明确目标任务、重大项目、推进进度和时间节点，加强组织实施，确保煤矿智能化建设各项工作落实到位。

（二）加大政策支持力度。在每年煤矿安全改造中央预算内项目中优先支持煤矿智能化建设项目。对列入中央预算内投资的煤矿智能化建设项目，按规定予以补助。对按智能化煤矿标准建设的新建矿井，优先进行审批或核准。鼓励支持率先全面实施智能化开采的矿井释放先进产能，依法办理产能核增手续（不包含冲击地压矿井）。

（三）强化创新扶持。鼓励和支持我省企业、科研院所、行业组织、个人等参与国家标准、行业标准和国际标准的制定，协同有关部门结合我省煤炭行业实际，制定全省煤矿智能化建设标准规范。支持企业发挥创新主体作用，引导创新要素集聚，加大技术开发与集成、装备研制与大规模应用，加大重大科技创新和重点科技成果转化，对涉煤企业新建并晋升为国家级企业技术中心、重点实验室、国家工程研究中心等科技创新平台的，按有关规定择优给予奖补。支持煤炭企业与技术合作方搭建信息共享平台，建立技术联盟，集聚煤矿智能化建设服务资源。支持煤炭企业联合高等院校、科研院所、技术合作方设立煤矿智能化建设创新中心，开展核心关键技术和共性技术攻关。

（四）加快人才培养。支持能源科技创新，实施引进顶尖人才等重点人才政策，鼓励深化科技成果权益管理改革，引进培育高层次专业人才。完善省、市、县、矿四级培训体系，把煤矿智能化建设纳入煤矿培训的重要内容，对矿长、技术负责人、管理人员进行煤矿智能化建设知识分类教育培训，提高全员技术水平和素质。支持煤炭企业与高等院校合作，开设相关专业或培养方向，培养一批专业型人才。支持煤炭企业联合技术合作方、职业院校建立实训基地，培养一批具有智能装备操作使用和系统维护能力的技能型人才。

（五）加强舆论宣传。加强煤矿智能化发展相关政策的宣传和解读，提高政策的知晓度。积极总结全省煤矿智能化建设新进展、新成效、新经验等，宣传推广煤矿智能化发展成功经验和突出成果，打造“山东标杆”，营造煤矿智能化发展的良好氛围。建立信息沟通机制，各煤矿企业要每半年将智能化建设工作进展情况及典型经验向市能源管理部门报告；各市能源管理部门、山东能源集团、兖矿集团要每半年将本地区、本单位煤矿智能化建设情况上报省能源局。

本方案自 2020 年 1 月 8 日起施行，有效期至 2025 年 1 月 7 日。

关于印发《关于加快推进全省煤矿智能化发展的实施意见》的通知

鲁发改能源〔2020〕1427 号

各产煤市人民政府，山东能源集团：

《关于加快推进全省煤矿智能化发展的实施意见》已经省政府同意，现印发给你们，请认真贯彻落实。

山东省发展和改革委员会　山东省教育厅
山东省科学技术厅　山东省工业和信息化厅
山东省财政厅　山东省人力资源和社会保障厅
山东省应急管理厅　山东省人民政府国有资产监督管理委员会
山东省市场监督管理局　山东省地方金融监督管理局
山东省大数据局　山东省能源局
山东煤矿安全监察局
2020 年 12 月 21 日

关于加快推进全省煤矿智能化发展的实施意见

为认真贯彻落实国家发展改革委等八部门《关于加快煤矿智能化发展的指导意见》（发改能源〔2020〕283 号）和全国煤矿智能化建设现场推进会精神，全面落实省委、省政府决策部署，加快推进全省煤矿智能化发展，制定以下实施意见。

一、指导思想

深入贯彻习近平总书记“四个革命、一个合作”能源安全新战略，落实省委、省政府新旧动能转换重大工程部署，坚持以人为本、生命至上，紧紧围绕“减人、保安、提效”，将传统煤炭产业与大数据、云计算、5G 等新基建深度融合，以更大力度、更高水平推动煤矿智能化建设，着力提升本质安全水平，着力提高煤矿生产效率，着力增强职工幸福感、获得感、安全感，加快煤炭行业高质量发展，为全面落实“六稳”“六保”任务、促进新时代现代化强省建设提供坚实保障。

二、工作目标

——到 2021 年，省属煤矿、生产能力 120 万吨/年以上大型煤矿、高瓦斯煤矿、煤与瓦斯突出煤矿实现智能化开采，采煤和掘进工作面作业人员分别控制在 16 人和 9 人以内。建成一批省级示范矿井，争创国家首批示范矿井。智能化开采产量达到 65% 以上。

——到 2022 年，生产能力 90 万吨/年以上煤矿实现智能化开采。建成智能化采煤工作面 100 个以上，超过全国规划目标的 1/10。矿井主通风、主排水、供电、压风等主要生产系统实现无人值守。智能化开采产量达到 75% 以上。

——到2025年，全省煤矿完成智能化改造。井上下截割、移架、推溜、转运、供液、洗选等重点岗位基本实现机器人作业。建成一批100人以下少人智能化矿井。形成较为完善的煤矿智能化建设技术规范与标准体系。智能化开采产量达到90%以上。

三、主要任务

（一）加快推进顶层设计。将煤矿智能化建设纳入本地区（单位）能源发展及煤炭工业发展“十四五”规划，作为新旧动能转换重大项目和安全生产专项整治三年行动重点任务，科学谋划智能化发展思路、重点任务、重大举措，引领煤炭行业技术革命。煤矿企业要落实主体责任，抓紧制定3～5年智能化建设规划和年度实施方案，明确目标任务、工程项目和时间节点，倒排工期，挂图作战，切实加快智能化建设步伐。

（二）加快推进标准制定。紧跟国际国内技术前沿，实施煤矿智能化标准提升工程。组织有关部门、科研院所、行业组织、企业，研究制定全省煤矿智能化建设标准规范。煤矿企业要组建专业团队，围绕智能开采、煤矿机器人技术、主要生产系统智能化建设等，建立健全企业标准，形成独具特色、引领行业的智能化标准体系。加强与国家能源局、国家矿山安全监察局等部门沟通，积极参与煤矿智能化国家标准、行业标准制定。

（三）加快推进系统智能化建设。坚持少人则安、无人则安，加快采掘工作面智能化建设，采煤工作面实现记忆截割、自动找直、远程控制、故障诊断等常态化运行，掘进工作面实现远程控制等功能，具备条件的推广使用TBM盾构机、掘锚一体机、全岩掘进机等先进掘进装备。加快供电、通风、主辅运输、安全监测、地面洗选等主要系统智能化改造，实现远程集控和无人值守。加快建设智能化生产、安全保障、经营管理等多功能融合的一体化平台，实现煤矿产运销业务协同、决策管控等智能化应用。

（四）加快推进科技创新。发挥企业创新主体作用，以山东能源集团为主，联合山东科技大学等科研院所，成立山东省煤矿智能化新型研发机构，做好新技术开发与集成、首台（套）装备研究推广和成果转化，集中攻克5G矿用、智能防灾、电液控及智能传感器、采煤机记忆截割等一批关键核心技术，形成一批具有自主知识产权的科研成果。加强与国内外技术先进可靠、成熟领先的第三方平台公司合作，建立技术联盟和信息共享平台，构建产学研用深度融合的智能化创新体系。

（五）加快推进机器人研发使用。对照《煤矿机器人重点研发目录》五类38种机器人，发挥智能开采工程实验室、智能开采试验中心等作用，加大机器人技术攻关力度。按照“成熟一批、推广一批”原则，全面推广巡检、选矸等技术成熟的机器人，重点推进超前支护、钻孔施工等机器人技术突破，提高稳定性和可靠性，加快实现危险岗位、关键岗位机器人替代。

（六）加快推进大数据资源应用。建设国家级煤炭工业互联网联合创新中心，逐步实现井下无线网络全覆盖，推动全球首套矿用高可靠5G专网规模化应用，加快煤矿开采数据可视化、生产过程透明化、技术装备智能化、井下少人无人化的进程。推动煤矿工业互联网应用平台建设，建立矿井三维地理信息系统、安全信息综合分析系统和灾害监测综合预警信息平台等，提升煤矿安全生产治理体系与治理能力现代化水平。

（七）加快推进人才队伍建设。鼓励煤矿企业面向海内外引进培养高端人才，发挥高层次专业人才智力支撑和领军作用。加强高等院校煤矿智能化相关学科建设，培育一批具备矿业工程、信息工程、机器人工程、人工智能等知识技能的复合型人才。加大教育培训力度，邀请院士专家举办高端论坛或专题培训，引导煤炭企业联合技术合作方、职业院校建立实训基地，培养一批具有智能装备操作使用和系统维护能力的技能型人才，打造全省高素质的煤矿智能化专业服务团队。

四、保障措施

（一）强化组织保障。建立省级推进煤矿智能化建设工作协调机制，由省能源局牵头，会同省发展改革委、省教育厅、省科技厅、省工业和信息化厅、省财政厅、省人力资源社会保障厅、省应急厅、省国资委、省市场监管局、省地方金融监管局、省大数据局、山东煤矿安监局等单位，及时解决工作中遇到的重大问题，共同推进全省煤矿智能化建设。各产煤市、各煤矿企业要建立相应工作机制，切实把煤矿智能化建设作为“一把手”工程，加强组织领导，明确责任分工，做到组织到位、投入到位、措施到位，全力抓好各项工作任务落实落地。

（二）强化政策支持。发改部门优先审批或核准按智能化标准建设的新建矿井。能源部门优先释放符合条件的智能化矿井先进产能，优先给予智能化典型矿井产能置换，优先争取中央预算内投资支持煤矿智能化建设。财政部门统筹现有资金，积极落实煤矿安全改造中央基建投资项目配套资金。金融部门支持市场化基金投资煤矿智能化相关项目。科技部门支持煤矿智能化领域企业申报高新技术企业，对煤矿企业新建的国家级、省级科技创新平台，按政策给予支持。国资部门在国有煤炭企业经营业绩考核中将智能化建设投入视同利润。煤监部门将煤矿智能化技术和装备纳入安全改造先进适用技术装备遴选范围。

（三）强化典型引领。区分不同矿井类型、不同智能化模式，建设鲍店、东滩、赵楼、付村、唐口、郭屯、安居煤矿等一批智能化典型矿井。积极争创国家级示范矿井，积累可复制、可推广的智能化建设经验。组织召开现场推进会、示范观摩会，及时宣传解读智能化建设相关政策，总结推广工作新成效、新模式。大力宣传智能化建设典型事迹、创新案例，营造争先创优的浓厚氛围，引领和带动煤矿智能化发展创新突破。

（四）强化督导落实。建立工作调度制度，各煤矿企业每季度向当地煤矿安全监管监察部门报送智能化建设进展情况，每年年底报送年度工作总结及下年工作方案。将智能化建设纳入安全监管监察重要内容，定期开展督导检查，对进展缓慢的通报约谈，对灾害严重矿井未按期建设完成的，依法采取责令停止生产等措施，以严格的执法倒逼企业加快智能化建设，确保各项任务措施落到实处。

本实施意见自 2021 年 1 月 1 日起实施，有效期至 2025 年 12 月 31 日。

山东省能源局　山东煤矿安全监察局关于印发《山东省煤矿智能化验收办法（试行）》的通知

鲁能源煤炭字〔2020〕115号

各产煤市发展改革委（能源局），兖矿集团、山东能源集团：

为认真贯彻落实国家发展改革委等八部门《关于加快煤矿智能化发展的指导意见》，加快推进全省煤矿智能化建设，省能源局、山东煤矿安全监察局制定了《山东省煤矿智能化验收办法（试行）》，现印发你们，请结合工作实际，认真贯彻执行。

山东省能源局　山东煤矿安全监察局

2020年5月25日

山东省煤矿智能化验收办法（试行）

第一章　总　　则

第一条　为认真贯彻落实国家发展改革委等八部门《关于加快煤矿智能化发展的指导意见》（发改能源〔2020〕283号）和《山东省煤矿智能化建设实施方案》（鲁能源煤炭字〔2019〕280号），发挥典型示范引领作用，加快推进全省煤矿智能化建设，制定本验收办法。

第二条　本验收办法适用于省内所有合法生产煤矿。

第三条　坚持示范引领、统筹推进的原则，在冲击地压矿井采煤和掘进工作面实现智能化的基础上，以大型矿井为重点，推进智能化向煤矿全系统延伸，加快建设一批省级智能化示范煤矿。

第四条　坚持减人提效保安全原则，智能化煤矿采煤和掘进工作面实现少人或无人操作，其中，采煤工作面不得超过16人，掘进工作面不得超过9人；井下主要生产系统固定岗位实现无人值守与远程控制。

第二章　验收主要内容及标准

第五条　智能化煤矿主要生产环节应初步形成数字化传输、自动化运行、智能化控制技术体系，应运用先进的监测监控、信息和通信技术，对煤矿安全生产和经营管理信息进行采集、分析和处理，实现采煤、掘进、机电、辅助运输、通防、信息管控等主要生产管理环节的智能化运行。

第六条　智能化采煤是通过采煤环境的智能感知，由采煤装备自动、独立完成煤炭开采的作业过程。

1. 采煤机应实现记忆截割、就地/远程控制、自主定位、采高精确控制、故障诊断等功能；鼓励采用先进适用的煤矿智能化开采技术。

2. 液压支架应配备电液控系统，实现单架/成组自动跟机移架、收伸护帮，自动推溜、精准推移、姿态自主感知、远程控制等功能。

3. 刮板输送机应具备运行状态监测、负荷检测、故障诊断功能，实现与工作面控制系统的通信和协同控制。

4. 带式输送机应实现集中控制和无人值守，具备驱动部工况监测、自动调速、自动张紧、煤量监测、大块煤矸破碎、杂物自动清除等功能，各类保护实现自动监测及数据上传。宜安装自移机尾。

5. 供液系统应具备多泵联机启停、泵站电磁卸荷、恒压供液、乳化液自动配比、流量自动控制、状态监测功能，实现高压自动反冲洗、自动配比补液、高低液位自动控制。

6. 工作面超前支护 20 m 范围应用顺槽支架，实现自移式支护。冲击地压煤矿支护形式须符合冲击地压防治规定要求。

7. 工作面各设备实现集中、就地和远程控制，采煤机、液压支架、刮板机等设备实现协同控制和流程启停。

8. 工作面建有集中控制中心，实现设备状态监测、可视化集中控制功能，同时可通过井下工业以太网将工作面设备数据上传至地面监控中心。

第七条 智能化掘进是通过构建多机协同控制系统，实现连续、快速、稳定、安全智能化巷道掘锚运作业。

1. 综掘机应实现遥控操作、负载自适应、状态监测、人员接近保护、自动喷雾等功能，争取具备自主导航、自动截割功能。

2. 掘锚机/连采机应实现遥控操作、自主导航、自动截割、转载除尘、人员接近识别、危险区域人员误入急停闭锁、声光报警、自动喷雾等功能。

3. 工作面应配备组合开关，实现集中供配电，配合集控系统实现信息上传等功能。

4. 工作面应实现支护作业机械化。配备具有遥控操作的液压锚杆钻车或掘锚护功能的综掘机等装备。冲击地压煤矿支护形式须符合冲击地压防治规定要求。

5. 带式输送机实现大容量储带、机尾自移及自动调速功能，转载机实现煤流连续转载等功能。

6. 工作面实现沿线可视化集中控制、设备信息监测及上传等功能。

第八条 智能化机电是通过推广应用视频监视、智能监测与保护、自动控制或集中控制等技术，实现煤矿压风机房、绞车房、变电所、水泵房、原煤主运输系统等固定场所运输设备无人值守或集中控制，减少固定岗位人员。

1. 主压风系统应实现风量、压力、温度、振动以及电气等参数的连续在线监测及远程实时传输和可视化监控，具有远程和就地两种控制方式，具备故障诊断、监测预警、负荷调节、电量计量、能耗分析，自动切换运行、无人值守管理等功能。

2. 主排水系统应实现无人值守、远程数字传输、地面集中可视化监控。具备两种可靠的引水装置及双水位双报警功能，有远程、就地自动、手动三种控制方式，可根据涌水量自动调节排水泵运行台数，自动切换排水管路，能在线检测主排水系统工序能耗，实现多台泵自动轮换工作控制，以及多水平阶梯式联合排水智能监控功能。

3. 主提升系统应实现高速采集与数字传输高低压控制柜、主电机、液压站等重点部位的电流、电压、箕斗位置，以及超载、二次装载、过量过装等信息。有远程、就地自动、手动三种控制方式，实现远程集中控制、可视化监控。具备首尾绳高清动态无损自动监测、井底积煤监测、箕斗载重在线检测智能分析和报警闭锁停车功能；同时具有故障自诊断，远程维护、设备状态分析预判等功能。

4. 原煤主运输系统应实现对电流、温度、速度、运量、烟雾等信息的实时采集显示、可视化监控。具备集控和就地两种控制模式，实现地面集中控制，现场无人值守；具备各类监测参数自动分析判断，异常报警停机；根据煤流大小、方向、煤仓煤位进行煤流均衡自动控制。

5. 供配电系统应实现高（低）压电气设备遥信、遥测、遥控、遥调、遥视信息在线监测及远程实时传输和可视化监控，遥控功能必须具备防误操作及远程闭锁；各变电所实时远程集中监控及智能调度，实现无人值守；具备数据采集、运行监视、智能告警、故障录波分析、防越级跳闸、自动故障定位等功能，并应具备峰谷电能计量、能耗统计、在线电能质量分析、绝缘监测功能。

第九条 智能化辅助运输是通过推进有轨、无轨高速运输圈、单轨采区运输网、快速装卸站和智能巡检系统，建成辅助运输智能信息化平台，实现辅助运输连续化、快速化。

1. 架空乘人装置应具备无人值守、全面视频监控等功能；各类保护实现自动监测、自动报警、自动停车。

2. 主要轨道提升斜巷应实现视频监控；实现跑车防护装置与绞车连锁自动控制；斜巷行人自动监测并与绞车自动联控；绞车运行自动预警警示和智能通信信号装置；设备状态信息采集上传等。

3. 连续牵引绞车运输应实现视频监控，具备无线移动通信和信号发送、行人自动监测、断绳自动阻车等功能，各类保护实现自动监测、自动报警、自动停车；模拟状态显示和信息上传等。

4. 单轨吊车和胶轮车运输重要站点和运行区域应安装有视频监控，实现运输网络无线通信、机车精准定位、信号自动管控和状态模拟显示及信息上传；道岔和风门实现自动控制（或遥控）并自动警示功能；单轨吊车具备可遥控操作、超速自制动等功能；设备状态信息采集、自动分析和预警功能；胶轮车具备倒车自动视频和警示装置，超速等违章抓拍功能。

5. 大巷轨道运输机车应具备通信和定位功能，实时模拟显示有关信息，主要地点实现视频监控；具备“信集闭”功能；道岔实现集控或遥控并有岔位警示，机车运行自动声光预报警装置齐全；架线机车人车场安装自动停送电开关，双轨人车场有闭锁信号。

6. 建有集管理、调度、指挥、监控、通信、预警等一体的辅助运输智能信息化管理平台或指挥中心，实现人员、设备设施、检修保养、检测检验和物流运输等智能化管理。

第十条 智能化通防是通过推进安全监测监控系统智能化建设，实现井下环境参数实时监测、异常报警、应变决策智能辅助，主要通防设施和装备操控实现远程化、智能化。

1. 主通风机房、控制室安设监控视频，实现实时监控、远程自动控制。能在线监测运行状态、风量、风压、温度等工况参数，具备震动检测及报警功能。

2. 局部通风机开停实现远程监控、主备风机自动切换。全部配备性能可靠的低噪音局部通风机。

3. 主要风门设置风门开关传感器，通单轨吊机车风门、风压较大行人联络巷风门应实现自动化。

4. 防尘系统应具备综合防尘自动化。采掘工作面全面实现综合防尘自动化，液压支架实现割煤、降柱、移架或者放煤时同步自动喷雾；主要大巷和采掘地点净化水幕实现自动化；掘进工作面装备除尘风机或干式除尘系统；井下主要大巷隔爆设施具备自动加水功能。

5. 防灭火系统应建立束管监测系统，实现自动取样分析、自动联网上传、数据异常自动预警；建立防灭火测温系统，实现对温度连续监测；应用智能化注胶体设备的，实现定量调节。

6. 安全监控系统应实现全数字化传输。使用先进传感技术，具备在线定期未标校提醒、地址重复报警、即插即用功能，关键数据主动上传、分级报警、无主异地断电、火灾和瓦斯预测预警分析功能；与人员位置监测、应急广播、调度通信等系统实现多系统融合联动。

第十一条 智能化信息管控平台是通过有效融合井上下各调度信息化系统数据，实现各自动化、智能化子系统集中操作，集中监控和统一调度。

1. 调度通信系统实现与行政电话、应急广播、无线通信系统互联互通，可对所有用户任意编组，并实时监测各用户和中继工作状态。

2. 应急广播系统应实现主要工作地点全覆盖，系统除具备实时广播、人工呼叫自动广播等基本功能，还应具备选呼、组呼、全呼等调度功能。

3. 人员精确定位系统应实现采掘工作面和运输大巷全覆盖。定位精度符合《山东煤矿人员精确定位系统技术要求（试行）》7.4 项要求。

4. 无线通信系统应实现运输大巷和采掘工作面全覆盖，移动终端数量满足最大下井人员需求，具备组呼、全呼和查询等功能。

5. 企业数据中心应建设私有云，煤矿应建有万兆工业以太网，建成高速网络传输链路，完善工控安全防护系统，实现主要系统虚拟化和服务器资源的池化管理。

第三章　评　分　办　法

第十二条　申报智能化煤矿应具备以下基本条件：

1. 采矿许可证、安全生产许可证、营业执照齐全有效。

2. 矿长、副矿长、总工程师、副总工程师（技术负责人）在规定的时间内参加由煤矿安全监管部门组织的安全生产知识和管理能力考核，并取得考核合格证。

3. 无国家明令禁止、淘汰的设备和工艺。

4. 编制有智能化煤矿建设方案。

5. 建立有煤矿智能化系统运行维护管理机制。

6. 煤矿智能化系统（工作面、项目）应正常运行一个月以上。

7. 安全生产标准化达到二级以上。

8. 煤矿主要采煤工作面全部实现智能化开采。

9. 建立井下人员精确定位系统。

第十三条　智能化煤矿验收满分为 100 分，采用各部分得分乘以权重的方式计算，其中，智能化采煤占 30%，智能化掘进占 20%，智能化机电和智能化信息管控平台各占 15%，智能化辅助运输和智能化通防各占 10%。各部分考核评分情况见考核表。

验收考核结论为合格和不合格。经验收，煤矿最终得分达到 80 分，且智能化采煤达到 90 分、智能化掘进达到 80 分为合格。

第四章　验　收　程　序

第十四条　煤矿智能化验收工作按照企业自评初审、省级验收、公示公布的程序进行。

1. 企业自评初审。各煤矿按照煤矿智能化验收标准组织自评，达到验收标准的，由企业提出申请。

省属煤炭企业所属煤矿由企业初审，出具初审意见，报省能源局。市县属煤矿由煤矿所在地市级能源管理部门初审，出具初审意见，报省能源局。

2. 省级验收。省能源局联合山东煤矿安监局建立智能化煤矿验收工作机制，组织专家对申报材料进行审核，审核合格后会同相关单位，对申报项目进行现场验收。

3. 公示公布。对验收通过的煤矿，在省能源局官方网站向社会公示，接受社会监督。公示时间不少于 5 个工作日。对公示无异议的项目，予以公布。

第五章　附　　则

第十五条　本办法由省能源局负责解释，并依据国家政策、行业标准等适时调整。

第十六条　本办法自印发之日起施行，有效期至 2022 年 5 月 28 日。

山东省智能化煤矿验收评分总表

<table>
<tr><td>煤矿名称</td><td colspan="6"></td><td colspan="2">验收时间</td><td colspan="4"></td></tr>
<tr><td colspan="7">必备条件</td><td colspan="6">检查情况</td></tr>
<tr><td colspan="7">采矿许可证、安全生产许可证、营业执照齐全有效。</td><td colspan="6"></td></tr>
<tr><td colspan="7">矿长、副矿长、总工程师、副总工程师（技术负责人）取得考核合格证。</td><td colspan="6"></td></tr>
<tr><td colspan="7">无国家明令禁止、淘汰的设备和工艺。</td><td colspan="6"></td></tr>
<tr><td colspan="7">编制有智能化煤矿建设方案。</td><td colspan="6"></td></tr>
<tr><td colspan="7">建立有煤矿智能化系统运行维护管理机制。</td><td colspan="6"></td></tr>
<tr><td colspan="7">申报的智能化项目应正常运行一个月以上。</td><td colspan="6"></td></tr>
<tr><td colspan="7">安全生产标准化达到二级以上。</td><td colspan="6"></td></tr>
<tr><td colspan="7">煤矿主要采煤工作面全部实现智能化开采。</td><td colspan="6"></td></tr>
<tr><td colspan="7">建立井下人员精确定位系统。</td><td colspan="6"></td></tr>
<tr><td rowspan="2">项目（权重）
得分</td><td colspan="2">智能化采煤
（0.3）</td><td colspan="2">智能化掘进
（0.2）</td><td colspan="2">智能化机电
（0.15）</td><td colspan="2">智能化辅助运输
（0.1）</td><td colspan="2">智能化通防
（0.1）</td><td colspan="2">智能化信息管控平台
（0.15）</td></tr>
<tr><td>得分</td><td>加权分</td><td>得分</td><td>加权分</td><td>得分</td><td>加权分</td><td>得分</td><td>加权分</td><td>得分</td><td>加权分</td><td>得分</td><td>加权分</td></tr>
<tr><td></td><td></td><td></td><td></td><td></td><td></td><td></td><td></td><td></td><td></td><td></td><td></td><td></td></tr>
<tr><td>验收结论</td><td colspan="4"></td><td colspan="3">验收人员</td><td colspan="5"></td></tr>
<tr><td colspan="13">合格标准：综合得分80分，且智能化采煤达到90分、智能化掘进达到80分为合格</td></tr>
</table>

智能化采煤验收评分表

序号	项目名称	项　目　内　容	标准分值	评分办法	得分
1	采煤机	1. 自主实现记忆功能、故障诊断； 2. 姿态感知（利用倾角、摆角等姿态传感器实现）； 3. 远程控制，远程控制响应时间≤300 ms，状态反馈时间≤500 ms； 4. 第三方协同控制接口； 5. 采煤机精确定位或三维定位（利用激光、雷达扫描和惯性导航等技术实现）； 6. 牵引电机电流、截割电机电流，行走参数，牵引电机油温及轴承温度等数据传输。	20	查现场和资料，未实现第1、3、4、6项，每项扣得4分；未实现其他项，每项扣2分。	
2	液压支架	1. 能够根据采煤机位置自动完成伸收护帮、单架/成组移架、推溜、喷雾除尘等动作； 2. 配置压力、位移、倾角等传感器实现姿态感知与控制； 3. 远程控制、工作面遥控器控制，响应时间≤300 ms，状态反馈时间≤500 ms； 4. 视频图像采集：安装云台或固定点摄像仪。实现随机视频图像采集； 5. 第三方协同控制接口； 6. 立柱的工作压力、推移千斤顶的行程、支架动作等数据传输； 7. 矿压、安全阀、行程等传感器异常报警； 8. 具备带压移架和初撑力自动保持功能，能够实现自动补压； 9. 具备远程集中控制平台、远程控制功能； 10. 具备故障诊断功能； 11. 具备人员接近保护功能； 12. 具备精准推移功能。	20	查现场和资料，未实现第1、3、4、6、7、8、9、10项，每项扣2分；未实现其他项，每项扣1分。	

（续）

序号	项目名称	项 目 内 容	标准分值	评分办法	得分
3	刮板输送机	1. 运行状态监测； 2. 视频图像采集：安装云台或固定点摄像仪； 3. 第三方协同控制接口； 4. 远程集中控制，响应时间≤300 ms，状态反馈时间≤500 ms； 5. 负荷均衡智能控制、故障诊断功能； 6. 具备断链监测功能。	12	查现场和资料。一项不符合，扣2分。	
4	供液系统	1. 泵站运行状态监测； 2. 远程集中控制，响应时间≤300 ms，状态反馈时间≤500 ms； 3. 乳化液自动配比和补液； 4. 净水处理装置，进水压力感知； 5. 高压自动反冲洗装置（根据进出口压差、时间等参数完成自动反冲洗）； 6. 乳化液液位、浓度及流量监测； 7. 恒压供液； 8. 远距离供液（采区车场或地面）； 9. 乳化液回收系统。	18	查现场和资料。一项不符合，扣2分。	
5	集控系统	1. 工作面敷设工业环网； 2. 调度室或顺槽集控中心； 3. 井上下即时语音视频通讯； 4. 视频自动跟机； 5. 设备及生产大数据采集、分析、预警与决策； 6. 矿压数据采集、分析、预警； 7. 利用惯性导航技术等实现刮板运输机自动调直； 8. 综采工作面人工干预率≤25%，综放工作面人工干预率≤40%； 9. 工作面端头自动斜切进刀； 10. 移动终端查询； 11. 云端接口。	22	查现场和资料。一项不符合，扣2分。	
6	其他	1. 工作面两巷超前支护实现自移式超前支护：冲击地压煤矿支护形式须符合冲击地压防治规定要求； 2. 工作面煤流运输系统实现集中控制，无人值守； 3. 安装有带式输送机自移机尾； 4. 安装有破碎机，具备大块煤矸破碎功能； 5. 安装有除铁器，具备铁器等杂物自动清除功能； 6. 有智能化采煤工作面系统运行维护管理制度。	8	查现场和资料，第1、2项不符合，扣2分；其他一项不符合扣1分。	

智能化掘进验收评分表

序号	项目名称	项 目 内 容	标准分值	评分办法	得分
1	掘进机（掘锚机、连采机）	1. 遥控、远程控制，响应时间≤300 ms； 2. 姿态感知（利用倾角、摆角等姿态传感器实现）； 3. 随机视频图像采集； 4. 第三方协同控制接口； 5. 定位或仿形切割； 6. 数据实时传输； 7. 故障诊断。	40	查现场和资料。未实现第1、5项，每项扣10分；其他一项不符合，扣2分。	

（续）

序号	项目名称	项目内容	标准分值	评分办法	得分
2	集控系统	1. 敷设千兆工业环网； 2. 井上下集控中心； 3. 井上下即时语音通讯； 4. 人员定位安全预警联动； 5. 设备及生产大数据采集、分析、预警与决策； 6. 移动终端查询； 7. 云端接口； 8. 安装有组合开关，实现设备集中供电，集中控制功能。	32	查现场和资料。一项不符合，扣4分。	
3	支护	1. 掘进工作面临时支护机械化或自动化：冲击地压煤矿支护形式须符合冲击地压防治规定要求； 2. 永久支护机械化或自动化； 3. 巷道顶板离层、表面位移、锚杆（索）受力数据采集、分析、预警。	12	查现场和资料。一项不符合，扣4分。	
4	辅助运输	1. 使用单轨吊、无极绳绞车或无轨胶轮车； 2. 视频图像采集； 3. 定位与远程控制，远程控制响应时间≤300 ms。	12	查现场。一项不符合，扣4分。	
5	其他	1. 煤矸运输系统实现集中控制、连续运输； 2. 安装有带式输送机自移机尾； 3. 带式输送机实现大容量储带功能； 4. 有智能化掘进工作面系统运行维护管理制度。	4	查现场和资料。一项不符合，扣1分。	

智能化机电验收评分表

序号	项目名称	项目内容	标准分值	评分办法	得分
1	主压风系统	1. 集中控制，无人值守； 2. 第三方数据接口； 3. 工况数据采集、分析与预警； 4. 故障诊断与信息推送； 5. 根据风压来确定开启风机的数量，根据运行时间合理确定开停压风机； 6. 具备自动轮换开停、故障自动倒机、定时自动倒机和一键倒机功能； 7. 具备检修、手动、自动的控制方式，具备就地和远程互为闭锁的控制模式； 8. 实时直观的显示压风机的系统模拟图； 9. 压风机房视频监控； 10. 具有查询历史运行、故障、报警及温度、压力等参数的历史曲线和实时曲线等功能； 11. 能耗分析计算。	20	查现场和资料。一项不符合，扣2分。	
2	主排水系统	1. 地面远程集中控制，井下无人值守； 2. 第三方数据接口； 3. 自动轮换开停； 4. 故障诊断与信息推送； 5. 主排水泵房安装视频监控系统； 6. 数据自动采集、分析与预警； 7. 实现远程与就地控制的闭锁； 8. 泵效及工序能耗自动计算； 9. 具备两种可靠的引水装置及双水位双报警功能； 10. 具备多水平阶梯式联合排水智能监控功能。	20	查现场和资料。一项不符合，扣2分。	

（续）

序号	项目名称	项 目 内 容	标准分值	评分办法	得分
3	主提升系统	1. 集中控制、在线监测； 2. 智能视频监控全覆盖； 3. 第三方数据接口； 4. 远程故障诊断与信息推送； 5. 井底堆煤保护监测； 6. 钢丝绳在线监测； 7. 事故案例库管理； 8. 箕斗载重在线检测； 9. 机房门禁安防系统； 10. 设备环境监测预警系统（温湿度、噪音、烟雾）。	20	查现场和资料。一项不符合，扣2分。	
4	原煤主运输系统	1. 集中远程监控； 2. 装、卸载视频监控全覆盖； 3. 第三方数据接口； 4. 设备状态数据采集、自动分析与预警； 5. 钢丝绳芯在线监测； 6. 煤仓煤位在线监测； 7. 具备就地和远程互为闭锁的控制模式； 8. 数据异常报警、停机功能； 9. 煤流均衡控制系统。	20	查现场和资料。一项不符合，扣2分。	
5	供配电系统	1. 集中远程监控，无人值守； 2. 第三方数据接口； 3. 能耗统计分析； 4. 设备数据采集、运行监视； 5. 智能告警、故障分析； 6. 煤矿主变电所具备遥视、遥测、遥信、遥调、遥控功能； 7. 井下中央变电所具备遥视、遥测、遥信、遥控功能； 8. 变电所视频监控； 9. 煤矿主变电所电缆夹层、电缆井设火灾自动报警系统。	20	查现场和资料。一项不符合，扣2分。	

智能化辅助运输验收评分表

序号	项目名称	项 目 内 容	标准分值	评分办法	得分
1	架空乘人装置	1. 远程监控或人员自控功能，具备现场无人值守功能； 2. 机头及上下人站点处视频全覆盖，实现远程监控，模拟状态显示； 3. 第三方数据接口，设备状态数据采集、分析、故障诊断与预警； 4. 断绳自动抓捕功能，各类保护实现自动检测、自动报警、自动停车； 5. 混合运输巷道具备和其他运输设备自动电气闭锁功能； 6. 机头机尾处和上下人站点具有可靠的通信和信号预警装置。	12	查现场和资料。一项不符合，扣2分。	
2	主要轨道提升斜巷和无极绳连续牵引绞车运输	1. 有可靠的通信、智能信号和自动预报警声光警示装置； 2. 运输巷行人或作业自动监测警示装置并实现和运输绞车自动闭锁； 3. 主要轨道提升斜巷所有跑车防护装置实现和提升绞车联锁自动控制、故障自动报警、自动停车功能； 4. 防跑车装置、推车机，道岔实现远控、遥控或自动控制，推车机与阻车器有闭锁功能； 5. 绞车房、各车场和跑车防护装置实现视频监控，混合运输巷运输设备应设置电气闭锁； 6. 连续牵引跑车具备断绳自动阻车功能，连续牵引绞车保护设施实现自动监测、自动报警、自动停车； 7. 连续牵引车运输巷道具备移动通信和移动信号发送功能； 8. 第三方数据接口，绞车运行状态模拟显示。设备设施数据采集、自动分析与预警。	16	查现场和资料。一项不符合，扣2分。	

（续）

序号	项目名称	项　目　内　容	标准分值	评分办法	得分
3	单轨吊车运输	1. 集中装载点、人员上下站点、加油充电检修硐室等实现视频监控，单轨吊车前后安装视频监控装置，实现驾驶人员动态视频监视； 2. 无线移动通讯和机车精准定位功能，动态模拟显示机车位置和运行方向； 3. 道岔、风门等实现远控、司控（遥控）或自动控制，有岔位和门位自动警示装置； 4. 同一采区应实现辅助运输网络化，两台及以上机车同网运行，运输信号应智能管控； 5. 混合运输方式巷道，具备科学运输调度功能和可靠的信号自动闭锁或电气闭锁功能； 6. 单轨吊车可实现遥控操作、超速自动制动功能，尾气自动净化功能； 7. 第三方数据接口，设备运行状态模拟显示，设备设施数据采集、自动分析与预警。	14	查现场和资料。一项不符合，扣2分。	
4	无轨胶轮车运输	1. 集中装载点、换装硐室、存车硐室、加油检修硐室、人员乘车场以及重要运输路线和交叉口实现远距离集中视频监控； 2. 机车有倒车自动视频监控和倒车声光警示装置，弯道、硐室口等地点有预警信号； 3. 胶轮车具有无线移动通讯装置和精准定位功能：能模拟显示机车位置和状态信息； 4. 通过风门，能实现开闭风门司控（遥控）或自动控制并具有自动声光预警报警功能； 5. 胶轮车运行区域实现运输信号、集中控制和闭塞，实现智能化运输调度； 6. 重要运输交叉口、运输区段和场所，能实现闯红灯、超速等违章行为自动抓拍，运输斜巷设置的胶轮车自动失速保护装置能实现监视和动作自动报警功能； 7. 混合运输巷道，不同运输设备之间，应具备智能运输调度和信号自动闭锁功能； 8. 第三方数据接口，能实现信息传输和联网，系统具备状态数据采集、数据统计、自动分析、远程浏览、故障诊断与预警功能。	24	查现场和资料。一项不符合，扣1分。	
5	大巷轨道运输	1. 井底车场和运输大巷装备机车运输监控系统或运输“信集闭”控制系统； 2. 运行机车具有无线移动通讯和精准定位功能，能实时显示机车位置和状态等信息； 3. 架线运输，人车场设置自动停送电开关，双轨巷道乘车场设置信号区间自动闭锁装置； 4. 道岔、阻车器等实现远控、司控（遥控）或自动控制，道岔安装岔位自动显示装置，机车通过风门实现司控（遥控）或自动控制； 5. 巷道口、硐室口、弯道处应设置机车运行自动声光预报警信号装置，机车顶车作业具备自动声光警示报警装置； 6. 主要运输大巷和车场应设置视频监控系统，并能实现远程浏览； 7. 混合运输巷道，实现智能运输调度，具备信号自动闭锁； 8. 实现信息传输和联网，机车运行状态数据采集、数据统计、自动分析、远程浏览、故障诊断与预警功能。	24	查现场和资料。一项不符合，扣1分。	
6	辅助运输管理	1. 能对运输车辆及井下交通状况监测、管理和分析，实现精准调度和物流配送服务。 2. 建立“煤矿辅助运输智能化交通管理平台”，实现主要运输设备、运输信号系统等动态模拟显示、视频浏览、信息数据调取和分析。 3. 实现职工档案和设备设施检测、检验、试验、检修和备品备件等智能化动态管理； 4. 建立健全辅助运输智能化管理各项制度。	10	查现场和资料。一项不符合，扣2分。	

智能化通防验收评分表

序号	项目名称	项　目　内　容	标准分值	评分办法	得分
1	主要通风机	1. 实现主要通风机一键式启动、反风、倒机功能； 2. 在线监测运行状态、风量、风压、振动、温度等工况参数，具备超限报警功能； 3. 主通风机房、控制室安设视频图像监视。	20	查现场和资料。一项不符合，扣2分。	
2	井下通风设施	1. 煤矿主要风门实现远程监测风门状态与报警； 2. 通单轨吊机车风门、风压较大行人联络巷风门应实现自动化。	10	查现场，一项不符合，扣2分。	
3	局部通风机	1. 掘进工作面配备可靠的低噪音局部通风机； 2. 风机开停实现远程监控、主备风机自动切换。	20	查现场和资料。一项不符合，扣2分。	
4	防尘系统	1. 采掘工作面全面实现综合防尘自动化，采煤工作面支架喷雾能够根据采煤机位置和支架动作实现割煤、降柱、移架或者放煤时同步自动喷雾； 2. 采掘工作面净化水幕和转载点喷雾实现自动化； 3. 掘进工作面装备大功率除尘风机或干式除尘系统； 4. 井下主要大巷配备自动洒水车，主要大巷净化水幕实现自动化； 5. 井下隔爆设施实现自动加水功能。	20	查现场和资料。一项不符合，扣2分。	
5	防灭火系统	1. 防灭火系统建立束管监测系统，实现自动取样分析、自动联网上传、数据异常自动预警； 2. 建立防灭火测温系统，实现对温度的连续监测； 3. 应用智能化注胶体设备的，实现定量调节。	10	查现场和资料。一项不符合，扣2分。	
6	安全监控系统	1. 按要求完成安全监控系统升级改造； 2. 实现分站和传感器全数字化传输； 3. 电磁抗干扰能力满足《煤矿安全监控系统升级改造技术方案》要求； 4. 使用激光、多参等先进传感技术，具备在线定期未标校提醒、地址重复报警、即插即用； 5. 关键数据主动上传、分级报警、无主异地断电、火灾和瓦斯预测预警分析功能； 6. 实现与人员位置监测、应急广播、调度通信等系统多系统融合联动。	20	查现场和资料。一项不符合，扣2分。	

智能化信息管控平台验收评分表

序号	项目名称	项　目　内　容	标准分值	评分办法	得分
1	调度通信系统	1. 调度通信平台具有选呼、急呼、组呼、全呼、强插、强拆、监听、录音等功能； 2. 具备各种通信接口，实现调度通信、行政总机、无线通信、应急广播互联互通； 3. 调度通信和应急广播系统可实时监测各用户和中继工作状态； 4. 应急通信具有定点和定时广播，多路和分区广播、自动广播和紧急广播； 5. 调度通信系线应具备不少于16路的录音系统，录音时长≥3个月； 6. 调度通信应支持热线电话，具备摘机直播功能； 7. 调度通信系统应配备UPS电源，且续航时间≥4小时。	20	查现场和资料。一项不符合，扣3分。	

（续）

序号	项目名称	项　目　内　容	标准分值	评分办法	得分
2	人员位置监测系统	1. 系统支持多系统联动功能，与安全监控、应急广播实现融合联动； 2. 具有系统自诊断、自评估，声光报警、数据存储、查询等功能； 3. 系统具备唯一性检测功能； 4. 系统接入读卡器（基站）数量≥512 台；识别卡数量≥65000 个； 5. 系统需双机热备，主备机切换时间≤1 min，系统巡检周期不超过 5 s； 6. 分站（基站）、读卡器与标识卡之间无线传输距离≥400 m； 7. 静态定位精度达到 30 cm，采掘工作面定位精度达到 1 m； 8. 读卡器（基站）并发识别数量不小于 200 个； 9. 优先选用一体化矿灯，选用独立识别卡的电池续航时间≥10 天； 10. 配备便携式搜救仪，满足井下目标的搜索需求； 11. 电源停电续航时间≥4 h。	20	查现场和资料。一项不符合，扣 3 分。	
3	无线通信系统	1. 选用 4G/5G 机制或者支持 IEEE802. 11 g 及以上无线局域网通信协议的无线通信系统； 2. 基站覆盖范围包括主要运输大巷、井下主巷道、采掘工作面等人员流动密集的区域，单个基站支持不少于 32 个用户并发； 3. 系统可接入基站容量≥1000 台； 4. 配备移动终端数量满足井下班组长以上管理和技术人员需求； 5. 终端支持视频通话功能，备用电源应可支持 3 小时以上； 6. 核心网容量满足煤矿需要。	20	查现场和资料。一项不符合，扣 3 分。	
4	工业网络	1. 建成万兆工业以太网； 2. 核心设备采用三层交换机，具备具有路由、冗余功能； 3. 骨干设备具备 VLAN 划分、冗余功能； 4. 主干线路冗余环形结构； 5. 系统自诊断，自愈时间＜50 ms； 6. 具备网络管理软件，自动发现网络设备，自动生成网络拓扑图。具备网络故障报警功能，故障查询功能； 7. 具备防火墙，实现专网与外网的分离，有效防止病毒破坏专网数据，影响专网安全； 8. 访问控制与数据限制功能。	20	查现场和资料。一项不符合，扣 3 分。	
5	数据中心	1. 外部电源不少于两回路，自动切换； 2. 具备 UPS 电源系统，保证主要调度信息化系统续航时间≥4 小时； 3. 具备电源和信号防雷保护，等电位和室外接地极； 4. 具有火灾自动报警灭火功能、不少于 1 套灭火装置； 5. 机房内部动态环境监测系统； 6. 独立的制冷和新风系统； 7. 具备门禁系统； 8. 数据存储与数据采集，存储容量不少于 1 年时间。	20	查现场和资料。一项不符合，扣 3 分。	

第三部分　部分标准

ICS 35.240.50
I 67

中华人民共和国国家标准

GB/T 34679—2017

智慧矿山信息系统通用技术规范

General technical specifications for smart mine information systems

2017-10-14 发布　　2018-05-01 实施

中华人民共和国国家质量监督检验检疫总局
中国国家标准化管理委员会　发布

目　次

前　言

本标准按照 GB/T 1.1—2009 给出的规则起草。

请注意本文件的某些内容可能涉及专利。本文件的发布机构不承担识别这些专利的责任。

本标准由全国信息技术标准化技术委员会（SAC/TC 28）提出并归口。

本标准起草单位：山东蓝光软件有限公司、山东科技大学、中煤能源集团有限公司、中国电子技术标准化研究院、山东煤炭局、山东省煤田地质局、山东能源集团有限公司、兖州矿业集团有限公司、山东招金集团有限公司。

本标准主要起草人：卢新明、梁永全、祁和刚、刘棠丽、张红卫、张钊源、施媛、乔乃琛、王怀洪、翟明华、孟祥军、李守生、尹红、曹凯悦、赵菁华、彭革非、李冰、陈海。

智慧矿山信息系统通用技术规范

1 范围

本标准规定了智慧矿山的系统构架、基础网络、数据仓库、地理信息、传感感知、工业自动化、平台软件、地质保障软件、安全保障软件、生产管理软件、矿山 ERP 软件、大数据分析软件、综合调度软件和应急指挥软件等信息系统通用技术要求。

本标准适用于指导矿山企业的智慧化信息系统设计和建设。

2 规范性引用文件

下列文件对于本文件的应用是必不可少的。凡是注日期的引用文件，仅注日期的版本适用于本文件。凡是不注日期的引用文件，其最新版本（包括所有的修改单）适用于本文件。

GB/T 6107—2000　使用串行二进制数据交换的数据终端设备和数据电路终端设备之间的接口

GB/T 28181—2016　公共安全视频监控联网系统信息传输、交换、控制技术要求

3 术语和定义

下列术语和定义适用于本文件。

3.1

智慧矿山　smart mine

基于空间和时间的四维地理信息、泛在网、云计算、大数据、虚拟化、计算机软件及各种网络，集成应用各类传感感知、数据通信、自动控制、智能决策等技术，对矿山信息化、工业自动化深度融合，能够完成矿山企业所有信息的精准适时采集、高可靠网络化传输、规范化信息集成、实时可视化展现、生产环节自动化运行，能为各类决策提供智能化服务的数字化智慧体，并对人—机—环的隐患、故障和危险源提前预知和防治，使整个矿山具有自我学习、分析和决策能力。

4 缩略语

下列缩略语适用于本文件。

4DGIS：四维地理信息系统（4D Geographic Information System）

COM/DCOM：组件对象模型/分布式组件对象模型（Component Object Model/Distributed COM）

DCS：分布式控制系统（Distributed Control System）

DDE/NETDDE：动态数据交换/网络动态数据交换（Dynamic Data Exchange/network DDE）

DDS：数据分发服务（Data Distribution Service）

DLL：动态链接库（Dynamic Link Library）

FTP：文件传输协议（File Transfer Protocol）

GPS：全球定位系统（Global Positioning System）

HTTP：超文本传输协议（Hyper Text Transfer Protocol）

IaaS：基础设施即服务（Infrastructure as a Service）
MSMQ：微软消息队列（Microsoft Message Queue）
OCX：对象类别扩充组件［Object Linking and Embedding（OLE）Control Extension］
OLE：对象链接与嵌入（Object Linking and Embedding）
OPC：用于过程控制的 OLE（OLE for Process Control）
OPC UA：OPC 统一架构（OPC Unified Architecture）
PaaS：平台即服务（Platform as a Service）
PLC：可编程式逻辑控制器（Programmable Logic Controller）
RS：遥感系统（Remote Sensing System）
RS232：串行通讯接口标准（Recommended Standard232）
RS485：异步通讯接口标准（Recommended Standard485）
RTK：实时动态测量技术（Real Time Kinematic）
RTU：远程终端单元（Remote Terminal Unit）
SaaS：软件即服务（Software as a Service）
SCADA：数据采集与监视控制（Supervisory Control And Data Acquisition）
SOA：面向服务的架构（Service – Oriented Architecture）
SOAP：简单对象访问协议（Simple Object Access Protocol）
SOC：面向服务的计算（Service Oriented Computing）
TCP/IP：传输控制协议/因特网协议（Transmission Control Protocol/Internet Protocol）
UDDI：统一描述、发现和集成协议（Universal Description Discovery and Integration）
XML：可扩展标识语言（Extensible Markup Language）

5 智慧矿山基本架构

5.1 信息协同架构

智慧矿山的信息协同架构如图 1 所示。

图 1 的架构体现了整个智慧矿山系统在基础网络平台提供的高速可靠物联通道上，实现现场层、生产层、存储层、控制层、应用层和展现层的透明管理，以及各层对应的状态演化、信息感知、快速交换、主动服务、智能决策和对外交流的协同运行。

5.2 建筑层次架构

智慧矿山的建筑层次架构如图 2 所示。

图 2 把智慧矿山划分为基础设施层（L1）、软件平台层（L2）、安全保障层（L3）、生产执行层（L4）、经营管理层（L5）和调度指挥层（L6），从 L1 到 L6 说明了从基础到高级应用的依赖关系，也指明了智慧矿山的建筑施工顺序、各阶段的标志成果内容和里程碑。

6 信息系统基础

6.1 基础网络

应采用高速、宽带的工业以太网、现场总线、无线通讯网络、透地通讯设备，配备高可靠、抗干扰、快速的服务器、交换机、路由器、通讯基站、通讯线路、无线通道、UPS 和各种感知设备的网络

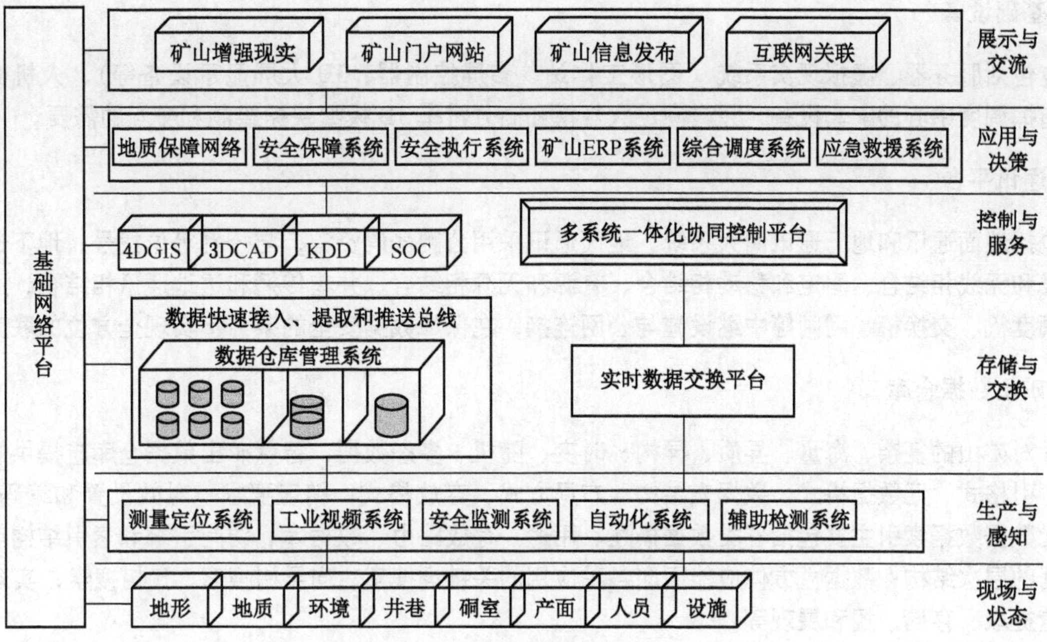

图 1 信息协同架构

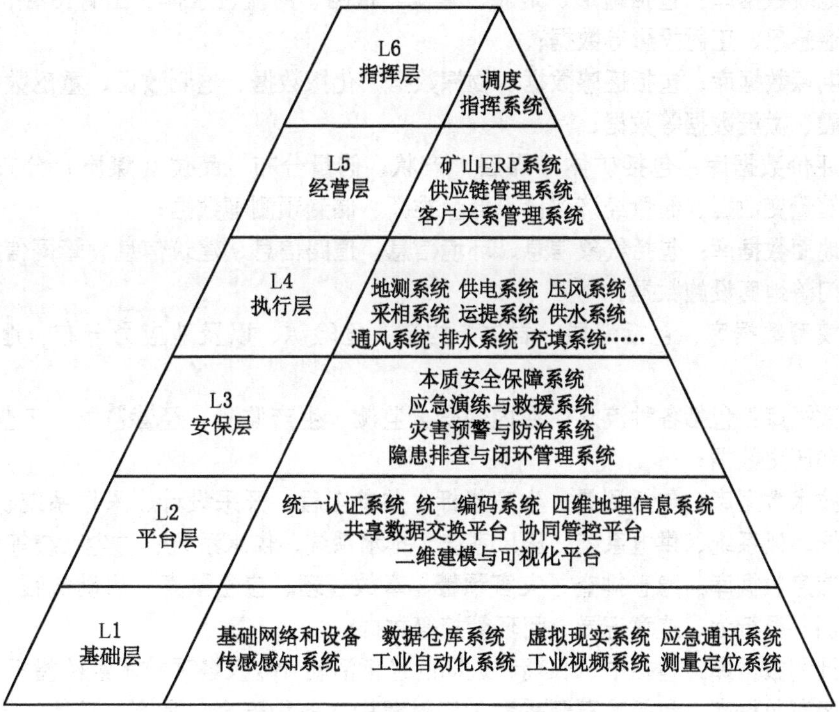

图 2 建筑层次架构

传输设备。在正常时期，应保证矿山所有信息（包括实时数据、多媒体数据、生产数据和管理数据）的准时、可靠、安全传输；在灾变时期，网络链路应满足 K－2（网络中的 K 条线路任何 2 条出故障）可靠传输，井巷链路应满足 N－1（网络中的 N 条巷道任何 1 条不通）可靠传输；矿山数据仓库应实现异地同步备份；主要设备在停电的情况下应有 4 h 的续航能力。

6.2 基础设备

应包括服务器、虚拟现实系统（图形工作站、多屏控制器、3D 大屏显示设备等）、人机交互终端和指挥调度中心的配套设备，并应满足大规模和高分辨率 3D 模型快速绘制和交互的需要。

6.3 通讯平台

包括地面通讯和地下通讯两大系统。地面通讯采用公网号码资源，与公网等位拨号；地下通讯采用有线和无线相结合、固定和移动相结合、有源和无源相结合、井巷传播和透地通讯相结合，通过基站、调度机、交换机、网闸等中继设施与公网连接，在保障数据安全的条件下实现全方位的联互通。

6.4 矿山数据仓库

针对矿山的复杂、海量、异质、异构、时变、随机、多态数据，智慧矿山数据仓库应提供规范的数据：引格式、元数据格式、数据表结构、布局方式、存放格式、精度要求、时效设置和编码方案，其中元数据数据索引主要包括各类数据概述、用途、存放路由、数据库、访问引擎和索引结构等，体现数据的层次结构；数据立方体应能面向各种应用的关键词搜索、向导树搜索、R 树搜索，实现数据的快速提取、存储、掘和展现等。

矿山数据仓库应实现基于 SOA 构架、OPC 规范和 DDS 规范的数据服务，至少应包含下列主题层和数据内容：

a）地形地貌数据库：包括地形、地貌、建筑、道路、河流、水体、山脊山谷、植被等自然景观和遥感象、正射投影等数据；

b）地质勘探数据库；包括遥感数据、物探数据、化探数据、电测数据、重磁数据、钻探数据、三维震、微震数据等数据；

c）储量评价数据库：包括矿体（煤层）产状、储量分布、品位（煤质）分布、储量块段管理、储量变数据、储量经济评价、储量推断、储量预测等数据；

d）数字地面数据库：包括气象信息、环境信息、道路信息、建筑信息、管网信息、通讯信息、重要门等地面设施数据；

e）地质模型数据库：包括地层、岩体、构造、危险源、以及地应力分布、地温分布等模型数据；

f）实时数据库：包括各种流媒体在内的安全监测、生产监测、经营监测、工业自动化等实时数据和历史数据；

g）生产技术数据库：包括测量、生产指标、井巷工程、开采设计、采掘系统、运输系统、提升系统、风系统、供电系统、压风系统、排水系统、供水系统、防尘系统等信息；

h）安全信息数据库：隐患排查、灾害预警、事故管理、应急预案、启动流程、安全措施、安全培训、员行为、违章记录、闭环管控等数据；

i）生产计划数据库：包括中、长期和近期的经营活动计划及各项技术经济指标；

j）生产经营数据库：包括矿石开采和加工过程中的各种安全、生产、环保、技术研发等项目的度、产量、资源消耗、成本数据和控制方法等；

k）设备物资数据库：包括物资、设备和备件、客户关系和供应链及定额、采购、消耗、库存、数据；

l）经营效果数据库：包括综合统计和财务成本等信息；

m）人力资源数据库：包括人力资源基本信息、人力资源规划数据、劳动定额和绩效考核、劳动工资、社会福利等信息。

7 传感感知系统

7.1 总要求

所有感知和监测系统应提供远程通讯接口并自动按实时数据交换方式向矿山数据仓库的实时数据库提交数据。

7.2 安全监测系统

用于监测甲烷浓度、一氧化碳浓度、二氧化碳浓度、氧气浓度、硫化氢浓度、矿尘浓度、风速、风压、温度、湿度、馈电状态、风门状态、风窗状态、风机状态。应在每个风道交叉点测风压，至少在 M－J＋1（M 为通风网络风道数、J 为通风网络节点数）条风道中测风速、温度、湿度；应监测所有调节风门和风窗的开启面积，应能计算出每个工作面的风排瓦斯流量，并满足远程联网的需要。

7.3 人员及车辆定位系统

用于实时监测井下人员和车辆的位置、滞留时间等信息，在交叉点附近应能识别运动方向，当运动速度达 20 km/h 时，重点区域空间定位误差不大于 1 m，同时跟踪目标不小于 2000 个，要求抗干扰能力强、无误码、无漏检，分辨率达到 0.3 m，救灾时期井下作业人员要携带生命体征监测装置，其他指标和管理功能满足有关行业规定，并满足远程联网的需要。

7.4 视频监控系统

在地面或井下的重要场所安装固定或移动摄像头，实时把图像传到地面视频服务器和监视器，应带有防雾、防尘装置，保证图像的清晰度和 25 帧/s 的传输速度，视频监控系统除了符合 GB/T 28181—2016 技术要求外，应提供实时调用、保存和回放的二次开发接口（包括 DLL 格式和 OCX 格式），满足系统集成需要。

7.5 矿压监测系统

实时在线监测工作面支架各柱的工作阻力、立柱伸缩量、超前支撑压力，应能分析初撑力、末阻力、推进度和来压步距等，实现矿山压力预测预报和工作面顶板危险程度预警分析，所有信息都要以明码格式实时提交到矿级或上级联网实时采集大数据服务器。

7.6 冲击地压监测系统

应包括高精度微震监测系统、高精度地音监测系统和电磁辐射监测系统。高精度微震监测系统用于监测能量大于 100 J、频率为 0 Hz～150 Hz 的微震事件；高精度地音监测系统用于煤岩体内部发生的能量小于 1000 J、频率为 28 Hz～1500 Hz 的地音事件。

各微震监测子系统和地音监测自系统能够在统一时钟下通过分布式计算，实现各检波器波形文件的快速滤波，只保留微震信息和爆破信息；并且实时计算出各检波器微震和爆破波形的初到时间、持续时间和平均震动速度；各电磁辐射监测子系统能够精确计算各时段的平均频率、幅值，以及辐射源的方位和深度；要求各子系统的自定位误差不超过 5 m，所有信息都要以明码格式实时提交到矿级或上级联网实时采集大数据服务器。

7.7 地应力监测系统

用于实时监测工作面和巷道周围的煤体、岩体应力及其变化趋势，诊断和预报发生冲击地压危险区域和危险程度，实现冲击地压危险区和危险程度的实时监测预警和预报。同时在线监测巷道顶板离层、锚杆锚索受力、工字钢、U型钢等支架受力、巷道变形、电磁辐射、微震、地音等，并满足远程联网的需要。

7.8 井筒安全监测系统

用于实时监测立井和斜井的井臂和围岩应力、应变、温度、裂隙、渗流及其变化趋势，诊断和预报发生的变形、突水、透水、冒顶、臌底等危险区域和危险程度，并满足远程联网的需要。

7.9 煤与瓦斯突出监测系统

用于监测煤岩声发射、微震监测、地应力监测、煤层瓦斯压力、瓦斯含量、瓦斯放散初速度、瓦斯涌出量、工作面煤壁温度、红外发射、电磁发射等，并实现煤与瓦斯突出功能，并满足远程联网的需要。

7.10 地质构造探测系统

应能探测掘进面前方、巷道两帮、巷道顶底板等存在的隐伏和揭露构造的空间位置、形态、走向、影响范围（主要包括断层、陷落柱、褶曲、采空区、煤厚等参数）。

7.11 水文监测系统

应满足以下功能：

a） 利用高精度瞬变电磁仪和高密度电法仪等设备对各工作面周围的富水区和地质构造进行超前探测，并可生成成果剖面图、等值线图、等值面图的矢量数据；

b） 能够对各水源和涌水点的水质进行监测，并可分析其化学成分、物理属性和同位素等；

c） 能够监测裂隙、毛细低速流体流动状态，对导水通道进行探测和空间定位；

d） 具有降雨量、观测孔、抽水实验、突水点、涌水量、排水量的实时监测和数据处理功能。

所有监测数据和处理结果均能以实时数据交换标准格式发送到矿山数据中心和远程预警服务中心。

7.12 火灾监测系统

应能监测下列几类数据：

a） T_C——煤体的温度、V_{daf}——可燃基挥发分、O_{daf}——可燃基氧含量、C_{daf}——可燃基碳含量、M_{ad}——煤样水分、T_i——煤体的自燃温度、T_f——漏风风流温度、E——煤表面活化能、R——煤表面氧气的气体常数；

b） 风流的CO——一氧化碳、CO_2——二氧化碳、温度、烟雾、O_2——氧气、壁温，井巷发生火灾后，还能够实时监测通过火区的放量以及火区进回风测的温度；

c） 煤层和采空区的温度、CH_4——甲烷、CO——一氧化碳、CO_2——二氧化碳、H_2——氢气、O_2——氧气、N_2——氮气、C_2H_2——乙炔、C_2H_4——乙烯、C_3H_6——丙烯、C_2H_6——乙烷、C_3H_8——丙烷、C_4H_{10}——丁烷及围岩的温度；

d） 能够实现分布式连续测量，并实时精确圈定异常区，预测异常区的着火状态；

e） 矸石山或硫化矿的CO、CO_2、温度、烟雾、SO_2——二氧化硫、H_2S——硫化氢等；

f） 实现分布式连续测量。

所有实时数据、异常区圈定和状态预测结果均能以实时数据交换标准格式发送到矿山数据中心和远程预警服务中心。

7.13 地表沉陷监测系统

通过布置测线和测点，能利用北斗/GPS、RTK、三维激光扫描等设备自动采集或人工采集各测点的下沉、移动、倾斜、曲率、变形、地表和建筑裂隙等数据，可以进行地表沉陷预测，并生成和数字地面模型相吻合的三维地表沉陷模型。

7.14 降雨量监测系统

用于对矿区多点降雨量、水质指标实时监测，建立降雨量监测数据库，为水害预警提供信息支持，并满足远程联网的需要。

7.15 矿区环境监测系统

应能监测进回风井口的温度、湿度、大气压力、瓦斯浓度、粉尘浓度、CO、CO_2 等，且应及时反应矿区空气质量、水质的监测参数，同时能监测气体、液体、固体等污染物的排放量和排放浓度，并满足远程联网的需要。

7.16 矸石山监测系统

应能对煤矿矸石山的内部和表面温度、烟雾、CO、CO_2、应力、位移等进行实时监测。

7.17 尾矿库（坝）监测系统

应能对非煤矿山的尾矿库的库区降雨量、液位、水质、压力、坝内应力、坝体位移、坝后渗流、坝面沉降、坝体浸润线等参数进行实时监测，且通过通讯接口，把监测数据上传到尾矿库（坝）监测数据库。

7.18 放炮监测系统

应能对放炮地点的煤（岩）尘浓度、瓦斯浓度、供风风量、喷雾设施的开停、网络电阻、供电状态、装药情况、安全距离、警戒员、爆破员的联合监测，确保安全爆破。

7.19 语音广播监控系统

应提供对外通讯接口，包括配置地点、位置、方向和信息发布方式等，可发布正常时期的广播通知，灾变时期的紧急通知、避灾信息、救灾信息、人员和设备的撤离信息等，且能监测广播线路和喇叭的工作状态和故障，并满足远程联网和信息发布的需要。

7.20 电子指示监控系统

应提供对外通讯接口，包括配置地点、位置、方向、尺寸、分辨率、显示方式和信息发布方式，可发布正常时期的行人和车辆路线指示，灾变时期的报警信息、避灾路线、救灾路线、人员和设备的撤离指示等信息，且能监测电子指示线路和电子指示牌故障，并满足远程联网和信息发布的需要。

7.21 井下紧急避险与通讯系统

应与监测监控、人员定位、压风自救、供水施救、通信联络、工业视频监视监控等系统相连接，确保在矿井突发紧急情况下，相关涉及人员能通讯和安全避险，并满足远程联网和信息发布的需要。

8 工业自动化系统

8.1 总要求

所有自动化系统应能提供远程通讯接口或自动按实时数据交换方式向和矿山数据仓库的实时数据交换平台交换数据。

8.2 综（机）掘工作面监控系统

能对掘进机、掘锚机、连采机、锚杆机、钻机、梭车、运输、供电、通风、压风、防尘、降温等设备的位置、姿态、运行状态、故障信息以及环境参数的综合监测和远程可视化控制。

8.3 炮掘工作面监控系统

应对凿岩机或凿岩台车、装药机、引爆系统、装岩机、产运机、锚杆机、局扇、瓦斯、粉尘、电气设备和放爆监控装置的实时监控。

可实现岩性参数的随钻随测。根据监测结果，能自动调整每个炮孔的装药方案和引爆方式，并能根据瓦斯、粉尘和炮烟监测结果自动控制防尘和通风设备的运行状态。

8.4 回采面（采场）监控系统

应对采煤机、液压支架、泵站、电气设备、刮板机、转载机、破碎机、顺槽胶带机、超前支架、尾排风机等设备及围岩状态和环境参数进行综合监测，实现采煤机、液压支架、刮板机、转载机、破碎机、泵站、顺槽胶带机等设备的远程可视化自动控制。

8.5 瓦斯抽放监控系统

应能测定瓦斯抽放泵及瓦斯抽放管道和井下钻场钻孔的瓦斯浓度、负压、绝压、温度、瓦斯混合流量和纯流量、抽放泵状态及运行参数、阀门状态和调节等参数，且能计算出每个钻场或每组钻孔的瓦斯抽出量。

8.6 轨道运输监控系统

应能监测信号机状态、电动转辙机状态、机车位置、装车状态、运输方向、运行速度、车皮数、空车皮数等，且实现信号机、电动转辙机闭锁控制、地面远程调度与控制等功能。

8.7 无轨运输监控系统

应能实现井下车辆位置和重量的自动感知，红绿灯信号的自动控制，为井下各地点车辆提供正确的运行路线行驶或提前避让，达到故障监测、自动报警和智能调度，实现移动机车的可视化调度。

8.8 带式运输监控系统

应监测运输带速度、轴温、烟雾、料堆、载荷、电机运行状态、料仓料位、料仓堵塞、洒水（防尘洒水、超温洒水）等信息，具备急停闭锁、打滑（超速）、跑偏、断带、横撕、纵撕、堆料（堵塞）、满仓、超温、烟雾、张力下限等多项单机保护功能；实现软起动、软停车、功率平衡、自动张紧、逆料流启动、顺料流停止、根据料量自适应调速等单机控制功能；可实现多条胶带机的顺（逆）煤流联锁起车、顺煤流联锁停车等；通过主运输线实时监控通讯接口，可实现地面远程故障诊断和预警、智能联动调度与控制。

8.9 矿井提升监控系统

应监测主提升机、装载站、卸载站、副提升机、电气设备、钢丝绳的工作状态以及容器的位置和重量参数等；通过提升监控系统实时监控通讯接口，可实现地面远程故障诊断和预警、智能联动调度与控制。

8.10 辅助运输监控系统

8.10.1 架空乘人器

应监测多点之间的信号、语音联络、自动启停，可以在线脱索、断丝、钢丝疲劳、锈蚀、乘坐状况等参数，实现越站停机保护；控制急停的闭锁保护及故障识别。

8.10.2 绞车

应对各类绞车的开停、容器位置、速度、电机电流、润滑油压、制动油压、正反到位、工作闸、松绳、正反向过卷、闸瓦磨损、煤位超限、润滑油超温、润滑油欠压、制动油过压、钢丝绳断丝等实时监测和预警。

8.10.3 单轨吊

用于实时监测单轨吊的牵引力、速度、坡度、荷载等参数，并实现在线故障诊断和智能控制。

8.10.4 无极绳

用于实时监测无极绳的牵引力、速度、坡度、荷载等参数，并实现在线故障诊断和智能控制。

8.11 矿山供电监控系统

应实现地面箱式变电站、井下变电所、采区变电所，地面变电所、移动变电站、线路等变、输、配电系统和设备的在线参数监测，且能自动进行故障监测、定位、预警、切除、继电保护、开关重合闸、无功补偿、谐波消除、防越级跳闸，通过通讯接口和输配电地理信息系统集成，实现电网分析、设备选型、继电保护和调节方案的自动计算、远程操作控制、运行安全保护、用电计量管理。

8.12 矿井排水监控系统

应监测水仓水位、水泵开停、水泵工作电流、电压、功率、阀门状态、流量、压力等，并且根据水仓水位实现水泵和阀门的自动开停调控。

8.13 矿井通风自动监控系统

实时监测主通风机、局部通风机、辅助通风机、风门、风窗、风筒等状态和各用风点和相关井巷的风量、温度、湿度、瓦斯、粉尘及其他环境参数，且通过通讯接口接受智能通风软件的调控命令，实现矿井通风系统状态（包括各风道风阻、风量、风压、自然风压、热力风压等）的自动识别，需风量和调风方案的自动计算，主扇风机、局部通风机、辅助通风机、风门、风窗的控制和风机的变频自动调速、风叶的自动调角、风门的自动开停、调节风门和风窗开启面积的智能控制，实现通风系统、装备的在线诊断和维护决策支持，达到正常时期和灾变时期通风系统智能调控的自动化和无人化。

8.14 压风监控系统

应对空气压缩机、压风管路、闸阀门、用风设备和自救系统工作状态进行在线监测与控制，实现正常生产时期和灾变时期的压风自动化。

8.15 供水监控系统

应对生活用水、生产用水、施救用水的水泵、管路、闸门、流量、压力、水质等进行远程监控，实现日用优化自动控制和无人值守。

8.16 注浆监控系统

应对上料、搅拌、灌浆泵、灌浆管路、闸门、流量、压力等设备状态和参数进行远程监控及泥水配比优化，实现灌浆全过程自动化和无人值守。

8.17 消防防尘监控系统

应对各点水压、水泵、水位、电磁阀等设备状态和参数的远程监测，实现水泵开停和水阀开度的自动调节和自动控制，实现烟雾、粉尘的自动预警。

8.18 充填监控系统

应实时监测充填粉碎设备、搅拌设备、充填泵站的工作状态和工作参数，充填管道流量、堵塞、冲击、破损、漏浆和爆管及采场或采空区的充填量、充填压力和充填效果。

8.19 制冷降温监控系统

应对制冷站、旋风机、管路、闸门、流量、温度等制冷设备及供冷区域的供冷前后的空气温度和湿度、供冷管流量和外壁巷道温度、围岩壁温、风速等降温效果和制冷过程进行监测监控。

8.20 快速装车监控系统

应对胶带机、给煤机、缓冲仓、定量仓、溜槽、机车车厢、喷洒装置等进行全方位监测，实现全自动识别和自动定量装车；且能实时监测温度、震动、速度、煤量等信号，闭锁保护、自动喷雾、车皮位置精确定位、定量称重、在线煤质采样、自动压实、封尘剂和防冻液的自动喷洒、车皮数量识别和扫描。

8.21 注氮监控系统

应对制氮机组、空压机、冷却水泵等的状态和热工测量参数、注氮管网氮气纯度、压力、流量等进行全方位监控，达到无人制氮和自动注氮，满足火区和工作面防灭火的需求。

8.22 矿井污水处理监控系统

应实时采集进厂水流量、污水浓度、pH 值、粗细格栅前后水位、泵房吸水井水位、氧化沟水位、前后段溶解氧、回流污泥量、回流污泥浓度、泵房吸水井水位、剩余污泥流量、药池液位、加药流量、氯瓶重量、出厂流水量、出厂水氨氮、进水和出水浊度浊度、pH 值等参数。实现粗细格栅、提升泵、电动阀、搅拌机、表曝机、终沉池桁架、剩余及回流污泥泵、脱水机、加药、加氯、变配电等设备的状态检测和控制，电控系统、上位监控系统和仪表检测系统的自动加药、自动反冲洗的全过程监控。

8.23 产量计量监控系统

应连续累计自动衡器、动态称量轨道衡、提升重量计量仪器、汽车衡等仪器自动采集矿石的数据，且实时传输到产量监测数据库，为成本分析、绩效考核、产量调控和统计计算提供依据。

8.24 锅炉房监控系统

应对锅炉、省煤器、鼓风机、循环泵、水（气）温、流量、供水调节阀、上煤、除渣、废水、废气、废渣、灰尘等的工作状态和工作参数进行全面在线监测，实现上煤系统安全运行检测、水质自动分析处理及检测、锅炉系统数据采集、关键设备的变频调节，锅炉联锁控制、断水保护、压力保护、排污检测，且能监控锅炉及辅机安全、可靠、高效运行和启停，并提供声光报警。

8.25 外购煤（矿石）监控系统

应对外购煤系统中的称重、煤质、皮带机（刮板机）、破碎机、受煤装置、卸煤装置及煤量、煤质等相关设备和参数进行在线监测和集中远程控制。

8.26 洗选厂监控系统

应实现料场堆排系统、受料系统、筛分破碎系统、配料系统、搅拌系统、装药系统、上料系统、主生产系统、辅助生产系统、产品监测系统、故障诊断系统和产品储存系统、排污系统的全方位监控和优化配选。

9 智慧矿山软件系统

9.1 基础软件

操作系统软件、数据库软件、虚拟化管理软件、大数据平台软件、矿山云交互软件、网管软件、防少软件、杀毒软件、通讯软件、负载均衡软件、流量管理、数据备份软件等基础软件应高度兼容、可靠、安全、抗干扰、且有二次开发接口。

9.2 管理平台软件

9.2.1 信息分类编码

应能保证同一个对象编码的唯一性及上下游管理规则的一致性。主要包括人力资源信息、设备信息、物资信息、空间信息、地物信息、生产信息、监测信息、多媒体信息、管理信息、煤质（品位）信息、危险源信息、档案信息、商务信息等。

9.2.2 通讯接口和协同管控平台

通讯接口应符合下列要求：

a）能够支持多种数据服务、通讯协议和接口，如 TCP/IP、HTTP、DDS、DDE/NetDDE、COM/DCOM、OPC/OPC UA、RS232/RS485（见 GB/T 6107—2000）、FTP、MSMQ、XML、SOAP、WSDL、UDDI、SOA 等；

b）能够从 SCADAD、DCS、PLC、RTU、板卡、仪表、模块、DDE、OPC、端口等多种软件、设备、协议获取数据，并能通过开放接口向各种应用提供数据，保证数据的可靠性和实效性；

c） 能够从各种服务系统、应用系统和控制端获取命令，并能自动转发和执行命令，控制设备的运行，保证命令的可靠性和实效性；

d） 能够根据矿山数据仓库的结构，按时把内存数据、实时数据存放到历史数据库中；

e） 最少支持256个并发客户同时存取内存数据、实时数据和历史数据，对于实时数据的读写速度达到500000个/s；

f） 提供自定义通讯协议功能，以满足特殊的通讯需要。

协同管控平台应满足下列要求：

a） 对工业自动化系统，可以制定多层次、多系统、多设备、多参数控制命令的统一编码和解码方案；

b） 所有编码能和上级主管部门和隶属单位的编码对接；

c） 可以定制全矿所有工业自动化系统的协同控制策略；

d） 可以对全矿所有工业自动化系统进行一键启动和基于虚拟现实技术的通明精准采矿。

9.2.3 信息安全和统一认证

智慧矿山系统的网络、信息和系统安全可参照GB/T 22080—2016、GB/T 22239—2008、GB/T 30976.1—2014和GB/T 30976.2—2014的要求，并且能够实现从角色到用户，从系统到功能模块等访问权限的统一认证，实现数据层、网络层和服务层的编码、解码、滤波、校验和规范检查。对于监测监控系统、传感感知系统、工业自动化系统、智慧矿山软件系统、无人采矿系统、门户系统等专业与公共应用平台系统，各业务系统间既要互相访问、又要互相隔离，访问控制满足下列要求：

a） 监测监控系统、传感感知系统、工业自动化系统、无人采矿等系统应逻辑上独立组网运行。在共用基础网络的情况下，各系统间应逻辑划分虚拟VLAN，此时各系统传输的数据宜采用密钥加密传输；

b） 系统间的数据交互应明确制定访问控制规则，一个系统不宜直接访问另一系统的数据库或数据文件，宜采用中间数据交换系统或通信服务器机制互相访问，并定期检查系统间的数据互访是否满足制定的访问控制规则；

c） 对于数据交换容错、实时性要求高的子系统间的通信，宜采用冗余渠道通信方式。

9.2.4 数据仓库管理与实时数据交换平台

采用数据总线和服务模式。完成矿山数据仓库和矿山微云的SOA架构配置；自动建立各主题数据、元数据、索引数据的采集、存储、提取、转化和交换的快速通道，实现各类信息的自动编码，自动存储，自动提取；利用SOC技术完成面向矿山大数据分析、综合应用和和决策支持的全息数据敏捷计算和推送服务，数据共享交换软件的数据接入、推送等交换速度达到每秒100万个32位长的数据。

9.2.5 三维建模与可视化平台

根据勘探、测量、监测监视数据，应自动建立真实感的地形、建筑物、道路、水体、矿体、煤岩层、断层、陷落柱、巷道、硐室、回采面、掘进面、设备、管路、任意复杂地质体及富水区、高温区、高应力区、易燃区、岩爆区、矿震区、突出区等地面地下所有对象的三维模型，且能根据生产状态、改造内容和二次揭露数据自动更新、重新渲染，可实现大规模三维模型的快速交互漫游、属性查询和剖切分析等，为真三维组态和四维地理信息系统提供底层支持。

9.2.6 矿山四维地理信息系统平台

矿山四维地理信息系统在统一时空四维坐标系统下应能管理矿山全部的图视内容、拓扑结构和属性信息，且提供明码文件格式。具备以下功能要求：

a） 完备的绘图功能；

b） 由数据自动成图；

c） 由图自动建库；

d） 图库双向查询；

e） 由 2GIS 可以自动建立 3DGIS；

f） 通过与监控系统集成可以自动变成 4DGIS；

g） 可以和常用格式进行转换；

h） 能自动计算长度、面积和体积；

i） 具有 2－3 维网络分析、导航和视频监控和各种 SCADA 系统功能；

j） 能够进行 2－3 维空间的缓冲区分析、叠加分析、拓扑分析和布尔运算；

k） 可连接定位监测设备，进行 2－3 维模拟；

l） 能够向用户或其他应用软件提供所有的空间信息、属性信息和面向地理空间的各种计算服务。

9.3 地质保障软件

9.3.1 地测地理信息系统

通过精细地质勘探和现代化矿山测量等技术，实现井巷工程、地质体、地质构造以及富水区、瓦斯聚集区、高应力区等危险源等井上下各种对象的自动建模和属性配置，且根据采掘进尺和围岩变形的测量数据完成二维图形和三维模型的自动更新和剖切分析，自动完成各种测量改正、误差预计、测量平差、测量导航、掘进定向、误差预警等计算。利用卫星和激光扫描等技术实现岩移和地表沉陷的实时测量，并实现岩移和地表变形的精确预计，为煤柱（矿柱）留设和地面地下重要设施保护提供决策支持。

9.3.2 矿产资源储量评价系统

通过钻探、物探、化探、三维地震和矿物质物化验等手段，利用地质构造、成矿、控矿规律和非线性预测技术对煤层和矿体进行精确圈定和建模，对多种矿产资源及伴生矿体进行品位（煤质）估值和预测，按照煤质和品位级别建立精细煤体和矿体分级分块模型，利用科学的技术经济评价方法，为开采设计、采掘计划编制、生产调度管理提供决策支持。

9.3.3 矿产资源动态勘查优化软件

应具有精细的三维地质建模和矿体圈定功能，且根据已有的勘探数据进行地质建模，按照地质构造的空间展布、成矿和控矿规律，利用最新的空间插值技术进行矿物品位估值或煤质指标分析，利用四面体剖分技术和三维等值面技术对矿体或煤层进行区化分级，利用地质控矿区域和矿区进行布尔运算得到预测靶区，对预测靶区进行勘探优化设计，将勘探结果加入原有数据集，进行流程循环再分析，使勘查成本极小化和勘查速度极大化。

9.4 安全保障软件

9.4.1 真三维监测监控组态平台

基于矿山四维地理信息平台，利用自动建模、实时大数据分析和增强现实技术，无缝集成各种监测查控子系统、人员定位系统和视频监控系统，建立整个矿山的真三维监测监控组态平台，实现模拟曲线类、数字显示类、流动方向类、跟踪定位类、组合开停类、储藏仓位类、位资监控类、音视频播放类的真三维组态和视点布局，实现实时数据的增强现实展示、报表查询、声光报警、快速定位与关联分析。

9.4.2 矿山安全闭环管理系统

通过建立完备的安全生产的信息管理、隐患排查与事故风险评价体系以及事故树模型，根据矿井的实际情况设置检查点布置方案，通过各种监测手段、动态检查方法、四违认定和事故树分析，自动实现隐患排查和危险源辨识；通过追责、处置、整改、复查、评价等闭环控制和煤矿本质安全长效管理体系，实现人员无失误、设备无故障、系统无缺陷、管理无漏洞的人、机、环境和管理高度融合的矿井恒久性安全目标。

9.4.3 矿山重大灾害预警系统

根据煤矿基本情况、时态 GIS 数据和煤矿在线监测数据、隐患排查数据、相似矿井的灾害事故机理分析，利用大数据分析技术建立重大灾害模态化预警方法，对岩体变形、煤与瓦斯突出、突水透水、冲击地压、冒顶、煤炭自燃等灾害进行超前预测预报，实现危险性区域快速圈定和实时预警。主要功能为：

a） 与瓦斯突出事故在线分析和预警：充分利用四维地理信息和空间动力学理论、采掘情况、瓦斯抽采状态、岩移和地表沉陷、应力应变、微震（含地音、电磁辐射）事件属性、矿山压力、顶板离层和巷道变形以及瓦斯涌出量等矿井环境实时数据，随时测算出工作面和瓦斯涌出点周围的地质构造、采掘深度、采掘扰动前后的围岩分级分区物性参数分布、应力分布、瓦斯含量和瓦斯压力分布、临近煤层、地质构造、空区和矿柱的空间关系，结合本矿和相关矿井与地点的煤与瓦斯突出事故演化过程监测记录，利用大数据预警系统全息普适性煤与瓦斯突出模态化区域预警方法，实现煤与瓦斯突出事故的在线精确预警，要求煤与瓦斯突出的预警准确率达到 90%，解警准确率达到 98%，预警—解警—再预警的持续循环准确度达到 95%。

b） 冲击地压（岩爆）事故在线分析和预警：充分利用四维地理信息和空间动力学理论、采掘情况、岩移和地表沉陷、应力应变、微震（含地音、电磁辐射）事件属性、矿山压力、顶板离层和巷道变形等矿井实时监测数据，随时测算出工作面和瓦斯涌出点周围的地质构造、采掘深度、采掘扰动前后的围岩分级分区物性参数分布、应力分布、临近煤层、地质构造、空区和矿柱的空间关系，结合本矿和相关矿井与地点的冲击地压（岩爆）事故演化过程监测记录，利用大数据预警系统全息普适性冲击地压（岩爆）模态化区域预警方法，实现冲击地压（岩爆）事故的在线精确预警，要求冲击地压（岩爆）的预警准确率达到 90%，解警准确率达到 98%，预警—解警—再预警的持续循环准确度达到 95%。

c） 顶板（围岩）事故在线分析和预警：在四维地理信息系统应力分析的基础上，融合矿压监测数据（支架、离层、锚杆、锚索）、应力监测数据、微震监测，结合顶板事故记录，建立符合矿山顶板（围岩）事故发生机理的预警模型，实现顶板（围岩）事故的在线预警，要求预警准确率达到 90%，解警准确率达到 98%，预警—解警—再预警的持续循环准确度达到 95%。

d） 水害在线分析和预警：在四维地理信息系统中建立水文地质模型，建立富水区、导水通道等信息管理，结合对富水区、观测孔（井）和涌水点的压力、水位、流量、温度、电法、磁法等数的连续监测，结合采动影响、微震和应力分析，调用专业分析服务模块实时分析各种富水区的空间位置、水量、压力、补给水源、补给量、导水通道参数的变化，多水源的出水点进行水源辨别，对涌水量、突水透水量、新的导水裂隙和导水通道进行预测分析，建立符合矿井突水透水事故发生机理的水害预警模型，实现涌水量和突水透水事故发生的可能性进行在线预警，要求预警准确率达到90%，解警准确率达到98%，预警—解警—再预警的持续循环准确度达到95%。

e）火灾在线分析和预警：根据四维地理信息系统、应力分析、开采破坏程度、安全监测、束管监测以及多气体分布式监测结果，实时估计采空区、火区、井巷的发火程度，计算各风道的热力风压，随时进行通风系统状态估计，对隐蔽区域的自燃状态、井巷、采场和采空区的发火情况实时预测预报，模拟烟雾和火势的蔓延速度和范围，保证人员沿正确的路线撤离。建立符合矿井内因和外因的发火机理预警模型，实现矿井发火倾向和发火状态的在线预警，要求预警准确率达到90%，解警准确率达到98%，预警—解警—再预警的持续循环准确度达到95%。

9.4.4 矿山重大设备故障系统

通过对包括通风机、空压机、绞车、水泵等重大设备的在线监测信号（包括振动、轴温、油脂、电流、电压、功率、工况等）和点检信息的实时分析、特征对比，以及故障树分析计算等，实现设备的远程故障诊断、缺陷识别和隐患排查，准确定位故障和缺陷类型和位置，为设备健康管理、及时维修和更新决策提供信息支撑，确保设备的高可靠无缺陷运行。

9.4.5 矿山重大灾害防治与风险防控系统

利用精细的地质勘探结果、地质力学信息和四维地理信息平台，根据井巷和工作面布局和生产工艺，系统能够利用数理模型和方法提供瓦斯抽放、智能通风、解放层开采、瓦斯解吸、放顶、卸压、切缝、压裂、注水、注浆、注氮、支护、充填等最佳灾害防治方法，并利用监测监控和物联网技术以及灾害预警系统不断的反馈和检验灾害防治效果，必要时可以修正模型参数、优化和调整灾害防治技术工艺，使得整个矿山能够在无风险或低风险状态下运行。

9.5 生产执行系统软件

9.5.1 采掘生产计划编制系统

应能根据销售计划和品质要求，实现从设计、生产空间模型到生产流程、采掘接替和网络计划模型的自动转变，且通过各种参数的自动计算和资源优化，可自动生成工艺流程图、甘特图、资源统计图和采掘计划网络图等图表，可以自动连接到全面预算系统、项目管理和生产调度系统进行实时调度。

9.5.2 采矿协同设计系统

采矿协同设计CAD系统应能自动完成施工图设计、工程量计算、设备选型、安全评价、设计文档和三维效果图的生成。且在相同的操作界面下，可实现采掘、爆破、通防、供电、运输、提升、排水、压风、供水、注浆、抽放、充填等系统的协同设计；可把设计结果渲染成三维虚拟矿井进行各生产环节仿真，能自动生成施工图、工程量、材料表、安全评价、三维模型和设计说明等。

9.5.3 智能化矿井通防系统

可由井巷工程自动生成通风系统图、立体图、通风网络图和压能图，可进行测点和传感器布局优化计算、阻力测定数据处理、测定平差和误差消除，可以进行通风状态模拟、反风效果分析、最优设计与改造、风机优选与优调，通过与安全监测监控集成，可自动进行漏风识别和通风故障诊断，可自动进行通风系统状态估计、用风点的需风量计算、正常时期和灾变时期的按需调风与控风计算以及通风系统的可调性可靠性等评价，可以把计算、诊断和评价结果自动提交到安全闭环和灾害预警系统。

9.5.4 输配电地理信息系统

应能完成设备参数库的建立和供电系统图的绘制，可实现多电源、多环路、多电压等级的复杂电网的故障电流计算、继电保护整定计算、起动电流计算、电压损失计算、动稳定计算、热稳定计算、负荷统计计算、变压器选型计算、开关选型计算、电缆选型计算，且自动生成计算文档和设计图表，通过与监测监控和工业自动化集成，可以实现系统故障诊断和可靠性评价，可以把诊断和评价结果自动提交到安全闭环和灾害预警系统。

9.5.5 其他辅助生产管理系统

应能完成排水系统、压风系统、供水系统、注浆系统、瓦斯抽放系统等管网的设备参数管理、绘制、平差计算、选型优化计算，实现各种管网系统和辅助运输系统的可视化管理，通过与监测监业自动化集成，可以实现系统故障诊断、可靠性评价和各产生产环节的精确计量，可以把诊断和评价结果自动提交到安全闭环和灾害预警系统。

9.6 矿山 ERP 软件

9.6.1 矿山 ERP 软件各子系统

矿山 ERP 软件各子系统除了各自具有完善的管理功能外，应提供开放的二次开发接口，以便实现和其他系统集成，满足上下游管理的需要。

9.6.2 定额管理系统

定额管理系统应能方便地进行定额库建立、添加、删除、编辑、查询和调用服务，并能根据实际发生额和市场变化进行评价、估算和修正，并且提供开放的第三方调用接口，为项目规划、设计、投资估算提供定量的技术支撑。

9.6.3 计划管理系统

应能充分利用网络环境达到多部门、多角色、多人协同操作，易于计划的编制、修改、审批、汇总和查询；计划编制和审批结果应进入数据仓库的计划管理数据库供查询和调用。

9.6.4 全面预算系统

应提供预算指标设置、预算规则定义、版本管理、预算编制、预算预测、预算调整、预算分析等功能。以销售预测为起点，经过 MRP 计算，自动生成生产、采购和成本预算，对销售、生产、采购、仓存、费用管理、应收应付款管理等系统的业务处理过程进行实时监控和指导。

9.6.5 项目管理系统

应对项目的定制、投资、执行到项目结束的全过程进行计划、组织、指挥、监控、调度和评价，根据资源和市场变化情况，实时对工期、成本和资源消耗情况进行预测预报，对项目的后继管控提供优化方案。

9.6.6 人力资源管理系统

应实现人事管理、劳动合同、劳保管理、员工异动、教育培训、考勤管理、绩效考核、薪资福利等，人力资源管理应结合生产计划生成人力资源规划和人力资源需求计划，应体现员工的学习能力、工作技能、特别是对信息技术的掌握和运用能力。

9.6.7 设备管理系统

设备管理系统应对设备采购、租赁、合同、制造、改进、使用、异动、点检、润滑、诊断、维护、大修、折旧、报废等全生命周期进行统一的标准化跟踪控制和全生命周期管理，对于在用设备应与地理信息系统和监测监控系统相结合，在三维场景中能够看到设备的运行状态和故障参数，可以通过物联网实现远程故障诊断和维护支持。

9.6.8 物资管理系统

物资管理系统应实现从需求、采购、库存、供货商、到发放、回收、复用和报废的全面控制进行管理。随时监控物资申请情况、仓储状况和使用状态，并能及时预警，实现权限、流程、操作接口的灵活定制。

9.6.9 运销管理系统

应包括客户关系管理、供应链管理、产品信息发布、合同订单管理、RFID 车辆管理、产品质量（煤质和品位）全程管理、矿石（煤炭）价格管理、称重计量管理、视频监控管理、料场门禁管理、物流管理、财务结算管理、销售统计管理等功能，所有数据须自动提交到矿山数据仓库中的运销数据库和供应链数据库，并可反应到调度系统中，系统可以自动生成采购计划和比质、比价、比服务采购决策支持，可以生成客户需求报告和客户满意度评价报告。

9.6.10 企业成本控制系统

应具有人力、设备、物资、动力、安全、技术、生产、经营等多角度的成本分析、预测、查询功能，并根据需求提出优化的成本控制方案，通过净值分析原理分析和监控项目进展，对偏离目标的项目予以警告或调整，按照业务流程和成本构成进行经营评价和决策支持。

9.6.11 党政工团管理系统

应实现党务、政务、工会、团委、纪委、宣传部、女工部和办公室日程事务的无纸化协同办公，将记录实时提交到矿山数据仓库，进行费用管理、绩效考核、奖罚控制和成本分析。

9.6.12 财务管理系统

除了账务管理外，应具有经济活动分析、投入产出分析等辅助决策功能，并开放二次开发接口，包括有关数据的提取、写入等，以便与其他系统进行集成。

9.7 综合调度指挥软件

9.7.1 矿山大数据分析系统

通过本企业数据的深度挖掘和互联网数据的智能抓取、统计、分析和可视化，为企业的安全、环境、健康、生产、经营提供综合评价，通过对标分析、行业分析、舆情分析、供需分析为企业的生产、经营和环境保护提供综合决策支持。

9.7.2 矿山综合调度系统

通过数据仓库平台和四维地理信息系统实现地上地下全息透明管理和智能决策，利用大数据分析结果完成生产计划的自动编排、调度信息的综合显示、重点工程跟踪和控制、产量精确计量与计效、投入产出分析与展示、环境与设备异常报警与处置、生产调度和经营调度管理、预警信息显示和发布、数据钻取展示和输出、调度台账与报表生成、监测监控三维组态与实时数据统计显示、调度指令发布和信息反馈、调度过程追忆和调度效果展示。

9.7.3 矿山应急指挥系统

充分利用四维地理信息和监测监控系统、卫星导航技术、井下移动目标精确定位技术、生命体征探测技术、环境深度感知技术、应急通讯技术、地上地下精确定位技术、无人飞行器和救援机器人技术、增强现实技术等，遵循SOA构架以及IaaS、PaaS、SaaS等服务模式，实现多级别、多行业、多领域、多部门、多系统全方位的救援基本信息管理、应急救援资源管理、重大灾害事故仿真、数字应急预案编制与扩展、应急救援演练、应急预案自动启动与应急救援快速反应（反应时间小于5 s)、应急资源自动调度、数字应急指挥智能执行、大数据分析与应急救援智能决策、地面地下双方双向自动自主导航、事故救援事后处置、事故救援过程追忆和文档自动生成等功能。

9.8 无人采矿系统

9.8.1 煤矿无人综采工作面

应能实时采集煤壁和围岩参数，实现工作面周围煤岩层和采空区的实时精细建模和煤岩物性的超前预测，使得整个采煤过程在煤层的顶底位置超前精确感知的条件下进行；系统对外提供采煤机、支架、刮板输送和其他设备的运行位置、轨迹、速度、状态和姿态的全程自动监控通讯接口，能够实现第三方的远程综合监控；综采工作面的测量系统可以精确定位，自动找直，全工作面连续推进过程中工作面相邻支架间前后偏差小于50 mm，全工作面连续推进过程中不需要人工调架，全工作面误差小于200 mm；通过真三维地质模型和环境感知系统实现工作面各种灾害的超前预测预报；利用高清移动视频监控系统、真三维监测监控平台、可靠的通讯技术和快速检模方法实现工作面所有设备的远程同步可视化监控，并能对设备故障进行远程诊断。

9.8.2 金属矿山无人采场

实现整个采场生产过程无人化，地上下双向高速通讯系统，实现地上下信息的快速、准确、完整、清晰传输，实时采集与传输采场的各类环境参数、设备工况、作业状态和调度指令等数据，并进行地上-地下双向传输，通过实时建模和三维可视化系统，在远程桌面上实时展现采场的三维动态场景，并实现全方位漫游，实现和工业视频协同监视。

9.8.3 其他无人场所

变电所、水泵房、通风机房、压风机房、运输系统、提升系统等除平时的定时巡检和维修外，都应实现无人职守和故障自诊断，并且可以把系统状态和诊断自动提交到安全闭环和灾害预警系统。

9.9 模拟与控制系统

建立矿山生产系统的数字化模拟平台，利用四维地理信息系统和虚拟现实平台，通过配置传感感知和工业自动化系统的虚拟环境，实现整个矿山采、掘、机、运、通等全方位的一键式启动和透明管控。并且可以通过人机界面进行模拟和控制，为实际生产提供决策支持。

模拟功能可以根据矿山作业设备的运行环境、运行特点、运行规律、机械原理和姿态控制约束条件，实现矿山作业设备运行过程和协同作业的三维可视化展现和模拟，可以用于安全、生产、调度的虚拟化训练。

控制功能可以通过实时数据交换平台，根据不同设备的运行和控制特点，通过可视化监控平台实现［人机界面—通讯系统—数据交换—现场监测（监视）—通讯系统—可视展现—人机界面］闭环控制。

9.10 系统集成和智慧矿山门户网站

智慧矿山集成系统应通过矿山数据仓库和各种服务软件（包括 PaaS、SaaS 和 SOA 模式）实现深度集成和互连互通，为各系统的深层应用提供服务。

智慧矿山集成系统应能够对各类数据进行抽取、清洗、聚集、汇总和压缩定制，按照上级管理部门的系统需求推送数据。

智慧矿山门户网站除自动显示常规信息外，应具有预警发布、导航查询、智能搜索、综合分析、辅助决策、信息公示、协同办公、操作培训等功能。

智慧矿山门户网站可自动连接大数据分析结果、预警信息和警示教育信息，实现安全、生产和经营信息的透明管理。

参 考 文 献

[1] GB/T 22080—2016 信息技术 安全技术 信息安全管理体系要求

[2] GB/T 22239—2008 信息安全技术信息系统安全等级保护基本要求

[3] GB/T 30976.1—2014 工业控制系统信息安全 第1部分：评估规范

[4] GB/T 30976.2—2014 工业控制系统信息安全 第2部分：验收规范

UDC

中华人民共和国国家标准

P

GB/T 51272—2018

煤炭工业智能化矿井设计标准

Standard for design of intelligent mine of coal industry

2018－01－16 发布　　　　2018－09－01 实施

中华人民共和国住房和城乡建设部
中华人民共和国国家质量监督检验检疫总局　联合发布

中华人民共和国国家标准

煤炭工业智能化矿井设计标准

Standard for design of intelligent mine of coal industry

GB/T 51272—2018

主编部门：中 国 煤 炭 建 设 协 会
批准部门：中华人民共和国住房和城乡建设部
施行日期：2 0 1 8 年 9 月 1 日

中华人民共和国住房和城乡建设部

公　告

第 1813 号

住房城乡建设部关于发布国家标准《煤炭工业智能化矿井设计标准》的公告

现批准《煤炭工业智能化矿井设计标准》为国家标准，编号为 GB/T 51272—2018，自 2018 年 9 月 1 日起实施。

本标准在住房城乡建设部门户网站（www. mohurd. gov. cn）公开，并由住房城乡建设部标准定额研究所组织中国计划出版社出版发行。

中华人民共和国住房和城乡建设部

2018 年 1 月 16 日

前　言

本标准根据中华人民共和国住房城乡建设部《关于印发〈2014 年工程建设标准规范制订修订计划〉的通知》（建标〔2013〕169 号）的要求，由煤炭工业合肥设计研究院和中煤科工集团北京华宇工程有限公司会同有关单位共同编制完成。

本标准在编制过程中，标准编制组经广泛调查研究，认真分析、总结和吸取了近年来矿井自动化和信息化建设发展的实践经验，并广泛征求意见，注意了与相关标准的衔接，经审查定稿。

本标准共分 7 章，主要内容包括：总则、术语、基本规定、信息基础设施、矿井生产系统、矿井管理系统和信息安全。

本标准由住房城乡建设部负责管理，中国煤炭建设协会负责日常管理工作，煤炭工业合肥设计研究院负责具体技术内容的解释。本标准在执行过程中，请各单位注意总结经验，积累资料，随时将有关意见或建议反馈给煤炭工业合肥设计研究院（地址：安徽省合肥市阜阳北路 355 号，邮政编码：230041，电话：0551－65602101，传真：0551－65856618，邮箱：htj5602117@sina.com），以供修订时参考。

本标准主编单位、参编单位、主要起草人和主要审查人：

主 编 单 位：煤炭工业合肥设计研究院
中煤科工集团北京华宇工程有限公司

参 编 单 位：中煤科工集团南京设计研究院有限公司
中煤科工集团武汉设计研究院有限公司
中煤科工集团常州研究院有限公司
中煤科工集团重庆设计研究院有限公司
中煤邯郸设计工程有限责任公司
中煤西安设计工程有限责任公司
中国矿业大学
煤炭工业太原设计研究院
煤炭工业济南设计研究院有限公司
大地工程开发（集团）有限公司
山西约翰芬雷华能设计工程有限公司
中国矿业大学（北京）

主要起草人：闫红新　王　勇　潘正云　石　强　胡腾蛟　肖正炜　李玉瑾　魏新旭　李定明
贺耀宜　汪国祥　胡家运　孔凡平　于　肠　陈龙生　吴如喜　姜筱瀛　侯继才
秦　强　钟先琴　许　斌　袁存忠　吴亚非　祝　坚　田　心　胡拓宇　邓书生
鲍　超　郭星歌　成　刚　王劲松　苏爱明　冯　强　向运平　刘　睿　罗承伟
宋　磊　杨　显　汪海涛　谭章禄　张永成

主要审查人：严志刚　吕鹏飞　钱建生　刘延杰　李德春　常进龙

目　次

Contents

1 总 则

1.0.1 为规范智能化矿井设计，提高矿井智能化技术水平，制定本标准。

1.0.2 本标准适用于煤炭工业新建、改建及扩建的智能化矿井可行性研究、初步设计和施工图设计。

1.0.3 智能化矿井应依据国家及地方政策，综合矿井的资源开发条件、安全因素、人力资源、企业需求、促进技术进步等方面的因素进行设计。

1.0.4 智能化矿井的设计应做到技术先进、安全高效、功能适用、经济合理，并应具备可扩展性、开放性和灵活性。

1.0.5 智能化矿井的设计，除应符合本标准外，尚应符合国家现行有关标准的规定。

2 术　语

2.0.1　智能化矿井　intelligent mine

以安全、高效、环保、健康为目标，运用先进的测控、信息和通信技术，对矿井安全生产和经营管理信息进行采集、分析和处理，实现协同运行并提供决策支持的矿井。

2.0.2　矿井监控及自动化平台　mine monitoring and auto－mation platform

实现矿井各生产系统监控所需的硬件与软件的集合。

2.0.3　矿井信息管理平台　mine information management platform

实现矿井安全、生产、经营管理信息化所需的硬件与软件的集合。

2.0.4　一站式门户　one－stop portal

矿井信息系统的统一入口，提供统一的用户及权限管理机制。

3 基 本 规 定

3.0.1 智能化矿井各系统的装备应具备故障诊断功能，并应实现综合预警预报。

3.0.2 智能化矿井主要生产系统应实现自动化，且应实现无人值守。

3.0.3 智能化矿井宜采用物联网、大数据、云计算、移动互联等先进的技术手段，实现智能感知、信息融合、数据挖掘和决策支持。

3.0.4 智能化矿井应建立信息安全保障体系，实现系统安全、网络安全和应用安全。

4 信息基础设施

4.1 总体架构

4.1.1 智能化矿井总体架构应包括矿井监控及自动化平台和矿井信息管理平台。

4.1.2 矿井监控及自动化平台应能实现矿井生产系统的集中监控，并应满足矿井信息管理平台对其数据采集、计划及管理的需要。

4.1.3 矿井信息管理平台应能处理生产操作和生产管理数据，形成统一的数据集成平台，进行动态调度与计划，并实现矿井生产的综合指挥和决策支持。

4.2 传输网络

4.2.1 矿井监控及自动化平台网络与矿井信息管理平台网络应按一体化原则进行统筹设计。

4.2.2 矿井监控及自动化平台网络应由核心层、地面接入层、井下接入层组成。

4.2.3 矿井信息管理平台网络应包括核心层、接入层，可根据实际需要设置汇聚层。

4.2.4 矿井监控及自动化平台网络应符合下列规定：

1 主干网络应采用有线网络传输技术，实现信息传输；

2 主干网络应采用工业以太网络或兼容以太网协议的网络；

3 主干网络应采用工业级设备；

4 主干网络应支持多种网络拓扑结构和冗余方式，网络故障重构时间不应大于 50 ms；

5 采用有源网络作为主干网络时宜采用环形或双环形拓扑结构；

6 采用无源光网络作为主干网络时宜采用双总线或双环形拓扑结构；

7 主干网络传输速率不应低于 1000 Mbps；

8 支线网络可采用工业以太网、现场总线或无线网络等方式。

4.2.5 矿井信息管理平台网络应符合下列规定：

1 宜采用以太网技术的网络；

2 主干网络传输速率不应低于 1000 Mbps；

3 无线网络应覆盖矿井地面办公区和生活区；

4 矿井信息管理网络可根据矿井实际需求，采用单网或双网设计；

5 矿井信息管理网络出口带宽不宜低于 100 Mbps。

4.2.6 矿井监控及自动化平台网络除应符合本标准规定外，尚应符合国家现行行业标准《矿用以太网》MT/T 1131 和《矿用现场总线》MT/T 1130 的相关规定。

4.3 平台硬件

4.3.1 服务器应符合下列规定：

1 服务器宜包括数据库服务器、采集服务器、应用服务器、WEB 发布服务器、外网服务器、备份服务器和防病毒服务器等；

2 数据库服务器、采集服务器和重要的应用服务器应采用冗余配置。

4.3.2 工作站应符合下列规定：

1 矿井监控及自动化系统应采用工业控制计算机；

2 工业控制计算机可采用冗余配置。

4.3.3 矿井监控及自动化网络传输设备应符合下列规定：

1 核心层设备应采用具有扩展能力的三层工业以太网交换机或光线路终端设备，核心层设备应采用冗余配置；

2 接入层设备宜采用模块化的工业以太网交换机或光网络单元，宜支持 CAN、PROFIBUS 等工业现场总线协议，并具有 RS－485/232 等接口；

3 设备应支持 EtherNet/IP、Profinet 或 ModbusTCP 等协议；

4 支持 VLAN，支持 SNMP 网络管理协议，支持远程维护与管理；

5 设备的备用端口不应少于使用总数的 30%，且不应少于 3 个。

4.3.4 矿井信息管理网络传输设备应符合下列规定：

1 核心层设备宜采用具有扩展能力的三层以太网交换机或光线路终端设备，数量不应少于 2 台，应进行双机热备或负载均衡等配置；

2 核心层设备采用单主机配置时，主要部件应冗余配置；

3 接入层设备应采用 10/100/1000 Mbps 自适应的以太网交换机或光网络单元；

4 应能支持 VLAN，支持 SNMP 网络管理协议，支持远程维护与管理；

5 设备的备用端口不应少于使用总数的 30%，且不应少于 3 个。

4.3.5 设备接口应符合下列规定：

1 设备之间应采用基于标准 TCP/IP 协议的以太网接口联网；

2 交换机、服务器和存储设备之间宜采用 1000 Mbps 及以上接口互联；

3 矿井信息管理平台核心交换机与路由设备之间宜根据接入外部网络情况选择接口；

4 矿井生产系统的监控系统可采用以太网口、串行接口或通过转换接口与矿井监控及自动化网络接入层设备相连。

4.3.6 存储设备应符合下列规定：

1 矿井视频监控图像信息存储系统容量不应少于 30 天的累计信息量，其他信息存储系统容量不应少于 1 年的累计信息量；

2 应能支持双控制器，支持热插拔，采用 RAID，宜支持 RAID0、RAID1、RAID5、RAID10 等；

3 应能支持通用存储管理软件，可通过软件进行配置、定义、修改等功能。

4.3.7 矿用网络交换设备除应符合本标准规定外，尚应符合国家现行行业标准《矿用网络交换机》MT/T 1081 的相关规定。

4.4 平 台 软 件

4.4.1 平台软件应由矿井监控及自动化平台软件、矿井信息管理平台软件及基础软件组成。

4.4.2 矿井监控及自动化平台软件应包括矿井生产系统各类监控软件，监控软件宜选用通用组态软件。

4.4.3 矿井信息管理平台软件应包括一站式门户管理、矿井安全管理系统、矿井生产管理系统、矿井经营管理系统和决策支持等软件。

4.4.4 基础软件宜包括数据采集软件、数据库软件、地理信息软件、操作系统软件、虚拟化软件、网络管理软件和防病毒软件等。

4.5 数 据 中 心

4.5.1 数据中心应能实现数据融合、数据分析、数据分类，实现矿井监控及自动化平台与矿井信息管理平台的信息交互、共享与物理隔离。

4.5.2　数据中心的主要设备应符合下列规定：

1　矿井监控及自动化平台与矿井信息管理平台应分别设置服务器、交换机、存储系统、工作站等设备，并分别进行管理；

2　应采用虚拟化、集群、负载均衡等技术，以提高设备资源的利用率与可用性；

3　应建立备份系统，宜具备容灾功能。

4.5.3　数据中心宜按云计算架构设置，所有设备应满足在云环境下运行的要求。

4.5.4　数据中心除应符合本标准规定外，尚应符合现行国家标准《数据中心设计规范》GB 50174 的相关规定。

4.6　调度监控中心

4.6.1　调度监控中心应具有对矿井生产系统调度指挥、远程监控的功能，实现矿井安全生产、调度管理等信息的显示、报警、记录，实现对矿井重要场所的视频监控。

4.6.2　调度监控中心宜设置在与矿井生产有关的联合建筑、综合办公楼或专用建筑物内。

4.6.3　调度监控中心按照功能分区可分为调度区、监控区、会议区和管理区等。

4.6.4　调度监控中心除应符合本标准规定外，尚应符合现行国家标准《煤矿安全生产智能监控系统设计规范》GB 51024 和《数据中心设计规范》GB 50174 的相关规定。

5 矿井生产系统

5.1 一般规定

5.1.1 矿井生产系统的工艺和装备应按照实现智能化要求进行设计。

5.1.2 矿井生产各系统应具备对生产和工艺参数、设备状态、运行时间等信息的采集、分析、存储功能，并应设置相关检测设备和软件，以满足能耗及产能分析、故障诊断和环保等方面要求。

5.1.3 各生产系统的监控设备、通信网络接口、通信协议宜统一。

5.1.4 各生产系统应设置音频、视频监控和通信系统，实现无人值守的系统应与音频、视频监控联动。

5.1.5 相关联的生产系统应能实现联动控制、调节与预警。

5.2 采、掘工作面系统

5.2.1 采、掘工作面应根据采掘工艺及装备等条件确定工作面智能化的范围和水平，宜实现少人或无人工作面。

5.2.2 采煤工作面装备应符合下列规定：

1 采煤机应具备运行工况及位姿参数监测、机载无线遥控、滚筒切割路径记忆、远程控制和故障诊断等功能，应能向第三方提供控制接口；

2 液压支架应配备电液控制系统，能跟随采煤机位置自动完成伸收护帮、移架、推溜、喷雾除尘等各种动作，应具备远程控制功能，宜与乳化液供液系统协同控制；

3 刮板输送机应具有软启动控制、运行状态监测、机尾链条自动张紧、故障诊断及与工作面控制系统的通信和自动控制功能；宜具有煤流负荷检测及其协同控制功能；

4 乳化液泵应具有流量调节功能，能实现高压自动反冲洗、自动配比补液、高低液位自动控制，能实现对乳化液的浓度监测；

5 工作面设备应实现集中、就地和远程控制，实现采煤机、液压支架、刮板机等协同控制和流程启停，

5.2.3 掘进工作面装备应符合下列规定：

1 综掘工作面掘进机应具有遇控、定位切割功能；

2 综掘工作面设备宜实现集中控制。

5.3 通风及安全系统

5.3.1 通风系统应符合下列规定：

1 应能对全矿通风网络的运行和状态参数进行监控，实现矿井通风网络的风量、风速、通风阻力、风温联合解算和主要通风机工况模拟解算；应在线监测主要通风机工况及工序能耗；

2 主要通风机应具备自动无级调节功能；各类风门宜实现自动控制和远程控制功能；

3 主要通风机的正常启动、反风和风机切换应实现一键式操作；主要通风机房宜实现无人值守；

4 局部通风机应具有调速的功能，且宜在地面集控。

5.3.2 矿井安全监控系统应符合下列规定：

1 应实现系统自诊断、自评估，具有数据分析与应用功能；

2 安全监控系统应与信息导引及发布、通信、人员定位等系统联动；

3 各类传感器与分站之间应采用数字信号传输；瓦斯传感器宜使用激光传感器等全量程传感器；工作面的回风隅角宜采用无线传感器，传感器应具有自诊断功能。

5.3.3 矿井应设置采、掘工作面和煤流运输系统的粉尘监控系统，并应监测消防洒水系统的运行参数。

5.3.4 矿井应设置矿压监测系统，监测采掘工作面及受采动影响巷道的顶板和围岩的位移、应力分布和松动范围；对顶板危险事件、冲击地压等应进行预测和报警。

5.3.5 煤与瓦斯突出监测系统应符合下列规定：

1 煤与瓦斯突出矿井应设立煤与瓦斯突出监测系统，并应具备灾前突出危险性预警和灾时事故自动报警等功能；

2 应接入矿井安全监控系统。

5.3.6 瓦斯抽采系统应符合下列规定：

1 瓦斯抽采系统应集中控制，应在线监测井上下管路及抽采泵的运行参数，抽采泵启停、轮换等可实现一键式操作；

2 对不同时期瓦斯涌出量参数变化较大的矿井，抽采泵宜调速运行；

3 瓦斯抽采管路应设置自动放水装置。

5.3.7 矿井水文监测系统应符合下列规定：

1 山区、地表水系较发育区及内涝较严重区，应对地表水、雨量、矿井涌水量及井下水害观测点进行监测，当井下水文地质异常时进行报警；

2 水文地质类型复杂、极复杂矿井应对地下水进行动态监测及水害预警，对主要含水层、突水点的水位、水量、水温及水质等应长期观测。

5.3.8 井下排水系统应符合下列规定：

1 宜与矿井水文监测系统实现联动；

2 应在地面集中监控，井下各排水泵房应实现无人值守；

3 主排水系统宜根据水资源合理利用以及峰谷用电负荷、电价等因素自动选择合理排水方式；

4 应在线监测主排水系统工序能耗。

5.3.9 井下作业人员管理系统应实现对井下人员的精确定位，并应与信息导引及发布系统和通信系统联动。人员定位卡和矿灯应一体化。

5.3.10 防灭火系统应符合下列规定：

1 矿井应设置井下火灾自动监测系统，实时在线监测井下采空区、巷道及工作面等关键区域的环境参数，并应根据变化趋势实时预警；

2 灌浆站和制氮站应设监控系统，实时监测设备及管路的运行状态，制氮站应实现无人值守。

5.4 提升、运输系统

5.4.1 主提升、运输系统应实现集中控制，并应实现无人值守。

5.4.2 主提升、运输系统应根据各个环节的生产信息自动分析并调整工作状态，使系统的生产效率、设备使用、能耗等达到最优状态。

5.4.3 分采分运的矿井应对各煤种的产量进行计量。

5.4.4 辅助提升及运输系统的设备选型和系统设计应提高自动化和连续化水平。

5.4.5 辅助运输系统应对运输车辆及交通的状况进行监测和分析，根据生产需求进行智能物流调度和配送。

5.4.6 运输系统应合理、可靠地选用新技术、新工艺、新装备。

5.5 辅助生产系统

5.5.1 矿井辅助生产系统包括供热系统（含工业场地集中空调系统）、制冷降温系统、瓦斯利用系统、供水系统、排水系统、污水处理系统、矿井水处理系统、压缩空气系统，其智能化水平应满足表5.5.1的功能配置要求。

表5.5.1 辅助生产系统智能化功能配置表

辅助系统名称＼功能配置		用户服务目标管理	负荷调节及管网调配	计量及能耗分析	自动运行及无人值守管理	故障分析诊断及预警	生产过程产品质量管理	政府环保部门联络管理
供热系统（含工业场地集中空调）	燃煤供热锅炉房	—	●	●	○	●	—	●
	其他供热热（空调）源	—	●	●	●	●	—	—
	热力（空调）网	—	●	●	●	●	—	—
	热（空调）用户	●	●	◎	●	◎	—	—
井下制冷降温系统	制冷站	—	●	●	●	●	—	—
	冷媒管网	—	●	●	●	●	—	—
	降温工作面	●	●	●	●	●	—	—
瓦斯利用系统	气源	—	●	◎	●	●	—	—
	输配系统	—	●	●	●	●	—	—
	利用装置	—	●	●	●	●	—	—
供水系统	水源	●	●	●	●	●	●	○
	供水管网	◎	●	—	●	●	●	—
	日用泵房/消毒系统	●	●	●	●	●	●	—
	软水及冷却供水	●	●	●	●	●	●	—
	消防供水	◎	—	○	●	●	—	—
	井下消防洒水	◎	●	●	●	●	—	—
排水系统	污水/雨水管网	◎	—	—	●	●	—	—
	污水/雨水泵房	●	●	●	●	●	—	○
污水处理系统	预处理系统	—	●	●	●	●	●	—
	水处理系统	—	●	●	●	●	●	—
	深度处理系统	—	●	●	●	●	●	—
	消毒系统	—	●	●	●	●	●	—
	污泥处理	—	●	●	●	●	●	—
	进出水在线装置	—	●	●	●	●	●	●
	污水回用系统	●	●	●	●	●	●	◎

续表

辅助系统名称 \ 功能配置		用户服务目标管理	负荷调节及管网调配	计量及能耗分析	自动运行及无人值守管理	故障分析诊断及预警	生产过程产品质量管理	政府环保部门联络管理
矿井水处理系统	井下排水与地面调节系统	—	●	●	●	●	●	—
	加药系统	—	●	●	●	●	●	—
	混凝沉淀	—	●	●	●	●	●	—
	过滤系统	—	●	●	●	●	●	—
	深度处理系统	—	●	●	●	●	●	—
	消毒系统	—	●	●	●	●	●	—
	泥处理系统	—	●	●	●	●	●	—
	回用及外排系统	●	●	●	●	●	●	●
压缩空气系统	压缩空气站	—	●	●	●	●	—	—
	压缩空气管网	—	◎	—	●	●	—	—
	压缩空气用户	◎	—	◎	—	—	—	—

注：1 用户服务目标管理——以用户设计参数为控制目标，自动启停或调节用户系统的管理系统。

2 负荷调节及管网调配——能依据用户管理系统的信息，自动对管网及源发出调节或调配指令的控制管理系统。

3 故障分析诊断及预警应包含安全监控及预警功能。

4 ●——应配置；◎——宜配置；○——可配置；“—”——无此项要求，

5 供热锅炉房内的水处理系统智能化功能参照本表供水系统中软水系统要求配置。

5.5.2 功能配置不应与其他智能系统重复。当功能配置需要的信息可从其他智能系统引入且符合本控制功能要求时，应采用引入信息方式；当其他智能系统信息不满足本系统功能要求时，应配置信息采集装置。

5.5.3 工业视频监控系统应符合下列规定：

1 应采用数字系统；

2 系统的配置应满足矿井生产系统智能化的要求，重要监测点应能实现视频侦测、视频识别；

3 视频监控系统的传输网络宜独立设置。

5.5.4 地面建筑及公共安全应按现行国家标准《智能建筑设计标准》GB 50314、《火灾自动报警系统设计规范》GB 50116 和《安全防范工程技术规范》GB 50348 等有关规定执行。

5.6 供配电系统

5.6.1 矿井应设智能电力监控与调度系统，并应符合下列规定：

1 应能对矿井主变电所及各级车间变电所实时监控及电力调度，并宜单独组网；

2 应具有将监控数据上传矿井调度中心的功能及满足上级电力部门要求的数据上传功能；

3 应具有峰谷电能计量、能耗统计分析、电能质量监测等功能；

4 应具有数据采集、运行监视、智能告警、故障录波、故障分析、源端维护、数据辨识等功能；

5 应能自动生成符合规程规范的操作票，实现智能高压开关设备顺序控制功能；

6 供电系统不同运行方式时，应具备继电保护自适应功能和自动优化控制功能；

7 矿井地面、井下有多级配电的高压系统宜设智能防越级跳闸保护。

5.6.2 矿井各级变电所宜符合下列规定：

1 矿井主变电所应按智能化设计，各级车间变电所宜按智能化设计，矿井各级变电所应能实现无人值守功能；

2 110(66)kV 主变压器继电保护宜采用双重化配置，采用双重化配置时其输入、输出、跳合闸、控制电源及网络等环节应完全独立。

5.6.3 矿井输配电线路监测宜符合下列规定：

1 矿井重要高压架空输电线路在重点区段可对环境、地质、导线、金具、杆塔等进行智能监测；

2 矿井主变电所电缆夹层、电缆井应设火灾自动报警系统；地面、井下电缆较集中电缆沟、桥架宜设温度监测。

5.7 信息导引及发布系统

5.7.1 矿井应设置信息导引及发布系统，系统应由信息播控中心、传输网络、信息终端等组成，可与矿井其他监控及自动化系统共用传输网络。

5.7.2 信息导引及发布系统应具有正常及紧急业务信息的接入、分类和汇总功能，并形成数据资源库；应能分级分类地提供文字、语音、图形、数据等形式的信息发布；应具有正常工作状态下的常规信息发布和紧急情况下的逃生信息指引功能。

5.7.3 矿井应在地面重要建筑公共区域、井下限制区域及危险区域入口、副井井口及井底、机车车站、候车硐室、采掘工作面、紧急避险设施附近、主要巷道交叉口、避灾路线上、主要行人巷道等位置设置信息终端，其中矿井行政生产办公建筑主要出入口、副井井口、候车硐室、紧急避险设施内宜设置具有信息查询和发布功能的信息终端。

5.7.4 信息终端的视觉效果和声场效果应满足使用环境要求及亮度、颜色、声学指标的要求。

5.8 通 信 系 统

5.8.1 矿井应建设有线行政通信、调度通信和无线通信系统，各通信系统之间应互联互通。

5.8.2 地质条件复杂、灾害因素较多的矿井宜配置应急通信系统，配有救护队的矿井应配置救灾通信系统。应急通信系统、救灾通信系统宜与矿井广播系统、调度通信系统及无线通信系统互联互通。

5.8.3 煤矿安全生产信息应能借助矿井无线通信系统形成移动互联。

5.8.4 矿井下井班组及以上领导宜配置智能移动终端。

5.9 环 保 系 统

5.9.1 各类环境保护设施应具有自动运行、记录、统计、分析、评价功能；对环境保护行政主管部门依法监管的污染物排放指标应具备在线监测、按超标程度自动分级报警、分级通知功能。

5.9.2 环保系统监测内容应符合下列规定：

1 水环境系统应监测矿井水处理、污水处理系统进出水水量和水质指标；

2 大气环境系统宜监测矿井综合办公楼等人员集中区、露天储煤场、矸石堆场等污染源的 TSP、PM_1 指标和矿井锅炉烟气处理设施的大气污染物排放指标；

3 声环境系统应对矿井工业场地等工业噪声源集中的场地四周厂界噪声自动监测；

4 固体废物处置系统宜对生活垃圾、煤矸石等的处置进行监测；

5 危险废物储存与处置系统应对放射源、废机油等的储存与处置进行监测；

6 生态环境系统应对矿井矸石堆场、塌陷区等进行监测；

7 地下水环境系统宜对矿井井田范围及周边地下水水位进行监测，对矸石堆场及工业场地周围地下水水质进行监测。

6 矿井管理系统

6.1 一站式门户管理

6.1.1 矿井管理系统应建立一站式门户管理系统。

6.1.2 一站式门户管理应符合下列规定：

1 应提供统一的用户登录入口，满足不同业务的权限管理，且应具备密码复杂度及验证码校验功能；

2 应具有基础数据字典统一管理功能，包括员工编码、区域地点编码、组织机构、角色权限和其他矿井共有信息；

3 应提供统一的工作流管理机制，能够使相关任务在所有参与者之间按照规则自动执行；

4 应提供统一的消息推送管理机制。

6.2 矿井安全管理系统

6.2.1 矿井安全管理系统应包括危险源管理、隐患排查管理、违章管理、质量标准化管理、应急救援管理、学习培训管理、特殊工种管理、一通三防管理、地测防治水管理等模块。

6.2.2 矿井安全管理系统各模块的功能应符合下列规定：

1 危险源管理应具有危险源分类及规范化管理、危险源识别、危险源监控、危险源预警功能，应与部门考核进行关联；

2 隐患排查管理应具有隐患分类及规范化管理、任务自动派发、任务落实情况实时跟踪、未及时闭环报警等功能，应与职工考核进行关联；

3 违章管理应具有违章分类及规范化管理、现场拍照取证功能，应与职工考核进行关联；

4 质量标准化管理应满足省级煤矿安全监察局的检查要求，应具有考核自动打分统计功能，且应与部门考核进行关联；

5 应急救援管理应具有应急预案管理、应急资源管理（救援装备、人员、救援物资）、GIS 图形管理、现场事态跟踪管理、日常模拟演练、典型案例分析、事故后评价等功能，应能与现场监控系统进行数据交互；

6 学习培训管理应具有员工在线学习、在线考核功能，宜将员工技能掌握情况与下井考勤进行关联；

7 特殊工种管理应具有瓦检员、点检员、放炮工等工种的任务自动派发、行走路线规划、任务落实情况实时跟踪等功能；

8 一通三防管理系统应具有图纸与技术资料管理、通风管理、瓦斯抽采与利用管理、防火管理、防尘管理等功能，应具有与实时监测系统数据对比分析功能；

9 地测防治水管理系统应具有地质测量、防治水、储量管理功能，支持资料与图纸在线查看、地质储量报表统计分析，应结合矿井地质、水文等监测系统数据实现地测防治水的动态管理；

10 安全管理系统智能化功能配置水平应满足表 6.2.2 的要求。

6.3 矿井生产管理系统

6.3.1 矿井生产管理系统应包括生产计划及调度管理、生产技术管理、机电设备管理等系统。

表 6.2.2　安全管理系统智能化功能配置表

功能配置 模块名称	任务通过计算机自动派发	任务落实情况实时跟踪	职工考核关联	部门考核关联	监控预警	分类及规范化管理	配置RF1D标签卡	配置手持终端	防作弊	支持云部署	支持WEB操作	统一权限管理	支持统一消息发布	提供规范化数据接口	报表统计分析	支持in图形	无纸化流程管理
危险源管理	—	—	—	●	●	●	○	○	●	◎	●	●	●	●	●	◎	◎
隐患排查管理	●	●	●	●	●	●	●	●	●	◎	●	●	●	●	●	◎	◎
违章监督管理	—	—	●	●	●	●	—	●	●	◎	●	●	●	●	●	◎	◎
质量标准化管理	●	●	—	●	●	●	◎	◎	●	◎	●	●	●	●	●	◎	◎
应急救援管理	●	●	—	●	●	●	—	—	●	◎	●	●	●	●	●	◎	◎
学习培训管理	—	—	●	●	●	●	—	◎	●	◎	●	●	●	●	●	—	◎
特殊工种管理（瓦检员、放炮工、点检员等）	●	●	●	●	●	●	●	●	●	◎	●	●	●	●	●	—	◎
一通三防管理	—	◎	—	◎	●	●	—	—	●	◎	●	●	●	●	●	◎	◎
地测防治水管理	—	◎	—	◎	●	●	—	—	●	◎	●	●	●	●	●	◎	◎

注：●——应配置：◎——宜配置；○——可配置；“一”——无此项要求。

6.3.2　矿井生产管理系统的功能应符合下列规定：

1　生产计划及调度管理系统应具有生产计划及日常调度管理功能，可根据企业ERP数据实现生产计划排产；

2　机电设备管理系统应具有健康状况的远程在线诊断功能，应具有定期自动运维管理及配件库存识别功能；

3　生产技术管理系统应具有规程措施编制、技术资料、专业图纸设计、采掘生产衔接跟踪、工程进度跟踪、生产与技术指标等无纸化管理功能；

4　生产管理系统智能化功能配置水平应满足表6.3.2的要求。

表 6.3.2　生产管理系统智能化功能配置表

功能配置 模块名称	支持WEB操作	统一权限管理	支持统一消息发布	提供规范化数据接口	报表统计分析	支持GIS图形	无纸化流程管理	支持云部署
生产计划及调度管理	●	●	●	●	●	◎	◎	◎
生产技术管理	●	●	●	●	●	●	◎	◎
机电设备管理	●	●	●	●	●	○	◎	◎

注：●——应配置；◎——宜配置；○——可配置。

6.4　矿井经营管理系统

6.4.1　矿井经营管理系统应包括办公自动化管理、企业ERP等系统，各系统之间应能交互数据。

6.4.2 办公自动化系统应具有无纸化流程办公、任务消息提醒、邮件提醒等功能。

6.4.3 企业 ERP 应包括财务管理、成本管理、合同管理、运销管理、物资供应管理、仓储管理等系统，且应提供规范化数据接口。

6.4.4 经营管理系统智能化功能配置水平应满足表 6.4.4 的要求。

表 6.4.4 经营管理系统智能化功能配置表

模块名称 \ 功能配置		支持 WEB 操作	统一权限管理	支持统一消息发布	提供规范化数据接口	报表统计分析	无纸化流程管理	支持云部署
办公自动化管理		●	●	●	●	●	●	◎
企业 ERP	财务管理	○	○	○	●	●	●	○
	成本管理	◎	○	○	●	●	●	○
	合同管理	◎	○	○	●	●	●	○
	仓储管理	◎	○	○	●	●	●	○
	运销管理	◎	○	○	●	●	●	○
	物资供应管理	◎	○	○	●	●	●	○

注：●——应配置；◎——宜配置；○——可配置。

6.5 决策支持系统

6.5.1 矿井决策支持系统应能够对生产系统和管理系统数据进行融合，且应能建立分析模型。

6.5.2 决策支持系统应具备以下功能：

1 应建立矿井重点作业区域安全等级评价模型，综合分析评价作业区域的安全状况，宜建立风险评价体系，分析预测作业区域事故发生的可能性；

2 宜建立动态排产模型，有效分析 ERP 中的经营数据，结合生产管理数据制定合理的排产方案，对矿井生产和运输物流环节进行合理调度；

3 应建立大型设备运维及管理模型，合理调整设备检修及大型耗能设备运转时间，对主要生产环节设备健康状况、负荷率、故障停机率、能源消耗等指标进行分析；

4 应建立精细化成本核算模型，有效分析队组在生产过程中各类消耗，实现降低生产成本，提升企业盈利能力的目标；

5 在事故发生后，应能够结合具体应急预案自动提供救援人员、救援物资、救援装备、事故现场环境、逃生路线等信息，能够对现场事态发展进行跟踪管理。

7 信息安全

7.1 一般规定

7.1.1 信息系统的安全设计，应符合现行国家标准《信息安全技术——信息系统通用安全技术要求》GB/T 20271、《信息安全技术——信息系统安全等级保护基本要求》GB/T 22239 等的规定。

7.1.2 信息系统的安全保护能力宜按第二级基本要求设计。

7.1.3 计算机信息系统安全专用产品应具有公安部出具的检测和销售许可证。

7.2 系统安全

7.2.1 服务器上应采用安全等级较高的新版操作系统。

7.2.2 操作系统和数据库系统应对用户进行身份标识、鉴别和权限控制。

7.2.3 系统应综合采用访问控制、安全审计、恶意代码防范等安全技术制定安全策略。

7.3 网络安全

7.3.1 网络系统应符合下列规定：

1 应根据各部门的工作职能、重要性和所涉及信息的重要程度等因素，划分不同的子网或网段；

2 应综合采用访问控制、安全审计、入侵防范和防病毒等安全技术，制定安全策略；

3 应对登录网络设备用户进行身份标识和鉴别，对网络设备管理员的登录地址进行限制；

4 应对入网设备的 MAC 地址、IP 地址与所接入的交换机端口地址进行绑定。

7.3.2 矿井 Internet、主要子系统专网出口区域应部署防火墙及入侵防范系统，入侵防范系统应和防火墙实现联动。

7.3.3 矿井综合监控及自动化网络应与矿井信息管理网络之间采用物理隔离安全措施。

7.3.4 矿井应建立监控及自动化系统和信息管理系统网络防病毒系统。

7.4 应用安全

7.4.1 应用系统应符合下列规定：

1 应提供专用登录控制模块，对登录用户进行身份标识和鉴别；

2 应采用访问控制、安全审计等技术配置安全策略；

3 应采用通信完整性、通信保密性技术，确保通信过程中数据的完整性以及对敏感信息的加密；

4 应具有软件容错技术，在故障发生时能继续提供部分功能，确保能够实施必要的措施。

7.4.2 数据中心应建立数据备份和恢复体系，应配置备份和恢复服务器、自动备份软件、存储设备。

7.4.3 用于监控及自动化系统的操作控制用计算机，应禁用移动存储介质的接口。

本标准用词说明

1 为便于在执行本标准条文时区别对待，对要求严格程度不同的用词说明如下：

1）表示很严格，非这样做不可的：

正面词采用“必须”，反面词采用“严禁”；

2）表示严格，在正常情况下均应这样做的：

正面词采用“应”，反面词采用“不应”或“不得”；

3）表示允许稍有选择，在条件许可时首先应这样做的：

正面词采用“宜”，反面词采用“不宜”；

4）表示有选择，在一定条件下可以这样做的，采用“可”。

2 条文中指明应按其他有关标准执行的写法为：“应符合……的规定”或“应按……执行”。

引用标准名录

《火灾自动报警系统设计规范》GB 50116
《数据中心设计规范》GB 50174
《智能建筑设计标准》GB 50314
《安全防范工程技术规范》GB 50348
《煤矿安全生产智能监控系统设计规范》GB 51024
《信息安全技术——信息系统通用安全技术要求》GB/T 20271
《信息安全技术——信息系统安全等级保护基本要求》GB/T 22239
《矿用网络交换机》MT/T 1081
《矿用现场总线》MT/T 1130
《矿用以太网》MT/T 1131

ICS 13.100
CCS D 09

DB13

河北省地方标准

DB 13/T 5641—2022

煤矿智能通风建设技术规范

2022-12-27 发布　　2023-01-27 实施

河北省市场监督管理局　发布

前　言

本文件按照 GB/T 1.1—2020《标准化工作导则　第 1 部分：标准化文件的结构和起草规则》的规定起草。

请注意本文件的某些内容可能涉及专利。本文件的发布机构不承担识别专利的责任。

本文件由国家矿山安全监察局河北局提出。

本文件起草单位：国家矿山安全监察局河北局、河北煤矿安全监察局安全技术中心、开滦（集团）有限责任公司、冀中能源集团有限责任公司。

本文件主要起草人：沈少波、耿俊红、孙迎辉、高有身、马旺、张晖、王宏宇、武建国、毛国力、王旭辉、王磊、张俊生、杨宏俊、冯海宁、葛永杰、张修昭、王金宝、黄文争、杨军辉、郭海书、付圣灵、姬战锁、康孟元、徐耀标、纪卫哲、刘立强、陈高翔、王守营、白利红、刘振。

煤矿智能通风建设技术规范

1 范围

本文件规定了煤矿智能通风建设的基本要求、建设要求和节能环保及安全管理要求。

本文件适用于煤矿的智能通风建设。

2 规范性引用文件

下列文件中的内容通过文中的规范性引用而构成本文件必不可少的条款。其中，注日期的引用文件，仅该日期对应的版本适用于本文件；不注日期的引用文件，其最新版本（包括所有的修改单）适用于本文件。

GB/T 34679 智慧矿山信息系统通用技术规范

GB 51024 煤矿安全生产智能监控系统设计规范

GB/T 51272 煤炭工业智能化矿井设计标准

AQ 6201 煤矿安全监控系统通用技术要求

3 术语和定义

下列术语和定义适用于本文件。

3.1

煤矿智能通风 intelligent ventilation of coal mine

采用智能化技术对煤矿主要通风机、局部通风机、通风设施、通风参数传感器和通风仪器仪表等通风要素实施有效管控的通风。

3.2

储能应急电源 energy storage emergency power supply

为确保通风机不间断运行而为其配备的一种具有电能存储、释放功能的稳定应急后备电源。

4 基本要求

4.1 煤矿智能通风架构由通风参数感知、信息传输、分析决策及监控执行四个智能化业务模块组成。

4.2 煤矿智能通风系统主要流程见图 1。

4.3 煤矿智能通风系统建设应在对通风系统各要素相关参数予以全面感知的基础上，将各模块按流程实时互联，通过智能分析软件给出自主辅助决策或解决方案，实现在线预测预警并做到统一管控。

4.4 智能通风系统供电电源质量应符合 AQ 6201 的要求。

4.5 智能通风系统巡检时间不超过 30 s。

4.6 煤矿智能通风系统应具备通风参数感知、辅助决策、故障自诊断与预警功能，实现集中管控。

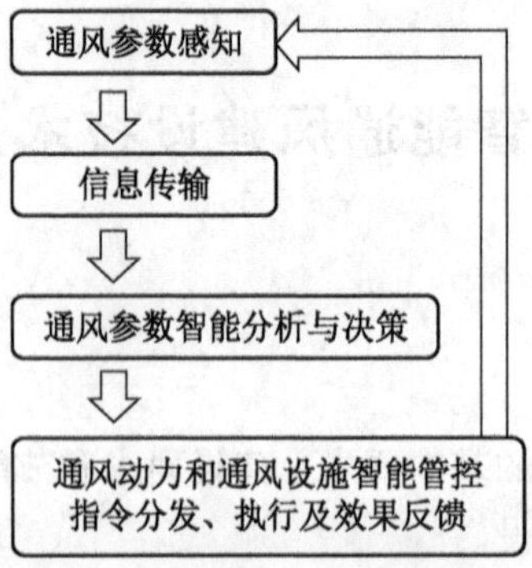

图 1　煤矿智能通风系统主要流程图

4.7　应实现矿井风量的合理分配，并保持系统的稳定运行。
4.8　应具备与其它系统智能联动管控功能。

5　建设要求

5.1　通风参数感知

5.1.1　通风参数感知数据精度应满足本文件及煤矿现行规范、标准要求。
5.1.2　通风参数感知信息和煤矿安全监控系统的监测信息应实现数据融合，宜与双重预防管理系统的管理信息实现数据融合。
5.1.3　应采用通风参数智能精准感知技术与装备，实现对风速、风量、风阻、风压等参数的智能感知，对通风网络进行实时监测与解算。
5.1.4　风速、温度、湿度、气压、甲烷、一氧化碳、二氧化碳、氧气、粉尘等传感器的数量和位置应满足精准测风、瓦斯涌出量计算和环境状态识别的需要，并提供远程监测接口。
5.1.5　在煤矿井下总进回风巷、主要进回风巷、一翼进回风巷、采区进回风巷和主要采掘工作面应安设精准测风装置，通过先进智能技术方法和技术手段实现煤矿巷道内实时精准测风。
5.1.6　精准测风应集中管控。
5.1.7　风速传感器的精度最大允许误差应不超过 ±0.1 m/s。
5.1.8　精准测风风速传感器应在线实时测量风速，风速和风量应能实时显示，并具有风速超限和在 10 min 内风量波动幅度超过设定值的报警功能。
5.1.9　风压、温度、湿度和灾害气体浓度检测设备在精度和可靠性上应满足智能通风的参数感知需求。
5.1.10　风压压差传感器的精度最大允许误差不超过满量程的 1% 。
5.1.11　井下通风及瓦斯巡检宜采用智能危险气体巡检机器人进行实时巡检，具备复杂巷道自主行走、定位、危险气体浓度检测与浓度分布、通风参数采集、环境温度感知、巡视、显示、传输、数据处理与预警、人机交互及报表自动生成等功能。

5.2　信息传输

5.2.1　信息传输应符合 GB/T 34679、GB 51024 和 GB/T 51272 的规定。
5.2.2　智能通风参数感知控制信号宜采用专网。
5.2.3　应具备网络安全防护功能，实现专网与外网、控制网与管理网的隔离，网络防火墙应具备网络入侵监测功能，主要系统应满足网络安全等级保护二级要求；针对重要的三级系统，应具备主动防御，可信验证、攻击检测功能。

5.2.4 数据中心和数据服务应满足为煤矿智能通风系统提供数据服务的要求。

5.2.5 应采用符合行业统一的数据交换规范协议和接口标准的国产网络产品及系统，智能通风参数传感器通讯接口协议应公开。

5.3 分析决策

5.3.1 通风辅助决策

5.3.1.1 应采用先进的三维通风模拟技术解算并分析矿井通风网络，根据矿井用风地点需求及通风网络通风参数变化，实时显示通风各参数变化，给出调风方案，远程调节通风设施（如风门、风窗等），实现矿井风量的合理分配，并保持通风系统的稳定运行。

5.3.1.2 应具备监测点优化布置辅助决策、风窗调节位置及调节量的辅助决策、通风装置调节的辅助决策、通风装置故障智能诊断、通风设施故障智能诊断和通风网络故障诊断功能。

5.3.1.3 系统应具备故障自诊断功能及预警功能。

5.3.2 灾变辅助决策

5.3.2.1 宜具备通风网络内瓦斯爆炸、煤与瓦斯突出、顶板冒落、火灾等事故灾情推演功能，并根据灾情演化给出调风方案。

5.3.2.2 应具备瓦斯超限预警及火灾预警准确判别功能，并给出智能调风方案及远程调节通风设施（如风门、风窗等）方案。

5.3.2.3 宜与其他系统实现智能联动控制，实现灾害的智能预警与避灾路线智能规划。

5.4 监控执行

5.4.1 智能通风软件系统

5.4.1.1 智能通风软件系统应与通风设施监控系统、安全环境监测系统、瓦斯抽采监测系统、采掘工作面位置及状态监测系统、人员和车辆定位系统、地理信息系统进行集成交互统一。

5.4.1.2 应具备自然分风解算、通风网络实时解算及灾变状态下风流模拟仿真功能。通风网络解算风量误差小于实际风量的 ±5%，并能长期保持稳定运行及满足解算精度要求。系统具备风量不足、风速超限、风流短路等报警功能。系统具备识别过滤人为干扰和客观因素造成的风量波动功能，当10 min 内风量波动幅度超过设定值时应进行预警。

5.4.1.3 应能执行通风系统优化、风速传感器和调节设施的优化布置以及可控性评价等任务。

5.4.1.4 应能实现通风系统状态识别和故障诊断、用风点需风量预测及灾变状态下的调风、控风的智能决策及授权控制。

5.4.1.5 在授权状态下，正常时期矿井风流、风量应按照安全高效原则远程调节，灾变时期宜按照控制灾变及有利救援原则智能控风、调风，并实现三维动态可视化。

5.4.1.6 通风系统应全场景三维动态可视化，通风监测数据应三维动态可视化。

5.4.1.7 应实现按需供风智能辅助决策。

5.4.1.8 应实现通风数据信息化管理。

5.4.1.9 智能辅助决策响应时间应小于 100 s。

5.4.1.10 智能通风软件系统应执行关键操作授权审批流程及监控管理。对关键操作应采用人脸识别、视频录像监控、录屏、密码登录等防止非授权人员擅自修改系统数据。应对登录的用户进行身份标识和鉴别，身份标识具有唯一性，身份鉴别信息应具有复杂度并定期更换。

5.4.1.11　系统宜能对用户行为和安全事件进行审计。

5.4.2　智能主要通风机系统

5.4.2.1　主要通风机风量、负压、温度、湿度、甲烷浓度、电流、电压、振动、噪声、轴温以及风机房配电室温湿度、烟雾等参数应实现在线智能感知，具备监测工况参数、故障诊断与预警功能，集中管控。

5.4.2.2　主要通风机应具有一键启停、反风、倒机功能，具有运行风机故障报警及在授权下的自动倒机功能。

5.4.2.3　备用风机具有定期自检及故障诊断功能。

5.4.2.4　主要通风机房、配电室应配置视频图像监视装置。

5.4.2.5　主要通风机房、配电室宜配置机器人巡检装置。

5.4.2.6　无人值守主要通风机房应设专人定期巡视，配置门禁系统。

5.4.2.7　宜实现防爆门（盖）远程状态监测与控制。

5.4.2.8　主要通风机宜实现在线变频调速，叶片角度宜实现在线监测及调节。

5.4.2.9　主要通风机宜采用储能应急电源作为第三备用电源。

5.4.3　智能局部通风系统

5.4.3.1　局部通风机应具有变频调速功能，风量不得小于计划风量。

5.4.3.2　宜对掘进工作面甲烷浓度超前预警，在 10 min 之内甲烷浓度呈上升趋势，甲烷浓度的变化值超过 0.2% 以上时，系统甲烷浓度超前预警，基于预警结果对局部通风机进行变频调速，增加风量。

5.4.3.3　局部通风机应具有故障自动切换功能，当正常工作的局部通风机故障时，备用局部通风机能自动启动，保持局部通风系统正常通风。

5.4.3.4　应具备远程监测局部通风机运行状态、甲烷浓度及智能感知风筒末端有风或无风状态功能，并具备远程集中控制功能。

5.4.3.5　局部通风机安装地点宜配置视频图像监视装置。

5.4.3.6　局部通风机安装地点的通风参数应实时感知，循环风实时监测自动预警，在无风状态时提前发出声光预警，风流反向时发出声光报警信号，应具有上传监测数据和报警处理功能。

5.4.3.7　应具备局部通风机电气参数实时感知，故障诊断预警功能。

5.4.3.8　高瓦斯、煤与瓦斯突出矿井的局部通风机宜采用储能应急电源，低瓦斯矿井的局部通风机宜采用储能应急电源或气动局部通风机作为第三备用风机，储能应急电源的供电时间应不少于 2 h，气动局部通风机应满足巷道风速和稀释有毒有害气体的要求。

5.4.3.9　在启用储能应急电源或气动局部通风机工作时，应实现风电闭锁和瓦斯电闭锁，现场不得作业。

5.4.4　自动风门

5.4.4.1　在井下主要进回风巷间应采用自动闭锁风门，在采区进回风巷间宜采用自动闭锁风门，正常通风时期可靠闭锁，灾变时期宜实现远程解除闭锁及就地解除闭锁。

5.4.4.2　应采用红外、感光等感应式传感器和 PLC 控制技术手段，实现自动风门的就地和远程集中控制，无人值守。

5.4.4.3　自动风门应具备感知车辆、人员通过自动开闭及防夹人、防夹车功能。
5.4.4.4　应具有远程监测风门状态与报警功能。
5.4.4.5　主要自动风门应具有就地风门状态显示、语音提示及声光报警功能，应配置视频图像监视装置，宜配置备用电源。

5.4.5　自动风窗

5.4.5.1　应在主要控制风流巷道安设自动风窗。
5.4.5.2　应安装自动调节风窗及自动控制设备并采用精确调风控制技术和方法，建立风窗风量精确调控模型。
5.4.5.3　宜通过远程调控微调执行器，精准调节风窗的过风面积。调节风量误差小于实际调节风量的 ±5% 。
5.4.5.4　主要自动风窗应配置视频图像监视装置，宜配置备用电源，应具有就地和远程集中控制及手动调节风窗过风面积功能。

5.4.6　风井防爆门（盖）

5.4.6.1　回风风井宜采用抗冲击自动复位防爆门（盖），在发生爆炸时能自动打开泄压，爆炸过后自动复位，满足爆炸冲击抗压强度要求。
5.4.6.2　停风检修应能实现自动开启、关闭。
5.4.6.3　正常漏风率应小于 5% ，灾后漏风率应小于 15% 。
5.4.6.4　自动复位防爆门（盖）自动复位时间不超过 5 s，自动开启和关闭时间不超过 10 s。

5.5　防尘

煤矿井下宜采用先进除尘降尘设备及空气净化装置，与智能通风系统建设及运行配套融合。

5.6　防火

5.6.1　应建立与智能通风系统智能联动的火灾预警系统，发生火灾时能给出调风方案，远程调节通风设施（如风门、风窗等）方案及避灾方案。
5.6.2　宜具备火灾信息自动采集、集中显示和报警功能，宜能根据监测数据进行火灾智能预测、预警，并与井下集控系统对接，宜实现与防灭火设施、设备的联动控制。

6　节能环保及安全管理要求

6.1　通风检测仪器仪表宜采用与智能通风系统及人员定位系统数据兼容的智能化信息管理系统，实现使用人员与仪器及使用地点信息化管理。
6.2　回风井出风口宜采用先进空气净化装置及能量回收装置。
6.3　风门、风窗宜选用能适应巷道变形的新型轻质材料，其它通风设施表面宜采用有韧性的新型喷涂材料，且上述材料的阻燃性、抗静电性、防腐性及耐压性等应符合《煤矿安全规程》有关要求。
6.4　煤矿通风管理机构负责煤矿智能通风系统的建设、使用、调校、维护和管理工作，应制定岗位责任制、操作规程、值班制度、奖罚考核制度等规章制度。
6.5　储能应急电源应定期试验。
6.6　应对气体、风速、风压、烟雾及温度等传感器的精度或有效性定期进行检测检定。

6.7 新建及升级改造煤矿智能通风系统投入运行前应进行一次性能测定评估，以后每2年进行一次性能测定评估。

ICS 73.100.01
D 90

DB14

山 西 省 地 方 标 准

DB 14/T 2060—2020

智能煤矿建设规范

2020－06－30 发布 2020－07－30 实施

山西省市场监督管理局 发布

目　次

前　言

本文件按照 GB/T 1.1—2020《标准化工作导则　第 1 部分：标准化文件的结构和起草规则》的规定起草。

请注意本文件的某些内容可能涉及专利。本文件的发布机构不承担识别这些专利的责任。

本文件由山西省工业和信息化厅、山西省应急管理厅、山西省能源局、山西煤矿安全监察局提出并监督实施。

本文件由山西省物联网和人工智能标准化技术委员会归口。

本文件起草单位：中国煤炭科工集团太原研究院有限公司、中煤科工集团智能矿山有限公司、山西科达自控股份有限公司、精英数智科技股份有限公司。

本文件主要起草人：金江、李首滨、于向东、王凯、李石岩、鲍文亮、付国军、王学斌、李志强、马建民、袁晓明、凌建斌、张春英、柳全、姜雨舵、张君等。

智能煤矿建设规范

1 范围

本文件规定了智能煤矿的架构，以及建设智能煤矿时地质保障、采掘系统、辅助生产系统、矿井安全、信息系统及经营管理的技术要求。

本文件适用于井工煤矿的智能化建设。

2 规范性引用文件

下列文件中的内容通过文中的规范性引用而构成本文件必不可少的条款。其中，注日期的引用文件，仅该日期对应的版本适用于本文件；不注日期的引用文件，其最新版本（包括所有的修改单）适用于本文件。

GB/T 34679 智慧矿山信息系统通用技术规范

GB 51024 煤矿安全生产智能监控系统设计规范

GB/T 51272—2018 煤炭工业智能化矿井设计标准

MT/T 1167 安全高效现代化矿井技术规范

NB/T 10051 煤矿供电防越级跳闸系统

3 术语和定义

下列术语和定义适用于本文件。

3.1

智能煤矿 smart coal mine

将人工智能、工业物联网、云计算、大数据、机器人、智能装备等与现代煤炭开发利用深度融合，形成全面感知、实时互联、分析决策、自主学习、动态预测、协同控制的智能系统，实现煤矿开拓、采掘（剥）、运输、通风、安全保障、经营管理等过程的智能化运行。

3.2

智能综采工作面 smart mining face

应用人工智能、工业物联网、云计算、大数据等先进技术，使工作面采煤机、液压支架、输送机（含刮板式输送机、转载机、破碎机、可伸缩带式输送机）及电液动力设备等形成具有自主感知、自主决策和自动控制运行的智能系统，实现工作面落煤、支护、运煤作业工况自适应和工序协调控制。

4 缩略语

下列缩略语适用于本文件。

4G：第四代移动通信技术（The 4th generation mobile communication technology）

5G：第五代移动通信技术（5th - Generation）

AI：人工智能（Artificial Intelligence）

CAN：控制器域网（Controller Area Network）
EPA：开放性实时以太网标准（Ethernet for Plant Automation）
ERP：企业资源计划（Enterprise Resource Planning）
Ethernet/IP：以太网工业协议（Ethernet Industrial Protocol）
FF：基金会现场总线（Foudation Fieldbus）
LoRa：远距离无线电（Long Range Radio）
MA：煤矿安全认证（Mei An）
NFC：近距离无线通讯技术（Near Field Communication）
PROFIBUS：过程现场总线（Process Field Bus）
RAID5：分布式奇偶校验的独立磁盘结构（Redundant Arrays of Independent Disks 5）
RAM：随机存取存储器（Random Access Memory）
RFID：射频识别技术（Radio Frequency Identification）
RS485：异步通讯接口标准（Recommended Standard 485）
RTPS：实时传输协议（Real - time Transport Protocol）
Wi - Fi：无线保真（Wireless Fidelity）
ZigBee：短距离和低速率下无线通信技术（ZigBee Technology）

5 智能煤矿架构

智能煤矿建设以信息系统（含基础设施）为基础，以网络安全为保障，以数据平台为支撑，以地质保障、采掘系统、辅助生产系统、矿井安全、经营管理各个业务模块的智能化建设为主要内容，实现煤矿各要素和流程的全面感知、实时互联、分析决策、自主学习、动态预测、协同控制。

6 地质保障

6.1 矿井地理信息系统

6.1.1 应具有地质、测量、水文等各类图纸数字化管理系统。
6.1.2 应实现矿井资源/储量、可采煤层、断层构造、水文地质、瓦斯地质、工程地质、开采条件等应用可视化，指导优化矿井安全高效绿色建设与生产。
6.1.3 应创建高精度三维地质模型、超前识别地质构造、开采条件异常，为优化开采提供地质保障。
6.1.4 宜智能感知采掘过程中工程地质与标志地质的差异，自动优化高精度三维地质模型，实现数据与模型的双向联动。

6.2 探放水智能监测系统

应实现对探放水作业过程的钻孔数量、钻孔位置、钻孔角度、钻孔深度、终孔位置、钻杆钻进速度等钻孔数据的智能感知、分析、验收功能。

6.3 瓦斯抽采智能监测系统

应实现对瓦斯抽采作业过程的钻孔数量、钻孔位置、钻孔角度、钻孔深度、终孔位置、钻杆钻进速度，孔内压裂、割缝、造穴等特殊工艺间距、时间、质量，孔内筛管长度、封孔长度、质量，抽采率等数据的智能感知、分析、验收功能。

7 采掘系统

7.1 综采工作面

7.1.1 采煤机应具备滚筒截割路径记忆、位置定位、远程控制、姿态控制功能。

7.1.2 液压支架应配备电液控制系统，跟随采煤机在全工作面范围自动完成支架伸收护帮、移架、推溜、喷雾除尘等动作，应具备远程控制、支架全姿态监测功能。

7.1.3 刮板输送机应具有机尾链条自动张紧、断链实时监测报警上传、故障诊断，宜具有煤流负荷检测及其协同控制功能。

7.1.4 乳化液泵站应具有流量调节功能，实现高压自动反冲洗、自动配比补液，高低液位自动控制，实现对乳化液的浓度监测；工作面采用远距离集中供液方式为采区内主要设备供液，减少设备列车长度和重量，并可重复服务多个综采工作面。

7.1.5 综采工作面设备应配备矿压监测系统。

7.1.6 综采工作面设备应实现集中、就地和远程控制，实现采煤机、液压支架、刮板输送机协同控制，主要生产流程实现一键启停。

7.1.7 刮板输送机、采煤机、液压支架电液控制系统应配备自动找直功能。

7.1.8 超前支架、转载机自移装置、顺槽带式输送机自移机尾应配备遥控控制及远程控制功能。

7.1.9 应配备工作面视频系统。

7.1.10 应配备工作面自动巡检机器人，实现工作面设备运行状况、开采环境、煤流状态的例行巡检和异常情况实地巡查。

7.1.11 应配备工作面设备和人员精确定位系统。

7.1.12 应实现基于工作面精确三维地质模型的数字化割煤。

7.1.13 应实现工作面有人巡视、无人操作的远程可视化智能开采。

7.1.14 宜实现顺槽远程操作、远程巡视的工作面无人开采。

7.2 掘进工作面

7.2.1 应选用智能化快速掘进装备，实现掘支平行快速作业，锚杆自动支护。

7.2.2 设备应具备无线遥控、远程监控、可视化集中控制、记忆截割、人员接近识别、健康诊断，以及工作面环境状态识别及预警功能。

7.2.3 应实现带式输送机机尾自移。

7.2.4 应配备高效除尘系统。

7.2.5 应实现掘、锚、运、探的远程可视化操作。

7.2.6 宜实现掘、锚、运、探的自动操作，装备的精确定位导航。

8 辅助生产系统

8.1 通风系统

8.1.1 主通风机应具有一键启停、反风、倒机功能；具有运行风机故障自动倒机功能，备用风机定期自检及故障诊断功能。

8.1.2 主通风机应具有在线监测功能，监测供电参数、运行状态、风量、风压、振动、温度等工况参数，以及风机房配电室温湿度、烟雾等环境参数，具备故障诊断与预警功能。

8.1.3 应具有就地和远程风量给定与调节功能。

8.1.4 主通风机房、配电室应配置视频图像监视系统。

8.1.5 主通风机房、配电室宜配置机器人巡视装置。

8.1.6 无人值守通风机房，应设专人巡视，配置门禁系统。

8.1.7 宜实现防爆门远程状态监测与控制。

8.1.8 煤及半煤巷局部通风机应具有调速功能。

8.1.9 局部通风机应具有故障自动切换功能，当正常工作的局部通风机故障时，备用局部通风机能自动启动，保持局部通风机能正常通风。

8.1.10 应具备远程监测局部通风机运行状态、环境瓦斯浓度和末端风量功能，并具备远程控制功能。

8.1.11 局部通风机地点宜配置视频图像监视装置。

8.1.12 主要风门应实现自动控制并具有远程集中控制功能。

8.1.13 应具有远程监测风门状态与报警功能。

8.1.14 主要风门宜配置视频图像监视装置。

8.1.15 主要风窗应具有远程监测与调节控制功能。

8.1.16 应具备矿井各测风点通风参数远程监测功能。

8.1.17 宜采用先进的三维通风模拟技术解算并分析矿井通风网络；根据矿井通风网络参数变化，自动调节通风设施（如风门、风窗等），实现矿井风量的合理分配，并保持通风系统的稳定运行。

8.2 主运输及提升系统

8.2.1 带式输送机主驱动应采用软启动装置，具备软启动和无级调速功能，多点驱动实现功率平衡。

8.2.2 如有井底缓冲仓则其煤仓煤位应可准确测量，且其给煤机能受带式输送机控制系统的自动控制。

8.2.3 沿线煤流应实现分布状态实时监测，具有系统自检功能。

8.2.4 转载点应具有远方固定视频监控。

8.2.5 运输巷宜配备沿线巡检机器人，远方监控沿线视频巡视、跑偏、烟雾、瓦斯、托辊温度、撕带和煤流等状态。

8.2.6 主运输系统应实现煤流平衡。

8.2.7 应具有煤量控制的调速功能和具有上煤仓煤位与带式输送机运行闭锁功能，实现装煤自动化。

8.2.8 应具备地面和就地集中控制，地面生产中心具有皮带系统状态、参数和视频显示并集中控制。

8.2.9 应实现主煤流井下固定岗位无人值守，沿线无人作业，有人地面远程监控。

8.2.10 宜实现主煤流井下固定岗位无人值守，沿线无人作业，地面无人监控，系统智能化经济运行。

8.2.11 提升机应具有实时在线监测功能，能监测供电、制动正压力或油压、振动、温度等工况参数及行程、位置、速度运行状态，具备钢丝绳芯与闸瓦间隙监测功能，具有故障诊断与预警功能。

8.2.12 提升机房、各水平停车点应配置视频图像监视系统。

8.2.13 主井提升机宜实现无人值守，配置自动装卸载系统，具有自动选择方向开车、自动控制全程速度及按照预设速度图自动控制完成一个提升循环（自动加减速、到达爬行段自动转入爬行，自动停车）功能；无人值守提升机房宜配置门禁系统及机器人巡视装置，并应设专人巡视。

8.2.14　副井提升机应配置打点信号、自动操车系统，应按照预设速度图自动控制完成一个提升循环（自动加减速、到达爬行段自动转入爬行，自动停车）功能。

8.3　辅助运输系统

8.3.1　辅助运输设备应能实现精确定位，具备无线调度通讯、信息传输、安全监控、故障诊断、自动停车等功能。

8.3.2　采用单轨吊进行运输，物资、车厢的装卸及运输过程应实现自动化，若为点到点固定线路运输，宜采用无人驾驶。

8.3.3　采用轨道机车进行运输，应能实现智能调度，若条件具备，宜采用无人驾驶。

8.3.4　采用无轨胶轮车进行运输，应能实现智能调度，若条件具备，车辆宜具备路径智能规划、环境识别、智能调度等功能，实现辅助驾驶或无人驾驶。

8.3.5　采用多种运输方式进行混合运输，应符合 MT/T 1167 的要求，不同运输方式之间的接替宜为自动化换装。

8.3.6　运输物料应建立编码体系，实现物料的集装化，物料装卸应实现自动控制，能够和煤矿仓储管理系统对接，实现物料运送全过程的信息化闭环管控。

8.3.7　调度管理系统应具备运输设备的智能调度和路径规划功能，实现运输过程的智能管控。

8.3.8　运人设备应具备人员精确识别功能，并具备运输轨迹回放功能。

8.4　供电系统

8.4.1　矿井供电系统应具有智能防越级跳闸保护，跳闸保护应符合 NB/T 10051 的要求。

8.4.2　应具备智能选择性漏电保护功能。

8.4.3　智能变压器应具备中性点电容电流补偿功能。

8.4.4　智能系统应实现状态参数显示、巡检、故障录波存储、故障分析、智能告警。

8.4.5　机器人巡视装置应实现供电系统状态、环境、安全保卫等自动检测。

8.4.6　应对峰谷电量与能耗统计分析、电能质量监测。

8.4.7　变电站和配电室应具备自动灭火功能。

8.4.8　应具有智能开关和关键负荷电缆的测温和报警系统。

8.4.9　应具有智能倒闸操作专家管理系统。

8.4.10　应具有污染电网治理和谐波补偿系统。

8.5　排水系统

8.5.1　井下各排水泵房应实现自动运行、无人值守，远程集中监控。

8.5.2　应具备水仓水位、排水流量、设备运行工况、环境参数、安防、消防等在线监测功能，具有设备故障诊断分析、安全预警预报功能。

8.5.3　应具有负荷调控和管网调配功能，应能根据用电峰谷、水仓水位、矿井涌水量合理选择水泵启停数量和管路运行数量。

8.5.4　应具有水泵自动轮换功能。

8.5.5　应配备视频监控系统。

8.5.6　应具有水泵房能耗计量及分析功能。

8.5.7　应实现各水窝点水量监测，具有矿井涌水量实时预警功能。

8.5.8　排水系统宜实现与水文监测系统联动预警与控制。

8.5.9　抗灾强排系统应具备地面集中监测与控制功能，并具有水仓水位、电机贫水、电机温度、过电流等综合保护功能。

8.5.10 宜配备巡检机器人，实现水泵房自动巡检。

9 矿井安全

9.1 人员安全

9.1.1 人员单兵装备应具备所处环境参数的实时采集功能，且能显示本地和远程环境参数；应具备无线语音通话功能；应具备实时视频采集、上传，及调看远程视频的功能；应具备精准定位功能；应具备危险状态下逃生信息的实时获取功能；应具有应对各种灾害的可靠逃生装备。

9.1.2 矿井环境参数的实时监测信息应具有与人员单兵装备（维持单兵装备的电量不得低于48小时）进行实时互联、音视频通信的功能；单兵设备应具备人岗匹配的生物特征识别，作业过程中岗位操作指引的语音提示；具备近感探测功能，实现人员非法进入和违规误入危险区域自动预警以及采掘工作面等重点场所、关键岗位人员三违行为的自动识别；井下所有区域的安全状态实时评估及预警信息具有与人员单兵装备进行实时互联，音视频通信的功能。

9.1.3 井口应具备智能检身功能，当有人员未携带定位卡、自救器及未按规定佩戴个体防护用品、一人多卡、人卡不一致、饮酒、携带违规物品、证件过期、安全考核不合格、违章停工人员，入井时能够自动识别并进行预警。

9.1.4 宜对井下边缘死角单岗作业人员进行定位监控，超过一定时长无变动进行预警；宜对井下人员入井时间进行自动统计预警。

9.2 机电安全

9.2.1 应具有设备在线点检功能。

9.2.2 应具有设备运行情况实时监测功能。

9.2.3 应具有设备损耗性部件更换提示功能。

9.2.4 应具有设备故障数据库，能对设备各部分的健康状态进行实时评估，为设备故障原因判断提供辅助决策。

9.3 灾害监测

9.3.1 根据矿井的灾害类型，应具备相应灾害的实时在线监测能力。

9.3.2 应具有监测数据的综合分析功能，数据突变识别功能，并具有对安全状态进行实时评估的功能，监测异常信息可自动推送至单兵系统、广播系统和地面煤矿信息化综合监控系统平台。

9.3.3 应能根据灾害监测数据、数据突变情况与评估信息，智能预测事故发生的可能性和严重程度。

9.3.4 应能根据灾害监测数据、数据突变情况与评估信息，自动制定相应的防害（灾）及降害（灾）方案。

9.4 安全风险预控管理

9.4.1 应具有完善的安全风险分级管控工作体系，并实现信息化管理。

9.4.2 应能够根据风险管控清单，自动进行风险的日常管控。

9.4.3 应能够自动和手动定期进行安全风险辨识评估及预警分析，形成安全指数的动态评价。

9.4.4 应具有隐患库，且隐患类别不低于国家和行业要求，并能自动更新完善。

9.4.5 基于隐患库，应实现按相关规定进行隐患排查和隐患处理过程的标准化。

9.4.6 人机环管安全监测数据应满足安全监管机构的联网要求。

9.4.7 应具备手持终端现场检查能力，实现隐患排查任务的自动派发、现场落实、实时跟踪及时闭环管理。

9.4.8 应实现对隐患的多维度自动统计与分析。

9.4.9 学习培训管理应具有员工在线学习、在线考核功能，并将员工技能掌握情况与下井考勤进行关联。

10 信息系统

10.1 通信网络

10.1.1 有线主干网络应采用矿用以太网技术，符合 IEE 802.3 协议，带宽 10000 Mbps 及以上，支持 Ethernet/IP、PROFINET、MODBUS－RTPS、EPA 等工业以太网协议。

10.1.2 无线主干网络应采用主流高速带宽 4G、5G 无线通信技术，WiFi 系统宜采用 802.11ax 标准；支持井下移动语音通话、无线数据和视频等信息共网传输。

10.1.3 二级交换接入网络应采用 100 Mbps 以上工业以太网；具备组环功能，可形成子环，网络自愈时间小于 30 ms，能通过以太网电接口或光接口接入矿井主干网络；矿用二级交换接入网络设备支持 Ethernet/IP、PROFINET、MODBUS－RTPS、EPA 等工业以太网协议，交换机应符合 GB 51024 要求。

10.1.4 矿井低速无线网络应采用 LoRa、ZigBee 技术，基站具备低速无线网络网关功能接入功能，数量不小于 256 台，节点接入数量不小于 26 万个，基站同时通信节点数不小于 1024 个；无线通信距离不小于 500 m，传输带宽在通信距离以内不小于 1 kbps。

10.1.5 总线型接入网络应采用 RS485、CAN、PROFIBUS、LONWORKS、FF 等；采用电缆、光缆等传输介质，采用树形、环形、总线形、星形或其它网络结构。

10.1.6 融合通信应支持低速无线通信组网，支持总线型组网；矿井有线主干网络以及无线主干网络之间以 IEEE 802.3 标准相互联通；采用以太网标准的二级交换网络以 IEEE 802.3 标准相互通信并接入矿井主干网络，其他制式接入网络采用具有融合通信功能的通信网关，实现不同制式接入网络的融合。

10.2 硬件设施

10.2.1 数据处理设备：矿端处理设备上位机应采用工控机，数据获取服务器、应用服务器宜采用国产自主可控服务器，采用“云－边－端”数据存储和处理模式；云端数据处理：公有云选用成熟公有云或工业云；私有云具备异地灾备、虚拟化资源池；移动数据处理终端具有 MA 认证，具备 4G（或 5G）全网通或专网频段通信，具备 Wi－Fi 无线通信功能，具备 NFC、RFID、蓝牙等近场通信功能。

10.2.2 数据存储设备：数据中心存储容量应不小于 2 TB；数据库服务器容量不小于 300 GB，应用服务器存储可组建 RAID5，容量不小于 300 GB，磁盘阵列容量不小于 20 TB；云端数据存储：公有云存储容量可弹性扩展，选用成熟公有云或工业云；私有云具备异地灾备，初始资源不小于 20 TB，且可在线增加硬件存储资源；移动端存储设备 RAM 不小于 4 GB，数据存储空间不小于 64 GB。

10.2.3 矿井视频监控设备宜采用高清分辨率摄像头，视频采集设备具备视频切片、断网续传等功能；矿井视频监控信息存储系统容量不少于 1 年的累计信息量，其他信息存储系统容量不少于 2 年的累计信息量。

10.2.4 人工智能与物联网设备：矿用 MA 认证井下端计算设备，应提供 AI 智能识别和物联网标准协议接口，通过嵌入式软件系统应实现AI感知与集控联动，支持离线运行模式，形成井下业务场景闭环；支持后备供电。

10.3 软件系统

10.3.1 应具有基于云计算、容器、大数据、人工智能、物联网等技术的应用平台，应用软件在平台中统一部署、运行。

10.3.2 应具有统一的容器数据输入、输出规范，拥有分布式消息队列系统。

10.3.3 应支持多租户机制，具有明确的应用入驻和用户使用流程。

10.3.4 平台应具备完成数据的统一存储、计算及接口的能力；或通过规则制定以及建设外部数据中台，可完成数据的统一存储、计算及接口。

10.3.5 应提供公共的开发资源和数据资源，应用在统一的规则、流程要求下，实现开发流程的简易化。

10.3.6 应配备“云-边-端”一体化智能平台，满足人工智能、大数据、物联网智能感知与采控需求，保障“云-边-端”互联互通，提供云计算模型训练、下发、升级等能力。

10.3.7 智能调度通讯系统应具备音视频通信及视频会议等能力，可与井下调度电话、广播系统互联互通，通信记录保存不少于6个月，可调用其他应用系统。

10.4 数据平台

10.4.1 应采用统一的数据传输协议实现各系统设备的互联互通。

10.4.2 应构建矿井大数据平台，结合主数据管理、指标体系管理以及智能分析，深度挖掘，形成矿井先进管理指标体系和社会化主数据体系。

10.4.3 应实现产业互联、互联网采购和互联网营销，智能煤矿的煤炭销售、物资供应、设备维保等应经济、高效、便捷。

10.4.4 宜构建先进的数字化矿井运营管理平台，实现一张网联通、一张图运行、一个库管理、一套账核算、一个平台数据共享。

10.5 网络安全

10.5.1 应符合GB/T 34679的要求。

10.5.2 矿井工业控制系统与企业其他系统之间应划分为不同区域，区域之间应设置工业隔离区，并采用隔离技术手段。

10.5.3 通信传输应具有通讯中断、网络流量异常监测与报警功能。

10.5.4 应保证工业控制网络与企业网、移动互联和远程访问等外部网络之间通过工业隔离区实现边界防护。

10.5.5 应删除多余或无效的访问控制规则，优化访问控制列表，并保证访问控制规则数量最小化。

10.5.6 在网络边界、重要网络节点应进行安全审计，审计覆盖到每个用户，对重要的用户行为和重要安全事件进行审计。

10.5.7 应对所有参与无线通信的用户（人员、软件进程或者设备）提供唯一性标识和鉴别。

10.5.8 应对登录的用户进行身份标识和鉴别，身份标识具有唯一性，身份鉴别信息具有复杂度要求并定期更换。

10.5.9 应启用安全审计功能，审计覆盖到每个用户，对重要的用户行为和重要安全事件进行审计。

10.5.10 应安装防恶意代码软件或配置具有相应功能的软件，软件需要经过离线环境中充分的验证和测试，并定期进行升级和更新防恶意代码库。

10.5.11　应采用白名单机制对操作员站、工程师站、服务器与客户机进行主机加固，将工业控制系统中的可信应用程序加入到白名单列表中，形成安全可信的应用程序运行环境，只允许经过工业企业自身授权和安全评估的软件运行。

11　经营管理

11.1　生产经营管理

11.1.1　应符合 GB/T 51272—2018 的要求。

11.1.2　应具有标准作业流程管理信息化功能，并实现班组中每个岗位标准作业流程的精确推送。

11.1.3　应具有对班组成员自动进行考核的功能，并能根据考核结果自动制定有针对性的培训与学习计划。

11.1.4　应实现班组管理信息的移动互联。

11.1.5　应具有生产计划及调度管理、生产技术管理、机电设备管理等系统。

11.1.6　生产计划及调度管理系统应具有生产计划及日常调度管理功能，可根据企业 ERP 数据实现生产计划排产。

11.1.7　机电设备管理系统应具有健康状况的远程在线诊断功能，应具有定期自动运维管理及配件库存识别功能。

11.1.8　生产级经营管理系统应具有规程措施编制、技术资料、专业图纸设计、采掘生产衔接跟踪、工程进度跟踪、生产与技术指标、经营指标等无纸化管理功能。

11.1.9　矿井经营管理系统应包括办公自动化管理、企业 ERP 等系统，各系统之间应能交互数据。

11.1.10　企业 ERP 应包括财务管理、成本管理、合同管理、运销管理、物资供应管理、仓储管理、设备管理等系统，且应提供规范化数据接口。

11.1.11　应实现销产联动，智慧采选，通过以销定产、按需配矿、集约运销、物流自动化，建立先进的销运产供协同体系。

11.1.12　应具有矿井精细化成本核算系统，实现矿井全要素成本核算管理，优化定额指标。

11.2　决策支持

11.2.1　矿井决策支持系统应能够对生产系统和管理系统数据进行融合，且应能建立数据分析模型。

11.2.2　应建立动态排产模型，有效分析 ERP 中的经营数据；结合生产管理数据制定合理的排产方案，实现对矿井生产和运输物流环节进行合理调度。

11.2.3　应建立大型设备运维及管理模型，合理调整设备检修及大型耗能设备运转时间，实现对主要生产环节设备健康状况、负荷率、故障停机率、能源消耗等指标进行分析。

11.2.4　云端应实现各矿产能与资源调度的自动决策。

ICS 73.100.01
CCS D 90

DB14

山西省地方标准

DB 14/T 2271—2021

智能化露天煤矿建设规范

Code for construction of intelligent surface coalmines

2021-02-26 发布 2021-02-26 实施

山西省市场监督管理局 发布

目　　次

前　言

本文件按照 GB/T 1.1—2020《标准化工作导则　第 1 部分：标准化文件的结构和起草规则》的规定起草。

本文件由山西省工业和信息化厅、山西省应急管理厅、山西省能源局、山西煤矿安全监察局提出并监督实施。

本文件由山西省物联网和人工智能标准化技术委员会归口。

本文件起草单位：中煤平朔集团有限公司、中煤西安设计工程有限责任公司、太原重工股份有限公司、联通（山西）产业互联网有限公司、精英数智科技股份有限公司、山西科达自控股份有限公司、山西阳光三极科技股份有限公司、山西优班图科技股份有限公司、山西天科信息安全科技有限公司。

本文件主要起草人：王祥生、刘峰、丁新启、申斌学、陈再明、武懋、王斌、王浩、张春英、柳全、李鹏飞、崔宏伟、史灵杰、史先奎、刘清宝、刘光、武讲、王利明、成德盈、洪兵兵、汪海涛、艾云峰、李爱峰、罗随月、宋月旺、魏真、于旸、董万江、何增利、杨朝阳、刘晓星、王刚、许强、付国军、牛乃平、高波、苏杰、王学斌、刘广金、张广春、王强。

智能化露天煤矿建设规范

1 范围

本文件规定了智能化露天煤矿基本架构，以及建设智能化露天煤矿时基础设施、智能生产控制、安全及环境监控、综合管控与调度、管理与决策的建设规范。

本文件适用于山西省露天煤矿智能化建设。

2 规范性引用文件

下列文件中的内容通过文中的规范性引用而构成本文件必不可少的条款。其中，注日期的引用文件，仅该日期对应的版本适用于本文件；不注日期的引用文件，其最新版本（包括所有的修改单）适用于本文件。

GB 6722—2014 爆破安全规程

GB/T 14161—2008 矿山安全标志

GB 14784—2013 带式输送机安全规范

GB/T 22239—2019 信息安全技术网络安全等级保护基本要求

GB 50174—2017 数据中心设计规范

GB 50197—2015 煤炭工业露天矿设计规范

GB 50431—2020 带式输送机工程技术标准

GB 51024—2014 煤矿安全生产智能监控系统设计规范

GB 51173—2016 煤炭工业露天矿疏干排水设计规范

GB 51214—2017 煤炭工业露天矿边坡工程监测规范

GB 51282—2018 煤炭工业露天矿矿山运输工程设计标准

3 术语和定义

下列术语和定义适用于本文件。

3.1

智能化露天煤矿 Intelligent surface coalmines

应用人工智能、工业物联网、云计算、大数据、机器人、智能装备等技术与露天煤矿开发深度融合，实现高度信息化和自动化的露天煤矿。

3.2

无人驾驶卡车 Driverless truck

具有高精定位和感知功能，以自动的方式持续执行部分或全部驾驶任务行为的卡车。

3.3

露天煤矿高精地图 High precision map of surface coalmines

包含地图的静态要素和动态要素，达到 10 cm ~ 20 cm 精度，具有露天煤矿工程位置、运输道路的三维表征和数据实时性的电子地图。

3.4

钻机高精度布孔系统 High precision hole arrangement system of drilling rig

由钻机车载软件和车载定位装置构成，钻孔定位精度小于20 cm，且具有按照钻孔布置规则自动进行钻孔位置设计和导航定位功能的系统。

3.5

远程操控钻机 Remote control drilling rig

由钻机和车载控制终端模块组成，具有接受远程操控完成钻孔作业功能的钻机。

4 缩略语

下列缩略语适用于本文件。

4G：第四代移动通信技术（The 4th－generation mobile communication technology）

5G：第五代移动通信技术（The 5th－Generation mobile communication technology）

AI：人工智能（Artificial Intelligence）

BDS：北斗卫星导航系统（Bei Dou Navigation Satellite System）

IEEE：电气电子工程师学会（Institute of Electrical and Electronics Engineering）

LoRa：远距离无线电（Long Range Radio）

NB－IoT：窄带物联网（Narrow Band Internet of Things）

NFC：近距离无线通讯技术（Near Field Communication）

RAID：独立冗余磁盘阵列（Redundant Arrays of Independent Disks）

RFID：射频识别技术（Radio Frequency Identification）

UWB：无线载波通信技术（Ultra Wide Band）

Wi－Fi：无线保真（Wireless Fidelity）

ZigBee：短距离和低速率下无线通信技术（ZigBee Technology）

5 智能化露天煤矿架构

智能化露天煤矿架构由基础设施、智能生产、安全与环境监控、综合管控与调度、管理与决策五大业务模块构成，见图1。

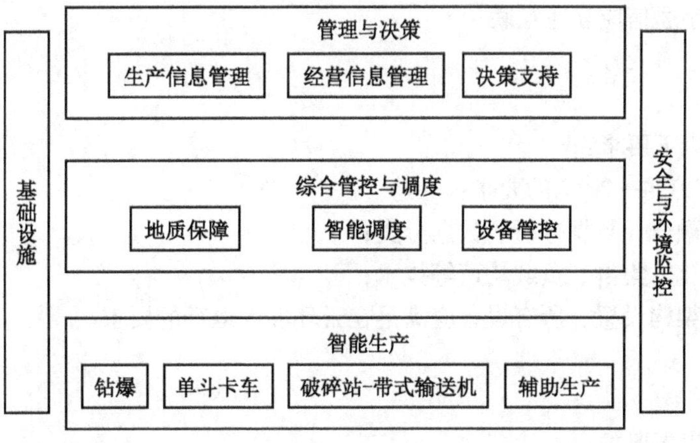

图1 智能化露天煤矿架构

6 基础设施

6.1 传输网络

6.1.1 工业控制主干网络

工业控制主干网络应符合以下要求：

a） 宜采用冗余工业以太网技术；

b） 应支持 IEEE 802.3、Ethernet/IP （IEEE802.3）、PROFINET （EC 617842）、MODBUS、EPA 协议；

c） 宜采用环形结构；

d） 传输速率宜采用 10000 Mbps，出口带宽宜不低于 100 Mbps。

6.1.2 管理网络

露天煤矿管理网络应符合以下要求：

a） 宜采用冗余以太网技术；

b） 应支持 Ethernet/IP （IEEE802.3） 协议；

c） 宜采用双链路结构；

d） 主干网络传输速率宜采用 10000 Mbps，出口宽带宜不低于 1000 Mbps。

6.1.3 无线主干网络

无线主干网络应符合以下要求：

a） 应采用 4G 及 5G 无线通信技术；

b） Wi－Fi 系统应采用 802.11.ax 标准；

c） 窄带无线网络应采用包括但不限于 NB－IoT、LoRa、ZigBee、UWB 技术。

6.1.4 定位

露天煤矿的定位技术宜采用北斗卫星导航系统（BDS），或含有 BDS 的多模导航系统。

6.1.5 通信

有线和无线的数字通信应互通互联。

6.2 数据中心

数据中心应符合以下要求：

a） 应符合 GB 50174—2017 的要求；

b） 应实现数据融合、数据分析、数据分类；

c） 宜采用虚拟化、集群、负载均衡等技术；

d） 宜按云计算架构设置，所有设备应满足在云环境下运行的要求。

6.3 调度中心

调度中心应符合以下要求：

a） 应符合 GB 51024—2014 中 4.0.5、4.0.6 的要求；

b） 宜设置在综合办公楼或专用建筑物内；
c） 按照功能分区宜分为监控区、调度区、会议区、管理区。

6.4 硬件系统

6.4.1 数据处理设备

矿山监控及自动化系统工作站应采用工业控制计算机。

6.4.2 数据存储设备

数据存储设备应符合以下要求：
a） 应采用 RAID，支持 RAID0、RAID1、RAID2、RAID3、RAID4、RAID5 等多种数据模式；
b） 非视频类数据存储时间应不低于 1 年；
c） 工业类视频数据存储时间应不低于 1 个月；
d） 安防类视频数据存储时间应不低于 3 个月。

6.5 软件系统

软件系统应符合以下要求：
a） 具有基于云计算、大数据、人工智能、物联网等技术的应用平台；
b） 操作系统、数据库、大数据平台、通讯、数据备份等基础软件应兼容、可靠、安全、抗干扰，且有标准接口，同时具备二次开发条件；
c） 保证同一个对象编码的唯一性及管理规则的一致性，应具有统一的数据输入、输出规范，拥有分布式消息队列系统。

7 智能生产

7.1 钻爆系统

钻爆系统应符合以下要求：
a） 应符合 GB 6722—2014 中 7.1、7.2、7.3、7.4、7.5、7.6、7.7 的要求；
b） 钻机宜配置钻机位置定位、感知等车载终端模块；
c） 钻机宜配置高精度布孔系统；
d） 危险作业区域应选用远程操控钻机；
e） 爆破作业应实现远程监控和危险预警。

7.2 单斗－卡车系统

单斗－卡车系统应符合以下要求：
a） 应符合 GB 51282—2018 中 5.1、5.2、5.3、5.4、5.5、5.6、5.7、5.8 的要求；
b） 采装、运输、排土设备应配置定位车载终端模块；
c） 采装、运输、排土设备宜具备运行工况监测、在线故障监测和故障报告功能；
d） 采装、运输设备应具备盲区高清视频监控功能；
e） 露天煤矿矿用卡车宜选用无人驾驶卡车；
f） 无人驾驶卡车应具备障碍识别、远程接管、实时位置监测、防越界和设备自检功能；
g） 无人驾驶卡车应能够根据采装设备作业要求完成排队、进场、停车、装车、出场等环节的协同作业。

7.3 破碎站－带式输送机系统

破碎站－带式输送机系统应符合以下要求：

a） 应符合 GB 51282—2018 中 6.4、6.5 的要求；

b） 破碎站应实现自动化控制，卸载口信号灯实现自动转换；

c） 带式输送机应符合 GB 14784—2013 及 GB 50431—2020 的要求；

d） 带式输送机驱动应采用具备软启动功能的启动装置，多点驱动应实现功率平衡；

e） 带式输送机应具有运输物流量控制的调速功能和与上煤仓煤位的运行闭锁功能；

f） 带式输送机沿线物流应实现分布状态实时监测，系统应实现物流平衡；

g） 破碎站和带式输送机巡视宜采用巡检机器人作业；

h） 破碎站、带式输送机的重要生产区域和岗位应实现无人值守；

i） 破碎站、带式输送机、转载点应实现集中控制和远程高清影像实时监控，宜具备视频 AI 故障识别和自动报警功能；

j） 破碎站、带式输送机、卸载设备应具备运行工况、环境参数等在线监测功能。

7.4 辅助生产

7.4.1 供配电系统

供配电系统应符合以下要求：

a） 露天煤矿变电所应具备集中监控、无人值守功能；

b） 露天煤矿供配电系统应设置电力监控系统；

c） 露天煤矿供配电系统宜具备智能开关和关键负荷电缆的测温和报警功能；

d） 露天煤矿主变电所宜配备智能巡检机器人。

7.4.2 地下水控制与防排水系统

地下水控制与防排水系统应符合以下要求：

a） 应符合 GB 51173—2016 中 4.1、4.2 的要求；

b） 排水泵站应具备集中监控、无人值守功能；

c） 排水泵站应具有水位自动检测功能；

d） 排水泵应根据水位情况自动选择水泵启停。

7.4.3 供热系统

供热系统宜具有自动温度调节功能。

7.4.4 专业仓库

专业仓库宜具有库存盘点、单据确认、库位管理功能。

8 安全与环境监控

8.1 交通运输安全

交通运输应符合以下要求：

a）应符合 GB 51282—2018 中 5.8、6.10 的要求；
b）运输车辆应具备防碰撞预警；
c）运输车辆应具备防疲劳驾驶功能；
d）运输车辆宜具备对驾驶员违规行为进行监测报警的功能；
e）运输车辆应设置智能限速装置；
f）主要运输道路交叉路口应设置智能信号标识；
g）无人驾驶卡车应具备安全应急状态下的远程接管功能。

8.2 边坡安全

边坡安全应符合以下要求：
a）应符合 GB 51214—2017 的要求；
b）采场、排土场危险边坡应实现在线实时监测；
c）应配备具有监测数据综合分析、预警报警功能的边坡监测系统；
d）边坡监测预警报警功能应接入调度中心。

8.3 安全风险预控管理

安全风险预控应符合以下要求：
a）重大危险源应应实现实时监测，具备预警报警功能；
b）学习培训管理应具有员工在线学习、在线考核功能。

8.4 环境安全

8.4.1 应建立废水、废气、固体废物排放监测和噪音、粉尘监测信息系统。
8.4.2 宜利用无人机巡航对露天煤矿进行生态监测。

8.5 工业场地安全

工业场地应建立安全监控和智能识别系统。

8.6 网络安全

网络安全应符合以下要求：
a）应符合 GB/T 22239—2019 中 5、8、9、10 的要求；
b）应采用网络安全技术实现 VLAN 划分；
c）控制网络与其它网络之间应设置工业隔离区；
d）应实现控制网络与企业网、移动互联和远程访问等外部网络之间的边界防护；
e）通信传输应具有通信异常、网络异常的监控与报警功能；
f）应具有网络安全检测、入侵防范、入侵检测和恶意代码检测功能；
g）对于数据交换容错、实时性要求高的子系统间的通信，宜采用冗余渠道通信方式。

9 综合管控与调度

9.1 地质保障

9.1.1 应建立地质信息管理系统，且应符合以下要求：
a）应具备勘探报告、核实报告、生产勘探报告数字化存储的功能；

b） 应具备地质、测量、采矿资料实时更新的功能；

c） 应具备露天煤矿资源/储量动态管理的功能。

9.1.2 应建立露天煤矿三维地质矿床模型，且应符合以下要求：

a） 应符合 GB 50197—2015 中 2.1、2.2、5.1、5.3 的要求；

b） 应能反映地层、煤层三维空间及特性的分布规律；

c） 应能进行工程量计算；

d） 应能进行剥采计划编制；

e） 应具备三维可视化功能。

9.1.3 测量信息采集宜采用无人机等遥控测量技术及装备。

9.1.4 宜建立露天煤矿高精地图。

9.1.5 露天煤矿采矿工程应可追溯。

9.2 智能调度

9.2.1 智能生产相关人员智能调度应实现调度指令的在线发布、记录、查询。

9.2.2 智能生产相关设备智能调度应符合以下要求：

a） 应实现钻机、采运排设备、破碎站、水泵、变电所运行工况及位置在线监测；

b） 宜具备确定钻机、挖掘设备、排土设备作业区域的功能；

c） 应具备运输设备的路径优化功能；

d） 应实现采装、运输和排土设备的自动匹配；

e） 应实现自动计量、故障上报等功能。

9.2.3 应实现生产数据的统计、记录和查询功能。

9.2.4 应实现露天煤矿安全生产信息的显示、报警、记录。

9.3 设备管控

9.3.1 设备管理应符合以下要求：

a） 采装、运输、排土设备宜具备设备运行保养以及备件更换提示功能；

b） 矿用卡车宜采集轮胎温度、胎压、运行小时数等信息；

c） 应建立设备故障、设备维修、设备可用率及运行时间等相关数据库。

9.3.2 应实现对露天煤矿远程操控钻机、无人驾驶车辆、破碎站、带式输送机、水泵、变电所等主要设备运行工况、运行参数、故障信息的在线监测。

9.3.3 应实现对露天煤矿远程操控钻机、无人驾驶车辆、破碎站、带式输送机、水泵、变电所等主要设备的远程控制。

9.3.4 宜实现露天煤矿破碎站、带式输送机、水泵、变电所的无人值守。

10 管理与决策

10.1 生产信息管理

应配置具有以下功能的生产信息管理系统：

a） 生产信息报表自动生成，报表格式可定制；

b） 生产计划信息管理；

c） 生产完成情况信息管理；

d） 工程质量信息管理；

e） 生产安全信息管理；
f） 重点工程信息管理；
g） 环境信息管理；
h） 能耗及从材料消耗信息管理；
i） 职业危害信息管理；
j） 设备运维和配件库存信息管理。

10.2 经营信息管理

应配置具有以下功能的经营信息管理系统：
a） 经营信息报表自动生成，报表格式可定制；
b） 合同信息管理；
c） 投资信息管理；
d） 成本信息管理；
e） 销售信息管理；
f） 采购信息管理；
g） 资金信息管理；
h） 经营指标信息管理；
i） 人力资源信息管理；
j） 物资供应信息管理。

10.3 决策支持

应配置具有以下内容的智能决策支持系统：
a） 生产计划；
b） 投资；
c） 销售；
d） 采购；
e） 资金；
f） 人力资源；
g） 安全；
h） 设备维修。

ICS 35.240.50
CCS D 90

DB14

山西省地方标准

DB 14/T 2530—2022

智能煤矿融合5G网络建设指南

2022-09-02 发布 2022-12-01 实施

山西省市场监督管理局 发布

目　次

前　言

本文件按照 GB/T 1.1—2020《标准化工作导则　第1部分：标准化文件的结构和起草规则》的规定起草。

请注意本文件的某些内容可能涉及专利。本文件的发布机构不承担识别专利的责任。

本文件由山西省工业和信息化厅提出、组织实施和监督检查。

山西省市场监督管理局对标准的组织实施情况进行监督检查。

本文件由山西省物联网和人工智能标准化技术委员会归口。

本文件起草单位：联通（山西）产业互联网有限公司、山西阳光三极科技股份有限公司、山西安数智能科技有限公司、山西忻州神达能源集团有限公司、山西科达自控股份有限公司、山西省检验检测中心（山西省标准计量技术研究院）。

本文件主要起草人：丁汉栋、门高伟、王晓莉、王刚、高雪峰、张宇、王明宇、许强、刘英剑、张兆滨、孙瑞瑞、李晓方、郝志锋、张鑫、孙艳、石鑫、王剑。

智能煤矿融合5G网络建设指南

1 范围

本文件给出了井工智能煤矿融合5G网络建设的术语和定义、缩略语、总体架构及功能、建设内容。

本文件适用于井工智能煤矿的融合5G网络智能化建设。

2 规范性引用文件

下列文件中的内容通过文中的规范性引用而构成本文件必不可少的条款。其中，注日期的引用文件，仅该日期对应的版本适用于本文件；不注日期的引用文件，其最新版本（包括所有的修改单）适用于本文件。

GB/T 3836.1 爆炸性环境 第1部分：设备 通用要求

GB/T 17626.5 电磁兼容 试验和测量技术 浪涌（冲击）抗扰度试验

GB/T 25070 信息安全技术 网络安全等级保护安全设计技术要求

GB/T 34679 智慧矿山信息系统通用技术规范

3 术语和定义

下列术语和定义适用于本文件。

3.1

智能煤矿

将人工智能、工业物联网、云计算、大数据、机器人、智能装备等与现代煤炭开发利用深度融合，形成全面感知、实时互联、分析决策、自主学习、动态预测、协同控制的智能系统，实现煤矿开拓、采掘、运输、通风、安全保障、经营管理等过程的智能化运行。

3.2

5G网络

第五代移动通信技术（5th Generation Mobile Communication Technology，简称5G）是具有高速率、低时延和大连接特点的新一代宽带移动通信技术，是实现人机物互联的网络基础设施。

3.3

智能煤矿融合5G网络

依托5G网络基础设施，将智能煤矿范畴内的地面网络与井下网络通过统一的网络接入标准融合在一起，构建全面感知的网络，并对网络节点和网络设备进行监测管控，为煤矿智能化建设提供基础信息服务。

4 缩略语

下列缩略语适用于本文件。

eMBB：增强移动宽带（Enhanced Mobile Broadband）

Flex E：灵活以太网技术（Flex Ethernet）
IMS：IP 多媒体系统（IP Multimedia Subsystem）
MEP：移动边缘计算平台（Mobile Edge Computing Platform）
mMTC：大规模机器类型通信（Massive Machine Type Communication）
NB－IOT：窄带物联网（Narrow Band Internet of Things）
NSA：非独立组网（Non－Stand Alone）
OIF：国际标准组织光互联网论坛（Optical Internetworking Forum）
SA：独立组网（Stand Alone）
SIP：会话初始协议（Session Initiation Protocol）
SLA：服务等级协议（Service Level Agreement）
URLLC：高可靠和低延迟通信（Ultra－reliable and Low Latency Communications）
UWB：超宽带（Ultra Wide Band）
3GPP：第三代合作伙伴计划（Third Generation Partnership Project）
4G：第四代移动通信技术（The 4th Generation Mobile Communication Technology）
5G：第五代移动通信技术（The 5th Generation Mobile Communication Technology）

5　总体架构及功能

5.1　总体架构

智能煤矿融合 5G 网络建设总体架构包括 5G 网络基础设施建设、融合网络建设、融合应用建设、网络管理与信息安全建设、标准规范体系建设五个部分，其中网络管理与信息安全建设和标准规范体系建设为各部分提供支撑，总体架构见图 1。

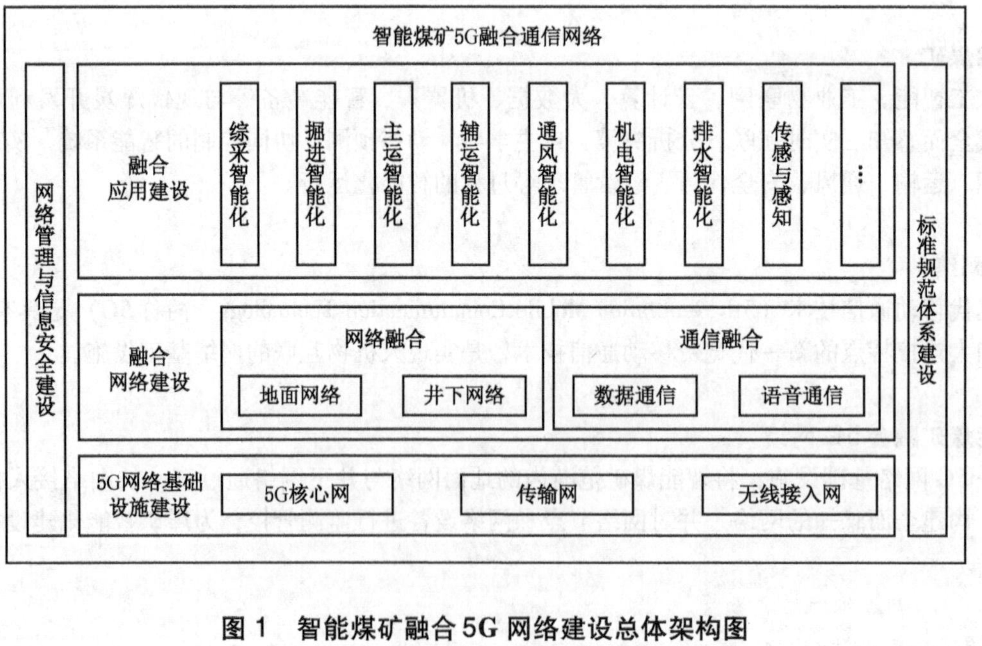

图 1　智能煤矿融合 5G 网络建设总体架构图

5.2　总体功能

5.2.1　5G 网络基础设施建设功能包括：

——5G 核心网具备用户、会话管理以及数据分发和传输等功能；
——传输网具有承载 4G、5G 通信业务和其他有线通信业务的功能；
——无线接入网实现终端与 5G 网络的无线接入。

5.2.2 融合网络建设基于 5G 网络基础设施，具备地面和井下的网络融合以及数据、语音的通信融合功能。

5.2.3 融合应用建设依托融合网络建设成果，能够实现 5G 网络在综采、掘进、主运、辅运、通风、机电、排水、传感与感知等环节的应用。

5.2.4 网络管理与信息安全建设具备网络管理、状态监控、设备监测、安全管理等功能，能够对 5G 无线接入设备和传输设备进行统一管理、统一监控和统一维护，实现网络状态和设备的动态监控、实时告警。

5.2.5 标准规范体系建设能够实现开拓设计、地质保障、采掘（剥）、运输、通风、洗选物流等环节的智能化决策和自动化协同运行。

6 建设内容

6.1 5G 网络基础设施建设

6.1.1 5G 核心网

6.1.1.1 功能

6.1.1.1.1 宜采用独立组网的形式，控制面遵循 3GPP 标准。

6.1.1.1.2 可搭载 MEP 或其他边缘计算平台，支持煤矿部分应用系统在 5G 核心网 MEP 平台上的部署，且能够进行包括但不限于：煤矿应用系统认证和鉴权服务、组网安全防护能力、数据加密、数据隔离、数据防篡改、数据访问控制、数据防泄漏等方面的安全管理。

6.1.1.1.3 宜支持与 IMS 对接，实现 5G、4G、WiFi 与有线电话的融合调度。

6.1.1.2 性能

6.1.1.2.1 同时在线会话数宜不小于 1 千用户，并可扩展至 1 万用户。

6.1.1.2.2 吞吐量大于 10 Gbps。

6.1.1.2.3 MEP 宜支持 APP 应用及虚机模式部署，平台资源可根据应用需求灵活部署。

6.1.1.3 可靠性

6.1.1.3.1 支持软件、硬件故障的在线恢复，关键软件、硬件宜优先进行 N+1 或 1+1 冗余备份。

6.1.1.3.2 支持容灾备份。容灾备份可自行建设，或与运营商网络组成资源池进行容灾自动切换。

6.1.2 传输网

6.1.2.1 功能

6.1.2.1.1 设备宜支持网络级就近转发和设备级物理层低时延转发能力，匹配时延敏感业务的承载需求。

6.1.2.1.2 设备宜支持二层和三层业务模型，满足点对点、点对多点、多点对多点业务承载需求。

6.1.2.1.3 设备宜支持同步以太网功能，支持 1588. V2 等时间同步协议，实现稳定可靠、高精度的频率同步和时间同步。

6.1.2.1.4 宜支持“Flex E”的切片技术，采用时分复用方式基于以太网物理层提供硬管道隔离及监视技术，遵从 OIF Flex E 规范；能够支持丰富的切片颗粒度，如 1 Gbps、5 Gbps 等。

6.1.2.1.5 宜支持切片带宽的动态调整，且带宽调整时业务无损。

6.1.2.1.6 支持电信级故障检测和性能管理。

6.1.2.2 性能

6.1.2.2.1 小型和中型煤矿宜采用 10 Gbps 及以上的主干传输网络，大型煤矿宜采取 50 Gbps 及以上的主干传输网络；且主干传输网络宜支持切片功能。

6.1.2.2.2 设备宜支持 100 Mbps、1000 Mbps 的光接口和电接口以及 10 Gbps - 50 Gbps 的光接口；且光端口最大传输距离不低于 10 km，具备单纤双向能力。

6.1.2.3 可靠性

6.1.2.3.1 宜采用“串联环结构”、“并联环结构”等“抗灾技术”进行建设，支持交换单元、主控单元、信令控制单元（当支持控制平面时）等主要功能单元的 1 +1 冗余备份能力。

6.1.2.3.2 宜支持路径保护和节点保护，在发生故障时能进行电信级快速保护倒换。

6.1.3 无线接入网

6.1.3.1 功能

6.1.3.1.1 煤矿井下 5G 天线无线发射功率应符合 GB/T 3836.1 的要求。

6.1.3.1.2 宜满足蜂窝系统通信行业标准规定的蜂窝系统通信功能要求，支持对蜂窝网络设备的操作和管理功能，可对蜂窝网络功能进行创建、删除、配置、监控和故障排除，对蜂窝网络实时监控。

6.1.3.1.3 井下无线接入设备宜具备 4G/5G 多频多模硬件能力，以及 eMBB、URLLC、mMTC 业务能力。

6.1.3.1.4 宜支持数据路由功能，基站的数据路由配置管理。

6.1.3.1.5 宜支持将工业应用映射为相应的服务等级，管道能力宜具备差异化 SLA 控制，能为数据传输类、远程控制类、视频类等不同业务提供差异化等级服务。

6.1.3.1.6 宜支持和工业网络管理系统的对接、工业网络的故障告警、拓扑生成及设备管理等。

6.1.3.2 性能

6.1.3.2.1 数据传输速率宜满足如下要求：

——单基站覆盖，单终端峰值吞吐率满足上行 200 Mbps；

——单基站覆盖，单终端边缘上行吞吐率大于 10 Mbps。

6.1.3.2.2 并发用户数要求宜满足如下要求：

——单基站覆盖，满足 30 ~ 40 个摄像头类终端数据并发；

——单基站覆盖，多路视频并发传送基本无卡顿。

6.1.3.2.3 网络时延宜满足如下要求：

——对于控制类业务，网络时延＜50 ms；

——对于控制类业务，可靠性＞99.99%。

6.2 融合网络建设

6.2.1 网络融合

6.2.1.1 包括地面网络及井下网络的融合，其中：

——地面网络包括：

- 有线网：办公网、生产网、生活网；
- 无线网。

——井下网包括：

- 有线网：包括传输网和接入网；
- 无线网：包括4G、5G、WiFi、NB-IOT和UWB等。

6.2.1.2 网络融合主要依托传输网进行。

6.2.1.3 网络融合宜在现有网络基础上进行，避免重复建设功能相同的网络。

6.2.2 通信融合

6.2.2.1 数据通信

包括但不限于：

——宜采用统一的数据传输协议实现5G通信网络与其他通信网络的互联互通。人员、设备、环境的监测和感知数据等物联网数据宜依托网络融合进行传输；

——宜采用5G通信网络或其他通信网络实现井下综采工作面、掘进工作面、主运输系统摄像机、辅助运输系统摄像机等关键岗位的监控视频数据传输；

——宜构建智能煤矿大数据平台，存储融合5G网络中各种原始的监测监控信息、管理信息等，并为各种智能化应用提供基础信息，保证信息的唯一性。

6.2.2.2 语音通信

包括但不限于：

——根据智能煤矿通信需要，具有4G语音通信或基于5G的调度通信功能；

——4G、5G通信系统宜支持SIP协议及E1协议，新建调度通信宜同时支持SIP及E1协议，通过SIP或E1协议可实现调度通信与4G、5G互联互通；

——内部语音通信宜实现行政通信、调度通信、无线通信、广播通信等语音通信系统互联互通，并与公网语音业务互联

6.3 融合应用建设

6.3.1 综采智能化

综采工作面设备和系统与5G网络融合应用的内容包括但不限于：

——宜通过5G无线网络实现进行集中和远程控制，且控制延时不超过300 ms；

——宜通过5G无线网络进行参数监测和控制；

——宜采用5G无线网络传输视频数据；

——宜采取有线网络与5G无线网络结合的通信方式。

6.3.2 掘进智能化

掘进工作面设备和系统融合5G网络应用的建设内容包括但不限于：

——宜采用5G无线网络传输视频数据；

——宜采用5G无线网络进行掘进工作面设备远程集中控制；

——宜采取有线网络与5G无线网络结合的通信方式。

6.3.3 主运智能化

主运设备和系统融合5G网络应用的建设内容包括但不限于：

——主运输系统摄像机宜采用5G无线网络传输视频数据；

——传输网可建立主运输系统控制和视频切片，各部皮带的控制系统的交换机就近通过有线方式接入传输网，地面集控系统及井下就地控制系统宜划入同一切片。

6.3.4 辅运智能化

辅运设备和系统融合5G网络应用的建设内容包括但不限于：

——宜依托5G网络实现智能调度；

——轨道型辅助运输车辆、无轨运输车辆宜配置专用5G工业网关，在物资运输、车厢装卸、智能驾驶等过程中通过5G无线网络传输控制信息和调度信息。

6.3.5 通风智能化

通风设备宜采用5G无线网络连接，实现通风系统设备状态监测、视频传输和智能控制等功能。

6.3.6 机电智能化

机电设备宜采用5G无线网络连接，实现供电系统状态监测、环境监测、安全保障和视频传输等功能。

6.3.7 排水智能化

排水设备宜采用5G无线网络连接，实现水泵房状态监控、视频传输和智能控制等功能。

6.3.8 传感与感知

6.3.8.1 人员感知

包括但不限于：

——人员定位系统基站可与5G基站融合建设，形成多模网络融合基站，同时人员定位系统可通过传输网传输信息；

——下井人员佩戴设备宜通过5G网络进行音频视频通话、语音对讲和拍录现场环境上传地面等。

6.3.8.2 设备感知

宜通过5G无线网络传输设备的开停、速度、电流、电压、温度、振动等工况信息。

6.3.8.3 环境感知

包括但不限于：

——依托煤矿安全风险预防管控平台，通过5G无线网络或者物联网，对各种气体、风速、风向、液位、负压、温度、烟雾、粉尘浓度、顶板压力等井下移动作业环境感知数据进行传输；

——依托煤矿安全风险预防管控平台，通过有线网络、5G无线网络或物联网，对井下气体（甲烷、一氧化碳、氧气、二氧化碳等）浓度、粉尘、水位动态监测、顶板压力和冲击地压在线监测等感知数据和分析预警信息进行传输。

6.3.9 其他应用

宜将5G网络与地面的安防、访客、会议管理、考勤、人力资源等管理业务系统进行融合应用，形成智能化协同控制。

6.4 网络管理与信息安全建设

6.4.1 网络管理

6.4.1.1 指标采集

包括但不限于：

——宜对5G核心网设备资源数据进行采集，对系统中配置的网络设备的各类详细配置信息进行管理；

——宜实现5G网络统一的可视化效果，实现全链路设备及终端的统一监测与管理，将网络连接数据与应用数据融合；

——宜提供5G网络自服务、自运维与自开发等核心能力。

6.4.1.2 告警监控

包括但不限于：

——宜支持5G网络设备状态查询和故障查询，支持本地设备的维护与操作；

——宜对5G网络设备的状态进行持续或间断的监测，实时发现故障或性能降低；

——宜实现告警显示、查询和统计功能。

6.4.2 信息安全

6.4.2.1 系统安全

包括但不限于：

——智能煤矿融合5G网络安全宜符合GB/T 34679的要求；

——对所有参与无线通信的用户（人员、软件进程或者设备）宜提供唯一性标识和鉴别；

——宜对融合5G网络中的办公网和控制网通过网闸实现单向互通；控制网与传输网高速互通；

——宜对融合5G网络和外部网络之间通过工业隔离区进行边界防护，保证跨越边界的数据流通过受控接口进行通信；

——在共用融合5G网络的情况下，各系统间宜逻辑划分虚拟VLAN，此时各系统传输的数据宜采用密钥加密传输。

6.4.2.2 通信安全

包括但不限于：

——融合5G网络宜具有通信中断、网络流量异常监测与报警功能；

——具有正式的传输策略、规程和控制，可保护通过使用各种类型通信设施进行的信息传输；

——宜充分考虑SA/NSA切换保障、系统链路冗余等措施，5G核心网、传输网、无线接入网设备在停电的情况下宜具备不小于2小时的续航能力；

——通信设备按照有关要求办理安全标志审核手续；5G系统中接入公网的设备按国家有关规定办理进网许可证；

——智能煤矿5G融合通信网络宜采用本质安全型防爆，需要针对性进行研究设计开发，不宜简单将应用于地面的设备加防爆外壳即视为改造完毕；

——用于控制的智能煤矿5G融合通信网络宜具有较强的抗干扰能力，满足GB/T 17626.5的要求。

6.4.2.3 网络安全

网络安全等级保护宜符合GB/T 25070的有关要求。

6.5 标准规范体系建设

6.5.1 宜健全智能煤矿融合5G网络建设标准规范体系，统一技术规范和标准。包括但不限于：数据治理、融合通信建设、融合通信安全、通信协议、数据传输、数据共享等方面。

6.5.2 宜按照智能煤矿融合5G网络标准规范体系的要求，结合煤矿业务领域、作业环境、应用价值进行煤矿的规划、设计、建设和运营管理。

参 考 文 献

[1] GB/T 3836.2　爆炸性环境　第2部分：由隔爆外壳“d”保护的设备

[2] GB/T 3836.4　爆炸性环境　第4部分：由本质安全型“i”保护的设备

[3] GB/T 20271　信息安全技术　信息系统通用安全技术要求

[4] GB/T 20540.3　测量和控制数字数据通信　工业控制系统用现场总线　类型3：PROFIBUS规范　第3部分：数据链路层服务定义

[5] GB/T 22239　信息安全技术　网络安全等级保护基本要求

[6] GB/T 51272　煤炭工业智能化矿井设计标准

[7] MT/T 1115　多基站矿井移动通信系统通用技术条件

[8] 3GPP TS 33.501　5G系统安全架构和过程

[9] 3GPP TS 36.104　接入设备技术规范

[10] 3GPP TS 38.141　5G基站技术规范

ICS 73-010
D 01

DB41

河 南 省 地 方 标 准

DB 41/T 1383—2017

智能煤矿建设规范

2017-04-24 发布　　　　2017-07-24 实施

河南省质量技术监督局　发布

目　次

前　言

本标准按照 GB/T 1.1—2009 给出的规则进行起草。

本标准由河南省工业和信息化委员会提出。

本标准起草单位：中国平煤神马能源化工集团有限责任公司、平顶山市质量技术监督局、平顶山天安煤业股份有限公司、河南省许平煤业有限公司。

本标准主要起草人：涂兴子、盛璐、田宏博、向阳、胡文涛、臧朝伟、王留根。

本标准参加起草人：王建峰、闫军胜、郭保柱、勇辉、张仕伟、肖振宇、胡宁、王志信、杨家山、万军、张革委、余贵军、车云立、杨国和、魏如愿、徐其祥、李军鸿、史二听、耿明强、王建彪、付耀杰、赵邦富、何世珍、吴红磊、田建军、张毅、路阳春、赵军业、韩澎、牛彦伟、武晓龙、郑晓伟、叶静、王心刚、王建才、张宏伟、王姣侠、张春强、张建平、陶文钊、张存良、李忠杰、杨静谊、杨小军、马金营、王旭明、王仕伟、张彦伟、王曦、王亚军、王领、王磊、宋博、秦振韬、肖小兵、赵利辉、朱征、师光华、朱琳、王孔义、别深杰、刘成合、刘晶晶、韩亚军、曲德臣、董晓磊、林健、徐平生、周松涛、谷晓红、钱文序、刘岩、陈桢桢、常慧子、蒋理科、李云涛、梁晓东、杨亚明、李向峰、李蕊、曹兴伟、梁红涛、汤建中、支俨峰、李卫中、张杨、段鹏飞、段广铮、李磊、赵煜琪、吴海涛、田建军、高建峰、冉艳芝、齐红旗、张晓斌、赵遵宏、司亚东、张红杨、胡松伟、邵义鹏、周红琴、杨亚彬、熊鑫辉、周永全、张庆林、李晓鹏、李天发、刘洋、张明喆、何慧、杨蕊华。

智能煤矿建设规范

1　范围

本标准规定了智能煤矿建设的术语和定义、总则、平台建设、管理与运维。

本标准适用于智能煤矿的设计、建设和管理。

2　规范性引用文件

下列文件对于本文件的应用是必不可少的。凡是注日期的引用文件，仅注日期的版本适用于本文件。凡是不注日期的引用文件，其最新版本（包括所有的修改单）适用于本文件。

GB/T 17626.3—2006　电磁兼容　试验和测量技术　射频电磁场辐射抗扰度试验

GB/T 17626.4—2008　电磁兼容　试验和测量技术　电快速瞬变脉冲群抗扰度试验

GB/T 17626.5—2008　电磁兼容　试验和测量技术　浪涌（冲击）抗扰度试验

GB/T 21671—2008　以太网技术的局域网系统验收测评规范

GB/T 22080—2008　信息技术　安全技术　信息安全管理体系要求

GB/T 22239—2008　信息安全技术　信息系统安全等级保护基本要求

GB/T 23020—2013　工业企业信息化和工业化融合评估规范

GB/T 26335—2010　工业企业信息化集成系统规范

AQ 1011—2005　煤矿在用主通风机系统安全检测检验规范

AQ 1012—2005　煤矿在用主排水系统安全检测检验规范

AQ 1013—2005　煤矿在用空气压缩机安全检测检验规范

AQ 1027—2006　煤矿瓦斯抽放规范

AQ 1029—2007　煤矿安全监控系统及检测仪器使用管理规范

AQ 1048—2007　煤矿井下作业人员管理系统使用与管理规范

AQ 1055—2008　煤矿建设项目安全设施设计审查和竣工验收规范

3　术语和定义

下列术语和定义适用于本标准。

3.1

智能煤矿

运用信息和通信技术手段感知测量、分析、整合煤矿运行核心系统的各项关键信息，对安全、生产、经营、调度、自动化、监测监控、人员定位等需求做出智能响应，实现智能管理和运行的煤矿。

3.2

煤矿信息系统

以信息技术为基础，直接为煤矿安全高效生产提供信息化服务的人机系统。主要包括：煤矿监控系统、煤矿监视系统、煤矿通信系统、煤矿生产与经营管理信息系统。

4 总则

4.1 按照“总体设计、分步实施、安全可靠、适用先进”的原则。
4.2 统一宽带网络传输平台、信息处理平台、数据库、接口规范。
4.3 建设功能齐全、多专业集中的矿井调度控制中心。
4.4 建设统一的数据中心。
4.5 主要生产环节应设置监控、通信、监视等系统，实现自动化运行，远程监控。
4.6 计算机主干网络应采用千兆及以上网络；工业控制网络采用具有冗余功能的千兆及以上工业光网络；办公网络采用有线网络或结合无线网络的方式全覆盖。
4.7 建立专家决策支持系统，实现对重大危险源的识别、预测、预警。
4.8 设备应能满足电磁兼容性要求。

5 平台建设

5.1 基础设施平台

5.1.1 资金投入

5.1.1.1 信息化、自动化设备（设施）建设及升级改造投入占企业销售收入的比重达到1%～3%。
5.1.1.2 信息化、自动化设备（设施）运行维护投入占企业信息化、自动化总投入的比重达到20%～30%。

5.1.2 组织和规划

5.1.2.1 信息化、自动化专职人员占企业年末人员总数的比例达到0.5%～1%。
5.1.2.2 企业全部员工接受信息化、自动化相关专业培训人均学时达到每年2学时，专职人员相关专业培训人均学时达到每年20学时。
5.1.2.3 企业决策层建立信息化、自动化领导机构。
5.1.2.4 企业自动化专职部门职能定位是自动化设备购置、安装、调试与改造/自动化设备运维管理/自动化技术服务和设备研发，提供信息技术开发及运维服务/部分或全面负责企业信息化管理/推动企业管理变革、模式转型及业务流程优化。
5.1.2.5 企业信息化制度的建立应至少包含项目规划审批制度、项目管理制度、运行维护管理制度、标准规范、业务操作规范管理制度、设备软件采购管理制度、安全管理制度、应急预案、考核评价机制、培训机制。
5.1.2.6 单独制定了信息化、自动化专项规划、年度信息化计划、执行情况纳入企业主要领导人年度考核。
5.1.2.7 在企业发展战略下明确信息化发展战略，制订企业信息化发展规划。

5.1.3 计算机网络

5.1.3.1 基本要求

5.1.3.1.1 网络建设应符合GB/T 21671的规定。
5.1.3.1.2 办公网与工业网络应采用必要的网络安全设备隔离。
5.1.3.1.3 关键设备应具有冗余功能，核心业务服务器应热备份冗余。

5.1.3.2 主要技术指标

5.1.3.2.1 有线主干网传输带宽应不小于1000 Mbps。

5.1.3.2.2 办公区桌面有线传输带宽应不小于100 Mbps。

5.1.3.2.3 网络传输时延应不大于1 ms。

5.1.3.2.4 网络运行效率及丢包率应满足MT/T 1131规定。

5.1.3.2.5 关键设备的抗扰度应符合GB/T 17626.3、GB/T 17626.4、GB/T 17626.5规定。

5.1.3.3 主要功能

5.1.3.3.1 核心交换机应支持虚拟局域网（VLAN）功能。

5.1.3.3.2 办公网络与工业网络应能互联互通，计算机网络应具备VPN联接功能，应具有网络流量监测与控制、掉电保护、故障诊断、故障报警、电源管理等网管功能，当办公网络接入互联网时应配备防火墙等网络安全设备，核心设备具有冗余，冗余方式冷备/热备，外部供电方式单回路/双回路，设有不间断电源，工业网络与企业信息网络应采用防火墙/网闸/路由器隔离。

5.1.4 工业网络建设

井下通讯应采用有线和无线相结合、固定和移动相结合、有源和无源相结合、井巷传播和透地通讯相结合，并通过基站、调度机、交换机、网闸等中继设施与公网连接，实现井下移动设备监控数据、语音、视频、人员定位等多种信息、多种网络的融合，在保障数据安全的条件下实现全方位的互联互通。

工业控制网络应符合MT/T 1081、MT/T 1131和下列要求：

a） 应采用带冗余功能的千兆或千兆以上工业光网络；
b） 无线网络宜采用WiFi、3G或4G无线网络标准；
c） 应通过防火墙等网络隔离设备与其他网络互通互联；
d） 应具备不间断电源供电，备用电源供电时间不少于2 h；
e） 核心网络交换机应采用三层及以上交换机，具有身份认证、授权、加密等机制，具备时间日志、数据备份等功能；
f） 矿用交换机宜安装于井下中央变电所、巷道硐室、采区变电所等便于供电的场所；
g） 核心网络交换机等设备宜放置矿井数据中心。

5.1.5 数据中心及机房建设

数据中心应满足下列要求：

a） 按照企业云中心和数据集中管理要求，建设适合各单位实际的数据中心和私有云；
b） 宜采用服务器虚拟架构和统一的数据库；心业务服务器应热备份冗余；
c） 核心交换机应采用三层及以上交换机，具有身份认证、授权、加密等机制，具备时间日志、数据备份等功能。
d） 数据中心机房建设内容包括：机房装修工程、机房供配电系统、照明系统、防雷接地系统、新风系统、机房消防系统、机房环境及动力监控系统、机房制冷系统、UPS系统、KVM系统、综合布线系统等。

5.1.5.1 机房装修工程

机房装修应遵循国家有关标准，选用气密性好、不起尘、易清洁，具有表面静电耗散性能的材料。

5.1.5.2 机房供配电系统

应由专用配电变压器或专用回路供电，配电应采用专用配电箱（柜），专用配电箱（柜）应靠近用电设备安装。

5.1.5.3 照明系统

照明光源采用高效节能荧光灯，照明线路穿钢管暗敷或在吊顶内穿钢管明敷。技术夹层内应设照明，采用单独支路或专用配电箱（柜）。

5.1.5.4 防雷接地系统

防雷接地系统应符合国家和相关行业的规范，主机房和辅助区的地板或地面应有静电泄放措施和接地构造，且应具有防火、环保、耐污耐磨性能。

5.1.5.5 新风系统

对于热密度大、热负荷大的机房，采用下送风，上回风的方式，有利于设备的散热；对于高度超过1.8 m的机柜，采用下送风，上回风的方式，可以减少机柜对气流的影响。

5.1.5.6 机房消防系统

采用管网式洁净气体灭火系统的主机房，应同时设置两组独立的火灾灭火探测器，且火灾探测器应与灭火系统联动。

5.1.5.7 机房环境及动力监控系统

强制排水设备的运行状态应纳入监控系统；进入主机房的水管应分别加装电动和手动阀门。

5.1.5.8 机房温控系统

设备的选用应符合运行可靠、经济适用、节能和环保的要求；空调机应带有通信接口，通信协议应满足机房监控系统的要求；过滤器和加湿器应便于清洗和更换，设备安装应留有相应的维修空间。

5.1.5.9 UPS系统

确定UPS容量时需要留有余量，采用具有自动和手动旁路装置的UPS。辅助区宜单独设置UPS系统，以避免辅助区的人员误操作而影响主机房电子信息设备的正常运行。

5.1.5.10 KVM系统

中型和大型机房需采用KVM切换系统对主机进行集中控制和管理。

5.1.5.11 综合布线系统

主机房以一个机柜为一个工作区，暂时无法确定机柜数量的，以3 m^2 ~5 m^2 为一个工作区；辅助区以3 m^2 ~9 m^2 为一个工作区；支持区以不同的功能用房为一个工作区，如UPS室、空调机房等。

5.1.6 调度控制中心

调度控制中心应符合下列要求：

a） 应能通过信息综合展示平台实时掌握矿井安全、生产、经营信息，自动化系统运行工况，安全监测信息等信息；

b） 应能具有安全、生产、经营管理信息的集中管理、集中监测，对生产环节的集中控制；应能结合现场生产运行工况，实现远程控制；

c） 应能具有生产计划/调度数据的分级录入和自动报表生成、调度指令下达、信息反馈等自动化办公处理流程；

d） 应建立专用报警计算机，实现安全生产报警防范及联动机制，将安全、生产、经营管理中需要报警的信息进行集中管理与提醒，并实现与对应作业现场工业电视画面的联动显示；

e） 应具有对生产与通信环节设备的故障诊断与提示功能；

f） 应具有应急救援指挥功能；

g） 宜具有专家辅助决策功能。

5.1.7 物联网建设

物联网建设主要由以下6个方面组成：EPC编码标准、EPC标签、识读器、应用层事件（Application Level Event，ALE）中间件、对象名解析服务（Object Naming Service，ONS）、EPC信息服务（EPC Information Service，EPCIS）。

物联网的经典体系架构分为感知层、传输层和应用层3层结构。在感知层获取到设备状态信息后，应经过一定的处理再交由传输层传输，可有效减轻传输层的负载，提高数据传输的安全性。在应用层前设计一种方便的数据服务接口，使感知层与应用层各个系统之间能够更高效的互联互通，最终实现物－物互联的目标。

5.1.8 信息资源

5.1.8.1 企业应制定信息化编码标准。

5.1.8.2 企业数据中心（EDC）采用集中模式。

5.1.8.3 数据中心管理集中度已经涵盖部分（大型系统）集中管理。

5.1.9 信息安全

5.1.9.1 企业计算机安全防护采用企业级防病毒解决方案。

5.1.9.2 企业应用的网络安全防护手段包括网络分区防火墙隔离，服务器入侵检测，网络准入管控，互联网出口安全审计、安保。

5.1.9.3 企业数据备份有在线备份。

5.1.9.4 企业灾备达到同城异地容灾。

5.1.9.5 企业关键设备（设施）冗余备份包括主干路由设备冗余备份、核心交换机冗余备份、关键业务服务器（如数据库）冗余备份、核心设备电源模块冗余备份、UPS电源等冗余备份。

5.1.9.6 企业井下、井上、线路等各系统应具有防护措施（防盗、防毁、防雷、防尘、防静电）。

5.1.9.7 企业主干网络应具有冗余。建立信息安全管理制度；建立安全应急响应机制；进行安全防范意识培养；建设并执行关键设备设施、应用系统供应商承诺制。并有效落实制度，确保终端安全、网络安全、服务器和存储安全、发布信息安全和应用系统安全。对于企业骨干网覆盖范围外的单位，要采用VPN方式拨入。

5.1.10 信息编码

能够保证同一个对象编码的唯一性及上下游管理规范的一致性。企业层面主要包括人力资源信息、设备信息、物资信息、客商信息、组织结构信息、资金信息、空间信息、地物信息、生产信息、监测信息、多媒体信息、管理信息、煤质（品位）信息、危险源信息、档案信息等。基层层面要根据实际细化信息编码标准并及时维护。

5.1.11 监测监控通讯接口

接口应符合以下要求：

a） 能够支持多种通讯协议和接口，如 TCP/IP、HTTP、FTP、DDE/NetDDE、COM/DCOM、OPC/OPC UA、RS232/RS485、SOAP 等；

b） 能够从 SCADAD、DCS、PLC、RTU、板卡、仪表、端口等多种软件、设备、协议获取数据，并能通过开放接口向各种应用提供数据，保证数据的可靠性和实效性；

c） 能够从各种服务系统、应用系统和控制端获取命令，并能自动转发和执行命令，控制设备的运行，保证命令的可靠性和实效性；

d） 能够根据煤矿数据仓库的结构，按时把内存数据、实时数据存放到历史数据库中；

e） 提供自定义通讯协议功能，以满足特殊的通讯需要；

f） 最少支持 256 个并发客户同时存取内存数据、实时数据和历史数据，对于实时数据的读写速度达到 300000 个/s。

5.1.12 应用系统接口

接口应符合以下要求：

a） 接口应实现对外部系统的接入提供企业级的支持，在系统的高并发和大容量的基础上提供安全可靠的接入；

b） 提供完善的信息安全机制，以实现对信息的全面保护，保证系统的正常运行，防止大量访问，以及大量占用资源的情况发生，保证系统的健壮性；

c） 提供有效的系统的可监控机制，使得接口的运行情况可监控，便于及时发现错误及排除故障；

d） 保证在充分利用系统资源的前提下，实现系统平滑的移植和扩展，同时在系统并发增加时提供系统资源的动态扩展，以保证系统的稳定性；

e） 在进行扩容、新业务扩展时，应能提供快速、方便和准确的实现方式。

5.2 综合自动化平台

通过对安全、生产、生产辅助、工业电视、应急扩播、经营管理等软硬件系统进行集成，以图形、图像和表格等方式进行数据的综合性分析和展示，形成综合安全生产系统图、各专业系统图、指标分析、生产及经营趋势图等，具有预案管理、报表管理、图形管理、历史数据分析、系统预警管理、数据联动分析、系统效能分析、设备健康预警管理、领导带班管理、材料需求趋势分析等功能，建设安全生产执行系统（MES，Manufacturing Execution System），实现综合决策支持和综合调度指挥。

5.2.1 煤矿设计

具有统一的 GIS 平台和一张图服务，实现“采、掘、机、运、通”图形处理的分布式协同工作。

5.2.1.1 地质测量系统

系统功能模块包括：

a） 具有完备的二维 GIS 平台功能；

b） 基于 GIS 技术的三维可视化平台功能；

c） 具备具有地质测量数据处理功能；

d） 能够实现比例尺的自由变换，且变换后的各种线型、符号、注记不经修改便可符合标准；
e） 能完成对坐标、图框、图签、签字栏、各种示意图、煤层柱状图、表格等的处理；
f） 能够自动计算线划图形的方位、距离，标定封闭区域的面积和多面体的体积等；
g） 具备对扫描图件的自动配准校对功能；
h） 具备对图形中所有对象如导线点、钻孔、采空区、硐室、水体、地面建筑等特征信息或关联图形的检索功能；
i） 具备煤层底板等高线和剖面图的平剖对应动态修正功能；
j） 能够根据数据库数据自动生成二维和三维巷道布置图、煤层底板等高线和储量计算图、柱状图等专题图形，自动生成和动态修正三维精细化地质模型；
k） 能够实现对包括地形、地面建筑、水体、道路、钻孔、巷道、硐室、采场、断层、煤岩层等对象的三维建模，并可进行叠加合成处理；
l） 具有三维可视化功能，完成对三维空间模型的渲染、旋转、移动和缩放；
m） 具有强大的图形导入导出功能，例如二维图形可以导出为 DXF 格式或 DWG 格式或 WMF 格式，渲染图象可以为大尺寸的 BMP 格式等；
n） 具有数据库导入导出功能；
o） 具有完备的属性关联、图文关联和图图关联功能；
p） 能够定义任意格式报表和计算公式；
q） 能够连接 GPS 和全站仪；
r） 能够实现地表沉陷预计；
s） 能够自动生成保安煤柱专题图形。

5.2.1.2 矿井通风系统

系统功能模块包括：
a） 具有图形处理和图形编辑功能；
b） 具备通风系统数据库管理功能；
c） 能够与地测、采掘设计图实现动态联动；
d） 能够实现系统图、网络图、立体图和压能图的自动生成；
e） 能够进行通风管理相关数据的统计分析；
f） 能够在通风系统图或通风网络图上进行计算、分析、优化和管理；
g） 具备复杂报表生成功能；
h） 能够实现监测状态的动画显示。

5.2.1.3 矿井供电系统

系统功能模块包括：
a） 具备完备的图元库，并能实现图元管理；
b） 具备完备设备参数库，并能实现参数管理；
c） 能够进行供电系统图的绘制、修改与生成；
d） 能够进行电力网络数值计算；
e） 具备输配电网络优化设计功能。

5.2.1.4 给排水系统

系统功能模块包括：

a） 能够与地质测量、采掘设计等系统图实现动态联动；
b） 具备基本的二维绘图功能；
c） 具备完备的图元库，并能实现图元管理；
d） 具备完备管网及给排水设备（如水泵、闸阀门、管件、消防设备和各种设施等）参数库，并能实现参数管理；
e） 能够实现给排水系统数据库管理；
f） 能够实现给排水系统专题图形的设计、编辑和生成以及设备属性（包括节点的标高、所需水头和所需流量）的修改、查询；
g） 根据系统图和数据库自动进行复杂管网平差计算、水泵或泵房工况计算、管道和管件选型计算、设备管道统计计算、水泵优选计算等，并可用计算结果自动更新图形；
h） 提供三维空间建模功能，所有属性能在三维模型中反映，并实现智能化设计。

5.2.1.5 生产采矿系统

系统功能模块包括：
a ） 能与地质测量等系统图实现动态联动；
b ） 具备基本的二维绘图功能；
c ） 提供采矿专业设计模块，利用参数驱动模式实现模版到具体设计的实现；
d ） 能够在地质测量数据的基础上直接进行采掘设计；
e ） 能够将采掘设计结果与通防、供电、供排水等系统无缝集成，实现数据共享；
f ） 提供三维空间建模功能，所有属性能在三维模型中反映，并实现智能化设计；
g ） 能够自动生成施工图、工程量表和设备材料明细表；
h ） 提供二次开发模板，实现组件开发和再定制功能；
i ） 能够实现井筒设计、巷道断面设计、巷道立交设计、道岔设计；
j ） 能够实现采区车场设计、采区变电所设计、交岔点设计、井底连接设计；
k ） 能够实现煤仓设计、水仓设计、主排水泵房硐室设计、联巷水仓设计；
l ） 能够实现工作面正规循环作业图、工作面设备布置图的生成；
m） 能够实现断面锚杆锚网布置、交岔点锚杆布置、交岔点砌碹设计。

5.2.2 生产管理

5.2.2.1 生产计划管理系统

系统功能模块包括：原煤生产计划、进尺生产计划、主要开掘面计划、洗精煤生产计划、煤炭外运计划。

5.2.2.2 生产调度管理系统

系统功能模块包括：基础信息管理、生产计划管理、产销管理、事故管理、报表管理、决策支持、应急预案、文件管理、图形管理、综合信息管理（包含视频监控信息、生产工况、其他系统查询等基本操作功能）。

5.2.2.3 作业规程管理系统

系统功能模块包括：发布安全技术措施或作业规程，查询安全技术措施或作业规程等，具备流程自定义功能，支持审核、会签、批准等功能，符合无纸化办公要求。

5.2.3 原煤生产

5.2.3.1 综采综掘自动化系统

系统功能模块包括：具有集控、就地、检修、点动等控制方式，具有故障联锁停车功能，具备启停设备预告和故障报警，对综采综掘工作面的所有设备的监测监控，具有语音通话和视频监测，远程通讯接口以实现远程的监测监控。

5.2.3.2 煤矿井下带式运输机

系统功能模块包括：就地控制（现场有单机启动及联锁启动）、远程控制（具备集控手动、集控自动、集控半自动三种控制功能）信息显示（能实时显示胶带机开停状态、运行速度，电机电压、电流、开机时间、停机时间、煤仓煤位高度、给煤机运行的工况等参数以及主要保护有关参数信息）、故障及保护显示（实时显示保护传感器的工作状态）、历史查询（查询每一条皮带开停历史、设备名称、操作时间、操作方式、操作人员等信息，历史数据保存时间一年）、安全管理、冗余功能。

5.2.3.3 主井提升及装载自动化系统

系统功能模块包括：

a） 模拟动画画面（动态显示提升系统主要电气设备的运行工况和控制指令给定窗体）；
b） 监测箕斗运行方向、深度指示、实际运行速度；液压站制动油压及各阀状态指示；主电机、主轴承温度；信号系统显示；装载站箕斗到位显示；井口操作方式显示（提煤、提物、检修）；运行控制方式选择（自动、手动）；液压站工作状态（控制电压、闸压）；每班、天、月的提升机运行数据统计；
c） 能够提供提升事故报警功能，过卷、超速、电流异常等；
d） 提供的 2 m/s 限速、过卷、安全回路断、通讯故障、过流保护、主电机冷却风机故障等故障报警；
e） 具备就地/远程，自动/手动的闭锁运行功能；
f） 满足无人值守要求，具备无人值守功能；
g） 具有远程监控接口，实现远程监控功能。

5.2.3.4 地面储、装、运自动化系统

系统功能模块包括：显示功能、控制功能、保护功能（对供电线路的过流、过载、过压、缺相、短路等保护；对胶带机有堆煤、拉绳、撕裂、跑偏、烟雾、温度等保护）、告警功能、运行记录和查询功能、音视频通讯功能、远程监测监控，现场具备远程/就地/检修模式切换按钮，支持顺煤流/逆煤流开车功能，可以一键切换煤流。

5.2.3.5 计量系统

系统功能模块包括：实时监测电子皮带秤的流量数据；记录统计出煤量的历史数据以供查询，并可根据需要自动生成数据报表；具备按班次、日期、时间等的查询统计和报表输出功能；具有分级分权限管理功能；具有现场无人职守功能；具有通讯接口，实现数据的外部共享。

5.2.3.6 煤矿无人综采工作面

系统功能模块包括：

a） 实现采集煤壁和围岩参数；
b） 实现工作面周围煤岩层和采空区的实时精细建模；
c） 实现采煤机和其它设备运行轨迹、速度和姿态的自动控制，通过真三维地质模型和环境感知系统实现工作面各种灾害的超前预测预报；
d） 利用高清移动视频监控系统、真三维监测监控平台和可靠的通讯技术实现工作面所有设备的远程可视化监控并能对设备故障进行远程诊断。

5.2.4 生产辅助

5.2.4.1 副井提升系统

系统功能模块包括：
a） 监控界面采用模拟动画形式，可以动态显示提升系统主要电气设备的运行工况和控制指令给定情况；
b） 系统可以监测罐笼运行方向、深度指示、实际运行速度；液压站制动油压及各阀状态指示；主电机、主变压器及主轴承温度；信号系统显示；罐笼到位；井口操作方式显示；运行控制方式；
c） 能够提供事故报警及现场开、停车语音预警功能；
d） 能够对运行过程中的开关量和模拟量等动态参数进行及时记录；
e） 具备就地/远程监控，实现了远程和就地之间的闭锁控制；
f） 具有手动和自动控制方式；
g） 具有远程监控接口，实现远程监控功能。

5.2.4.2 主通风系统

系统功能模块包括：
a） 具有自动/手动/检修三种控制方式；
b） 能够进行风机所属设备的顺序启动、停止和各类保护；
c） 可以根据稳定风量和风机运行的状况进行叶片角度的调节；
d） 有齐全的动态实时参数值显示、设备状态显示和事故报警信息显示等动态画面；
e） 实时显示、记录所显示的各个数据，绘制实时曲线和历史曲线，并提供历史数据的查询；
f） 显示系统的实时报警信息，实时报警打印，并提供历史报警信息的查询；
g） 具备故障自动倒机、定时自动倒机和一键倒机功能；
h） 具备现场语音预警功能。

5.2.4.3 压风系统

系统功能模块包括：
a） 实时直观的显示压风机的系统模拟图；
b） 具备检修、手动、自动的控制方式，具备就地和远程互为闭锁的控制模式；
c） 能以文字、动画等形式实时集中显示压风机的电压、电流、温度、控制模式、工作时间、总管网压力等参数信息、报警信息等；
d） 实现对空压机、进出水阀门、风包阀门、水泵的启停操作；
e） 实现对控制模式、压力、温度的上下限，运行模式轮换等参数的灵活设置；
f） 可以根据风量来确定开启风机的数量，根据时间来合理确定开停压风机；

g） 具有查询历史运行、故障、报警数据报表功能；
h） 可以查看温度、压力等参数的历史数据曲线和实时曲线等；
i） 实现超限报警和停机功能；
j） 实现对现场温度、湿度、噪音、视频图像的监测；
k） 系统具备远程接口，实现远程的监测监控及全自动的运行；
l） 具备故障自动倒机、定时自动倒机和一键倒机功能。

5.2.4.4 主排水系统

系统功能模块包括：
a） 动态模拟显示系统的整体运行状态和设备检测值；
b） 具有就地自动/手动/检修，远程自动/手动/检修等控制方式；
c） 可对每台水泵设置“运行”、“备用”、“检修” 三种工作方式；
d） 根据给定的电力避峰填谷时间段和水仓的水位实现节能运行；
e） 根据轮换工作原则，自动实现水泵的轮换运行，并可以自动采集连续检测水仓水位，控制水泵的启停和运行台数；
f） 系统的各种参数状态、故障及开停时间、轴承温度、绕组温度、水仓水位等信息可记录到历史数据库中，并提供分时间段、分设备的统计查询；
g） 具备操作记录、故障记录，历史数据查询、打印等功能；
h） 实现远程与就地控制的闭锁；
i） 具备远程接口，实现远程的监测监控及全自动运行；
j） 阀门开关和核心控制设备须采用双回路供电，并实现不间断自动投切；
k） 泵体高、低压开关具备远程接入通讯接口，可实现与矿井电力监控系统的无缝连接；
l） 具备以太环网通讯故障状态下，自动实现阀门、泵体等设备的保护性顺序关闭功能；
m） 应在主排水泵房加装摄像头、扩音电话、门禁系统等，具备避峰就谷全自动运行的功能。

5.2.4.5 轨道运输“信集闭”系统

系统功能模块包括：
a） 监测采集机车位置、机车运行速度、运行方向、机车闯红灯违章信息；
b） 监测采集煤仓煤位数据、信号机及弯道报警器的工作状态，主要道岔的开闭及到位状态；
c） 实现矿车定位、车载摄像视频；
d） 井底车场和运输大巷信号集中闭塞系统有地面远程控制功能；
e） 井下电机车、矿车可实现地面远程集中调度，主要道岔能实现远控控制；
f） 能够实现运输过程中的沿线语音扩播功能，对轨道交叉点车辆运行情况进行实时预警，在现场控制室内有对重要地点运行状况的预报。

5.2.4.6 矿井供电监控系统

系统功能模块包括：
a） 电力监控系统能实现对井上、井下供电系统的无盲点监测监控，实现井上、井下一体化无缝监控管理；
b） 对全供电系统运行参数进行监测、显示、定时打印报表及与上级系统通讯，站内原有智能设备全部接入地面监控中心，实现井上、井下供电系统的遥测、遥信、遥控、遥调和遥视等功能；

c） 提高地面供电开关和井下高压防爆开关保护动作的可靠性和灵敏性，解决线路越级跳闸、接地选线及开关柜温度测量的问题；

d） 有应急分合闸现场操作，漏电保护现场试验等功能；

e） 建立用电计量考核系统，使矿区管理层实时掌握全矿电能消耗及重要设备电能消耗，为节能降耗提供科学指导方案；

f） 核心控制设备须采用双回路供电，并实现不间断自动投切；

g） 照明综保采用智能型设备，具备远程接入接口，接入整体系统；

h） 高、低压开关保护器须具备标准通讯接口，现场总线和基于以太环网的通讯须采用统一的标准电力规约；

i） 现场加装摄像头、扩音电话、门禁系统等，具备远程抄表功能。

5.2.4.7 斜巷运输监控系统

系统功能模块包括：

a） 上位机能够显示绞车运行状态，主电机电压、电流、绞车速度，自动存储报警记录，查询、打印历史数据等功能；

b） 视频监控利用矿用本安型光纤摄像仪，实现对重要地点的监视；

c） 就地监测监控通过本安控制箱和就地显示箱实现对绞车运行的监测监控和对各挡车器位置的实时监测和控制，通过音箱实现报警，为绞车运行时的人身安全提供保障；

d） 语音预警通过音箱实现（正在行车，禁止行人）报警，为绞车运行时的人身安全提供保障；

e） 行人不行车通过安装人体红外传感器，监测人员的闯入，真正做到“行车不行人，行人不行车”；

f） 监测斜巷运输设备开停状态、运行速度、制动系统状态、安全保护装置及设施工作状态；

g） 监测电机电压、电流、温度；

h） 监测液压站运行状态、油压、油温等；

i） 监测实时制动力矩、钢丝绳实时张力；

j） 具有单台运行或多台联动远程集中控制功能，能实现无人值守的功能。

5.2.4.8 架空乘人运输监控系统

系统功能模块包括：

a） 接入集成监控平台，实现远程控制；

b） 具备实时监控系统的工作状态、参数信息；

c） 具有自动启停功能；

d） 具备绳道脱索监测保护功能；

e） 具备越站停机保护功能；

f） 具备急停闭锁保护功能。

5.2.4.9 井上下视频监控系统

系统功能模块包括：

a） 显示终端视频信号具备定点轮循和切换选择显示功能；

b） 存储容量满足实际需要，并确保重要信息不丢失，能够实现磁盘存储空间的定时清理功能；

c） 根据不同用户权限能实现视频图像的分级浏览，浏览者根据授权条件查询各时段、地点的视频录像；

d） 视频信息有联动监测功能，通过嵌入式视频接口接入自动化各上位机系统。

5.2.4.10 水文监测系统

系统功能模块包括：

a） 多参数监测（可以对水压、水位、流量、温度等模拟量数据进行实时采集）；

b） 数据的实时显示、历史查询、报表打印（对于采集的水文信息能够以表格、曲线、报表、图形等多种方式实现数据的动态显示和可视化输出，并可进行相应的编辑、打印等操作，方便用户的直观查询使用）；

c） 智能预警、实时报警，联网功能；

d） 数据共享、网络发布功能。

5.2.4.11 放炮监测系统

系统功能模块包括：用于监测进回风井口的温度、湿度、大气压力、瓦斯浓度、粉尘浓度、CO、CO_2 等，且应及时反应矿区空气质量、水质的监测参数，同时能测量爆破地点温度、湿度、大气压力、瓦斯浓度、粉尘浓度、CO、CO_2 等。

5.2.4.12 矸石山监测系统

系统功能模块包括：能对煤矿矸石山的内部和表面温度、烟雾、CO、CO_2、应力、位移等进行实时监测，为矸石山灾害预警和矸石综合利用提供决策信息。

5.2.4.13 产量监测系统

系统通过称重传感器、速度传感器和摄像仪等设备，采集现场信息，并传输到地面监测主站，实时现场设备运行状态的监测，并显示、查询、统计煤炭实时产量信息。

系统功能模块包括：具有煤炭产量监测、统计汇总、存储、显示、查询和打印等功能；具有视频监控功能；具有超产报警功能；具有设备状态异常报警功能；现场具有数据存储功能，以备网络中断后的数据恢复。

5.2.4.14 选煤厂监控及动态管理系统

系统功能模块包括：

a） 实现料场堆排系统、受料系统、筛分破碎系统、配料系统、搅拌系统、装药系统、上料系统、主生产系统、辅助生产系统、产品监测系统、故障诊断系统和产品储存系统、排污系统的全方位监控；

b） 工况综合显示（工况综合显示平台提供对洗煤厂生产工艺流程的工艺流程图及各种监控图进行定义、设计、编辑、展示及图形管理的基础功能）；

c） 皮带及电子称监测（提供对洗选工艺皮带、电子秤传感器监测数据进行定义、采集、上传存储、查询的功能）；

d） 振动筛监测（振动筛监测模块对洗选工艺中的振动筛进行定义、采集、上传及查询功能）；

e） 灰分监测处理（提供对自动灰分检测设备、或者人工统计数据进行定义、采集、上传及查询功能）；

f） 报警处理查询（提供对设备异常情况的报警查询功能）。

5.2.4.15 煤矿生产工况系统

系统功能模块包括：

a） 能以文字、动画、图标等直观形式在显示设备上展示全矿井的生产概况，包括井上下主要系统和设备运行工况；
b） 可以通过人机交互方式，实时查看生产过程自动化所有系统、安全监测系统、生产辅助等系统详细的实时工况，包括运行、报警和故障；
c） 可以超链接进入单个系统查看具体的运行情况；
d） 实现了分级别、分权限的监测。

5.2.4.16 煤矿采掘工作面动态管理系统

系统功能模块包括：
a） 实现采掘头面视频、一通三防、人员信息、设备运行状况等工况信息的检测和上传；
b） 实现采掘设备的统一集控和分控，并能实现远程控制，并在条件允许情况下减人提效；
c） 实现采煤机、掘进机原有控制系统的无缝接入，实时显示大型设备的故障信息、运行状态，并能进行远程诊断和参数调整。

5.2.5 安全管理

5.2.5.1 煤矿安全信息管理系统

系统功能模块包括：
a） 隐患管理（包括班次、隐患类型、隐患级别、安检类型、日期、状态、地点、责任单位、安检员、复查时间等信息，具备隐患筛查、隐患批示、隐患分发、隐患整改部署、隐患落实、隐患复查、确认复查、隐患统计等功能；
b） 违章管理（包括违章筛查、违章确认、违章监管、违章统计、矿领导查看、科长查看等功能）；
c） 双述管理（包括双述筛查、双述确认、双述监管、双述统计等功能）；
d） 具备工伤添加、工伤工区查看、工伤统计等功能；
e） 专家库管理（包含隐患分析专家库、违章分析专家库等）；
f） 参数管理（包括跟班干部、隐患类别、安检员、区域和区队等基本信息的设置）；
g） 系统管理（用户管理、权限管理、密码管理等）。

5.2.5.2 煤矿顶板管理系统

系统功能模块包括：
a） 井上动态模拟显示监测参数与报警；
b） 井下现场数据的显示与报警（井下的压力监测分站、离层传感器可实时监测数据，并根据设定报警参数报警指示，通讯分站可实时显示每个测点的数据并有报警状态指示）；
c） 监测数据自动记录存储（井上监测服务器能够根据设置的记录周期将数据存储到数据库，形成历史数据）；
d） 连续监测曲线的显示与分析（软件能够支持服务器端和客户端对历史曲线的数据分析）；
e） 实现对监测数据的综合专业化分析；
f） 历史数据查询及报表输出；
g） 顶板动态监测网络功能；
h） GPRS 群发短信报警（监测报警数据（事件）可通过 GPRS 公用无线数据网络群发到用户手机中）。

5.2.5.3 火灾监测系统

系统功能模块包括：

a） 井下分站的专用防爆控制箱能为气体传感器提供本安电源、为安设在采样分析柜中的防爆电磁阀供电实现气路控制，能与远程控制配套的水环真空泵防爆开关实现水环真空泵运行控制；

b） 井下分站的连续自动采集处理系统采样分析柜中安设的传感器实时检测数据，能通过对气体成分的在线监测，实现对采样地点自然发火情况的预测预报；

c） 实现井下分站实现与系统地面中心站计算机的数据双向实时通讯；

d） 地面中心站软件实现数据分析、存储、打印；

e） 地面中心站的专家系统实现自然发火危险性分析和混合气体爆炸危险性分析；

f） 数据以数据库形式存储和自动更新，当用户使用软件时，可随时调看历史数据和变化曲线；

g） 实现对 CO、CO_2、CH_4 的连续在线监测；

h） 实现连续在线监测的气体还应该增加乙烯等火灾标志性气体。

5.2.5.4 防尘监测管理系统

系统功能模块包括：

a） 配备不同类型的传感器，实现系统的定时自动喷洒；

b） 雨水传感器能够在下雨情况下喷洒；雨水传感器的输入信号可有效防止喷洒系统在下雨天工作；

c） 控制器通过控制电磁阀（压力水来自自来水管网）或水泵（压力水来自水泵）可实现每天定时对工业广场路面的自动喷洒；

d） 能够实现割煤作业时的自动喷雾除尘（架间自动喷雾）；

e） 能够实现移架作业时的自动喷雾除尘（移架自动喷雾）；

f） 能够实现放煤作业时的自动喷雾除尘（放煤自动喷雾）；

g） 能够实现掘进工作面割煤作业时的自动喷雾除尘（工作面迎头自动喷雾和回风口自动喷雾）。

5.2.5.5 瓦斯抽放系统

系统功能模块包括：

a） 能够采用涡街流量传感器输出的正比与瞬时混合瓦斯流量的频率，计算瞬时工况瓦斯混合流量；

b） 能够通过气态方程转换为标准瞬时瓦斯混合流量；

c） 能够用标准瞬时混合瓦斯流量与对应瞬时瓦斯浓度乘积计算出瞬时标准纯瓦斯流量；

d） 标准瞬时瓦斯混合流量和标准瞬时纯瓦斯流量按采样周期时间积分，可以计算出标准混合瓦斯累计量和标准纯瓦斯累计量。

5.2.5.6 煤矿机电设备检修管理系统

系统功能模块包括：

a） 根据全年井下机电设备检修周期，生成日、周、月、季检修计划；

b） 具备预警功能，即每天计算机开机后自动提醒应检修的设备，对于超过检修周期未检修的设备，系统予以告警；

c） 井下移动识别器对打开检修设备的信息卡扫描后，能够自动记录检修人员、检修时间、检修设备等信息；

d） 检修移动识别器通过计算机自动输入到计算机数据库中，并生成各种报表；

e） 管理人员能及时了解、检查防爆设备的检查、维修情况；

f） 具有联网功能，可实现各矿井下防爆设备管理全局联网。

5.2.5.7 矿井安全监测监控系统

系统功能模块包括：

a） 实现对模拟量、开关量、累计量的采集、传输、储存、处理、显示、打印、声光报警等功能；

b） 模拟量（CH_4、温度、风速、风压等）及开关量（风机开停，风门开关状态等）的分类显示，并在瓦斯超限时进行报警断电；

c） 对监测量实现模拟动画显示，显示各种报表、曲线图、趋势图等；

d） 显示测点的历史数据，观看测点的历史曲线；

e） 自动生成数据报表，并保存至少最近六个月的系统数据；

f） 煤矿安全监控系统和网络中心应每 3 个月对数据进行备份，备份的数据介质保存时间应不少于 2 年。

5.2.5.8 工业电视系统

工业电视系统应符合 MT/T 1112 和下列要求：

a） 采用光缆为主传输方式，局部可结合电缆或无线传输；

b） 采用数字流媒体技术，兼容多种规格的数字摄像机（或模拟摄像机 + 数字视频转换设备）；

c） 与企业工业电视监控系统互联；

d） 数字传输协议采用 MPEG 国际标准化委员会所定义的 MPEG4、H.264 协议；

e） 具有故障自诊断功能；

f） 具有自动报警功能；

g） 视频服务器等设备应放置数据中心机房；

h） 系统集中显示应安装在调度控制中心；

i） 局部就地显示宜安装在架空乘人装置控制室、斜井绞车房、采煤工作面顺槽、副井绞车上下口等重要作业场所；

j） 摄像仪应安装在地面工业广场、采煤工作面、掘进工作面、带式输送机机头等需要监视的场所。

5.2.5.9 煤矿井下人员及车辆定位系统

系统功能模块包括：

a） 考勤功能能够精确统计矿工入井、升井时间，并可按班次、部门生成考勤统计报表；

b） 定位及轨迹跟踪功能对井下矿工及车辆的分布情况、分布区域进行实时监测，实时监测全矿井井下矿工及车辆总数；能对井下人员及车辆行进路线进行跟踪记录，生成历史行进轨迹；

c） 具备灾后救援功能，一旦发生各类事故能利用地面中心站最新的位置信息发现事故地点的人员数量、人员信息，寻找遇险人员位置；

d） 具备对特殊人员（管理人员、瓦检员等）的专项管理功能，能实时纪录/历史回放特殊人员工作时间、行程，提供特殊人员工作异常报警；

e）有超时、超员及禁区报警功能，并给出相应的人员信息；

f）具有自诊断功能，当分站与地面中心站及传输电缆出现故障时，系统能自动诊断出故障，并有相应的显示和报警信号；

g）现场加装摄像头、扩音电话、门禁系统等，具备远程抄表功能。

5.2.5.10 矿井调度通信系统

系统功能模块包括：

调度通信系统可实现任意通话、一键到位、三方通话、电话会议、数字录音、扩音、群接、群呼、组呼、强插、强拆、强接，监听、选呼、组内限制、级别限制、呼叫等待、呼叫代接、热线呼叫、呼叫前转、遇忙转移、个人跟踪、缩位拨号、恶意查找、叫醒服务，报警、接警、排队、语音系统、通话中转接和转接中继续保持通话等功能。

5.2.5.11 煤矿井下无线通信系统

系统功能模块包括：

a）支持对通信系统中的各类型通信终端进行通信调度，可以实现统一通信调度；

b）能够实现井上井下的移动通信，可以提供语音、短信等传统业务，以及视频通话、视频监控和数据接入业务；

c）实现有线、无线通信网络的统一号码管理、一体调度及统一网管；

d）无线 WiFi 电话对讲机可以实现集群对讲功能，可以实现紧急呼叫；

e）矿用调度机提供点击呼叫、强插、强拆、代接、禁话、转接、群呼、电话会议、扩声广播等调度功能；

f）调度台可以编辑短信息，发送给所有 WiFi 无线话机；

g）调度台可以控制所有 WiFi 话机的自动扩声，方便调度员进行事件通告。

5.2.5.12 应急广播系统

系统功能模块包括：提供对外通讯接口，包括配置地点、位置、方向和信息发布方式等，可发布正常广播通知，灾变时期的紧急通知、避灾信息、救灾信息、人员和设备的撤离信息等，且能监测广播线路和喇叭的工作状态和故障。

5.2.5.13 “五合一”应急广播系统

系统功能模块包括：

为了实用、节省投资和发挥现有通信资源的目的，提出融合矿井现有扩播资源、有线调度通信、无线通信、人员定位系统双向呼叫功能，在未涉足之处再补充一些扩播资源来进行“五合一”煤矿应急广播系统建设，即简称“五合一”应急广播系统。系统以调度台为核心，遵循简便、快捷和互联互通的原则进行建设和使用应急广播通信平台，正常和紧急情况下都能以不同的简便操作来达到双向通信联络和广播通知的目的，是矿井安全生产保障的有力手段，在应急时刻更能发挥出它独特的应急指挥作用。

5.3 管理信息平台

此处是企业统一推广系统，按企业要求执行；各单位个性系统根据实际情况部署。

5.3.1 人力资源管理系统

系统功能模块包括：档案管理、人事调配管理、招工和招生管理、人力资源市场、综合统计分析、培训管理、薪酬管理等功能模块。

5.3.2 财务管理系统

系统功能模块包括：总账管理、现金管理、资产管理、成本管理、预算管理、财务分析、合并报表等，实现财务数据集中和协同商务，对所有帐套的管理和监控细化到凭证级。

5.3.3 资金管理系统

系统功能模块包括：账户管理、资金预算管理、内部结算管理、货币资金管理、信贷管理、票据管理、银企直联等企业结算中心全面业务。形成“成员单位——结算中心——商业银行”一条网络结算通道。

5.3.4 审计系统（选）

系统功能模块包括：自定义评估报表、图形导出，用户的管理数据、审计日志等加密传输，系统能按要求进行有效的控制和管理。

5.3.5 物资管理系统

系统功能模块包括：物资采购的集中管控（包括物资的采购模式的建立、计划、出入库、台帐、稽核盘点、代储物资、查询分析以及集成编码管理）、合理设置控制节点（在计划、合同订单、验收入库、结算、付款等关键节点，设计合理的控制节点，确保主要信息化业务流程节点控制的一致性）、供应商管理、电子商务平台建设，实现与财务系统的对接、考核和决策分析。

5.3.6 设备管理系统

系统功能模块包括：单台设备的计划、采购、合同、出入库、租赁、配件、资产及现场管理。实现系统在计划部门、采购部门、设备管理部门、生产单位有效运行，对所有设备进行了全生命周期管理。

5.3.7 成本管理系统

系统功能模块包括：定额管理、项目管理、成本控制管理。其中，定额管理实现对定额库管理、工序定额管理进行基本操作，项目管理实现对项目设置、项目工序与计划管理、项目进度管理进行消耗记录、汇集操作等基本操作，成本控制管理实现对成本概预算、成本计划管理、成本核算管理、成本预测管理、成本控制管理、成本分析管理、成本报表管理进行定计划、详细、材料消耗明细表等基本操作。

5.3.8 煤质管理系统

系统功能模块包括：外运煤质管理、化验抽查管理、装运车号匹配、地销煤质管理、实提记录匹配、到厂煤质管理、到厂车号匹配、煤场煤质管理、产煤煤质预测、化验审批等功能。

5.3.9 销售管理系统

系统功能模块包括：市场信息管理、销售计划管理、销售合同管理、销售价格管理、销售订单处理和跟踪、销售数据分析、售前活动管理、计算煤炭销售所占比率、计算煤炭销售金额、计算全年煤炭销售金额、计算网上销售率。

5.3.10 供应商关系管理系统

系统功能模块包括：供应商库、承包商库、产品目录、考察情况、投标情况、履约情况、黑名单、打分情况等。

5.3.11 客户管理系统

系统功能模块包括：客户管理、联系人管理、时间管理、潜在客户管理、销售管理、电话销售、营销管理、电话营销、客户服务等。

5.3.12 电子商务管理系统

系统功能模块包括：销售管理（订单管理、发货指令、仓库拣货、仓储配货）、物流配送（物流供应商管理、物流/快递管理、快递对账管理、物流费用结算管理）、库存管理（库存盘点管理、移库及调拨管理、加工品入仓管理、领用/报废管理）、采购管理（请购管理、采购订单、采购入仓、采购付款）、财务管理（采购结算管理、销售收款管理、客户/会员预存款管理、其他费用管理）、系统管理（组织架构管理、组合权限管理、接口配置管理、报表打印设置）等。

5.3.13 合同管理系统

系统功能模块包括：合同申报、合同月报、信息交流、参考资料、合同确认、信息交流、参考资料合同审批、合同签订、履行监管、合同月报、信息交流、参考资料、合同统计、档案管理、合同审批、信息交流、参考资料、合同审批、信息交流、参考资料、合同监控与指导、信息交流、参考资料。

5.3.14 医保管理系统

系统功能模块包括：定点医疗机构管理子系统（含门诊管理系统、住院管理、药店管理系统）和参保单位管理子系统（含参保申请、单位信息录入、职工信息录入、打印申请表、年度审核、职工工资录入、打印年审表、数据上报、数据下载）。

5.3.15 绩效考核管理系统

系统功能模块包括：绩效考核、填报的基础资料和月度、季度、年度数据，计算经济指标、收集指标的完成情况、汇总整理、计算考核结果，根据各单位填报的月度、季度、年度基础资料和数据实现数据自动累计，实现绩效考核月考核、季度分析、半年小评、年终总结等，建立考核指标警示系统。

5.3.16 项目管理系统

系统功能模块包括：项目规划与立项（在需求分析与投资计划、规划制订、立项申请、项目评审和批准等方面的信息化管理与应用情况），项目设计、计划与预算信息化管理（在初步设计、详细设计等方面的信息化管理情况；在项目计划、预算编制等方面的信息化管理情况），项目执行信息化管理（在项目合同管理、分包管理、实施与过程控制、采购管理、材料管理、设备管理、人工管理、质量管理、安全管理、工期管理、风险管理等方面的信息化管理覆盖情况和业务应用水平；项目预算控制和决算管理信息化水平；项目成本管理信息化水平等），项目后评估信息化管理（项目目标评估、过程评估、效益评估、影响评估、运营持续性评估等方面的信息化管理程度与应用水平），以后要在项目管理中逐步实现视频、2D、3D、4D技术的管理。

5.3.17 后勤管理系统

后勤管理系统包括安防系统及上传联网和生活保障平台建设。

安防系统及上传联网功能模块包括：

a）图像监控功能（视像监控、影像验证、图像识别）；

b）探测报警功能（内部防卫探测、周界防卫探测、危急情况监控、图形鉴定）；

c）控制功能（图像切换显示控制和操作控制、识别控制、响应报警的连动控制）；

d）自动化辅助功能（内部通信、双向无线通信、有线广播、巡更管理、员工考勤、资源共享与设施预订）；

e）在企业端建设软硬一体化的视频管理平台，实现相关多级业务部门对视频监控的实时监控、回放录像、远程拷贝录像等功能；实现各部门对视频监控的调用；视频监控平台部署后，可将现场的实时的视频图像资料传送到监控中心，实现更有效的掌握现场实时动态、辅助管理、指挥、决策功能。

生活保障平台建设包括：

生活保障平台作为一个开放的系统，不仅本身可以做到对环境的检测和控制，后勤服务管理，另外还作为一个基础平台，将其它的子系统集成进来，做到一个平台监管多个系统的功能。

a）环境检测和控制，利用传感器对澡堂水温，水位、环境温度进行实时监控，实现洗浴水恒温使用及不达标预警；

b）消防安全监控，利用烟雾传感器对两堂一舍：即食堂、澡堂和宿舍等人员密集地点进行监测、加强消防安全保障；

c）生活服务，搭建综合服务平台，对职工反映的饭菜质量、服务质量、设施故障等问题进行统一登记、督促相关单位处理、对处理结果网上公示；

d）物业管理，对用电、用水实现远程抄表、自动计量、网上缴费等功能。

5.3.18 预算系统

系统功能模块包括：提供预算指标设置、预算规则定义、版本管理、预算编制、预算预测、预算调整、预算分析等功能。以销售预测为起点，经过MRP计算，自动生成生产、采购和成本预算，对销售、生产、采购、仓库、费用管理、应收应付款管理等系统的业务处理过程进行实时监控和指导。

5.3.19 党政工团管理系统

系统功能模块包括：党务、政务、工会、团委、纪委、宣传部、女工部和办公室日程事务的无纸化协同办公，将记录实时提交到煤矿数据仓库，进行费用管理、绩效考核、奖罚控制和成本分析。

5.4 协同办公平台

此处是企业统一推广系统，按企业要求执行；各单位个性系统根据实际情况部署。

5.4.1 网站建设

网站内容除常规功能外，还应包括：预警发布、导航查询、智能搜索、综合分析、辅助决策、信息公示、后台管理等功能，同时网站的设计和开发过程要遵循的原则有：一致性、高效性、可扩展性、安全稳定性、可移植性。

5.4.2 移动办公系统

包括主页定制、办公便签、个人办公、公文办理、发布信息、文件库、搜索等主要功能外，还要集成即时通讯、移动办公、信息门户等功能，提高办公效率。

5.4.3 视频会议系统

核心会议室的集中管理和多个下属企业视频接入，可供多个视频会议并发接入，中心机房架设流媒体交换服务器和分发平台服务器，核心会议室架设高清硬件终端，二级会议室架设配套视频接入设备。

5.4.4 云会议系统

采用云会议与视频会议结合的方式，支持电话、网络接入，全国部署，国际化版本；随时随地支持网络端接入；多方音视频交互；支持电子白板、文档共享、程序共享、协同浏览、屏幕截图、文件传输、影音文件广播等数据协同功能；系统具有用户授权、会议日程管理、邮件短信通知、考勤管理等会议管理功能。

5.5 智能决策平台

5.5.1 智能管控

5.5.1.1 软件集成系统

系统建设要求：

a） 具备远程、就地、调试等状态转换功能；

b） 能够实时采集、处理各个子系统数据，并实时显示生产、安全、经营、材料等系统动态、动画等；

c） 操作人员可根据权限对井下所有集成的子系统实现自动监测、远程控制以及查询操作等；

d） 具有实时报警和故障记录功能，并能对系统操作进行完整的记录；

e） 系统具备 WEB 发布功能，支持移动客户端；

f ） 能实时显示系统工况信息和图像信息；

g） 平台应具备开放的接口，方便后续子系统的集成；

h） 具备设备健康度检测和判断功能，根据采集的设备信息，判断需要检修和维护的设备列表，并根据预案粗略估计需要的资金信息；

i ） 以图形方式显示全矿井工况图的功能，包括生产系统、设备工况、安全监测等的运行状况、报警信息和故障信息，以及物资供应、经营管理、工资分配信息等；

j ） 自动生成生产日报、隐患分析报告、故障/报警统计日报、系统运行日报等；

k） 系统可以对故障和报警进行分类、分级和分析处理；

l ） 具有预案管理和预警联动功能，可以根据预先设定好的预案，自动弹出预案提示、图形、图像等信息，为综合决策和安全调度提供技术支持；

m） 系统可以按子系统、类别、等级、日期段等条件进行查询和统计。

5.5.1.2 数据处理系统

系统建设要求：

a） 数据中心设备、通讯线路和供电采用冗余结构，确保系统稳定运行；

b） 具有处理和发布大数据的能力；
c） 数据中心设备可以实时采集、存储各子系统的实时数据，并具备数据共享和数据分析处理功能；
d） 数据分级别、分类型进行定期备份；
e） 数据中心的工业以太网和办公网络采用硬件设备进行隔离；
f） 数据处理中心的服务器安装杀毒软件，进行定时更新和查杀病毒；
g） 具有 WEB 发布服务器，实现对各系统数据的对外发布。

5.5.1.3 调度指挥系统

系统建设要求：
a） 通过综合调度指挥软件实时掌握煤矿安全生产参数、图形图像等信息，调度生产进度、协调指挥各系统安全生产关系；
b） 能实时监测入井人员，以掌握入井人员数量分布构成情况；
c） 使用有线电话、无线电话、应急广播电话对现场安全生产、应急救援进行调度指挥；
d） 能够根据预警预案、报警信息和现场事故状况迅速指挥，并按程序处置；重大突发事故及时启动应急预案；
e） 能够掌握事故隐患处理情况，协调落实隐患处理；
f） 能够实现对各子系统的“遥测、遥控、遥调、遥信、遥视”的功能。

5.5.1.4 灾变应急救援系统

系统建设要求：
a） 有用于救援的专用电源和 UPS 备用电源；
b） 有用于救援的专用通信线路和通信设备，包括固定电话、无线通信、应急扩播等；
c） 有矿井相关纸质图纸和电子图形；
d） 制定针对煤矿灾害的救援预案，方案应涵盖顶板冒顶、矿井火灾、矿井水灾、瓦斯突出等地质灾害；
e） 基于真实生产环境或基于虚拟现实（VR）和三维地理信息系统（3DGIS）技术的虚拟仿真培训系统，组织相关部门、人员针对救援预案定期进行演练。

5.5.1.5 自动化控制系统

系统建设要求：
a） 安装视频浏览客户端和语音通讯；
b） 实时读取 PLC 数据，并下发控制指令；
c） 开车前能启动沿线开车预警；
d） 能与数据中心相关节点连接，存储过程数据。

5.5.1.6 移动信息化系统

系统功能模块包括：
a） 办公移动化（通过部署 MAS 服务器的方式与企业公司原有的 OA 系统进行耦合，主要实现基于移动无线网络访问公司内部 OA 系统）；
b） 生产信息化（利用移动综合应用平台结合单位生产、销售系统，实现生产和销售报表、产品销售情况等相关数据显示到手机等移动终端；通过短信形式实现生产调度、安全提醒、下井通知、井下报告、工作汇报等；实时的监控系统告警信息的短信通知，运用移动信息化手段建设安全生产监测系统，实现对各生产车间的安全生产监控系统信息的实时监控）；

c）宣传信息化（安全生产宣传、安全培训、企业彩信报等）；

d）社区及公共事业信息化（社保、医疗保险查询，小区用户水电费查询、催缴，重要事件通知等功能）。

5.5.1.7 矿井可视化平台

平台功能模块包括：

a）能够根据最新的空间数据动态构建、修改包括逆断层在内的煤层等实体三维模型，并得到正确的分析结果和图形，通过数字化等途径完成对地质图件的输入和处理等；

b）实现煤矿基础地测信息多部门共享与交流，并结合 WebGIS 与多源数据统计分析，基于采掘工程平面图和三维巷道立体布置图实现安全监测监控、工作面动态开采与设备运行情况的实时管理与分析；

c）基于地测基础信息、安全生产信息和最新三维模型实现矿井三维展示；

d）实现动态数据处理，系统能够实时处理动态更新的数据，修改错误数据；

e）基于三维可视化环境，能够实现设备参数和设备状态的查询。

5.5.2 产供销集成

a）企业通过经营管理系统向生产调度系统下达生产任务和信息，采用即时下达/定期下达；

b）企业产供销各环节销售、存煤系统实现数据的完全共享和协调，生产系统数据达到部分共享；

c）企业煤炭与非煤产品的生产组织方式采用按照计划生产/以销定产/以运定产；

d）根据自动化系统采集的数据生成生产日报、经营日报等。

5.5.3 财务与业务集成

a）企业财务系统从业务系统获取数据，采用定期获取/即时获取两种方式；

b）企业财务系统可直接获取源头系统的数据，包括采购管理/生产管理/销售管理/物流管理/物资管理；

c）企业通过财务系统，根据权限对采购（销售）合同价格、到（发）货、付（收）款、发票等全过程进行监控；

d）企业能即时实现全过程成本核算；

e）企业实现全面预算。

5.5.4 决策支持

a）企业决策支持系统采集分析处理的业务信息覆盖范围，包括采购及供应商/销售及客户市场/库存/生产/财务/质量/物流/人力资源/设备/能源/成本/绩效；

b）建成使用的主要单项业务系统数量；

c）实现全部或部分信息集成与共享的主要业务系统数量；

d）实现信息集成与共享的业务系统比例；

e）通过信息系统建立获取外部信息和内部信息的接口；

f）建立统一的数据挖掘和数据分析系统；

g） 通过决策支持系统所实现的能力，提升各层级绩效考核/经营应对决策/危机和风险防控/决策方式变革；

h） 能够自定义供决策支持相关表单数据格式，实现自动生成；

i） 提供灵活方便的查询功能和较强的安全性，具有较强的容错能力。

6 管理与运维

采用相关的方法、手段、技术、制度、过程和文档等，针对智能煤矿相关系统提供的综合服务。在智能煤矿的运维服务中要重点关注能力的四个关键要素：人员、资源、技术和过程，在运维服务提供过程中，通过策划、实施、检查和改进实现运维服务能力的持续提升。

在运维管理中应对运维服务能力进行整体策划，为实施运维服务能力管理和按 SLA 规定交付服务内容提供必要的资源支持，保证交付质量满足 SLA 要求，对运维服务结果、服务交付过程以及相关管理体系进行监督、测量、分析和评审，并实施改进。

保证故障响应、解决问题和交付结果可控，应在人员管理、岗位结构和人员的知识、技能、经验、安全意识等方面达到应有的水平。确保提供运维服务的人员具备应有的能力。

具备提供足够资源的能力，以满足约定的及未来的运维服务需求，需要配备运维工具。

6.1 运维服务能力管理

运维服务能力进行整体策划并提供必要的资源支持，以确保企业和各矿有能力提供运维服务。

6.1.1 策划

a） 根据自身业务定位和能力，策划维护服务对象的服务内容与要求，企业级要形成服务目录；

b） 依据各单位业务发展需要来建立组织结构和管理制度，支持服务的实施或实现；

c） 对人员、资源、技术和过程进行规划，建立相适应的指标体系和服务保障体系；

d） 策划如何管理、审核并改进服务质量，建立内部审核评估机制。

6.1.2 实施

按照运维服务能力的整体策划进行实施，确保企业级和矿级维护方具备运维服务的能力。

a） 制定满足整体策划的实施服务计划，并按计划实施运维；

b） 建立与各级的沟通协调机制；

c） 按照服务能力要求实施管理活动并记录，确保服务能力管理和服务过程实施可追溯，服务结果可计量或可评估。

6.1.3 检查

应对运维服务能力管理过程和实施结果进行监控、测量、分析和评审。确保服务能力的适宜性和有效性；调查需方满意度，并对服务能力策划实施的结果进行统计分析；检查各项指标达成情况。

6.1.4 改进

改进运维服务能力管理过程中的不足，持续提升运维服务能力。应不断总结经验和教训，修改和优化运维服务能力管理计划和规程。建立服务能力管理改进机制；对不符合策划要求的行为进行总结分析；对未达成的指标进行调查分析；根据分析结果确定改进措施，制定服务能力改进计划。

6.2 人员管理

6.2.1 目的

确保提供运维服务的人员具备应有的能力。为保证故障响应、解决问题和交付结果可控，应在人员管理、岗位结构和人员的知识、技能、经验、安全意识等方面达到应有的水平。

6.2.2 人员管理

a） 人员储备，应建立与运维服务相关的人员储备计划和机制，确保有足够的人员，以满足当前的运维服务需求；

b） 人员培训，应建立与运维服务相关的培训体系或机制，在制定培训计划时应识别培训要求，并提供及时和有效的培训；

c） 绩效考核，应建立与运维服务相关的绩效考核体系或机制，并能够有效组织实施。

6.2.3 知识

应保证服务人员在学历教育基础上具备运维服务相关知识，包括：与信息技术相关的基本知识，从事运维服务所必备的知识，应具有较为系统的内容体系和知识范围。如：网络技术人员应具备网络专业整体的内容体系和知识，与运维服务相关的行业知识。

6.3 资源管理

企业和各下属单位应确保具备提供足够资源的能力，以满足与需方智能煤矿系统的运维服务需求。

6.3.1 运维工具

宜使用有效工具实施和管理运维服务，包括：监控工具，对运维服务对象进行数据的采集和监控，评估可能导致运维服务对象故障的因素；过程管理工具，按照商定的SLA管理运维服务的交付过程，过程管理工具宜包括日常运维管理、记录、测量、监督和评估等功能；专用工具，根据服务要求配备的安全工具和用于特殊要求的工具。

6.3.2 服务受理

应使用有效手段和方法受理智能煤矿运维服务请求，及时跟踪服务请求的处理进展，确保实现SLA要求，如：设置专门的沟通渠道作为与需方的联络点，沟通渠道可以是热线电话、传真、网站、电子邮箱等；设定专人负责服务请求的处理；针对沟通渠道整合服务过程，建立管理制度，包括服务请求的接收、记录、跟踪和反馈等机制，以及日常工作的监督和考核。

6.3.3 知识库

应具备运维服务活动相关的知识积累，以保证在整个组织内收集、共享、重复使用所积累的知识和信息，包括：针对常见问题的描述、分析和解决方法建立知识库；确保整个单位内的知识是可用的、可共享的；选择一种合适的知识管理策略；针对知识管理要求制定相关管理制度，并进行知识生命周期管理。

6.4 技术管理

确保具备与运维服务策划相适应的技术和手段。在运维服务实施过程中，可能面临各种问题

（如硬件故障）、风险（如安全漏洞）以及新技术和前沿技术应用所提出的新要求，应根据需方要求或技术发展趋势，具备发现和解决问题、风险控制、技术储备以及研发、应用新技术和前沿技术的能力。

6.4.1 技术研发

企业及各单位应根据业务和运维要求，制定研发规划，包括新技术和前沿技术的应用、技术储备等；配备与规划相适应的研发环境、研发队伍。

6.4.2 与发现问题相关的技术

与发现问题相关的技术是指供方经过采集、诊断、分析，最终定位问题和潜在风险的技术或手段。应具有：信息采集和监控的手段、诊断和分析问题的方法。

与解决问题相关的技术是指供方使运维服务对象恢复到设定要求的技术或手段。应建立：解决问题的技术指标或标准；解决问题的方案或手册；测试环境、测试标准和方法。

6.5 过程控制

为了确保具备智能煤矿相应的服务管理能力并发挥其效能，至少应建立以下过程：

a） 服务级别管理：确保通过定义、签订和管理 SLA，满足智能煤矿运维对服务质量的要求；

b） 服务报告：应通过及时、准确、可靠的报告与需方建立有效的信息沟通，为智能煤矿管理层提供决策支持。应建立：与服务报告过程一致的活动，包括建立、审批、分发、归档等；服务报告计划，包括提交方式、时间、接收对象等；服务报告模板，包括格式、提纲等；

c） 事件管理：运维组织应具有检测事件、尽快解决事件的能力。应根据事件管理的过程要求建立：与事件管理过程一致的活动，包括事件受理、分类和初步支持、调查和诊断、解决、进展监控与跟踪、关闭等；事件分类、分级机制；事件升级机制；满意度调查机制；事件解决评估机制，包括事件解决率、事件平均解决时间等；

d） 问题管理：通过识别引起事件的原因并解决问题，预防同类事件重复发生。应根据问题管理的过程要求建立：与问题管理过程一致的活动，包括问题建立、分类、调查和诊断、解决、关闭等；问题分类管理机制，包括问题的影响范围、重要程度、紧急程度并确定优先级；问题导入知识库机制；问题解决评估机制，包括问题解决率、问题平均解决时间等；

e） 配置管理：应建立维护运维服务对象的必要记录，并保证配置数据的可靠性和时效性，关联支持其他服务过程。供方应根据配置管理的过程要求建立：与配置管理过程一致的活动，包括识别、记录、更新和审核等；配置数据库管理机制；配置项审核机制；

f） 变更管理：应通过管理、控制变更的过程，确保变更有序实施。应根据变更管理的过程，建立与变更管理过程一致的活动，包括请求、评估、审核、实施、确认和回顾等；建立变更类型和范围的管理机制；对变更完成情况进行统计分析，包括未经批准变更数量及占比、不同类型的变更数量及占比、不成功的变更数量及占比、取消的变更数量及占比、变更关联的配置数；

g） 发布管理：应确保一个或多个变更的成功导入，应根据发布管理的过程，建立与发布管理过程一致的活动，包括规划、设计、建设、配置和测试等；建立发布类型和范围的管理机制；制定完整的方案，包括发布计划、回退方案、发布记录等；对发布完成情况进行统计分析，包括发布成功率、发布及时率、是否更新配置管理数据库等；

h） 信息安全管理：应建立运维服务过程中的信息安全管理制度，且符合相关法律法规的规定，满足需方对运维服务过程的信息安全需求和供方本身信息安全需求；建立与信息安全管理过程一致的活动，包括识别、评估、处置和改进等。在运维服务过程中保证信息的保密性、可用性、完整性。

ICS 73.100.01
D 04

TB

中国煤炭学会团体标准

T/CCS 001—2020

智能化煤矿（井工）分类、分级技术条件与评价

Specification and Classification, Grading Evaluation for Smart Coal Mine

2020-10-10 发布　　2020-11-01 实施

中国煤炭学会　发布

中国煤炭学会公告

China Coal Society Announcement for Standards

2020 年　第 001 号（总第 001 号）

No. 2020—001　（No. 001 in total）

中国煤炭学会批准《智能化煤矿（井工）分类、分级技术条件与评价》（T/CCS 01—2020）标准，现予公告。

The CCS standard（T/CCS 01—2020）for（Specification and Classification，Grading Evaluation for Smart Coal Mine）was approved by the China Coal Society，and now it is effective.

中国煤炭学会

China Coal Society

2020 年 10 月 10 日

目　次

前　言

本标准按照 GB/T 1.1—2020《标准化工作导则　第 1 部分：标准化文件的结构和起草规则》规则起草。

本文件的附录 A 为规范性附录。

请注意本文件的某些内容可能涉及专利，本文件的发布机构不承担识别这些专利的责任。

本文件由煤矿智能化创新联盟提出。

本文件由中国煤炭学会归口。

本文件起草单位：中国煤炭科工集团有限公司、中煤科工开采研究院有限公司、国家能源投资集团有限责任公司、山东能源集团有限公司、陕西陕煤陕北矿业有限责任公司、陕西延长石油矿业有限责任公司、华能煤业有限公司、中煤科工集团常州研究院有限公司、黄陵矿业集团有限公司、安徽理工大学、山东科技大学、中国矿业大学（北京）、西安科技大学、辽宁工程技术大学。

本文件主要起草人：王国法、刘峰、庞义辉、任怀伟、徐亚军、赵国瑞、杜毅博、张德生、孟祥军、范京道、吴群英、李伟东、李全生、王春刚、封华、薛忠新、孙希奎、黄书翔、亓玉浩、郭永存、李玉霞、王海波、毛明仓、陈洪月、李明忠、牛艳奇、马英、张金虎、杜尚宇。

本文件首次发布。

引　言

煤矿智能化是煤矿综合自动化发展的新阶段，是煤炭工业高质量发展的核心技术支撑。建设智能化煤矿是新时期煤炭企业面临的重要任务，已成为不可逆转的发展趋势。我国不同区域煤层地质赋存条件、生产技术条件和区域经济社会发展要求具有多样性、差异性和复杂性，智能化煤矿建设既要有统一的原则、目标和任务，又要因地制宜科学发展。本文件基于智能化煤矿顶层设计研究成果，总结不同条件煤矿智能化研究与实践经验，并广泛参考了相关技术标准化文件。

本文件考虑了以下情况：

——煤矿所在区域、建设规模、煤层赋存条件、生产技术条件等的不平衡性；

——煤矿开拓、采掘、运输、通风、洗选、安全保障、生产经营管理等全过程的关联性；

——各指标要素对煤矿智能化主要系统影响程度的差异性。

执行本文件的前提条件：

——煤矿符合智能化煤矿建设规划和国家发展规划；

——煤矿进行了规范的智能化建设规划和工程建设；

——煤矿的主要系统实现了基本的智能化运行；

——煤矿管理和作业人员应具备智能化煤矿运营的能力。

智能化煤矿（井工）分类、分级技术条件与评价

1 范围

本文件规定了智能化煤矿术语和定义、技术要求、智能化煤矿分类、智能化煤矿分级、智能化煤矿评价等具体的要求。

本文件适用于在建与生产的井工煤矿进行智能化建设与升级改造。

2 规范性引用文件

下列文件中的内容通过文中的规范性引用而构成本文件必不可少的条款。其中，凡是注日期的引用文件，仅该日期对应的版本适用于本文件；凡是不注日期的引用文件，其最新版本（包括所有的修改版）适用于本文件。

GB/T 18391.1　信息技术　数据元的规范与标准化　第 1 部分：数据元的规范与标准化框架

GB/T 22239　信息安全技术网络安全等级保护基本要求

GB/T 23003　信息化和工业化融合管理体系　评定指南

GB/T 25070　信息安全技术网络安全等级保安全设计技术要求

GB/T 28448　信息安全技术网络安全等级保护测评要求

GB/T 28514　支持 IPv6 的路由协议技术要求

GB/T 34679　智慧矿山信息系统通用技术规范

GB/T 37737　信息技术　云计算　分布式块存储系统总体技术要求

GB/T 37739　信息技术　云计算　平台即服务部署要求

GB/T 38559　工业机器人力控制技术规范

GB/T 38560　工业机器人的通用驱动模块接口

GB 50174　数据中心设计规范

GB 50215　煤炭工业矿井设计规范

GB 50417　煤矿井下供配电设计规范

GB/T 50450　矿井主要通风机站设计规范

GB/T 50451　煤矿井下排水泵站及排水管路设计规范

GB/T 50518　矿井通风安全装备标准

GB/T 50533　煤矿井下辅助运输设计规范

GB/T 50536　煤矿综采采区设计规范

GB/T 50810　煤炭工业给水排水设计规范

GB/T 51024　煤矿安全生产智能监控系统设计规范

GB/T 51179　煤矿井下煤炭运输设计规范

GB/T 51272　煤炭工业智能化矿井设计标准

MT/T 287　煤矿信号设备通用技术条件

MT/T 401　煤矿生产调度通信系统通用技术条件

MT/T 443　煤矿井下环境监测用传感器通用技术条件

MT/T 661　煤矿井下用电器设备通用技术条件

MT/T 701　煤矿用氮气防灭火技术规范

MT/T 702　煤矿注浆防灭火技术规范

《煤矿安全规程》2016

3　术语和定义

下列术语和定义适用于本文件。

3.1

智能化煤矿　smart coal mine

将物联网、云计算、大数据、人工智能、自动控制、新一代信息技术等与煤炭生产技术进行深度融合，形成全面感知、实时互联、数据驱动、智能决策、自主学习、协同控制的完整煤矿智能系统，实现煤矿地测、设计、采掘、机电、运通、洗选、安全保障、生产经营管理等全过程安全高效智能运行的现代化煤矿。

3.2

智能化煤矿主系统　main systems of smart coal mine

根据煤矿地质勘探、开拓、生产、安全、运营主要过程与功能要求，实现对煤炭生产运营主要过程进行感知、分析、决策、控制的硬件与软件系统，包括：信息基础设施、智能地质保障系统、智能开采系统、智能掘进系统、智能主煤流运输系统、智能辅助运输系统、智能通风与压风系统、智能供电与供排水系统、智能安全监控系统、智能洗选系统、智慧园区与经营管理系统。

3.3

智能化煤矿建设条件分类　construction conditions classification of smart coal mine

基于矿井煤层赋存地质条件、生产技术条件与智能化建设基础，对智能化煤矿建设条件进行分类，划分为：智能化建设条件Ⅰ类矿井、智能化建设条件Ⅱ类矿井、智能化建设条件Ⅲ类矿井。

3.4

智能化煤矿分级　grading evaluation of smart coal mine

基于智能化煤矿建设条件分类结果确定智能化煤矿评价指标体系与评价方法，对煤矿的智能化建设效果进行综合评价，划分为高级智能化煤矿、中级智能化煤矿、初级智能化煤矿三个等级。

3.5

煤矿智能化程度　smart rate of coal mine

基于智能化煤矿评价指标体系量化评价结果，用于综合表征煤矿智能化程度的百分比指标。

4　技术要求

4.1　基本要求

4.1.1　智能化煤矿设计应符合 GB/T 18391.1、GB/T 23003、GB/T 28514、GB/T 34679、GB/T 50215、GB/T 51272、MT 287、MT 401、MT 443 中的相关规定，采用与煤炭资源条件相适应的智能、高效开采技术与装备，满足煤炭资源安全、高效、智能、绿色开发的要求。

4.1.2　新建矿井应充分结合矿井地质条件和资源赋存特点进行智能化煤矿建设，编制并实施智能化煤矿建设方案，明确建设目标、建设任务、技术路径等，建立健全智能化煤矿保障制度与管理措施。

4.1.3　进行智能化升级改造的煤矿应具有完备的综合机械化、自动化和信息化基础设施，并根据煤层赋存条件及建设目标，进行煤矿主要系统的智能化建设与升级改造。

4.1.4　智能化煤矿应建设地面智慧中心或智能综合管控平台，对井上下海量多源异构数据进行可视化展示、分析、挖掘与利用，实现井上下各系统的智能操控与联动。

4.1.5　智能化煤矿应建设基于新一代无线通讯技术的高速、可靠的数据通信网络，满足数据实时传输要求，实现智能化煤矿各子系统之间的互联互通。

4.1.6　智能化煤矿应建设人员定位与设备定位系统，定位精度、系统可靠性应满足矿井各系统对人员、设备定位的要求。

4.1.7　智能化煤矿应建设完善的视频、图像识别系统，宜最大程度的采用视频、图像识别技术提高对井上下人员、设备、环境的感知能力。

4.1.8　智能化煤矿井上下主要装备应具备故障自诊断功能，并实现主要设备故障的预警、预报。

4.1.9　智能化煤矿应建立信息安全保障体系，实现系统安全、网络安全和应用安全。

4.1.10　智能化煤矿应采用一张网、一张图、一个库的建设思路，保证系统的实用性、稳定性和信息的共享性。

4.1.11　智能化煤矿建设应以固定岗位无人、巡视岗位减人为目标，降低井下作业人员的劳动强度，保障生产安全，提高矿井生产效率与效益。

4.2　信息基础设施技术要求

4.2.1　信息基础设施建设应符合 GB/T 22239、GB/T 25070、GB/T 28448 中的相关规定。

4.2.2　矿井应建设智能综合管控平台，实现智能化煤矿主要系统之间的协调联动与智能管控。

4.2.3　矿井主干网络传输速率应不低于 1000 Mbps，条件适宜的矿井宜不低于 10000 Mbps。

4.2.4　矿井主干网络应采用有线网络，网络设备支持 Ethernet/IP（IEEE 802.3）、PROFINET（IEC 61784－2）、MODBUS、EPA 等工业以太网协议。

4.2.5　有源光纤网络宜采用环形或双环形结构，无源光纤网络宜采用双总线或双环线结构。

4.2.6　矿井地面环网与井下环网分别布设，生产系统、安全监控系统、视频监控系统应独立组网（不共用一芯光纤），满足网络传输速率与安全要求。

4.2.7　矿井服务器应能够满足井上下协同作业的要求，且比较重要的数据与应用类服务器应采用冗余或容错配置。

4.2.8　网络设备应采用基于标准 TCP/IP 协议的以太网接口，备用端口数量应不少于总数的 30%。

4.2.9　矿井视频数据采集信息的存储容量应不少于 30 天的累计信息量，其他信息存储容量应不少于 1 年的累计信息量。

4.2.10　井上下各类应用软件宜在基于云计算、大数据等应用平台进行统一部署运行，云平台应符合 GB/T 37737、GB/T 37739 中的相关规定，支持统一的数据接口，支持多用户协同作业。

4.2.11　矿井应建设数据中心，数据中心建设应符合 GB 50174 相关规定，数据中心物理环境宜采用模块化机房部署且不低于 B 级要求，宜按照边缘云协同计算的架构设计，网络设备、存储设备等满足在云环境下运行的要求，建立或应用主数据管理系统，具备数据分类、数据分析、数据融合等功能。

4.2.12　建立大数据分析决策支持系统，实现“人员、设备、环境和管理”的动态诊断，预测安全生产态势，实现可视化预警、风险预控、三违和隐患治理。

4.2.13　建立信息共享综合管控平台，实现矿井多部门、多专业、多管理层面的数据集中应用、共享交互和决策支持，井上下各系统实现“监测、控制、管理”的一体化及智能联动控制。

4.2.14　建立安全生产全业务流程管理系统，实现生产调度、地测防治水、生产技术、“一通三防”、机电、安全、职业卫生等的集成管理。

4.2.15　建立井下精准定位系统，满足井下人员、设备定位精度的要求。

4.2.16　建立智能化煤矿门户，融合所有功能软件模块及系统，提供统一的工作流程和安全管理机制，实现一站式应用与管理。

4.3 智能地质保障系统技术要求

4.3.1 以降低地质工作人员劳动强度、提高勘查数据的精度与广度为目标，宜采用地面高精度三维探测、井下智能探测、钻探机器人等技术，进行井上下联合探测、物探与钻探综合探测等，以满足智能化煤矿主要系统建设与应用的需要。

4.3.2 应开展矿井掘进工作面前方地质构造、隐蔽致灾地质因素的高精度、远距离超前综合探查，提高煤层起伏、煤层厚度、地质构造等控制精度，以满足巷道设计与快速掘进的精度要求。

4.3.3 地质数据实现数字化存储，具备矿井地质数据融合分析的能力，通过地质数据推演、地质建模、地质数据可视化等技术，将矿井地质数据的基础信息、关联信息、预测信息等用可视化的方式直观的展示出来。

4.3.4 地质数据与工程数据能够实现融合、共享，建立自主可控的煤矿专用地理信息系统基础平台，基于统一平台和数据库，实现地测、一通三防、机电、采矿设计等专题图形的协同处理、动态更新和装备的组态控制。

4.3.5 具备利用惯性导航系统、激光测距仪、全站仪、激光扫描仪等进行集成、动态、实时数据处理的能力，为智能掘进和回采提供精确坐标。

4.3.6 具有自动处理巷道空间拓扑关系、自动构建地质模型的可视化系统；能够基于巷道、地层和生产的时空关系，进行危险源的远程可视化智能预警。

4.3.7 具有支持C/S、B/S架构的空间信息可视化系统，对海量空间数据、属性数据以及时态数据进行存储、转换、管理、查询、分析和可视化。

4.3.8 具备基于采掘揭露信息进行地质模型与工程数据模型更新的功能，能够及时更新地质信息与采掘工程信息，满足智能化煤矿生产运营要求。

4.3.9 具备基于地质模型与工程数据模型对煤矿地层、地质构造、煤层、瓦斯、水文地质和其它地质条件、地质特征及其变化规律进行智能分析的能力，能够满足采煤工作面割煤轨迹和巷道掘进方向智能决策以及隐蔽致灾因素的预测、预报、预警要求，智能估算和核实煤矿煤炭资源/储量以及煤矿瓦斯（煤层气）资源/储量。

4.4 智能掘进系统技术要求

4.4.1 巷道掘进过程实现全机械化作业，根据地质条件、工程技术条件等要求，以安全、高效、少人、快掘为目标，确定合理的智能化掘进技术与装备。

4.4.2 采用钻探、物探等技术与设备，对巷道待掘进区域的地质构造、水文地质条件、瓦斯等进行超前探测，探测距离、速度、精度等满足智能化掘进要求。

4.4.3 探放水设备应实现远距离一键操控，自动接、卸钻杆，自动钻进，自动记录钻机运行参数，具备事故（卡钻、顶钻、突然涌出有害气体等）自动识别并停钻功能。

4.4.4 智能掘进系统相关装备宜满足以下要求：

a. 掘进设备宜具备自主导航、坡度追踪和自动截割功能，纵轴式掘进设备应具有仿形截割，能够实现远程遥控截割、工况在线监测及故障诊断等。

b. 钻锚装备宜实现锚杆、锚索全断面机械化支护，具备顶板临时支护功能，宜采用具有自动化钻锚功能的钻臂。

c. 转载机组具备过载保护功能，宜实现多设备之间的信号交互和联锁控制。

d. 带式输送机机尾宜具备自移和张力自动控制功能，多部带式输送机实现集中控制。

4.4.5 掘进头和各转载点宜设置高清摄像仪，采集的视频信息满足远程监测与集控要求。

4.4.6 支护设备宜采用具有自动确定锚护位置、自动钻孔、自动铺网、自动安装锚杆（索）、工况在线监测及故障诊断、锚固质量自检验等功能。

4.4.7 监测系统应具备对掘进工作面环境（粉尘、瓦斯、水等）进行智能监测与智能分析决策功能，宜实现掘、支、锚、运、破等工序的智能联动。

4.4.8 智能掘进系统宜具备危险区域人员接近识别与报警功能。

4.4.9 具备巷道掘进工作面三维地质模型构建功能，并根据掘进过程中揭露的实际地质信息对模型进行修正，宜将超前探测信息、巷道成形质量与三维地质模型进行有效融合。

4.4.10 具备掘进机、锚杆支护、管线等设备模型构建功能，能够根据采集的相关设备信息进行掘进工作面真实场景再现。

4.4.11 掘进工作面宜建设远程集控平台，监测设备的运行状态信息，实现所有设备“一键启停”。

4.5 智能开采系统技术要求

4.5.1 采区设计应符合 GB/T 50536 的相关规定，并基于煤层赋存条件，采用与资源赋存条件相适应的智能开采技术与装备。

4.5.2 智能开采系统建设要求及评价指标体系符合“智能化采煤工作面分类、分级评价指标体系与达标要求”标准的相关规定。

4.6 智能主煤流运输系统技术要求

4.6.1 矿井应建设完善的煤炭运输系统，满足 GB/T 51179 的相关规定。

4.6.2 采用带式输送机作为矿井的主煤流运输设备，主煤流系统中带式输送机宜实现单机自动控制、多机协同联动、远程集中控制、运行工况检测及故障预警等功能。

4.6.3 带式输送机宜配备智能摄像仪或智能视频分析系统，具备皮带空载、大块煤、人员违规穿越皮带、皮带坐人等特征信息识别功能，实时将识别信息上传到工作面智能集控中心，并进行预警。

4.6.4 带式输送机宜采用变频驱动，配备智能摄像仪或智能视频分析系统，具备煤流量监测、异物识别和自动变频速度调节功能，能够根据煤流量大小自动控制带速，实现节能运行。

4.6.5 带式输送机应具备完善的综合保护装置及运量、带速监测装置，能够根据监测结果实现综合保护装置的智能联动，宜采用巡检机器人对带式输送机的运行状态进行实时监测，满足 GB/T 38559、GB/T 38560 的相关规定，具备无人值守功能。

4.6.6 若存在井底缓冲煤仓，具备对煤仓内煤位进行智能监测，给煤机能够根据煤量监测结果与带式输送机进行智能联动控制。

4.6.7 采用立井箕斗进行煤炭提升，立井提升系统具备智能装载与卸载功能，且能够与煤仓放煤系统实现智能联动。

4.6.8 立井提升系统具备智能综合保护功能，能够对提升速度、提升重量等进行智能监测。

4.6.9 主运输煤流线相关设备能够通过现场工业总线实现互联互通，并根据主运输需求实现远程集中控制。

4.7 智能辅助运输系统技术要求

4.7.1 矿井应建设完善的辅助运输系统，满足 GB/T 50533 的相关规定。

4.7.2 辅助运输物资宜建立编码体系，实现物资的集装化，能够和矿井的仓储管理系统对接，物资智能配送管理系统实现物资运送全过程的信息化闭环智能管理。

4.7.3 采用单轨吊进行辅助运输，物资、车厢的装卸及运输过程宜实现自动化，若为固定点到点运输，则运输过程宜采用无人驾驶。

4.7.4　采用机车进行辅助运输，运输过程宜实现机车及车皮位置的定位，以及机车的智能调度。

4.7.5　采用无轨胶轮车进行辅助运输，无轨胶轮车应具备精准定位与智能调度功能，宜采用辅助驾驶或无人驾驶。

4.7.6　采用多种运输方式进行联合运输，则不同运输方式之间的接驳宜实现自动化。

4.8　智能通风与压风系统技术要求

4.8.1　矿井应建设完善的通风系统，满足 GB/T 50518、GB/T 50450 的相关要求。

4.8.2　矿井主通风机、局部通风机具备远程集中控制，局部通风机可具有远程启停功能，实现无人值守。

4.8.3　井下主要进回风巷间、采区进回风巷间宜采用自动闭锁风门，能够基于感知信息进行风门的智能开启与关闭。

4.8.4　具备井下瓦斯浓度、风压、风速、风量等参数的智能感知功能，宜具备基于感知数据进行通风网络解算、分析、预测、预警与联动控制功能。

4.8.5　具备通风系统故障诊断与预警预报功能，实现无人值守与远程集中控制。

4.8.6　矿井应建设完善的压风系统，采用自动化集中控制，具备无人值守条件。

4.8.7　矿井所有采区避灾路线均应敷设压风自救管道，并设置供气阀门或压风自救装置，能够与环境监测系统实现智能联动。

4.8.8　压风系统的设备及管网数据应接入综合管控平台。

4.9　智能供电与供排水系统技术要求

4.9.1　矿井应建设完善的供电系统，符合 GB/T 50417、MT/T 661 相关规定。

4.9.2　矿井供电系统宜具备智能防越级跳闸保护功能。

4.9.3　矿井供电系统宜具有智能高压开关设备顺序控制功能。

4.9.4　矿井供电系统主变电所具备火灾自动报警功能。

4.9.5　矿井井下主变电所、采区变电所等固定场所配电点均宜设置电力监控系统，实现电气设备运行状况的智能监控、诊断与预警。

4.9.6　矿井各变电所具备无人值守条件，与其他用电设备实现智能联动控制。

4.9.7　矿井应建设完善的供排水系统，满足 GB/T 50810、GB/T 50451 相关规定。

4.9.8　排水系统与矿井水文监测系统能够实现智能联动。

4.9.9　排水系统采用远程集中控制，能够实现无人值守作业

4.9.10　固定排水作业点能够根据水压、水位进行智能抽排，实现与各采区排水系统智能联动。

4.9.11　排水系统具备故障诊断与安全预警预报功能。

4.9.12　供水系统具备水量、水压、水质和水温智能调节控制功能。

4.10　智能安全监控系统技术要求

4.10.1　矿井智能安全监控系统应符合 GB/T 51024、MT/T 701、MT/T 702 相关规定。

4.10.2　根据矿井煤层赋存条件及灾害类型，应建设完善的瓦斯灾害防治、水灾防治、火灾防治、顶板灾害防治、冲击地压防治等灾害防治系统，对上述灾害进行智能监测、预测、预警，并将相关灾害信息集成在智能安全监控系统中，实现基于多种灾害互联、互动、互监、智能预警、避灾路线智能规划等综合防治。

4.10.3　智能安全监控系统能够与人员单兵装备进行实时互联，能够通过单兵装备对井下作业人员进行灾害信息的预报、预警。

4.10.4　宜建设智能灾害联合监测与防治仿真系统，具备事故风险智能分析模拟、应急救援辅助指挥功能，可自动提供灾害范围、灾害发展趋势及最佳处理措施，自动进行避灾路线规划与事故原因分析。

4.10.5　具有瓦斯灾害的矿井，应建设完善的瓦斯智能感知系统，宜建设合理的瓦斯抽采系统，对工作面、掘进头等瓦斯易集聚区域进行智能监测，监测数据实现自动上传与分析。

4.10.6　具有瓦斯灾害的矿井，应实现瓦斯监测与通风系统联动控制，能够根据瓦斯监测数据进行风量、风速的智能调控。

4.10.7　具有瓦斯灾害的矿井，应实现瓦斯监测与工作面生产系统、供电系统联动控制，能够根据瓦斯监测数据进行瓦斯超限影响区域的自动停机、智能断电。

4.10.8　具有水害的矿井，应针对主要含水层建立水文地质智能动态观测系统，实现水文地质数据的智能感知及水害危险的智能分析、预测与预警。

4.10.9　具有水害的矿井，应实现水害监测与排水系统的智能联动控制，能够根据水文地质数据监测结果进行智能排水。

4.10.10　具有煤层自然发火危险的矿井，应建立完善的束管监测或光纤测温等系统，实现对井下煤层自然发火危险的实时监测。

4.10.11　矿井电气设备、带式输送机等易发生火灾的场所，应设置火灾智能感知装置，以及防灭火系统，宜实现火灾监测与防灭火系统的智能联动。

4.10.12　矿井应根据顶板条件，建立完善的顶板灾害监测系统，对工作面、巷道等矿山压力、位移等进行智能感知。

4.10.13　矿井应根据煤层顶、底板条件，建立完善的灾害监测系统，对工作面顶板压力、巷道围岩应力、岩层移动等进行智能感知，并建立监测数据分析与评价模型，能够基于监测数据进行顶板灾害的智能预测与预警。

4.10.14　具有冲击地压危险的矿井，应建立基于微震监测、地音监测等技术的冲击地压监测、预测与预警系统，对冲击地压危险区域进行实时监测，根据监测结果实现冲击危险性的智能预测与预警。

4.10.15　具备粉尘浓度自动监测功能，实现对粉尘浓度的实时监测、数据分析、上传及超限自动报警，并与喷雾洒水除尘装置形成联动。

4.10.16　在矿井粉尘易超限区域，应设有智能除尘装置，具有基于煤尘监测数据的智能除尘和远程集中控制功能，实现远程集中控制。

4.10.17　矿井宜建设风险管控、应急管理与应急救援系统，具有对重大应急事件、重大卫生安全事件的应急处置管理能力。

4.11　智能洗选系统技术要求

4.11.1　能够根据不同的洗选工艺实现智能化闭环控制，降低作业人员数量与劳动强度，提高原煤洗选效率。

4.11.2　具有根据分选原料的性质、用户需求、监测数据等，自主设定密度、压力等工艺参数，并自动进行调节补水、加介、加药、分流等操作，原煤准备系统（含选矸系统）、主选系统、浮选系统、煤泥水处理系统等选煤生产全过程实现远程集中控制，其中重力分选密度系统、浮选加药系统、煤泥水系统、压滤系统等实现自动控制，部分关键环节实现智能化。

4.11.3　宜采用多功能传感器、机器人巡检、报警随动管理等技术，煤泥清理、采制样、化验（粒度、浓度、灰分）等实现自动化。

4.11.4　建有洗选作业分析和辅助决策系统，具备洗选工艺参数、生产过程控制状态、设备运行状态的数据安全采集、展示、分析和合理化建议功能。

4.11.5　建有3D可视化系统，以三维立体的形式显示选煤厂内的场景结构、设备布局，并设置完善的视频感知、安全监测系统，对入选原煤杂物、人员不安全行为、设备运行危险状态等进行监测，并实现智能预测、预警。

4.11.6　应配置智能供配电系统，具有无人值守配电室、远程停送电、智能电力管理系统等。

4.11.7　应配置智能储装运系统，具有智能配煤、无人值守装车站、无人值守磅房、智能汽车（火车）采制样化验系统等。

4.11.8　火车装运系统宜采用激光雷达、智能分析终端等设备，能够自动识别车厢的编号、位置等，并实时监测撒料等异常情况，实现火车的智能定量装运。

4.11.9　汽车装运系统具备车辆位置、车厢内物料高度等信息的自动感知与建模功能，实时计算车辆边缘位置与物料装载状态，自动提示司机配合完成装运。

4.11.10　智能化选煤厂应建设选煤厂管理信息系统，主要包括选煤生产管理、经营管理和协同办公等功能，实现市场分析、煤质管理、设备全生命周期管理、材料配件管理、能耗管理、综合成本核算等的智能化运行。

4.12　智慧园区与经营管理系统技术要求

4.12.1　宜在矿井地面建设智慧中心，集成智能化指挥、调度、管控、办公、培训、展示等功能，实现对井上下各系统的统一协调管控。

4.12.2　智慧园区宜设有工业设施智能保障系统、绿色能源利用系统、智能环境管理系统、智能仓储系统、园区无人机管控系统、智能楼宇系统、智能指挥中心。

4.12.3　工业设施智能保障系统宜具有智能安防、智能车辆管理、智能道路管理、智能门禁闸机管理、智能供热、智能洗浴管理、智能宿舍管理、智能信息发布、智能食堂管理、智能园区灌溉、对讲及个人移动终端管理，实现工业设施保障系统的智能决策和数据共享。

4.12.4　绿色能源利用系统具有风机乏风余热利用、太阳能发电利用、热泵供热利用、发电地砖利用、智能储能系统，实现多能源的综合智能利用。

4.12.5　环境管理系统具有对园区和主要建筑物内 PM2.5、温度、湿度、有害气体、噪声、风速等智能监测。

4.12.6　智能仓储系统具有智能立体库房、无人配送机器人，实现设备、物资等的智能化存储与园区内智能化配送。

4.12.7　园区无人机管控系统具有地表沉陷和生态环境监测无人机管控、安防无人机管控、基础设备巡检无人机管控、地面无人清扫机器人管控、楼宇内配送机器人管控，实现对园区内无人机的智能综合管理和控制。

4.12.8　智能楼宇系统具有智能暖通风、楼宇能源智能化、智能照明、智能供水、智能配电、智能消防，实现楼宇的智能化管控。

4.12.9　智能指挥中心具有大屏幕显示系统、调度会议系统、智能化管控系统、大数据系统、云计算等系统，实现各部门工作流程和现场安全、生产环节的纵向贯通、横向关联、融合创新。

4.12.10　矿井应建设生产计划及调度管理、生产技术管理、机电设备管理、安全管理、一通三防管理、班组管理、煤质管理、应急救援管理、地测管理、防治水管理、能耗管理、三维可视化管理、辅助设计等系统。

4.12.11　生产计划及调度管理系统应具有生产计划及日常调度管理功能，可根据企业资源管理数据进行生产计划排产。

4.12.12　机电设备管理系统应具有健康状况的远程在线诊断功能，应具有定期自动运维管理及配件库存识别功能。

4.12.13　生产级经营管理系统应具有规程措施编制、技术资料、专业图纸设计、采掘生产衔接跟踪、工程进度跟踪、生产与技术指标、经营指标等无纸化管理功能。

4.12.14 矿井经营管理系统应包括办公自动化管理、企业资源管理等系统，各系统之间能够进行数据共享与交互。

4.12.15 企业资源管理系统应包括财务管理、成本管理、合同管理、运销管理、物资供应管理、仓储管理等系统，且应提供规范化数据接口。

4.12.16 矿井应建立智能决策支持系统，能够对生产系统和管理系统的数据进行融合，且应能建立数据分析模型。

4.12.17 智能决策支持系统能够建立动态排产模型，有效分析企业资源管理系统中的经营数据，对矿井生产和运输环节进行合理调度。

4.12.18 矿井应建立智能决策支持系统，能够建立大型设备运维及管理模型，合理调整设备检修及大型耗能设备运转时间，对主要生产环节设备健康状况、负荷率、故障停机率、能源消耗等指标进行分析。

4.12.19 智能决策支持系统能够建立精细化成本核算模型，有效分析生产过程中的各类消耗，实现降低生产成本，提升企业盈利能力的目标。

5 智能化煤矿建设条件分类

5.1 类别名称

根据矿井主采煤层赋存条件、开采技术条件等对矿井进行分类，共分为三类：智能化建设条件Ⅰ类矿井、智能化建设条件Ⅱ类矿井、智能化建设条件Ⅲ类矿井，类别代号及名称见表1。

表1 智能化矿井建设条件类别

1类	2类	3类
智能化建设条件Ⅰ类矿井	智能化建设条件Ⅱ类矿井	智能化建设条件Ⅲ类矿井

5.2 分类指标

5.2.1 基本指标：井田内主采煤层倾角、煤层稳定性、断层、褶曲、陷落柱、瓦斯、水文等煤层赋存条件。

5.2.2 参考要素：煤层的开采效率。

5.3 分类指标

表2 智能化矿井建设条件分类评价指标

序号	评价指标	单位	等 级 划 分	指标得分	权重值
1	生产能力	万吨	<100	50	0.0564
			100～300（不含）	60	
			300～500（不含）	70	
			500～1000（不含）	80	
			1000～1500（不含）	90	
			≥1500	100	

表 2（续）

序号	评价指标	单位	等 级 划 分	指标得分	权重值
2	煤层埋深	m	＜400	100	0. 0738
			400 ~ 1000（不含）	80	
			1000 ~ 1500（不含）	60	
			≥1500	50	
3	煤层倾角	°	＜10	100	0. 124
			10 ~ 25（不含）	80	
			25 ~ 45（不含）	60	
			≥45（不含）	50	
4	煤层稳定性	—	稳定或较稳定	100	0. 0938
			不稳定	80	
			极不稳定	60	
5	褶曲影响	—	影响很小	100	0. 0609
			影响较大	180	
			影响很大	60	
6	断层影响	—	影响很小	100	0. 0724
			影响较大	80	
			影响很大	60	
7	陷落柱影响	—	影响很小	100	0. 0611
			影响较大	80	
			影响很大	60	
8	围岩稳定性	—	围岩稳定，对采掘影响很小	100	0. 0748
			围岩较稳定，对采掘有一定影响	80	
			围岩不稳定，对采掘影响较大	60	
9	煤层自燃倾向性	—	不易自燃煤层	100	0. 0438
			易自燃煤层	80	
			极易自燃煤层	60	
10	瓦斯等级	—	低瓦斯矿井	100	0. 087
			高瓦斯矿井	80	
			煤与瓦斯突出矿井	60	
11	矿井水文地质条件	—	水文地质条件简单	100	0. 096
			水文地质条件中等	85	
			水文地质条件复杂	75	
			水文地质条件极其复杂	60	

表2（续）

序号	评价指标	单位	等级划分	指标得分	权重值
12	冲击倾向性	—	无冲击	100	0.086
			弱冲击	85	
			强冲击	60	
13	煤尘爆炸危险性	—	无煤尘爆炸危险性	100	0.0262
			弱煤尘爆炸危险性	85	
			强煤尘爆炸危险性	60	
14	热害等级	—	无热害矿井	100	0.0438
			一级热害矿井	85	
			二级热害矿井	75	
			三级热害矿井	60	

5.4 分类方法与流程

5.4.1 收集矿井的地质赋存条件与开采效率相关信息，根据表2对待评价矿井的各项评价指标进行打分，指标得分与权重值的乘积则为该项评价指标的评价值，将各项评价指标的评价值相加则为矿井的综合评价值。

5.4.2 采用百分制原则对矿井的智能化建设条件进行综合评价，依据评价结果集：{智能化建设条件Ⅰ类矿井、智能化建设条件Ⅱ类矿井、智能化建设条件Ⅲ类矿井}＝{100～85,85～70,＜70} 确定矿井的智能化建设条件类别。

6 智能化煤矿分级

6.1 级别名称

根据智能化矿井建设条件类别，以及不同类别矿井的智能化建设难易程度与最终效果之间的差异，分别设立三套智能化煤矿分级评价指标体系：智能化建设条件Ⅰ类矿井分级评价指标体系、智能化建设条件Ⅱ类矿井分级评价指标体系、智能化建设条件Ⅲ类矿井分级评价指标体系。通过对智能化矿井建设效果进行综合评价，将每一类智能化矿井评价结果细分为三级：高级智能化煤矿、中级智能化煤矿、初级智能化煤矿，见表3所示。

表3 智能化煤矿评价等级划分

序号	1	2	3
名称	高级智能化煤矿	中级智能化煤矿	初级智能化煤矿

6.2 智能化煤矿分级评价指标体系

6.2.1 智能化煤矿评价指标体系由分项指标和权重构成，各级指标分别设置相应的权重，各级指标权重之和等于100%。

6.2.2 智能化矿井建设水平总得分为所有一级指标与权重得分之和；一级指标得分为其下层二级指标得分之和；二级指标得分为其下层指标分项及相应的权重得分之和。

6.2.3 各级指标的得分在计算时，应四舍五入取整数。

6.3 智能化煤矿分级评价指标体系框架

6.3.1 智能化煤矿评价指标体系由信息基础设施、智能地质保障系统、智能掘进系统、智能开采系统、智能主煤流运输系统、智能辅助运输系统、智能通风与压风系统、智能供电与供排水系统、智能安全监控系统、智能洗选系统、智慧园区与经营管理系统相关指标组成。

6.3.2 智能化煤矿分级评价指标体系框架见图1所示。

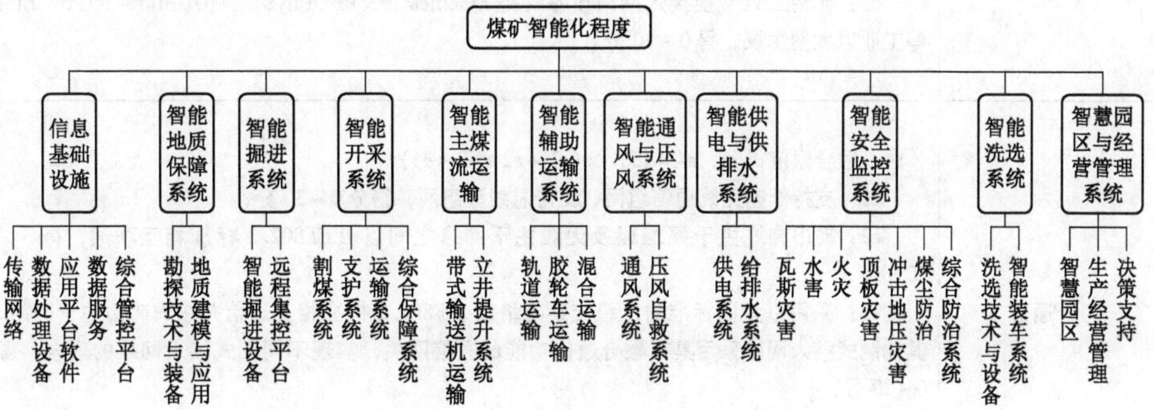

图1 智能化煤矿分级评价指标体系框架

6.4 智能化建设条件Ⅰ类矿井评价方法

6.4.1 信息基础设施

6.4.1.1 传输网络速度、可靠性及健全程度评价指标见表4所示。

表4 通信网络指标评价方法

指标名称	计算方法
有线主干网络	a1：有线主干网络得分，a1 = 30% ×（b1 + b2 + b3） b1：采用矿用以太网，符合 IEEE802.3 协议，得0～40分； b2：采用 10000 Mbps 及以上通信网络，得0～40分； b3：矿用有线主干网络设备支持 Ethernet/IP、PROFINET、ipv6、MODBUS－RTPS、EPA 等工业以太网协议，得0～20分。
无线网络	a2：无线网络得分，a2 = 15% ×（c1 + c2 + c3） c1：采用主流宽带无线通信技术，系统带宽满足视频、语音、数据等传输要求，得0～40分； c2：支持井下移动语音通话、无线数据和视频等信息共网传输，得0～40分； c3：矿山低速无线网络基站接入数量不小于256台，节点接入数量不小于25万，基站同时通信节点数不小于1024，得0～20分。

表 4（续）

指标名称	计算方法
二级交换接入网络	a3：二级交换接入网络得分，a3 = 15% ×（d1 + d2 + d3） d1：采用 1000 Mbps 以上工业以太网，得 0 ~ 40 分； d2：矿井地面环网与井下环网分别布设，网络自愈时间小于 30 ms，能通过以太网电接口或光接口接入矿山主干网络，安全监控系统、视频监控系统独立组网，满足网络传输速率与安全要求，网得 0 ~ 40 分； d3：矿用二级交换接入网络设备支持 Ethernet/IP、PROFINET、MODBUS - RTPS、EPA 等工业以太网协议，得 0 ~ 20 分。
融合通信	a4：融合通信得分，a4 = 15% ×（e1 + e2 + e3 + e4） e1：支持低速无线通信组网，支持总线型组网，得分 0 ~ 30 分； e2：矿山有线主干网络以及无线主干网络之间以 IEEE802.3 标准相互联通，得 0 ~ 20 分； e3：采用以太网标准的二级交换网络以 IEE802.3 标准相互通信并接入矿山主干网络，其他制式接入网络采用具有融合通信功能的通信网关，实现不同制式接入网络的融合，得 0 ~ 20 分； e4：不同制式通信网络均能通过其通信网关实现终端节点基于 IPv4 或 IPv6 进行网络层级访问，通过通信网关实现本网络制式到以太网协议的标准化转换，得 0 ~ 30 分。
地面通信网络	a5：地面通信网络得分，a5 = 10% ×（f1 + f2 + f3 + f4 + f5） f1：矿山地面通信网络采用标准 TCP/IP 传输协议，具有与矿山井下主干网络、矿山接入网络的以太网接口，得 0 ~ 20 分； f2：具备万兆骨干、千兆汇聚、百兆到桌面，且具备 WIFI 无线覆盖，得 0 ~ 20 分； f3：支持光纤多模、单模、超五类双绞线等多种传输介质，得 0 ~ 20 分； f4：部署网络防火墙设备，网络防火墙须具备网络入侵监测功能，得 0 ~ 10 分； f5：地面广域通信网络采用地面公网无线通信网络，且选用 5G 及其后续演进通信技术，具备接入矿山地面信息网络的接口，具备链路自动恢复功能，得 0 ~ 30 分。
云计算平台	a6：云计算平台得分，a6 = 15% ×（g1 + g2 + g3 + g4） g1：云计算平台具备常用标准 IP 通信接口，且支持数据、语音、视频融合通信业务，可通过标准各类 IP 通信网关与传统 PSTN（Public Switched Telephone Network，公共交换电话网络）、PLMN（Public Land Mobile Network，公共陆地移动网络）网络互联互通，得 0 ~ 30 分； g2：云计算平台具备服务器、网络安全检测、防护功能，得 0 ~ 20 分； g3：云计算平台具备万兆级吞吐量，万级连接数的通信能力，得 0 ~ 30 分； g4：云计算平台具备多台云服务器负载均衡功能，得 0 ~ 20 分。

6.4.1.2　数据处理与存储设备的能力、可靠性及健全程度评价指标见表 5 所示。

表 5　数据处理与存储设备指标评价方法

指标名称	计算方法
数据处理设备	分项分数＝60%×（a1＋a2＋a3＋a4） a1：矿端数据处理设备：CPU 不小于六核心，内存不小于 32 G，具备双千兆以太网接口，具备 UPS 电源，后备时间不小于 4 h，得 0～25 分； a2：信息采集和数据库服务器：单台 CPU 不小于六核心，且 CPU 数量不少 2 颗，内存不小于 64 G，系统磁盘采用 2 块 SSD 固态硬盘组建 RAIDO 阵列，且单块容量不小于 512 G，宜采用硬冗余或服务器虚拟化软冗余配置，具备 UPS 电源，后备时间不小于 4 h，得 0～25 分； a3：移动端数据处理设备：移动终端具有 MA 认证，可以应用于煤矿井下，具备 5G 全网通 4G 或 WIFI 的无线通信功能，具备不少于 NFC、RFID、蓝牙等至少 2 种近场通信功能，具备高级（专业级）三防标准：IP68——6 级防尘等级，8 级防水等级，5 m 跌落，常规振动，电池续航不小于煤矿生产单班时间，得 0～25 分； a4：云端数据处理设备：公有云具备云端实例（云服务器）的在线管理，具备实例的集群功能，具备云端实例的网络路由自动指向功能；私有云具备异地灾备配置，具备 UPS 电源，后备时间不小于 4 h，得 0～25 分。
数据存储设备	分项分数＝40%×（a1＋a2＋a3＋a4＋a5＋a6） a1：矿端数据存储设备：采用专业数据盘（黑盘），性能指标不低于 7200 转 64 MB，容量配置不小于 2 T，得 0～20 分； a2：采集和数据库服务器存储：服务器采用 SAS2.0 服务器硬盘，容量不小于 1 T，具备光纤连接的 HBA 卡，得 0～20 分； a3：磁盘阵列柜：采用双控光纤磁盘阵列柜，具备各种阵列组合方式，采用专业数据盘（黑盘），性能指标不低于 7200 转 64 MB，单盘容量配置不小于 2 T，得 0～15 分； a4：公有云备非结构化和结构化数据的存储能力，且存储容量可实时弹性扩展，满足存储要求；私有云初始资源不小于 20 T，且可在线增加硬件存储资源，满足存储要求，0～15 分； a5：移动端存储设备：RAM 不小于 4 G，移动终端本地数据存储空间不小于 64 G，得 0～15 分； a6：其他存储设备：矿井视频监控信息存储系统容量不少于 30 天的累计信息量，其他信息存储系统容量不少于 1 年的累计信息量，支持通用存储管理软件，可通过软件进行配置、定义、修改等功能，具有云存储能力，得 0～15 分。

6.4.1.3　应用平台软件的功能、可靠性及健全程度评价指标见表 6 所示。

表 6　软件系统指标评价方法

指标名称	计算方法
应用平台软件	分项分数＝a1＋a2＋a3＋a4＋a5 a1：具备专业数据采集软件、数据库软件、操作系统软件、虚拟化软件、网络管理软件、防病毒软件等，得 0～10 分； a2：无应用平台软件各自独立部署运行，但有统一的门户或访问入口，具有简单的信息传递能力，具有本业务范围内的信息综合统计能力，应用软件已替代一部分人工简单劳动，得 0～15 分；

表 6（续）

指标名称	计算方法
应用平台软件	a3：有基于虚拟化等技术的应用平台，应用软件在虚拟化平台中各自独立部署运行，并可以通过应用平台进行互联互通，具备流程协同、消息推送、移动终端等公共技术能力，应用软件 80% 以上部署在虚拟化平台中，得 0～15 分； a4：有工业物联网平台，具备 2DGIS 平台、3DGIS 平台、组态化编辑与展示平台、设计协同平台等组件，为矿井智能化应用提供技术支撑，得 0～25 分； a5：有基于云计算的决策支持承载平台，平台包含模型库和算法库，其中模型库具有人工设计完成的业务模型或经过计算机训练后得出的模型，以及模型用到的各种权值、调优参数；算法库具有常用的 AI 相关算法，矿山业务基础数据、安全业务数据、生产过程管理数据、经营管理业务数据符合进行云端的大数据分析的要求，超过 80% 的决策支持类应用在决策支持承载平台中开发、部署和运行，得 0～35 分。

6.4.1.4　大数据中心的数据服务功能及健全程度评价指标见表 7 所示。

表 7　数据中心指标评价方法

指标名称	计算方法
数据服务	分项分数 = a1 + a2 + a3 a1：矿井各类资料均实现了数字化，且数据进行了合理的分类与存储，数据间交互方式合理，得 0～40 分； a2：采用行业统一的数据交换标准规范协议，得 0～40 分； a3：具有全面的数据元分类属性、产生层次及交互层次规范，得 0～20 分。

6.4.1.5　智能综合管控平台功能及健全程度评价指标见表 8 所示。

表 8　智能综合管控平台指标评价方法

指标名称	计算方法
智能综合管控平台	分项分数 = a1 + a2 a1：I/O 采集服务的要求，具备以下要求，得 0～40 分： 基于统一 I/O 采集服务设计与实现，自主适配标准工控设备、非标准设备系统、VOIP 语音设备系统和流媒体视频监控等设备系统，具有冗余采集和容错机制； a2：多系统协同控制要求，具备以下要求，得 0～60 分： 1）对“采、掘、选、机、运、通”等主要生产环节、井下环境安全、人员位置等安全生产实时信息进行综合集成与可视化展示； 2）对融合通信系统进行综合集成； 3）对生产执行、经营管理、分析决策等矿井信息化系统进行综合集成与可视化展示； 4）根据业务需求自动构建分析预测模型； 根据监测与分析计算结果，实现预警报警、指挥调度与协同控制。

6.4.2 智能地质保障系统

6.4.2.1 智能地质勘探技术与装备评价指标见表9所示。

表9 智能综合地质勘察指标评价方法

指标名称	计算方法
勘探技术与装备	分项分数 = a1 + a2 + a3 a1：勘探设备具备以下要求，得0~50分： 1）采用无人机、智能钻探、智能物探等设备，能够最大程度降低人工劳动强度，提高勘探数据的精度与广度； 2）地质探测设备能够进行数据的自动采集、分析与上传； 3）地质探测结果的精准度满足地质模型构建需求。 a2：矿井待开采（掘进）区域的含煤地层结构、地质构造、煤层及其顶底板岩性、厚度、矿井瓦斯（水）富集区、应力异常区的勘探数据种类、精度、范围满足智能化开采（掘进）要求，得0~30分。 a3：地质数据实现了数字化存储，且地质数据与工程数据能够实现融合、共享，满足智能化煤矿主系统地理信息服务要求，得0~20分。

6.4.2.2 地质模型构建与应用评价指标见表10所示。

表10 地质模型及应用指标评价方法

指标名称	计算方法
地质模型构建与应用	分项分数 = a1 + a2 + a3 + a4 a1：地质数据的共享服务具备以下要求，得0~20分： 1）具备矿井地质数据融合分析能力，具备地质数据推演、地质建模、地质数据可视化等功能，矿井地质数据的基础信息、关联信息、预测信息等能够用可视化的方式直观的展示出来； 2）空间数据库的数据结构、数据接口等满足为多系统提供数据共享的要求； 3）支持C/S、B/S架构的空间信息可视化系统，对海量空间数据、属性数据以及时态数据进行存储、转换、管理、查询、分析和可视化。 a2：地质模型具备以下要求，得0~30分： 1）地质模型的精度满足不同应用场景的需要； 2）地质模型能够根据实际揭露的地质数据进行实时动态更新与修正； a3：矿井云GIS平台具备以下要求，得0~30分： 1）采用统一的虚拟化资源池，使用云管理系统进行统一管理和调度； 2）能够对矿井地质数据进行关联分析，并用可视化的方式进行直观的展示； 3）具有强大的统计分析功能； 4）具有海量空间数据的存储、管理和并行计算能力； 5）具备四维时空分析功能。 a4：具备基于地质模型与工程数据模型对煤矿地层、地质构造、煤层、煤质、瓦斯、水文地质和其它地质条件、地质特征及其变化规律进行智能分析的能力，实现隐蔽致灾因素的预测预报，得0~20分。

6.4.3 智能掘进系统

6.4.3.1 掘进技术与装备评价指标见表11所示。

表11 掘进技术与装备评价指标

指标名称	计算方法
掘进设备	分项分数 = a1 + a2 + a3 + a4 + a5 + a6 + a7 + a8 a1：巷道掘进过程实现全机械化作业，采用高效掘、支、锚、运、破成套掘进装备，掘进速度满足矿井采掘接替要求，得0~10分； a2：采用钻探、物探等技术与设备，对巷道待掘进区域的地质构造、水文地质条件等进行超前探测，探测距离、速度、精度满足智能化掘进要求，得0~10分； a3：掘进、锚护、运输等设备具备完善的传感器、执行器及控制器，能实现单机状态检测、故障诊断功能，以及各设备之间实现信号交互和联锁控制，得0~15分； a4：掘进设备应具备自主导航和自动截割功能，纵轴式掘进设备应具有仿形截割，掘进设备能够实现远程遥控截割与行走，得0~15分； a5：支护设备采用按钮式电液控钻机、锚索自动进给器等，具有自动确定锚护位置、自动钻孔、自动铺网、自动注锚杆（索）、工况在线监测及故障诊断、锚固质量自检验等功能，得0~15分； a6：采用全自动钻架和锚杆钻车，实现整个锚杆作业流程的全自动化，得0~10分； a7：带式输送机机尾具备自移功能和张力自动控制功能，能够实现多部带式输送机集中控制，得0~10分； a8：具备人员精确定位功能，具备危险区域人员接近识别与报警功能，具备掘进工作面环境（粉尘、瓦斯、水等）智能监测功能，并具备监测环境数据智能分析，以及掘、锚、运、支工序的智能联动，得0~15分。

6.4.3.2 掘进工作面远程集控平台评价指标见表12所示。

表12 掘进工作面远程集控平台评价指标

指标名称	计算方法
远程集控平台	分项分数 = a1 + a2 + a3 + a4 a1：具备超前探测信息、巷道成形质量与三维地质模型融合功能，并根据掘进过程中揭露的实际地质信息与工程信息对模型进行实时动态修正，得0~30分； a2：具备掘进系统设备和巷道环境的模型构建功能，能够根据采集的相关设备信息进行掘进工作面真实场景再现，得0~20分； a3：掘进头和各转载点应设置高清摄像仪，具备视频增强功能，第三方监控软件通过接口可访问实时视频数据，得15分； a4：集控平台具备对巷道掘进设备进行远程操控的功能，具备所有设备"一键启停"、供配电、设备状态监控、视频监测、无线数据网络管理及单机可视操控、多机协同控制、远程集中控制和流程启停功能，得0~35分。

6.4.4 智能开采系统

智能开采系统相关评价指标体系按照"智能化采煤工作面分类、分级评价指标体系与达标要求"

标准相关内容。

6.4.5　智能主煤流运输系统

6.4.5.1　主煤流运输系统应主要采用两种形式：带式输送机运输、带式输送机与箕斗联合运输。

6.4.5.2　采用带式输送机作为主煤流运输系统，评价指标见表 13 所示。

表 13　带式输送机智能运输系统评价指标

指标名称	计算方法
带式输送机运输系统	分项分数 = a1 + a2 + a3 + a4 + a5 + a6 + a7 a1：单条带式输送机具备完善的传感器、执行器及控制器，能实现单设备的自动控制，得 0 ~ 15 分； a2：主运输煤流线相关设备能通过现场工业总线实现互联互通，并能按主运输需求实现远程集中控制，得 0 ~ 15 分； a3：带式输送机采用变频驱动，配备智能摄像仪或智能视频分析系统，具备煤流量监测、异物识别和自动变频速度调节功能，能够根据煤流量大小自动控制带速，实现节能运行，得 0 ~ 15 分； a4：带式输送机配备智能摄像仪或智能视频分析系统，具备皮带空载、大块煤、人员违规穿越皮带、皮带坐人等特征信息识别功能，实时将识别信息上传到工作面智能集控中心并预警，得 0 ~ 15 分； a5：具备完善的综合保护装置，能够根据监测结果实现综合保护装置的智能联动，得 0 ~ 10 分； a6：多条皮带搭接，则实现多条皮带的集中协同控制，得 0 ~ 15 分； a7：采用巡检机器人对带式输送机的运行状态进行实时监测，具备无人值守功能，得 0 ~ 15 分。

6.4.5.3　采用带式输送机与箕斗进行煤炭运输，其带式输送机应满足表 13 中的要求，立井提升系统的评价指标见表 14 所示。

表 14　立井智能提升系统评价指标

指标名称	计算方法
立井智能提升系统	分项分数 = a1 + a2 + a3 + a4 a1：立井提升系统具有智能装载与卸载功能，得 0 ~ 20 分； a2：立井提升系统能够与煤仓放煤系统进行智能联动，得 0 ~ 20 分； a3：具备智能综合保护系统，能够对提升速度、提升重量等进行智能监测，得 0 ~ 30 分； a4：具备远程智能无人操作功能，得 0 ~ 30 分。

6.4.6　智能辅助运输系统

6.4.6.1　辅助运输系统主要分为三种：轨道运输（包括单轨吊、机车等）、无轨胶轮车运输、混合型运输。

6.4.6.2　采用轨道运输进行辅助运输，其智能化评价指标见表 15 所示。

表 15　轨道运输系统评价指标

指 标 名 称	计 算 方 法
轨道运输系统	分项分数 = a1 + a2 + a3 + a4 + a5 + a6 + a7 a1：辅助运输物资建立编码体系，实现物资及车厢的集装化，能与矿井的仓储管理系统无缝对接，实现物资运送全过程信息化闭环管控，得 0 ~ 10 分； a2：单轨吊的物资和车厢装卸实现全自动控制，得 0 ~ 15 分； a3：单轨吊采用点到点物资运输，实现无人驾驶，得 0 ~ 15 分； a4：机车车皮的挂接和编、解组实现自动化作业，得 0 ~ 15 分； a5：机车车头实现无人驾驶，得 0 ~ 15 分； a6：运输过程中实现车辆位置的精准定位和智能调度，得 0 ~ 15 分； a7：运输过程中实现智能物流管控，得 0 ~ 15 分。

6.4.6.3　采用无轨胶轮车作为辅助运输，其智能化评价指标见表 16 所示。

表 16　无轨胶轮车运输系统评价指标

指 标 名 称	计 算 方 法
无轨胶轮车运输系统	分项分数 = a1 + a2 + a3 + a4 + a5 a1：辅助运输物资建立编码体系，实现物资及车厢的集装化，能和矿井的仓储管理系统无缝对接，实现物资运送全过程信息化闭环管控，得 0 ~ 10 分； a2：物资的装卸实现全自动，得 0 ~ 20 分； a3：无轨胶轮车实现辅助驾驶或无人驾驶，得 0 ~ 25 分； a4：运输过程中实现车辆的精准定位、路径智能规划和智能调度（红绿灯），得 0 ~ 25 分； a5：运输过程中实现智能物流管控，得 0 ~ 20 分。

6.4.6.4　采用混合型运输方式，其智能化评价指标见表 17 所示。

表 17　混合型运输系统评价指标

指 标 名 称	计 算 方 法
混合型运输系统	分项分数 = a1 + a2 + a3 + a4 + a5 + a6 a1：辅助运输物资建立编码体系，实现物资及车厢的集装化，能和矿井的仓储管理系统无缝对接，实现物资运送全过程信息化闭环管控，得 0 ~ 10 分； a2：物资的装卸实现全自动，得 0 ~ 20 分； a3：不同运输方式之间的接驳实现自动化辅助，得 0 ~ 20 分； a4：轨道车实现无人驾驶，无轨胶轮车实现无人驾驶，得 0 ~ 20 分； a5：运输过程中实现车辆的精准定位和智能调度，得 0 ~ 15 分； a6：运输过程中实现智能物流管控，得 0 ~ 15 分。

6.4.7　智能通风与压风系统

6.4.7.1　智能通风系统评价指标见表 18 所示。

表 18　通风系统智能化评价指标

指 标 名 称	计 算 方 法
通风系统	分项分数 = a1 + a2 + a3 + a4 + a5 + a6 a1：矿井主要通风机实现一键式启动、反风、倒机功能，得 0 ~ 15 分； a2：井下主要进回风巷间、采区进回风巷间采用自动闭锁风门，得 0 ~ 10 分； a3：能够对井下瓦斯浓度、风压、风速、风量等参数进行智能监测，可以对监测数据进行自动分析，得 0 ~ 20 分； a4：能够根据智能监测结果自动实时进行通风阻力解算，得 0 ~ 15 分； a5：掘进工作面的局部通风机实现双风机、双电源，并能自动切换，根据环境监测结果实现风电闭锁、瓦斯电闭锁等，得 0 ~ 20 分； a6：能够根据监测及分析结果对风窗、风门等进行智能控制，实现无人值守及远程集中控制，得 0 ~ 20 分。

6.4.7.2　智能压风自救系统评价指标见表 19 所示。

表 19　压风自救系统智能化评价指标

指 标 名 称	计 算 方 法
压风自救系统	分项分数 = a1 + a2 + a3 a1：在地面建有压缩空气站，且采用自动化集中控制，具备无人值守条件，得 0 ~ 30 分； a2：空气压缩机采用变频调速控制，得 0 ~ 25 分； a3：矿井所有采区避灾路线上（采掘工作面范围内）均应敷设压风自救管道，并设供气阀门或压风自救装置，能够与环境监测结果实现智能联动控制，得 0 ~ 45 分。

6.4.8　智能供电与供排水系统

6.4.8.1　智能供电系统评价指标见表 20 所示。

表 20　智能供电系统评价指标

指 标 名 称	计 算 方 法
供电系统	分项分数 = a1 + a2 + a3 + a4 + a5 + a6 + a7 + a8 a1：具备智能防越级跳闸保护功能，得 0 ~ 15 分； a2：具有对矿井所有变电所进行实时监控与电力调度的功能，得 0 ~ 15 分； a3：具有监控数据采集与上传、数据辨识功能，得 0 ~ 10 分； a4：主变电所电缆夹层、电缆井具有火灾自动报警功能，得 0 ~ 10 分； a5：具有智能高压开关设备顺序控制功能，得 0 ~ 10 分； a6：具有供电系统安全和系统故障诊断预警功能，得 0 ~ 15 分； a7：矿井主变电所设计智能巡检机器人，能够对变电所内的设备信息进行巡检，得 0 ~ 10 分； a8：井下主变电所、采区变电所、各配电点均应设置电力监控系统，实时监测电气设备运行工况，并具备无人值守条件，其数据应接入矿井信息系统，得 0 ~ 15 分。

6.4.8.2 智能供排水系统评价指标见表21所示。

表21 智能供排水系统评价指标

指标名称	计算方法
供排水系统	分项分数 = a1 + a2 + a3 + a4 + a5 + a6 a1：根据水压、水位进行固定作业点的智能抽排，得0～15分； a2：具备负荷调控及管网调配功能，得0～15分； a3：具备给排水管线与设备故障分析诊断及预警功能，得0～15分； a4：实现排水系统与矿井水文监测系统的智能联动，得0～20分； a5：实现远程集中控制及无人值守，得0～20分； a6：给水系统具备水量、水压、水质和水温智能调节控制功能，得0～15分。

6.4.9 智能安全监控系统

6.4.9.1 智能安全监控系统能够实现对瓦斯灾害、水害、火灾、顶板灾害、冲击地压灾害等监测、分析、预测与预警，并与相关防灾技术与装备实现智能联动。

6.4.9.2 智能安全监控系统的评价指标见表22所示。

表22 安全监控系统智能化评价指标

指标名称	计算方法
瓦斯灾害	分项分数 = a1 + a2 + a3 a1：具有瓦斯变化动态仿真系统，可根据瓦斯监测数据对瓦斯积聚区进行智能预测预警，得0～35分； a2：能够根据瓦斯监测数据进行风量、风速智能调节，得0～40分； a3：能够根据瓦斯监测数据进行瓦斯超限区域智能断电，得0～25分；
水害	分项分数 = a1 + a2 + a3 a1：具有针对主要含水层的井上下水文智能动态观测系统，进行动态观测和水害的预测预警分析，得0～35分； a2：具有水害智能仿真系统，并与矿井监测监控系统连接，实现水害的实时监测仿真与展示，得0～30分； a3：水害智能仿真系统与排水系统实现智能联动控制，得0～35分；
火灾	分项分数 = a1 + a2 + a3 a1：易自燃煤层的矿井，建有束管监测、光纤测温系统，实现对井下采空区自然发火情况的实时监测、数据分析及上传，得0～30分； a2：开采易自燃煤层的矿井，设有灌浆、注氮等设施，且能够与火灾监测系统进行智能联动，得0～25分； a3：在电气设备、带式输送机等易发生火灾的区域，设有火灾变量监测装置，以及防灭火系统，实现火灾参数的智能监测、分析，并根据分析处理结果进行智能预测、预警及联动控制，得0～45分；

表22（续）

指标名称	计算方法
顶板灾害	分项分数 = a1 + a2 + a3 a1：具备矿山压力监测系统，矿山压力监测数据能够实时自动上传，并具有自动分析、预测与预警功能，得0～30分； a2：安装有顶板离层仪、锚杆测力计等装置，监测数据实现自动上传、分析，得0～30分； a3：建有综采工作面、综掘工作面矿山压力大数据分析及评价系统，能够基于监测数据实现矿山压力的预测与预警，得0～40分；
冲击地压灾害	分项分数 = a1 + a2 + a3 a1：具备基于微震监测、地音监测等技术的冲击地压监测、预测与预警系统，对冲击危险区域进行实时监测，得0～40分； a2：具有冲击地压数据分析与评价功能，实现冲击地压监测数据的智能分析与预测预警，得0～30分； a3：冲击地压预测、预警准确率超过80%，近五年没有发生过冲击地压造成的人员伤亡事故，得0～30分；
粉尘灾害	分项分数 = a1 + a2 a1：采煤工作面、掘进工作面具备粉尘浓度自动监测装置，实现对粉尘浓度的实时监测、数据分析、上传及超限自动报警，并与综采工作面、掘进工作面控制系统实现智能联动，得0～60分； a2：在矿井粉尘易超限区域设有智能喷雾装置，具有基于煤尘监测数据的智能降尘功能，且实现远程集中控制，得0～40分；
综合防治系统	分项分数 = a1 + a2 + a3 + a4 + a5 + a6 + a7 a1：具有完善的安全风险分级管控体系，实现基于多种灾害互联、互动、互监、智能预警、避灾路线智能规划等综合防治，得0～20分； a2：具备完善的灾害感知预警系统，实现多种监测数据的统一传输和分类存储，得0～15分； a3：具有智能灾害联合防治仿真功能，具备事故风险智能模拟、应急救援辅助指挥功能，可自动提供灾害范围、灾害发展趋势及最佳处理措施，自动进行避灾路线智能规划并进行事故原因分析，得0～15分； a4：矿井环境参数的实时监测信息、重点区域的安全状态实时评估及预警信息具有与人员单兵装备进行实时互联的功能，得0～15分； a5：具有监测数据的实时分析功能，并具有对安全状态进行实时评估的功能，得0～15分； a6：能根据灾害监测与评估信息，自动预测事故发生的可能性，得0～10分； a7：风险管控与应急管理系统，具有对重大应急事件、重大卫生安全事件的应急处置管理能力，得0～10分。

6.4.10 智能洗选系统

洗选系统智能化评价指标见表23所示。

表 23　智能洗选系统评价指标

指标名称	计算方法
洗选系统	分项分数 = a1 + a2 + a3 + a4 + a5 + a6 + a7 a1：具有根据分选原料的性质、用户需求、监测数据等，自主设定密度、压力等工艺参数，并自动进行调节补水、加介、加药、分选等操作，原煤准备系统（含选矸系统）、主选系统、浮选系统、煤泥水处理系统等选煤生产全过程实现远程集中控制，其中重力分选密度系统、浮选加药系统、煤泥水系统、压滤系统等实现自动控制，部分关键环节实现智能化，得 0 ~ 25 分。 a2：采用多功能传感器、机器人巡检、报警随动管理等技术，煤泥清理、采制样、化验（粒度、浓度、灰分）等实现自动化，得 0 ~ 15 分。 a3：建有洗选作业分析和辅助决策系统，具备洗选工艺参数、生产过程控制状态、设备运行状态的数据安全采集、展示、分析和合理化建议功能，得 0 ~ 15 分。 a4：建有 3D 可视化系统，以三维立体的形式显示选煤厂内的场景结构、设备布局，并设置完善的视频感知、安全监测系统，对入选原煤杂物、人员不安全行为、设备危险运行状态等进行监测，并实现智能预测、预警，得 0 ~ 10 分。 a5：建有智能供配电系统，具有无人值守配电室、远程停送电、智能电力管理系统等，得 0 ~ 10 分 a6：洗选设备具有完善设备健康诊断功能，能够对设备运行状态进行实时监测及预警，得 0 ~ 10 分； a7：智能化选煤厂应建设选煤厂管理信息系统，主要包括选煤生产管理、经营管理和协同办公等功能，实现市场分析、煤质管理、设备全生命周期管理、材料配件管理、能耗管理、综合成本核算等的智能化运行，得 0 ~ 15 分。
装车系统	分项分数 = a1 + a2 + a3 a1：具有智能配煤、无人值守装车站、无人值守磅房、智能汽车（火车）采制样化验系统等，得 0 ~ 30 分。 a2：火车装运系统宜采用激光雷达、智能分析终端等设备，能够自动识别车厢的编号、位置等，并实时监测撒料等异常情况，实现火车的智能定量装运，得 0 ~ 40 分。 a3：汽车装运系统具备车辆位置、车厢内物料高度等信息的自动感知与建模功能，实时计算车辆边缘位置与物料装载状态，自动提示司机配合完成装运，得 0 ~ 30 分。

6.4.11　智慧园区与经营管理系统

智慧园区与经营管理系统包含智慧园区、生产及经营管理、决策支持，评价指标见表 24 所示。

表 24　智慧园区与经营管理系统智能化评价指标

指标名称	计算方法
智慧园区	分项分数 = a1 + a2 + a3 + a4 + a5 + a6 + a7 + a8 a1：在矿井地面建设智慧中心，集成智能化指挥、调度、管控、办公、培训、展示等功能，实现对井上下各系统的统一协调管控，得 0 ~ 20 分； a2：建有工业设施智能保障系统，具有智能安防、智能车辆管理、智能道路管理、智能门禁闸机管理、智能供热、智能洗浴管理、智能宿舍管理、智能信息发布、智能食堂管理、智能园区灌溉、对讲及个人移动终端管理，实现工业设施保障系统的智能决策和数据共享，得 0 ~ 20 分；

表 24（续）

指标名称	计算方法
智慧园区	a3：建有绿色能源利用系统，具有风机乏风余热利用、太阳能发电利用、热泵供热利用、发电地砖利用、智能储能系统，实现多能源的综合智能利用，得 0～10 分； a4：建有环境管理系统，具有对园区和主要建筑物内 PM2.5、温度、湿度、有害气体、噪声、风速等智能监测，得 0～10 分； a5：建有智能仓储系统，具有智能立体库房、无人配送机器人，实现设备、物资等的智能化存储与园区内智能化配送，得 0～10 分； a6：建有园区无人机管控系统，具有地表沉陷和生态环境监测无人机管控、安防无人机管控、基础设备巡检无人机管控、地面无人清扫机器人管控、楼宇内配送机器人管控，实现对园区内无人机的智能综合管理和控制，得 0～10 分； a7：建有智能指挥中心，具有大屏幕显示系统、调度会议系统、智能化管控系统、大数据系统、云计算等系统，实现各部门工作流程和现场安全、生产环节的纵向贯通、横向关联，得 0～10 分； a8：建有智能楼宇系统，具有智能暖通风、楼宇能源智能化、智能照明、智能供水、智能配电、智能消防，实现楼宇的智能化管控，得 0～10 分。
生产及经营管理	分项分数 = a1 + a2 + a3 + a4 + a5 + a6 + a7 + a8 + a9 + a10 + a11 + a12 a1：大专（含）以上学历专业技术人员占员工总数的比率大于 50%，得 0～10 分； a2：专业应用软件技能普及率大于 80%，得 0～5 分； a3：具有标准作业流程管理信息化功能，并实现班组中每个岗位标准作业流程的精确推送，得 0～5 分； a4：具有对班组成员自动进行考核的功能，并能根据考核结果自动制定有针对性的培训与学习计划，得 0～5 分； a5：实现班组管理信息的移动互联，得 0～5 分； a6：建设有生产计划及调度管理、生产技术管理、机电设备管理等系统，得 0～10 分； a7：生产计划及调度管理系统应具有生产计划及日常调度管理功能，可根据企业 ERP 数据实现生产计划排产，得 0～10 分； a8：机电设备管理系统应具有健康状况的远程在线诊断功能，应具有定期自动运维管理及配件库存识别功能，得 0～10 分； a9：生产级经营管理系统应具有规程措施编制、技术资料、专业图纸设计、采掘生产衔接跟踪、工程进度跟踪、生产与技术指标、经营指标等无纸化管理功能，得 0～5 分； a10：矿井经营管理系统应包括办公自动化管理、企业 ERP 等系统，各系统之间应能交互数据，得 0～10 分； a11：企业 ERP 应包括财务管理、成本管理、合同管理、运销管理、物资供应管理、仓储管理等系统，且应提供规范化数据接口，得 0～10 分； a12：建立矿井全息“一张图”系统，综合集成安全生产实时监测数据和生产经营管理数据，实现基于位置服务的可视化展示和分析，得 0～15 分。
决策支持	分项分数 = a1 + a2 + a3 + a4 a1：矿井决策支持系统应能够对生产系统和管理系统数据进行融合，且应能建立数据分析模型，得 0～20 分； a2：建立动态排产模型，有效分析 ERP 中的经营数据，结合生产管理数据制定合理的排产方案，对矿井生产和运输物流环节进行合理调度，得 0～30 分； a3：建立大型设备运维及管理模型，合理调整设备检修及大型耗能设备运转时间，对主要生产环节设备健康状况、负荷率、故障停机率、能源消耗等指标进行分析，得 0～30 分； a4：云端实现各矿产能与资源调度的自动决策，得 0～20 分。

6.5 智能化建设条件Ⅱ类矿井评价方法

6.5.1 信息基础设施

6.5.1.1 通信网络速度、可靠性及健全程度评价指标见表25所示。

表25 通信网络指标评价方法

指标名称	计算方法
有线主干网络	a1：有线主干网络得分，a1 = 30% ×（b1 + b2 + b3） b1：采用矿用以太网技术，符合 IEE802.3 协议，得0～40分； b2：采用10000 Mbps及以上通信网络，得0～40分； b3：矿用有线主干网络设备支持Ethernet/IP、PROFINET、ipv6、MODBUS－RTPS、EPA等工业以太网协议，得0～20分。
无线网络	a2：无线网络得分，a2 = 10% ×（c1 + c2 + c3） c1：采用主流宽带无线通信技术，系统带宽满足视频、语音、数据等传输要求，得0～40分； c2：支持井下移动语音通话、无线数据和视频等信息共网传输，得0～40分； c3：矿山低速无线网络基站接入数量不小于256台，节点接入数量不小于25万，基站同时通信节点数不小于1024，得0～20分。
二级交换接入网络	a3：二级交换接入网络得分，a3 = 15% ×（d1 + d2 + d3） d1：采用1000 Mbps以上工业以太网，得0～40分； d2：具备组环功能，可形成子环，网络自愈时间小于30 ms，能通过以太网电接口或光接口接入矿山主干网络，得0～40分； d3：矿用二级交换接入网络设备支持Ethernet/IP、PROFINET、MODBUS－RTPS、EPA等工业以太网协议，得0～20分。
融合通信	a4：融合通信得分，a4 = 20% ×（e1 + e2 + e3 + e4） e1：支持低速无线通信组网，支持总线型组网，得分0～30分； e2：矿山有线主干网络以及无线主干网络之间以IEEE802.3标准相互联通，得0～20分； e3：采用以太网标准的二级交换网络以IEEE802.3标准相互通信并接入矿山主干网络，其他制式接入网络采用具有融合通信功能的通信网关，实现不同制式接入网络的融合，得0～20分； e4：不同制式通信网络均能通过其通信网关实现终端节点基于IPv4或IPv6进行网络层级访问，通过通信网关实现本网络制式到以太网协议的标准化转换，得0～30分。
地面通信网络	a5：地面通信网络得分，a5 = 10% ×（f1 + f2 + f3 + f4 + f5） f1：矿山地面通信网络采用标准TCP/IP传输协议，具有与矿山井下主干网络、矿山接入网络的以太网接口，得0～20分； f2：具备万兆骨干、千兆汇聚、百兆到桌面，且具备WIFI无线覆盖，得0～20分； f3：支持光纤多模、单模、超五类双绞线等多种传输介质，得0～20分； f4：部署网络防火墙设备，网络防火墙须具备网络入侵监测功能，得0～10分； f5：地面广域通信网络采用地面公网无线通信网络，且选用4G及其后续演进通信技术，具备接入矿山地面信息网络的接口，具备链路自动恢复功能，得0～30分。

表 25（续）

指 标 名 称	计 算 方 法
云计算平台	a6：云计算平台得分，a6 = 15% ×（g1 + g2 + g3 + g4） g1：云计算平台具备常用标准 IP 通信接口，且支持数据、语音、视频融合通信业务，可通过标准各类 IP 通信网关与传统 PSTN（Public Swithed Telephone Network，公共交换电话网络）、PLMN（Public Land Mobile Network，公共陆地移动网络）网络互联互通，得 0 ~ 30 分； g2：云计算平台具备服务器、网络安全检测、防护功能，得 0 ~ 20 分； g3：云计算平台具备千兆级吞吐量，万级连接数的通信能力，得 0 ~ 30 分； g4：云计算平台具备多台云服务器负载均衡功能，得 0 ~ 20 分。

6.5.1.2　硬件设备的能力、可靠性及健全程度评价指标见表 26 所示。

表 26　硬件设施指标评价方法

指 标 名 称	计 算 方 法
数据处理设备	分项分数 = 60% ×（a1 + a2 + a3 + a4） a1：矿端数据处理设备：CPU 不小于六核心，内存不小于 16 G，具备双千兆以太网接口，具备 UPS 电源，后备时间不小于 4 h，得 0 ~ 25 分； a2：信息采集和数据库服务器：单台 CPU 不小于六核心，且 CPU 数量不少 2 颗，内存不小于 32 G，系统磁盘采用 2 块 SSD 固态硬盘组建 RAID0 阵列，且单块容量不小于 256 G，宜采用硬冗余或服务器虚拟化软冗余配置，具备 UPS 电源，后备时间不小于 4 h，得 0 ~ 25 分； a3：移动端数据处理设备：移动终端具有 MA 认证，可以应用于煤矿井下，具备 4G 全网通和 wifi 的无线通信功能，具备不少于 NFC、RFID、蓝牙等至少 2 种近场通信功能，具备高级（专业级）三防标准：IP68——6 级防尘等级，8 级防水等级，5 m 跌落，常规振动，电池续航不小于煤矿生产单班时间，得 0 ~ 25 分； a4：云端数据处理设备：公有云具备云端实例（云服务器）的在线管理，具备实例的集群功能，具备云端实例的网络路由自动指向功能；私有云具备异地灾备配置，具备 UPS 电源，后备时间不小于 4 h，得 0 ~ 25 分。
数据存储设备	分项分数 = 40% ×（a1 + a2 + a3 + a4 + a5 + a6） a1：矿端数据存储设备：采用专业数据盘（黑盘），性能指标不低于 7200 转 64 MB，容量配置不小于 2 T，得 0 ~ 20 分； a2：采集和数据库服务器存储：服务器采用 SAS2.0 服务器硬盘，容量不小于 256 G，具备光纤连接的 HBA 卡，得 0 ~ 20 分； a3：磁盘阵列柜：采用双控光纤磁盘阵列柜，具备各种阵列组合方式，采用专业数据盘（黑盘），性能指标不低于 7200 转 64 MB，单盘容量配置不小于 2 T，得 0 ~ 15 分； a4：公有云备非结构化和结构化数据的存储能力，且存储容量可实时弹性扩展，满足存储要求；私有云初始资源不小于 20 T，且可在线增加硬件存储资源，满足存储要求，0 ~ 15 分； a5：移动端存储设备设备：RAM 不小于 4G，移动终端本地数据存储空间不小于 32 G，得 0 ~ 15 分； a6：其他存储设备设备：矿井视频监控信息存储系统容量不少于 1 年的累计信息量，其他信息存储系统容量不少于 2 年的累计信息量，支持通用存储管理软件，可通过软件进行配置、定义、修改等功能，具有云存储能力，得 0 ~ 15 分。

6.5.1.3 软件系统的功能、可靠性及健全程度评价指标见表 27 所示。

表 27 软件系统指标评价方法

指标名称	计算方法
应用平台软件	分项分数 = a1 + a2 + a3 + a4 + a5 a1：具备专业数据采集软件、数据库软件、操作系统软件、虚拟化软件、网络管理软件、防病毒软件等，得 0 ~ 10 分； a2：无应用平台软件各自独立部署运行，但有统一的门户或访问入口，具有简单的信息传递能力，具有本业务范围内的信息综合统计能力，应用软件已替代一部分人工简单劳动，得 0 ~ 15 分； a3：有基于虚拟化等技术的应用平台，应用软件在虚拟化平台中各自独立部署运行，并可以通过应用平台进行互联互通，具备流程协同、消息推送、移动终端等公共技术能力，应用软件 60% 以上部署在虚拟化平台中，得 0 ~ 15 分； a4：有基于云计算的决策支持承载平台，平台包含模型库和算法库，其中模型库具有人工设计完成的业务模型或经过计算机训练后得出的模型，以及模型用到的各种权值、调优参数；算法库具有常用的 AI 相关算法，矿山业务基础数据、安全业务数据、生产过程管理数据、经营管理业务数据符合进行云端的大数据分析的要求，超过 80% 的决策支持类应用在决策支持承载平台中开发、部署和运行，得 0 ~ 40 分； a5：有基于云计算的决策支持承载平台，平台包含模型库和算法库，其中模型库具有人工设计完成的业务模型或经过计算机训练后得出的模型，以及模型用到的各种权值、调优参数；算法库具有常用的 AI 相关算法，矿山业务基础数据、安全业务数据、生产过程管理数据、经营管理业务数据符合进行云端的大数据分析的要求，超过 80% 的决策支持类应用在决策支持承载平台中开发、部署和运行，得 0 ~ 35 分。

6.5.1.4 大数据中心的数据服务功能及健全程度评价指标见表 28 所示。

表 28 数据中心指标评价方法

指标名称	计算方法
数据服务	分项分数 = a1 + a2 + a3 a1：矿井地质、工程等资料实现了数字化，且数据进行了合理的分类与存储，数据间交互方式合理，得 0 ~ 40 分； a2：文件类数据采用 FTP 进行交互，音频数据采用 SIP、RTP 和 RTSP 协议实现，非标准工控类设备数据采用 OPC/OPC UA 标准实现，对于环境类数据、井下人员数据、非标准机电设备监测控制类数据采用行业统一的数据交换标准规范协议，得 0 ~ 40 分； a3：具有合理的数据元分类属性、产生层次及交互层次规范，得 0 ~ 20 分。

6.5.1.5 智能综合管控平台功能及健全程度评价指标见表 29 所示。

表 29　智能综合管控平台指标评价方法

指标名称	计算方法
智能综合管控平台	分项分数 = a1 + a2 a1：I/O 采集服务的要求，具备以下要求，得 0 ~ 40 分； 基于统一 I/O 采集服务设计与实现，自主适配标准工控设备、非标准设备系统、VOIP 语音设备系统和流媒体视频监控等设备系统； a2：多系统协同控制要求，具备以下要求，得 0 ~ 60 分： 1） 对"采、掘、选、机、运、通"等主要生产环节、井下环境安全、人员位置等安全生产实时信息进行综合集成与可视化展示； 2） 对融合通信系统进行综合集成； 3） 对生产执行、经营管理、分析决策等矿井信息化系统进行综合集成与可视化展示； 4） 根据业务需求自动构建分析预测模型； 5） 根据监测与分析计算结果，实现预警报警、指挥调度与协同控制。

6.5.2　智能地质保障系统

6.5.2.1　智能地质勘探技术与装备评价指标见表 30 所示。

表 30　智能综合地质勘察指标评价方法

指标名称	计算方法
勘探技术与装备	分项分数 = a1 + a2 a1：勘探设备具备以下要求，得 0 ~ 50 分： 1） 采用无人机、智能钻探、智能物探等设备，能够最大程度降低人工作业； 2） 地质探测设备能够进行数据的自动采集、分析与上传； 3） 地质探测结果的精准度满足地质模型构建需求。 a2：地质勘探种类具备以下要求，得 0 ~ 50 分： 1） 能够对含煤地层结构、地质构造、煤层厚度、矿井瓦斯等进行精准探测； 2） 能够对应力异常区等进行精准探测。

6.5.2.2　地质模型构建与应用评价指标见表 31 所示。

表 31　地质模型及应用指标评价方法

指标名称	计算方法
地质模型构建与应用	分项分数 = a1 + a2 + a3 + a4 a1：地质数据的共享服务具备以下要求，得 0 ~ 15 分： 1） 具备空间地质数据库，能够对地质数据进行分类存储、分析、共享与更新； 2） 空间数据库的数据结构、数据接口等满足为多系统提供数据共享的要求； 3） 支持 C/S、B/S 架构的空间信息可视化系统，对海量空间数据、属性数据以及时态数据进行存储、转换、管理、查询、分析和可视化。 a2：地质模型具备以下要求，得 0 ~ 15 分： 1） 地质模型的精度满足不同应用场景的需要； 2） 地质模型能够根据实际揭露的地质数据进行更新与修正；

表 31（续）

指标名称	计算方法
地质模型构建与应用	a3：矿井云 GIS 平台具备以下要求，得 0 ~ 30 分： 1）采用统一的虚拟化资源池，使用云管理系统进行统一管理和调度； 2）能够对矿井地质数据进行关联分析，并用可视化的方式进行直观的展示； 3）具有强大的统计分析功能； 4）具有海量空间数据的存储、管理和并行计算能力； 5）具备四维时空分析功能。 a4：具备基于地质模型与工程数据模型对煤矿地层、地质构造、煤层、煤质、瓦斯、水文地质和其它地质条件、地质特征及其变化规律进行智能分析的能力，实现隐蔽致灾因素的预测预报，得 0 ~ 20 分。

6.5.3 智能掘进系统

6.5.3.1 掘进技术与装备评价指标见表 32 所示。

表 32 掘进技术与装备评价指标

指标名称	计算方法
掘进装备	分项分数 = a1 + a2 + a3 + a4 + a5 a1：巷道掘进过程实现全机械化作业，掘进速度满足矿井采掘接替要求，得 0 ~ 20 分； a2：采用智能地质探测技术与设备，得 0 ~ 20 分； a3：掘进、锚护及运输等设备具备完善的传感器、执行器及控制器，能实现单系统或单设备的自动控制，得 0 ~ 20 分； a4：掘进机具备自动定位与导向功能，能够进行自适应截割与行走，得 0 ~ 20 分； a5：具备掘进工作面环境（粉尘、瓦斯、水等）智能监测功能，并具备监测环境数据智能分析，得 0 ~ 20 分。

6.5.3.2 掘进工作面远程集控平台评价指标见表 33 所示。

表 33 掘进工作面远程集控平台评价指标

指标名称	计算方法
远程集控平台	分项分数 = a1 + a2 + a3 a1：具备巷道掘进工作面三维地质模型构建功能，并根据掘进过程中揭露的实际地质信息与工程信息对模型进行修正，得 0 ~ 30 分； a2：具备掘进机、锚杆、压风管等设备模型构建功能，能够根据采集的相关设备信息进行掘进工作面真实场景再现，得 0 ~ 30 分； a3：集控平台具备对巷道掘进设备实现一键启停控制，得 0 ~ 40 分。

6.5.4 智能开采系统

智能综采系统相关评价指标体系参照“智能化采煤工作面分类、分级评价指标体系与达标要求”标准相关内容。

6.5.5 智能主煤流运输系统

6.5.5.1 主煤流运输系统主要有两种形式：采用带式输送机进行运输、采用带式输送机与箕斗进行运输。

6.5.5.2 采用带式输送机作为主煤流运输系统，评价指标见表34所示。

表34 带式输送机智能运输系统评价指标

指标名称	计算方法
带式输送机运输系统	分项分数 = a1 + a2 + a3 + a4 + a5 + a6 a1：单条带式输送机具备完善的传感器、执行器及控制器，能实现单设备的自动控制，得0~20分； a2：主运输煤流线相关设备能通过现场工业总线实现互联互通，并能按主运输需求实现远程集中控制，得0~20分； a3：带式输送机采用变频驱动方式，能够根据煤量进行智能调速，得0~20分； a4：具备完善的综合保护装置，能够根据监测结果实现综合保护装置的智能联动，得0~10分； a5：多条皮带搭接，则实现多条皮带的集中协同控制，能够实现无人值守，得0~15分； a6：具备远程操控功能，能够在地面对带式输送机进行智能调控，得0~15分。

6.5.5.3 采用带式输送机与箕斗进行煤炭运输，其带式输送机应满足表34中的要求，立井提升系统的评价指标见表35所示。

表35 立井智能提升系统评价指标

指标名称	计算方法
立井智能提升系统	分项分数 = a1 + a2 + a3 + a4 a1：立井提升系统具有智能装载与卸载功能，得0~20分； a2：立井提升系统能够与煤仓放煤系统进行智能联动，得0~20分； a3：具备智能综合保护系统，能够对提升速度、提升重量等进行智能监测，得0~30分； a4：具备远程智能无人操作功能，得0~30分。

6.5.6 智能辅助运输系统

6.5.6.1 辅助运输系统主要分为三种：轨道运输（包括单轨吊、机车等）、无轨胶轮车运输、混合型运输。

6.5.6.2 采用轨道运输进行辅助运输，其智能化评价指标见表36所示。

表 36　轨道运输系统评价指标

指标名称	计算方法
轨道运输系统	分项分数 = a1 + a2 + a3 + a4 + a5 + a6 + a7 a1：辅助运输物资建立编码体系，实现物资及车厢的集装化，具备物资运送信息化闭环管控功能，得 0 ~ 10 分； a2：单轨吊的物资和车厢装卸实现自动控制，得 0 ~ 15 分； a3：单轨吊采用点到点物资运输，实现无人驾驶，得 0 ~ 15 分； a4：机车车皮的挂接和编、解组实现自动化作业，得 0 ~ 15 分； a5：机车车头实现辅助驾驶，得 0 ~ 15 分； a6：运输过程中实现车辆位置的精准定位，具备智能调度功能，得 0 ~ 15 分； a7：运输过程中实现智能物流管控，得 0 ~ 15 分。

6.5.6.3　采用无轨胶轮车作为辅助运输，其智能化评价指标见表 37 所示。

表 37　无轨胶轮车运输系统评价指标

指标名称	计算方法
无轨胶轮车运输系统	分项分数 = a1 + a2 + a3 + a4 + a5 a1：辅助运输物资建立编码体系，实现物资及车厢的集装化，能和矿井的 ERP 系统无缝对接，具备物资运送信息化闭环管控功能，得 0 ~ 10 分； a2：物资的装卸实现自动控制，得 0 ~ 20 分； a3：无轨胶轮车具备辅助驾驶能力，得 0 ~ 25 分； a4：运输过程中实现车辆的精准定位，具备智能调度的功能，得 0 ~ 25 分； a5：运输过程中实现智能物流管控，得 0 ~ 20 分。

6.5.6.4　采用混合型运输方式，其智能化评价指标见表 38 所示。

表 38　混合型运输系统评价指标

指标名称	计算方法
混合型运输系统	分项分数 = a1 + a2 + a3 + a4 + a5 a1：辅助运输物资建立编码体系，实现物资及车厢的集装化，具备物资运送信息化闭环管控的功能，得 0 ~ 10 分； a2：物资的装卸实现自动控制，得 0 ~ 30 分； a3：不同运输方式之间的接驳实现自动化辅助，得 0 ~ 20 分； a4：轨道车、无轨胶轮车实现辅助驾驶，得 0 ~ 20 分； a5：运输过程中实现车辆的精准定位，具备智能调度的功能，得 0 ~ 20 分。

6.5.7　智能通风与压风系统

6.5.7.1　智能通风系统的评价指标见表 39 所示。

表 39　通风系统智能化评价指标

指标名称	计算方法
通风系统	分项分数 = a1 + a2 + a3 + a4 + a5 + a6 a1：矿井主要通风机实现一键式启动、反风、倒机功能，得 0～15 分； a2：井下主要进回风巷间、采区进回风巷间采用自动闭锁风门，得 0～10 分； a3：能够对井下瓦斯浓度、风压、风速、风量等参数进行智能监测，可以对监测数据进行自动分析，得 0～20 分； a4：能够根据智能监测结果进行通风阻力解算，得 0～15 分； a5：掘进工作面的局部通风机实现双风机、双电源，并能自动切换，根据环境监测结果实现风电闭锁、瓦斯电闭锁等，得 0～20 分； a6：能够根据监测及分析结果对风窗、风门等进行智能控制，实现无人值守及远程集中控制，得 0～20 分。

6.5.7.2　智能压风自救系统的评价指标见表 40 所示。

表 40　压风自救系统智能化评价指标

指标名称	计算方法
压风自救系统	分项分数 = a1 + a2 + a3 a1：在地面建有压缩空气站，且采用自动化集中控制，具备无人值守条件，得 0～30 分； a2：空气压缩机采用变频调速控制，得 0～25 分； a3：矿井所有采区避灾路线上（采掘工作面范围内）均应敷设压风自救管道，并设供气阀门或压风自救装置，能够与环境监测结果实现智能联动控制，得 0～45 分；

6.5.8　智能供电与供排水系统

6.5.8.1　智能供电系统评价指标见表 41 所示。

表 41　供电系统智能化评价指标

指标名称	计算方法
供电系统	分项分数 = a1 + a2 + a3 + a4 + a5 + a6 + a7 + a8 a1：具备智能防越级跳闸保护功能，得 0～15 分； a2：具有对矿井主要变电所进行实时监控与电力调度的功能，得 0～15 分； a3：具有监控数据采集与上传、数据辨识功能，得 0～10 分； a4：主变电所电缆夹层、电缆井具有火灾自动报警功能，得 0～10 分； a5：具有智能高压开关设备顺序控制功能，得 0～5 分； a6：具有故障诊断功能，得 0～15 分； a7：在高压架空输电线路的重点区段，对环境、地质、导线、金具、杆塔等实现智能监测，得 0～15 分； a8：井下主变电所、采区变电所、各配电点均应设置电力监控系统，实时监测电气设备运行工况，并具备无人值守条件，其数据应接入矿井信息系统，得 0～15 分。

6.5.8.2 智能供排水系统评价指标见表42所示。

表42 智能供排水系统评价指标

指标名称	计算方法
供排水系统	分项分数=a1+a2+a3+a4+a5 a1：根据水压、水位进行固定作业点的智能抽排，得0~20分； a2：具备负荷调控及管网调配功能，得0~20分； a3：具备供排水管线与设备故障分析诊断及预警功能，得0~20分； a4：实现排水系统与矿井水文监测系统的智能联动，得0~20分； a5：实现远程集中控制及无人值守，得0~20分。

6.5.9 智能安全监控系统

6.5.9.1 智能安全监控系统能够实现对瓦斯灾害、水害、火灾、顶板灾害、冲击地压灾害等监测、分析、预测与预警，并与相关防灾技术与装备实现智能联动。

6.5.9.2 智能安全监控系统各子系统的智能化评价指标见表43所示。

表43 安全监控系统智能化评价指标

指标名称	计算方法
瓦斯灾害	分项分数=a1+a2+a3+a4 a1：具有通风监测仿真系统，并可与矿井监测监控系统连接，实现矿井通风系统在线实时监测仿真和数据共享，得0~25分； a2：能够根据瓦斯监测数据进行风量、风速智能调节，得0~25分； a3：能够根据瓦斯监测数据进行瓦斯超限区域智能断电，得0~25分； a4：能够根据瓦斯监测数据进行瓦斯超限区域智能预警及避灾路线规划，得0~25分。
水害	分项分数=a1+a2+a3 a1：具有针对主要含水层的井上下水文智能动态观测系统，进行动态观测和水害的预测预警分析，得0~35分； a2：具有水害智能仿真系统，并与矿井监测监控系统连接，实现水害的实时监测仿真，以及避灾路线的智能规划，得0~30分； a3：水害智能仿真系统与排水系统进行智能联动，得0~35分。
火灾	分项分数=a1+a2+a3+a4 a1：易自燃煤层的矿井，应建立束管监测、光纤测温系统，实现对井下的实时监测、数据分析及上传，得0~20分； a2：开采易自燃煤层的矿井，应设置灌浆、注氮等设施，且能够与火灾监测系统进行智能联动，得0~25分； a3：在电气设备、带式输送机等易发生火灾的区域，应设置火灾变量监测装置，以及防灭火系统，实现火灾参数的智能监测、分析，并根据分析处理结果进行智能预测、预警及联动控制，得0~25分； a4：具备火灾智能模拟仿真系统，并与矿井监测监控系统连接，实现火灾的实时监测仿真，以及避灾路线的智能规划，得0~30分。

表 43（续）

指标名称	计算方法
顶板灾害	分项分数 = a1 + a2 a1：具备矿山压力监测系统，能够对顶板进行实时监测，得 0 ~ 40 分； a2：建有综采工作面、综掘工作面矿山压力大数据分析及评价模型，能够基于监测数据实现矿山压力的预测与预警，得 0 ~ 60 分。
冲击地压灾害	分项分数 = a1 + a2 a1：具备冲击地压监测系统，对冲击危险区域进行实时监测，得 0 ~ 40 分； a2：具有冲击地压评价及预警装置，实现冲击地压监测数据的智能分析与预测预警，得 0 ~ 60 分。
灾害综合防治系统	分项分数 = a1 + a2 + a3 + a4 + a5 + a6 + a7 a1：具备完善的灾害感知预警系统，实现多种监测数据的统一传输和分类存储，得 0 ~ 15 分； a2：矿井环境参数的实时监测信息具有与人员单兵装备进行实时互联的功能，得 0 ~ 10 分； a3：井下重点区域的安全状态实时评估及预警信息具有与人员单兵装备进行实时互联的功能，得 0 ~ 10 分； a4：具有监测数据分析功能，并具有对安全状态进行评估的功能，得 0 ~ 20 分； a5：能根据灾害监测与评估信息，预测事故发生的可能性，得 0 ~ 10 分； a6；能根据灾害监测与评估信息，制定相应的灾害防治措施，得 0 ~ 20 分； a7：具有完善的安全风险分级管控工作体系，并实现信息化管理，得 0 ~ 15 分。

6.5.10 智能洗选系统

洗选系统智能化评价指标见表 44 所示。

表 44 智能洗选系统评价指标

指标名称	计算方法
洗选系统	分项分数 = a1 + a2 + a3 + a4 + a5 + a6 + a7 a1：具有根据分选原料的性质、用户需求、监测数据等，自主设定密度、压力等工艺参数，并自动进行调节补水、加介、加药、分选等操作，原煤准备系统（含选矸系统）、主选系统、浮选系统、煤泥水处理系统等选煤生产全过程实现远程集中控制，其中重力分选密度系统、浮选加药系统、煤泥水系统、压滤系统等实现自动控制，部分关键环节实现智能化，得 0 ~ 20 分； a2：采用多功能传感器、机器人巡检、报警随动管理等技术，煤泥清理、采制样、化验（粒度、浓度、灰分）等实现自动化，得 0 ~ 10 分； a3：建有洗选作业分析和辅助决策系统，具备洗选工艺参数、生产过程控制状态、设备运行状态的数据安全采集、展示、分析和合理化建议功能等 0 ~ 15 分； a4：建有 3D 可视化系统，以三维立体的形式显示选煤厂内的场景结构、设备布局，并设置完善的视频感知、安全监测系统，对入选原煤杂物、人员不安全行为、设备危险运行状态等进行监测，并实现智能预测、预警，得 0 ~ 15 分；

表 44（续）

指标名称	计算方法
洗选系统	a5：建有智能供配电系统，具有无人值守配电室、远程停送电、智能电力管理系，统筹，得 0 ~ 10 分； a6：洗选设备具有完善设备健康诊断功能，能够对设备运行状态进行实时监测及预警，得 0 ~ 15 分； a7：智能化选煤厂应建设选煤厂管理信息系统，主要包括选煤生产管理、经营管理和协同办公等功能，实现市场分析、煤质管理、设备全生命周期管理、材料配件管理、能耗管理、综合成本核算等的智能化运行，得 0 ~ 15 分。
装车系统	分项分数 = a1 + a2 + a3 a1：具有智能配煤、无人值守装车站、无人值守磅房、智能汽车（火车）采制样化验系统等，得 0 ~ 30 分； a2：火车装运系统宜采用激光雷达、智能分析终端等设备，能够自动识别车厢的编号、位置等，并实时监测撒料等异常情况，实现火车的智能定量装运，得 0 ~ 40 分； a3：汽车装运系统具备车辆位置、车厢内物料高度等信息的自动感知与建模功能，实时计算车辆边缘位置与物料装载状态，自动提示司机配合完成装运，得 0 ~ 30 分。

6.5.11 智慧园区与经营管理系统

智慧园区与经营管理系统包含智慧园区、生产及经营管理、决策支持，评价指标见表 45 所示。

表 45 智慧园区与经营管理系统智能化评价指标

指标名称	计算方法
智慧园区	分项分数 = a1 + a2 + a3 + a4 + a5 + a6 a1：在矿井地面建设智慧中心，集成智能化指挥、调度、管控、办公、培训、展示等功能，实现对井上下各系统的统一协调管控，得 0 ~ 30 分； a2：建有工业设施智能保障系统，具有智能安防、智能车辆管理、智能道路管理、智能门禁闸机管理、智能供热、智能洗浴管理、智能宿舍管理、智能信息发布、智能食堂管理、智能园区灌溉、对讲及个人移动终端管理，实现工业设施保障系统的智能决策和数据共享，得 0 ~ 10 分； a3：建有绿色能源利用系统，具有风机乏风余热利用、太阳能发电利用、热泵供热利用、发电地砖利用、智能储能系统，实现多能源的综合智能利用，得 0 ~ 10 分； a4：建有环境管理系统，具有对园区和主要建筑物内 PM2.5、温度、湿度、有害气体、噪声、风速等智能监测，得 0 ~ 10 分； a5：建有智能仓储系统，具有智能立体库房、无人配送机器人，实现设备、物资等的智能化存储与园区内智能化配送，得 0 ~ 20 分； a6：建有智能指挥中心，具有大屏幕显示系统、调度会议系统、智能化管控系统、大数据系统、云计算等系统，实现各部门工作流程和现场安全、生产环节的纵向贯通、横向关联，得 0 ~ 20 分。

表 45（续）

指标名称	计算方法
生产及经营管理	分项分数 = a1 + a2 + a3 + a4 + a5 + a6 + a7 + a8 + a9 + a10 + a11 a1：大专（含）以上学历专业技术人员占员工总数的比率大于50%，得0~10分； a2：专业应用软件技能普及率大于80%，得0~5分； a3：具有标准作业流程管理信息化功能，并实现班组中每个岗位标准作业流程的精确推送，得0~5分； a4：具有对班组成员自动进行考核的功能，并能根据考核结果自动制定有针对性的培训与学习计划，得0~5分； a5：实现班组管理信息的移动互联，得0~5分； a6：建设有生产计划及调度管理、生产技术管理、机电设备管理等系统，得0~15分； a7：生产计划及调度管理系统应具有生产计划及日常调度管理功能，可根据企业ERP数据实现生产计划排产，得0~15分； a8：机电设备管理系统应具有健康状况的远程在线诊断功能，应具有定期自动运维管理及配件库存识别功能，得0~10分； a9：生产级经营管理系统应具有规程措施编制、技术资料、专业图纸设计、采掘生产衔接跟踪、工程进度跟踪、生产与技术指标、经营指标等无纸化管理功能，得0~5分； a10：矿井经营管理系统应包括办公自动化管理、企业ERP等系统，各系统之间应能交互数据，得0~15分； a11：企业ERP应包括财务管理、成本管理、合同管理、运销管理、物资供应管理、仓储管理等系统，且应提供规范化数据接口，得0~10分。
决策支持	分项分数 = a1 + a2 + a3 + a4 a1：矿井决策支持系统应能够对生产系统和管理系统数据进行融合，且应能建立数据分析模型，得0~20分； a2：建立动态排产模型，有效分析ERP中的经营数据，结合生产管理数据制定合理的排产方案，对矿井生产和运输物流环节进行合理调度，得0~30分； a3：建立大型设备运维及管理模型，合理调整设备检修及大型耗能设备运转时间，对主要生产环节设备健康状况、负荷率、故障停机率、能源消耗等指标进行分析，得0~30分； a4：云端实现各矿产能与资源调度的自动决策，得0~20分。

6.6 智能化建设条件Ⅲ类矿井评价方法

6.6.1 信息基础设施

6.6.1.1 通信网络速度、可靠性及健全程度评价指标见表46所示。

表 46 通信网络指标评价方法

指标名称	计算方法
有线主干网络	a1：有线主干网络得分，a1 = 30% ×（b1 + b2 + b3） b1：采用矿用以太网技术，符合IEEE802.3协议，得0~40分； b2：采用1000 Mbps及以上通信网络，得0~40分； b3：矿用有线主干网络设备支持Ethernet/IP、PROFINET、ipv6、MODBUS－RTPS、EPA等工业以太网协议，得0~20分。

表 46（续）

指标名称	计算方法
无线网络	a2：无线网络得分，a2 = 20% ×（c1 + c2 + c3） c1：采用主流宽带无线通信技术，系统带宽满足视频、语音、数据等传输要求，得 0 ~ 40 分； c2：支持井下移动语音通话、无线数据和视频等信息共网传输，得 0 ~ 40 分； c3：矿山低速无线网络基站接入数量不小于 256 台，节点接入数量不小于 25 万，基站同时通信节点数不小于 1024，得 0 ~ 20 分。
二级交换接入网络	a3：二级交换接入网络得分，a3 = 10% ×（d1 + d2 + d3） d1：采用 100 Mbps 以上工业以太网，得 0 ~ 40 分； d2：具备组环功能，可形成子环，网络自愈时间小于 30 ms，能通过以太网电接口或光接口接入矿山主干网络，得 0 ~ 40 分； d3：矿用二级交换接入网络设备支持 Ethernet/IP、PROFINET、MODBUS - RTPS、EPA 等工业以太网协议，得 0 ~ 20 分。
融合通信	a4：融合通信得分，a4 = 15% ×（e1 + e2 + e3 + e4） e1：支持低速无线通信组网，支持总线型组网，得分 0 ~ 30 分； e2：矿山有线主干网络以及无线主干网络之间以 IEEE802.3 标准相互联通，得 0 ~ 20 分； e3：采用以太网标准的二级交换网络以 IEEE802.3 标准相互通信并接入矿山主干网络，其他制式接入网络采用具有融合通信功能的通信网关，实现不同制式接入网络的融合，得 0 ~ 20 分； e4：不同制式通信网络均能通过其通信网关实现终端节点基于 IPv4 或 IPv6 进行网络层级访问，通过通信网关实现本网络制式到以太网协议的标准化转换，得 0 ~ 30 分。
地面通信网络	a5：地面通信网络得分，a5 = 10% ×（f1 + f2 + f3 + f4） f1：矿山地面通信网络采用标准 TCP/IP 传输协议，具有与矿山井下主干网络、矿山接入网络的以太网接口，得 0 ~ 25 分； f2：支持光纤多模、单模、超五类双绞线等多种传输介质，得 0 ~ 25 分； f3：部署网络防火墙设备，网络防火墙须具备网络入侵监测功能，得 0 ~ 20 分； f4：地面广域通信网络采用地面公网无线通信网络，且选用 5G 及其后续演进通信技术，具备接入矿山地面信息网络的接口，具备链路自动恢复功能，得 0 ~ 30 分。
云计算平台	a6：云计算平台得分，a6 = 20% ×（g1 + g2） g1：云计算平台具备常用标准 IP 通信接口，且支持数据、语音、视频融合通信业务，可通过标准各类 IP 通信网关与传统 PSTN（Public Switched Telephone Network，公共交换电话网络）、PLMN（Public Land Mobile Network，公共陆地移动网络）网络互联互通，得 0 ~ 60 分； g2：云计算平台具备服务器、网络安全检测、防护功能，得 0 ~ 40 分。

6.6.1.2 硬件设备的能力、可靠性及健全程度评价指标见表47所示。

表47 硬件设施指标评价方法

指标名称	计算方法
数据处理设备	分项分数=60%×(a1+a2+a3+a4) a1：矿端数据处理设备：CPU不小于四核心，内存不小于16 G，具备UPS电源，后备时间不小于4 h，得0~25分； a2：信息采集和数据库服务器：单台CPU不小于四核心，且CPU数量不少2颗，内存不小于32 G，具备UPS电源，后备时间不小于4 h，得0~25分； a3：移动端数据处理设备：移动终端具有MA认证，可以应用于煤矿井下，具备5G全网通和wifi的无线通信功能，具备不少于NFC、RFID、蓝牙等至少2种近场通信功能，具备高级（专业级）三防标准：IP68——6级防尘等级，8级防水等级，5 m跌落，常规振动，电池续航不小于煤矿生产单班时间，得0~25分； a4：云端数据处理设备：公有云具备云端实例（云服务器）的在线管理，具备实例的集群功能，具备云端实例的网络路由自动指向功能；私有云具备异地灾备配置，具备UPS电源，后备时间不小于4 h，得0~25分；
数据存储设备	分项分数=40%×(a1+a2+a3+a4+a5+a6) a1：矿端数据存储设备：采用专业数据盘（黑盘），性能指标不低于7200转64 MB，容量配置不小于2 T，得0~20分； a2：采集和数据库服务器存储：服务器采用SAS2.0服务器硬盘，容量不小于512 G，具备光纤连接的HBA卡，得0~20分； a3：磁盘阵列柜：采用双控光纤磁盘阵列柜，具备各种阵列组合方式，采用专业数据盘（黑盘），性能指标不低于7200转64 MB，单盘容量配置不小于2 T，得0~15分； a4：公有云具备非结构化和结构化数据的存储能力，且存储容量可实时弹性扩展，满足存储要求；私有云可在线增加硬件存储资源，满足存储要求，0~15分； a5：移动端存储设备：RAM不小于4G，移动终端本地数据存储空间不小于32 G，得0~15分； a6：其他存储设备设备：矿井视频监控信息存储系统容量不少于1年的累计信息量，其他信息存储系统容量不少于2年的累计信息量，支持通用存储管理软件，可通过软件进行配置、定义、修改等功能，具有云存储能力，得0~15分。

6.6.1.3 软件系统的功能、可靠性及健全程度评价指标见表48所示。

表48 软件系统指标评价方法

指标名称	计算方法
应用平台软件	分项分数=a1+a2+a3+a4 a1：具备专业数据采集软件、数据库软件、操作系统软件、虚拟化软件、网络管理软件、防病毒软件等，得0~10分； a2：无应用平台软件各自独立部署运行，但有统一的门户或访问入口，具有简单的信息传递能力，得0~25分； a3：有基于虚拟化等技术的应用平台，应用软件在虚拟化平台中各自独立部署运行，并可以通过应用平台进行互联互通，具备流程协同、消息推送、移动终端等公共技术能力，应用软件50%以上部署在虚拟化平台中，得0~25分；

表 48（续）

指 标 名 称	计 算 方 法
应用平台软件	a4：有基于云计算的决策支持承载平台，矿山业务基础数据、安全业务数据、生产过程管理数据、经营管理业务数据符合进行云端的大数据分析的要求，超过 50% 的决策支持类应用在决策支持承载平台中开发、部署和运行，得 0～40 分。

6.6.1.4 大数据中心的数据服务功能及健全程度评价指标见表 49 所示。

表 49 数据中心指标评价方法

指 标 名 称	计 算 方 法
数据服务	分项分数 = a1 + a2 + a3 a1：矿井地质数据、工程数据基本实现了数字化，进行了合理的分类与存储，数据间交互方式合理，得 0～40 分； a2：文件类数据采用 FTP 进行交互，音频数据采用 SIP、RIP 和 RTSP 协议实现，非标准工控类设备数据采用 OPC/OPC UA 标准实现，对于环境类数据、井下人员数据、非标准机电设备监测控制类数据采用行业统一的数据交换标准规范协议，得 0～40 分； a3：具有全面的数据元分类属性、产生层次及交互层次规范，得 0～20 分。

6.6.1.5 智能综合管控平台功能及健全程度评价指标见表 50 所示。

表 50 智能综合管控平台指标评价方法

指 标 名 称	计 算 方 法
智能综合管控平台	分项分数 = a1 + a2 a1：I/O 采集服务的要求，具备以下要求，得 0～40 分： 基于统一 I/O 采集服务设计与实现，自主适配标准工控设备、非标准设备系统、VOIP 语音设备系统和流媒体视频监控等设备系统； a2：多系统协同控制要求，具备以下要求，得 0～60 分： 1） 对"采、掘、机、运、通"等主要生产环节实现监测； 2） 根据监测与分析计算结果，实现多系统的联动控制。

6.6.2 智能地质保障系统

6.6.2.1 智能地质勘探技术与装备评价指标见表 51 所示。

表 51 智能综合地质勘察指标评价方法

指 标 名 称	计 算 方 法
勘探技术与装备	分项分数 = a1 + a2 a1：勘探设备具备以下要求，得 0～50 分： 1） 地质探测设备能够进行数据的自动采集； 2） 地质探测结果的精准度满足地质模型构建需求。 a2：地质勘探种类具备以下要求，得 0～50 分： 1） 能够对含煤地层结构、地质构造、煤层厚度、矿井瓦斯等进行探测； 2） 能够对应力异常区等进行探测。

6.6.2.2 地质模型构建与应用评价指标见表52所示。

表52 地质模型及应用指标评价方法

指标名称	计算方法
地质模型构建与应用	分项分数 = a1 + a2 a1：地质数据的共享服务具备以下要求，得0~50分： 1）具备空间地质数据库，能够对地质数据进行分类存储、分析、共享与更新； 2）空间数据库的数据结构、数据接口等满足为多系统提供数据共享的要求； 3）支持C/S、B/S架构的空间信息可视化系统，对海量空间数据、属性数据以及时态数据进行存储、转换、管理、查询、分析和可视化。 a2：地质模型具备以下要求，得0~50分： 1）地质模型的精度基本满足不同应用场景的需要； 2）地质模型能够根据实际揭露的地质数据进行更新与修正。

6.6.3 智能掘进系统

6.6.3.1 掘进技术与装备评价指标见表53所示。

表53 掘进技术与装备评价指标

指标名称	计算方法
掘进设备	分项分数 = a1 + a2 + a3 a1：巷道掘进过程实现全机械化作业，掘进速度满足矿井采掘接替要求，得0~40分； a2：掘进、锚护及运输等设备具备完善的传感器、执行器及控制器，能实现单系统或单设备的自动控制，得0~30分； a3：具备掘进工作面环境（粉尘、瓦斯、水等）智能监测功能，并具备监测环境数据分析功能，得0~30分。

6.6.3.2 掘进工作面远程集控平台评价指标见表54所示。

表54 掘进工作面远程集控平台评价指标

指标名称	计算方法
远程集控平台	分项分数 = a1 + a2 + a3 a1：具备巷道掘进工作面三维地质模型构建功能，并根据掘进过程中揭露的实际地质信息与工程信息对模型进行修正，得0~30分； a2：具备掘进机、锚杆、压风管等设备模型构建功能，能够根据采集的相关设备信息进行掘进工作面真实场景再现，得0~30分； a3：集控平台具备对巷道掘进设备实现一键启停控制，得0~40分。

6.6.4 智能开采系统

智能综采系统相关评价指标体系参照“智能化采煤工作面分类、分级技术条件与评价指标体系”

标准相关内容。

6.6.5 智能主煤流运输系统

6.6.5.1 主煤流运输系统主要有两种形式：采用带式输送机进行运输、采用带式输送机与箕斗进行运输。

6.6.5.2 采用带式输送机作为主煤流运输系统，评价指标见表55所示。

表55 带式输送机智能运输系统评价指标

指标名称	计算方法
带式输送机运输系统	分项分数 = a1 + a2 + a3 + a4 + a5 + a6 a1：单条带式输送机具备完善的传感器、执行器及控制器，能实现单设备的自动控制，得0~20分； a2：主运输煤流线相关设备能通过现场工业总线实现互联互通，并能按主运输需求实现远程集中控制，得0~20分； a3：带式输送机采用变频驱动方式，能够根据煤量进行智能调速，得0~20分； a4：具备完善的综合保护装置，能够根据监测结果实现综合保护装置的智能联动，得0~10分； a5：多条皮带搭接，则实现多条皮带的集中协同控制，能够实现无人值守，得0~15分； a6：具备远程操控功能，能够在地面对带式输送机进行智能调控，得0~15分。

6.6.5.3 采用带式输送机与箕斗进行煤炭运输，其带式输送机应满足上表中的要求，立井提升系统的评价指标见表56所示。

表56 立井智能提升系统评价指标

指标名称	计算方法
立井智能提升系统	分项分数 = a1 + a2 + a3 a1：立井提升系统具有自动装载与卸载功能，得0~30分； a2：立井提升系统能够与煤仓放煤系统进行智能联动，得0~30分； a3：具备智能综合保护系统，能够对提升速度、提升重量等进行监测，得0~40分。

6.6.6 智能辅助运输系统

6.6.6.1 辅助运输系统主要分为三种：轨道运输（包括单轨吊、机车等）、无轨胶轮车运输、混合型运输。

6.6.6.2 采用轨道运输进行辅助运输，其智能化评价指标见表57所示。

表57 轨道运输系统评价指标

指标名称	计算方法
轨道运输系统	分项分数 = a1 + a2 + a3 + a4 + a5 + a6 a1：辅助运输物资建立编码体系，实现物资及车厢的集装化，具备物资运送过程信息化闭环管控，得0~20分；

表 57（续）

指标名称	计算方法
轨道运输系统	a2：单轨吊的物资和车厢装卸实现自动控制，得 0～15 分； a3：单轨吊采用点到点物资运输，实现自动控制，得 0～15 分； a4：机车车皮的挂接和编、解组实现自动化作业，得 0～15 分； a5：机车车头实现辅助驾驶，得 0～15 分； a6：运输过程中实现车辆位置的精准定位，得 0～20 分；

6.6.6.3 采用无轨胶轮车作为辅助运输，其智能化评价指标见表 58 所示。

表 58 无轨胶轮车运输系统评价指标

指标名称	计算方法
无轨胶轮车运输系统	分项分数 = a1 + a2 + a3 + a4 + a5 a1：辅助运输物资建立编码体系，实现物资及车厢的集装化，具备物资运送过程信息化闭环管控，得 0～10 分； a2：物资的装卸实现自动化，得 0～20 分； a3：无轨胶轮车实现辅助驾驶，得 0～25 分； a4：运输过程中实现车辆的精准定位，得 0～25 分； a5：运输过程中实现智能物流管控，得 0～20 分。

6.6.6.4 采用混合型运输方式，其智能化评价指标见表 59 所示。

表 59 混合型运输系统评价指标

指标名称	计算方法
混合型运输系统	分项分数 = a1 + a2 + a3 + a4 + a5 a1：辅助运输物资建立编码体系，实现物资及车厢的集装化，具备物资运送过程信息化闭环管控，得 0～20 分； a2：物资的装卸实现自动控制，得 0～20 分； a3：不同运输方式之间的接驳实现自动化辅助，得 0～20 分； a4：轨道车、无轨胶轮车实现辅助驾驶，得 0～20 分； a5：运输过程中实现车辆的精准定位，得 0～20 分。

6.6.7 智能通风与压风系统

6.6.7.1 智能通风系统的评价指标见表 60 所示。

表 60　综合保障系统智能化评价指标

指标名称	计算方法
通风系统	分项分数 = a1 + a2 + a3 + a4 + a5 + a6 a1：矿井主扇、局扇具备远程集中调风功能，得 0 ~ 15 分； a2：井下主要进回风巷间、采区进回风巷间采用自动闭锁风门，得 0 ~ 10 分； a3：能够对井下瓦斯浓度、风压、风速、风量等参数进行智能监测，可以对监测数据进行自动分析，得 0 ~ 20 分； a4：能够根据智能监测结果进行通风阻力解算，得 0 ~ 15 分； a5：掘进工作面的局部通风机实现双风机、双电源，并能自动切换，根据环境监测结果实现风电闭锁、瓦斯电闭锁等，得 0 ~ 20 分； a6：能够根据监测及分析结果对风窗、风门等进行智能控制，实现无人值守及远程集中控制，得 0 ~ 20 分。

6.6.7.2　智能压风自救系统的评价指标见表 61 所示。

表 61　压风自救系统智能化评价指标

指标名称	计算方法
压风自救系统	分项分数 = a1 + a2 + a3 a1：在地面建有压缩空气站，且采用自动化集中控制，具备无人值守条件，得 0 ~ 30 分； a2：空气压缩机采用变频调速控制，得 0 ~ 25 分； a3：矿井所有采区避灾路线上（采掘工作面范围内）均应敷设压风自救管道，并设供气阀门或压风自救装置，能够与环境监测结果实现智能联动控制，得 0 ~ 45 分。

6.6.8　智能供电与供排水系统

6.6.8.1　智能供电系统评价指标见表 62 所示。

表 62　供电系统智能化评价指标

指标名称	计算方法
供电系统	分项分数 = a1 + a2 + a3 + a4 + a5 + a6 + a7 + a8 a1：具备智能防越级跳闸保护功能，得 0 ~ 15 分； a2：具有对矿井主要变电所进行实时监控与电力调度的功能，得 0 ~ 15 分； a3：具有监控数据采集与上传、数据辨识功能，得 0 ~ 10 分； a4：主变电所电缆夹层、电缆井具有火灾自动报警功能，得 0 ~ 10 分； a5：具有智能高压开关设备顺序控制功能，得 0 ~ 5 分； a6：具有故障诊断功能，得 0 ~ 15 分； a7：在高压架空输电线路的重点区段，对环境、地质、导线、金具、杆塔等实现智能监测，得 0 ~ 15 分； a8：井下主变电所、采区变电所、各配电点均应设置电力监控系统，实时监测电气设备运行工况，并具备无人值守条件，其数据应接入矿井信息系统，得 0 ~ 15 分。

6.6.8.2　智能供排水系统评价指标见表63所示。

表63　智能供排水系统评价指标

指标名称	计算方法
供排水系统	分项分数＝a1＋a2＋a3＋a4＋a5 a1：根据水压、水位进行固定作业点的智能抽排，得0～20分； a2：具备负荷调控及管网调配功能，得0～20分； a3：具备给排水管线与设备故障分析诊断及预警功能，得0～20分； a4：实现排水系统与矿井水文监测系统的智能联动，得0～20分； a5：实现远程集中控制及无人值守，得0～20分。

6.6.9　智能安全监控系统

6.6.9.1　智能安全监控系统能够实现对瓦斯灾害、水害、火灾、顶板灾害、冲击地压灾害等监测、分析、预测与预警，并与相关防灾技术与装备实现智能联动。

6.6.9.2　智能安全监控系统各子系统的智能化评价指标见表64所示。

表64　安全监控系统智能化评价指标

指标名称	计算方法
瓦斯灾害	分项分数＝a1＋a2＋a3 a1：能够根据瓦斯监测数据进行风量、风速智能调节，得0～30分； a2：能够根据瓦斯监测数据进行瓦斯超限区域智能断电，得0～30分； a3：能够根据瓦斯监测数据进行瓦斯超限区域智能预警及避灾路线规划，得0～40分；
水害	分项分数＝a1＋a2 a1：具有针对主要含水层的井上下水文智能动态观测系统，进行动态观测和水害的预测预警分析，得0～50分； a2：水害智能仿真系统与排水系统进行智能联动，得0～50分；
火灾	分项分数＝a1＋a2＋a3＋a4 a1：易自燃煤层的矿井，应建立束管监测或光纤测温等系统，得0～20分； a2：开采易自燃煤层的矿井，应设置灌浆、注氮等设施，且能够与火灾监测系统进行联动，得0～25分； a3：在电气设备、带式输送机等易发生火灾的区域，应设置火灾变量监测装置，以及防灭火系统，实现火灾参数的智能监测、分析，并根据分析处理结果进行智能预测、预警及联动控制，得0～25分； a4：具备火灾避灾路线的智能规划，得0～30分。
顶板灾害	分项分数＝a1＋a2 a1：具备矿山压力监测系统，能够对顶板进行实时监测，得0～50分； a2：能够基于监测数据实现矿山压力的预测与预警，得0～50分。

表 64（续）

指标名称	计算方法
冲击地压灾害	分项分数 = a1 + a2 a1：具备冲击地压监测系统，对冲击危险区域进行实时监测，得 0 ~ 50 分； a2：具有冲击地压评价及预警装置，实现冲击地压监测数据的智能分析与预测预警，得 0 ~ 50 分；
灾害综合防治系统	分项分数 = a1 + a2 + a3 + a4 + a5 a1：具备完善的灾害感知预警系统，实现多种监测数据的统一传输和分类存储，得 0 ~ 20 分； a2：具有监测数据分析功能，并具有对安全状态进行评估的功能，得 0 ~ 20 分； a3：能根据灾害监测与评估信息，预测事故发生的可能性，得 0 ~ 20 分； a4：能根据灾害监测与评估信息，制定相应的灾害防治措施，得 0 ~ 20 分； a5：具有完善的安全风险分级管控工作体系，并实现信息化管理，得 0 ~ 20 分。

6.6.10 智能洗选系统

洗选系统智能化评价指标见表 65 所示。

表 65 智能洗选系统评价指标

指标名称	计算方法
洗选系统	分项分数 = a1 + a2 + a3 + a4 + a5 + a6 + a7 a1：具有根据分选原料的性质、用户需求、监测数据等，自主设定密度、压力等工艺参数，并自动进行调节补水、加介、加药、分流等操作，选矸系统、重介浅槽系统、粗煤泥分选系统、浮选系统、煤泥水系统、压滤系统等实现远程集中控制，得 0 ~ 20 分； a2：采用多功能传感器、机器人巡检、报警随动管理等技术，煤泥清理、采制样、化验（粒度、浓度、灰分）等实现自动化，得 0 ~ 15 分； a3：建有洗选作业数据分析系统，具备生产控制状态、设备运行状态的数据采集、展示、分析功能，得 0 ~ 15 分； a4：建有 3D 可视化系统，以三维立体的形式显示选煤厂内的场景结构、设备布局，并设置完善的视频感知、安全监测系统，对入选原煤杂物、人员不安全行为、设备危险运行状态等进行监测，并实现智能预测、预警，得 0 ~ 15 分； a5：建有智能供配电系统，具有无人值守配电室、远程停送电、智能电力管理系统等，得 0 ~ 10 分； a6：洗选设备具有完善设备健康诊断功能，能够对设备运行状态进行实时监测及预警，得 0 ~ 15 分； a7：具备智能管理系统，实现煤质管理、设备全生命周期管理、材料配件管理、能耗管理、综合成本核算等，得 0 ~ 10 分。

表 65（续）

指标名称	计算方法
装车系统	分项分数 = a1 + a2 + a3 a1：具有智能配煤、无人值守装车站、无人值守磅房、智能汽车（火车）采制样化验系统等，得 0～30 分； a2：火车装运系统宜采用激光雷达、智能分析终端等设备，能够自动识别车厢的编号、位置等，并实时监测撒料等异常情况，实现火车的智能定量装运，得 0～40 分； a3：汽车装运系统具备车辆位置、车厢内物料高度等信息的自动感知与建模功能，实时计算车辆边缘位置与物料装载状态，自动提示司机配合完成装运，得 0～30 分。

6.6.11 智慧园区与经营管理系统

智慧园区与经营管理系统包含智慧园区、生产及经营管理、决策支持，评价指标见表 66 所示。

表 66 智慧园区与经营管理系统智能化评价指标

指标名称	计算方法
智慧园区	分项分数 = a1 + a2 + a3 + a4 a1：在矿井地面建设智慧中心，集成智能化指挥、调度、管控、办公、培训、展示等功能，实现对井上下各系统的统一协调管控，得 0～40 分； a2：建有工业设施智能保障系统，具有智能安防、智能车辆管理、智能道路管理、智能门禁闸机管理、智能供热、智能洗浴管理、智能宿舍管理、智能信息发布、智能食堂管理，实现工业设施保障系统的智能决策和数据共享，得 0～10 分； a3：建有智能仓储系统，具有智能立体库房、无人配送机器人，实现设备、物资等的智能化存储与园区内智能化配送，得 0～20 分； a4：建有智能指挥中心，具有大屏幕显示系统、调度会议系统、智能化管控系统、大数据系统、云计算等系统，实现各部门工作流程和现场安全、生产环节的纵向贯通、横向关联，得 0～30 分。
生产及经营管理	分项分数 = a1 + a2 + a3 + a4 + a5 + a6 + a7 + a8 + a9 + a10 + a11 a1：大专（含）以上学历专业技术人员占员工总数的比率大于 50%，得 0～10 分； a2：专业应用软件技能普及率大于 80%，得 0～5 分； a3：具有标准作业流程管理信息化功能，并实现班组中每个岗位标准作业流程的精确推送，得 0～5 分； a4：具有对班组成员自动进行考核的功能，并能根据考核结果自动制定有针对性的培训与学习计划，得 0～5 分； a5：实现班组管理信息的移动互联，得 0～5 分； a6：建设有生产计划及调度管理、生产技术管理、机电设备管理等系统，得 0～15 分； a7：生产计划及调度管理系统应具有生产计划及日常调度管理功能，可根据企业 ERP 数据实现生产计划排产，得 0～15 分；

表 66（续）

指 标 名 称	计 算 方 法
生产及经营管理	a8：机电设备管理系统应具有健康状况的远程在线诊断功能，应具有定期自动运维管理及配件库存识别功能，得 0 ~ 10 分； a9：生产级经营管理系统应具有规程措施编制、技术资料、专业图纸设计、采掘生产衔接跟踪、工程进度跟踪、生产与技术指标、经营指标等无纸化管理功能，得 0 ~ 5 分； a10：矿井经营管理系统应包括办公自动化管理、企业 ERP 等系统，各系统之间应能交互数据，得 0 ~ 15 分； a11：企业 ERP 应包括财务管理、成本管理、合同管理、运销管理、物资供应管理、仓储管理等系统，且应提供规范化数据接口，得 0 ~ 10 分。
决策支持	分项分数 = a1 + a2 + a3 + a4 a1：矿井决策支持系统应能够对生产系统和管理系统数据进行融合，且应能建立数据分析模型，得 0 ~ 20 分； a2：建立动态排产模型，有效分析 ERP 中的经营数据，结合生产管理数据制定合理的排产方案，对矿井生产和运输物流环节进行合理调度，得 0 ~ 30 分； a3：建立大型设备运维及管理模型，合理调整设备检修及大型耗能设备运转时间，对主要生产环节设备健康状况、负荷率、故障停机率、能源消耗等指标进行分析，得 0 ~ 30 分； a4：云端实现各矿产能与资源调度的自动决策，得 0 ~ 20 分。

6.7 指标权重

一级及二级指标权重见表 67 所示。

表 67 一级指标及二级指标权重

一级指标及权重	二级指标及权重
信息基础设施（0.0842）	传输网络（0.0178）
	数据处理设备（0.0071）
	应用平台软件（0.0041）
	数据服务（0.0177）
	智能综合管控平台（0.0375）
智能地质保障系统（0.0594）	勘探技术与装备（0.0209）
	地质建模及应用（0.0385）
智能掘进系统（0.1432）	智能掘进设备（0.0978）
	远程集控平台（0.0454）

表 67（续）

一级指标及权重	二级指标及权重
智能开采系统（0.1673）	相关评价指标见“智能化采煤工作面分类、分级技术条件与评价指标体系”
智能主煤流运输系统（0.0782）	带式输送机智能运输系统（0.0456/0.0782）
	立井智能提升系统（0.0326）
智能辅助运输系统（0.0683）	轨道运输（0.0683）
	无轨胶轮车运输（0.0683）
	混合型运输（0.0683）
智能通风与压风系统（0.0782）	通风系统（0.0227）
	压风自救系统（0.0555）
智能供电与给排水系统（0.0769）	供电系统（0.0532）
	给排水系统（0.0237）
智能安全监控系统（0.1306）	瓦斯灾害防治（0.0244）
	水害防治（0.0148）
	火灾防治（0.0124）
	顶板灾害防治（0.0086）
	冲击地压灾害防治（0.0207）
	综合防治系统（0.0432）
智能洗选系统（0.0539）	洗选技术与装备（0.0388）
	智能装车系统（0.0151）
智慧园区与经营管理系统（0.0598）	智慧园区（0.0348）
	生产及经营管理（0.0184）
	决策支持（0.0066）

注： 由于主煤流运输系统可以采用带式输送机运输或带式输送机与立井提升联合运输两种方式，若矿井仅采用带式输送机进行运输，则取权重值为0.0782；若矿井采用带式输送机与立井提升联合运输方式，则带式输送机取权重值为0.0456，立井提升系统取权重值为0.0326。矿井辅助运输可以采用轨道运输、胶轮车运输、混合运输三种方式，这三种运输方式为并列结构，只能选择其中一种运输方式，取权重值为0.0683。智能安全监控系统中，矿井灾害类型可能少于表中所列项，则只对矿井存在的灾害类型进行打分，没有的灾害类型取满分。

7 智能化煤矿评价

7.1 评价方式

7.1.1 企业自评价，由煤炭生产企业按照本标准规定，对煤矿智能化建设情况进行完整评价，得出煤矿的智能化分类和分级评价结论。

7.1.2 第三方评价，由第三方机构或团体按照本标准规定，经过现场实地调研获取被评价煤矿相关指标参数，使用评价软件对煤矿智能化建设情况进行评价，得出煤矿的智能化分类和分级评价结论。

7.2 评价流程

7.2.1 获取煤矿智能化建设条件相关评价指标值。根据智能化矿井分类评价指标及参考要素相关要求，以符合相应资质要求的技术报告、测试报告等为依据，确定矿井的地质条件、生产技术条件、建设基础等评价指标值。

7.2.2 确定智能化煤矿类别。基于智能化煤矿分类评价方法，计算矿井智能化建设条件相关评价指标结果，根据计算结果对应的评价结果集{良好，中等，复杂} = {100 ~ 85，85 ~ 70，< 70}，确定智能化煤矿建设条件的类别。

7.2.3 基于智能化煤矿分类，以符合资质要求的设计和施工报告、检测报告等为依据，获取智能化煤矿主系统（信息基础设施、智能地质保障系统、智能掘进系统、智能开采系统、智能主煤流运输系统、智能辅助运输系统、智能通风系统、智能供电与给排水系统、智能安全监控系统、智能洗选系统、智慧园区与经营管理系统）的相关指标值，并根据矿井实际情况分类、逐项进行打分，以加权统计法计算煤矿智能化程度，并进行智能化煤矿分级。

7.2.4 根据煤矿智能化程度计算结果，进行智能化煤矿分级。将智能化程度60%以上的矿井分为三级：高级智能化煤矿（智能化程度≥85%）、中级智能化煤矿（智能化程度75% ~85%）、初级智能化煤矿（智能化程度60% ~75%）。

7.2.5 可采用附录A的智能化煤矿分类、分级评价软件对煤矿的智能化程度进行评价。首先输入矿井的地质条件、生产技术条件、建设基础等评价指标，系统自动确定煤矿智能化建设条件分类评价结果；基于智能化煤矿建设情况进行逐项打分，软件将自动计算煤矿智能化程度，进行智能化煤矿分级。

7.3 评价报告

7.3.1 评价报告应包含矿井概况、矿井智能化建设条件分类评价、智能化煤矿主系统建设情况、智能化煤矿分级评价、存在的问题及建议五部分内容。

7.3.2 矿井概况应阐明矿井的地质条件、生产技术条件、生产能力、安全水平等，并注明评价时间及相关评价人员。

7.3.3 矿井智能化建设条件分类评价应按照标准要求列出各评价指标情况及得分值，并注明相关指标取值的出处（如地质报告、初步设计报告等）。

7.3.4 矿井智能化主系统建设情况应详细阐述矿井的信息基础设施、智能地质保障系统、智能掘进系统、智能开采系统、智能主煤流运输系统、智能辅助运输系统、智能通风系统、智能供电与供排水系统、智能安全监控系统、智能洗选系统、智慧园区与经营管理系统的建设情况。

7.3.5 智能化煤矿分级评价应按照上述标准要求，对智能化煤矿的建设情况进行逐项打分，并计算得出煤矿智能化程度，确定煤矿智能化等级。

7.3.6 最后根据评价结果给出智能化矿井建设存在的问题及建议，并由评审人员签字。

资料性附录 A

（规范性附录）

智能化煤矿分类、分级评价系统（V1.0）软件及操作说明

A.1　智能化煤矿分类、分级评价系统（V1.0）软件是基于 Python 的 Django 框架进行开发，数据库采用 MySQL 数据库，前端采用 HTML5、Bootstrap、jQuery 等进行开发，充分利用了 Python 软件强大的数据处理与分析能力，对智能化矿井进行分类、分级评价。

A.2　通过在浏览器输入智能化煤矿分类、分级评价系统（V1.0）软件的网址，便可以进入登录界面，如下图所示。

图 A.1　系统登录界面

A.3　输入用户名、密码点击登录后，便进入智能化煤矿分类、分级评价说明界面，如下图所示。

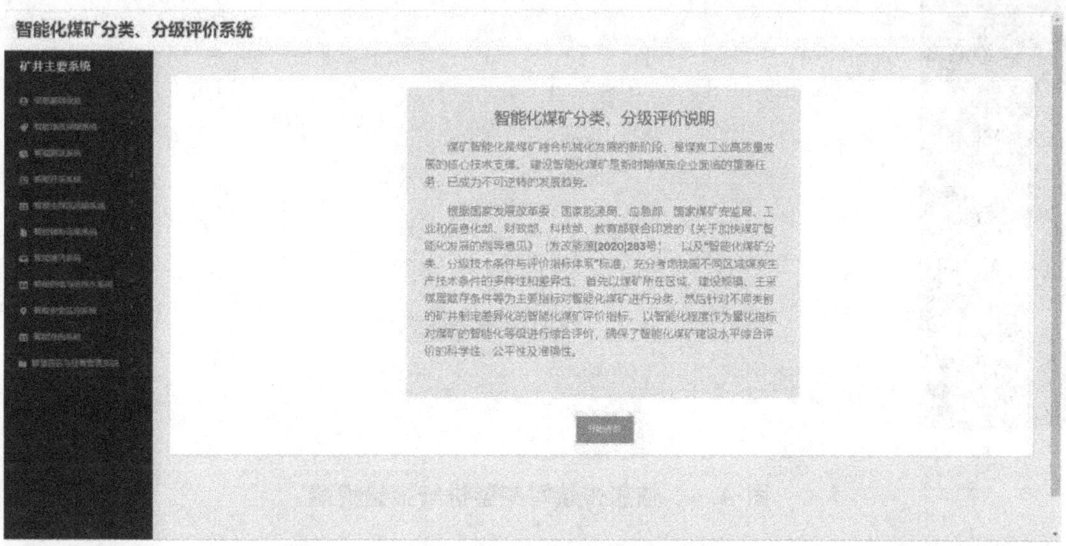

图 A.2　智能化煤矿分类分级评价说明

A.4 左侧为列出的智能化煤矿主要的评价系统，此时尚不能进行评价，通过点击开始评价按钮，则进入到智能化煤矿分类界面，该界面列出了智能化煤矿建设条件分类需要的评价指标，如下图所示。

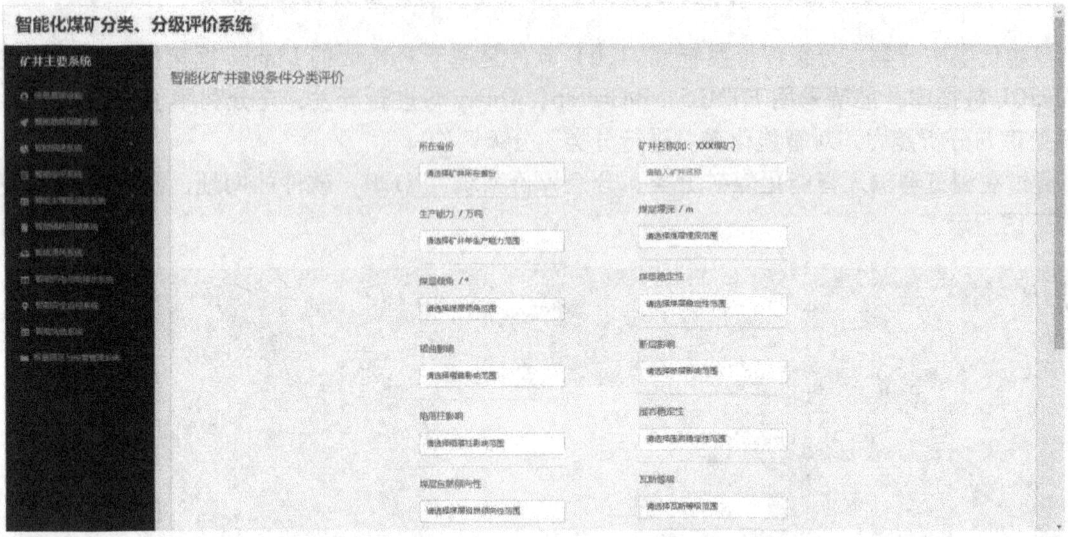

图 A.3　智能化煤矿建设条件分类评价

A.5 根据待评价矿井实际情况，填写智能化煤矿建设条件分类评价指标，点击“进行矿井智能化建设条件分类计算”按钮，则对得出智能化煤矿建设条件分类评价结果。必须填写所有的评价指标，否则，点击“进行矿井智能化建设条件分类计算”按钮则会报错，并不会完成提交，如下图所示。

图 A.4　信息未填写完整进行报错提醒

A.6 信息填写完成后，则自动生成煤矿智能化建设评分结果及各项得分值，并根据评分结果对煤矿的智能化建设条件进行分类，见图 5 所示。

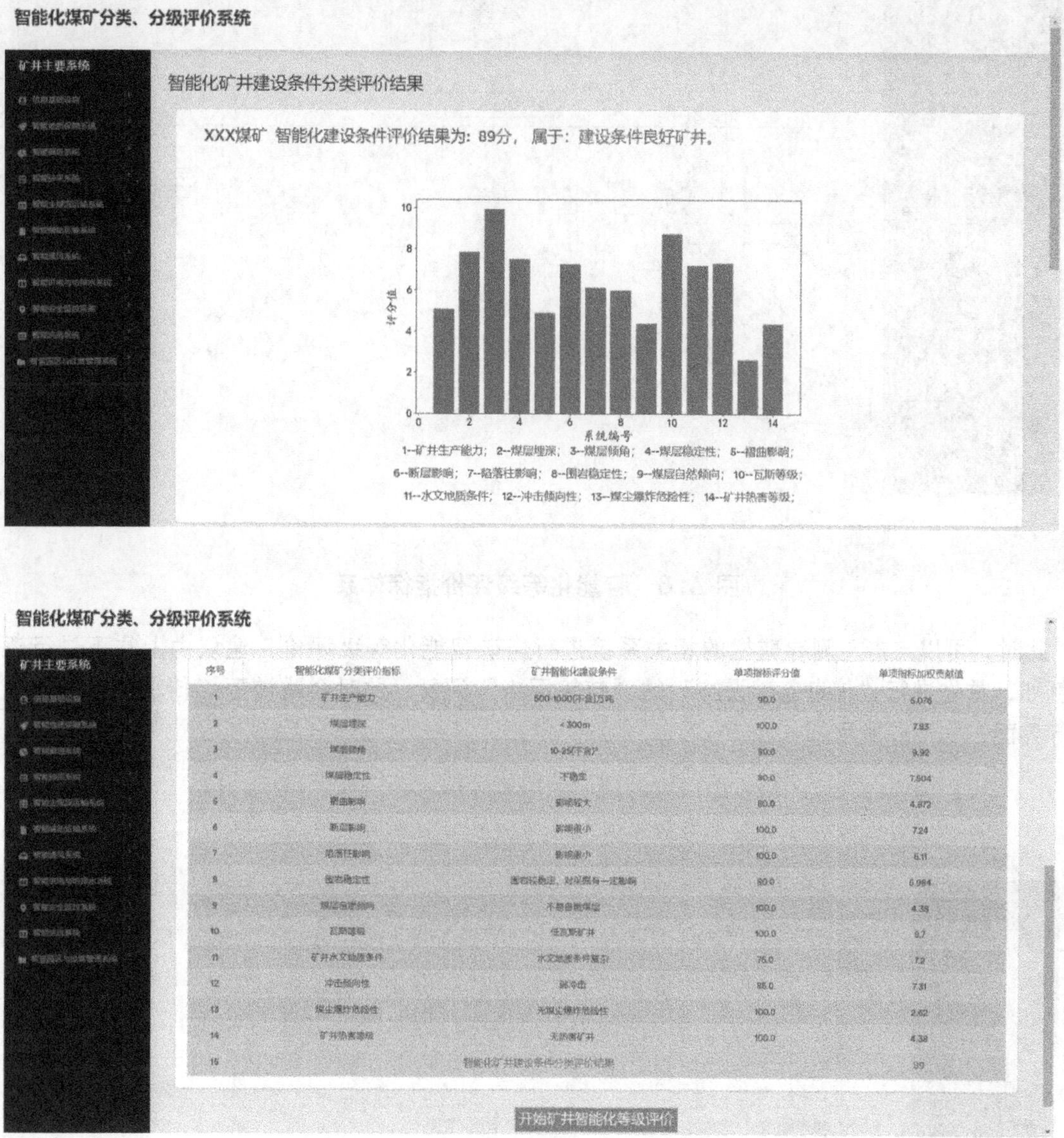

图 A.5　智能化矿井建设条件分类评价结果

A.7　根据智能化矿井建设条件分类评价结果，可以将矿井分为智能化建设条件良好矿井、智能化建设条件中等矿井、智能化建设条件复杂矿井，不同类别的矿井对应不同的智能化评价指标体系；点击“开始矿井智能化等级评价”按钮，则系统会自动根据矿井的智能化建设条件分类评价结果跳转至相应的智能化等级评价界面，如下图所示。

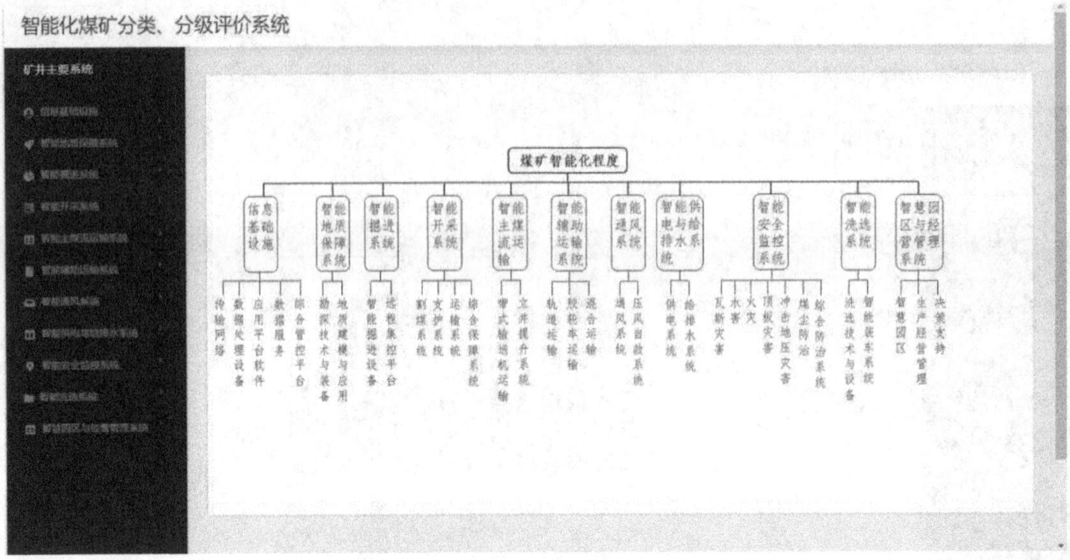

图 A.6　智能化等级评价指标体系

A.8　此时，可以点击左侧导航栏的相关系统进行煤矿智能化等级评价，建议由上往下进行逐项评价，例如，首先进行“信息基础设施”的“传输网络”评价，此时会跳转至“传输网络”相应的评价指标界面，如下图所示。

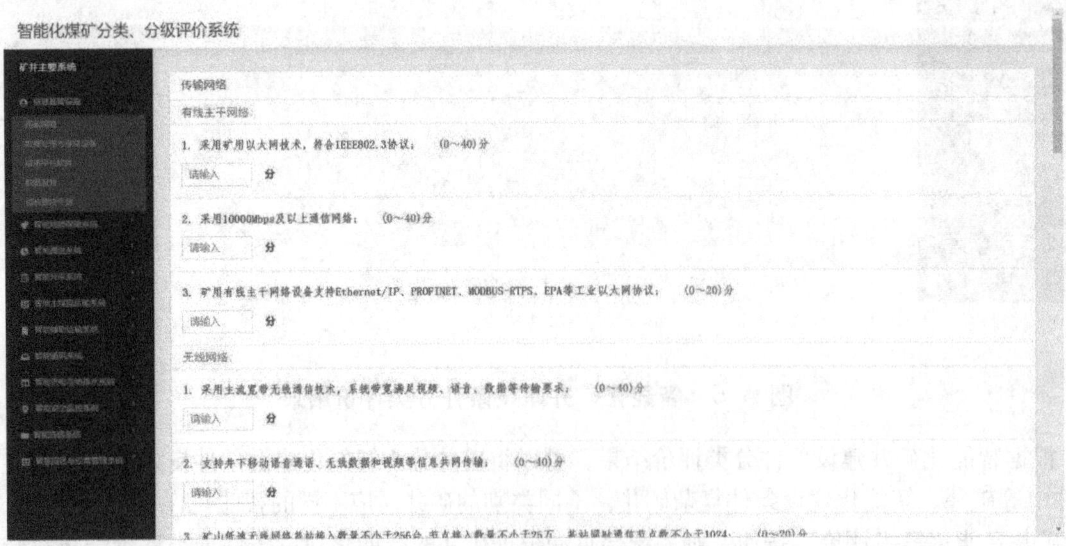

图 A.7　传输网络评价指标

A.9　根据每项评价指标要求，分别对矿井的网络建设情况进行评价，每项指标后面只能填写括号里面对应的分数值，且只能填写整数值，否则系统将进行报错处理，如下图所示。

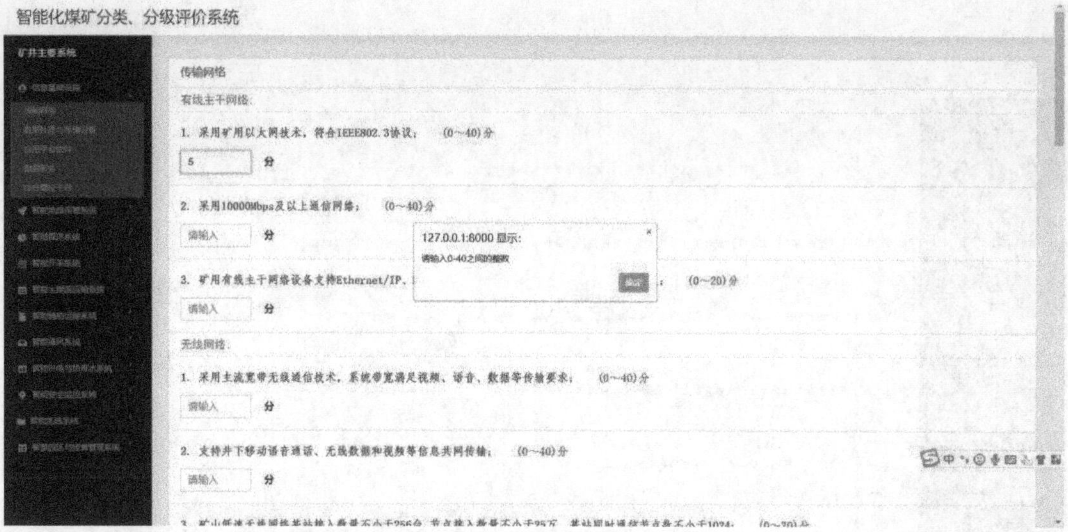

图 A. 8　填写数据不合法进行报错

A. 10　所有数据填写完成后，点击“提交传输网络评分结果”按钮，则系统自动跳转至“数据处理与存储设备”评价界面，必须对所有的评价因素进行评价后才可以进行提交，否则将进行报错提示，如下图所示。

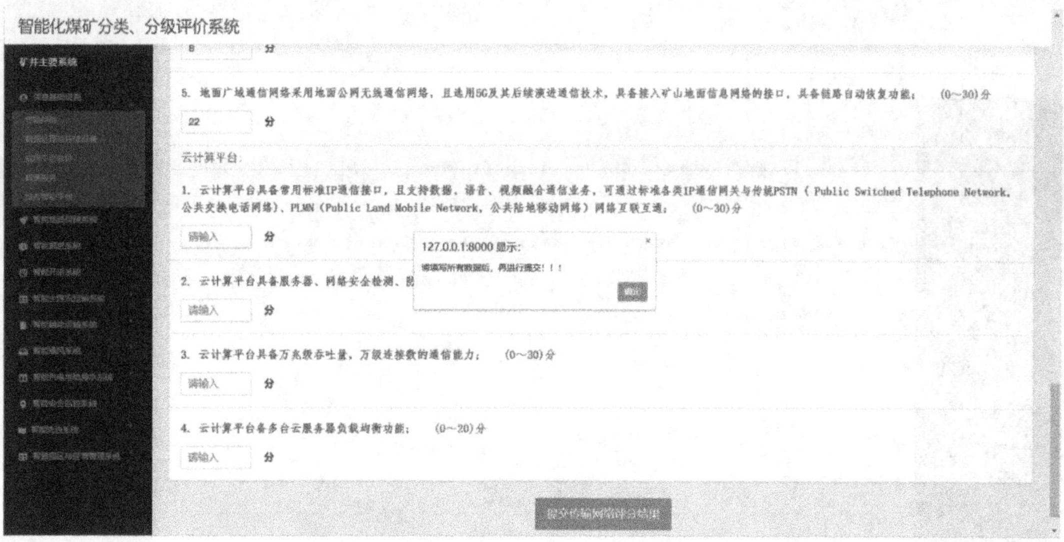

图 A. 9　未填写所有数据提交报错

A. 11　分别对信息基础设施、智能地质保障系统、智能掘进系统、智能开采系统、智能主煤流运输系统、智能辅助运输系统、智能通风系统、智能供电与给排水系统、智能安全监控系统、智能洗选系统、智慧园区与经营管理系统进行评价，由于智能主煤流运输系统分为带式输送机运输、立井箕斗提升两种运输方式，只能选择其中一种进行评价，若选择两种评价方式，则最后选择的评价方式评价结果将会覆盖前面的评价结果，此时系统会进行弹窗提醒，如下图所示。

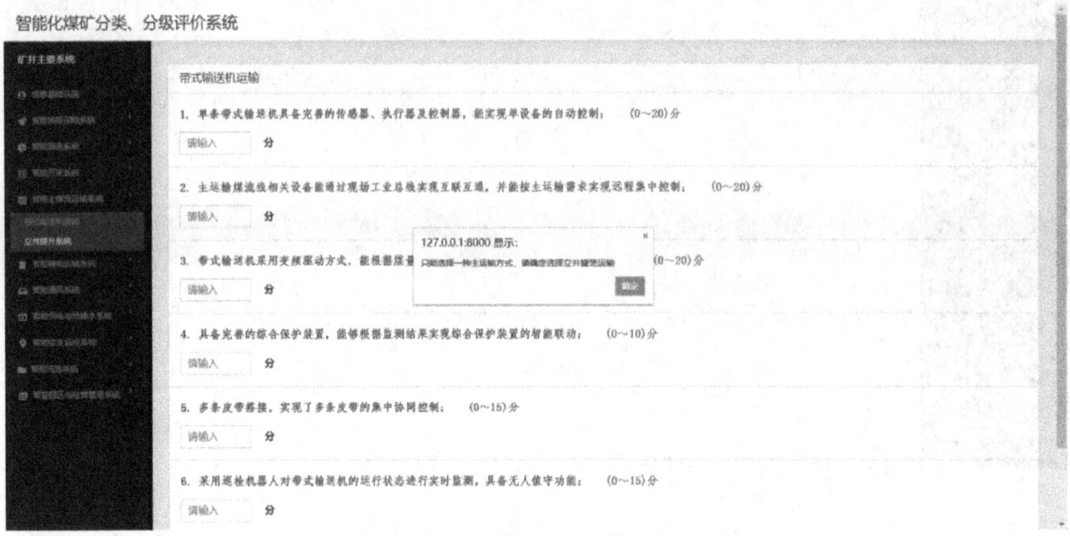

图 A. 10　主煤流运输方式弹窗提醒

A. 12　当完成上述所有系统评价之后，则需要点击“进行整体数据校验”按钮，进行整体数据校验，若出现相关系统数据校验不合格，则会进行弹窗提醒，如下图所示。

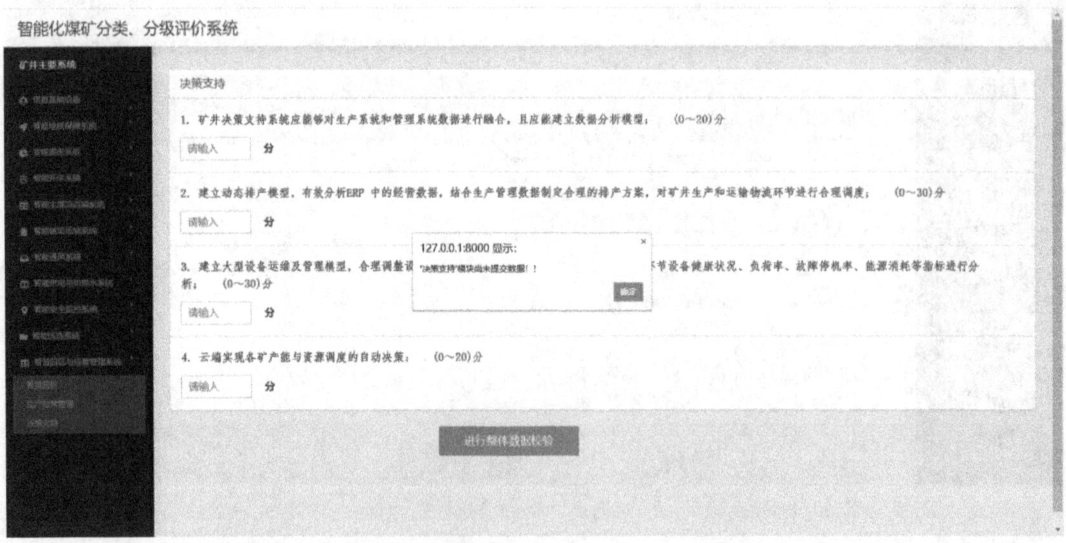

图 A. 11　数据校验未通过进行弹窗提示

A. 13　若数据校验合格，则会出现“整体数据校验合格”弹窗，点击“确定”按钮，则自动进入智能化煤矿等级评价结果界面，系统根据数据处理结果，自动绘制矿井各子系统得分值的直方图，以及未做加权的雷达图，并对数据处理结果进行分析，如下图所示。

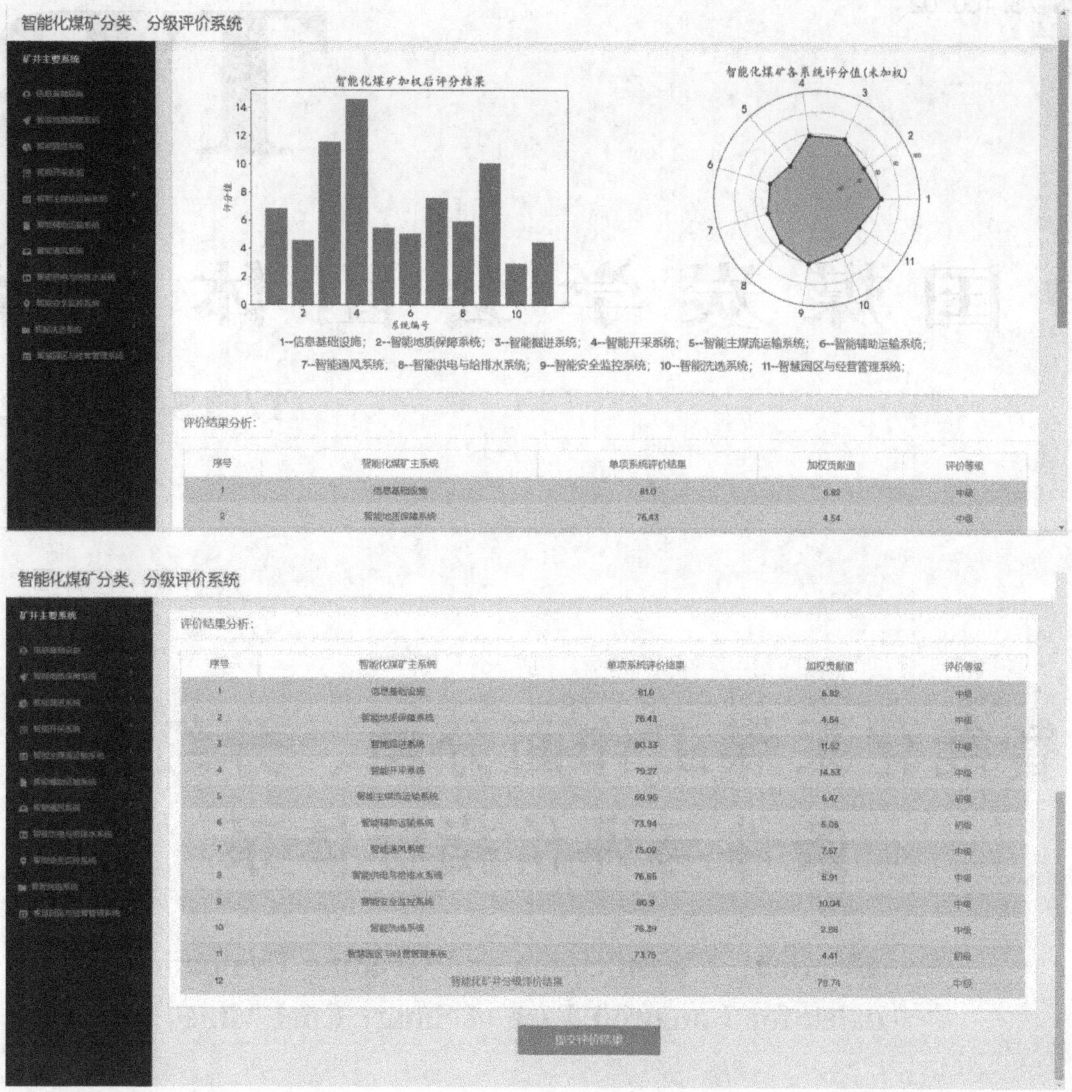

图 A.12　智能化煤矿等级评价结果

A.14　点击提交评价结果按钮，则系统将相关评价系统存入 MySQL 数据库，并退出系统，完成智能化矿井分类、分级评价。

ICS 73.100.02
D 04

TB

中国煤炭学会团体标准

T/CCS 002—2020

智能化采煤工作面分类、分级技术条件与评价指标体系

Specification, Classification and Grading Evaluation Index for Longwall Face of Smart Coal Mine

2020-10-10 发布   2020-11-01 实施

中国煤炭学会 发布

中国煤炭学会公告

China Coal Society Announcement for Standards

2020 年　第 002 号（总第 002 号）

No. 2020—002　（No. 002 in total）

中国煤炭学会批准《智能化采煤工作面分类、分级技术条件与评价指标体系》（T/CCS 002—2020）标准，现予公告。

The CCS standard（T/CCS 002—2020）for（Specification, Classification and Grading Evaluation Index for Longwall Face of Smart Coal Mine）was approved by the China Coal Society, and now it is effective.

中国煤炭学会

China Coal Society

2020 年 10 月 10 日

目　次

前　言

本标准按照 GB/T 1.1—2020《标准化工作导则　第 1 部分：标准化文件的结构和起草规则》规则起草。

本文件的附录 A 为规范性附录。

请注意本文件的某些内容可能涉及专利。本文件的发布机构不承担识别这些专利的责任。

本文件由煤矿智能化创新联盟提出。

本文件由中国煤炭学会归口。

本文件起草单位：中国煤炭科工集团有限公司、中煤科工开采研究院有限公司、国家能源集团有限公司、山东能源集团有限公司、陕西陕北矿业有限责任公司、陕西延长石油矿业有限责任公司。华能煤业有限公司、中煤科工集团常州研究院有限公司、安徽理工大学、山东科技大学、中国矿业大学（北京）、西安科技大学、辽宁工程技术大学

本文件主要起草人：王国法、刘峰、徐亚军、任怀伟、庞义辉、张金虎、赵国瑞、杜毅博、张德生、孟祥军、范京道、吴群英、李伟东、李全生、王春刚、封华、薛忠新、孙希奎、亓玉浩、黄书祥、陈洪月、王开松、陈晓晶、李明忠、牛艳奇、马英、杜尚宇、张强、张坤、张旭辉、曹现刚、商德勇。

本文件首次发布。

引　言

煤矿智能化是煤矿综合机械化发展的新阶段，是煤炭工业高质量发展的核心技术支撑。煤矿智能化开采是新时期煤炭开采的主要发展方向，已成为行业必然的发展趋势。我国不同区域煤炭地质赋存条件、生产技术条件和区域经济社会发展要求具有多样性、差异性和复杂性，煤矿智能化开采既要有统一的目标和要求，又要因地制宜科学发展。本文件基于煤矿智能化开采实践，总结了我国数以百计的不同条件采煤工作面智能化开采经验，并广泛参考了相关技术标准化文件。

本文件考虑了以下情况：

——煤矿所在区域、建设规模、煤层地质及赋存条件、生产技术条件等的不平衡性；

——煤矿开采过程各环节、各设备等全过程的关联性；

——各指标要素对煤矿智能化开采影响程度的差异性。

执行本文件的前提条件：

——煤矿已取得相关的建设和安全生产许可；

——进行了规范的智能化开采工作面总体配套设计和系统建设；

——工作面开采实现了基本的智能化运行。

智能化采煤工作面分类、分级技术条件与评价指标体系

1 范围

本文件规定了智能化采煤工作面的术语和定义、技术要求、智能化开采模式及条件分类、智能化水平分级及评价。

本文件适用于井工煤矿智能化长壁综采和综放工作面。

2 规范性引用文件

下列文件中的内容通过文中的规范性引用而构成本文件必不可少的条款。其中，凡是注日期的引用文件，仅该日期对应的版本适用于本文件；凡是不注日期的引用文件，其最新版本（包括所有的修改版）适用于本文件。

GB/T 20815 视频安防监控数字录像设备
GB/T 28518 煤矿用阻燃通信光缆
GB/T 30147 安防监控视频实时智能分析设备技术要求
GB/T 34679 智慧矿山信息系统通用技术规范
GB/T 35060.1 滚筒采煤机通用技术条件 第1部分：整机
GB/T 37611 综采综放工作面超前支护系统技术条件
GB/T 37768 中厚煤层综采工作面总体配套技术条件
GB/T 37806 薄煤层综采工作面总体配套技术条件
GB/T 37808 综采综放工作面常规供电系统设计规范
GB/T 37809 大倾角综采工作面总体配套技术条件
GB/T 37810 大采高综采工作面总体配套技术条件
GB/T 37811 综采放顶煤工作面总体配套技术条件
GB/T 37812 大倾角综放工作面总体配套技术条件
GB/T 37815 综采综放工作面智能降尘系统技术条件
GB 3836.1 爆炸性环境 第1部分：设备 通用要求
GB 3836.2 爆炸性环境 第2部分：由隔爆外壳“d”保护的设备
GB 3836.4 爆炸性环境 第4部分：由本质安全型“i”保护的设备
GB 50052 供配电系统设计规范
GB 50215 煤炭工业矿井设计规范
GB/T 50417 煤矿井下供配电设计规范
GB 50533 煤矿井下辅助运输设计规范
GB 50536 煤矿综采采区设计规范
GB 51024 煤矿安全生产智能监控系统设计规范
GB 51179 煤矿井下煤炭运输设计规范
GB/T 51272 煤炭工业智能化矿井设计标准

MT/T 899　煤矿用信息传输装置

MT/T 1007　矿用信息传输接口

MT/T 1081　矿用网络交换机

MT/T 1004　煤矿安全生产监控系统通用技术条件

MT/T 1116　煤矿安全生产监控系统联网技术要求

MT/T 1130　矿用现场总线

MT/T 1131　矿用以太网

AQ 6201　煤矿安全监控系统通用技术要求

《煤矿安全规程》(2016)

3　术语和定义

下列术语和定义适用于本文件。

3.1

智能化采煤工作面　smart mining face

应用物联网、云计算、大数据、人工智能等先进技术，使工作面采煤机、液压支架、输送机（含刮板输送机、转载机、破碎机、可伸缩带式输送机）及电液动力设备等形成具有智能感知、智能决策和自动控制运行功能，实现工作面落煤（截割或放顶煤）、装煤、运煤、支护等作业工况自适应和工序协同控制开采的采煤工作面。

3.2

智能化采煤工作面生产系统　smart mining main face production system

以落煤、运输、支护、控制、通讯、喷雾、供液、供电等直接进行工作面智能化采煤作业的子系统集成，包括：智能割煤子系统、智能支护子系统、智能运输子系统、智能控制子系统、网络通讯子系统、智能视频子系统、智能喷雾降尘子系统、智能供液子系统、智能巡检子系统、智能供电子系统。

3.3

智能化采煤工作面辅助生产系统　smart mining face aided production system

为工作面采煤作业提供照明、语音和安全保证的子系统集成，包括：工作面照明子系统、工作面语音子系统、工作面通风和防灭火监控子系统、工作面智能安全监测子系统。

3.4

工作面智能集控中心　smart centralized control center of mining face

以智能化采煤工作面生产系统和智能化采煤工作面辅助生产系统智能感知数据信息为基础，融合大数据分析，进行工作面设备远程监测和控制，实现采煤工作面生产系统和辅助生产系统协同控制和协调联动的智能控制平台。

3.5

智能化开采模式　smart mining model

以煤层厚度和采高为主要决定因素，结合煤层赋存条件而形成的具有相同或相近开采方法、采煤工艺、配套模式、控制方式和智能决策逻辑的开采方式。

3.6

智能控制系统　smart control system

根据开采环境和生产条件变化，自主调整运行参数，对综采设备相关动作进行自动控制的系统。

3.7

自动超前跟机支护　automatic follow-up shear advanced support

在采煤机割煤过程中，位于采煤机前方的4架左右液压支架自动开始不同程度地进行收缩伸缩梁（护帮板）等相关动作，距离采煤机最近的液压支架收缩动作幅度最大，距离采煤机最远的液压支架收缩动作幅度最小。

4　技术要求

4.1　基本要求

4.1.1　智能化采煤工作面应有总体设计和地质保障准备，选择合适的智能化开采模式，煤层地质条件应满足 GB 50215、GB 50536 相关要求。

4.1.2　智能化采煤工作面装备和生产工艺应按照智能化要求进行设计，相关要求应符合 GB/T 34679、GB/T 51272 的规定。

4.1.3　智能化采煤工作面各系统及装备应具有智能感知能力，实时感知设备运行工况和开采环境参数，并将感知数据上传到工作面智能集控中心，并能实现预警、预报，相关防爆性要求应符合 GB 3836.1、GB 3836.2、GB 3836.4 的规定。

4.1.4　智能化采煤工作面宜有智能决策系统，智能决策系统根据煤层赋存条件、环境感知参数、设备运行状态和工作面大数据对采煤工序进行规划，工作面智能集控中心根据智能决策指令对智能化采煤工作面生产系统和辅助生产系统的各子统进行协同控制和协调联动。

4.1.5　智能化采煤工作面应有智能控制系统，智能控制系统能够对智能化采煤工作面生产系统和辅助生产系统的各设备进行智能控制。

4.1.6　智能化采煤工作面生产系统和辅助生产系统各子系统中的装备应有故障诊断功能，并应实时感知设备运行状态，并具有预警、预报功能、相关防爆性要求应符合 GB 3836.1、GB 3836.2、GB 3836.4 的规定。

4.1.7　智能化采煤工作面生产系统和辅助生产系统应实现采煤机自动割煤、液压支架自动跟机移架、刮板输送机、转载机、破碎机和带式输送机自动调速及远程监控、超前支架遥控控制、智能喷雾降尘、供液系统自动控制、带式输送机自移机尾、视频图像自动跟机切换，达到工作面无人操作、有人巡视的智能化生产目的，相关要求应符合 GB/T 20815、GB 50215、GB 50536 的规定。

4.1.8　智能化采煤工作面生产系统应符合下述规定。

4.1.8.1　智能割煤子系统应符合下列要求：

a）采煤机应具备运行工况及姿态检测、机载无线遥控、精准定位、记忆截割、“三角煤”机架协同控制割煤、远程控制、故障诊断和环境安全瓦斯联动控制等功能，应向工作面智能集控中心提供控制接口，并将运行状态实时上传到工作面智能集控中心，实现在工作面智能集控中心对采煤机实时远程监测与控制和地面监控中心对采煤机实时远程监测；同时工作面智能集控中心应向采煤机提供液压支架、刮板输送机、带式输送机和工作面瓦斯浓度等状态信息，相关要求应符合 GB/T 35060.1、GB/T 51272、GB 51024、MT/T 1007 的规定。

b）采煤机应配备自动化控制系统，采煤机自动化控制系统应具有自动控制采煤机开机、停机、记忆割煤、闭锁刮板输送机功能，应向工作面智能集控中心开放相关控制权限，实现采煤机的启停、牵引速度和运行方向的远程控制。

c）采煤机宜有机载视频、无线通信、直线度感知、智能调高、防碰撞检测等智能感知和与工作面智能集控中心双向通讯功能，实现采煤机的智能控制。

d）智能化采煤工作面宜实现煤流平衡控制，按照刮板运输机、带式输送机煤流量进行采煤机割煤速度和液压支架放煤速度控制，实现煤流负荷自动调节。

4.1.8.2 智能支护子系统应符合下列要求：

a）液压支架应配备电液控制系统，应实现跟随采煤机自动移架、推溜，具有远程控制、自动补液、自动反冲洗、自动喷雾降尘功能，实时在线监测工作面液压支架立柱支护阻力、推移行程，并将监测数据实时上传到工作面智能集控中心，相关要求应符合 GB/T 34679、GB/T 51272、GB/T 37815 的规定。

b）液压支架宜有高度检测、姿态感知、工作面直线度调直、压力超前预警、群组协同控制、自动超前跟机支护等智能感知与控制功能，宜与智能供液系统协同控制，实现液压支架的智能控制。

c）大采高液压支架宜有顶板状态实时感知、煤壁片帮预测、伸缩梁（护帮板）防碰撞等智能感知功能。

d）放顶煤液压支架应采用割煤智能化结合自动放煤或人工辅助干预进行放煤控制。

e）超前支架应配备电液控制系统，具有就地控制与遥控控制功能，宜有状态智能感知和自主行走功能。

f）端头支架应配备电液控制系统，具有就地控制与遥控控制功能，应与工作面液压支架联动，实现工作面端头区域安全支护。

4.1.8.3 智能运输子系统应符合下列要求：

a）刮板输送设备应具有软启动控制、运行状态监测、链条自动张紧、断链保护、故障诊断、自动控制和远程控制功能，相关要求应符合 GB/T 51272、GB 51179 的规定。

b）刮板输送设备应具备与工作面智能集控中心双向通信功能，实时将运行监测数据上传到工作面智能集控中心，实现刮板输送机的远程监测和控制。

c）刮板输送设备应有煤流负荷检测功能，实现采、运协同控制。

d）带式输送机应具有运行工况监控与综合保护功能，实时监测胶带运行工况，并将堆煤、烟雾、纵撕、跑偏、自动洒水、周边环境等监测信息实时上传到工作面智能集控中心，出现故障时应进行预警联动。

e）带式输送机煤流运输应顺煤流启动，宜有煤流量监测、异物识别和自动变频速度调节功能，能够根据煤流量大小自动控制带速，实现节能运行。

f）带式输送机宜配备智能摄像仪，智能摄像仪具有胶带空载、大块煤、人员违规穿越胶带、胶带坐人等特征信息识别功能，实时将识别信息上传到工作面智能集控中心并预警。

g）带式输送机宜配备自动巡检机器人，自动沿煤流运输路线监测胶带运行状态，实时将监测信息上传到工作面智能集控中心，监测到异常工况时自动预警，并显示预警内容。

4.1.8.4 智能控制子系统应符合下列要求：

a）工作面智能集控中心和地面监控中心应设置智能控制子系统，工作面智能集控中心应实现集中、就地和远程控制，实现采煤机、液压支架、刮板输送机、破碎机、转载机、带式输送机、乳化液泵站、喷雾泵等协同控制；地面监控中心具备工作面设备“一键启停”功能，宜实现在地面对采煤工作面生产系统远程监控和采煤工作面辅助生产系统远程监视。

b）智能控制子系统可对采煤工作面刮板输送机、转载机、破碎机、带式输送机进行启停、闭锁控制，能够实时显示设备运行状态与故障报警信息。

c）智能控制子系统应包括语音通讯控制功能，可对工作面内相关区域和相关操作进行语音通讯。

4.1.8.5 网络通讯子系统应符合下列要求：

a）智能化采煤工作面有线网络传输速率宜不低于 1000 Mbps，单向通信时延不高于 100 ms，核心交换机传输速率宜不低于 10000 Mbps，相关要求应满足 GB/T 28518、GB/T 51272、MT/T 1081、MT/T 899、MT/T 1130、MT/T 1131 的相关规定。

b） 智能化采煤工作面宜采用标准无线通讯系统，无线通讯带宽不低于 100 Mbps，网络通信单向传输时延不超过 150 ms，越区切换通信延时不超过 100 ms，丢包率不超过 1%，无线通讯系统具有工作面数据通信、语音视频通信、视频监控、人员定位、语音广播功能。

c） 智能化采煤工作面网络通讯系统应具有安全防护功能，能够抵御攻击，确保通讯安全可靠，相关要求应满足 GB/T 51272、MT/T 899、MT/T 1081 的相关规定。

4.1.8.6 智能视频子系统应符合下列要求：

a） 智能视频子系统应采用矿用本质安全型高清摄像仪，视频系统具备第三方接口，具备对工作面内无死角覆盖监控，具有视频增强、跟随采煤机自动切换视频画面和自动清洗功能，视频线路传输速率不低于 1000 Mbps，相关要求应符合 GB/T 51272、MT/T 1007 的规定。

b） 智能视频子系统宜采用智能摄像仪，具有特征信息识别、自动特征提取和预警联动功能，相关要求应符合 GB/T 30147 规定。

c） 智能摄像仪应具备低照度、宽动态、强光抑制、水雾穿透功能，云台摄像仪云台水平旋转角度范围不小于 180 度，光学变焦不小于 4 倍，最低像素不低于 720 P，水平广角不低于 90 度。

d） 录像服务器应对采煤机工作区域、监控中心及其它相关采集点（工作面机头、机尾）等工作面重点区域的视频进行动态录像，存储服务器自带容量冗余功能，录像存储时间不小于 30 天。

4.1.8.7 智能喷雾降尘子系统应符合下列要求：

a） 智能化采煤工作面采煤机割煤点、刮板输送机卸煤点、转载机落煤点、液压支架“降移升”动作和放煤点等工作面尘源位置都应设有智能喷雾装置，实现工作面全方位喷雾降尘。

b） 智能喷雾降尘子系统包括工作面智能喷雾降尘分系统、煤流运输智能喷雾降尘分系统，工作面智能喷雾降尘分系统主要对采煤机割煤和液压支架移架、放煤产生的粉尘进行喷雾除尘，煤流运输智能喷雾降尘分系统主要对刮板输送机卸煤点和转载机落煤点产生的粉尘进行喷雾除尘。

c） 工作面智能喷雾降尘分系统应具有跟随采煤机联动定点和定时自动喷雾降尘、移架喷雾降尘、放煤喷雾降尘功能，相关要求应符合 GB/T 37815、GB/T 51272 的规定。

d） 煤流运输智能喷雾降尘分系统应具有自动识别煤流功能，当有煤流运输时，自动进行喷雾除尘。

e） 智能喷雾降尘子系统宜有人员感知功能，当有人员经过时，自动停止喷雾。

f） 智能喷雾降尘子系统宜有粉尘监测联动功能，根据粉尘浓度智能调节喷雾开关，自动控制喷雾量，提高降尘效果。

4.1.8.8 智能供液子系统应符合下列要求：

a） 智能供液子系统应具有反渗透水处理、清水过滤、自动配比补液、多级过滤、高压自动反冲洗、高低液位自动控制、乳化液浓度在线监控、单泵或多台泵的单动与自动运行、系统运行信息检测与上传功能，相关要求应符合 GB/T 51272 的规定。

b） 智能供液子系统宜与液压支架用液量协同联动，实现工作面供液系统的智能控制。

c） 智能供液子系统应采用集中分布式控制方式，具有就地、集中、远程等多种控制模式，具有乳化液泵站变频和电磁卸载智能联动控制功能。

d） 智能供液子系统宜有流量自动调节、主泵变频、恒压供液功能，能够根据工作面用液需要自动调节供液系统供液量，实现按需供液、节能供液。

e） 智能供液子系统宜有防爆管功能，当供液系统出现漏液或高压胶管崩裂现象时，自动停泵并预警。

4.1.8.9 智能巡检子系统应符合下列要求：

a） 智能巡检子系统包括工作面智能巡检分系统、煤流运输智能巡检分系统，智能巡检分系统利用巡检机器人实现工作面设备运行状况、开采环境、煤流状态的例行巡检和异常情况实地巡查。

b） 工作面智能巡检分系统应具有工作面设备运行状况和开采环境例行巡检功能，实时将巡检信息上传到工作面智能集控中心，发现异常情况时自动预警；异常状况时，工作面智能巡检分系统能够进行实地巡查，并将巡检信息实时上传到工作面智能集控中心。

c） 煤流运输智能巡检分系统主要对工作面煤流系统的煤流量、运输状态进行自动监测，实时将巡检信息上传到工作面智能集控中心，发现异常情况时自动预警；异常状况时，煤流运输智能巡检分系统能够进行实地巡查，并将巡检信息实时上传到工作面智能集控中心。

4.1.8.10 智能供电子系统应符合下列要求：

a） 工作面宜采用智能供电子系统，工作面智能供电子系统能够对整个工作面电力系统进行监控，动态显示警示、预警和报警信息，能够显示开关分合闸状态，并在权限允许的范围内对开关分合闸进行操作，同时能够对供电系统中过流、短路、过压、欠压、漏电等保护跳闸的事件进行记录，并显示实时数据和保存历史数据，相关要求应符合 GB/T 37808、GB 50536 的规定，相关防爆性要求应符合 GB 3836.1、GB 3836.2、GB 3836.4 的规定。

b） 智能供电子系统宜有防越级自动跳闸、故障精准定位功能，实现工作面供电系统的智能控制。

4.1.9 智能化采煤工作面辅助生产系统应符合下述规定。

4.1.9.1 工作面照明子系统应符合下列要求：

a） 智能化采煤工作面宜采用矿用 LED 无频闪照明，对视频系统与工作面提供良好的光照条件，每台矿用 LED 灯照度不小于 4000Lux，同时配备 UPS 不间断电源作为工作面照明的后备电源，UPS 的容量应满足工作面连续或间断照明总时长不低于 1 个小时的需要。

b） 智能化采煤工作面巷道、设备列车、移动变电站等场所宜采用矿用 LED 无频闪固定照明，每台矿用 LED 灯照度不小于 6000Lux，布置地点应符合 GB 50536 相关规定。

c） 相关防爆性要求应符合 GB 3836.1、GB 3836.2、GB 3836.4 的规定。

4.1.9.2 工作面语音子系统应符合下列要求：

a） 工作面智能集控中心应具有工作面语音子系统状态显示功能，包括电话闭锁状态显示、急停状态显示和断路位置显示，相关要求应符合 MT/T 1116 的规定。

b） 工作面语音子系统应具有停电后正常通话功能。

c） 工作面语音子系统应具有胶带沿线语音报警功能，能够实现沿线无盲区语音通话。

d） 智能化工作面的语音通讯系统宜具备接入移动通讯终端的功能。

4.1.9.3 工作面通风和防灭火监控子系统应符合下列要求：

a） 工作面通风和防灭火监控子系统应实时监测采空区、上隅角等关键区域环境参数，应根据变化趋势实时预警，宜与矿井通风、防灭火系统互联互通，宜有自动启动灭火设施的功能，相关要求应符合 GB/T 51272 和《煤矿安全规程》(2016) 的规定。

b） 工作面应有风量、风速检测装置，自动监测工作面风量，实现工作面通风状态的自动识别，相关要求应符合 GB/T 34679、GB/T 5127 和《煤矿安全规程》(2016) 的规定。

4.1.9.4 智能安全监测子系统应符合下列要求：

a） 智能安全监测子系统应实时监测工作面甲烷浓度、风速、风压、粉尘浓度、一氧化碳浓度、水文、矿压、温度等开采环境参数，并将工作面安全监测数据实时上传到矿井安全监控系统，宜具有与人员随身装备进行实时互联和预警功能，相关要求应符合 GB/T 51272、MT/T 1004、AQ 6201 的规定。

b） 工作面宜具有人员识别与设备安全闭锁功能，当人员接近运行设备或进行危险动作时，相关设备联动闭锁自动停机，确保人员安全。

c） 实时监测工作面环境温度，进行超温预警，工作面空气温度超过 30℃的高温工作面应配备制冷降温系统，相关要求应符合 GB/T 51272 和《煤矿安全规程》（2016）的规定。

d） 工作面应实现工作人员的精确定位，并与信息导引及发布系统、应急广播和通信系统应急联动，相关要求应符合 GB/T 34679、GB 50533、GB/T 51272、AQ6201 的规定。

e） 工作面安全设施宜备有应急电源，电网停电后，保证对甲烷浓度、风速、风压、一氧化碳浓度等主要监控量继续监控，相关要求应满足 GB 50052、GB 50215、GB/T 50417、MT/T 1004、AQ 6201 的规定。

f） 工作面应有备用电源，备用电源给工作面网络、视频等通信设施供电，当电网停电后，备用电源连续工作时间应符合 MT/T 1131、AQ6201 相关要求。

g） 工作面排水设施宜与矿井水文监测数据系统实现联动，相关要求应符合 GB/T 34679、GB/T 51272 的规定。

h） 智能化采煤工作面人员分布、开采环境参数、主要监测数据等信息宜在 GIS 系统中实时展示。

4.1.10 工作面三维地质模型系统宜符合下列要求：

a） 通过井上、下钻探、物探以及巷道实测数据，建立煤层的三维地质模型，地质模型应包括断层、陷落柱等信息。

b） 能够根据生产实测数据和煤岩层识别数据，自动修正已有的三维地质模型。

c） 实现三维地质模型可视化展示，并与各类机电设备三维模型及其运行状态高度集成。

4.2 系统配套技术要求

4.2.1 对于煤层厚度 0.8 m（含）~1.3 m 的薄煤层应采用薄煤层和中厚煤层智能化无人操作模式进行开采，设备配套要求应符合 GB/T 37806 的规定。

4.2.2 对于煤层厚度 1.3 m（含）~3.5 m 的中厚煤层应采用薄煤层和中厚煤层智能化无人操作模式进行开采，设备配套要求应符合 GB/T 37768 的规定。

4.2.3 对于煤层厚度大于 3.5 m（含）的大采高综采工作面应采用大采高煤层人－机－环智能耦合高效综采模式进行开采，设备配套要求应符合 GB/T 37810 的规定。

4.2.4 放顶煤工作面智能化采煤应采用综放工作面智能化操控与人工干预辅助放煤模式进行开采，设备配套要求应符合 GB/T 37811 的规定。

4.2.5 对于煤层倾角大于 25°（含）的大倾角工作面宜采用智能化＋机械化相结合的开采技术进行开采，大倾角综采工作面设备配套要求应符合 GB/T 37809 相关规定，大倾角综放工作面设备配套要求应符合 GB/T 37812 相关规定。

4.2.6 智能化采煤工作面应配备超前支架，超前支架相关配套要求应符合 GB/T 37611 的规定。

4.2.7 工作面智能集控中心应配备矿用本安型操作台，用于智能化采煤工作面生产系统工况监测和远程控制，能够对智能化采煤工作面辅助生产系统进行工况监测与远程启停控制，并在工作面智能化集控中心进行工作面视频显示，具有对视频进行管理、查询、存储和历史故障查询功能，能够对出现故障的地方进行记录，集控中心配备 UPS 电源，防止断电数据丢失，相关要求应符合 MT/T 1116 的规定。

4.2.8　工作面智能化集控中心应具有工作面综采设备系统故障诊断功能，能够显示采煤机、液压支架、刮板输送机、转载机、破碎机、带式输送机故障与开机率，具备故障记录与分析功能。

4.2.9　智能化采煤工作面综机设备应具有按照顺序远程启停控制功能，宜实现煤流系统远程控制。

4.2.10　智能化采煤工作面宜采用地理信息系统（GIS），通过 GIS 系统实时集成显示工作面煤层地质信息、综采设备运行位置、人员定位信息，实时获取工作面空间地理信息与设备运行状态，实现工作面智能化管理与控制。

4.2.11　智能化采煤工作面应建立信息安全保障体系，实现系统安全、网络安全和应用安全。

4.2.12　智能化采煤工作面宜建立管控平台，实现多专业信息的高度共享。

5　智能化开采模式及条件分类

5.1　智能化开采模式

根据工作面煤层厚度、赋存条件、采煤方法和开采技术参数对智能化采煤工作面开采模式进行分类，共分三类：薄煤层和中厚煤层智能化无人操作模式，大采高煤层人－机－环智能耦合高效综采模式，综放工作面智能化操控与人工干预辅助放煤模式。类别代号及名称见表 1。

表 1　智能化采煤工作面开采模式

1 类	2 类	3 类
薄煤层和中厚煤层智能化无人操作模式	大采高煤层人－机－环智能耦合高效综采模式	综放工作面智能化操控与人工干预辅助放煤模式

5.2　分类指标

5.2.1　基本指标：煤层厚度、煤层倾角、煤层稳定性、断层、褶皱、陷落柱、瓦斯、水文等工作面煤层赋存条件。

5.2.2　参考指标：工作面走向长度、工作面倾斜长度、可布置工作面数量等采煤工作面开采技术参数。

5.2.3　分类指标量化评价

表 2　智能化采煤工作面分类指标量化评价表

序号	评价因素	单位	评价条件		
			1 级	2 级	3 级
1	煤层厚度	m	1.3～6.0	≥6.0	≤1.3
2	煤层倾角	°	≤10	10～25	≥25
3	煤层硬度	—	中等硬度煤层	硬煤或软煤	特硬煤或特软煤
4	节理裂隙发育程度	—	不发育	较发育	发育

表2（续）

序号	评价因素	单位	评 价 条 件		
			1级	2级	3级
5	煤层稳定性	—	稳定或较稳定煤层	不稳定煤层	极不稳定煤层
6	直接顶稳定程度	—	2类3类	4类	1类
7	基本顶板级别	—	Ⅰ级	Ⅱ级	Ⅲ级、Ⅳ级
8	底板稳定程度	—	Ⅳ类Ⅴ类	Ⅱ类Ⅲ类	Ⅰ类
9	褶曲影响程度	—	0	1~2	≥2
10	断层影响程度	—	≤0.6	0.6~1	≥1
11	陷落柱影响程度	—	≤5%	5%~15%	≥15%
12	矿井瓦斯等级	—	低瓦斯矿井	高瓦斯矿井	突出矿井
13	煤层自燃倾向	—	不易自燃（Ⅲ级）	自燃（Ⅱ级）	容易自燃（Ⅰ级）
14	水文地质复杂程度	—	简单或中等	复杂	极复杂
15	煤尘爆炸倾向	—	1级或2级	3级	4级
16	工作面俯仰采角度	°	≤5	5~15	≥15
17	伪顶厚度	m	≤0.1	0.1~0.5	≥0.5
18	工作面走向长度	m	≥1500	500~1500	≤500
19	工作面倾斜长度	m	≥200	100~200	≤100
20	可布置工作面数量	个	≥5	2~5	≤2

5.3 分类方法

5.3.1 评判原则

5.3.1.1 采用模糊综合评价方法对智能化采煤工作面条件进行综合评价。

5.3.1.2 将各因素的评价结果按一定算法映射为可计算的综合评价值，采用百分制原则进行评判，确定评判结果集为｛Ⅰ类,Ⅱ类,Ⅲ类｝=｛100~85(含),85~70(含),<70｝。

5.3.2 评价方法

5.3.2.1 综合评价值 V_1 由分类评价指标向量 w 和分类评价指标权重向量 r 构成，计算方法如式（1）所示。

$$V_1=[w][r]^T=[w_1 \quad w_2 \quad \cdots \quad w_{20}][r_1 \quad r_2 \quad \cdots \quad r_{20}]^T \qquad (1)$$

式中：

V_1——智能化采煤工作面条件综合评价值；

w_i——智能化采煤工作面分类评价因素量化数值，$1 \leqslant i \leqslant 20$；

r_j——智能化采煤工作面分类评价因素权重，$1 \leqslant j \leqslant 20$。

5.3.2.2 分类评价指标的权重是对评价因素进行定量化的重要指标，它表征了评价因素在评价体系中的相对重要程度，能够实现评价系统结构和功能相统一，相关评价因素权重如表3所示。

表3 智能化采煤工作面分类评价各评价因素权重

评价因素	权重	评价因素	权重
煤层厚度	0.0621	陷落柱影响程度	0.0668
煤层倾角	0.0367	矿井瓦斯等级	0.0420
煤层硬度	0.0388	煤层自燃倾向	0.0384
节理裂隙发育程度	0.0434	水文地质复杂程度	0.0187
煤层稳定性	0.0990	煤尘爆炸倾向	0.0138
直接顶稳定程度	0.0400	工作面俯仰采角度	0.0595
基本顶板级别	0.0635	伪顶厚度	0.0147
底板稳定程度	0.0586	工作面走向长度	0.0383
褶曲影响程度	0.0505	工作面倾斜长度	0.0937
断层影响程度	0.0749	可布置工作面数量	0.0466

5.3.2.3 将工作面分类评价指标向量 w 中的评价因素量化数值 $w_i(1 \leqslant i \leqslant 20)$ 及各评价指标权重向量 r 中的评价因素权重 $r_j(1 \leqslant j \leqslant 20)$ 带入式（1），得出工作面条件综合评价值，将其作为工作面条件评价依据。

6 采煤工作面智能化水平评价

6.1 级别名称

根据工作面智能化水平高低及其实现程度，将智能化采煤工作面进行分级，共分为三级。级别名称和代号见表4。

表4 级别名称及代号

代号	Ⅰ级	Ⅱ级	Ⅲ级
名称	高级	中级	初级

6.2 智能化采煤工作面评价指标体系

6.2.1 智能化采煤工作面指标体系由分项指标和权重构成。

6.2.2 各级指标应分别设置相应的权重，各级指标权重之和应等于100%。

6.2.3 智能化采煤工作面评价水平总得分应为所有一级指标与权重得分之和；一级指标得分应为其

下层二级指标得分之和；二级指标得分应为其下层二级指标分项及相应的权重得分之和。

6.2.4　各级指标的得分在计算时，应四舍五入取整数。

6.2.5　智能化采煤工作面评价指标体系框架

6.2.5.1　智能化采煤工作面评价指标体系包括工作面条件、设备性能达标条件、设备运行工况达标条件三部分指标。

6.2.5.2　智能化采煤工作面评价指标体系框架见图1。

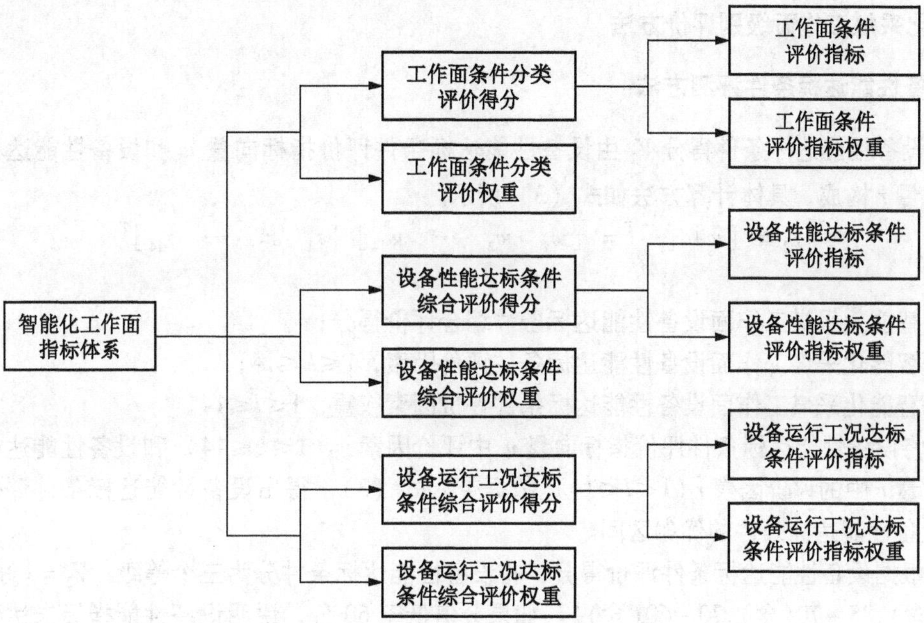

图1　智能化采煤工作面评价指标体系框架

6.3　智能化采煤工作面分级评价原则

6.3.1　本方法用于评价采煤工作面在生产过程中所达到的智能化程度。

6.3.1.1　采用模糊综合评价模型对智能化采煤工作面智能化程度进行综合评价。

6.3.1.2　将各评价因素按一定算法映射为可计算的综合评价值，采用百分制原则进行评判，令评判集 M＝{高级,中级,初级}＝{100～85(含),85～70(含),70～60(含)}。根据综合评价值的大小来判断评价样本属性的优劣。如果分值低于60分，说明采煤工作面未达到智能化工作面标准。

6.3.2　评判集 M 由分项指标向量 V 和权重向量 R 构成，具体计算方式如式（2）所示。

$$M=[V][R]^T=\left[\frac{1000}{V_1}\quad V_2\quad V_3\right][R_1\quad R_2\quad R_3]^T \qquad (2)$$

式中：

M——智能化采煤工作面智能化程度评价得分；

V_1——智能化采煤工作面条件分类评价得分，V_1 得分小于10分的按10分进行计算；

R_1——智能化采煤工作面条件分类评价权重；

V_2——智能化采煤工作面设备性能达标条件综合评价得分；

R_2——智能化采煤工作面设备性能达标条件综合评价权重；

V_3——智能化采煤工作面设备运行工况达标条件综合评价得分；

R_3——智能化采煤工作面设备运行工况达标条件综合评价权重。

6.3.3　V_1 为智能化采煤工作面条件综合评价得分，V_2 为设备性能达标条件综合评价得分，V_3 为设备运行工况达标条件综合评价得分；R_1 为智能化采煤工作面条件综合评价权重，$R_1=0.1$，R_2 为设备性能达标条件综合评价权重，$R_2=0.2$，R_3 为设备运行工况达标条件综合评价权重，$R_3=0.7$。

6.3.4　将总体评分 M 作为基本评价标准，①总体评分大于等于 85 分的采煤工作面，为高级智能化采煤工作面；②工作面总体评分为 85～70（含）分的采煤工作面，为中级智能化采煤工作面；③工作面总体评分为 70～60 分的采煤工作面，为初级智能化采煤工作面。

6.4　智能化采煤工作面级别评价方法

6.4.1　设备性能达标条件评测方法

6.4.1.1　设备性能达标条件得分 V_2 由设备性能达标条件评价指标向量 w 和设备性能达标条件评价指标权重向量 r 构成，具体计算方法如式（3）所示。

$$V_2=[w][r]^T=[w_1 \quad w_2 \quad \cdots \quad w_{14}][r_1 \quad r_2 \quad \cdots \quad r_{14}]^T \tag{3}$$

式中：

V_2——智能化采煤工作面设备性能达标条件综合评价得分；

w_k——智能化采煤工作面设备性能达标条件评价因素，$1\leqslant k\leqslant 14$；

r_l——智能化采煤工作面设备性能达标条件评价因素权重，$1\leqslant l\leqslant 14$。

6.4.1.2　将设备性能达标条件评价指标向量 w 中评价因素 $w_k(1\leqslant k\leqslant 14)$ 和设备性能达标条件评价指标权重向量 r 中的评价因素 $r_l(1\leqslant l\leqslant 14)$ 数据带入式（3），得出设备性能达标条件评价得分，划分工作面设备性能达标条件的优劣区间。

6.4.1.3　根据设备性能达标条件评价得分，将设备性能达标条件分为三个等级：V_2 = {好,中,差} = {100～85(含),85～70(含),70～60(含)}。如果分值低于 60 分，说明设备性能指标未达到智能化工作面要求。

6.4.1.4　智能割煤子系统设备性能达标条件评价方法见表 5。

表 5　智能割煤子系统设备性能达标条件评价方法

指标名称	评　价　内　容	评　分
工况检测	A1 = a1 + a2 + a3 + a4 + a5 + a6 a1（0～10 分）：具有运行工况和姿态检测功能 a2（0～5 分）：具有机载无线遥控功能 a3（0～15 分）：具有中部记忆截割、三角煤自动截割功能 a4（0～10 分）：具有精准定位功能 a5（0～10 分）：具有远程控制、故障诊断功能 a6（0～5 分）：具有环境安全瓦斯联动控制功能	A1 = 0～55
自动控制	A2 = a1 + a2 + a3 + a4 a1（0～5 分）：具有自动化控制系统，实现采煤机启停、牵引速度和运行方向远程控制 a2（0～8 分）：具有自动控制采煤机开机、停机和记忆割煤功能 a3（0～2 分）：具有双向通讯功能，向工作面智能集控中心开放相关控制权限 a4（0～5 分）：具备工作面智能集控中心远程控制功能	A2 = 0～20

表 5（续）

指标名称	评价内容	评分
智能感知	A3 = a1 + a2 + a3 + a4 + a5 a1（0～2 分）：具有机载视频功能 a2（0～3 分）：具有无线通讯功能 a3（0～5 分）：具有直线度感知功能 a4（0～3 分）：具有智能调高功能 a5（0～2 分）：具有与液压支架防碰撞检测功能[a]	A3 = 0～15
智能控制	A4 = a1 + a2 a1（0～5 分）：具有煤流平衡控制功能 a2（0～5 分）：具有负荷自动调节	A4 = 0～10
评测方法	$W_1 = A1 + A2 + A3 + A4$	
[a]：煤层厚度 3.5 m 以下的薄煤层和中厚煤层，该项取满分。		

6.4.1.5　智能支护子系统设备性能达标条件评价方法见表 6。

表 6　智能支护子系统设备性能达标条件评价方法

指标名称	评价内容	评分
自动控制	A1 = a1 + a2 + a3 + a4 + a5 + a6 + a7 a1（0～10 分）：配备电液控制系统 a2（0～10 分）：具有跟机自动移架、推溜功能 a3（0～5 分）：具有远程控制功能 a4（0～10 分）：具有自动补液、自动喷雾功能 a5（0～5 分）：具有立柱压力检测功能 a6（0～5 分）：具有推移行程定量控制功能 a7（0～5 分）：具有数据上传到工作面智能集控中心功能	A1 = 0～50
工况检测	A2 = a1 + a2 + a3 a1（0～5 分）：具有高度检测功能 a2（0～5 分）：具有姿态感知功能 a3（0～5 分）：具有直线度调直功能	A2 = 0～15
智能感知	A3 = a1 + a2 + a3 + a4 + a5 a1（0～5 分）：具有压力超前预警功能 a2（0～5 分）：具有群组协同控制功能 a3（0～5 分）：具有自动超前跟机支护功能 a4（0～5 分）：具有与顶板状态实时感知、煤壁片帮预测功能 a5（0～5 分）：具有碰撞检测功能	A3 = 0～25

表 6（续）

指标名称	评 价 内 容	评 分
其它	A4 = a1 + a2 a1（0～5 分）：具有自动放煤或人工辅助干预放煤功能[a] a2（0～5 分）：超前支架具有就地控制与遥控控制功能	A4 = 0～10
评测方法	W_2 = A1 + A2 + A3 + A4	
[a]：非放顶煤工作面，该项取满分。		

6.4.1.6 智能运输子系统设备性能达标条件评价方法见表 7。

表 7 智能运输子系统设备性能达标条件评价方法

指标名称	评 价 内 容	评 分
刮板输送机、转载机、破碎机	A1 = a1 + a2 + a3 + a4 + a5 + a6 a1（0～10 分）：具有软启动及软启动自动控制功能 a2（0～15 分）：具有运行状态监测、链条自动张紧、断链保护功能 a3（0～10 分）：具有故障诊断功能 a4（0～10 分）：具有自动控制、远程控制功能 a5（0～5 分）：具有工作面智能集控中心双向通信功能 a6（0～5 分）：具有煤流负荷检测功能	A1 = 0～55
带式输送机	A2 = a1 + a2 + a3 + a4 + a5 + a6 + a7 + a8 a1（0～5 分）：具有跑偏、堆煤、撕裂、温度、烟雾和自动洒水综合保护功能 a2（0～5 分）：具有沿线急停闭锁功能和数据上传功能 a3（0～5 分）：具有自动变频速度调节功能 a4（0～10 分）：具有煤流量监测与联动控制功能 a5（0～5 分）：具有异物识别功能 a6（0～5 分）：具有人员违章识别功能 a7（0～5 分）：具有巡检机器人并自动预警 a8（0～5 分）：具有远程控制功能	A2 = 0～45
评测方法	W_3 = A1 + A2	

6.4.1.7 智能控制子系统设备性能达标条件评价方法见表 8。

表 8 工作面控制子系统设备性能达标条件评价方法

指标名称	评 价 内 容	评 分
工作面智能集控中心	A1 = a1 + a2 + a3 + a4 + a5 + a6 + a7 + a8 a1（0～5 分）：具有采煤机远程控制功能	

表 8（续）

指标名称	评 价 内 容	评 分
工作面智能集控中心	a2（0~5 分）：具有液压支架远程控制功能 a3（0~5 分）：具有刮板输送机远程控制功能 a4（0~5 分）：具有转载机远程控制功能 a5（0~5 分）：具有破碎机远程控制功能 a6（0~5 分）：具有乳化液泵远程控制功能 a7（0~5 分）：具有带式输送机远程控制功能 a8（0~10 分）：具有集中、就地和远程控制功能	A1 = 0 ~ 45
地面监控中心	A2 = a1 + a2 + a3 a1（0~5 分）：具有工作面设备进行一键启停功能 a2（0~5 分）：具有工作面生产系统远程监控功能 a3（0~5 分）：具有工作面辅助生产系统远程监控功能	A2 = 0 ~ 15
其它	A3 = a1 + a2 + a3 + a4 + a5 a1（0~5 分）：具有语音通讯控制功能 a2（0~20 分）：具有刮板输送机、转载机、破碎机、带式输送机启停闭锁控制功能 a3（0~5 分）：具有自动超前跟机支护功能 a4（0~5 分）：具有实时显示设备运行状态功能 a5（0~5 分）：具有故障报警信息显示功能	A3 = 0 ~ 40
评测方法	$W_4 = A1 + A2 + A3$	

6.4.1.8　网络通讯子系统设备性能达标条件评价方法见表 9。

表 9　网络通讯子系统设备性能达标条件评价方法

指标名称	评 价 内 容	评 分
有线通讯	A1 = a1 a1（0~70 分）：有线网络传输速率宜不低于 1000 Mbps	A1 = 0 ~ 70
无线通讯	A2 = a1 + a2 + a3 a1（0~5 分）：无线通讯带宽不低于 100 Mbps a2（0~15 分）：具有工作面数据通信、语音视频通信、语音广播功能 a3（0~10 分）：具有视频监控、人员定位功能	A2 = 0 ~ 30
评测方法	$W_5 = A1 + A2$	

6.4.1.9　智能视频子系统设备性能达标条件评价方法见表 10。

表 10　智能视频子系统设备性能达标条件评价方法

指标名称	评 价 内 容	评 分
一般要求	A1 = a1 + a2 + a3 + a4 + a5 + a6 a1（0～10 分）：采用矿用本质安全型高清摄像仪 a2（0～5 分）：具有第三方接口功能	A1 = 0～45
一般要求	a3（0～5 分）：具有无死角覆盖监控功能 a4（0～15 分）：具有视频增强、跟随采煤机自动切换视频画面和自动清洗功能 a5（0～5 分）：传输速率不低于 100 Mbps a6（0～5 分）：具有特征信息识别、自动特征提取和预警功能	A1 = 0～45
视频摄像仪	A2 = a1 + a2 + a3 + a4 a1（0～20 分）：具有低照度、宽动态、强光抑制、水雾穿透功能 a2（0～5 分）：云台摄像仪云台水平旋转角度范围不小于 180 度 a3（0～10 分）：光学变焦不小于 4 倍，最低像素不低于 720 P，水平广角不低于 90 度 a4（0～5 分）：具有视频增强、画面放大、自动或手动抓拍及截图功能	A2 = 0～40
存储	A3 = a1 + a2 + a3 a1（0～5 分）：具有工作面重点区域视频动态录像功能 a2（0～5 分）：存储服务器自带容量冗余功能 a3（0～5 分）：录像存储时间不小于 30 天	A3 = 0～15
评测方法	$W_6 = A1 + A2 + A3$	

6.4.1.10　智能喷雾降尘子系统设备性能达标条件评价方法见表 11。

表 11　智能喷雾降尘子系统设备性能达标条件评价方法

指标名称	评 价 内 容	评 分
一般要求	A1 = a1 + a2 + a3 + a4 + a5 + a6 a1（0～10 分）：采煤机割煤点有智能喷雾装置 a2（0～5 分）：刮板输送机卸煤点有智能喷雾装置 a3（0～5 分）：转载机落煤点有智能喷雾装置 a4（0～5 分）：带式输送机搭接点有智能喷雾装置[a] a5（0～15 分）：液压支架降、移、升动作有智能喷雾装置 a6（0～10 分）：液压支架放煤动作有智能喷雾装置[b]	A1 = 0～50
智能化要求	A2 = a1 + a2 + a3 + a4 a1（0～10 分）：具有跟随采煤机联动定点和定时自动喷雾降尘功能 a2（0～10 分）：具有液压支架移架自动喷雾降尘功能 a3（0～10 分）：具有液压支架放煤自动喷雾功能[c] a4（0～10 分）：具有自动识别煤流自动喷雾除尘功能	A2 = 0～40

表 11（续）

指标名称	评价内容	评分
其它	A3 = a1 + a2 a1（0 ~ 5 分）：具有人员感知功能，人员经过时，自动停止喷雾 a2（0 ~ 5 分）：具有根据粉尘浓度智能调节喷雾开关和喷雾量功能	A3 = 0 ~ 10
评测方法	W_7 = A1 + A2 + A3	
[a]：仅限于工作面带式输送机； [b]：非放顶煤液压支架，该项取满分。 [c]：非放顶煤液压支架，该项取满分。		

6.4.1.11　智能供液子系统设备性能达标条件评价方法见表 12。

表 12　智能供液子系统设备性能达标条件评价方法

指标名称	评价内容	评分
一般要求	A1 = a1 + a2 + a3 + a4 + a5 + a6 + a7 + a8 + a9 a1（0 ~ 5 分）：有反渗透水处理功能 a2（0 ~ 5 分）：有清水过滤功能 a3（0 ~ 5 分）：有自动配比补液功能 a4（0 ~ 10 分）：有高低压多级过滤功能 a5（0 ~ 5 分）：有高压自动反冲洗功能 a6（0 ~ 5 分）：有高低液位自动控制功能 a7（0 ~ 5 分）：有乳化液浓度在线监控功能 a8（0 ~ 10 分）：有单泵或多台泵的单动与自动运行功能 a9（0 ~ 5 分）：有运行信息检测与上传功能	A1 = 0 ~ 55
智能化要求	A2 = a1 + a2 + a3 + a4 + a5 + a6 + a7 a1（0 ~ 10 分）：具有就地、集中、远程多种控制模式 a2（0 ~ 5 分）：具有电磁卸载控制功能 a3（0 ~ 5 分）：具有乳化液泵变频功能 a4（0 ~ 10 分）：具有与液压支架智能联动控制功能 a5（0 ~ 5 分）：具有流量自动调节功能 a6（0 ~ 5 分）：具有恒压供液功能 a7（0 ~ 5 分）：具有防爆管功能	A2 = 0 ~ 45
评测方法	W_8 = A1 + A2	

6.4.1.12　智能巡检子系统设备性能达标条件评价方法见表 13。

表 13 智能巡检子系统设备性能达标条件评价方法

指标名称	评 价 内 容	评 分
工作面智能巡检	A1 = a1 + a2 + a3 + a4 + a5 a1（0～10 分）：具有工作面设备运行状况例行巡检功能 a2（0～10 分）：具有开采环境例行巡检功能 a3（0～10 分）：具有异常情况实地巡查并进行数据上传功能 a4（0～15 分）：有工作面巡检功能 a5（0～10 分）：具有异常情况时自动预警功能	A1 = 0～55
煤流运输智能巡检	A2 = a1 + a2 + a3 + a4 a1（0～15 分）：有巡检机器人 a2（0～10 分）：具有煤流量例行巡检功能 a3（0～10 分）：具有运输状态例行巡检功能 a4（0～10 分）：具有异常情况实地巡查并进行数据上传功能	A2 = 0～45
评测方法	$W_9 = A1 + A2$	

6.4.1.13 智能供电子系统设备性能达标条件评价方法见表 14。

表 14 智能供电子系统设备性能达标条件评价方法

指标名称	评 价 内 容	评 分
一般要求	A1 = a1 + a2 + a3 + a4 + a5 + a6 + a7 a1（0～10 分）：具有整个工作面电力系统监控功能 a2（0～5 分）：具有动态显示警示功能 a3（0～10 分）：具有预警和报警信息显示功能 a4（0～10 分）：具有显示开关分合闸状态功能 a5（0～15 分）：具有开关分合闸操作功能[a] a6（0～5 分）：具有过流、短路、过压、欠压、漏电事件记录功能 a7（0～5 分）：具有显示实时数据和保存历史数据功能	A1 = 0～60
智能要求	A2 = a1 + a2 + a3 + a4 + a5 a1（0～10 分）：具有防越级自动跳闸功能 a2（0～10 分）：具有故障精准定位功能 a3（0～5 分）：保护器具有远程分合闸控制功能 a4（0～5 分）：高压开关具备动静触头温度监测功能 a5（0～10 分）：具备远程参数整定功能	A2 = 0～40
评测方法	$W_{10} = A1 + A2$	
[a]：在权限允许范围内。		

6.4.1.14　工作面照明子系统设备性能达标条件评价方法见表15。

表15　工作面照明子系统设备性能达标条件评价方法

指标名称	评　价　内　容	评　分
工作面要求	A1 = a1 + a2 + a3 + a4 a1 (0～20分)：具有对视频系统提供良好光照功能 a2 (0～20分)：具有工作面提供良好光照功能 a3 (0～15分)：配备UPS后备电源 a4 (0～15分)：UPS的容量不低于1个小时的间隔照明需求	A1 = 0～70
巷道要求	A2 = a1 + a2 + a3 a1 (0～10分)：工作面巷道设有良好照明 a2 (0～10分)：设备列车设有良好照明 a3 (0～10分)：移动变电站设有良好照明	A2 = 0～30
评测方法	$W_{11} = A1 + A2$	

6.4.1.15　工作面语音子系统设备性能达标条件评价方法见表16。

表16　工作面语音子系统设备性能达标条件评价方法

指标名称	评　价　内　容	评　分
一般要求	A1 = a1 + a2 + a3 a1 (0～30分)：智能集控中心具有工作面语音系统状态显示功能[a] a2 (0～20分)：具有停电后正常通话功能 a3 (0～30分)：具有胶带沿线无盲区语音通话、语音报警功能	A1 = 0～80
其它要求	A2 = a1 a1 (0～20分)：具有接入移动通讯终端进行语音通讯功能	A2 = 0～20
评测方法	$W_{12} = A1 + A2$	
[a]：电话闭锁状态显示、急停状态显示和断路位置显示。		

6.4.1.16　工作面通风和防灭火监控子系统设备性能达标条件评价方法见表17。

表17　工作面通风和防灭火监控子系统设备性能达标条件评价方法

指标名称	评　价　内　容	评　分
通风监控	A1 = a1 + a2 + a3 + a4 a1 (0～10分)：具有风量、风速检测功能 a2 (0～10分)：具有工作面风速自动监测功能 a3 (0～10分)：具有工作面风流方向自动监测功能 a4 (0～10分)：风量不足时具有自动闭锁相关设备功能	A1 = 0～40

表 17（续）

指标名称	评　价　内　容	评　分
防灭火监控	A2 = a1 + a2 + a3 + a4 a1（0～20 分）：具有采空区、上隅角关键区域环境参数实时监测功能 a2（0～10 分）：具有实时预警功能 a3（0～20 分）：具有矿井通风、防灭火系统互联互通功能 a4（0～10 分）：具有自动启动灭火设施功能	A2 = 0～60
评测方法	W_{13} = A1 + A2	

6.4.1.17　智能安全监测子系统设备性能达标条件评价方法见表 18。

表 18　智能安全监测子系统设备性能达标条件评价方法

指标名称	评　价　内　容	评　分
一般要求	A1 = a1 + a2 + a3 + a4 + a5 a1（0～20 分）：具有工作面瓦斯、粉尘、CO、水文、矿压、温度参数监测功能 a2（0～10 分）：具有安全监测数据实时上传到矿井安全监控系统功能 a3（0～10 分）：具有与人员随身装备进行实时互联和预警功能 a4（0～10 分）：安全设施备有应急电源 a5（0～10 分）：工作面设有备用电源	A1 = 0～60
智能要求	A2 = a1 + a2 + a3 + a4 a1（0～10 分）：具有人员识别与设备安全闭锁功能 a2（0～10 分）：高温工作面应配备制冷降温系统 a3（0～10 分）：具有工作人员精确定位功能 a4（0～10 分）：工作面排水设施与矿井水文监测数据系统联动功能	A2 = 0～40
评测方法	W_{14} = A1 + A2	

6.4.1.18　智能化采煤工作面设备性能达标条件各评价因素权重 r_j（$1 \leqslant j \leqslant 14$）见表 19。

表 19　智能化采煤工作面设备性能达标条件各指标权重

序号	指　标　名　称		指　标　权　重	
1	智能化工作面主要生产系统	智能割煤子系统	0.12	0.8
2		智能支护子系统	0.13	
3		智能运输子系统	0.12	
4		智能控制子系统	0.11	

表 19（续）

序号	指标名称		指标权重	
5	智能化工作面主要生产系统	网络通信系统	0.06	0.8
6		智能视频系统	0.08	
7		智能喷雾系统	0.05	
8		智能供液系统	0.05	
9		智能巡检系统	0.03	
10		智能供电系统	0.05	
11	智能化工作面辅助生产系统	工作面照明系统	0.02	0.2
12		工作面语音系统	0.03	
13		工作面通风防灭火系统	0.05	
14		智能安全监测系统	0.1	

6.4.2 设备运行工况达标条件

6.4.2.1 设备运行工况达标条件得分 V_3 由设备运行工况达标条件评价指标向量 w 和设备运行工况达标条件评价指标权重向量 r 构成，具体计算方法如式（4）所示。

$$V_3=[w][r]^T=[w_1 \quad w_2 \quad \cdots \quad w_{14}][r_1 \quad r_2 \quad \cdots \quad r_{14}]^T \qquad (4)$$

式中：

V_3——智能化采煤工作面设备运行工况达标条件综合评价得分；

w_m——智能化采煤工作面设备运行工况达标条件评价因素，$1 \leqslant m \leqslant 14$；

r_n——智能化采煤工作面设备运行工况达标条件评价因素权重，$1 \leqslant n \leqslant 14$。

6.4.2.2 将设备运行工况达标条件评价指标向量 w 中评价因素 $w_m(1 \leqslant m \leqslant 14)$ 和设备运行工况达标条件评价指标权重向量 r 中的评价因素权重 $r_n(1 \leqslant n \leqslant 14)$ 带入式（4），得出设备运行工况达标条件评价得分，划分工作面设备运行工况达标条件的优劣区间。

6.4.2.3 根据设备运行工况达标条件评价得分，将设备运行工况达标条件分为三个等级：V_3 = {好，中，差} = {100～85（含），85～70（含），70～60（含）}。如果分值低于 60 分，说明设备运行工况未达到智能化工作面运行标准。

6.4.2.4 智能割煤子系统设备运行工况达标条件评价方法如表 20 所示。

表 20　智能割煤子系统设备运行工况达标条件评价方法

指标名称	评价内容	评分
工况检测	A1 = a1 + a2 + a3 + a4 + a5 + a6 a1（0～10 分）：每班对采煤机传感器读数进行检查，传感器定期标校，监测数据准确完整，运行记录齐全	A1 = 0～55

表 20（续）

指标名称	评 价 内 容	评 分
工况检测	a2（0～5 分）：机载无线遥控功能正常，故障率不超过 10% a3（0～15 分）：中部记忆截割、三角煤机架协同割煤功能正常 a4（0～10 分）：位置精度 ±5 cm；分辨率 1 cm a5（0～10 分）：顺槽集控中心到采煤机控制器之间的通讯时延应不大于 200 ms a6（0～5 分）：环境安全瓦斯联动控制功能正常	A1 = 0～55
自动控制	A2 = a1 + a2 + a3 + a4 a1（0～5 分）：远程控制各项功能正常，使用率达 90% 以上 a2（0～10 分）：采煤机记忆截割循环应达到当班作业循环的 80% 以上 a3（0～2 分）：所有控制功能向工作面智能集控中心开放 a4（0～3 分）：每班对采煤机就地控制、遥控控制、远程控制功能进行检查，各项功能正常使用，运行记录齐全	A2 = 0～20
智能感知	A3 = a1 + a2 + a3 + a4 + a5 a1（0～2 分）：视频干路传输速率不低于 1000 Mbps a2（0～3 分）：通讯指令传输延迟小于 11 ms，延时抖动小于 10 ms a3（0～5 分）：100 m 长度直线度检测误差小于 ±5 cm a4（0～3 分）：调高精度 ±5 cm，倾角精度 ±0.5° a5（0～2 分）：与液压支架防碰撞检测功能正常[a]，使用率达 90% 以上	A3 = 0～15
智能控制	A4 = a1 + a2 a1（0～5 分）：煤流平衡控制功能正常，使用率达 90% 以上 a2（0～5 分）：煤流量自动调节功能正常，使用率达 90% 以上	A4 = 0～10
评测方法	W_1 = A1 + A2 + A3 + A4	
[a]：煤层厚度 3.5 m 以下的薄煤层和中厚煤层，该项取满分。		

6.4.2.5 智能支护子系统设备运行工况达标条件评价方法如表 21 所示。

表 21 智能支护子系统设备运行工况达标条件评价方法

指标名称	评 价 内 容	评 分
自动控制	A1 = a1 + a2 + a3 + a4 + a5 + a6 + a7 + a8 a1（0～10 分）：液压支架自动跟机循环数达到当班作业循环 85% 以上 a2（0～10 分）：单架移架动作时间不大于 15 s，成组（不小于 3 架）移架动作时间小于 20 s a3（0～10 分）：中部自动跟机无丢架，三角煤机架协同控制功能正常，使用率达 80% 以上	A1 = 0～60

表 21（续）

指标名称	评 价 内 容	评 分
自动控制	a4（0～5 分）：远程控制各项功能正常 a5（0～10 分）：自动补液、自动喷雾功能正常，全工作面误动作率少于 2 架 a6（0～5 分）：全工作面立柱压力监测数据不准确率不超过 3% a7（0～5 分）：全工作面推移行程监测数据不准确率不宜超过 5% a8（0～5 分）：工作面设备上传数据功能正常，数据准确完整，运行记录齐全	A1 = 0～60
工况检测	A2 = a1 + a2 + a3 + a4 + a5 + a6 a1（0～2 分）：工作面液压支架立柱压力监测数据与机械压力表数据误差低于 2 MPa a2（0～3 分）：高度检测误差小于 ±50 mm a3（0～2 分）：每班对液压支架传感器读数检查，传感器定期标校，数据准确完整，记录齐全 a4（0～3 分）：姿态感知功能正常，倾角传感器测量范围（-90～90°），测量误差 ±1° a5（0～2 分）：保养记录齐全、线缆整洁、显示准确、操作可靠，设备完好率达 100% a6（0～3 分）：100 m 长度直线度检测误差小于 ±5 cm	A2 = 0～15
智能感知	A3 = a1 + a2 + a3 + a4 + a5 a1（0～2 分）：压力超前预警功能正常，使用率达 80% 以上 a2（0～3 分）：群组协同控制功能正常，使用率达 90% 以上 a3（0～5 分）：自动超前跟机支护功能，使用率达 90% 以上 a4（0～3 分）：与顶板状态实时感知、煤壁片帮预测功能正常，使用率达 80% 以上 a5（0～2 分）：碰撞检测功能正常，使用率达 90% 以上	A3 = 0～15
其它	A4 = a1 + a2 a1（0～5 分）：人工键盘放煤功能正常，使用率 95% 以上[a] a2（0～5 分）：超前支架遥控及远程控制使用率达到当班作业使用率的 90% 以上	A4 = 0～10
评测方法	$W_2 = A1 + A2 + A3 + A4$	
[a]：非放顶煤工作面，该项取满分。		

6.4.2.6 智能运输子系统设备运行工况达标条件评价方法如表 22 所示。

表 22　智能运输子系统设备运行工况达标条件评价方法

指标名称	评 价 内 容	评 分
刮板输送机、转载机、破碎机	A1 = a1 + a2 + a3 + a4 + a5 + a6 + a7 + a8 a1（0~5 分）：每班对传感器读数进行检查，传感器定期标校，数据准确完整，运行记录齐全 a2（0~8 分）：定期维护保养，线缆整洁、功能齐全、显示准确、操作可靠，设备完好率达 100%，保养记录齐全 a3（0~8 分）：软启动正常 a4（0~7 分）：断链事故监测、报警和上传 a5（0~7 分）：故障诊断功能正常，准确率达 90% 以上 a6（0~10 分）：远程启停控制功能正常，使用率达到当班作业使用率的 95% 以上 a7（0~5 分）：机尾自移，机尾自移具有远程控制接口，运行记录齐全 a8（0~5 分）：煤流负荷检测功能正常，煤量监测使用率 80% 以上	A1 = 0 ~ 55
带式输送机	A2 = a1 + a2 + a3 + a4 + a5 + a6 + a7 + a8 + a9 a1（0~5 分）：每班对跑偏、堆煤、撕裂、温度、烟雾、自动洒水传感器进行检查，传感器定期标校，数据准确完整，运行记录齐全 a2（0~5 分）：机尾自移，远程控制延时小于 300 ms a3（0~5 分）：不停车自动张紧，启动时，胶带张力预先调整到额定张力 1.2~1.5 倍 a4（0~5 分）：数据上传准确，运行记录齐全 a5（0~5 分）：自动变频速度调节动作正常，变频调速误差≤0.5%，速度稳定度≤0.1% a6（0~5 分）：煤流量识别准确率 85% 以上，堆煤状态识别准确率 85% 以上 a7（0~5 分）：异物识别功能准确率达到 90% 以上 a8（0~5 分）：人员违章识别准确率 100%，无漏检现象 a9（0~5 分）：巡检机器人例行巡检动作和自动预警正常	A2 = 0 ~ 45
评测方法	$W_3 = A1 + A2$	

6.4.2.7　智能控制子系统设备运行工况达标条件评价方法如表 23 所示。

表 23　工作面控制子系统设备运行工况达标条件评价方法

指标名称	评 价 内 容	评 分
工作面智能集控中心	A1 = a1 + a2 + a3 + a4 + a5 + a6 + a7 + a8 a1（0~8 分）：采煤机远程控制使用率达到当班作业使用率的 85% 以上 a2（0~8 分）：液压支架远程控制使用率达到当班作业使用率的 90% 以上	A1 = 0 ~ 55

表 23（续）

指标名称	评 价 内 容	评 分
工作面智能集控中心	a3（0~8分）：刮板输送机远程启停控制使用率达到当班作业使用率的90%以上 a4（0~8分）：转载机远程启停控制使用率达到当班作业使用率的90%以上 a5（0~8分）：破碎机远程启停控制使用率达到当班作业使用率的90%以上 a6（0~5分）：乳化液泵远程控制使用率达到当班作业使用率的90%以上 a7（0~5分）：带式输送机远程启停控制使用率达到当班作业使用率的90%以上 a8（0~5分）：每班对就地控制、遥控控制、远程控制功能进行检查，各项功能正常使用，运行记录齐全	A1 =0~55
地面监控中心	A2 = a1 + a2 + a3 a1（0~5分）：每班对工作面一键启停功能检查，功能正常，运行记录齐全 a2（0~5分）：工作面生产系统远程监控使用率达到当班作业使用率的90%以上 a3（0~5分）：工作面辅助生产系统远程监控使用率达到当班作业使用率的90%以上	A2 =0~15
其它	A3 = a1 + a2 + a3 + a4 + a5 a1（0~5分）：每班对语音通讯控制进行检查，功能正常，运行记录齐全 a2（0~10分）：每班对刮板输送机、转载机、破碎机、带式输送机启停闭锁控制进行检查，动作准确，运行记录齐全 a3（0~5分）：自动超前跟机支护使用率达到当班作业使用率的90%以上 a4（0~5分）：实时显示设备运行状态功能正常，运行记录齐全 a5（0~5分）：故障报警信息显示功能正常，运行记录齐全	A3 =0~30
评测方法	W_4 = A1 + A2 + A3	

6.4.2.8　网络通讯子系统设备运行工况达标条件评价方法见表24。

表 24　网络通讯子系统设备运行工况达标条件评价方法

指标名称	评 价 内 容	评 分
有线通讯	A1 = a1 + a2 a1（0~15分）：每班对网络通信设备、线缆进行检查，网络通信系统正常，运行记录齐全 a2（0~25分）：按规定进行定期维护保养，设备线缆整洁、通信稳定可靠、通信速度达标，设备完好率达95%，保养记录齐全	A1 =0~40

表 24（续）

指标名称	评 价 内 容	评 分
无线通讯	A2 = a1 + a2 + a3 + a4 a1（0 ~ 15 分）：每班对无线通信设备进行检查，通信信号正常，运行记录齐全 a2（0 ~ 15 分）：按规定进行定期维护保养，通信稳定可靠、通信速度达标，设备完好率达 95%，保养记录齐全 a3（0 ~ 15 分）：每班对工作面数据通信、语音视频通信、语音广播进行检查，设备运行正常，运行记录齐全 a4（0 ~ 15 分）：每班对无线通信设备进行检查视频监控、人员定位进行检查，设备运行正常，运行记录齐全	A2 = 0 ~ 60
评测方法	W_5 = A1 + A2 + A3	

6.4.2.9　智能视频子系统设备运行工况达标条件评价方法如表 25 所示。

表 25　智能视频子系统设备运行工况达标条件评价方法

指标名称	评 价 内 容	评 分
一般要求	A1 = a1 + a2 + a3 + a4 + a5 + a6 a1（0 ~ 10 分）：每班检查高清摄像仪，无电器失爆现象，运行数据完整，运行记录齐全 a2（0 ~ 5 分）：液压支架、采煤机及运输系统转载点高清视频识别 a3（0 ~ 5 分）：每班对高清摄像仪无死角覆盖监控功能进行检查，功能正常，记录齐全 a4（0 ~ 15 分）：跟随采煤机自动切换视频画面，使用率达到当班作业使用率 90% 以上 a5（0 ~ 5 分）：按规定进行定期维护保养，设备线缆整洁、通信稳定可靠、通信速度达标，设备完好率达 100%，保养记录齐全 a6（0 ~ 5 分）：特征信息识别准确率达 95% 以上，运行记录齐全	A1 = 0 ~ 45
视频摄像仪	A2 = a1 + a2 + a3 a1（0 ~ 15 分）：每班对视频摄像仪进行检查，视频画面清晰流程，运行记录齐全 a2（0 ~ 10 分）：摄像仪角度合适，视频传输时间小于 500 ms，运行记录齐全 a3（0 ~ 15 分）：按规定进行定期维护保养，设备线缆整洁、视频图像清晰、传输速度达标，设备完好率达 100%，保养记录齐全	A2 = 0 ~ 40
存储	A3 = a1 + a2 + a3 a1（0 ~ 5 分）：每班对视频动态录像进行检查，数据完整，运行记录齐全 a2（0 ~ 5 分）：按规定进行定期对存储服务器维护保养，视频数据完整，保养记录齐全 a3（0 ~ 5 分）：按规定每 30 天将录像存储备份存储，数据完整，存储记录齐全	A3 = 0 ~ 15
评测方法	W_6 = A1 + A2 + A3	

6.4.2.10 智能喷雾降尘子系统设备运行工况达标条件评价方法如表26所示。

表26 智能喷雾降尘子系统设备运行工况达标条件评价方法

指标名称	评价内容	评分
一般要求	A1 = a1 + a2 + a3 + a4 + a5 + a6 a1（0~10分）：采煤机智能喷雾使用率达到当班作业使用率的98%以上 a2（0~5分）：刮板输送机智能喷雾使用率达到当班作业使用率的98%以上 a3（0~5分）：转载机落煤点智能喷雾使用率达到当班作业使用率的98%以上 a4（0~5分）：带式输送机搭接点智能喷雾使用率达到当班作业使用率的98%以上[a] a5（0~15分）：液压支架智能喷雾使用率达到当班作业使用率的98%以上 a6（0~10分）：液压支架放煤智能喷雾使用率达到当班作业使用率的98%以上[b]	A1 = 0~50
智能化要求	A2 = a1 + a2 + a3 + a4 a1（0~10分）：定期对采煤机联动自动喷雾进行检查，动作准确可靠，运行记录齐全 a2（0~10分）：定期对液压支架自动喷雾降尘进行检查，动作准确可靠，运行记录齐全 a3（0~10分）：定期对液压支架放煤自动喷雾进行检查，动作准确可靠，运行记录齐全[c] a4（0~10分）：定期对识别煤流自动喷雾除尘进行检查，动作准确可靠，运行记录齐全	A2 = 0~40
其它	A3 = a1 + a2 a1（0~5分）：人员感知自动启停喷雾准确率达95%以上 a2（0~5分）：智能调节喷雾开关和喷雾量使用率达到当班作业使用率的98%以上	A3 = 0~10
评测方法	$W_7 = A1 + A2 + A3$	

[a]：仅限于工作面带式输送机；
[b]：非放顶煤液压支架，该项取满分。
[c]：非放顶煤液压支架，该项取满分。

6.4.2.11 智能供液子系统设备运行工况达标条件评价方法如表27所示。

表 27　智能供液子系统设备运行工况达标条件评价方法

指标名称	评 价 内 容	评 分
一般要求	A1 = a1 + a2 + a3 + a4 + a5 + a6 + a7 + a8 + a9 + a10 a1（0 ~ 5 分）：每班检查水处理系统水质、PH 值，处理后的水应清澈、无杂质 a2（0 ~ 5 分）：每班对清水硬度进行检查，要求清水硬度不超过 200 mg/L，硫酸根离子不超过 400 mg/L a3（0 ~ 5 分）：每班对自动配液系统乳化液浓度进行检测，乳化液浓度达标（3% −5%），误差不超过 ±0.3% a4（0 ~ 10 分）：每班对高低压多级过滤系统进行检查，运行记录齐全 a5（0 ~ 5 分）：按规定定期进行高压自动反冲洗维护保养，操作可靠、记录齐全 a6（0 ~ 5 分）：每班对高低液位自动控制功能进行检查，功能正常，运行记录齐全 a7（0 ~ 5 分）：每班对乳化液浓度在线监控进行检查，浓度检测精度 ±0.2%（密度法），显示准确、操作可靠、记录齐全 a8（0 ~ 5 分）：每班对泵站及供液设备传感器读数进行检查，传感器定期标校，监测数据准确完整，记录齐全 a9（0 ~ 5 分）：通信速率不小于 100 Mpbs，远程控制各项功能正常，使用率达 90% 以上 a10（0 ~ 5 分）：按规定进行定期维护保养，线缆整洁、功能齐全、显示准确、操作可靠，设备完好率达 100%，保养记录齐全	A1 = 0 ~ 55
智能化要求	A2 = a1 + a2 + a3 + a4 + a5 + a6 + a7 a1（0 ~ 10 分）：每班对泵站及供液设备就地控制、远程控制功能进行检查，各项功能正常，远程控制时间小于 300 ms，运行记录齐全， a2（0 ~ 5 分）：电磁先导阀响应时间小于 200 ms a3（0 ~ 5 分）：乳化液泵速度自动调节，升速指令响应时间不大于 300 ms，降速指令响应时间不超过 500 ms，变频调速误差≤0.5%，速度稳定度≤0.1% a4（0 ~ 10 分）：液压支架智能联动控制功能正常，远程控制时间小于 300 ms a5（0 ~ 5 分）：流量自动调节功能正常，单架移架动作时间不大于 15 s，成组（不小于 3 架）移架动作时间小于 20 s a6（0 ~ 5 分）：具有恒压按需供液功能，压力波动范围为要求压力的 ±2 MPa a7（0 ~ 5 分）：防爆管功能正常，运行记录齐全	A2 = 0 ~ 45
评测方法	$W_8 = A1 + A2$	

6.4.2.12　智能巡检子系统设备运行工况达标条件评价方法如表 28 所示。

表 28　智能巡检子系统设备运行工况达标条件评价方法

指标名称	评 价 内 容	评　分
工作面智能巡检	A1 = a1 + a2 + a3 + a4 + a5 a1（0 ~ 10 分）：按规定进行定期维护保养，线缆整洁、功能齐全、显示准确、操作可靠，设备完好率达 100%，保养记录齐全 a2（0 ~ 10 分）：每班对开采环境例行巡检功能进行检查，各项功能正常使用，运行记录齐全 a3（0 ~ 10 分）：定期对异常情况实地巡查功能进行检查，运行记录齐全，准确动作执行率不低于 90% a4（0 ~ 15 分）：每班对巡检机器人进行检查，设备完好率 100%，各项功能正常，运行记录齐全 a5（0 ~ 10 分）：定期对自动预警功能进行检查，自动预警可靠性不小于 98%	A1 = 0 ~ 55
煤流运输智能巡检	A2 = a1 + a2 + a3 + a4 a1（0 ~ 15 分）：每班对煤流巡检机器人进行检查，设备完好率 100%，各项功能正常，运行记录齐全 a2（0 ~ 10 分）：每班对煤流量例行巡检功能进行检查，各项功能正常使用，运行记录齐全 a3（0 ~ 10 分）：每班对运输状态例行巡检功能进行检查，各项功能正常使用，运行记录齐全 a4（0 ~ 10 分）：定期对异常情况实地巡查运行记录进行检查，运行记录齐全，准确动作执行率不低于 90%	A2 = 0 ~ 45
评测方法	$W_9 = A1 + A2$	

6.4.2.13　智能供电子系统设备运行工况达标条件评价方法如表 29 所示。

表 29　智能供电子系统设备运行工况达标条件评价方法

指标名称	评 价 内 容	评　分
一般要求	A1 = a1 + a2 + a3 + a4 + a5 + a6 + a7 a1（0 ~ 10 分）：每班对工作面电力系统监控功能进行检查，设备完好率 100%，各项功能正常，运行记录齐全 a2（0 ~ 5 分）：每班对动态显示警示功能进行检查，各项功能正常 a3（0 ~ 10 分）：每班对预警和报警信息显示进行检查，各项功能正常 a4（0 ~ 10 分）：每班对显示开关分合闸状态功能进行检查，各项功能正常，运行记录齐全 a5（0 ~ 10 分）：每班对开关分合闸操作功能进行检查，各项功能正常，具有显示开关分合闸状态功能[a] a6（0 ~ 5 分）：每班对过流、短路、过压、欠压、漏电进行检查，各项功能正常使用 a7（0 ~ 10 分）：按规定进行定期维护保养，设备线缆整洁、通信稳定可靠、通信速度达标，设备完好率达 95%	A1 = 0 ~ 60

表 29（续）

指标名称	评价内容	评分
智能要求	A2 = a1 + a2 + a3 + a4 + a5 a1（0～10 分）：每班对防越级自动跳闸功能进行检查，功能正常 a2（0～10 分）：每班对故障精准定位功能进行检查，功能正常 a3（0～5 分）：每班对保护器具有远程分合闸控制功能进行检查，功能正常 a4（0～5 分）：每班对高开关动静触头温度监测功能进行检查，功能正常 a5（0～10 分）：每班对远程参数整定功能进行检查，功能正常	A2 = 0～40
评测方法	W_{10} = A1 + A2	
[a]：在权限允许范围内。		

6.4.2.14　工作面照明子系统设备运行工况达标条件评价方法如表 30 所示。

表 30　工作面照明子系统设备运行工况达标条件评价方法

指标名称	评价内容	评分
工作面要求	A1 = a1 + a2 + a3 + a4 a1（0～20 分）：每班对视频系统照明条件进行检查，光照良好，记录齐全 a2（0～20 分）：每班对工作面照明系统进行检查，照明灯无损坏，记录齐全 a3（0～15 分）：每班对工作面 UPS 后备电源进行检查，性能正常，记录齐全 a4（0～15 分）：按规定对照明系统进行定期维护保养，线缆整洁、功能齐全、光照正常，设备完好率达 100%，保养记录齐全	A1 = 0～70
巷道要求	A2 = a1 + a2 + a3 a1（0～10 分）：每班对工作面巷道照明系统进行检查，照明灯无损坏，记录齐全 a2（0～10 分）：每班对设备列车照明系统进行检查，照明灯无损坏，记录齐全 a3（0～10 分）：每班对移动变电站照明系统进行检查，照明灯无损坏，记录齐全	A2 = 0～30
评测方法	W_{11} = A1 + A2	

6.4.2.15　工作面语音子系统设备运行工况达标条件评价方法如表 31 所示。

表 31　工作面语音子系统设备运行工况达标条件评价方法

指标名称	评　价　内　容	评　分
一般要求	A1 = a1 + a2 + a3 + a4 + a5 a1（0～15 分）：每班对语音通讯设备、缆线进行检查，语音通话功能正常，运行记录齐全 a2（0～20 分）：每班对智能集控中心语音系统进行检查，显示和通话功能正常[a]，记录齐全 a3（0～15 分）：每班对语音通讯停电后正常通话功能进行检查，语音通话功能正常使用，运行记录齐全 a4（0～15 分）：每班对胶带沿线无盲区语音通话、语音报警功能进行检查，语音通话功能正常，运行记录齐全 a5（0～15 分）：按规定进行定期维护保养，设备线缆整洁，语音通讯稳定可靠，通话声音清晰、无杂音，设备完好率达 100%，保养记录齐全	A1 = 0～80
其它要求	A2 = a1 a1（0～20 分）：每班对无线通讯系统进行检查，语音通话功能正常，运行记录齐全	A2 = 0～20
评测方法	$W_{12} = A1 + A2$	
[a]：电话闭锁状态显示、急停状态显示和断路位置显示。		

6.4.2.16　工作面通风和防灭火监控子系统设备运行工况达标条件评价方法如表 32 所示。

表 32　工作面通风和防灭火监控子系统设备运行工况达标条件评价方法

指标名称	评　价　内　容	评　分
通风监控	A1 = a1 + a2 + a3 + a4 a1（0～10 分）：每班对风量、风速检测功能进行检查，设备完好率 100%，各项功能正常，运行记录齐全 a2（0～10 分）：每班对工作面风速自动监测功能进行检查，各项功能正常，设备完好率 100%，运行记录齐全 a3（0～10 分）：每班对具有工作面风流方向自动监测功能进行检查，各项功能正常，设备完好率 100%，运行记录齐全 a4（0～10 分）：每班对风量不足时自动闭锁相关设备功能进行检查，各项功能正常，设备完好率 100%，运行记录齐全	A1 = 0～40
防灭火监控	A2 = a1 + a2 + a3 + a4 + a5 a1（0～20 分）：每班对关键区域环境参数实时监测功能进行检查，各项功能正常，设备完好率 100%，运行记录齐全 a2（0～10 分）：每班对实时预警功能进行检查，功能正常，运行记录齐全	

表 32（续）

指标名称	评 价 内 容	评 分
防灭火监控	a3（0~10分）：每班对工作面通风、防灭火系统互联互通功能进行检查，各项功能正常，设备完好率100%，运行记录齐全 a4（0~10分）：按规定进行定期维护保养，设备完好率达100%，保养记录齐全 a5（0~10分）：每班对自动启动灭火设施功能进行检查，功能正常，运行记录齐全	A2 = 0 ~ 60
评测方法	$W_{13} = A1 + A2$	

6.4.2.17 智能安全监测子系统设备运行工况达标条件评价方法如表33所示。

表 33 智能安全监测子系统设备运行工况达标条件评价方法

指标名称	评 价 内 容	评 分
一般要求	A1 = a1 + a2 + a3 + a4 + a5 + a6 a1（0~10分）：每班对工作面瓦斯、粉尘、CO、水文、矿压、温度传感器进行检查，设备完好率100%，各项功能正常，运行记录齐全 a2（0~10分）：每班对安全监测系统进行检查，监控和上传功能正常，记录齐全 a3（0~10分）：人员随身智能装备与一通三防环境感知参数互联互通，具有根据环境参数警示、预警及自适应调整功能 a4（0~10分）：每班对安全设施应急电源进行检查，记录齐全，设备完好率100% a5（0~10分）：每班对工作面备用电源进行检查，记录齐全，设备完好率100% a6（0~10分）：人员接近识别，“三机”沿线人员误入急停保护	A1 = 0 ~ 60
智能要求	A2 = a1 + a2 + a3 + a4 a1（0~10分）：每班对人员识别与设备安全闭锁功能进行检查，人员跨设备、刮板输送机急停保护，记录齐全 a2（0~10分）：每班对工作面制冷降温系统进行检查[a]，各项功能正常，记录齐全，设备完好率100% a3（0~10分）：人员精确定位，在工作面前后1架范围内本架自动闭锁，工作面限定区域相关设备自动闭锁 a4（0~10分）：每班对工作面排水设施与矿井水文监测数据系统联动功能进行检查，各项功能正常，记录齐全	A2 = 0 ~ 40
评测方法	$W_{14} = A1 + A2$	
[a]：工作面空气温度不超过30℃的非高温工作面，该项取满分。		

6.4.2.18　设备运行工况达标条件各评价因素权重 r_n（$1 \leqslant n \leqslant 14$）如表34所示。

表34　智能化采煤工作面设备运行工况达标条件各评价因素权重

序号	指标名称		指标权重	
1	智能化工作面生产系统	智能割煤子系统	0.12	0.77
2		智能支护子系统	0.13	
3		智能运输子系统	0.12	
4		智能控制子系统	0.11	
5		网络通信子系统	0.05	
6		智能视频子系统	0.06	
7		智能喷雾子系统	0.05	
8		智能供液子系统	0.05	
9		智能巡检子系统	0.03	
10		智能供电子系统	0.05	
11	智能化工作面辅助生产系统	工作面照明子系统	0.03	0.23
12		工作面语音子系统	0.04	
13		工作面通风防灭火监控制子系统	0.06	
14		智能安全监测子系统	0.1	

7　智能化采煤工作面分类、分级评价方式与流程

7.1　评价方式

7.1.1　企业自评价

由煤炭生产企业按照本文件规定，对采煤工作面智能化建设与运行水平进行完整评价，得出智能化采煤工作面分类和分级评价结论。

7.1.2　第三方评价

由第三方机构或团体按照本文件规定，经过现场实地调研获取被评价采煤工作面相关指标参数，可使用评价软件等工具对采煤工作面智能化建设与运行水平进行评价，得出智能化采煤工作面分类和分级评价结论。

7.2　评价流程

7.2.1　首先对智能化采煤工作面进行分类，然后再根据采煤工作面智能化建设与运行水平对采煤工作面智能化水平进行分级。

7.2.2 获取工作面条件相关评价指标值，根据智能化采煤工作面分类评价指标及参考要素相关要求，以符合相应资质要求的技术报告为依据，确定工作面的地质条件、生产技术条件、建设基础等评价指标。

7.2.3 确定智能化采煤工作面开采模式，采用层次分析法确定各评价指标权重，利用模糊综合评价方法对智能化采煤工作面开采模式进行评价，根据计算结果对应的评价结果集｛高级，中级，初级｝=｛100～85（含），85～70（含），70～60（含）｝，确定不同智能化开采模式的智能化建设水平。

7.2.4 基于智能化采煤工作面分类，以符合资质要求的设计报告、施工报告、检测报告为依据，获取智能化采煤工作面生产系统和辅助生产系统相关指标值并进行打分，以加权统计法确定采煤工作面智能化程度。

7.2.5 采用附录A的智能化采煤工作面分类、分级评价软件对采煤工作面智能化程度进行评价。首先输入工作面煤层地质构造、赋存条件、开采技术参数和开采效率等评价指标，系统自动确定智能采煤工作面开采模式分类评价结果；然后输入采煤工作面分类指标参数，系统自动确定采煤工作面智能化分级评价结果。

7.3 评价报告

7.3.1 评价报告应包含智能化采煤工作面开采模式分类评价、智能化采煤工作面等级评价、综合评价、存在的问题及建议五部分内容。

7.3.2 采煤工作面概况应阐明工作面煤层厚度、赋存条件和开采技术参数，并明确评价时间及相关评价人员。

7.3.3 智能化采煤工作面开采模式分类评价应按照标准要求列出各项评价指标及得分值。

7.3.4 智能化采煤工作面等级评价应详细阐述采煤工作面生产系统和辅助生产系统的建设情况，阐明评价流程，并给出采煤工作面智能化等级评价结果。

7.3.5 结合智能化采煤工作面开采模式分类评价与智能化采煤工作面分级评价结果给出综合评价结论。

7.3.6 最后根据评价结论给出智能化采煤工作面建设存在的问题及建议，并由评审人员签字。

附　录　A

（规范性附录）

智能化采煤工作面分类、分级评价软件（V1.0）及操作说明

TB

宁夏回族自治区煤炭学会团体标准

T/NMXH 001—2021

煤矿智能化建设标准

Standards for Intelligent Construction of Coal Mines

2021 年 1 月 1 日发布　　2021 的 1 月 1 日实施

宁夏回族自治区煤炭学会　发布

宁夏回族自治区煤炭学会公告

Announcement of Ningxia Hui Autonomous Region Coal Society

2021 年　第 001 号（总第 001 号）

No. 2021—001　（No. 001 in total）

宁夏回族自治区煤炭学会批准《煤矿智能化建设标准》(T/NMXH 001—2021) 标准，现予公告。

The Standards for Intelligent Construction of Coal Mines (T/NMXH 001—2021) approved by the Ningxia Hui Autonomous Region Coal Society ware hereby announced.

宁夏回族自治区煤炭学会

Ningxia Hui Autonomous Rogion Coal Society

目　次

前　言

为规范宁夏回族自治区智能化煤矿设计、建设、施工及生产，提高煤矿的智能化技术水平，制定本标准。

本标准参照中国煤炭学会团体标准《智能化采煤工作面分类、分级技术条件与评估指标体系》等起草。

智能化煤矿的设计，除应符合本标准外，尚应符合国家现行有关标准的规定。

执行本标准的前提条件：

——煤矿已经取得相关建设和安全生产许可；

——进行了规范的智能化设计及系统建设；

——煤矿实现了基本的智能化透行；

——煤矿管现及作业人员具备了智能化生产的透行能力，

本标准主编单位、参编单位，主要起草人和主要审查人

主编单位：国家能源集团宁夏煤业有限责任公司

参编单位：宁夏回族自治区发展改革委员会

宁夏煤矿设计研究院有限责任公司

主要起草人：张兽兵、刘晓明、宗伟琴、田建川、樊君、雍鑫、王辉、王亚雄、金锋、周鹏、徐志亮、刘学君、刘斌、马昆、康向南、张明、马东文、张铁聪、王涛、宋璟玥、边杰

主要审查人：杨成龙、张振、梅晓虎、钮涛、杨长俊、李小四、马光解、郭彬福、马怀勇、张天福、王锦鹏、张杰、杨勇、李金龙、王鲁

咨询专家：钱建生、卢新民、毛善君、马宏伟、王自河

1　标准指标体系

下列文件对于本文件的应用是必不可少的。凡是注明日期的引用文件，仅注日期的版本使用于本文件，凡是不注明日期的引用文件，其最新版本（包括所有的修改版）适用于本文件。

GB/T 51272　煤炭工业智能化矿井设计标准；
GB/T 34679　智慧矿山信息系统通用技术规范；
GB/T 20815　视频安防监控数字录像设备；
GB/I 35060.1　滚筒采煤机通用技术条件　第1部分：整机；
GB/T 37808　综采综放工作面常规供电系统设计规范；
GB/T 37611　综采综放工作面超前支护系统技术条件；
GB/T 37811　综采放顶煤工作面总体配套技术条件；
GB/T 37815　综采综放工作面智能降尘系统技术条件；
GB/T 37806　薄煤层综采工作面总体配套技术条件；
GB/T 37768　中厚煤层综采工作面总体配套技术条件；
GB/T 37809　大倾角综采工作面总体配套技术条件；
GB/T 37810　大采高综采工作面总体配套技术条件；
GB/T 37812　大倾角综放工作面总体配套技术条件；
GB/T 50052　供配电系统设计规范；
GB/T 50215　煤炭工业矿井设计规范；
GB/T 50417　煤矿井下供配电设计规范；
GB/T 50533　煤矿井下辅助运输设计规范：
GB/T 50536　煤矿综采采区设计规范；
GB/T 51024　煤矿安全生产智能监控系统设计规范；
GB/T 51179　煤矿井下煤矿运输设计规范；
MT/T 1130　矿用现场总线：
GB/T 28518　煤矿用阻燃通信电缆；
MT/T 1131　矿用以太网：
《选煤厂设计规范》；
《煤炭工业选煤厂设计规范标准》；
《煤矿安全规程》。

2　智能化采煤工作面建设标准

2.1　智能化采煤工作面人数宜不多于8人，智能化自主采煤率不低于75%，智能化工作面开机率不低于85%。

2.2　采煤机具有运行工况检测、姿态检测、位置检测、摇臂振动检测，具有机教无线遥控、滚筒切割轨迹路径记忆、中部记忆截割、三角煤自动徽割、精准定位、远程控制、故障诊断、环境安全瓦斯联动控制、机载视须、无线通讯、直线度感知、智能调高、与滚压支架防碰撞检测功能，可实现煤流平衡控制与负荷自动调节。

2.3　液压支架配备电液控制系统，具有跟机自动移架与推溜、高度检测、程序姿态控制、直线度调直、远程控制、自动补液、自动喷雾、立柱压力检测、推移行程检测与定量控制功能。

2.4 液压支架具有压力超前预警、倾斜清移超前预警、群组协同控制、自助超前跟机支护、与顶板状态实时感知、煤壁片帮预测、碰撞检测功能，综放工作面液压支架具备自动放煤或人工辅助干预放煤功能，超前支架具有就地控制与遥控控制功能。

2.5 采煤工作面刮板输送机、转载机、破碎机具有软启动及软启动自动控制、运行状态监测、链条自动张紧、断链保护、故障诊断、自动控制、远程控制、煤流负荷检测功能。

2.6 采煤工作面带式输送机具有跑偏、堆煤、撕裂、温度、烟雾和自动洒水综合保护，自动预警，沿线急停闭锁，自动变频速度调节，煤流量监测与联动控制，异物识别，人员违章识别，远程控制功能。宜配备智能巡检机器人。

2.7 集控系统工作面集控中心具有采煤机、液压支架、刮板输送机、转载机、破碎机、乳化液泵、带式输送机集中、就地和远程一键启停远程与闭锁控制功能，具有自动超前跟机支护，实时显示设备运行状态，故障报警功能。

2.8 工作面有线网络传输带宽宜不低于1000 Mbps，无线通讯带宽不低于100 Mbps，具有工作面数据通信、语音视频通信、语音广播、视频监控、人员定位功能，推广5G或WIFI-6传输功能。

2.9 采煤工作面可视化系统采用矿用本质安全型高清振像仪，具有第三方接口、无死角覆盖监控、视频增强、跟随采煤机自动切换视频画面、自动清洗、AI识别或特征信息识别、自动特征提取和预警功能，视频接入点传输带宽不低于100 Mbps。

2.10 摄像仪具有低照度、宽动态、强光抑制、水雾穿透功能，具有视频增强、画面放大、自动或手动抓拍及截图功能，云台摄像仪云台水平旋转角度范围不小于180度，最低像素不低于720 P，水平广角不低于90度，录像存储时间不小于30天。

2.11 采煤机割煤点，刮板输送机卸煤点，转载机落煤点，工作面带式输送机搭接点，液压支架降、移、升动作时，放顶煤液压支架放煤时有智能喷雾装置，喷雾降尘装置具有跟随采煤机联动定点和定时自动喷雾降尘、液压支架移架自动喷雾降尘、放煤自动喷雾、自动识别煤流喷雾除尘、人员感知功能，在人员经过时自动停止喷雾、根据粉尘浓度智能调节喷雾开关和喷雾量等功能。

2.12 供液系统具有远程控制功能，具有反渗透水处理、清水过滤、自动配比朴液、高低压多级过滤、高低液位自动控制、商压自动反冲洗、乳化液浓度在线监控、单泵或多台系的单动与自动选行、运行工况检测、与液压支架智能联动、流量自动调节、恒压供液，防爆管等功能。

2.13 采煤工作面供电系统具有整个工作面电力系统监控、动态显示警示和报警信息，显示开关分含闸状态，开关分合闸操作、过流、短路、过压、欠压、涌电事件记录，具有防越级自动跳闸、故障精准定位功能，保护器具有远程分合闸控制、高压开关具备动静触头温度监测、远程参数整定功能。

2.14 采煤工作面监测监控系统具有工作面瓦斯、粉尘、一氧化碳、水文、矿压、温度参数监测，可与人员随身装备进行实时互联和预警，具有精确定位、人员识别与设备安全闭锁功能。工作面排水设施与矿井水文监测数据系统联动功能。高温工作面应配备制冷降温系统。

3 智能化掘进工作面建设标准

3.1 智能化掘进工作面人数宜不多于8人，全员效率（m/人/天）大于0.625。

3.2 掘进装备具有截割高度、铲板卧底深度、机身倾角、精确定位或三维空间位置感知功能；具有记忆加预测、远程截割及遥控或仿形截剖功能；具有视频图像采集、遥控、远程等控制功能；具有与支护、转教运输装备防干涉碰撞，集中润滑功能；具有有线和无线通信系统，实现远程和就地急停、闭锁控制，在远程干预模式下通讯中断自动停机功能；具有据进启动语音报警，防尘、降尘设备的自清洁和状态监控、报警、自动控制等功能。

3.3 掘进工作面集控系统具有对据进工作面设备的工况监测、集中控制功能，具有和工作面、地面集控中心的可视化通讯功能，工作面工业以太网带宽宜不低于 1000 Mbps，掘进及配套装备具有联动闭锁控制，设备及生产工况数据采集，自动分析与预警或决策功能，具有工作面设备适行状态和人员精确定位功能且能集中显示，后配密转载适输装备意具备机器人巡检功能。

3.4 支护系统临时支护与永久支护实现机械化或自动化作业，具有遥控、远程控制功能，具有巷道顶板离层，表面位移，锚杆（素）受力数据采集、分析、预警功能，具有语音报警，视频图像采集，有线和无线通信功能，具有与掘进、转载运输装备防干涉碰撞，集中润滑功能。

3.5 适输系统具有带式输送机机尾自移功能，延伸机尾时具备智能联动松带和胶带自动张紧及张力下降保护功能，可实现运输系统联选、远程集中监控、无人值守。具有集中润清、视频图像采集、有线和无线通信、运输转载处视频监控功能。具有运输转载装备装/卸载、储带仓、驱动部等关锥部位人员误入安全保障系统。具有煤量检测功能，与掘进、转载运输装备智能联动，实现煤流自适应调速，数据上传和集中控制功能。

3.6 辅助运输系统使用单轨吊、齿轨卡轨车、连续牵引车或无轨胶轮车等装备，运输设备实现定位与远程调度控制功能。具有视频图像采集、可视化状态监测、启动语音报警、有线和无线通信功能。

3.7 局部通风系统具有局部通风机远程控制、视频监控、风量调节及自动切换，远程监测局部通风机运行状态和末端风筒状态、失电报警、瓦斯和风电闭锁等的监测监控功能。配备局部降温装备时，应具备自动化运行及可视化状态监测功能，压风自救装置接入监测监控系统。

3.8 掘进工作面供电系统具有供电回路状态监测、失电报警、故障预警、远程监控，运行参数等数据的监测、采集、上传、自动分析等功能。具有过流、涌电、接地保护，电能质量监测、防越级跳闸、峰谷电能计量、能耗统计分析功能。

3.9 管网系统（供/排水、压风等）具有流量、压力等的在线监测、监控功能，管路阀门具备自动、远程控制、数据采集、上传、自动分析等功能。

3.10 排水系统具有自动、远程控制，沿线及迎头巷道具备集水和沉淀装置，水仓具备视频图像采集，数据采集、上传、自动分析等功能。迎头段排水装置具备随掘进装备同步移动功能。

4 辅助生产系统

4.1 主煤流适输系统实现自助化和连续化，具有远积监控、一键启停、无人值守功能，可实现各转载点、重点要害部位的视频监控系统全覆盖，并能与控制系统实现视频联动。具有设备状态数据采集，自动分析与预警，钢丝绳芯、钢丝绳（钢丝绳牵引胶带）在线监测功能，可实现运输系统智能巡检、人员误闯入安全防护、系统智能变频调速功能及防撕裂功能，直配备智能巡检机器人。

4.2 辅助运输系统副立井提升实现视频可视化运行，具有随车移动视频监视，罐笼应急通讯，实现液压自动调绳功能（单绳缠绕式除外），具有故障诊断和预警，提升载荷在线监测，钢丝绳在线监测，尾绳监测等功能。

4.3 辅助运输系统副斜井提升实现视频可视化运行，具有随车移动视频监视，故障诊断和预警，自动常闭式防跑车，人、车安全运行防护功能。

4.4 辅助运输系统架空乘人装置实现视频监视、人员上下车安全防护功能，具有远程监控，无人值守，断绳自动抓捕功能。

4.5 辅助运输系统单轨吊实现视频可视化运行，具有随车移动视频监视，液压系统、驱动系统、蓄电池等的实时在线监测及保护，故障诊断和预警，集中控制功能。

4.6 辅助运输系统无极绳连续牵引车实现视频可视化运行，具有随车移动视频监视，人、车安全运行防护，故障诊断和预警、集中远程监控功能。

4.7　辅助运输系统防爆无轨胶轮车实现精确定位功能，具有超速在统监测及保护，车载通讯，车辆智能调度，故障诊断、预警等功能。

4.8　排水系统实现集中远程监控、无人值守、水泵自动轮换。具有故障诊断、预警、信息推送，就地、远程互锁功能。直与矿井水文监测系统实现联动，实现能耗自动计算，宜实现智能门禁、机器人巡检功能。

4.9　供电系统主要变电所开关应采用微机综合保护，具备集中远程监控、无人值守功能。具备遥视、遥测（含远程抄表）、遥信、遥调、遥控，就地、远程互锁，故障诊断、预警功能，宜具有智能防越级跳闸保护，峰谷电能计量，能耗统计分析，电能质量监测，重点部位视频监视，智能门禁，机器人巡检功能。

4.10　通风系统实现对通风机风量、风压、振助、温度、电压、电流、频率等的在线监测及保护，具有集中远程监控、无人值守功能，主要通风机具备一键式启动、反风、倒机功能，具有主通风机、备用风机、局扇备用风机电源状态在线监测、失电报警，就地、选程互锁，故障诊断、预警功能。各类风门、风密等宜实现远控及自控，通过全矿井通风网络联合解算，实现自优化、自调节控制功能。直实现局部通风机透行状态、末端风简远程监测及报警，重点部位视频监视，风机能耗自动计算，选程拉制调节功能。

4.11　压风系统应具有压风机风量、风压、温度、电压、电流、频率等监测及保护功能；具有压风机断油、储气罐超温、油气桶超压监测、保护、试验及复位，集中远程监控、无人值守功能，具有根据系统压力高低自动开停设备，自动轮换开停，故障自动倒机，定时自动倒机，一铀倒机，远行模式轮换参数设置功能。已安装的压风机余热系统实现自动化，水冷压风机宜具备水质自动处理功能。宜实现重点部位视频监视，储气罐自动排污及定时排污，干线管路涌风监测与报警，智能门禁功能。

4.12　制氮系统应实现对机组压力、温度、功率，储罐压力、液位，管路压力、温度在线监测及保护功能，具有管路、储罐、气化装置等涌气监测及保护，集中远程监控、无人值守功能，具有就地、远程互锁，一键启动，储罐自动排气功能。宜具有干线管路涌风监测与报警，智能门禁功能。

4.13　灌浆系统应具有灌浆设备温度、电压、电流、频率监测功能，实现集中远程监控、无人值守，具有就地、远程互锁，故障诊断、预警功能。宜具备主干管路与分支管路流量、压力等监测，分析与预警功能，重点部位（灌浆站、储土场）视频监视功能。

4.14　供水系统应具有水源、主干、分支水管管网压力及流量等在线监测及保护，集中远程监控、无人值守功能。具有就地、远程互锁，故障诊断、预警（管网流量、压力等异常）功能，直实现重点部位视频监视，在采掘作业地点、主要硐室等人员集中地点在灾变期间能够实现一键启动应急供水，根据水源、水质、压力、流量等因素自动调度水资源。

4.15　瓦斯抽采系统应具有测定井下钻场钻孔的瓦斯浓度、负压、绝压、温度、瓦斯混合流量和纯流量，且能计算出每天每个钻场或每组钻孔的瓦斯抽出量功能。瓦斯泵站及主干与分支管路具有各种工况数据采集，自动监测、分析、预警，瓦斯超限报警处置功能。可对瓦斯抽采作业过程的钻孔数量、钻孔位置、钻孔角度、钻孔深度、终孔位置、钻杆钻进速度，孔内压裂、割继、造穴等特殊工艺间距、时间、质量，孔内筛管长度、封孔长度、质量，抽采率等数据的智能感知、分析、验收功能，具有集中远程监控，一键操作，无人值守，瓦斯抽放管路自动防回火功能，应接入矿井安全监控，宜实现重点部位视频监视，自动放水，主干路自动排渣，能耗自动计算，智能门禁功能。

4.16　污水处理系统应实现整个污水处理过程的自动化检测和控制、工艺流程动态显示、工艺参数和设备运行状态的实时监测。具有生产设备的运行工况，集中远程监控，就地、远程互锁，故障诊断、预警，自动加药，智能门禁功能。

4.17　采暖系统应实现运行状态，水压、流量等参数的在线监测及保护，具有集中远程监控、无人值守功能。实现热量自动调节、按需供热，能耗在线监测、热计量，具有就地、远程互锁，数据采集，故障诊断、预警，热网参数自动调整，重点部位视频监视，智能门禁功能。

4.18 防尘系统应具有井下各防尘点防尘装置远行状态实时监测，集中远程监控、无人值守功能，实现烟雾、粉尘浓度在线自动监测。当粉尘浓度传感器检测到粉尘浓度超标时，防尘喷雾装置开始自动喷雾降尘，当浓度低于警戒线时喷雾自动停止。掘进工作面除尘风机具备数据采集、粉尘监测、与综掘机联锁自动除尘功能。直具有热红外线传感器，当装置检测到有人在喷雾地点时，可以自动延时或停止喷雾。防尘喷雾供水系统宜具备水压、流量检测及报警，防尘设施宜具备跑、目、滴、涌监控及报警，防尘喷雾供水系统宜具备水压、流量检测及报警，自动控制风流净化水幕压力与流量的功能。

5 职业健康与安全系统

5.1 安全监控系统应实现与人员定位、应急广播、调度通信等系统融合联动控制功能，具有分级报警，自诊断，自评估，数据分析功能。工作面的回风隅角宜采用无线传感器，采、掘工作面和煤流运输系统应设置粉尘监控系统，采煤机、掘进机、装载点、破碎处、装煤口等产尘地点宜设置粉尘传感器，宜使用激光等全量程传感器。

5.2 人员定位管理系统应实现对井下人员的精确定位，系统具备双向呼叫、人员紧急求教呼救、异常报警、工作超时报警、限制区城报警、重点区城报警等功能；并可实现组呼、全呼，应与通信系统联动，人员定位卡和矿灯宜一体化。

5.3 胶轮车定位监控系统应对适输车辆及交通的状况进行监测和分析，根据生产需求进行调度和配递。调度人员可监视矿井各主要区域内所有无轨胶轮车适行状况及实时位置，能够分辨出车辆在井下某一岔口或调车硐室行进方向，判断车辆进人的区城并对该区域作出交通控制，可根据实时状况分道路、分车辆进行实时调度，直实现自动或半自动调度，

5.4 火灾束管监测系统实时在线监测井下采空区、巷道及工作面等关锴区域的环境参数，并应根据变化趋势实时预警，能够在中心站对井下采样点的 O_2、CO、CO_2、CH、C；H_2、C，H 等气体浓度进行分析。

5.5 工业视频监控系统应采用数字系统，重要监测点应能实现视频侦测、视频识别，具备自动报警功能。地面及井下重要场所（包含实现无人值守地点）应配置振像机，宜具有智能分析功能，实现重要区城人员越线、人员离岗、人员徘徊、物品遗留等实时报警和联动控制，视频监控图像信息存储系统容量不应少于30天。

5.6 矿压监测系统监测采掘工作面及受采动影响巷道的顶板和围岩的位移、应力分布和松动范围，对顶板危险事件、冲击地压等应进行预测和报警，能够实时在线监测工作面支架各柱的工作阻力、立柱伸缩量、超前支撑压力，具有分析初撑力、末阻力、推进度和来压步距等功能，自动生成矿压监测报表和报告。

5.7 冲击地压监测系统区城监测应采用微震监测法，符合 GB/T 25217.4 标准。区城监测应当覆盖矿井采掘区城，具有震源位置与能量分析、波形与频谱分析、时间频次的时序分析、事件空间位置演化分析等功能。监测指标超过临界值，能够自动实时发布预警信息。

5.8 冲击地压监测系统局部监测采用地音监测法、应力监测法或电磁辐射法等进行局部监测，符合 GB/T 25217 标准。局部监测应当覆盖冲击地压危险区城，能够对监测数据进行自动分析。监测指标超过临界值，能够自动实时发布预警信息。

5.9 水文监测系统应实现地面、井下水文实时监测分析功能。地面水文孔安装水文监测点，能够实时监测水位、温度等数据，井下水仓、工作面等安装传感器，能够实时监测明渠，管道流量等数据。

5.10 生产调度通信系统实现集中统一调度指挥，具备与其它系统互联互通的功能，调度通信平台宜融合生产调度、无线通信、应急广播通信、局部扩播和人员定位等系统。

5.11 应急广播通信主机可对井下广播分站、音箱、电源适行参数及状态进行实时监测和远程管理，具备与有线调度通信、无线通信系统和安全监测监控系统融和通信功能，具备定点广播、定时广播、多路和分区广播、自动广播和紧急广播功能，支持工业以太网传输，支持多种音源输入，可根据事先设定程序，调取相关应急预案。

5.12 信息导引系统应具有正常及紧急业务信息的接入、分类和汇总功能，应能分级分类地提供文字、语音、图形、数据等形式的信息发布，具有正常工作状态下的常规信息发布和紧急情况下的逃生信息指引功能。

5.13 无线通信系统应设置4G/WIFI无线通信系统，支持与有线调度系统融合功能，煤矿安全生产信息应能借助矿井无线通信系统形成移动互联，在保障数据安全的条件下实现全方位的互联互通。推广5G无线通信系统。

6 平台及基础设施

6.1 矿井监控及自动化平台软件直选用通用组态软件，具备远程控制功能，实现对具备远程控制功能的子系统集中控制，应满足矿井信息管理平台对其数据采集、计划及管理的需要，可实现用户权限分级控制，具备实时数据、历史数据可视化（二维或三维）展示、查询功能，具备预警报警功能，具备系统日志分析功能，具备基于4DGIS平台的监测监控、多专业数据联动分析和可视化功能。

6.2 矿井信息管理平台软件应包括一张图智能矿山管理、一站式门户管理、矿井安全管理、矿井生产管理、矿井经营管理和决策支持等系统，应能处理生产操作和生产管理数据，形成统一的数据集成平台，进行动态调度与计划，并实现矿井生产综合指挥和决策支持，具备大数据统计分析功能。

6.3 标准数据中心数据库服务器、采集服务器和重要的应用服务器应采用冗余配置，数据中心应能实现数据融合、数据分析、数据分类，实现矿井监控及自动平台与矿井信息管理平台的信息交互、共家与物理隔离，应采用虚拟化、集群、负载均衡等技术，以提高设备资源的利用率与可用性。应建立备份系统，宜具备容火功能。

6.4 工业有线传输网络主干网络传输速率不应低于1000 Mps，核心设备具备冗余支持，骨干设备具备VLAN、冗余功能，主干线路冗余环形结构，具备系统自诊断功能，自愈时间小于50 = t，具备自动搜索，拓扑结构可视化，具备访问控制与数据限制功能。

6.5 无线传输网络童采用4G/5G和WiFi等技术建设无线网络，井下可采用LoRa、ZigBee技术建设宿带无线网络，无线网络应覆盖矿井地面办公区和生活区、矿井井下主要位置，实现主要设备的无线接入。

6.6 工业控制网络安全应根据各部门的工作职能、重要性和所涉及信息的重要程度等因素，划分不同的子网或网段，应综合采用访问控制、安全审计、入侵防范和防病毒等安全技术，制定安全策略，矿井主要于系统专网出口区城应部署防火墙及入侵防范系统，入侵防范系统应和防火墙实现联动，矿井综合监控及自动化网络应与矿井信息管理网络之间采用有效隔离安全措施。应采用访问控制、安全审计等技术配置安全策略，用于监控及自动化系统的操作控制用计算机，应禁用移动存储介质的接口。

6.7 调度监控中心应具有对矿井生产系统调度指挥、远程监控的功能，实现矿井安全生产、调度管理等信息的显示、报警、记录，实现对矿井重要场所的视频监控。调度监控中心按照功能分区可分为调度区、监控区和控制区等，调度监控中心内应建立健全大屏幕显示系统，外部电源不少于两回路，可自动切换，配置火灾自动报警灭火系统，配置机房内部动态环境监测系统，配置独立的制冷和新风系统，配置门禁系统。

6.8 生产与经营管理系统具有调度管理、商品煤管理、原煤生产管理、调度信息维护、一通三防功能、班组管理、物资管理、销售与分销管理、项目管理、人力资源管理、质量管理、设备与维修管理、绩效管理等模块。